U0424343

高等院校海洋科学专业规划教材

Chemical Oceanography

（Fourth Edition）

化学海洋学

（第四版）

弗兰克·J. 米勒罗（FRANK J. MILLERO）著　刘　岚　译

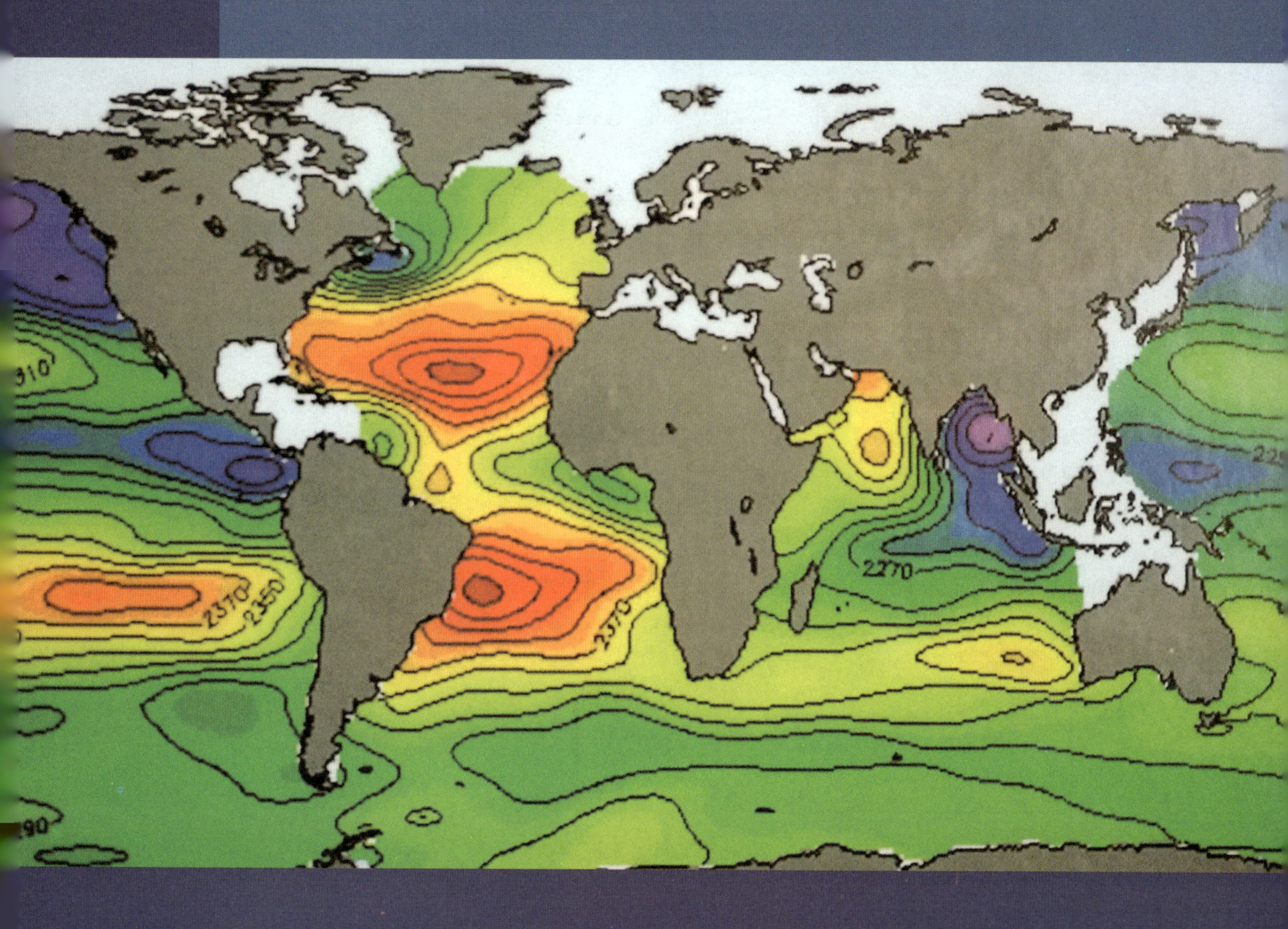

中山大學出版社
SUN YAT-SEN UNIVERSITY PRESS
·广州·

Translation from the English language edition: *Chemical Oceanograghy* by Frank J. Millero. –4th ed.

图书在版编目(CIP)数据

化学海洋学/弗兰克·J. 米勒罗著；刘岚译. —广州：中山大学出版社，2019. 9
(高等院校海洋科学专业规划教材)
书名原文：Chemical Oceanography
ISBN 978 - 7 - 306 - 06262 - 8

Ⅰ. ①化… Ⅱ. ①弗… ②刘… Ⅲ. ①海洋化学 Ⅳ. ①P734

中国版本图书馆 CIP 数据核字(2017)第 312802 号

Huaxue Haiyang Xue

出 版 人：王天琪
策划编辑：李 文　　责任编辑：赵丽华 熊锡源
封面设计：曾 斌　　责任校对：付 辉
责任技编：何雅涛
出版发行：中山大学出版社
电　　话：编辑部 020 - 84111996，84113349，84111997，84110779
　　　　　发行部 020 - 84111998，84111981，84111160
地　　址：广州市新港西路 135 号
邮　　编：510275　　传　　真：020 - 84036565
网　　址：http：//www. zsup. com. cn　　E-mail：zdcbs@mail. sysu. edu. cn
印 刷 者：广州家联印刷有限公司
规　　格：787mm×1092mm　1/16　33 印张　684 千字
版次印次：2019 年 9 月第 1 版　2019 年 9 月第 1 次印刷
定　　价：131. 00 元

《高等院校海洋科学专业规划教材》
编审委员会

总　　序

海洋与国家安全和权益维护、人类生存和可持续发展、全球气候变化、油气和某些金属矿产等战略性资源保障等息息相关。贯彻落实“海洋强国”建设和“一带一路”倡议，不仅需要高端人才的持续汇集，实现关键技术的突破和超越，而且需要培养一大批了解海洋知识、掌握海洋科技、精通海洋事务的卓越拔尖人才。

海洋科学涉及领域极为宽广，几乎涵盖了传统所熟知的“陆地学科”。当前海洋科学更加强调整体观、系统观的研究思路，从单一学科向多学科交叉融合的趋势发展十分明显。在海洋科学的本科人才培养中，如何解决“广博”与“专深”的关系，十分关键。基于此，我们本着“博学专长”的理念，按照“243”思路，构建“学科大类→专业方向→综合提升”专业课程体系。其中，学科大类板块设置基础和核心2类课程，以培养宽广知识面，让学生掌握海洋科学理论基础和核心知识；专业方向板块从第四学期开始，按海洋生物、海洋地质、物理海洋和海洋化学4个方向，进行“四选一”分流，让学生掌握扎实的专业知识；综合提升板块设置选修课、实践课和毕业论文3个模块，以推动学生更自主、个性化、综合性地学习，提高其专业素养。

相对于数学、物理学、化学、生物学、地质学等专业，海洋科学专业开办时间较短，教材积累相对欠缺，部分课程尚无正式教材，部分课程虽有教材但专业适用性不理想或知识内容较为陈旧。我们基于“243”课程体系，固化课程内容，建设海洋科学专业系列教材：一是引进、翻译和出版 *Descriptive Physical Oceanography*：*An Introduction*（6 th ed）（《物理海洋学·第6版》）、*Chemical Oceanography*（4 th ed）（《化学海洋学·第4版》）、*Biological Oceanography*（2 nd ed）（《生物海洋学·第2版》）、*Introduction to Satellite Oceanography*（《卫星海洋学》）等原版教材；二是编著、出版《海洋植物学》《海洋仪器分析》《海岸动力地貌学》《海洋地图与测量学》《海洋污染与毒理》《海洋气象学》《海洋观测技术》《海洋油气地质学》等理论课教材；三是编著、出版《海洋沉积动力学实验》《海洋化学实验》《海洋动物学实验》《海洋生态学实验》《海洋微生物学实验》《海洋科学专业实习》《海洋科学综合实习》等实验教材或实习指导书，预计最终将出版 40 多部系列教材。

教材建设是高校的基础建设，对实现人才培养目标起着重要作用。在教育部、广东省和中山大学等教学质量工程项目的支持下，我们以教师为主体，及时把本学科发展的新成果引入教材，并突出以学生为中心，使教学内容更具针对性和适用性。谨此对所有参与系列教材建设的教师和学生表示感谢。

系列教材建设是一项长期持续的过程，我们致力于突出前沿性、科学性和适用性，并强调内容的衔接，以形成完整知识体系。

因时间仓促，教材中难免有所不足和疏漏，敬请不吝指正。

《高等院校海洋科学专业规划教材》编审委员会

第一版前言

本书是我根据过去20年在迈阿密大学教授的一门课程编写而成。在工业行业工作了一段短暂的时间后，我于1966年抵达迈阿密，不久之后，我应邀讲授化学海洋学研究生课程。当时我对于海洋几乎一无所知，认为有必要进行大量的阅读。幸运的是，J. P. Riley和G. Skirrow曾于1965年出版过一本关于化学海洋学的书籍，这本书共分两卷。该书有很多由多名作者共同编写的章节，介绍了化学海洋学的基本知识。我将这两卷本作为我首次课程的源泉，目前的这本书正是在这两卷本基础上配图而成的。我早期的阅读内容包括由Sverdrup、Johnson和Fleming撰写的经典课本《海洋》，以及由M. Sears(1961)负责编纂的《海洋学》。有段时间，我使用的是Horne的《海洋化学》(1969)以及Riley和Chester(1971)撰写的《海洋化学》导论文本，但这些课本都已过时。Hill等人(1963，1974，1977)编写的《大海：观点和观察》作为补充材料使用。Riley和Skirrow编写的《化学海洋学》在1975年出了第二版，Riley和Chester在1976年、1978年、1983年多次修订，后来Riley于1989年也再次修订：这些修订版也仍在使用，以确保课程切合目前的情况。

1980年，我开始教授本科生化学海洋学，发现急需一本教科书。有段时间我将Broecker(1971)的《化学海洋学》用作课本，但这本书并未包括我较熟悉的经典领域。Broecker和Peng(1982)编写的较新版《海洋示踪》相对而言更好，但课本难度对于本科生而言偏大。尽管研究生可以用多卷本的《化学海洋学》和当前的参考文献，但本科生需要更基础的方法来学习这一领域。目前的版本是我尝试融合自己对这一领域的观点而编写的。因为这本书主要是说明性质的，而作为一名物理化学家，由于我对作用机制的强烈感情，可能会让这本书有失偏颇。鉴于该版旨在用作本科课本，我没有列出所有原始参考资料。我刚才已列出了许多在这方面做出贡献的同事——若有任何遗漏，我很抱歉。鉴于我的背景和我对有机化学的兴趣相当薄弱，我邀请May Sohn同我一起合著本书。她一直在纠正我的一些错误，并协助编写有机化学这一章，给予了我很大的帮助。

我想要感谢很多人：我的研究生学生和本科学生，他们努力完成了我的课程；Rita Marvez夫人，她帮忙输入以及重新输入该书的诸多手稿；

Sam Sotolongo 夫人，她帮忙画了很多图画；以及 Kara Kern，她仔细校对了最后的版本。此外，我还要感谢(美国)国家自然科学基金和海军研究办公室对我研究的支持。他们为我提供了研究基金，以便研究发生在海洋中的热力学和动力学过程。

本书肯定还存在很多不足之处，但我希望本书能够对那些渴望对化学海洋学领域有所了解的人有所帮助。我对于该领域的观点得益于以下书籍。

The Oceans, H. U. Sverdrup, M. W. Johnson, and R. H. Fleming, Prentice - Hall, Englewood Cliffs, New Jersey (1942).

The Chemistry and Fertility of Seawater, H. W. Harvey, Cambridge University Press, London (1955).

Oceanography, M. Sears, Ed., Pub 67, A. A. A. S., Washington, D. C. (1961). *The Sea: Ideas and Observations*, M. N. Hill, Ed., Vol. 2, John Wiley & Sons, New York (1963).

The Sea: Ideas and Observations, E. D. Goldberg, Ed., Vol. 5, John Wiley & Sons, New York (1974).

The Sea: Ideas and Observations, E. D. Goldberg, I. N. McCave, J. J. O'Brien, and J. H. Steel, Eds., Vol. 6, John Wiley & Sons, New York (1977).

Marine Chemistry, R. A. Horne, Wiley - Interscience, New York (1969).

Introduction to Marine Chemistry, J. P. Riley and R. Chester, Academic Press, New York (1971).

Chemical Oceanography, W. S. Broecker, Harcourt, Brace and Jovanovich Inc., New York (1971).

Chemical Oceanography, J. P. Riley and G. Skirrow, Vols. 1 and 2, 1st ed., Academic Press, New York (1965).

Chemical Oceanography, J. P. Riley and G. Skirrow, Vols. 1 to 4, 2nd ed., Academic Press, New York (1975).

Chemical Oceanography, J. P. Riley and R. Chester, Vols. 5 and 6, 2nd ed., Academic Press, New York (1976).

Chemical Oceanography, J. P. Riley and R. Chester, Vol. 7, 2nd ed., Academic Press, New York (1978).

Chemical Oceanography, J. P. Riley and R. Chester, Vol. 8, 2nd ed.，Academic Press，New York (1983).

Chemical Oceanography，J. P. Riley，Vols. 9 and 10，2nd ed.，Academic Press，New York (1989).

Tracers in the Sea，W. S. Broecker and T. H. Peng，Eldigio Press，Palisades，NY (1982).

第四版前言

本书第四版已根据最近的文献进行了更新。第四版仍然以我过去45年在迈阿密大学教授的本科和研究生课程为基础。在过去10年，启动了诸多新的大型海洋学项目，其中包括“气候变化与可预测性计划”(CLIVAR)以及最近启动的“微量元素地球化学示踪”(GEOTRACES)。该项目旨在了解海洋中微量元素的生物地球化学循环。最初的研究已经表明深海热液喷口可以向海洋释放出铁和铅，以及在低氧水域中存在金属的氧化还原反应。这些近期和未来的研究将产生有关世界海洋的丰富的生物地球化学信息。由于化石燃料的燃烧，大气中 CO_2 的含量日益增加，这将继续影响大气和海洋。表层水温度升高正导致海水分层加剧，这已经导致在沿海水域形成了低氧区域。每年海洋学家都致力于扩大对海洋的了解和认识。我尝试利用新的认识和观念来构建和更新本版《化学海洋学》。CO_2 的溶解正在降低海水的pH值（称为海洋酸化）。pH值的降低会影响海洋中的钙化以及生物地球化学过程，如平衡和反应速率。目前已增加有关海洋酸化领域的新研究，以及SCOR/IAPSO工作组制定的描述海水属性的新准则，它要求研究人员按规定报告他们的测量结果。文献中测量的标准化使得研究人员在报告海洋中的过程时能够有更清晰的理解，减少混乱。接下来的10年将会开展更多的研究，我将尝试在我每年更新的PowerPoint演讲中增加任何新的或振奋人心的海洋变化信息。我希望新版涵盖了以前版本缺失的一些方面，能够就本领域的基本概念给出合理综述。

有很多研究生和本科生对本书的更新做出了贡献。今年夏天，我很幸运请到了在迈阿密大学主修海洋科学/生物学的一年级学生Sara Denka协助我编辑本版(第四版)《化学海洋学》。她选了我的本科课程，因而熟悉早期版本的内容。2005—2012年，我的博士学生Yanxin Luo，William Hiscock，Mareva Chanson，John Michael Trapp，Hector Bustos Serrano，Jason Waters，Ryan Woosley，Benjamin Ditrolio和Carmen Rodriguez提供了有关文本的补充评论和更正。我的得力助理Gay Ingram也编辑了我这些年来的多个版本的手稿和书籍。

美国国家自然科学基金及美国国家海洋和大气管理局对我们的工作给予了持续的研究资金支持。没有这两个美国政府机构的财政支持，我们的研究很难完成。我们感谢他们对公共利益与先进科学知识的关心。

作者简介

弗兰克·J. 米勒罗(Frank J. Millero)博士于1939年出生于宾夕法尼亚州格林维尔。他于1961年获得俄亥俄州立大学理学学士学位，1964年获得卡耐基梅隆大学物理化学专业硕士学位，并于1965年获得博士学位。在工业行业工作了一段短暂的时间后，他于1966年进入迈阿密大学罗森斯蒂尔学院。从那时起，他就是一名在海洋和物理化学专业方面的教授。他在1986年至2006年期间，担任学院的学术事务和研究的副院长。米勒罗博士的研究主要是物理化学原理在天然水体中的应用。采用化学模型了解离子相互作用是如何影响在海洋中发生的热力学和动力学过程。这些研究带来众多在印度洋、太平洋、大西洋、南部海洋和阿拉伯海的研究巡航。目前，米勒罗博士研究团队正在研究世界海洋中的碳酸盐体系，作为CLIVAR(气候变化)项目的一部分，已确定在海洋和海洋酸化中穿过海气界面的CO_2通量的变化。多年来，米勒罗博士已获得多项教学和研究成就奖，包括在1966年获得迈阿密大学优秀教授学者奖，1991—1995年美国海军研究办公室教育家奖，1989年度美国希格玛赛教授，1991年佛罗里达科学院奖章，以及1988年克罗地亚萨格勒布Rudjer Boskovic研究所金牌，表彰其对海洋化学的贡献。他被选入俄亥俄州沃伦中学杰出校友名人堂，并在2003年获得卡内基梅隆大学杰出成就奖。2011年，米勒罗博士获得地球化学协会维克托·莫里茨·戈尔德施密特地球化学杰出研究奖，以及佛罗里达奖(美国化学学会佛罗里达分部——FLACS)。米勒罗博士也是下列机构的会员：①美国地球物理学会(1999年)；②国际地球化学学会与欧洲地球化学协会(2000年)；③美国科学促进会(2009年)。

他曾是美国国家科学院海洋科学委员会的成员(1981—1983年)，也是众多化学和海洋协会的成员。他也曾是美国国家科学院在海洋酸化监测、研究和影响评估的开发成员(2009—2010年)。此外，他还是许多学术期刊的副主编，目前也是《海洋化学》的主编。米勒罗教授已为75家不同的学术期刊撰写超过550篇批判性出版物和许多书刊篇章，并出版了两部海洋化学方面的主要著作。

他教授大学研究生和本科生化学海洋学和海洋物理化学课程已有45年。令他感到自豪的是这些年与他共同发表论文的有8名高中生、21名本科生，以及43名研究生。他们中有许多已经成为成功的化学家、工程师和其他专业人员。

目　录

第1章　海洋学概论

1.1　引言

在我们讨论海洋的化学性质之前，有必要对海洋的一些化学特征进行概述。海洋学是一门研究海洋学科，可分为四个主要领域：

1. 物理海洋学：研究海洋物理性质及其与大气的相互作用。
2. 生物海洋学：研究海洋生物学的学科。
3. 地质海洋学：研究海洋地质和地球物理学。
4. 化学海洋学：研究海洋的化学性质。

海洋学的基本目标是对海洋进行清晰和系统的描述。希望对海洋的进一步了解有助于我们更好地了解其如何控制地球气候以及作为食物、化学品和能源的来源。

物理海洋学家的目的是对海水及其运动进行系统定量的描述。洋流随着由风和地震所产生的潮汐和波浪的小尺度变化而不断循环。这种海洋物理研究已经由以下研究方法检验：

1. 描述性方法：观察具体特征，并简化为对一般特征的单一描述。
2. 动态方法：将已知的物理学规律适用于海洋。并试图求解由力对物体的作用而产生的运动方程。

本章将对物理海洋学概论进行简要回顾。海水的运动会对海洋中的生物地球化学过程造成影响，因此了解这些特征尤为重要。本书早期版本中涵盖的大部分材料均来自 Pickard 和 Emery(1982)、Dietrich 等人(1980)以及 Tchernia(1980)。Lynne Tally，George Pickard，Wilmer Emery 和 James Smith(2011)撰写了 Pickard 和 Emery(1982)一书的第六版。该书第六版为最新版本，宜作为获取有关详情的参考资料。

近年来，一些大型研究计划的开展，使得物理海洋学领域得以扩展，其中包括：

1. 1970—1980 年的地球化学海洋科学研究(GEOSECS)。
2. 1990—2000 年的世界大洋环流试验(WOCE)。
3. 2001 年至今的气候变率及其可预报性研究项目(CLIVAR)。

牛顿和拉普拉斯开启了早期的地面潮汐理论研究，格斯特纳和斯托克斯则进行了波浪理论研究。斯堪的纳维亚气象学家 Bjerknes、Ekman 和 Helland-Hansen 开拓了动力海洋学领域。近期的研究考察了海岸演变过程、西边界海流(如墨西哥湾流)和小规模波动、漩涡或环、底层水流动，以及使用示踪剂研究大规模混合过程。目前，物理和化学海洋学家正加入气候变率及其可预报性研究项目(CLIVAR)，它是 WOCE 计划的延续。这项全球性的研究包括重新研究作为全球联合海洋通量研究(JGOFS)

和海洋－大气碳交换研究(OACES) CO_2 计划的一部分，这些计划在本书其他部分将作进一步讨论。未来，海洋学将会有一有力分支，来处理在海洋中使用系泊仪器锚系基阵的卫星以及遥感技术。该全球海洋观测系统(GOOS)将对全球海洋进行连续的物理和化学监测。此外，已经启动了新的国际海洋生物地球化学循环微量元素及其同位素的研究，该研究被称为 GEOTRACES。这些研究为微量金属对海洋生物地球化学过程产生的影响提供了大量信息。

1.2　海洋的物理特性

海洋的一般物理特征如下：

1. 地球表面有 71%的面积被海洋覆盖(361×10^6 km^2)。

2. 最深的海沟深达 11 022 m(马里亚纳海沟)；陆地上最高的山有 8 848 m(珠穆朗玛峰)。

3. 海洋中的大部分水在南半球，占比为 80.9%。

4. 世界海洋的构成按体积算为：50%为太平洋，29%为大西洋，21%为印度洋。

5. 海洋的大部分深度区域(74%)为 3～6 km。

6. 有 50%的海洋水温度范围在 1.3 ℃和 3.8 ℃之间，盐度(1 kg 海水中的盐克数)在 34.6～34.8 之间。

7. 海洋平均深度为 3.7 km；平均温度为 3.5 ℃，平均盐度为 34.7。

洋底的主要特点如图 1.1 所示。大部分大陆边缘特征独特，而针对海岭的若干研究已经在深海盆地中展开。已对洋中脊的详细结构(见图 1.2)进行了观测。

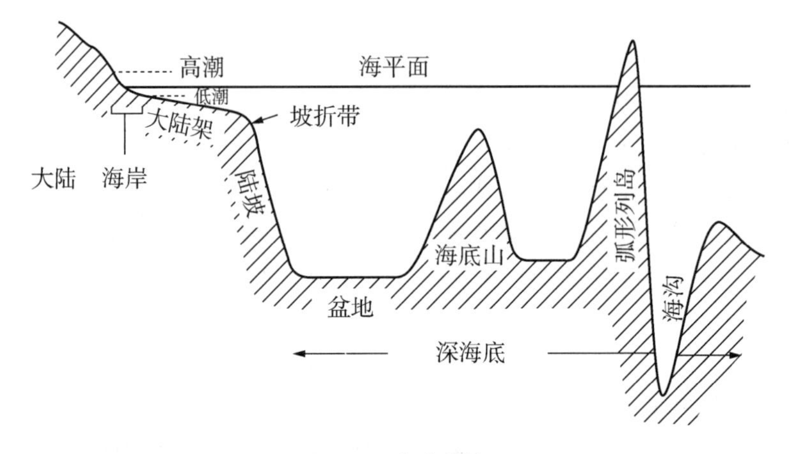

图 1.1　海底结构

海岸是接近海洋的大陆块的一部分，并受海洋的影响而发生变化。大陆架从岸边向海洋倾斜，坡度为 1∶500，平均宽度为 65 km。坡折带是大陆架的外部极限，斜率约为 1∶20，平均深度为 130 m。从大陆架至深海底的陆坡约 4 000 m。在一些地方(例如，在美国西海岸外)，大陆坡在相对较短的水平距离后，就在垂直方向上延伸

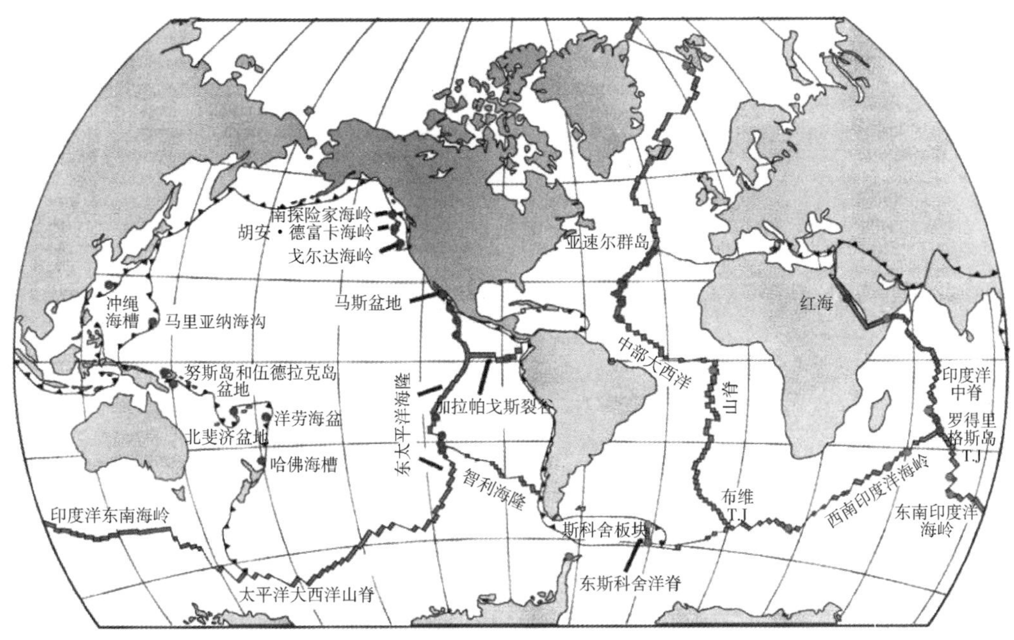

图 1.2　海洋中的活动海脊系统

至 9 000 m 深。深海底层为最广泛的代表性地形（占洋盆的 76%），且深度在 3～6 km 之间。这个地区不完全平坦，地区特征为洼地、沟渠、隆起和盆地。

底部沉积物包含两种：在海洋中形成的物质（浮游生物），以及由河流和大气（非深海）带来的物质。沉积物的组分可以分为以固体形式运输的碎屑部分，以及作为溶解物运输的非碎屑部分或自生部分。沉积物可分为四种类型（见图 1.3）：

（1）水成组分：通过水中的反应（沉淀和吸附）形成。

（2）生物源：由生物体的壳和骨骼部分产生。

（3）矿物源：由地球表面风化产生，由河流和风输送至海洋。

（4）宇宙源组分：由外星来源产生。

各种类型的示例包括：

（1）水成组分：巴哈马群岛“白垩”形式的文石（$CaCO_3$）；深太平洋中锰（MnO_2）结核；氢氧化铁（Fe_2O_3）；硫酸盐（$CaSO_4$）和磷酸盐 $Ca_3(PO_4)_2$。

（2）生物源：来自有孔虫和颗石藻的方解石（$CaCO_3$），来自翼足类动物的文石，以及来自放射虫类和硅藻的二氧化硅（SiO_2）。

（3）矿物质：黏土矿物（铝硅酸盐）和石英（SiO_2）作为由风、河流、冰川水域和火山源所转移的岩石碎片。

（4）宇宙源组分：来自外太空的铁陨石（Fe_2O_3）。

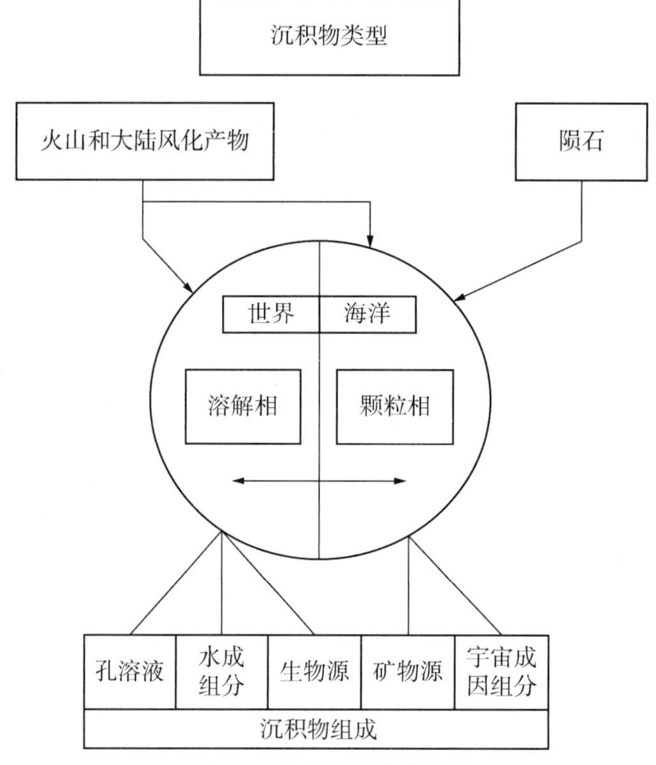

图 1.3 海洋沉积物的类型

1.3 海水温度和盐度分布

我们对海洋物理学的大量概述知识，源自对各处海水性质的勘察。对海水不同性质分布的知识，则来自海洋学或水文站的测量。诸如温度、盐度，以及氧、营养物等物质的浓度作为与深度有关的函数进行测量。在给定站点处的这些测量结果被绘制成与深度相关的函数(或者说压力相关，10 m～1 bar)，称为垂直剖面图。一连串站点的剖面图可以组合成一个垂直切面。连接给定性质的相同测量值可以得到等值线，并可作为深度和距离的函数。具有普通性质的类似等高线，可以表示表层水或固定深度(例如，4 000 m)的水域性质。等值线可用于阐明因水的下沉、上升、混合、降水和冷冻等而引起的水平和垂直流动。一个基本假设是，在给定海域内的海水随着时间的推移而具有相似的平均值性质。可以从锚定站、固定浮标、浮动仪器包和从卫星上观测到地表水域的时间变化或时间变化率。

海水密度的垂直分布控制着海洋的垂直混合。由于海水的密度与海水的温度和盐度直接相关，所以有必要测量这些性质的典型分布情况。海水温度呈现纬向分布，存在恒温的线(等温线)(见图 1.4)。然而，在南美洲和非洲的西海岸附近，表层水由于上升流的影响而具有较低的温度。

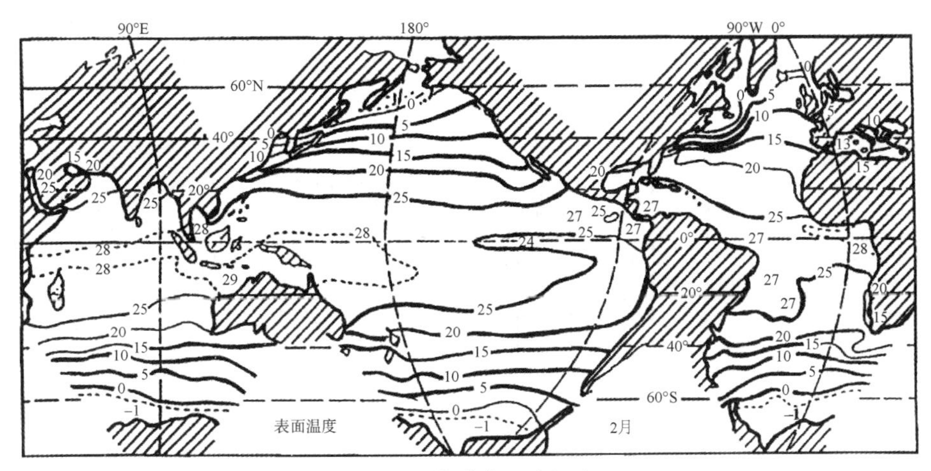

图 1.4　海洋表层水温度

开阔海域温度从极地区的 − 2 ℃(接近冰点)到赤道附近的 28 ℃，而某些封闭区域的温度可高达 40 ℃。赤道和极地的温度年变化约为 2 ℃，在南北纬 40°的水域水温年度变化则为 8 ℃，而沿海表层水年温差可高达 15 ℃。在开阔海域，昼夜温度变化约为 0.3 ℃，浅海区为 2 ℃～3 ℃。

典型的温度分布图如图 1.5 所示。在表层海水以下，海水可分为三个区域。5～200 m 的上部区域与表层水温度接近。在该混合层下，200～1 000 m 温度随着深度的增加而迅速下降(最大温度下降区称为温跃层)。在深海，温度随深度的变化而缓慢变化。在低纬度水域，表面混合层温度约为 20 ℃。该区域的深层水温度在 5～2 ℃，并通过永久温跃层与混合层隔离。在中纬度海域，夏季表面混合层温度约为 15 ℃，冬季降至 5 ℃～10 ℃。这种温度的变化导致冬季的季节性温跃层在夏季消失。温跃层的这种增长和衰减如图 1.6 所示。冬季温度的近似垂直分布导致深层水域混合，使得表层水域的营养物质得到补充。

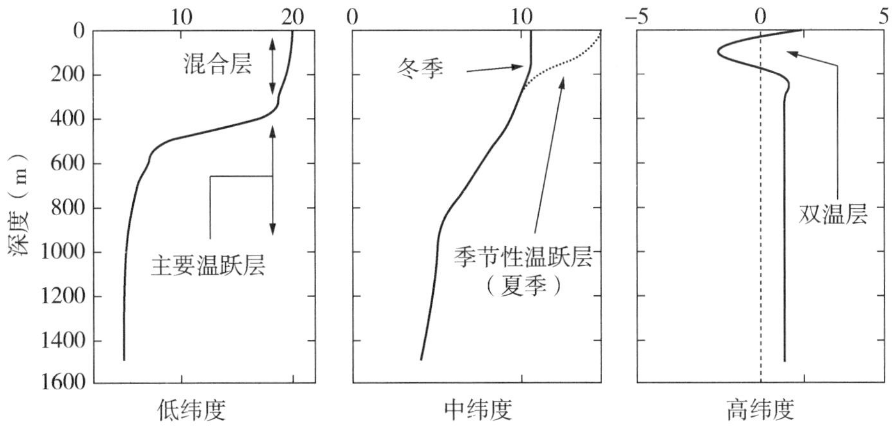

图 1.5　典型海洋温度分布

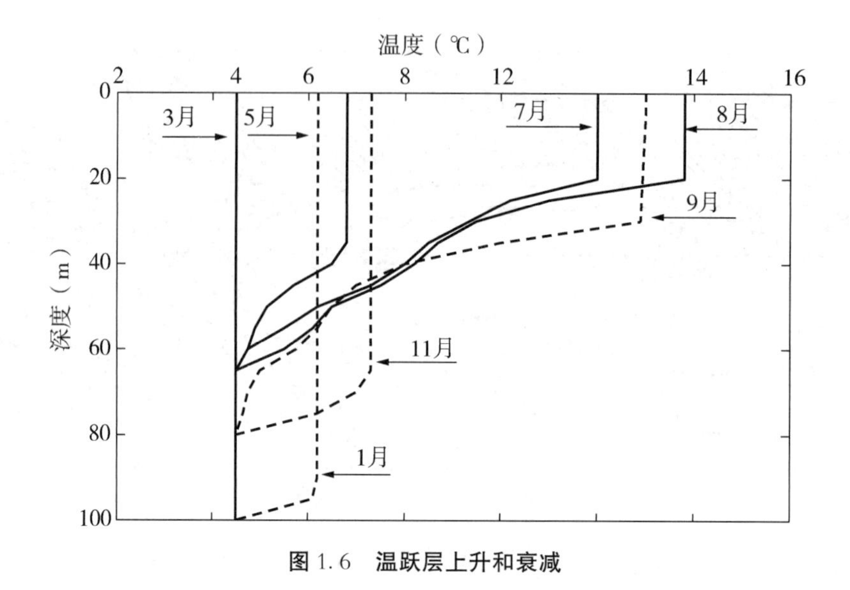

图 1.6　温跃层上升和衰减

在高纬度海域，表层温度要低得多。主温跃层可能不会出现，仅季节性温跃层出现。在 50～100 m，可以形成一个双温层。这层温度为 −1.6 ℃的冷水夹在较暖的表层和深层水之间，通过增加逐层深度的盐度以维持稳定性。

深层水的温度随水深增加而下降，直到约 3 000 m 深度；然而，在深沟中，由于压力增加的影响，原位温度随深度而缓慢增加。如果 $S = 35$ 和 $t = 5$ ℃的海水在绝热条件下降低到 4 000 m（不允许与周围的水进行热交换），则温度将因压缩上升至 5.45 ℃。如果由于膨胀作用水从 4000 m 处上升至表面，则温度会相应降低 0.45 ℃。位温或绝热温度 Θ 被定义为在对绝热效果进行了校正之后的水的温度（在本例中为 5 ℃）。海洋深处的现场温度高于位温。棉兰老岛海沟温度数据即为关于位温重要性的一个例子（图 1.7）。

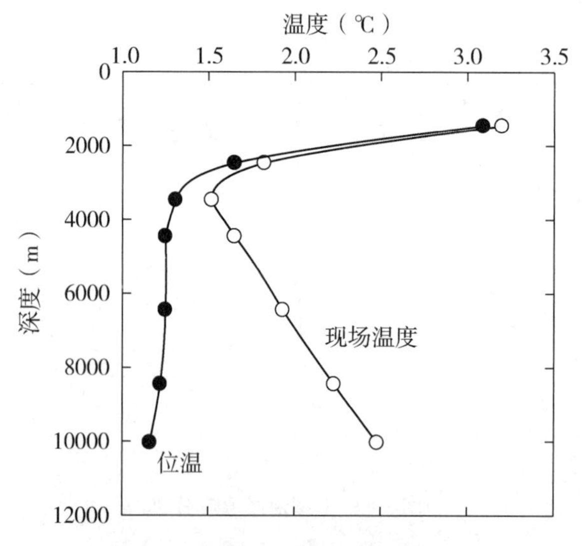

图 1.7　深海沟中的现场温度和位温

深层水的现场温度(表 1.1)为 2 ℃，比海沟上方的水域温度要高。这导致计算出的深层密度高于海沟上方的水域。这是一个不稳定的密度结构，会导致这些水体的上升。然而，位温随着深度而平滑地降低，并且密度随着深度的增加而缓慢增大，与对稳定水柱的预期一致。

表 1.1 棉兰老海沟现场温度和位温

深度(m)	盐度	现场温度(℃)	密度(℃)		
			Θ	σ_T	σ_θ
1455	34.58	3.20	3.09	27.55	27.56
2470	34.64	1.82	1.65	27.72	27.73
3470	34.67	1.52	1.31	27.76	27.78
4450	34.67	1.65	1.25	27.76	27.78
6450	34.67	1.93	1.25	27.74	27.79
8450	34.69	2.23	1.22	27.72	27.79
10035	34.67	2.48	1.16	27.69	27.79

通过连接各种剖面等温线，可以为主要海洋盆地生成温度剖面。大西洋、太平洋和印度洋的温度剖面图分别如图 1.8 至图 1.10 所示。

深层水具有相似的温度(~2 ℃)，而表层水具有不同结构。南大西洋、太平洋和印度洋都有明确的汇聚区。在非洲和南美洲沿岸的赤道上升流将寒冷且富含营养的海水带至表面。

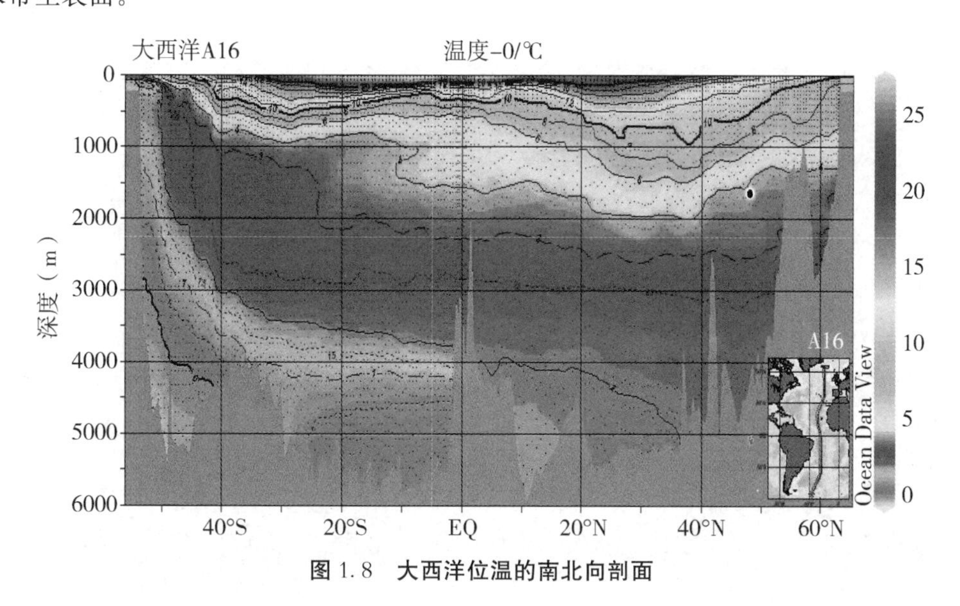

图 1.8 大西洋位温的南北向剖面

目前一颗名为 Aquarius 的新卫星正在对表层海水的盐度进行连续测量。初步结果如图 1.11 所示。这些表层水数值受到水中发生的物理过程的影响。

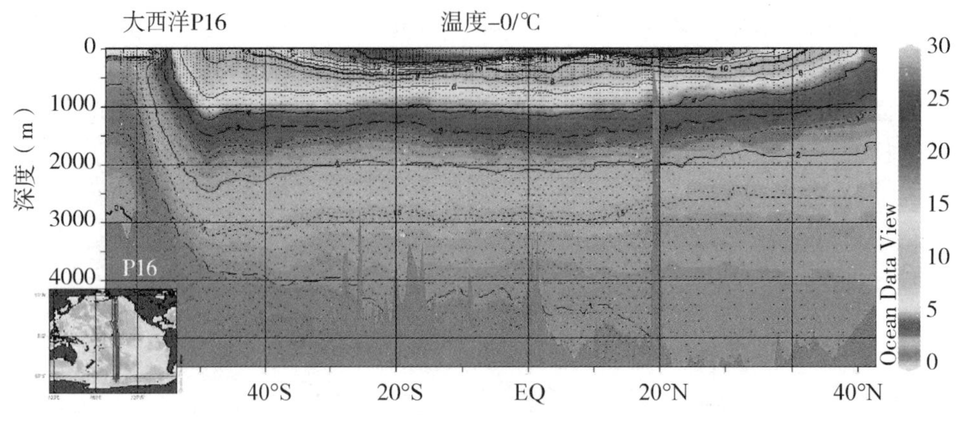

图 1.9　太平洋位温的南北向剖面

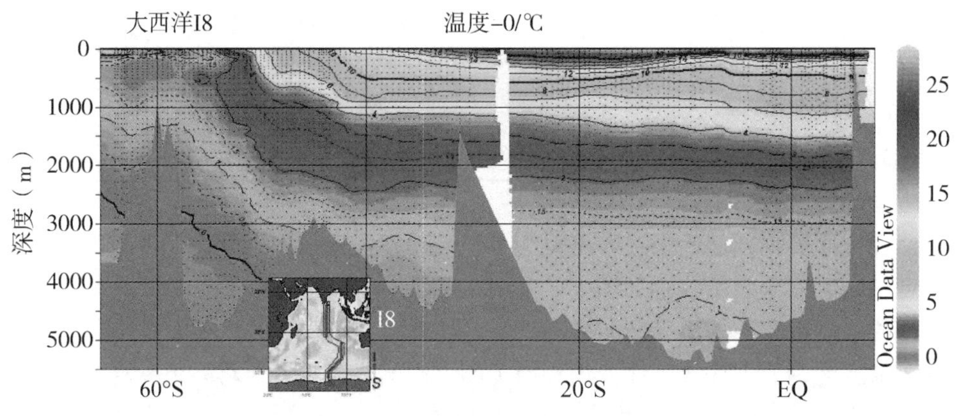

图 1.10　印度洋位温的南北向剖面

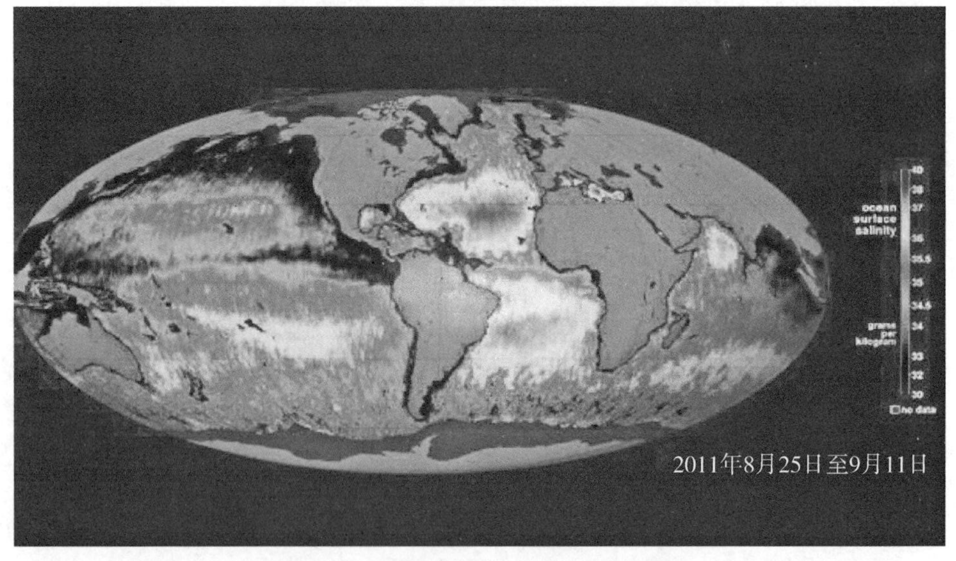

图 1.11　卫星观测的海洋表层水的盐度

盐度会因海水的蒸发和冻结而上升，因降雨、河川径流和冰块融化而下降。不同纬度地区蒸发和降水之间的差异控制了表面盐度，如图 1.12 所示。赤道附近表面盐度的下降是由降水量增加引起的，而中纬度海域(南北纬 30°)盐度的增加是由较高的蒸发速率引起。开阔海域每年盐度变化为 0.5，数值变化范围为 $S=33\sim37$。较高的盐度值出现在高度蒸发的海域，如地中海($S=39$)和红海($S=41$)。在夏季干旱区域，如封闭潟湖可达到 $S=300$ 的高值。北大西洋表层水盐度($S=37.3$)比北太平洋水域高($S=35.5$)。

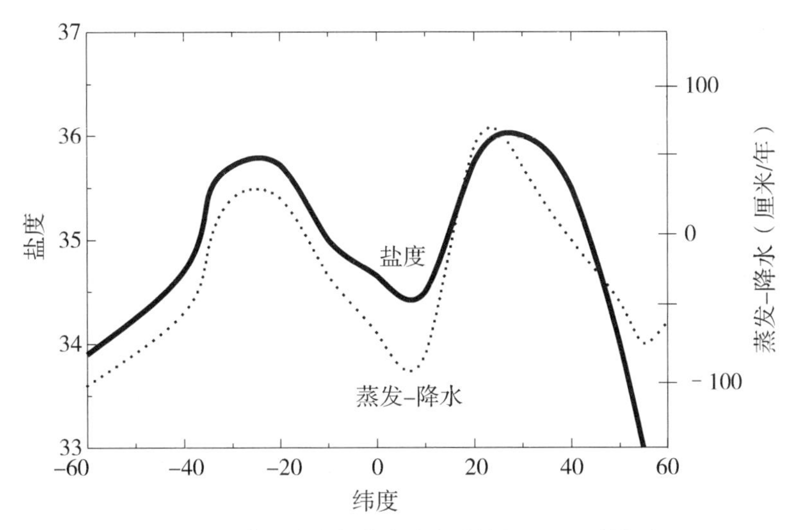

图 1.12　表层盐度与蒸发降水差值($cm \cdot yr^{-1}$)相比

北大西洋表层水拥有较高的盐度，这一点较为重要，因为当海域温度较低时，会导致较高的密度。这又导致深层水在北大西洋而非北太平洋的形成。伍兹霍尔海洋研究所已故的布鲁斯・沃伦对为什么北大西洋水域比北太平洋的盐度更高给出了更为巧妙的回答。北大西洋表层水较高盐度的形成，是因为北大西洋的蒸发速率约为北太平洋的两倍。这样就抵消了大西洋地表径流的大量输入。两大洋的降水大致相同，而北太平洋的较低蒸发速率是由于较低的表面温度造成的。冷水水域的特征湿度较低，从而降低了蒸发速率。这种热效应是由两个海域中风的差异性造成的，在太平洋，风场的最大西风带处于更北侧。这限制了风将温暖的亚热带水转移至北方的效率。这可能是对大尺度因子的响应。因此，在较低温度下，较低的蒸发量降低了北太平洋的密度。进入北太平洋的水流与副极地环流中的埃克曼诱发上升流相匹配。太平洋表层水的密度较低，是因为较低的蒸发量造成了盐度降低。北大西洋由于蒸发量的增加，其密度更高。这为深层水的形成提供了条件。

近期的研究表明，世界大洋的一些地区由于蒸发和降水造成盐度的升高或降低。在海洋中的 3 500 个 Argo 浮标超过 50 年的测量结果表明，该水循环增加了 4%，显然是由于表层水变暖了 0.5 ℃。这个 8%的增温幅度是大气可容纳降雨量的预期速率(Durack 等，2012 年)。预计 2～3 ℃的温升可能会使这一过程在海洋和陆地上持续下去。

大西洋、太平洋和热带地区盐度的典型垂直分布如图 1.13 所示。在大西洋 600～1000 m 处，有一个显著盐度最低区域。这是由于亚南极区的中层水向北移动。

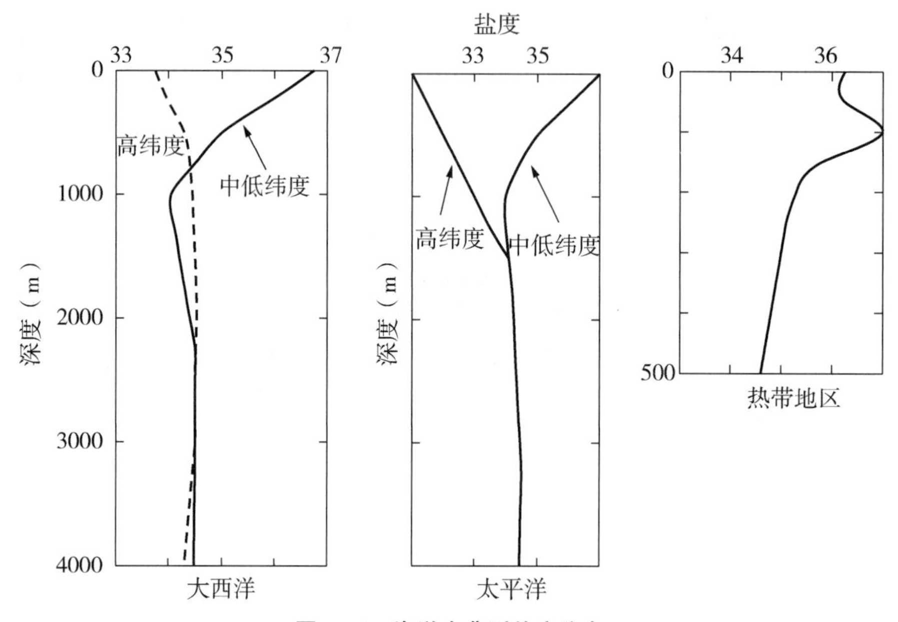

图 1.13 **海洋中典型盐度分布**

热带海域的最大值在 100～200 m 处，接近温跃层顶部。这是由热带盐度最大值下沉的水流向赤道流动造成。在高纬度地区，由于冰雪融化，表层盐度值较低。盐度通常随着深度增加到 2 000 m 而增加，无亚表层最大值。在中低纬度海域，由于蒸发量大于降水量，表面盐度较高。在有河川径流的沿海水域，淡河水和深盐水之间的盐度(盐跃层)快速增加。4 000 m 以下深层水的盐度相当均匀(34.6～34.9)，温度范围为 -1～2 ℃。

大西洋、太平洋和印度洋的盐度剖面分别如图 1.14 至图 1.16 所示。这些盐度低值区出现在中层水(400～1 500 m)。

大西洋海域显示北大西洋深层水向南移动，20°～30° N 之间高盐水的残留核心可能是由地中海水输入引起的。北太平洋水域呈现了亚北极区的中层水向南移动，但没有形成深层水。在印度洋，由于亚洲大陆的存在，在北部未形成冷的深层水。然而，高盐度的中层水是由来自红海的高盐度水域形成的。世界海洋水温和盐度的汇总情况如图 1.17 所示。

海水温度和盐度对密度决定了海水的密度。其中密度随深度的变化而变化尤为重要，因为它决定了水体的静态稳定性。当稳定性高时，垂直混合最小。海水密度通常用符号 σ_T 表示，称为条件密度。该数量与海水密度(ρ，$kg \cdot m^{-3}$)有关：

$$\sigma_T = (\rho - 1)10^3 \tag{1.1}$$

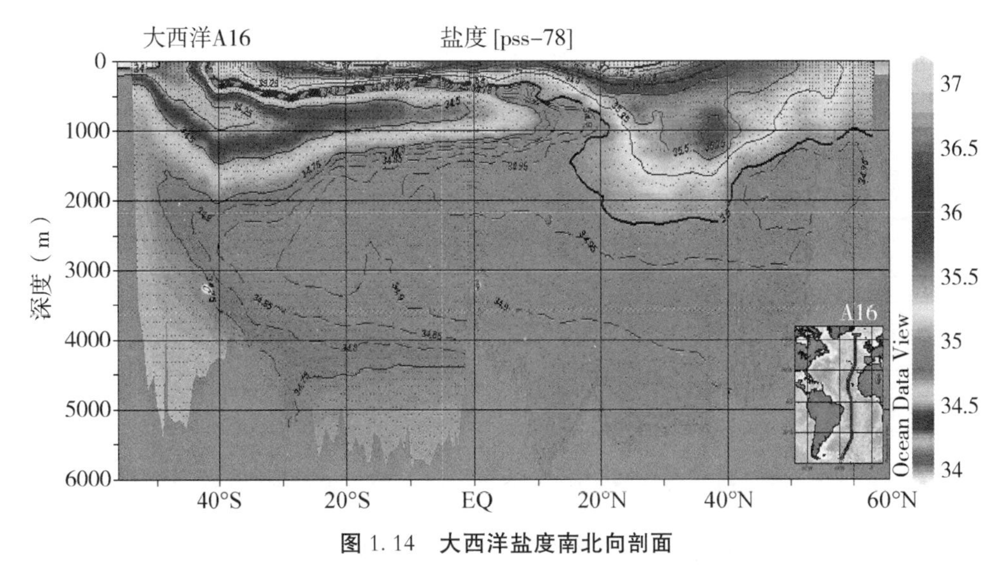

图 1.14　**大西洋盐度南北向剖面**

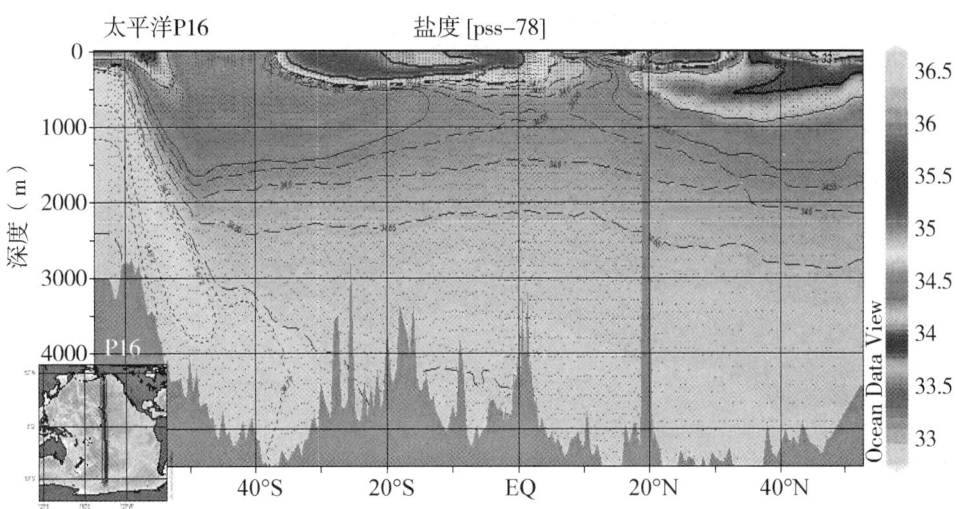

图 1.15　**太平洋盐度南北向剖面**

作为盐度 S、温度(T，0 ℃)和压力(P，bar)的函数，海水密度可以由表 1.2 给出的国际海水状态方程(Millero 等，1981；Millero 等，1980)计算出来。更多关于 2010 年海水热力学方程式(TEOS - 10)的说明见第 2 章。典型的海洋水条件密度剖面如图 1.18 所示。密度通常随着深度的增加而增加。当低密度水处于表面时，可获得最小能量。如图 1.19 所示，除极地这种受盐度影响更大的区域外，表层水密度受温度的影响很大。

在沿海水域、峡湾和河口，盐度通常决定了各个深度的密度。应该指出的是，河、湖水的密度可以从具有相同盐度的海水状态方程式进行合理估算(Millero，2000b)。由于营养盐、生物体氧化产生的碳酸盐以及 $CaCO_3$ 的溶解，海洋中的深层水的密度将比由电导盐度计算得到的值更高(Millero，2000a)。在赤道和热带地区，

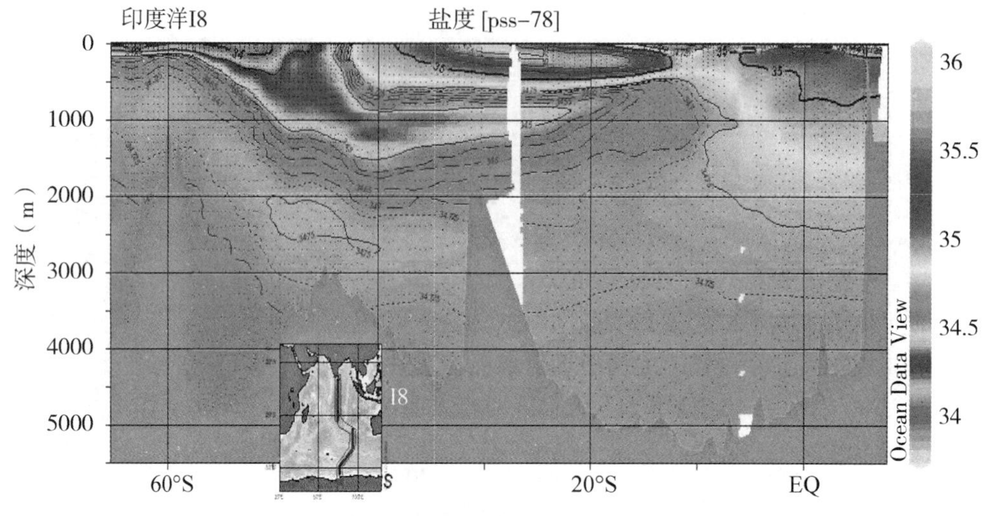

图 1.16　印度洋的盐度南北向剖面

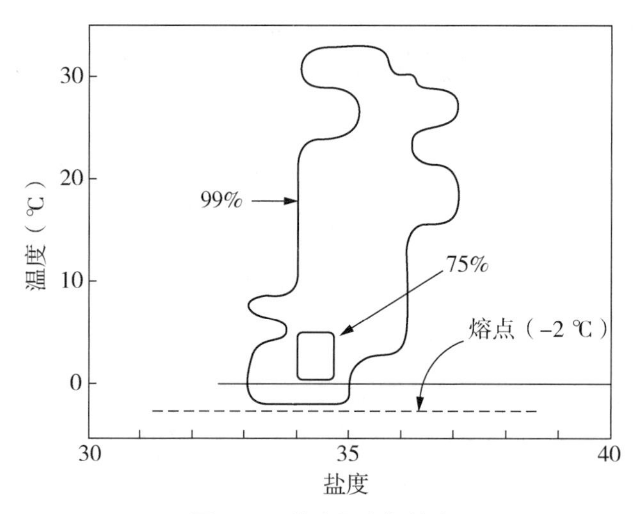

图 1.17　海水温度与盐度

有近乎均匀密度的浅层上层和密度迅速增加层，这个深度区称为密度跃层。在该区域以下，密度随深度而缓慢增加。大多数深层水有接近 27.9 的 σ_T。在较高纬度地区，表面值 $\sigma_T = 27$，因此随深度增加，密度的增加要小得多。对于深海水域，绝热温度下 σ_T 的值可用于检验深层水的稳定性(即 σ_T，Θ)。

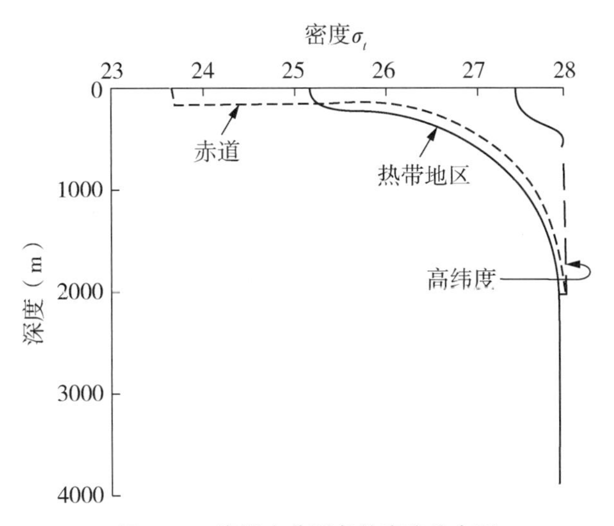

图 1.18 海洋中典型条件密度分布图

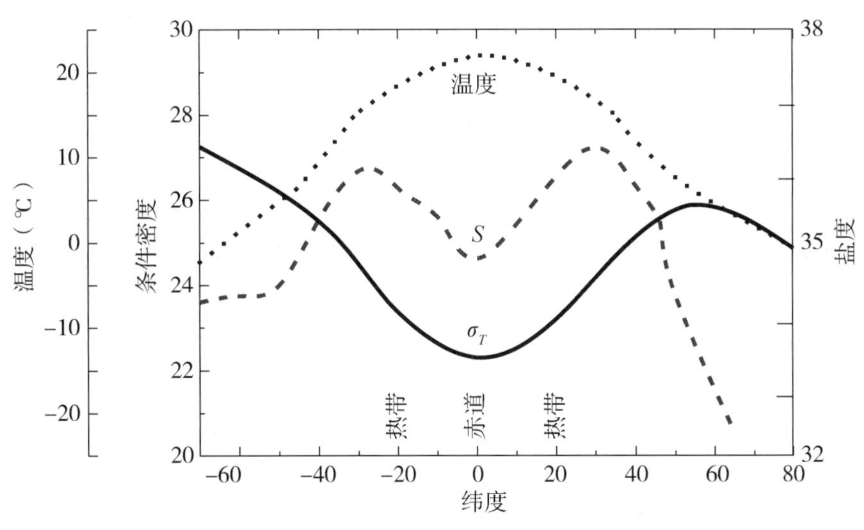

图 1.19 条件密度与表层水温度及盐度比较

表 1.2 1980 年国际海水状态方程式($m^3 \cdot kg^{-1}$)

$v^P = v^0(1 - P/K)$ $\rho^P = p^0[1/(1 - P/K)]$
式中 $\rho^0 = 999.842594 + 6.793952 \times 10^{-2} t - 9.095290 \times 10^{-3} t^2 + 1.001685 \times 10^{-4} t^3 - 1.120083 \times 10^{-6} t^4 + 6.536336 \times 10^{-9} t^5 + (8.24493 \times 10^{-1} - 4.0899 \times 10^{-3} t + 7.6438 \times 10^{-5} t^2 - 8.2467 \times 10^{-7} t^3 + 5.3875 \times 10^{-9} t^4) S + (-5.72466 \times 10^{-3} + 1.0227 \times 10^{-4} t - 1.6546 \times 10^{-6} t^2) S^{1.5} + 4.8314 \times 10^{-4} S^2$

续表 1.2

$$v^P = v^0(1 - P/K)$$

$$\rho^P = p^0[1/(1 - P/K)]$$

式中

$$K = 19652.21 + 148.4206t - 2.327105t^2 + 1.360477 \times 10^{-2}t^3 - 5.155288 \times 10^{-5}t^4$$
$$+ S(54.6746 - 0.603459t + 1.09987 \times 10^{-2}t^2 - 6.1670 \times 10^{-5}t^3)$$
$$- S^{1.5}(7.944 \times 10^{-2} + 1.6483 \times 10^{-2}t - 5.3009 \times 10^{-4}t^2)$$
$$+ P[3.239908 + 1.43713 \times 10^{-3}t + 1.16082 \times 10^{-4}t^2 - 5.77905 \times 10^{-7}t^3 + S(2.2838 \times 10^{-3} - 1.0981 \times 10^{-5}t - 1.6078 \times 10^{-6}t^2) + S^{1.5}(1.91075 \times 10^{-4})]$$
$$+ P^2[8.50935 \times 10^{-5} - 6.12293 \times 10^{-6}t + 5.2787 \times 10^{-8}t^2 + S(-9.9348 \times 10^{-7} + 2.0816 \times 10^{-8}t + 9.1697 \times 10^{-10}t^2)]$$

检验值	S	t	P	v(m³ · kg⁻¹)	K(b)
	35	5 ℃	0b	1 027.675 47	22 185.933 58
			1 000	1 069.489 14	25 577.498 19

来源：Millero，F. J.，Deep-Sea Res.，27，255，1980；Millero，F. J.，and Poisson，A.，Deep-Sea Res.，28，625，1981.

注：表中 ρ 是密度，K 是正割体积模量，S 是实际盐度，$v = 1/\rho$ 是比体积。上标 0 为水，P 为压强。

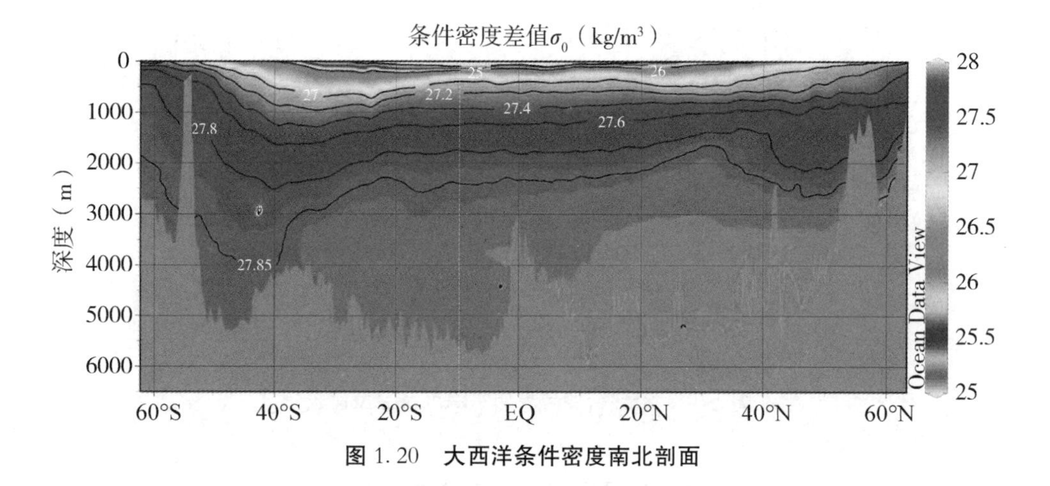

图 1.20　大西洋条件密度南北剖面

大西洋密度的南北剖面地理分布如图 1.20 所示。上层倾向于向上凹，从赤道到极地增加。在 2 000 m 以下，大部分深层水的 σ_T 值为 27.6～27.9。应该指出的是，海水倾向流动于连续密度面。通常可以将深层水的起源追溯到表层的形成区域。

虽然水团的密度由 S 和 T 的多种可能组合决定，但是人们发现在不同的地区只有有限数量的组合出现。因此，可以通过水的性质的不同组合来表征水团特征组合。通过对各个海洋测绘站绘制的温度与盐度关系图（$T-S$ 图），可以得到一个特征图。主要海水的 $T-S$ 关系如图 1.21 所示。不需要在该图上绘制密度，因为它由 T 和 S 决定。该图上的每一点对应于 T 和 S 的特定组合以及给定的密度。

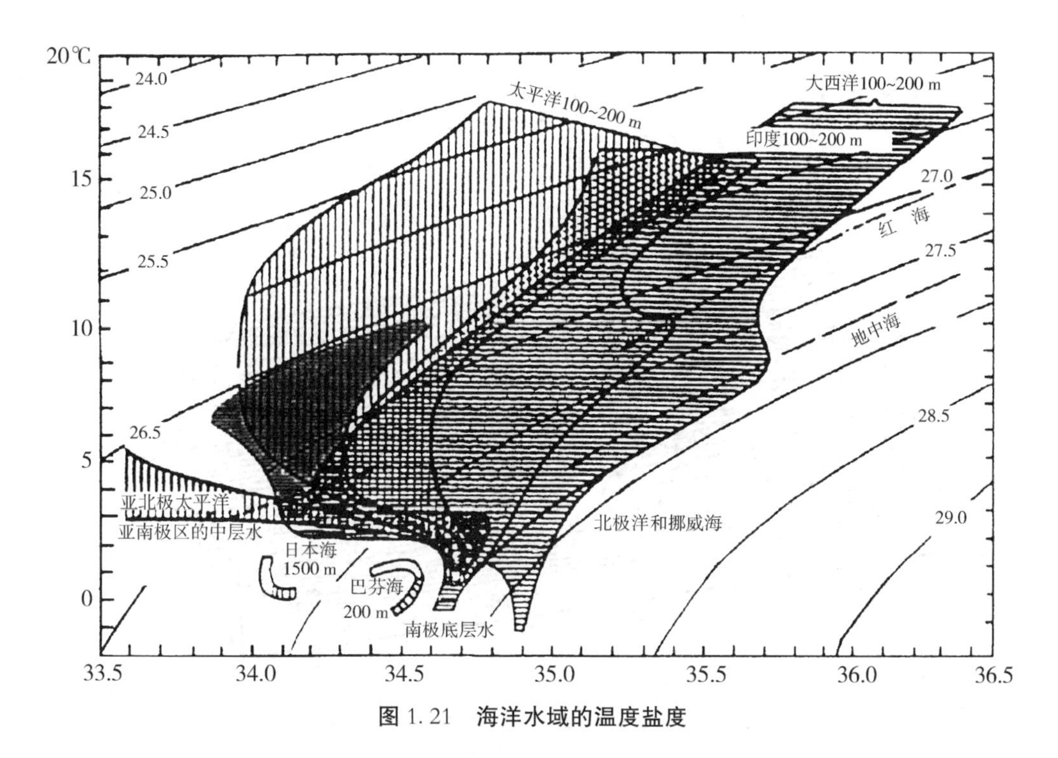

图 1. 21　海洋水域的温度盐度

通过 T 和 S 的不同组合可以获得相同的密度。这些组合位于 $T-S$ 图的平滑曲线上，如图 1. 21 的虚线所示。当讨论 $T-S$ 图时，水团类型由一个点表示，水团由一条线表示。这些为理想定义，实际数据会有一些分散。海表面的气候过程形成了水团类型，并且水团是由两种或更多种类型的水混合造成的。由于表层水通常不保守，因此在 $T-S$ 图中予以省略。$T-S$ 图有两个缺点：①由于沿 $T-S$ 图的深度不是线性的，水团性质的深度分布的指示不佳；②没有指示水的性质的空间分布。这可以通过使用垂直或水平剖面更为清楚地表现出来。

还可以考虑到具有 T 和 S 特定属性的海水的体积。Montgomery 第一个提出 $T-S-V$ 图可能有用。海洋水域的三维 $T-S-V$ 图如图 1. 22 所示。

1. 4　海洋环流及水团

来自太阳的能量是大洋海水环流的成因。这种循环可以分为两种：

1. 风生环流是由风吹过表层水引起的。这对海洋上几百米有影响，主要产生了水平环流。

2. 热盐环流，由于温度和盐度变化引起的密度差异造成海水运动。这也导致了深海环流和垂直环流。

导致混合的过程包含浓度梯度引起的涡流扩散和由潮流引起的平流。密度跃层阻碍了海洋中的温盐混合。

各海洋水域的表面环流相似，由图 1. 23 所示的主要风的分布所引起。

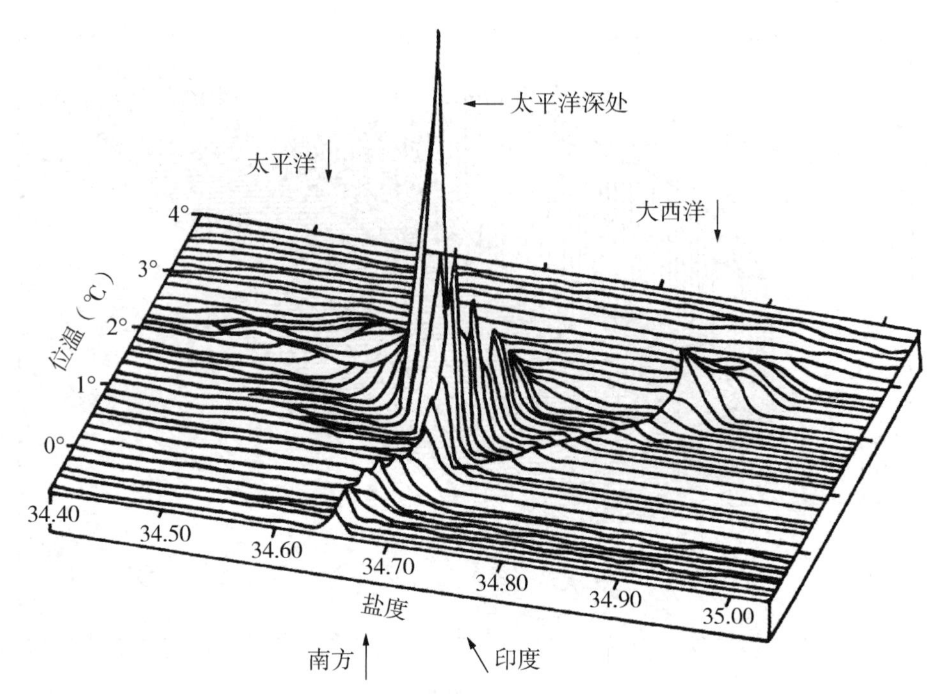

图 1.22　**海水位温和盐度的函数三维分布**

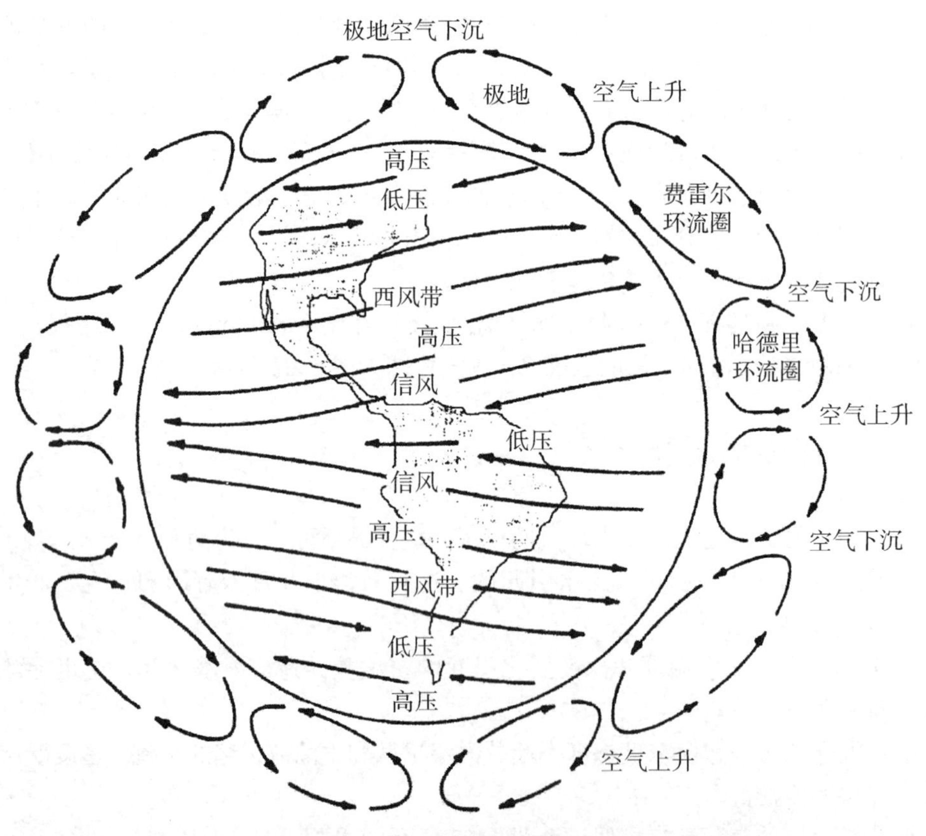

图 1.23　**地球的主要风系**

信风和西风带相结合，导致北半球顺时针环流，以及南半球逆时针环流（见图 1.24）。

在北半球，由于地球旋转，海水具有右旋分量。这种所谓的科里奥利效应导致在南半球有左旋分量。在北大西洋和太平洋，每个大洋的西侧的洋流都更窄、更快。这种西向强化导致了北大西洋黑潮和北太平洋的墨西哥湾流的形成。当来自北方或南方的信风横穿赤道时，科里奥利效应会导致与主要环流相反方向的逆流的形成。海洋的表层流分为多个独立的海流。

1.4.1　大西洋海域

如图 1.25 所示，大西洋上层水循环由两个环流构成：①北部为顺时针方向环流；②南部为逆时针方向环流。在北部，环流起始于东北信风驱动的北赤道洋流。它与南赤道洋流汇集，成为西印度群岛的安的列斯洋流。佛罗里达洋流来自经过尤卡坦半岛和墨西哥湾（称为墨西哥环流）的水域，并在佛罗里达和古巴之间逸入大西洋。墨西哥湾流是佛罗里达洋流的北部延伸，并汇入安的列斯洋流。佛罗里达洋流水域的流速为 $26\times10^6\ m^3\cdot s^{-1}$[26 Sv(Sverdrups)]。安的列斯洋流的流速约为 12 Sv，离开切萨皮克湾的墨西哥湾流流速约为 80 Sv。北大西洋洋流是墨西哥湾流的延续。拉布拉多洋流水域向南从拉布拉多海流出。这种冷、低盐度的水与温暖的墨西哥湾流水混合，形成复杂的混合状态。一部分北大西洋洋流继续朝向北极圈流动，形成挪威洋流。其余的向南，完成环流。从非洲海岸流出的水域被称为加那利洋流。

在南大西洋，由于东南亚信风压力，逆时针环流从赤道附近开始，导致南赤道洋流向中美洲移动。南赤道洋流部分向北、部分向南。南部被称为巴西洋流。该洋流在副热带辐合带汇聚向东，成为绕极流的一部分。它离开非洲海岸向北成为本吉拉海流。巴西洋流为暖流咸水，而绕极流为含盐较少的冷流。福克兰洋流从德雷克海峡向北流动到达南美海岸。它将巴西洋流从海岸分离到约南纬 25°。

大西洋中研究得最多的洋流之一为墨西哥湾流。有学者对墨西哥湾环流的形成做了研究。这些环流因墨西哥湾流的蜿蜒而形成（见图 1.26）。形成两种类型的环：冷芯环和暖芯环。冷芯环由墨西哥湾流北部的水域形成。较冷的斜坡水形成向南移动的逆时针涡流。这些环流（The Ring Group，1981）可以存在 2～4 年，但通常在 6～12 个月后重新进入墨西哥湾流。暖芯环流由暖马尾藻海水闭环形成。温暖的顺时针涡流向北移动。

冷芯环富含营养，可促进水域生产力的增加。典型环流的温度结构如图 1.27 所示。由于环流作用，冷的富营养水体被带到表面。营养物质的增加导致环流中浮游生物生产力的增加。通过使用卫星图像（见图 1.28），可以通过遥感技术来研究环流的形成和破坏。这种卫星信息将船舶定位在环中，并且作为时间的函数以此跟踪环方面也是非常有用的。最近，这些卫星图像已被用于定位高鱼类密度区域的前沿研究中。

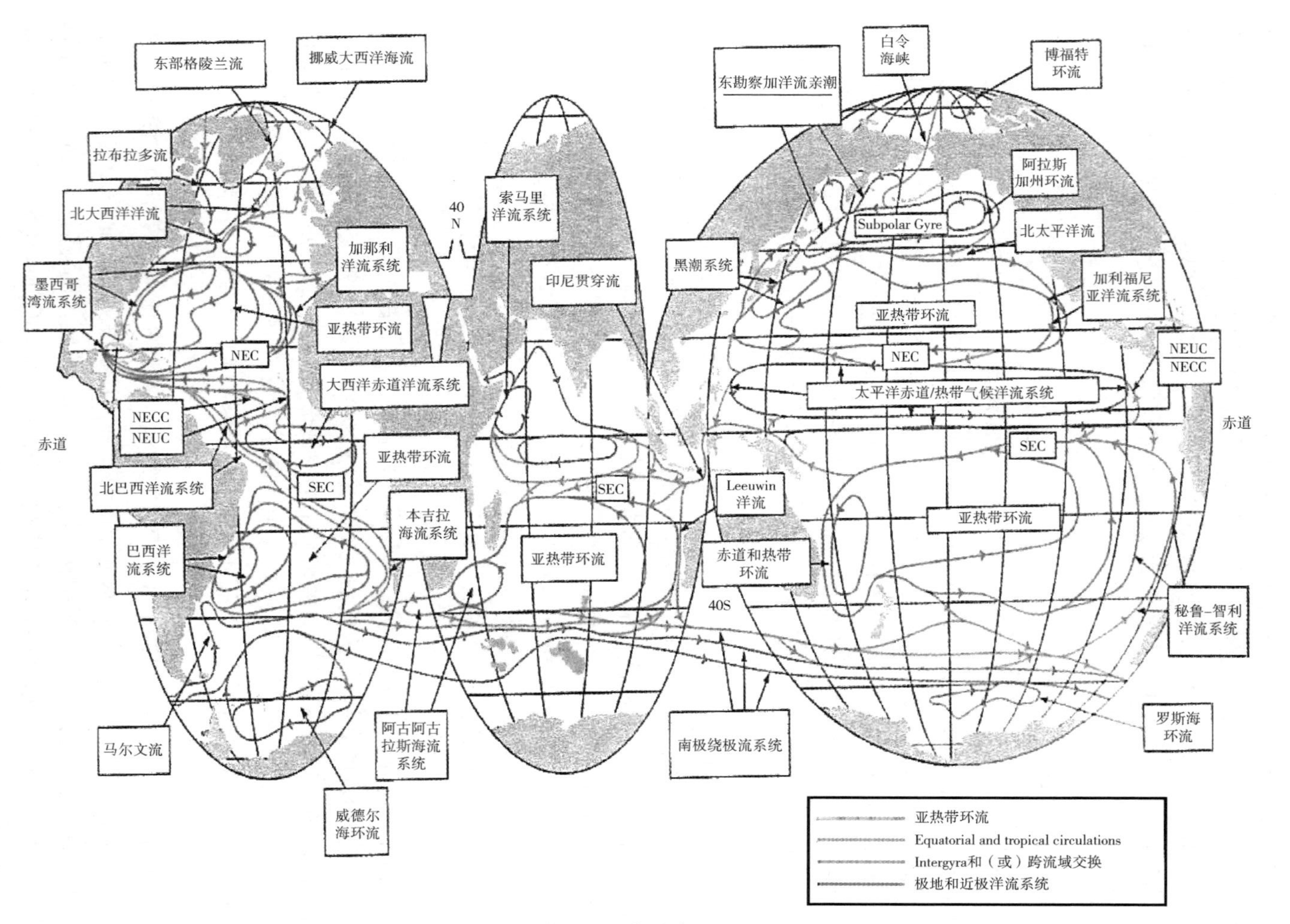
东部格陵兰流
挪威大西洋海流
拉布拉多流
北大西洋洋流
墨西哥湾流系统
加那利洋流系统
亚热带环流
NEC
大西洋赤道洋流系统
NECC
NEUC
赤道
北巴西洋流系统
亚热带环流
SEC
本吉拉海流系统
巴西洋流系统
马尔文流
威德尔海环流
阿古阿古拉斯海流系统
40
N
索马里洋流系统
印尼贯穿流
SEC
亚热带环流
黑潮系统
Leeuwin洋流
赤道和热带环流
40S
南极绕极流系统
东勘察加洋流亲潮
白令海峡
博福特环流
阿拉斯加州环流
Subpolar Gyre
北太平洋流
加利福尼亚洋流系统
亚热带环流
NEC
NEUC
NECC
太平洋赤道/热带气候洋流系统
SEC
赤道
亚热带环流
秘鲁-智利洋流系统
罗斯海环流
亚热带环流
Equatorial and tropical circulations
Intergyra和（或）跨流域交换
极地和近极洋流系统

图1.24　海洋表层流

图 1.25　**大西洋表层流**

图 1.26　**墨西哥湾流环的形成**

更高　NO_3，PO_4，SiO_2，叶绿素II
更低　T，S

图 1.27　**墨西哥湾流环温度**

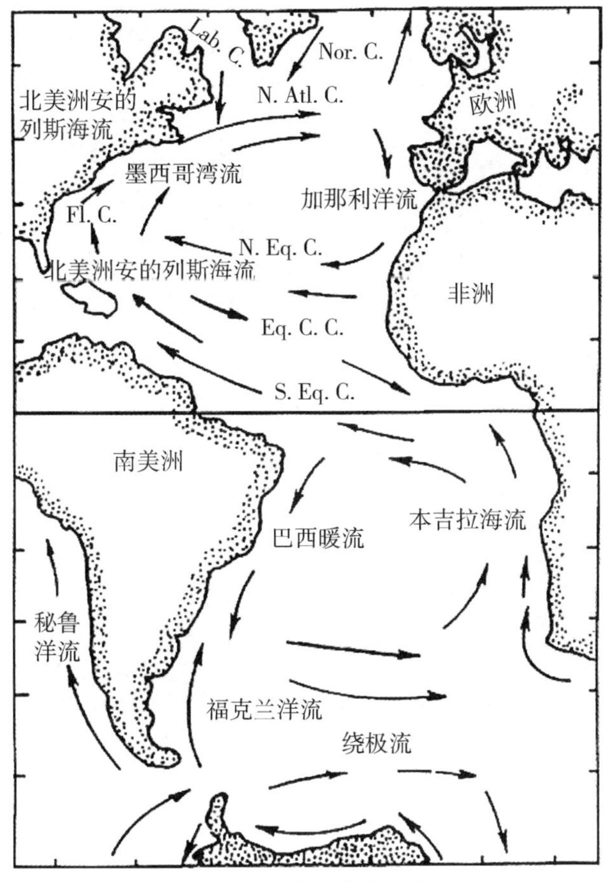

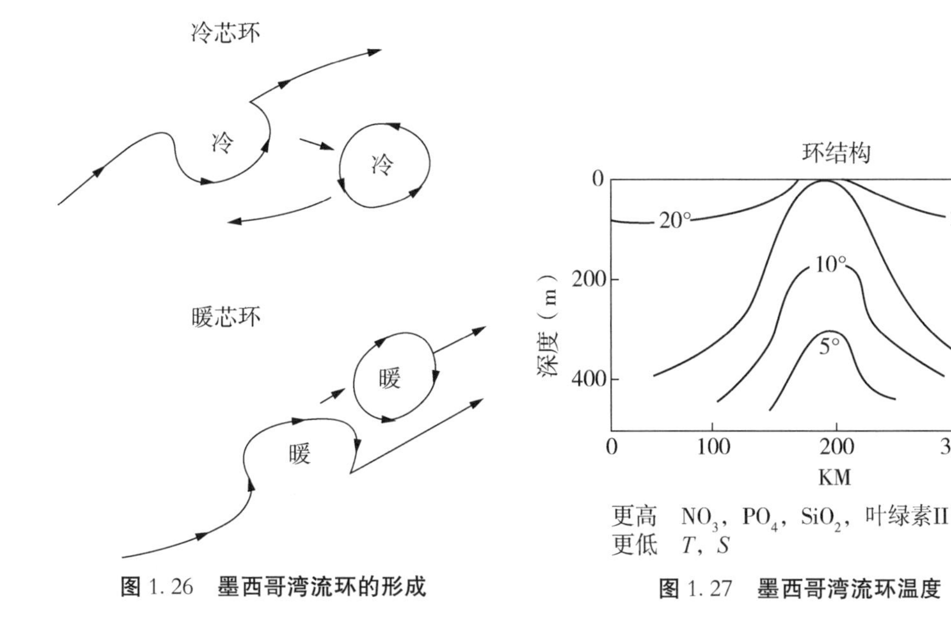

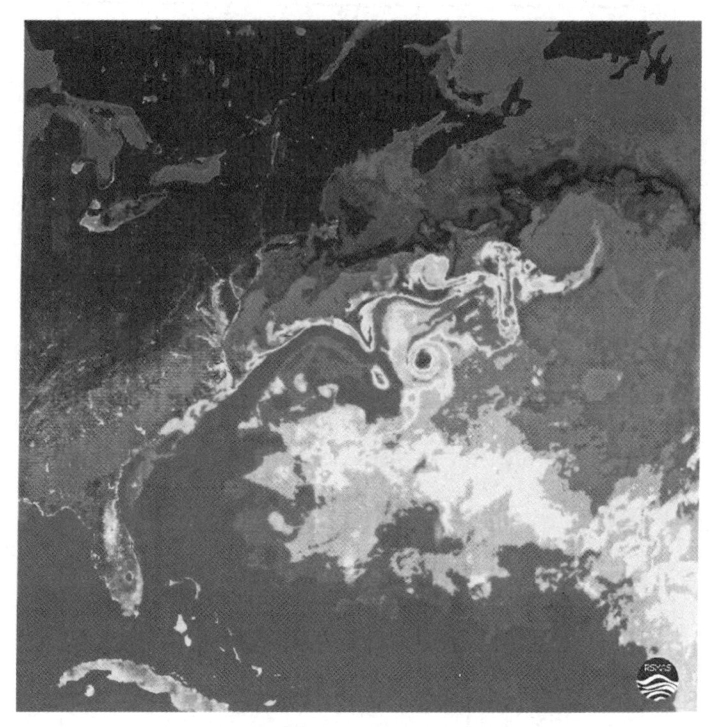

图 1.28　墨西哥湾流温度结构的卫星照片

人们对大西洋水团的研究已有一段时间。1925—1927 年的 Meteor 和 1957—1958 年的国际地球物理年两次考察提供了早期数据，而最近，GEOSECS、TTO(海洋瞬变示踪剂)和 WOCE 计划提供了大西洋物理和化学方面的数据。大西洋水团的 $T-S$ 图如图 1.29 所示。表层以下的上层水域被称为大西洋中层水。它们延伸至赤道任一侧 300 m 的深度，在中纬度的深度达 600～900 m。这些海域被认为是由副热带辐合带赤道边的水团下沉形成的。较冷、低盐水在较高纬度地区下沉；高盐、较暖的水在较低纬度地区下沉，并向赤道方向流动。在南大西洋，中央水在其与南极中层水交汇的深度终止流动。在北大西洋，北极中层水并不占主导地位。大西洋中央水域在北大西洋高纬度地区融入北极水域，在低纬度地区融入地中海水域。地中海水的影响可以通过检查深度为 1 000 m 的盐度水平剖面来证明(见图 1.29)。

之前展示的大西洋温度(见图 1.8)和盐度(见图 1.14)剖面图(以及第 6 章中的氧含量剖面图)表明大部分大西洋水是深层水。北大西洋深层水的主要来源是挪威海。北大西洋水流过苏格兰、冰岛和格陵兰之间的海槛，最终汇入大西洋深处。该水流不连续，而是以脉冲形式出现。大多数北大西洋深层水的盐度为 34.9，温度在 2～3 ℃之间。

由于大西洋中脊分离，南大西洋西部和东部盆地的底层水有所不同。在西侧，底层水的温度低至 0.4 ℃，而东侧最低温度为 2.4 ℃。Walfish 海岭阻止底层水流入东海盆，Walfish 海岭深度为 3 500 m。盐度差异不显著(西部为 34.7，东部为 34.9)。

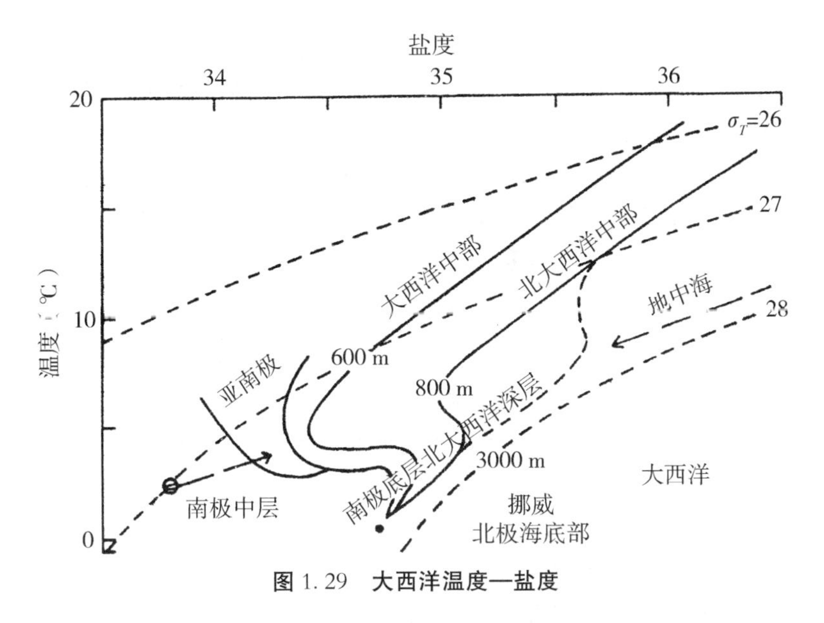

图 1. 29　大西洋温度—盐度

Ostlund 及其同事在迈阿密进行的早期氚测量中清楚显示了北大西洋深层水形成的速度。他们从早期 GEOSECS 以及 TTO 研究中获得的关于北大西洋中氚的结果如图 1. 30 所示。测量结果显示，1960 年原子弹实验后，氚向南渗透，其具有 12 年的半衰期 $t_{1/2}$并进入北大西洋水域。GEOSECS 研究工作大约 10 年后所做的 TTO 测量显示了北大西洋深层水的进一步移动情况。

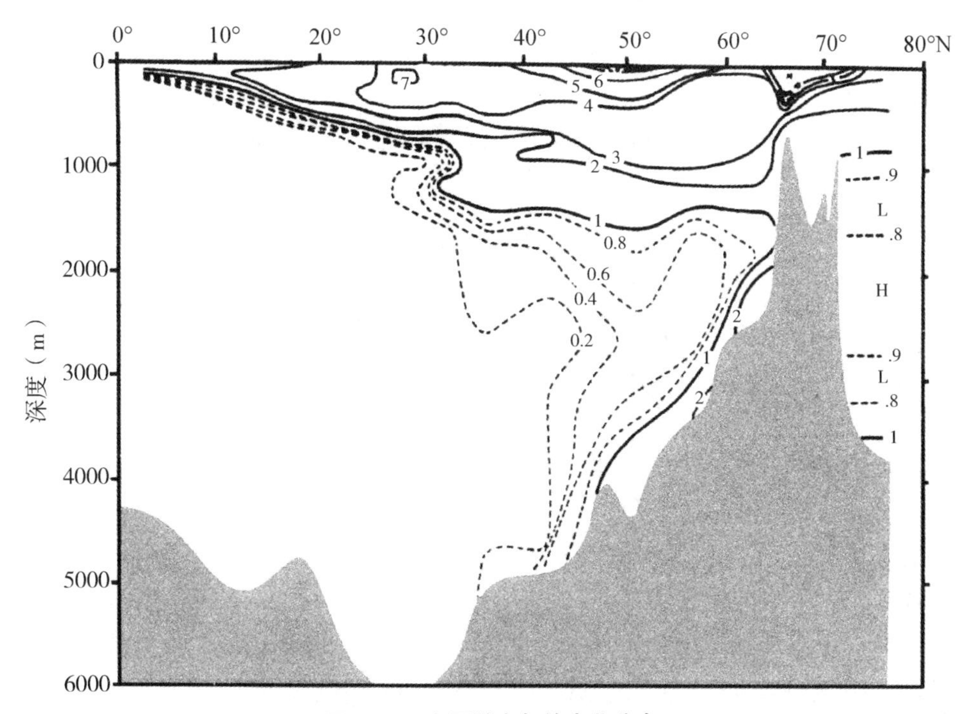

图 1. 30　大西洋中氚的南北分布

南大西洋水团平衡的总结如图 1.31 所示。南流由 17 Sv 的表层水和 18 Sv 的深层水组成。北流由上层环流水 23 Sv、南极中层水 9 Sv 和南极底层水 3 Sv 组成。

应提及的大西洋水域的另一个特征是赤道地区的垂直环流（如图 1.32 所示）。盐度和温度分布图中的一般上升流已有描述。得益于这些特征，表面附近有冷、营养丰富的水域，支撑了赤道附近的初级生产力。研究也对赤道地区附近的逆流进行了调查。在讨论太平洋海域时，将会重点关注这一块。

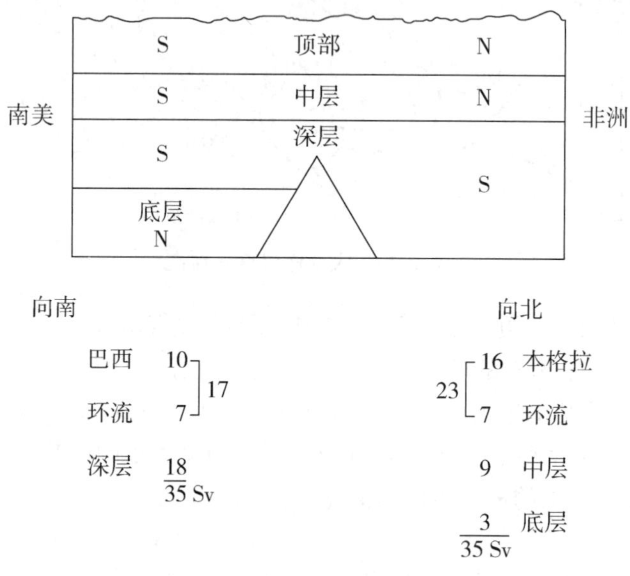

图 1.31　**南大西洋的水团平衡**

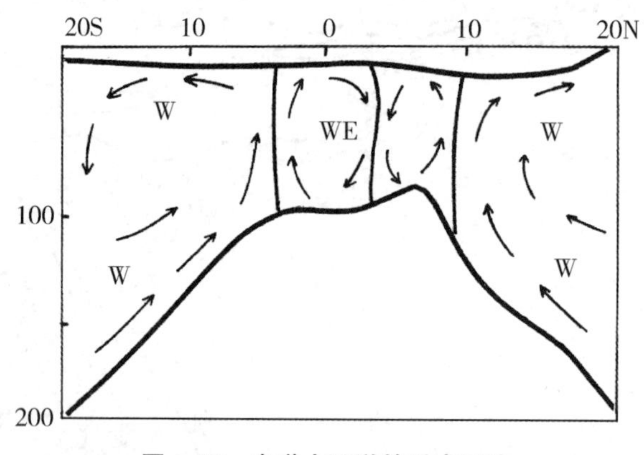

图 1.32　**赤道大西洋的垂直环流**

1.4.2　南大洋海域

南大洋表层水循环受极地绕极流和极地环流控制，极地绕极流和极地环流又分别受西风漂流（顺时针方向）和东风漂流（逆时针方向）作用（见图 1.33）。海面环流受多个汇聚区的强烈影响，如图 1.34 所示。从南极向北，海表面温度缓慢升高，直至达到一个区域，快速增加 2～3 ℃。这个汇合区称为南极聚合带。这个区域在大西洋和印度洋海域约南纬 50°处，太平洋南纬约 60°处。从陆地到南极聚合带的地区称为南极区。该区表层水温在冬季为 − 2～1 ℃，夏季为 − 1～4 ℃。由于冰块融化，盐度低于 34.5，并且因为向北移动的较冷表层水在该区域下沉，并继续向北流动。该水团被称为南极中层水，并向北移动与北大西洋深层水相混合。其厚度约 500 m，温度为 2 ℃，盐度为 33.8。其 σ_T 为 27.0，形成低盐度舌，中心在北纬 40°的 800～1 000 m 处，离开表面时其具有高浓度 O_2(220～300 μmol · L^{-1})。

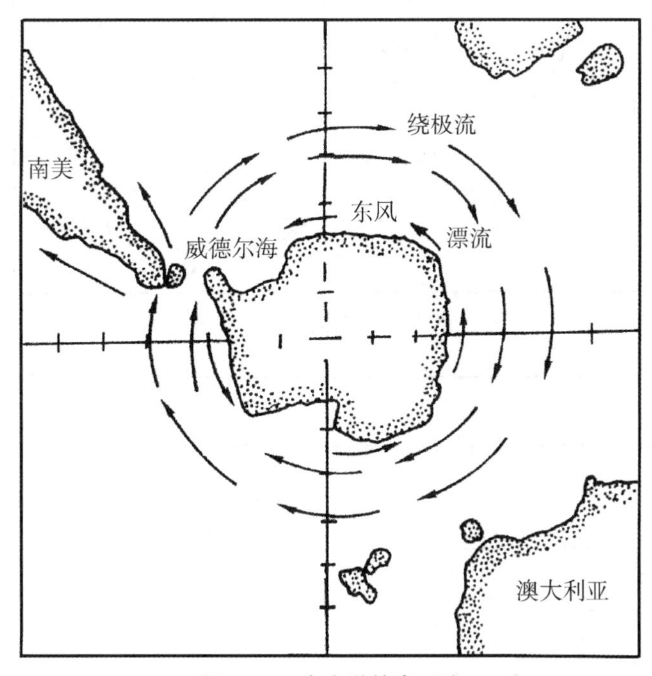

图 1.33　南大洋的表层流

在南极聚合带北部，温度缓慢上升直至某区域，该区域温度快速增加了 4 ℃左右，盐度增加了 0.5。该地区被称为副热带辐合带。副热带辐合带出现在南极洲约 40°附近，但在南太平洋却没有对该辐合带的明确定义。南极与副热带辐合带之间的区域称为亚南极带。冬季表层水温为 4～10 ℃，夏季温度则上升至 14 ℃。冬季盐度为 33.9～34.9，夏季冰川融化时盐度低至 33。由于科里奥利力(来自地球旋转)的作用，强绕极流在北部有分量。这个海流速度从南极地区的 4 cm · s^{-1}变化到南极聚合带北部的 15 cm · s^{-1}。它具有所有水团(150～190 Sv)的最大容积流量。南大洋的水团草图如图 1.35 所示。绕极水从表面延伸至 400 m。在 400 m 处，其温度为 2.5 ℃，底部温度为 0 ℃。绕极水盐度为 34.7。绕极水由北大西洋深层水与表层和中层水混合组成。

南极底层水在威德尔海和罗斯海中形成。它是绕极水和冰架水的混合物(t = − 1.9 ℃，为海水凝固点；S = 34.6；σ_T = 27.9，是南大洋的最高值)。底层水在高

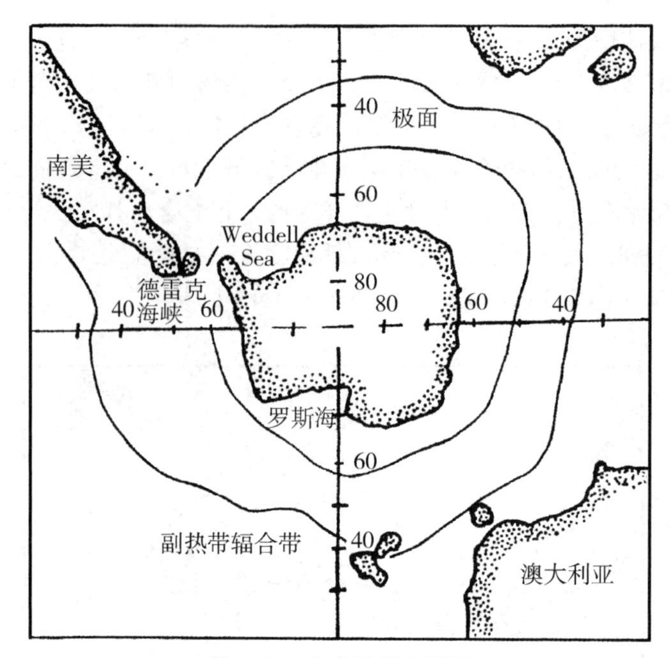

图 1.34 南大洋的交汇区

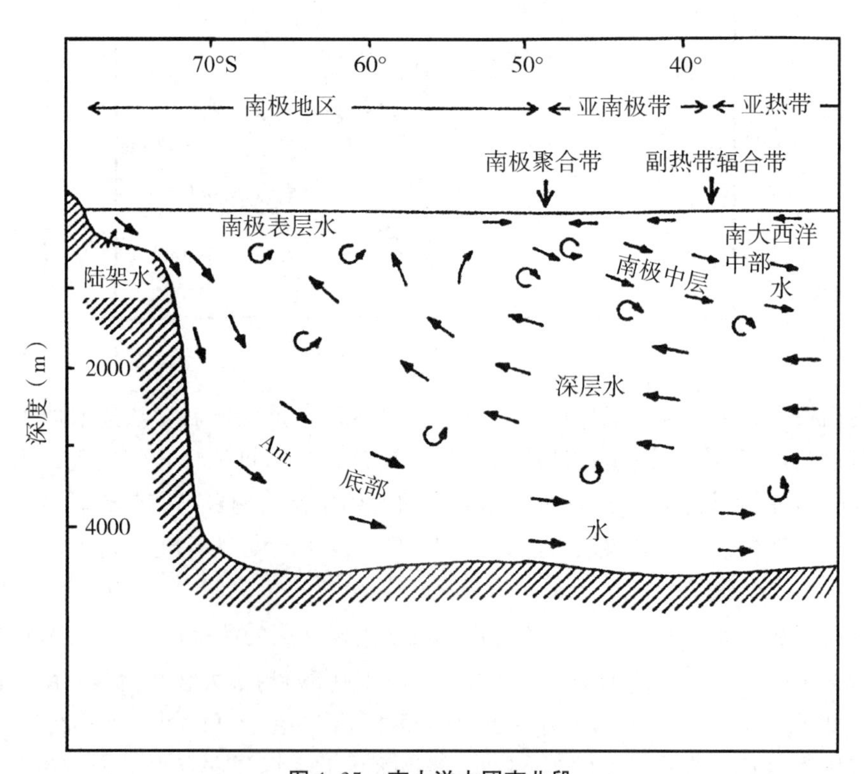

图 1.35 南大洋水团南北段

密度（$\sigma_T = 27.9$）时形成，并沿着大西洋、印度洋和太平洋北部的大陆坡向北流动。随着水团的北移，它与深层水混合，温度升至 1.5 ℃，盐度从 34.7 升至 34.8。

如上所述，南极中层水在南极聚合带处形成，包括南极表层水和绕极水。它在大西洋、印度洋和太平洋向北移动，与深层水和表层水混合。南大洋深层水来自北大西洋的深层水，作为绕极流循环的一部分。它在印度洋和太平洋沿北移动，在亚南极地区（$t=2\sim3$ ℃，$S=34.6\sim34.8$）之间的 1 500～3 000 m 处。这种"温暖"的深层水夹在较冷的中层和底层水域之间。早期海洋学家建议，深层水的北大西洋起源是由于其温度和盐度的相似性（$t\approx2$ ℃和 $S=34.9$）。这些水域从北大西洋进入北太平洋时，会失去 O_2 并获得营养盐。

1.4.3　太平洋海域

太平洋表层水循环与大西洋相似（见图 1.36）。在北太平洋，有顺时针方向涡流，在南太平洋则有逆时针方向涡流。由于水体较大，赤道洋流在太平洋地区更为明显。南北赤道洋流向西流动，是两个大涡流的主要组成部分。两个大涡流均受信风作用。南北赤道逆流向东流动。北赤道洋流的表面速度为 25～30 $cm\cdot s^{-1}$，容积流量为 45 Sv。除春季（3 月和 4 月）赤道逆流减少至 20 $cm\cdot s^{-1}$以外，赤道逆流的速度为 35～60 $cm\cdot s^{-1}$。逆流深度可延伸至 1 500 m，输送水体积高达 60 Sv。在赤道，有一个被称为太平洋赤道潜流的暗流，位于海面以下（西面 200 m，东面 40 m）。暗流厚度仅有 0.2 km，但宽 300 km，长 14 000 km。速度高达 170 $cm\cdot s^{-1}$，最大流量为 70 Sv（平均值为 40 Sv）。该洋流在 1886 年挑战者号进行科学考察时被发现，但后来却被遗忘，直到 Cromwell，Montgomery 和 Stroup 等人于 1952 年再次发现。

太平洋赤道附近没有从南太平洋到北太平洋的主要海水输送。北太平洋确实有像大西洋这样强大的西边界流，它被称为黑潮和延伸流。它的容积流量约为 65 Sv。它也像墨西哥湾流那样蜿蜒曲折，形成涡旋或环形流。北部的加利福尼亚海流和秘鲁或洪都拉斯洋流在南太平洋的海流产生沿岸的上升流。这两支海流为赤道地区带来冷流，并对这些地区的气候造成影响。1 月至 3 月，秘鲁寒流在赤道以南向西偏转几度。北赤道逆流随之向南，并在海岸附近带来温水。这种现象称为"厄尔尼诺（El Nino）现象"，因为它发生在圣诞节前后。这种温度上升会导致鱼类死亡，并增加海洋蒸发量和陆地上的降水，造成洪水。近年来，科学家已对厄尔尼诺现象进行了一系列研究，以预测其因东太平洋发生的过程而造成的活动。

由于太平洋面积较大，太平洋地区的水团比大西洋更为复杂。表层水的盐度如同大西洋一样，在热带地区呈现最大值，但北太平洋的盐度值低于北大西洋。南太平洋的盐度高于北太平洋，但低于南大西洋。如前所述，这与大西洋的高蒸发速率有关。

由于北半球和南赤道洋流的环流的影响，太平洋水域的表层温度在赤道附近和西部盆地附近最高。由于上升流作用，秘鲁海岸表层温度较低。海岸上的风将表层水吹离大陆架，随即表层水被冷的富含营养的中层水（约 500 m）代替。太平洋地区 100～800 m 之间的水域称为中层水。

北纬 20°到北纬 10°之间的水域为太平洋最咸水域。强的温跃层将表层水与太平洋赤道水域分离。水体的垂直输送被阻隔开来；这一中断层在西部为 150～200 m，

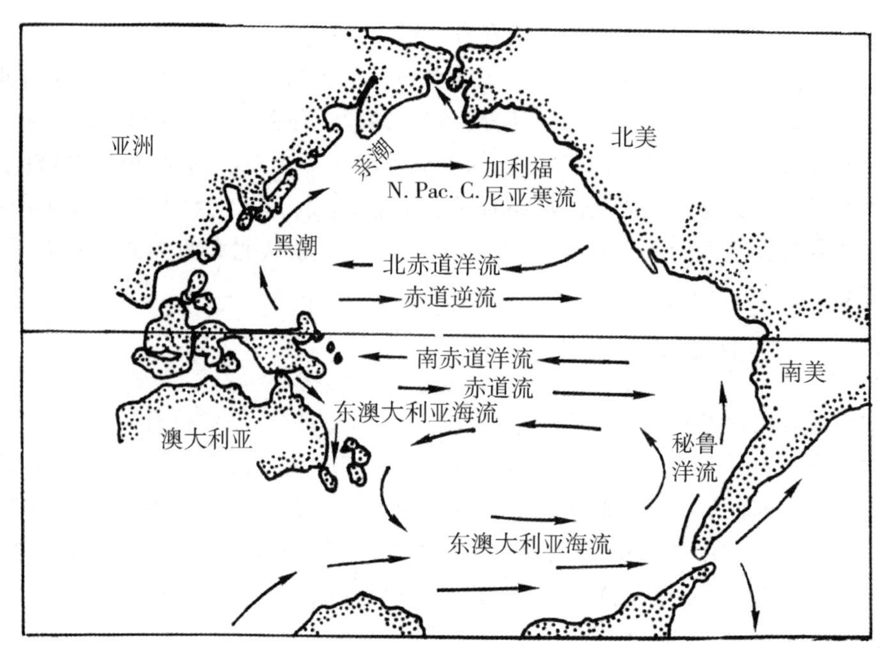

图 1.36 **太平洋表层流**

在东部为 50 m 或更浅。它可以到达中美洲西海岸表面(被称为哥斯达黎加热穹窿)。与大西洋一样，盐度最大值出现在赤道水域。在约 800 m 处，盐度达到最低值，这是由于水流的补充，包括由于北极中层水域南部和南极中层水域北部的水流。太平洋亚北极海域(S = 33.5～34.5；t = 2～4 ℃)比大西洋亚北极海域更宽广。它们形成在含盐更多的黑潮续流和冷亲潮水域之间的副北极收敛线(西太平洋)。

太平洋的南极中层水(t = 2.2 ℃和 S = 33.8)在南极聚合带处形成，其北端延伸受到太平洋赤道水域限制。在大西洋，赤道水域没有明确界定，中层水横穿赤道。北太平洋中层水由西部 800 m、东部 300 m 处的最低盐度标示边界。这些水域以类似于表层水的顺时针环流进行循环，其高含氧量表明该水域被表层水所补充。然而，Reid(1973)指出，这些水域的密度与表层水域密度不同。他因此得出结论，这些中层水的特性是由表层以下的原因引起的。

太平洋深层水(2 000 m 至底部)的温度为 1.1～2.2 ℃，盐度为 34.65～34.75。与大西洋不同，盐度随着深度增加而增加或仍保持恒定，而大西洋中能观察到盐度最大值。这个不一致性的原因是北太平洋没有形成深层水；它是北大西洋(和其他)深层水的水汇。

在南太平洋，底层水来自南极环极水域。这些底层水的温度从南极的 0.9 ℃增加到北太平洋的 1.5 ℃。这被认为是由来自地球内部的热流所引起。太平洋中的深层水和底层水运动非常缓慢，只有南、北太平洋之间有少量水流交换。太平洋和印度洋的深层水具有相似的性质(t = 1.5 ℃和 S = 34.7)，是世界海洋中最大的水团，被称为大洋水或普通水。它主要是由北大西洋深层水和南极底层水混合而成。正如将要讨论的那样，太平洋深层水比大西洋深层水含氧低、营养物质多。这是由于水域年龄较

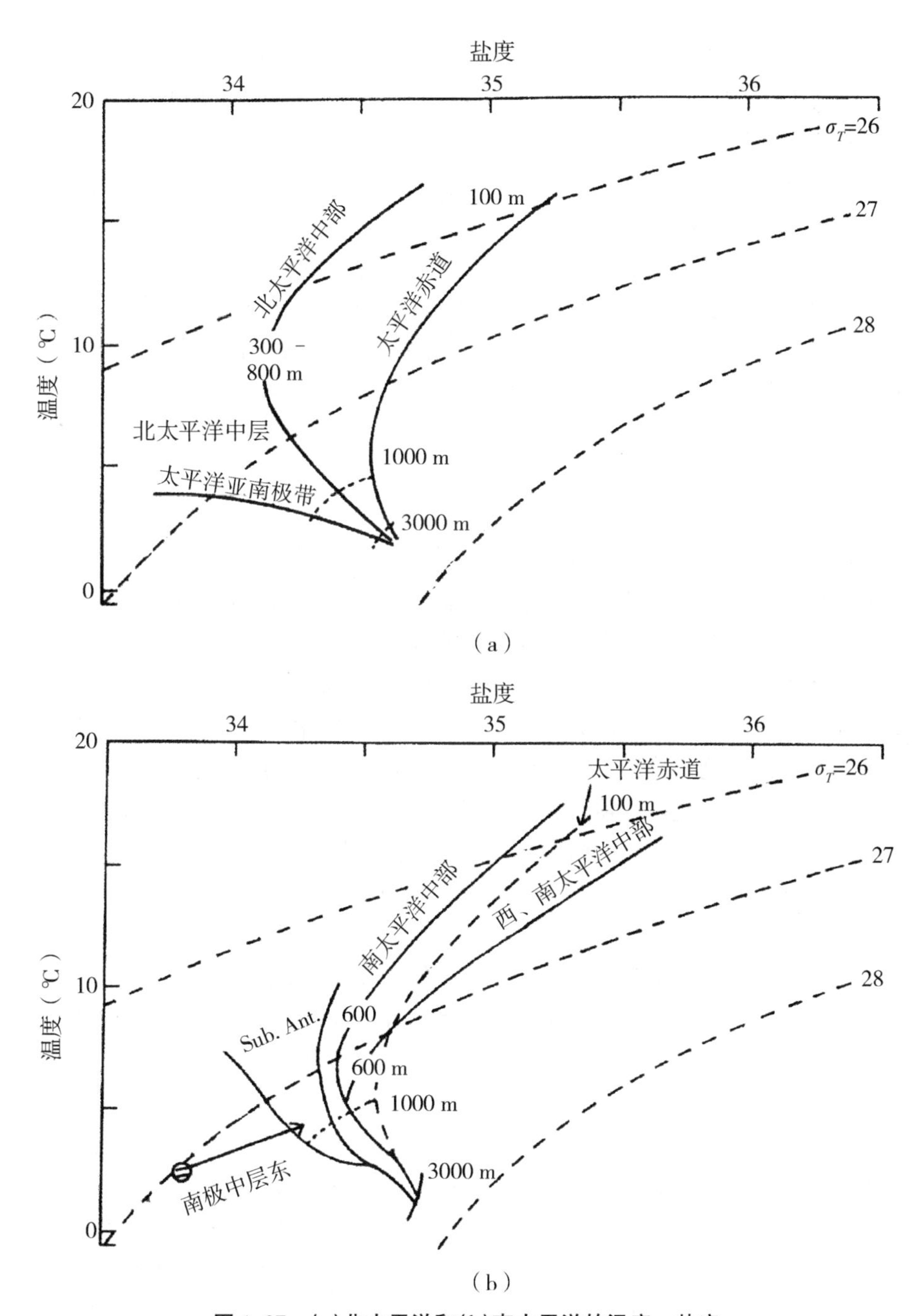

图 1.37　(a)北太平洋和(b)南太平洋的温度—盐度

大，并且一些表层水的生产力高。太平洋不像大西洋地中海和印度洋红海那样有高盐度水的补充。

太平洋主要水团的温度—盐度图如图 1.37 所示。由于太平洋的面积大，其水团比大西洋更为复杂。表层水下方的上部水团具有多种性质。在 100～800 m 之间，南、北太平洋水域和太平洋赤道水团占主导地位。赤道水体横跨整个海洋，具有非常均匀的温度—盐度关系。表层水通过强温跃层与赤道水域分开，从而阻止了水体的垂直输运。不连续层的深度从西部的 150～200 m，减小至东部 50 m 以下。该不连续层有时到达美国海岸附近表面，被称为哥斯达黎加热穹窿。

科学家对被称为克伦威尔潜流的太平洋赤道潜流已有了一段时间的研究。因为并没有相关理论预测克伦威尔潜流存在，Cromwell，Montgomery 和 Stroup 于 1954 年重新发现克伦威尔潜流，这引起了科学界很大的兴趣。该洋流是通过跟踪在不同深度放置的浮标而发现的。潜流以狭窄暗流的形式在温跃层上方被观察到。该技术与 Buchanan 在 19 世纪所采用的用于研究大西洋暗流的方法类似。东流速度高达 120 $cm \cdot s^{-1}$，输送速度约为 40 Sv。南赤道洋流流过暗流上方，并将其与南、北面的逆流分开。应指出的是，赤道太平洋的垂直环流与大西洋相似。

1. 4. 4 印度洋

印度洋的表层流如图 1. 38 所示。由于亚洲大陆板块的存在，印度洋的北限与大西洋和太平洋有所不同。南纬 40°的副热带辐合带被认为是印度洋的南部边界。在南印度洋，逆时针方向的环流与南大西洋和太平洋相似。环流以南受极地流限制。该洋流一部分沿澳大利亚西海岸向北流动，并由沿着澳大利亚南部向西流动的沿岸流加强。部分洋流向西流动，成为南赤道洋流。非洲南部沿海的南部洋流被称为阿古拉斯海流，并形成环流。这部分洋流向西流入大西洋，形成本吉拉海流。

由于风的季节性变化，印度洋的赤道洋流系统与大西洋和太平洋有所不同。11 月至次年 3 月，风和洋流除继续向南外与其他海洋相似。南赤道洋流(南纬 20°至南纬 8°)全年向西流动。赤道逆流(南纬 8°至南纬 2°)向西流动。北赤道洋流(南纬 2°至北纬 10°)向东流动，由东北信风维持。

4 月份，风向改变。从 5 月到 9 月，由西南季风替代东北信风。这些都是横跨赤道的东南信风的延续。北赤道洋流将代替西南季风。赤道逆流也消失或难以与季风海流区分开来。在季风期间，南赤道洋流向北转，产生索马里海流。索马里海流沿非洲东岸向北流动。

印度洋赤道附近水域的温度和盐度与大西洋和太平洋相似。由于受河川径流的影响，特别是在季风季节，孟加拉湾水域的盐度较低(31～34)。由于蒸发作用，阿拉伯海水域具有较高盐度(36. 5)。印度洋主要水团的温度—盐度图如图 1. 39 所示。赤道水域盐度为 34. 9～35. 2，位于北纬 10°，深度为 100～2 000 m。中层水情况与南大西洋中层水情况相似(800～1 000 m)。南冰洋中层水特点为盐度较低。南冰洋中央水域在南极汇聚处形成，和大西洋与太平洋相似。印度洋中的深层水温度为 1～3 ℃，盐度为 34. 6～34. 8。该深层水具有与太平洋深层水类似的性质，是北大西洋深层水的剩余部分。在南印度洋的南冰洋底层水具有与在大西洋和太平洋形成的底部海水相似的性质。

在北印度洋和西印度洋，暖盐水团从红海流出，深度为 1 000～1 500 m。红海的海槛深度约为 125 m。由于红海的蒸发量超过降水量且河川径流很少，盐度(42. 5)和

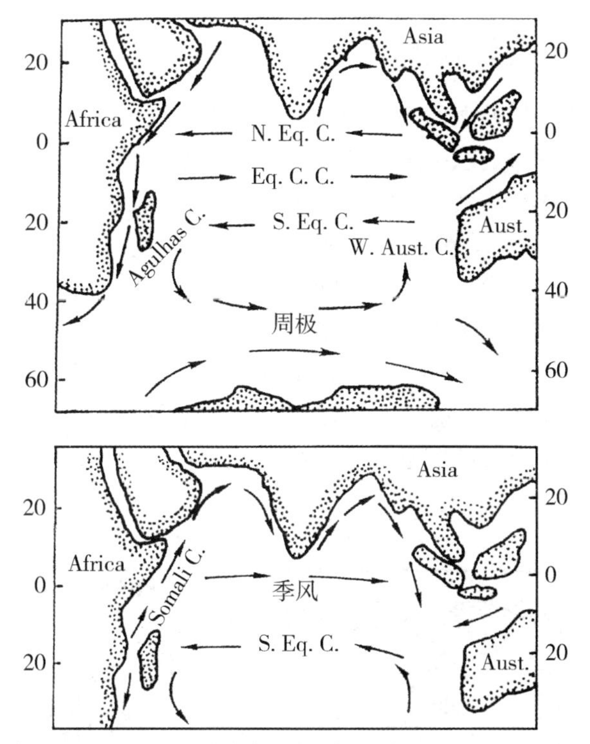

最上部图示 11 月至 3 月之间的情况，底部图则是 5 月至 9 月之间的情况

图 1.38　印度洋的表层流

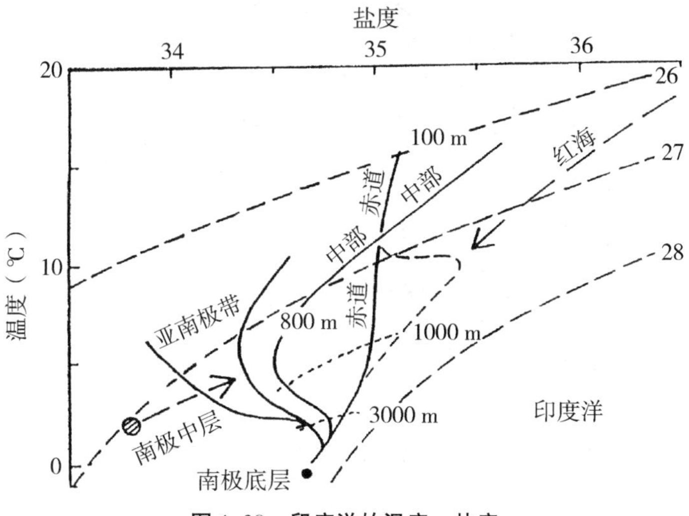

图 1.39　印度洋的温度—盐度

温度都非常高。盐水下沉，穿过海槛，从红海流出。因此，离开红海的海水性质与红海水域深水性质不同。海槛内部温度为 24 ℃，盐度为 39. 8；海槛外部温度为 15 ℃，盐度为 36。地表输入情况类似于地中海。

1.4.5 北极地区及周边海域

北极地区及周边海域的海面环流情况如图 1.40 所示。挪威洋流是北大西洋洋流的延续，向北流入挪威海。东格陵兰洋流沿格陵兰岛海岸向西南方流动，由来自北冰洋的水组成，有些与挪威洋流的水混合。该洋流的流速约为 30 cm · s^{-1}。从格陵兰到苏格兰的海脊为 1 000 m，阻止了更深的大西洋海水进入挪威海和北冰洋。东格陵兰洋流将冰从北冰洋带入南大西洋。在挪威海和格陵兰海，表层水由格陵兰环流组成（1 500 m 深度以上，温度 = －1.1～－1.7 ℃，盐度 = 34.86～34.90；1 500 m 深度以下，盐度 = 34.92，温度＜1.1 ℃）。挪威环流的深层水盐度相同，但是温度高于 －0.95 ℃（类似于北极海盆底层水）。因此，挪威海形成了一道屏障，阻止更冷的格陵兰环流水流入。两个海域的深层水 O_2 浓度都很高，表明这里的深层水是通过冬季水冷却和下沉形成的。

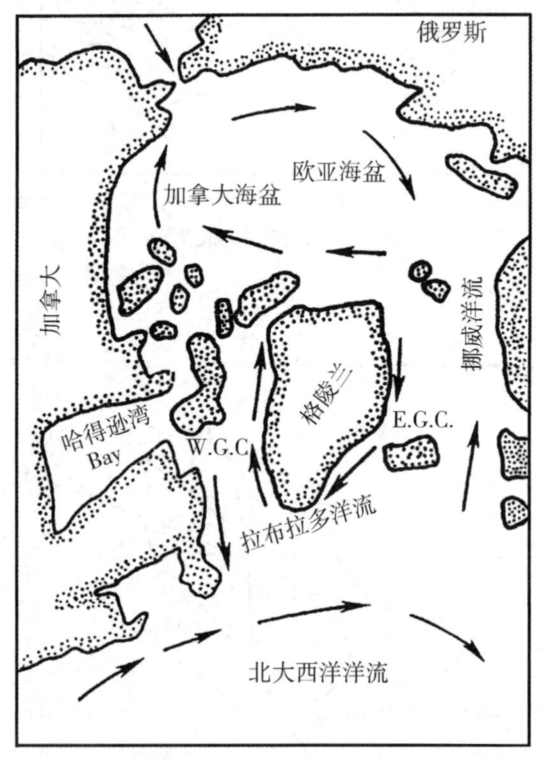

图 1.40 北冰洋表层流

西格陵兰洋流的起源为东格陵兰洋流在格陵兰流入拉布拉多海的绕流。巴芬岛湾流向南流动，成为流入大西洋的拉布拉多洋流。其盐度很低（30～34），温度也很低（0 ℃以下）。拉布拉多洋流的容积流量估计为 5.6 Sv，而东格陵兰洋流的容积流量为 7.5 Sv。其中的差异（1.9 Sv）是因为部分深层水流入了大西洋。

北冰洋分为两个海盆，两个海盆由格陵兰海和西伯利亚海之间的罗蒙诺索夫海岭隔开。加拿大海盆的最大深度为3 800 m，而欧亚海盆的最大深度为4 200 m。隔开两个海盆的海槛深度为1 200～1 400 m。欧亚海盆与大西洋的连接主要是通过格陵兰海和斯匹茨卑尔根岛。斯匹茨卑尔根岛海槛深度为1 500 m。白令海峡的海槛深度为50 m，因此，加拿大海盆与北太平洋很少有水团交换。北冰洋的上层水流动数据是从被困冰中的船只的早期记录中获取的。加拿大海盆中的顺时针环流流入东格陵兰洋流，欧亚海盆中的逆时针环流加强了这一流入现象。

北冰洋中的水团包括表层水或北冰洋水团(0～200 m)、大西洋水团(200～900 m)和底层水(900 m至海底)。密度很大程度上取决于盐度。图1.41列出了两个海盆的盐度和温度情况。

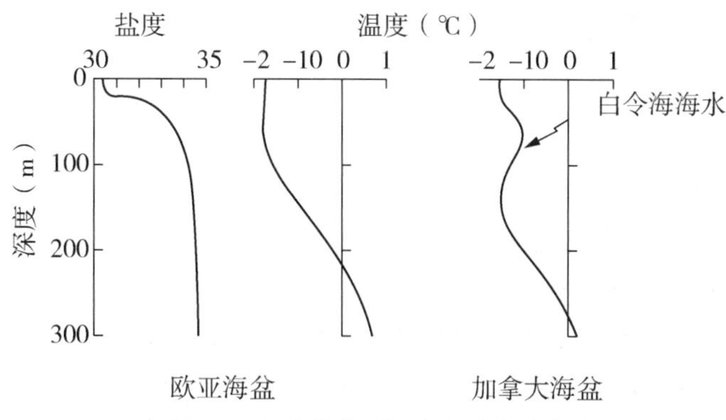

图1.41 冰洋典型温度和盐度分布

表层水盐度为28～34不等，受融冰和结冰影响严重。因此，温度保持在冰点附近(盐度为28时的-1.5 ℃到盐度为33.5的-1.8 ℃)。季节变化(盐度变化为±2，温度变化为±0.2 ℃)仅限于表层水。次表层水等温，但在25～100 m处有盐跃层。100 m以下，温度急剧上升。次表层水通过来自欧亚大陆架的水平平流保持。这个过程与河口发生的流动相似，淡水(来自西伯利亚海的河川径流)在盐水(大西洋海水)之上流动。加拿大海盆也存在盐跃层，但是，在75～100 m处，其温度达到最高。温度达到最高的原因是白令海海水通过白令海峡流入北冰洋。由于其盐度更高，其温度更高，密度也更大。这就是海洋中次表层出现最大温度的少数几个例子之一。

更下层的海水(200～900 m)混合了北冰洋次表层水和大西洋海水(温度=3.0 ℃，盐度=34.8～35.1)。其成为北冰洋深层水(温度=0.4 ℃，盐度=34.85～35.00)。该深层水的流动方向为逆时针方向(与北冰洋表层水的流动方向相反)。北冰洋底层水(900 m～海底)构成了北冰洋海水体积量的60%，其盐度为34.90～34.99，在欧亚海盆的最低温度为-0.8 ℃，在加拿大海盆的最低温度为-0.4 ℃。底层水源自挪威海。由于存在罗蒙诺索夫海岭，欧亚海盆中更高温度的海水不能流入加拿大海盆。

Ostlund和其同事Miami研究了北冰洋中的深层水交换。他们发现欧亚海盆中的深层水交换时间为10～100 yr，而加拿大海盆中的深层水交换时间为700 yr。低于10%～15%的深层水源自大陆架。

极地冰冠覆盖了 70%的北冰洋。极地冰冠随处可见，从极地延伸到 1 000 m 等深线。在夏季，有的冰融化，极地冰冠厚度下降至几米。可能形成称为冰间湖的开阔空间，断裂处出现脊(筏)。在冬季，极地冰冠厚度约为 3 m，有冰丘，冰丘可达海平面上 10 m 高以及海平面下 40 m 深。极地冰冠并非保持不变，其中有 1/3 被东格陵兰洋流带走。极地冰冠覆盖范围之外，浮冰块覆盖了 25%的北冰洋面积。浮冰块比冰冠更轻，被带到比极地冰冠更远的南方。浮冰为航行带来了困难。从海滨形成的冰称为固定冰。固定冰在夏季破碎融化。冰山由来自格陵兰海西海岸的冰川块形成。其与浮冰块不同，可延伸至海平面上 70 m(可长达 500 m)。海平面下的体积量从 1∶1 到 7∶1 不等，取决于其形状。冰山的漂流受水流影响，而浮冰块的漂流受风影响。由于科里奥利力的原因，北半球的浮冰块向右移动。在 Nansen 注意到或 Ekman 提出这一点很久之前，海员就已经注意到了这一点。

1.4.6 封闭海盆

1.4.6.1 **地中海**

地中海由 400 m 的海槛分割为西海盆和东海盆。海槛从西西里岛延伸至北非。西海盆的最大深度为 3 400 m，东海盆最大深度为 4 200 m。地中海与大西洋之间的海槛深度为 330 m。地中海是封闭盆地典型实例，其蒸发速率比降水量和河水输入量高。这就导致其表层海水盐度很高(盐度 = 39)。这些水在冬季下沉，形成高盐深层水。在土耳其海岸附近，形成了地中海东部的中层水，该中层水温度为 15 ℃，盐度为 39. 1。这些海水在 200～600 m 深处向西流动，然后通过直布罗陀海峡流入大西洋。流入大西洋的地中海海水与流入的大西洋海水混合后温度为 13 ℃，盐度为 37. 3。在冬季，在西海盆的里维埃拉(温度 = 12. 6 ℃，盐度 = 38. 4)和东海盆的南亚得里亚海(温度 = 13. 3 ℃，盐度 = 38. 65)形成深层水和底层水。由于深层水得到补充，深层水的氧浓度很高。

1.4.6.2 **红海**

红海的平均海水深度为 1 000 m，最大深度为 2 200 m。100 m 深的海槛将红海与印度洋隔开。由于气候干燥，红海的蒸发量超过降水量 200 cm/yr。由于没有河川径流流入红海，导致红海海水盐度高达 42. 5，夏季温度为 30 ℃，冬季温度为 18 ℃。海槛深度以下的深层水温度和盐度均匀(温度 = 21. 7 ℃，盐度 = 40. 6)。在冬季，海槛深度以下的深层水在北部形成。流过海槛的中层水起始温度为 25 ℃，盐度为 39. 8。流过海槛后温度变为 15 ℃，盐度变为 36。这一次表层由流过印度洋海水的地表入流补偿。这与地中海情况相似。流过海槛的红海海水在北印度洋中可以识别出来。在红海北部的一些深海沟中发现了一些热盐卤水池。这些热盐水池中，水温为 58 ℃，盐度为 320。溶液的成分表明盐卤水是通过热海水溶解蒸发沉淀形成的。

1.4.6.3　河口

海洋沿海水域的情况与开阔海域的情况在很多方面完全不同。随着位置和时间不同而产生的差异更大。这些差异由河川径流、潮汐流以及领海边界对流动的影响造成。潮汐流会每天两次改变港口或港湾的水量，促进垂直混合。这会打乱水的分层，并可能导致河流沉淀物重新悬浮。河川径流降低了表层水的盐度。径流通常呈季节性波动，通常受局部降水或夏季雪地和冰川融化的影响。大多数的沿海水域极端情况都出现在河口附近。

海洋学中，河口意义非常广泛。简单的定义是大江口的潮区。Pritchard将其定义为"与海洋自由沟通"且含有可测得的海盐量的半封闭沿岸水体。可将河口分为两大类(Pickard和Emery，1982)：

1. 正向河口，由于降水和河川径流量比蒸发量更大，盐度低于海洋盐度(如波罗的海)。

2. 反向河口，由于蒸发量大于降水量和河川径流量，盐度高于海洋盐度(如红海和地中海)。

也可以按河口的形状定义河口，可分为三类：

1. 海岸平原河口，由地面沉降或海平面上升淹没河谷形成(如圣劳伦斯湾和切萨皮克湾)。

2. 深盆地河口，有流向比海盆和外部海洋更浅的海洋的海槛(如挪威峡湾和加拿大峡湾)。

3. 沙堤河口，在海岸和附近修建的用于防浪和沉淀的沙堤之间有一条狭窄的通道(如墨西哥泻湖)。

最后，也可根据水质特征的分布分类。图1.42显示了四种不同类别的河口：

1. 垂直混合河口，为水混合较好的浅海盆。这就导致沿河口任何地方从表层到底层盐度相似。随着河口从头部流到口部，盐度增加。英国的塞文河就是这种河口。

2. 轻度分层河口，也很浅，盐度从头部到口部增加。但是，水分为两层，上层水盐度比深层水盐度低。上层水向海洋方向流动，深层水向内部流动。两层水的垂直混合导致两层中从头部到口部盐度增加。切萨皮克湾的詹姆士河就是这种河口。

3. 高度分层河口，对于峡湾比较典型。上层水盐度从头部的0盐度增加到口部的接近海水的盐度。深层水的盐度几乎均匀。表层水向外流动，深层水向内部流动。两层之间存在盐跃层。通常两层间存在一些垂直混合。整个河口的界面深度基本相同。此类河口的流动方向取决于海槛深度、河川径流以及外部水密度分布。如果海槛深度太浅，深层盐水的向内流动则不会发生。这就导致底层水停滞，可能缺乏氧气。挪威峡湾有这种情况，但不是所有深盆地河口都会发生这种情况。更新速度受河川径流以及外部密度结构(两者均具有季节性)影响。

4. 盐水楔河口，因其盐度结构而得名。海水以盐水楔的形式从河水下侵入。这种情况通常发生在运输量大的河流，如密西西比河或菲沙河。盐水楔非常薄，导致等盐度线几乎是水平的。和轻度分层河口一样，盐水楔河口底层有很大的水平盐度梯度

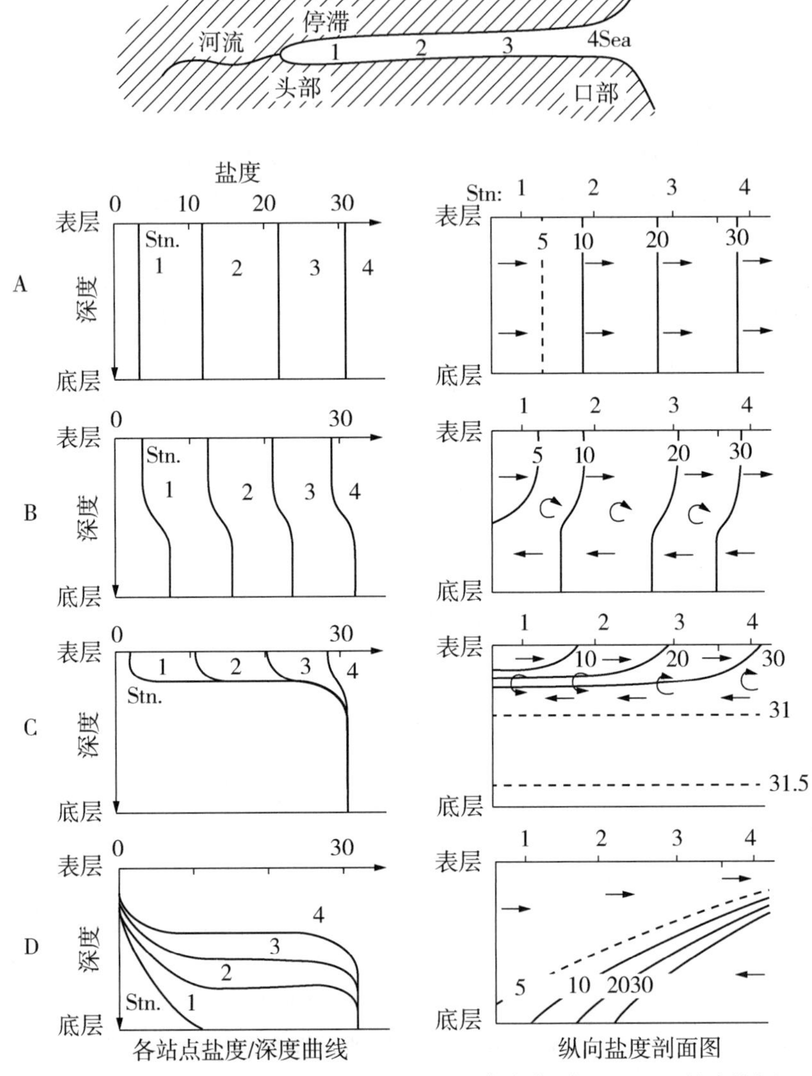

A—垂直混合河口，B—轻度分层河口，C—高度分层河口，D—盐水楔河口

图 1.42　不同类型河口的盐度/深度曲线图和剖面

以及很大的垂直梯度。由于河水外流，表层水多为淡水。

以上简单概论对河口系统进行了描述性讨论。下一章将描述更多关于河口化学方面的内容。

1.5　化学示踪剂在海洋学中的应用

海洋学家使用各种化学示踪剂确定表层和深层海水水体的混合次数。他们使用了如下化学示踪剂：

(1)保守示踪剂(T 和 S)。

(2)同位素示踪剂。

a. 稳定同位素(^{13}C,^{15}N,^{18}O)。

b. 放射性同位素(^{222}Rn,^{228}Rn)。

c. 宇宙射线产生的核素(^{14}C)。

d. 人为制造的核素(^{14}C，氚,^{3}H)。

(3)瞬变示踪剂(随时间变化的源或汇)。

a. 含氯氟烃(CFC)。

b. 碳－14(^{14}C)。

c. 氚(^{3}H)。

(4)针对性示踪剂。

a. 六氟化硫(SF_6)。

b. 荧光染料。

大多数的研究都使用瞬变示踪剂，如 CFC，以及碳－14 和氚等放射性元素。它们作为水团示踪剂非常有用，对于确定海洋过程的时标也非常有用。20 世纪 50 年代末期和 60 年代早期的核武器爆炸产生了碳和氢的放射性同位素(图 1.43)。这些元素沉降在海洋表面，逐渐与深层水混合。通过跟踪这些混合物，海洋学家对海洋的流动有了更深的了解。因为这些混合物进入大气的量是已知的(图 1.44)。

图 1.43　原子弹爆炸中碳－14 和氚的产量

1.5.1　碳－14

放射性碳(^{14}C)是在大气中产生的。宇宙射线中的质子粉碎大气原子的原子核使部分原子核成为碎片，释放中子。其中一些中子进入^{14}N 的原子核，击出质子，从而形成^{14}C。核子的数量(质子数加中子数)是相同的，但一个质子被一个中子替代。碳

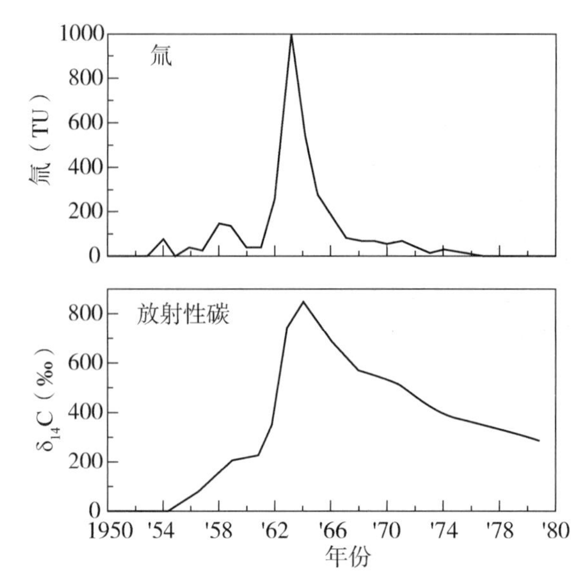

图 1.44 **核试验中进入大气的碳－14 和氚**

－14 具有放射性，可放射出电子(β 粒子)而成为氮－14 原子。利用释放的少量 β 粒子可确定自然水中 ^{14}C 的浓度。可通过下列公式确定 ^{14}C (N)分子数的浓度变化：

$$N = N_0 e^{-\lambda t} \tag{1.2}$$

式中，N_0 为初始浓度，$\lambda = 1.22 \times 10^{-4}\ yr^{-1}$。地球表面数千年过程中产生的 ^{14}C 量是不变的。其发生放射性衰变而丢失的速度与宇宙射线产生 ^{14}C 的速度是相同的。核武器实验中，产生大量的 ^{14}C。这些 ^{14}C 也加入到自然形成的 ^{14}C 中。

由于 ^{14}C 衰变为 ^{14}N 的半衰期($t_{1/2} = \ln 2/\lambda = 5700$ yr)和寿命($\tau = 1/\lambda = 8200$ yr)与海洋的混合次数时间在同一个数值级，且其与普通碳(^{12}C)的混合不完全，因此 ^{14}C 成为海洋学和其他领域中重要和有价值的工具。^{14}C 在其整个生命周期中与普通碳的缓慢混合导致古老的海水中 ^{14}C 浓度更低。因此，大气中 ^{14}C /C 比最高，较深的北太平洋的 $^{14}C/C$ 比最低。图 1.45 为大西洋和太平洋中的 $\Delta^{14}C = (^{14}C/C - 1)1000$(‰)剖面图。

1.5.2 氚和氦－3

氚(^3H 或 T)是一种氢的放射性同位素，其半衰期为 12.4 年。它是由于海洋表面的水(HTO)通过自然输入和从 20 世纪 50 年代后期和 60 年代初期核武器试验被引入海洋中。大气中产生氚的反应为：

$$^{14}N + n \Rightarrow {}^{3}H + {}^{12}C \tag{1.3}$$

氚的放射性衰变是通过下列反应完成的：

$$^{3}H \Rightarrow {}^{3}He + e^{-} \tag{1.4}$$

式中，e^- 为电子或 β 粒子，^3He 为氦－3。氚主要通过测量低能 β 数或使用质谱仪检测子体 ^3He 产品进行测量。第一种方法的检测限为 0.05 TU(tritium unit，氚单位，

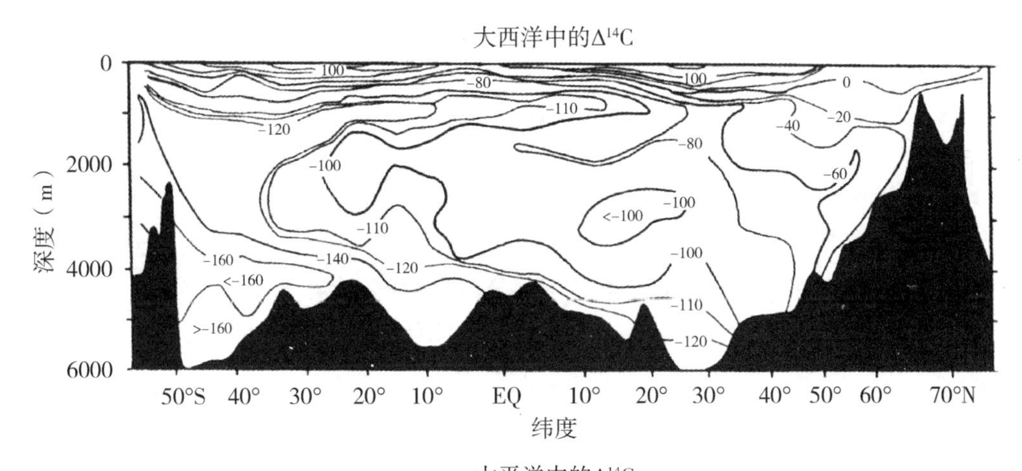

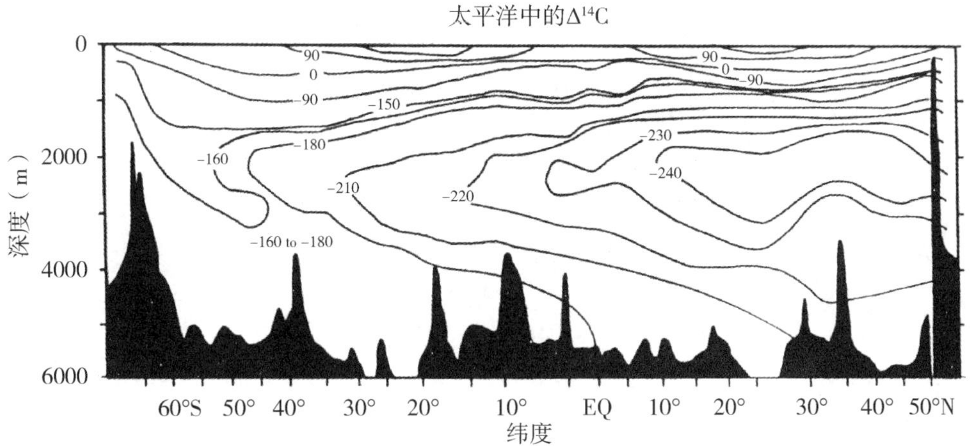

图 1.45　大西洋和太平洋中 $\Delta^{14}C$ 剖面

1 氚单位相当于$^3H/^1H$的比值，即10^{-18}），而第二种方法涉及$T/^3He$的测量，其检测限为 0.003 TU。这一比率是通过样品储存 6 个月后测得的。当氚和氦 - 3 都测得后，就可以估算水质点的分离时间(类似于^{14}C的方法)。可通过下列公式根据$^3He/T$比确定时间：

$$t = (12.4)\ln[(^3He/^3H) + 1] \tag{1.5}$$

使用该方程式时，应注意由于存在原始^3He，需对^3He的值进行纠正。还应注意由于^3He和^3H之间的指数关系，混合效应并不是呈线性的。因此两个水团的混合结果年龄并不是两者的算数平均值。这可通过下列成分 A 和成分 B 的混合进行说明：

成分	A	B	1/2(A+B)
TU	6.0	0.5	3.25
^3He(%)	3.5	1.8	2.6
年龄(yr)	2.1	10.2	2.8

A 和 B 的最终实际混合年龄为 7. 8 yr，而非 2. 8 yr。

图 1. 46 为 20 世纪 70 年代北大西洋和太平洋中氚浓度的典型分布图。在太平洋中，表层氚浓度约为 4 TU，随深度增加急剧降低，在 800 m 以下便低于检测限。与之相比，北大西洋中的表层水中氚浓度更高(12 TU)，深层水中的值也可测得(2 TU)。很早就有北大西洋中氚浓度的剖面图(图 1. 30)。图 1. 47 以彩色形式显示了 1981 年北大西洋中的氚浓度剖面，科学家在进行这些测量时，有惊人地发现，即往南至大西洋 40° N 的底层水中竟然存在可测量的氚(原子弹测试后仅为 20 TU)。目前，海水中的氚浓度低于检测限。因此，大多数研究都调查氚向氦 - 3 的低水平衰变。

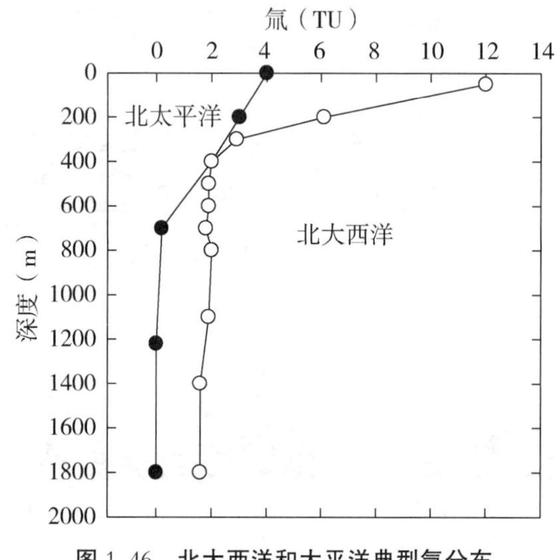

图 1. 46　**北大西洋和太平洋典型氚分布**

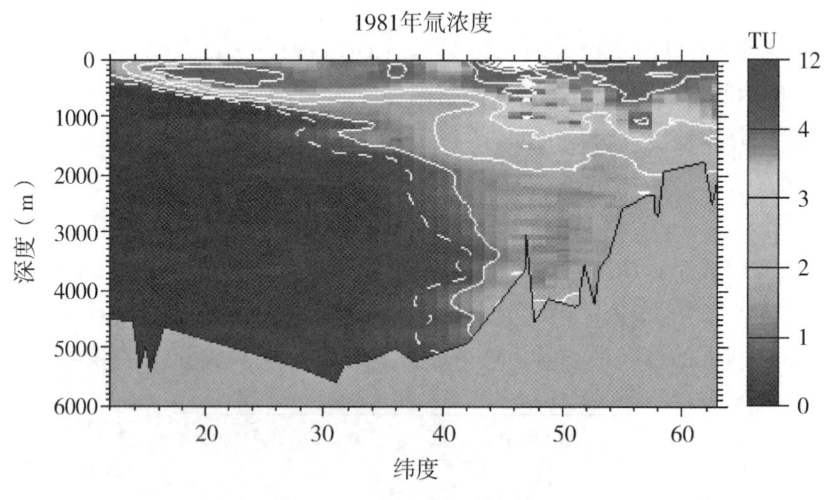

图 1. 47　**大西洋氚浓度剖面**

^{3}He 通过四种渠道进入海洋：大气、海洋上层中的氚衰变、来自地球内部的原始输入(包括热液喷口)以及来自沉积物的放射性衰变。两种自然发生的同位素为^{3}He

和^4He。可对二者共同进行测量，计算其比率以推测其来源。氦在大气中含量为5.2 ppm，从地球进入大气的通量与逃入太空的通量保持稳态平衡。大气中$^3He/^4He$比为1.38(Clark等，1969)。该比值被认为是进入海洋表层水的氦的平衡比。温跃层以上海水中氚衰变为^3He是导致表层水中$^3He/^4He$比变化的主要因素。深层水中，尤其是太平洋中，从脊顶和热液活动流出的氦通量$^3He/^4He$比是大气中$^3He/^4He$比的10倍。深层水中该比值的增加可作为深层水和热液喷口液的示踪剂。来自沉积物的He由于大多数U和Th的放射性α衰变，导致^4He浓度增加，进而导致$^3He/^4He$比减小。图1.48显示了从太平洋内部进入深层水的^3He和^3H。

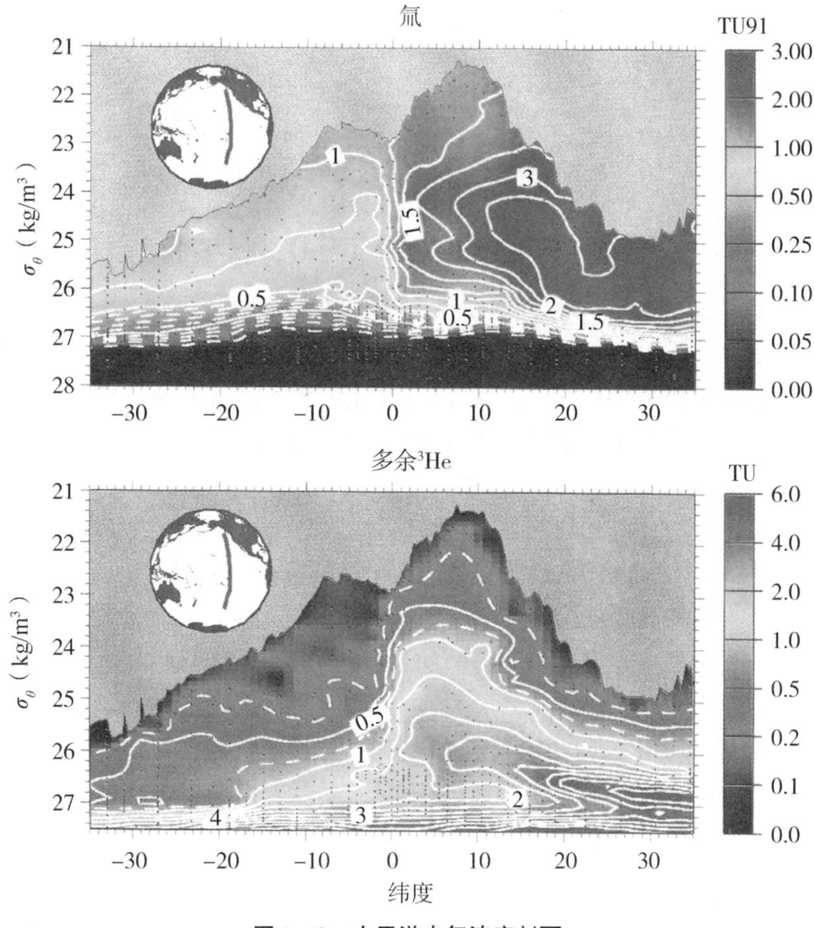

图1.48 **太平洋中氚浓度剖面**

1.5.3 含氯氟烃

CFC(氟里昂)被广泛用作制冷剂、气溶胶喷射剂、发泡剂和溶剂(Fine，2011)。这些化合物毒性低，且不十分活泼。F－11(三氯氟甲烷)和F－12(二氯氟甲烷)是从20世纪30年代开始生产的。近年来，这些化合物的工业产量增加。向环境中释放的CFC量因其用途不同而有所不同。气溶胶喷射剂是即时释放的，而制冷剂的释放可能需要 10 年。自 20 世纪 70 年代以来，大气中的 F－11/F－12 比几乎保持不变(见图 1.49)。

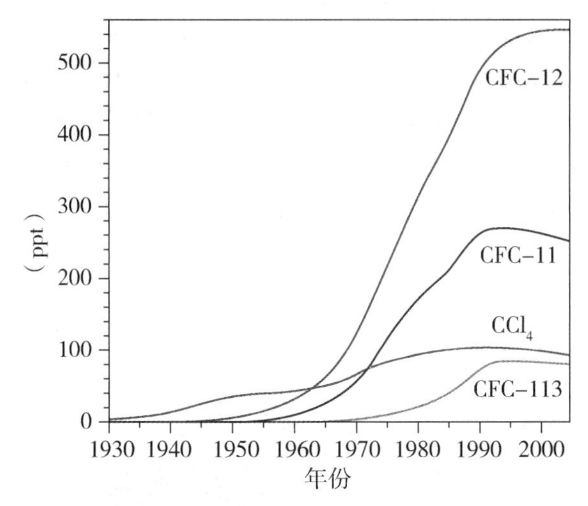

图 1.49　**进入北半球大气的** CFC－11 **和** CFC－12

最近几年，氟的量趋平，在将来将减少。由于这些化合物在大气中寿命很长(75～100 yr)，它们可广泛分散在环境中。其向平流层移动可导致臭氧层被破坏，这将在后文做进一步讨论(第 5 章)。这些化合物质中，很多都随雨水降下，沉积在海洋表面上。这可作为一种用于检查表层水向深层水流动的情况的染料。由 Lovelock，Maggs 和 Wade 发明的灵敏电子捕获气相色谱法(1973)使人们可以测量海水中的 CFC，确定 CFC 进入海洋的时间和位置。目前，在 30 cm^3 的海水样品中可测量低到 5×10^{-15} mol·kg^{-1}(5 fM)的 CFC。表层水中的浓度比检测限高出约三倍。在该浓度下，必须注意避免样品受到污染。基于产生记录，已对进入大气的 CFC 进行了建模，并考虑了平流层中发生光解作用而损失的量进行修正。大部分 CFC 的释放(90%)都发生在北半球。由于寿命长以及低层大气中的快速水平混合(2 yr)，这些化合物在对流层中的分布相对均匀。1988 年大多数国家签署了《蒙特利尔议定书》，使 CFC 的使用量下降了 50%；但是一段时间内，CFC 的浓度并未像期望中那样急剧下降。通过平流层光解作用每年减少率为 1%；因此，CFC 将继续在环境中存在很多年。

在处于平衡状态时，气态 CFC 在海水中的浓度影响着海水的温度和盐度(Bullister 和 Weiss，1988)。从表层开始，这些化合物可向下混入到水柱中去。从输入函数的模型看，这些化合物的混合速率和流动过程是可以确定的。由于 CFC 的寿命是有限的，其仅可用于检查时标为几个月到几十年的与大气接触过的水。图 1.50 为北大西洋海水中 CFC－11 和 CFC－12 的浓度剖面图(Bullister，1989)。

从冰岛到巴西海岸的剖面图明确说明了北大西洋深层水的形成和穿透过程。表层水的值为饱和浓度的百分之几。在较冷的水中溶解度更高。从冰岛－苏格兰海脊溢流出的低温高密度深层水可测至 2 000 m 深。西边界流深层水的高 CFC 浓度可向南追

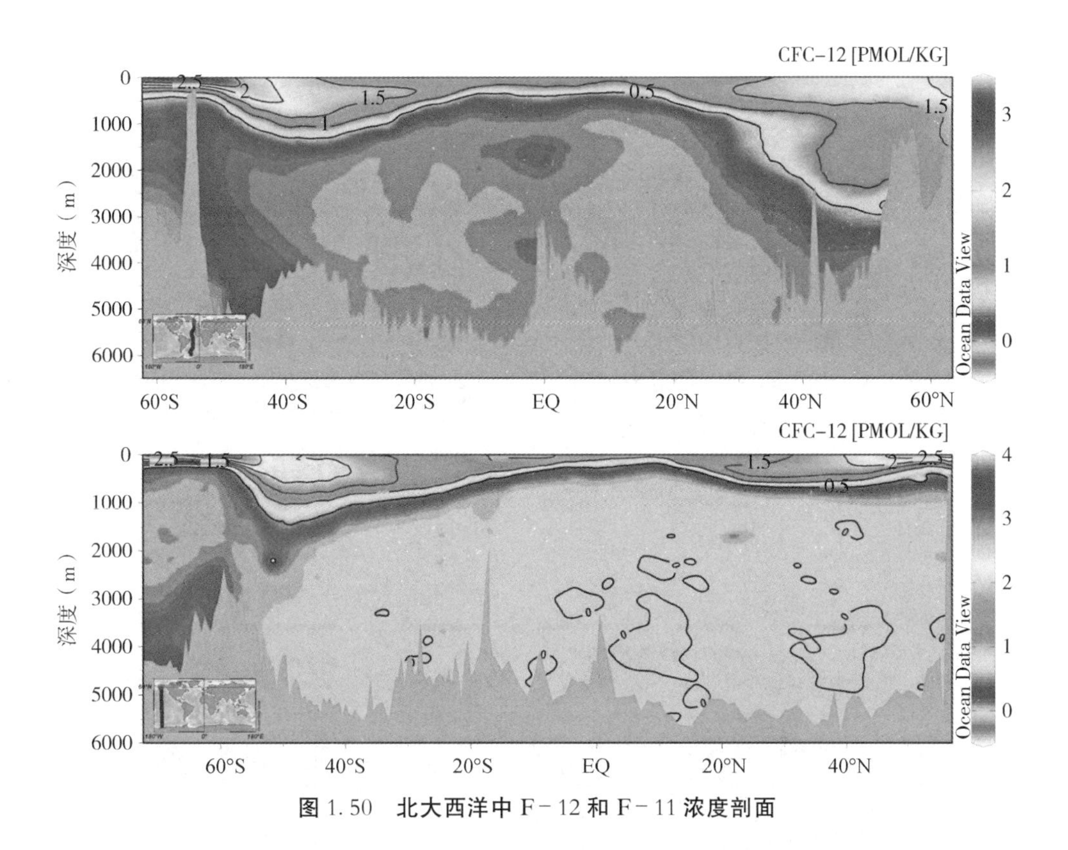

图 1.50　**北大西洋中** F－12 **和** F－11 **浓度剖面**

踪数千公里到北大西洋西海盆。北纬 20°以南 500 m 以下的水 CFC 浓度不可测得。和原子弹爆炸不同，产生的 CFC 示踪剂在北半球和南半球的输入函数相似。因此，CFC 可用作全球中层水和深层水换气的示踪剂。很多 CFC 作为依赖时间的示踪剂将可能被证明是有用的。将水中 CFC－11/CFC－12 的浓度比与过去大气中的值相比，以确定平衡的大概日期或海水的年龄。如果水团中与大气中的浓度平衡且与 CFC 游离水混合，则年龄为真实年龄。近年来，新的 CFC[如 CFC－113(CCl_2FCClF_2)]和四氯化碳(CCl_4)延长了确定海水形成日期的时标。随着 CFC－11 和 CFC－12 的浓度逐渐下降并消除，这些示踪剂将变得越来越重要。图 1.51 显示了全球海洋的 CFC 总存量。北大西洋中 CFC 存量最大。这与全球海洋中人为产生的 CO_2 的存量情况相似，这在后文中将得到证实。世界大洋环流实验(WOCE)项目和气候变率及其可预报性研究(CLIVAR)项目全球调查期间对 CFC 的测量将产生一个可用于评估全球模型的示踪剂领域，这将提高我们对海洋中各化合物比率和海洋循环途径的认识以及对全球气候变化响应的认识。

1.5.4　水团年代

图 1.52、图 1.53 和图 1.54 对全球海洋中的主要水团进行了汇总。这些数据基于海水的水性质得出。多年来，许多工作者都尝试过使用例如^{14}C 等瞬时示踪剂估算世界海洋中深层水团的年代。根据不同水体中^{14}C 浓度不同，人们可以确定跨越温跃

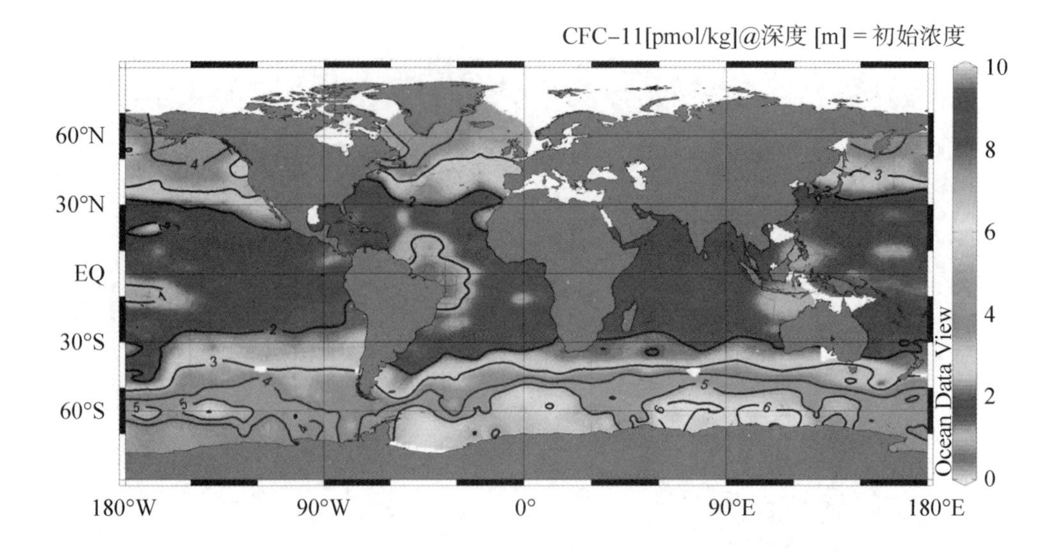

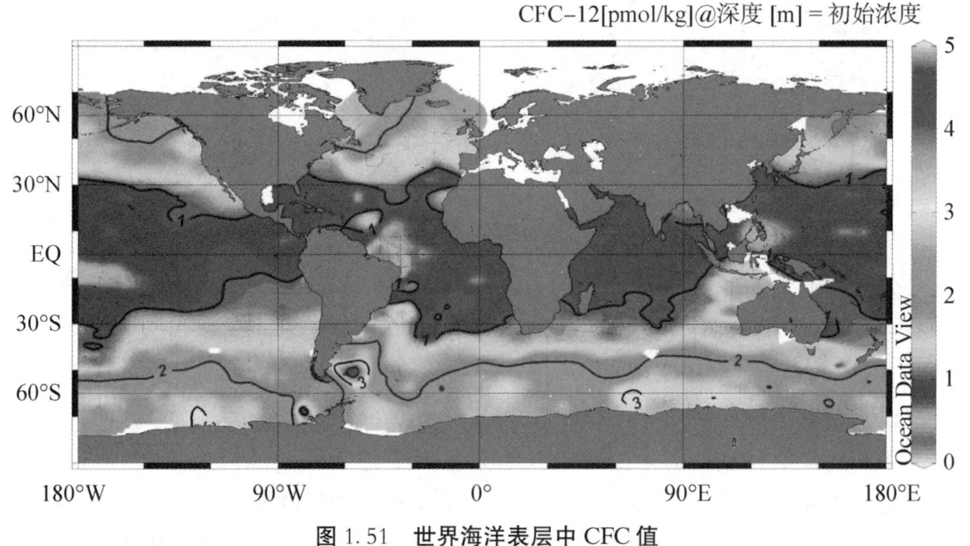

图 1.51　世界海洋表层中 CFC 值

层的混合率以及不同水团之间的混合率。在最简单的例子中，海洋可视为由两个箱子组成(一个表层箱子和一个深层箱子)。在两个箱子之间必须保存有三种物质(水、C 和^{14}C)。也假定箱子大小和碳含量随时间推移是不变的。由于^{14}C 随时间衰减，其在表层箱子与深层箱子之间的分布取决于混合程度。这就导致产生了三个方程式。比率 R 可通过下列方程式获得(Broecker 等，1982)：

$$R_{up} = R_{down} = R_{mix} \tag{1.6}$$

普通碳的方程式如下：

$$R_{mix} C_{deep} = R_{mix} C_{surface} + B \tag{1.7}$$

式中，B 为因表层落下的有机粒子被破坏而增加的碳量。第三个方程式如下：

$$R_{mix} C_{surface} (^{14}C/C)_{surface} + B(^{14}C/C)_{surface} = R_{mix} C_{deep} (^{14}C/C)_{deep} + V_{deep} C_{deep} (^{14}C/C)\ \lambda \tag{1.8}$$

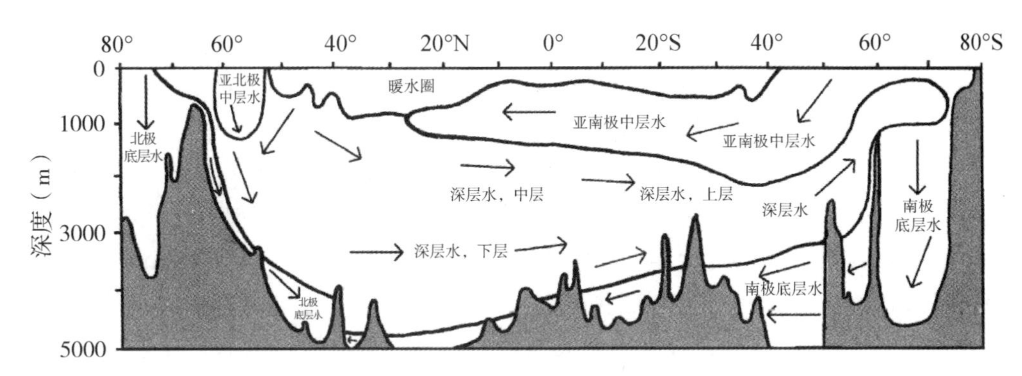

图1.52 大西洋中的典型水团

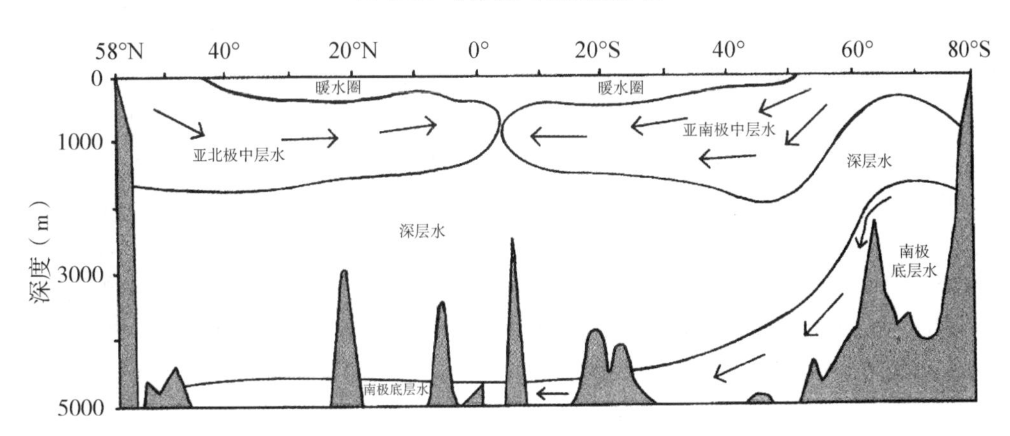

图1.53 太平洋中的典型水团

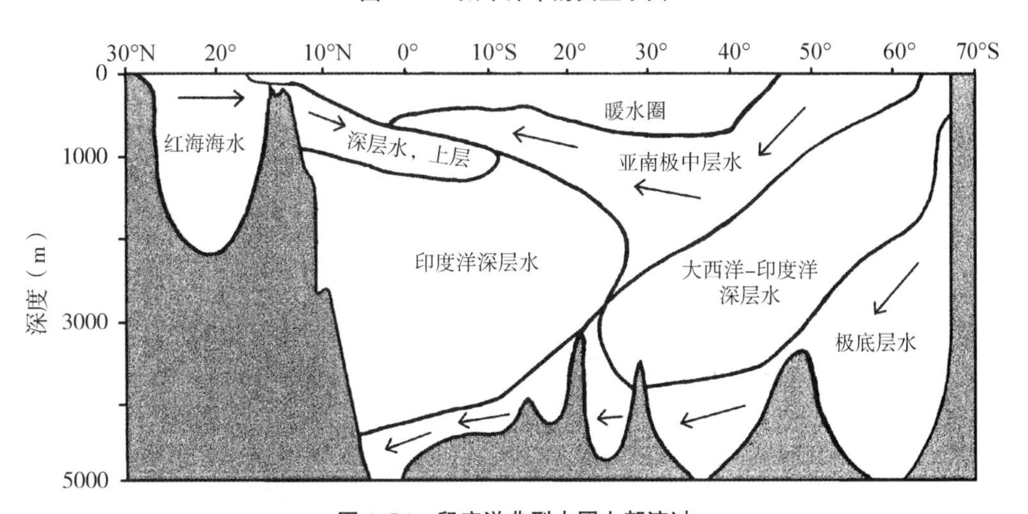

图1.54 印度洋典型水团上部流过

式中，λ 为每年衰变的^{14}C部分，V_{deep}为深层水的量，$B = V_{deep}(C_{deep} - C_{surface})$。结合这些方程式可得出 R_{mix}的方程式，如下：

$$R_{mix} = (\lambda hA)/[(^{14}C/C)_{surface}/(^{14}C/C)_{deep} - 1] \tag{1.9}$$

其中，h 为水柱平均高（3 200 m），A 为海洋面积（$3.23 \times 10^8\ km^2$）（$V_{deep} = hA$）。

$(^{14}C/C)_{大西洋}/(^{14}C/C)_{太平洋}=1.20\pm0.03$ 可用于估测太平洋深层水的通风时间：

$$t=V_{deep}/R_{mix}=[(^{14}C/C)_{surface}/(^{14}C/C)_{deep}-1]\cdot\lambda \quad (1.10)$$

使用 $\lambda=8200$ yr，可得到平均逗留时间为 1600 ± 250 yr。

最近的研究将海洋分为多个箱子以尝试确定不同水团的年代。图 1.55 为箱式模型图，列出了估算交换率的值。该图使用了来自地球化学海洋剖面研究(GEOSECS)计划的^{14}C结果，让我们对世界海洋中深层水流动情况有一定的了解(Stuiver，Quay和Ostlund，1983)。大多数的深层水形成发生在北大西洋。北大西洋中海水的平均逗留时间约为 246 yr，是所有海洋中年代最近的。北大西洋深层水的主要来源是挪威海。这些深层水在格陵兰岛和冰岛之间的海槛。该海水的温度和盐度分别为 2 ℃和 35.0。该水团在与底层水混合后向南流动，并流入南太平洋和南印度洋。因此，其为深层海洋海盆的主要水团。根据^{14}C数据，可估算这些水团完成一次完整周期所需的时间。这些估算由 Stuiver，Quary 和 Ostlund(1983)完成。估算方法是使用一个简单的箱式模型解释^{14}C测量。从大西洋流入极地附近的净流量为 4 Sv，而从极地附近流向印度洋的净流量为 20 Sv，流向太平洋的净流量为 25 Sv。大西洋中的上升流(10 Sv)、印度洋中的上升流(20 Sv)和太平洋中的上升流(25 Sv)通过北大西洋海水中的沉降流(14 Sv)以及极地附近区域形成的南极底层水沉降流(41 Sv)实现平衡。太平洋深层水的估算替换时间为 550 yr，比之前使用更简单的箱式模型估算出的结果(1 000～1 500 yr)短很多。

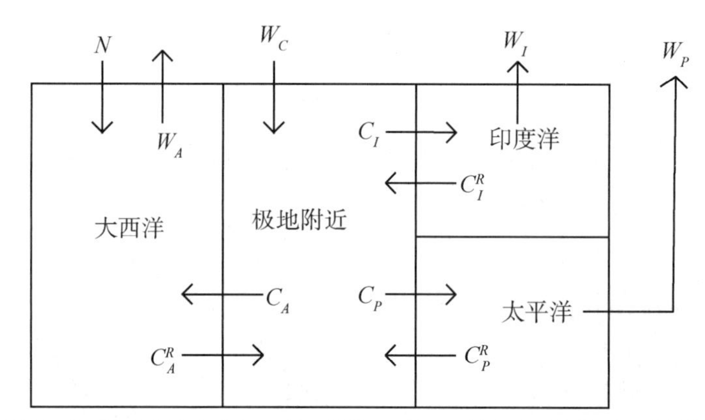

图例	各种水团	体积(Sv)	图例	各种水团	体积(Sv)
N	北大西洋海水形成	14	$C_P-C_P^R$	从极地附近到太平洋的净输送量	29
w_A	大西洋上升流速率	10	w_C	极地附近形成的底层水	41
C_A	从极地附近到大西洋的输送速率	7	w_I	印度洋上升流	20
C_A^R	从大西洋到极地附近的输送速率	11	w_P	太平洋上升流	25
$C_I-C_I^R$	从极地附近到印度洋的净输送量	20			

图 1.55 世界海洋海水深层水流动箱式模型

近年来，海洋中海水随时间的运动被描绘为一条大“传送带”(Broecker，1991)，如图 1.56 所示。其经常被用作全球变化研究的标志。

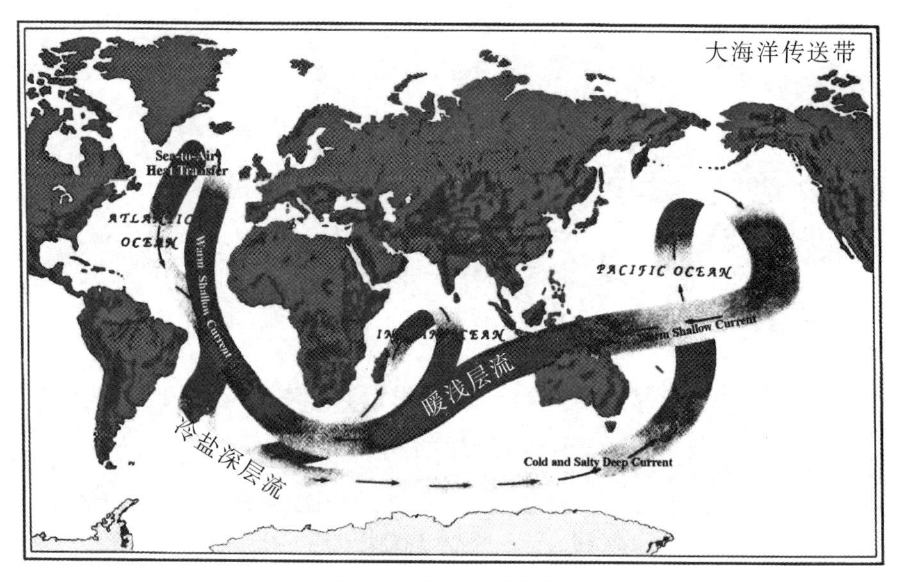

图 1.56　世界海洋中海水的“传送带”运动

虽然其设计是为了简单代表大洋环流，但其在显示海洋流动与地球气候系统之间的关系方面也同样非常有用。如前所述，表层水向北大西洋运移过程中盐度的增加及大西洋向太平洋的净输送驱动了传送带。北大西洋中产生的热量导致欧洲冬季相对较暖。在漫长的历史长河中，甚至可能在将来，这一传送带被关闭(如在新仙女木期的气候突变的寒冷条件下)。由于该系统很复杂地控制着气候变化，因此很难预测人类对地球将来气候的影响。最近，工作者添加了更多关于世界海洋翻转环流的详情(图 1.57)。

近年来，大量工作者检查了北大西洋涛动(NAO)和太平洋十年涛动(PDO)的气候异常情况。南大西洋涛动(SAO)指数(图 1.58)由冬季冰岛低海平面与葡萄牙之间测得的海平面气压存在差异得以体现。这一差异的低频分量提供了一种积极状态，且与北大西洋冬季温度变化、降水和暴雨有关。PDO 与太平洋的表层水温度异常有关。赤道东太平洋暖位相或正位相表层海水温度高，北太平洋表层海水温度低。工作者还观察到海平面气压异常。东部的海平面气压值比西部的值更低。东部的暖水导致产生了厄尔尼诺现象(图 1.59)。情况相反时，则导致拉尼娜现象。这些暖水导致南美洲沿岸降水量增加，阻止了支持该区域渔业的营养丰富的上升流。NAO 产生的其他影响(MaPhaden 等，2006)有：

(1)初级生产模式。

(2)食物链、渔业。

(3)飓风模式。

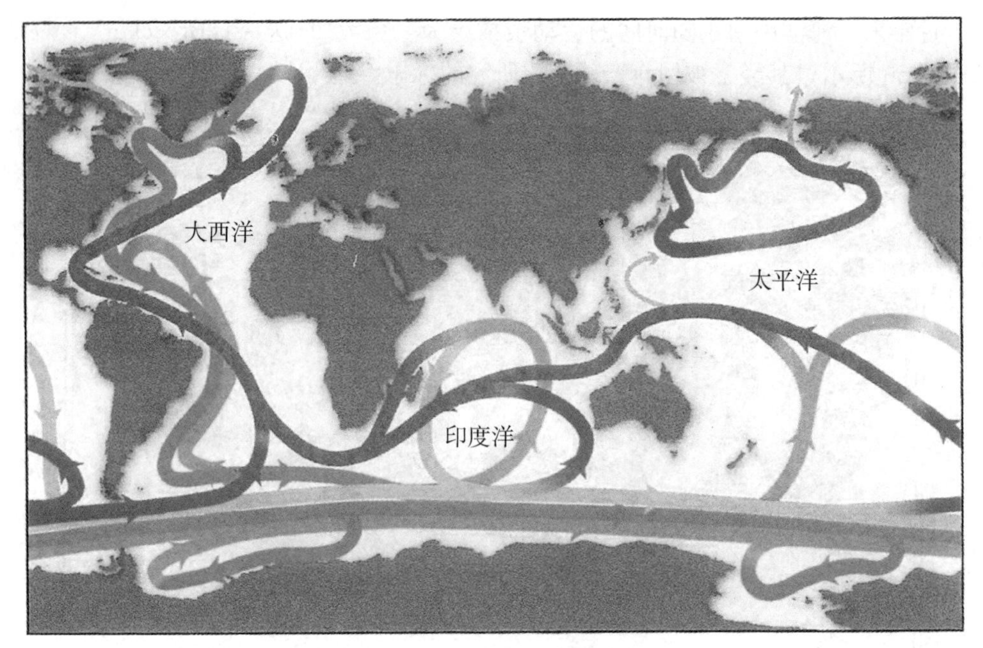

图 1.57　世界海洋翻转环流

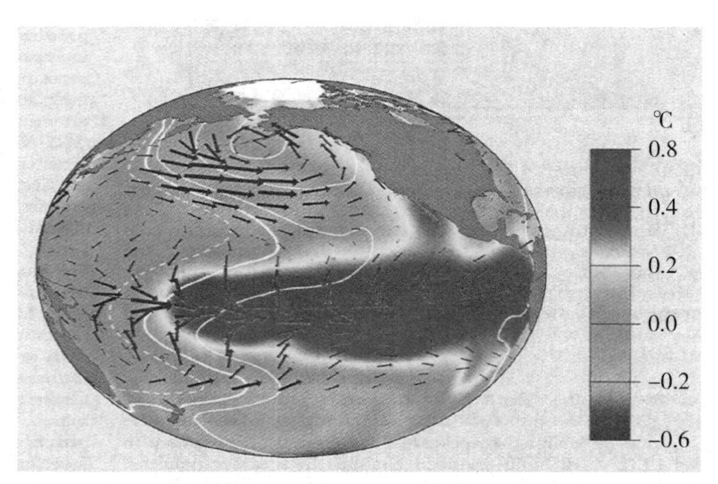

图 1.58　厄尔尼诺 - 南方涛动现象

(4)气候模式。

(5)珊瑚礁漂白。

(6)美国和其他地区的农业。

(7)澳大利亚干旱。

(8)疾病发生率增加(疟疾、霍乱等)。

将来的工作将继续集中在大气和海洋的接触以及对气候的影响方面。

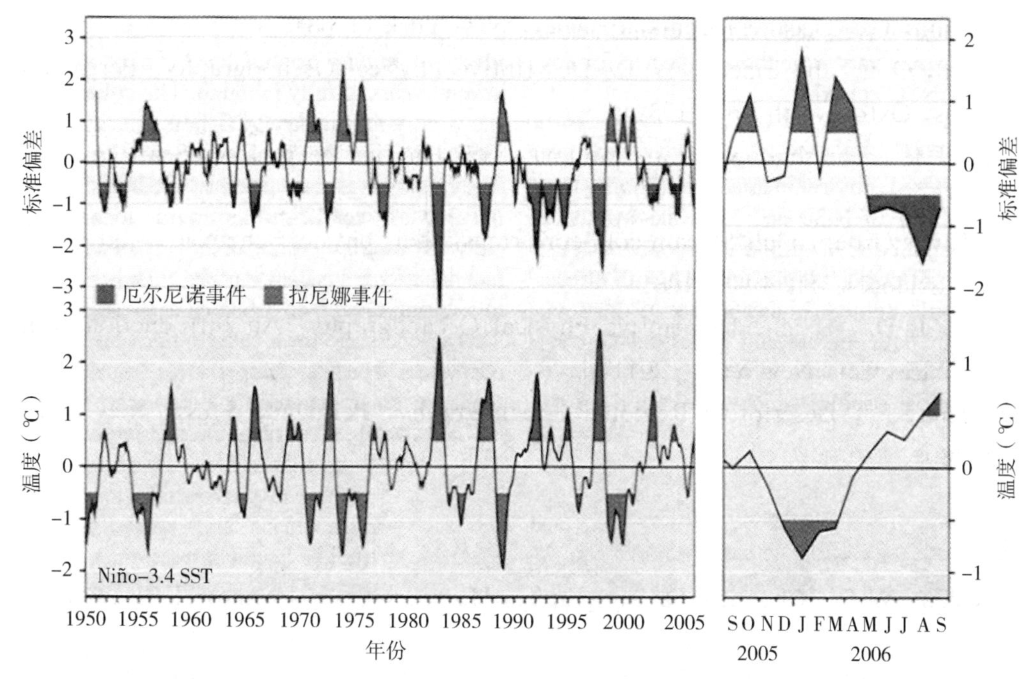

图 1.59 太平洋中的南方涛动指数(SOI)

参考文献

海洋学概论

Bowden, K. F. , Oceanic and estuarine mixing processes, Chapter 1, Chemical Oceanography, Vol. 1, 2nd ed. , Riley, J. P. , and Skirrow, G. , Eds. , Academic Press, New York, 1 - 41 (1975).

Deacon, D. , Scientist and the Sea 1650 - 1900, Academic Press, New York (1971).

Dietrich, G. , Kalle, K. , Krauss, W. , and Siedler, G. , General Oceanography, 2nd ed. , Wiley, New York (1980).

McPhaden, M. J. et al. , ENSO as an integrating concept in earth science, Science 324, 1740 - 1745 (2006).

Millero, F. J. , Anew high pressure equation of state for seawater, Deep-Sea Res. , 27, 255 (1980).

Millero, F. J. , Effect of changes in the composition of seawater on the density-salinity relationship, Deep-Sea Res. 1, 47, 1583 (2000a).

Millero, F. J. , The equation of state of lake waters, Aquatic Geochem. , 6, 1 (2000b).

Millero, F. J. , and Poisson, Av International one-atmosphere equation of state of seawater, Deep-Sea Kes. , 28, 625 (1981).

Neumann, G. , Ocean Currents, Elsevier, New York (1968).

Pickard, G. L. and Emery, W. JV Descriptive Physical Oceanography, Pergamon Press, Oxford, 4th Ed. (1982).

Reid, J. L. , The shallow salinity minima of the Pacific Ocean, Deep-Sea Res. , 10, 51 - 68.

The Rings Group, Gulf Stream cold-core rings: their physics, chemistry and biology, Science, 211, 1091 (1981).

Talley, L. D. , et al. , Descriptive Physical Oceanography: An Introduction, 6th ed. , Elsevier, New York (2011).

Tchernia, P. , Descriptive Regional Oceanography, Pergamon Press, New York (1980).

碳 - 14

Broecker, W. S. , Chemical Oceanography, Harcourt Brace Jovanovich, New York (1974).

Broecker, W. S. , and Peng, T. H. , Tracers in the Sea, Columbia University Press, New York (1982).

Campbell, J. A. , The Geochemical Ocean Sections Study-GEOSECS, Chapter 44, Chemical Oceanography, Vol. 8, 2nd ed. , Riley, J. P. , and Chester, R. , Eds. , Academic Press, New York, 89 - 155 (1983).

氚

Ostlund, H. G. , and Brescher, R. , GEOSECS Tritium, Tritium Laboratory Data Report No. 12, Rosenstiel School, University of Miami (1982).

Roether, W. , On oceanic boundary conditions from tritium, on tritiumgenic ^3He, and on $^3H/^3He$ concept, Oceanic Circulation Models: Combining Data and Dynamics, Anderson, D. L. T. , and Willebrand, J. , Eds. , New York, 378 - 409 (1989).

氦 - 3

Campbell, J. A. , The Geochemical Ocean Sections Study-GEOSECS, Chapter 44, Chemical Oceanography, Vol. 8, 2nd ed. , Riley, J. P. , and Chester, R. , Eds. , Academic Press, New York, 89 - 155 (1983).

Clark, W. , Beg, M. A. , and Craig, H. , Excess ^3He in the sea: evidence for terrestrial primordial helium, Earth Planet. , Sci. Lett. , 6, 213 (1969).

Roether, W. , On oceanic boundary conditions from tritium, on tritiumgenic ^3He, and on $^{3}H/^{3}He$ concept, Oceanic Circulation Models: Combining Data and Dynamics, Anderson, D. L. T., and Willebrand, J., Eds., New York, 378 – 409 (1989).

含氯氟烃

Bullister, J. L., Chlorofluorocarbons as time dependent tracers in the oceans, Oceanography, 2, 12 – 17 (1989).

Bullister, J. L., and Weiss, R. F., Determination of and CCl_3F and CCl_2F_2 in seawater and air, Deep-Sea Res., 35, 839 (1988).

Fine, R., Observations of CFCs and SF_6 as ocean tracers, Annu. Rev. Mar. Sci, 7.1 – 7.23 (2011).

Lovelock, J. E., Maggs, R. J., and Wade, R. J., Halogenated hydrocarbons in and over the Atlantic, Nature, 241, 194 (1973).

Warner, M. J., and Weiss, R. F., Solubilities of chlorofluorocarbons 11 and 12 in water and seawater, Deep-Sea Res., 32, 1485 (1985).

水团年代

Broecker, W. S., The ocean conveyor belt. Oceanography, 4, 79 (1991).

Broecker, W. S., and Peng, T. H., Tracers in the Sea, Columbia University Press, New York (1982).

Stuiver, M., Quay, P. D., and Ostlund, H. G., Abyssal water carbon – 14 distribution and the age of the world oceans, Science, 219, 849 (1983).

第 2 章　海水主要成分的组成

2.1　引言

海水由不同的成分组成。这些成分分类如下：

（1）固体（不能通过 0.45 μm 滤膜的物质）：

a. 颗粒有机物（植物残渣）。

b. 颗粒无机物（矿物）。

（2）气体：

a. 保守气体（N_2，Ar，Xe）。

b. 非保守气体（O_2 和 CO_2）。

（3）胶体（能通过 0.45 μm 膜但不溶解的物质）：

a. 有机胶体（复杂糖类）。

b. 无机胶体（铁氢氧化物）。

（4）溶解物：

a. 溶解无机物。

Ⅰ. 常量（>1ppm）。

Ⅱ. 微量（<1ppm）。

b. 溶解有机物。

采用不同的分离方法可以将不同态（固态、胶体态和溶解态）的元素分离开，图 2.1 显示了溶质大小与其分离方法之间的关系。本章讨论的是海水中各种主要溶解物，监测其浓度并研究导致它们含量变化的过程。

最早的海水化学分析是由 Bergman 在 1779 年进行的。自此之后，很多工作者都确定了各大海洋海水中的一种或多种元素。1819 年，Marcet 首次提出海水中盐分的相对含量几乎恒定不变。Marcet 对来自北冰洋、大西洋、地中海、黑海、波罗的海、中国海和白海的水样进行了分析。虽然他的方法非常原始且仅知道原子量的近似值，但他的结论是正确的，即“全世界各种海水的组成成分相同，这些成分的比例也近乎相同，这些海水仅总盐含量不同”（Riley 和 Chester，1971）。Dana Kester（罗德岛大学）将其称之为化学海洋学第一定律。其他的早期研究者也分析研究了海水的组成。

1865 年，Forchhammer 首次对海水中的主要无机物进行了广泛研究。他直接确定了 Cl^-，SO_4^{2-}，Mg^{2+}，Ca^{2+} 和 K^+ 的浓度，并通过差值法确定 Na^+ 的浓度。他对来自全世界的数百份表层水样进行了测量，发现其主要成分（按重量大于 1 ppm 的成分）的比率几乎不变，差异很小。这些溶解的主要成分占海水中可溶性离子种类的

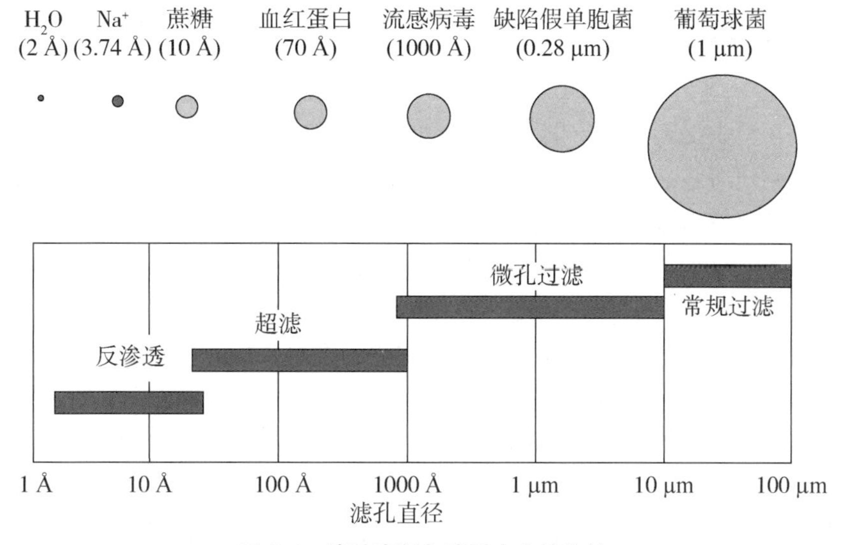

图 2.1　滤孔直径与溶质大小的比较

99.9%。由于他仅使用了表层水样品，且他的分析方法不准确，他的测量结果受到批评。1884 年，Dittmar 分析了挑战者号巡航过程中(1873—1876 年)从各大海洋各种深度采集的 70 份海水样品。虽然他的结果并不如人们所预期的宽泛，样品也已经储存了 2 yr 之久，但他的分析技术今天仍在使用。Dittmar 还对合成样品使用了相同的实验方法以检查其可靠性。他的结果与 Forchhammer 的结果相当吻合。他发现 Mg^{2+}，K^+，SO_4^{2-}，Ca^{2+} 和 Na^+ 的含量存在细微差异，另外，深层水中 Ca^{2+} 的含量比表层水中的高 0.3%，这比分析误差高 5 倍。1940 年 Lyman 和 Fleming 使用现代原子量对 Dittmar 的结果重新进行了计算。

自 Dittmar 的工作以后，很多工作者都研究了自然水体的组成。1965 年，Culkin 对 Dittmar 工作中海水主要成分的所有测量结果进行了整体回顾。这次回顾结果面世的同时，Cox，Culkin 和 Riley(1967；Culkin，1965；Culkin 和 Cox，1966；Morris 和 Riley，1966；Riley 和 Tongudai，1967)正在对海水主要成分进行广泛研究，并将其作为国际海水盐度研究的一部分。由于海水成分的相对组成几乎不变，可通过仅测量一个容易测量的保守组分来表征其组成。海水的保守组分为不活跃的成分，其在各处的变化是由海水的增加或减少导致。最初选择用于描绘特定海水样品或其他自然水体特性的组分为氯度。氯度的最初定义为使用 $AgNO_3$ 滴定测得的 1 000 g 海水中所含卤素浓度当量的氯的克数(Cl 的克数/千克海水)，用 Cl(‰)表示。由于 Ag 和 Cl 的原子量可能发生变化，Jacobsen 和 Knudsen 在 1937 年对氯度进行了重新定义："沉淀 328.523 3 g 海水中全部卤素所需银的克数。"(Riley 和 Chester，1971)这一定义给出 Cl(‰)的值为 0.328 523 3 Ag(‰)，其中 Ag(‰)为每千克海水消耗银的克数。1992 年的原子量得出 ATW (Cl)/ATW (Ag) = 35.452 7/107.868 2 = 0.328 667。因此，实际氯度相当于 0.328 667/0.328 523 3 = 1.000 44 倍的 Cl(‰)。

2.2　盐度的概念

盐度最初被定义为测量给定质量海水中的溶解盐的质量（重量分数）。但通过干燥和称重实验测定海水的盐含量很困难。在能够除去所有痕量水的最低温度下，碳酸氢盐和碳酸盐被分解为氧化物（MO_2，其中 M = Na 或 K）。

$$2HCO_3^- \rightarrow [MO_2] + H_2O + 2CO_2 \tag{2.1}$$

$$CO_3^{2-} \rightarrow [MO_2] + CO_2 \tag{2.2}$$

Br_2、部分 Cl_2 气，以及 $B(OH)_3$ 也会蒸发。例如，加热 $MgCl_2$ 溶液蒸干会产生 HCl 气体。Cl_2 和 Br_2 的损失可通过加热前后 $AgNO_3$ 滴定进行确定。早期工作者（Marcet，Forchhammer 和 Dittmar）发现很难采用蒸发法确定盐度。对海水进行完整的化学分析是唯一可靠的确定海水实际盐度或绝对盐度（S_A，千分率）的方法，但是，该方法对于常规研究来说非常耗时，且具有很大的不确定性。表 2.1 对早期研究进行了汇总。

表 2.1　Cl (‰) = 19.274 时各工作者对海水主要成分进行研究估算的海水中 S_A 的估算

参考标准	方程式	S_A
Forchhammer（1865）	S_A = 1.812 Cl (‰)	35.11 g · kg^{-1}
Dittmar（1884）	S_A = 1.806 Cl (‰)	34.98 g · kg^{-1}
Lyman 和 Fleming（1940）	S_A = 1.814 8 Cl (‰)	35.160 g · kg^{-1}
Millero（2006）	S_A = 1.815 4 Cl (‰)	35.170 5 g · kg^{-1}
Millero 等（2008）	S_A = 1.815 05 Cl (‰)	35.165 04 g · kg^{-1}

笔者早期对海水主要成分进行的分析结果（Millero，2006）为 S_A = 35.170 5，比 Lyman 和 Fleming 使用早期测量方法估算的结果稍高。最近，Millero 等（2008）重新检查了海水成分，给出的值为 35.165 g · kg^{-1}，与 Lyman 和 Fleming（1940）的估算吻合。该估算与海水蒸发（表 2.2）估算的 0.170 6 g · kg^{-1}的盐损失相吻合。

表 2.2　从成分数据计算的平均海水盐度

蒸发前		蒸发后	
HCO_3^- 克数	0.104 8	克	0.013 4
CO_3^{2-} 克数	0.014 3	克	0.000 4
CO_2 克数	0.000 4	克	0.000 0
B^- 克数	0.067 3	克 Cl	0.029 8
合计	0.186 9	合计	0.043 6
从 HCO_3^-，CO_3^{2-} 和 Br^- 损失的盐克数：0.186 9 − 0.043 6			0.143 2
损失的 $B(OH)_3$ 克数			0.027 4
总盐损失			0.170 6

1899年，国际海洋考察理事会(ICES)任命Knudsen为委员会主席，审定海水盐度和密度的定义。根据蒸发法，Forch，Knudsen和Sorensen将盐度定义为“当碳酸盐全部变为氧化物、溴和碘以氯代替，所有的有机物质全部氧化之后1 000 g海水中溶解的无机盐类的克数”(Riley和Chester，1971)。样品在480 ℃的温度下蒸干至固定重量。蒸发过程中增加等同于Cl和Br损失量的Cl量，因此，溶解固体的重量减去HCO_3^-和CO_3^{2-}的重量，再减去Br_2及其当量Cl_2之间的差值就等于盐度。但由于该方法对于一般工作来说很难开展，所以很少被使用。在蒸发前加入NaF可防止HCl损失。Morris和Riley(1964)对蒸发法做了进一步改善。基于海水中相对含量不变，该委员会定义了氯度(如前所述)，并提出氯度可用于测量盐度。他们对9份海水样品(2份来自波罗的海、2份来自大西洋、4份来自波罗地－北海中层水、1份来自红海)测量了氯度和蒸发盐度，发现结果与下列方程式吻合：

$$S(‰) = 1.805Cl(‰) + 0.030 \tag{2.3}$$

标准偏差为0.01‰，最大偏差为0.022‰。该公式已在海洋学中使用了65年。如之前所讨论，该定义基于1902年的原子量。委员会规定应使用以哥本哈根标准海水为标准测量得到的表格确定滴定结果。为使氯度脱离对哥本哈根标准海水的依赖，在1937年给出了氯度的新定义。该定义今天仍然还在使用，但曾经被称为哥本哈根海水的已知盐度的标准海水现在是由英国沃姆利的海洋科学研究所(IOC)提供。

盐度－氯度关系的一个问题是当Cl(‰)为零时，盐度为0.03‰。低盐度样品来自波罗的海，其汇入河水氯化物含量低。克努森方程式对于河水与海水混合形成的河口水系非常适用，这将在后文进行讨论。方程式中截距和斜率会随时间和地点的变化而变化。

随着20世纪50年代精确电导桥的发展，可确定电导盐度，其精确度可达到±0.003‰。1961年，非恒温商业电导桥问世。这些电导桥给出了样品海水和标准海水之间的电导率比值($R = C_{sample}/C_{std}$)，并使用标准海水对电导桥进行校准。虽然标准海水的氯度进行了校准，但标准海水并不能作为电导率的标准。同时，盐度的旧定义因为精确度不确定且样品数较少而遭到质疑。由UNESCO(联合国教科文组织)、ICES，IAPSO(国际海洋物理科学协会)和SCOR(海洋研究科学委员会)赞助的海洋学常用表和标准联合专家小组(JPOTS)受命开发盐度的电导率标准。

该小组从全世界采集了样品，用以分析它们的化学成分、氯度和电导率。JPOTS决定使用方程式(2.4)对盐度和氯度的关系进行修订。该方程式等同于$S = 35$或$Cl = 19.374$时Knudsen的原定义。$S = 35$左右时，两个方程式相同。但$S = 32$或38时，差异为0.003‰。

$$S(‰) = 1.806\,55Cl(‰) \tag{2.4}$$

Cox，Culkin和Riley(1967)确定了15 ℃[$R_{15} = C_{15}$(样品)/C_{15}(标准海水)]时电导率与全球采集的海水样品的氯度的关系。由于Ca^{2+}存在对R_{15}的影响，计算时除去了来自200 m深以下的样品。由于大多数深层样品S为34.8，被删除后，结果出现了不连续性。这一多项式通过增加0.001 8使$S = 35$和$R = 1.0$。Cl (‰)是R_{15}的函数，使用 $Cl = S/1.80655$ 转化为盐度。方程式为：

$$S(‰) = -0.08996 + 28.2970R_{15} + 12.80832R_{15}^2 - 10.67869R_{15}^3 + 5.98624R_{15}^4 - 1.32311R_{15}^5 \tag{2.5}$$

不幸的是，这一关系被称为盐度的新定义，但事实上这一多项式几乎没有以 R_{15} 表达 Cl，且仅在 $S = 35$ 时严格有效，相当于之前的定义。

同时(1969 年)，正当各组织建议接受所谓的盐度的重新定义的时候，现场盐度计进入商业市场。由于新定义仅达到 10 ℃，有必要使用推测值或纯水稀释海水后的方程式。很多工作者尝试结合这两种方法。

我们的实验室测量了很多 1962 年至 1975 年瓶装标准海水样品的电导率、盐度和密度。所有电导性测定结果都与同样的标准海水(P_{64} - 1973 年)进行了比较。我们的结果与 Poisson(巴黎大学)的测量结果吻合，平均偏差为 ±0.001 2，偏差范围为 -0.002～0.008。盐度偏差的跨越范围为 0.009 8 ，这是使用各种标准海水样品获得的最大偏差。测量结果中没有发现标准海水的年代会产生系统差异。这些结果指出需要描述海水电导率与 KCl 标准之间的关系。为检查导致这些差异的原因，我们测量了相同样品的相对密度。将结果与使用电导率和根据氯度得到的盐度获得的计算值进行比较，显示平均差值为 $\pm 2\times10^{-6}$ g · cm^{-3}(2 ppm)，且使用 S 或 Cl 没有测量差异。因此，对于从北大西洋采集的储存了 38 年以上的海水而言，为了确定密度，使用导电盐度并不比通过氯度计算出来的盐度更好。

有一份样品的密度为 35×10^{-6}～40×10^{-6} g · cm^{-3}，比其他样品更高，这是因为封闭样品或储存过程中 SiO_2 发生溶解。总的来说，这些结果表明标准海水可用作盐度偏差为 ±0.002 以及密度偏差为 $\pm 2\times10^{-6}$ g · cm^{-3}情况下的电导率和密度标准。

1975 年，JPOTS 委员会考虑提出新的海水状态方程式，并建议编制一本关于盐度方法背景的书(Lewis，1978)。最后他们认为需对盐度定义进行修改，并提出了 1978 年的实用盐标。这一新的盐标打破了 Cl - S 的关系，更偏向于使用盐度 - 电导率关系。电导率相同的水盐度相同，即使它们的成分可能不同。由于盐度通常被用于确定密度等物理特性，该方法被认为是确定离子成分变化影响的最佳方法。但这并不总是正确，因为通过电导率不能检测 SiO_2 等非电解质。在后面的讨论中将有更多详细内容。

根据定义，在 15 ℃时，实际盐度为 35.000(无需使用单位或‰)的标准海水与 1 kg 含有 32.435 6 g KCl 的 KCl 溶液的电导率相同，均为 1.0。这一数值是三个独立实验室研究的平均值。盐度对电导率的依赖度可通过测量各种温度下蒸发或用水稀释的 $S = 35.000$ 的海水的电导率(C)确定。最终方程式如下：

$$S = a_0 + a_1 R_T^{1/2} + a_2 R_T + a_3 R_T^{3/2} + a_4 R_T^2 + a_5 R_T^{5/2} + \Delta S \tag{2.6}$$

式中

$$\Delta S = [(t-15)/(1+k(t-15))] \times (b_0 + b_1 R_T^{1/2} + b_2 R_T + b_3 R_T^{3/2} + b_4 R_T^2 + b_5 R_T^{5/2}) \tag{2.7}$$

其中，

$a_0 = 0.0080$　　　　$b_0 = 0.0005$

$a_1 = -0.1692$　　　　$b_1 = -0.0056$　　$k = 0.0162$

$a_2 = 25.3851$　　　　$b_2 = -0.0066$

$a_3 = 14.0941$　　　　$b_3 = -0.0375$

$a_4 = -7.0261$　　　　$b_4 = 0.0636$

$a_5 = 2.7081$　　　　$b_5 = -0.0144$

$\sum a_i = 35.000$　　　　$\sum b_i = 0.0000$

R_T = 大气压力下($p = 0$)$C(S, t, 0)/C(35, t, 0)$。

作为新实用盐标的一部分，这一方程式将现场电导率、温度和深度(压力)的测量步骤减少到只用测量盐度。这些测量结果可得到电导率：

$$R = C(S, t, P)/C(35, 15, 0) \tag{2.8}$$

$$R = \{C(S, t, P)/C(S, t, 0)\}\{C(S, t, 0)/C(35, t, 0)\}\{C(35, t, 0)/C(35, 15, 0)\} \tag{2.9}$$

$$R = R_P \cdot R_T \cdot r_T \tag{2.10}$$

所需的 R_T 通过公式 $R_T = R/r_T(1 + \alpha)$确定，其中 $R_P = (1 + \alpha)$：

$$\alpha = \frac{A_1 P + A_2 P^2 + A_3 P^3}{(1 + B_1 t + B_2 t^2 + B_3 R + B_4 tR)} \tag{2.11}$$

$A_1 = 2.070 \times 10^{-5}$　　$B_1 = 3.426 \times 10^{-2}$

$A_2 = -6.370 \times 10^{-10}$　　$B_2 = 4.464 \times 10^{-4}$

$A_3 = 3.989 \times 10^{-15}$　　$B_3 = 4.215 \times 10^{-1}$

$B_4 = -3.107 \times 10^{-3}$

r_T 的值根据下列方程式得出：

$$r_T = c_0 + c_1 t + c_2 t^2 + c_3 t^3 + c_4 t^4 \tag{2.12}$$

式中：

$c_0 = 6.7660 \times 10^{-1}$

$c_1 = 2.00564 \times 10^{-2}$

$c_2 = 1.104259 \times 10^{-4}$

$c_3 = -6.9698 \times 10^{-7}$

$c_4 = 1.0031 \times 10^{-9}$

需指出的是，海水的电导率和其他热力学测量都是在氯度已知的情况下进行的。这些方程式可用方程式(2.4)转化为实用盐度。实用盐度在 2～42 的情况下有效。更低的盐度也同样可获得(Hill 等，1986)。对于盐度高于 42 的海水，可通过按重量稀释样品并确定电导盐度的方式估算实用盐度。

绝对盐度 S_A 或实际盐度 S_T 的概念在之前已经进行了讨论。有人提出在相同绝对盐度下，大多数其他自然水体的密度与海水相同。这已经通过大量的河流、湖泊和河口水的研究得到了证明。作为海水状态新方程式(海水热力学方程，TEOS－10，

2010)的一部分，海水的成分被重新进行了检测。检测结果在本书其他部分进行了讨论，在这引出参考盐度 b 的定义：

$$S_R = (35.16504/35)\mathrm{gkg}^{-1}\ S_p \qquad (2.13)$$

式中，S_p 为实用盐度。S_R 的值能最准确估算出用于测量海水物理特性的标准盐水的绝对盐度。S_R 的值作为海水所有物理和热力特性的浓度变量。这就提供了一个盐度标准，这个标准既可用于检查随时间海水物理性质发生的变化，又可以作为电解质混合物的理论模型。

海水的组成并不是恒定不变的。1975 年，Brewer 和 Bradshaw 指出，由于植物分解增加营养物质、降水以及 $CaCO_3$ 的溶解，海水成分随地点变化而变化。他们提出这些成分变化可改变深层水的密度并影响海水的密度－电导率关系。本书根据笔者团队在全世界采集的水样确定了密度－盐度关系。绝对盐度 δS_A 的变化通过下列方程式确定：

$$\delta S_A = S_A - S_R \qquad (2.14)$$

δS_A 的值是测得的密度与通过海水状态方程式确定的值之间的差值。如下列方程式，δS_A 是盐度和温度($\Delta\rho$)的函数：

$$\delta S_A = \Delta\rho/0.7519\ (\mathrm{kg/m})/(\mathrm{gkg}^{-1}) \qquad (2.15)$$

另外，δS_A 的值与 SiO_2 的浓度存在线性函数关系(见图 2.2)。

如图 2.3 和 2.4 所示，δS_A 的巨变大多都发生在太平洋深层水中。

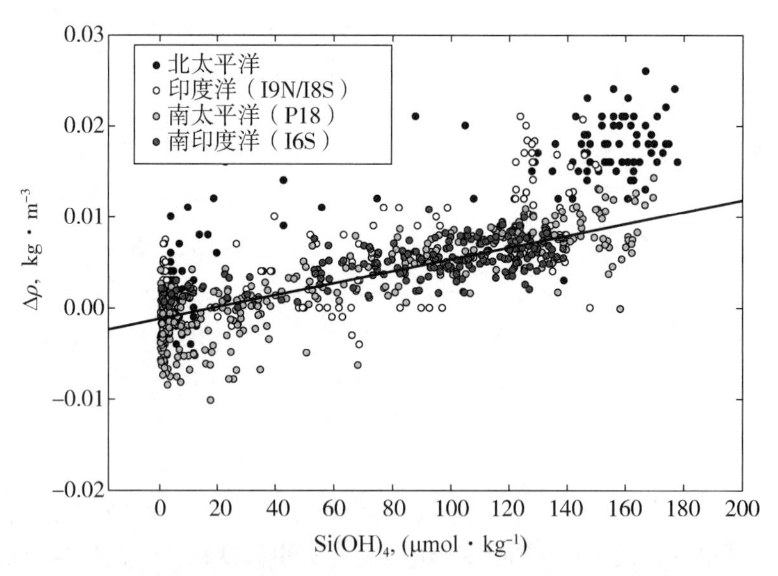

图 2.2　海水中 SiO_2 对海水相对密度的影响(见彩图)

新的热力学状态方程需要输入绝对盐度。使用参考盐度足以确定除密度和热含量以外的所有性质。最近对北冰洋的研究表明溶解有机碳的变化也可能会影响密度变化。此类物质大多为电中性，影响密度但不影响电导率。

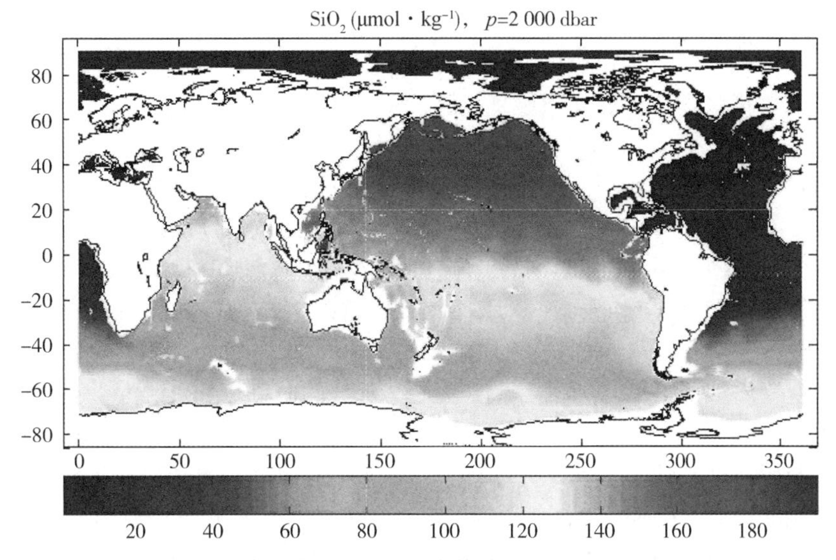

图 2.3　海水中二氧化硅对水体盐度的影响(见彩图)

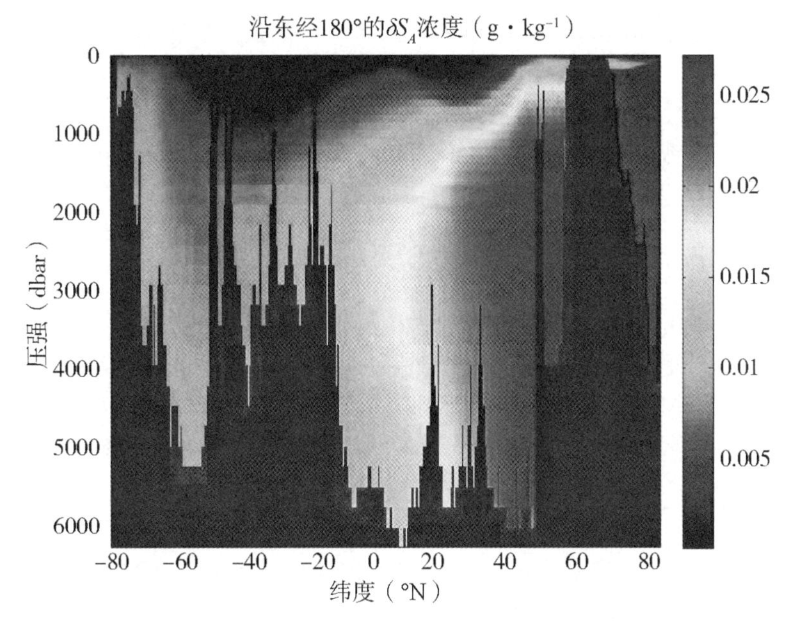

图 2.4　2 000 m 深度太平洋海水中 SiO_2 浓度(见彩图)

2.3　测定方法

用于测定自然水体中主要成分的方法在其他处有详细说明(Culkin，1965；Kremling，1976)。下面将简单讨论常用的一些方法。

2.3.1 氯化物

海水中氯化物含量或氯度通过采用 $AgNO_3$ 滴定来确定。

$$Ag^+ + 海水 \rightarrow AgCl(s) + AgBr(s) \tag{2.16}$$

添加铬酸钾作为指示剂。卤化物被去除后，铬酸银开始沉淀：

$$2Ag^+ + CrO_4^{2-} \rightarrow Ag_2CrO_4(\text{red solid}) \tag{2.17}$$

有的工作者使用其他指示剂。现代工作者使用自动电位滴定终点（使用 Ag，AgCl 电极）。由于 AgCl 沉淀放热效应很高，我们使用了滴定热量计测定终点（Millero，Schrager 和 Hansen，1974）。由于终点时 $AgNO_3$ 溶解吸热，终点非常尖锐。使用恒流滴定管添加 $AgNO_3$，记录下到达终点所需的时间。可用 NaCl 或标准海水校准该系统。

不论使用何种方法测定终点，都需使用氯度已知的标准海水来标定 $AgNO_3$ 溶液。由于氯度为海水的保守成分，在研究海水其他主要成分时应测量其值。海水 Cl（‰）的近似值可通过测量电导率或密度来确定。根据 Cox、Culkin 和 Riley（1967）的测量结果得到下列方程式：

$$Cl(‰) = -0.050 + 15.66367R_{15} + 7.08943R_{15}{}^2 - 5.91110R_{15}{}^3 + 3.31363R_{15}{}^4 - 0.73240R_{15}{}^5 \tag{2.18}$$

该方程式适用于各大洋海水，其中 R_{15} 为 15 ℃条件下标准海水样品的电导率。可以从海水的密度或电导率得到海水中氯度的准确值，利用实际盐标和国际海水状态方程可确定盐度。

2.3.2 硫酸盐

测定海水中 SO_4^{2-} 最广泛使用的方法是加入 $BaCl_2$ 得到 $BaSO_4$ 沉淀，对 $BaSO_4$ 进行称重。由于其他盐的共沉淀（例如 Ca^{2+}），这种方法可能会产生错误。可以相比于已知浓度的标准海水来获得非常精确的测量值。用 $BaCl_2$ 滴定海水的终点可以使用量热法（Millero，Schrager 和 Hansen，1974）、电位法或电导率法来测定。

2.3.3 溴

溴通常在与共沉淀后测定放出 Br_2，可根据前后的重量差来进行测定。这方法需要大量样品，因为海水中 Br^- 的浓度相当低。可通过加入铬酸或高锰酸钾释放出 Br_2，再通过比色法或滴定法确定释放的 Br_2。

2.3.4 氟

通过使用比色法或使用特定的离子电极分析天然水体中的氟。详情见本书其他部分（Kremling，1976）。

2.3.5 碳酸氢盐及碳酸盐

通过测量碳酸盐体系的至少两个参数（pH、总碱度 TA、总二氧化碳 TCO_2 或

CO_2 分压 pCO_2)来确定 HCO_3^- 和 CO_3^{2-} 的浓度。在日常工作中，一般使用 pH 和 TA 来表征碳酸盐体系。更多的测量细节将在第 7 章中讨论。

2.3.6　硼酸及硼酸盐

硼在海水中主要以硼酸形式存在。在 pH 为 8 时，硼酸根离子占总硼的 25%。由于硼酸易与甘露糖醇和二醇形成络合物，可以通过硼酸确定总硼。首先用高锰酸盐氧化破坏有机硼化合物，然后将其转化为强酸并用碱滴定。使用诸如硼酸－姜黄素复合物的显色指示剂的比色技术要快得多(Uppström，1974)。最近，Lee 和同事们(2010)在早期的方法上进行了改进，能更准确地确定了海水中硼酸的浓度。

2.3.7　镁

测定 Mg^{2+} 的经典方法是对加入磷酸铵后形成的沉淀物(除去 Ca^{2+} 后)进行重量测定。将磷酸镁铵转化成焦磷酸镁后称重。近年来，一般使用体积法进行测定。去除 Ca^{2+} 后，使用 EDTA(乙二胺四乙酸)滴定 Mg^{2+}。二价离子的总量可以通过离子交换树脂或 EDTA 滴定来确定。Mg^{2+} 由减去 Ca^{2+} 和 Sr^{2+} 之后的差异来确定，Carpenter 和 Manella(1973)讨论了确定终点的问题。

2.3.8　钙

将 Ca^{2+} 沉淀为草酸盐是测定 Ca^{2+} 的经典重量法。这个方法可以用来分离 Ca^{2+} 和 Mg^{2+}。草酸钙可以按原样称重，或燃烧至 $CaCO_3$ 或 CaO 后再称重。与所有沉淀技术一样，此过程也遇到了共沉淀问题，必须经过许多步骤才能获得纯的沉淀物。现在，大多数 Ca^{2+} 测量利用的是体积滴定法，这方法使用的是络合剂 EGTA[乙二醇－双(2－氨基乙基)－N，N，N′，N′，四乙酸]。使用金属荧光指示剂以电位或比色法确定终点。

2.3.9　钾

早期测定钾离子时需先去除二价离子。总阳离子可以通过离子交换法(用碱滴定释放的质子)来测定。二价离子被去除并通过 EDTA 滴定测定。钾可以用氯铂酸盐 K_2PtCl_{26}(K_2PtCl_{26}微溶于 80% 乙醇，其钠盐非常易溶)沉淀来测定。由于四苯基硼钾溶解度小，因此可以通过加入四苯基硼酸钠沉淀后称重。

2.3.10　钠

由于钠的浓度相当高，因此不能用直接方法准确进行测定。典型的直接测定法是加入微溶的乙酸铀酰锌产生沉淀。测定 Na^+ 的最可靠方法是差值法。这可以通过测定总阳离子浓度(等于阴离子的总当量)，再减去 K^+、Mg^{2+}、Ca^{2+} 和 Sr^{2+} 的当量浓度来测定单个样品的 Na^+ 浓度。由于海水应具有相同的阳离子和阴离子当量浓度，优选的方法是测定其他主要成分之后再测定 Na^+ 的含量(即差值法)。

2.4 普通海水的成分及其化学计量

为了准确测定海水的物理化学性质，有必要选取标准海水（盐度 $S=35$，$pH=8.1$，温度 $T=25℃$）合理可靠的海水成分进行测量。Cox，Culkin，Riley 和同事们针对海水中的主要阳离子 Na^+、K^+、Mg^{2+}、Ca^{2+} 和 Sr^{2+} 进行了测定。结果与 Lyman 和 Fleming（1940）对 Dittmar 先前结果重新计算得到的结果一致。除了 Ca^{2+} 之外，所有的研究都表明主要阳离子的影响很小，几乎没有或没有深度依赖性。由于 $CaCO_3$ 的溶解，深层水中的 gCa/Cl（‰）值增加了 0.3%～0.5%。关于 $CaCO_3$ 的溶解，第 7 章中有更多的说明。在主要海洋中，g_i/Cl（‰）的值几乎保持一致，但由于一些海域的独特性，在某些地区会有很小变化，如红海的 gCa/Cl（‰）。标准海水 g_i/Cl（‰）的值见表 2.3。如本章进一步讨论的那样，这是在确定物理性质（1970 年至 1980 年）时使用的海水估计参考成分。Ca^{2+}、K^+ 和 Sr^{2+} 的值取自 Culkin 和 Cox（1966）以及 Riley 和 Tongudai（1967）的著作；Mg^{2+} 的值取自 Carpenter 和 Manella（1973）的著作；SO_4^{2-} 和 Br^- 的值取自 Morris 和 Riley（1966）的著作；F^- 的值取自 Warner（1971）的著作；Cl^- 的值由氯化物当量减去当量 Br^- 进行测定；通过差值法（即假设阳离子和阴离子当量相等）来测定 Na^+ 的值。$pCO_2=370\ \mu atm$ 的海水的 HCO_3^-、CO_3^{2-}、$B(OH)_3$ 和 $B(OH)_4^-$ 值是用 0.000 232 B/Cl（‰）（Uppström，1974），和 TA = 229 6 μmol/kg（Millero 等，1993）来计算得到的。碳酸和硼酸的解离常数分别取自 Millero 等人（2006）和 Millero（2002）以及 Dickson（1990）的著作，并通过 CO_2 系统程序（Pierrot 等，2006）得到。

表 2.3 参考海水成分（$S_P=35.000$，$pCO_2=337\ \mu atm$，$t=25\ ℃$）

	g_i(g/kg)	AW	m_i (mol/kg - H_2O)	e_i (mol/kg - H_2O)	I_t (mol/kg - H_2O)
Na^+	10.781 45	22.989 8	0.486 057 3	0.486 057 3	0.486 057 3
Mg^{2+}	1.283 72	24.305 0	0.054 741 9	0.109 483 7	0.218 967 4
Ca^{2+}	0.412 08	40.078 0	0.010 656 6	0.021 313 3	0.042 626 6
K^+	0.399 1	39.098 3	0.010 579 6	0.010 579 6	0.010 579 6
Sr^{2+}	0.007 95	87.620 0	0.000 094 0	0.000 188 1	0.000 376 2
Cl^-	19.352 71	35.453 0	0.565 761 9	0.565 761 9	0.565 761 9
SO_4^{2-}	2.712 35	96.062 6	0.029 264 2	0.058 528 3	0.117 056 7
HCO^{3-}	0.104 81	61.016 8	0.001 780 3	0.001 780 3	0.001 780 3
Br^-	0.067 28	79.904 0	0.000 872 7	0.000 872 7	0.000 872 7
CO_3^{2-}	0.014 34	60.008 9	0.000 247 7	0.000 495 3	0.000 990 7
$B(OH)_4^-$	0.007 95	78.840 4	0.000 104 5	0.000 104 5	0.000 104 5

续表 2.3

	g_i(g/kg)	AW	m_i (mol/kg - H_2O)	e_i (mol/kg - H_2O)	I_t (mol/kg - H_2O)
F^-	0.001 3	18.998 4	0.000 070 9	0.000 070 9	0.000 070 9
OH^-	0.000 14	17.007 3	0.000 008 5	0.000 008 5	0.000 008 5
$B(OH)_3$	0.019 44	61.833 0	0.000 325 9	0.000 000 0	
CO_2	0.000 42	44.009 5			
$\sum =$	35.165 04		1.160 565 9	1.255 244 5	1.445 253 3
H_2O	964.834 96		0.580 283	0.627 622	0.722 627

来源：Millero 等(2008)。经许可。

应该指出，这是海水的参考成分。由于化石燃料燃烧产生的 CO_2 越来越多，海水的成分将会发生变化，CO_2 和 CO_3^{2-} 的浓度将会增加，$B(OH)_4^-$ 的浓度将会下降。

表 2.3 中海水的成分可用于建立方程，以估算作为实际盐度函数的海水组分的摩尔浓度、当量和离子值。可以根据 S_P 函数的方程式来确定各组分的摩尔数及其相似度(Ai)：

$$m(\text{离子}) = m_i(S_P/35) \tag{2.19}$$

$$e(\text{离子}) = m_i(S_P/35) \tag{2.20}$$

$$I(\text{离子}) = m_i(S_P/35) \tag{2.21}$$

海水 S_P 函数总摩尔数 $\sum m_i/2$、等效值 $\sum e_i/2$ 和离子强度 $\sum I_i/2$ 可以从下式估算出：

$$m = 1/2\ (\sum m_i(S_P/35) = 0.580\ 283 S_P/35) \tag{2.22}$$

$$e = 1/2(\sum e_i(S_P/35) = 0.627\ 622 S_P/35) \tag{2.23}$$

$$I = 1/2\ (\sum I_i(S_P/35) = 0.722\ 627 S_P/35) \tag{2.24}$$

海水的平均分子量 M_T 和当量 E_T 由下式得出

$$M_T = 1/2\ \sum m_i AW_i = 62.793 \tag{2.25}$$

$$E_T = 1/2\ \sum e_{iEW} = 58.046 \tag{2.26}$$

溶于 1 kg 海水中的克数，

$$g_{H_2O} = 1000 - 1.004\ 88 S_P \tag{2.27}$$

这些结果可用于制备 1 kg 人造海水。表 2.4 中给出了制备人造海水的配方。应该记住，大多数试剂级盐中的微量金属杂质比天然海水中的高。因此，在生物研究中使用人造海水溶液时必须小心。

表 2.4　制备 1 kg 盐度为 35.00 的人造海水

盐分	克/千克	摩尔/千克	分子量
重量分析盐			
$NaCl$	24.878 0	0.425 68	58.442 8
Na_2SO_4	4.156 6	0.029 26	142.037 2
KCl	0.723 7	0.009 71	74.555 0
$NaHCO_3$	0.149 6	0.001 78	84.007 0
KBr	0.103 9	0.000 87	119.006 0
$B(OH)_3$	0.026 6	0.000 43	61.832 2
NaF	0.003 0	0.000 07	41.988 2
	30.041 3		
体积测定盐 $MgCl_2$	5.212 1	0.054 74	95.211
$CaCl_2$	1.182 8	0.010 66	110.986
$SrCl_2$	0.014 9	0.000 09	158.526

各用 1 mol $MgCl_2$、$MgCl_2$ 和 $CaCl_2$（通过 $AgNO_3$ 标定）。

需要 52.8 mL 1 mol$MgCl_2$、10.3 mL 1 mol $CaCl_2$ 和 0.1 mL 1 mol $SrCl_2$。$MgCl_2$、$CaCl_2$ 和 $SrCl_2$ 溶液密度分别为 1.017 g/mL、1.013 g/mL 和 1.131 g/mL。每种溶液中的水需要的克数由下式得出：

$$H_2O = g_{soln} - g_{salt} = ml \times density - g_{salt}$$

要加入的 $g_{H_2O} = 1000 -$ $MgCl_2$、$CaCl_2$ 和 $SrCl_2$ 中的 g_{H_2O}

2.5　盐度测定法

如之前所讨论的，海水的盐度通常通过实用盐标测量电导来测定。虽然这种方法的结果非常精确，但是并不总是准确的，因为电导仅与离子组分有关。实际上，可以使用一定温度和压力下的任何物理性质（密度、折射率、声速等）来测定盐度。在讨论这些其他方法之前，我们先研究电导率测定盐度这一最常用的方法。在表 2.5 中，总结了使用各种方法测定盐度的精确度。在常规测量中，密度精确度可达 $\pm 3 \times 10^{-6}$ g/cm³，声速 ±0.03 m/s，折射率 ±0.000 01。而由密度、声速和折射率测得的盐度误差分别为 ±0.004、±0.028 和 ±0.053。

表 2.5　用各种方法测定的盐度精确度

方法	精确度	方法	精确度	方法	精确度
主要组分的成分研究	±0.01	密度	±0.004	折射率	±0.05
蒸发干燥	±0.01	电导率	±0.001		
氯度	±0.002	声速	±0.03		

2.6　主要组分不保守的原因

虽然海水的主要组分相对较为稳定，但一些因素可能会导致它们不保守。本节探讨了某些区域(河口、缺氧盆地和沉积物、深海热液口、蒸发盆地)可能会改变海水中主要组分的组成的一些过程(如沉淀、溶解、蒸发、结冰和氧化)。

2.6.1　河口

河水中盐的浓度受岩石风化和不同土壤类型产生的化学成分不同的地下水的影响。大多数河水中的固体总量小于 200 mg/kg(ppm)或 0.2‰，但 SO_4^{2-} 、HCO_3^- 、K^+ 、Mg^{2+} 、Ca^{2+} 与 Cl^- 的含量通常比海水中含量大。图 2.5 显示了进入各大陆海域的河水的相对组成。

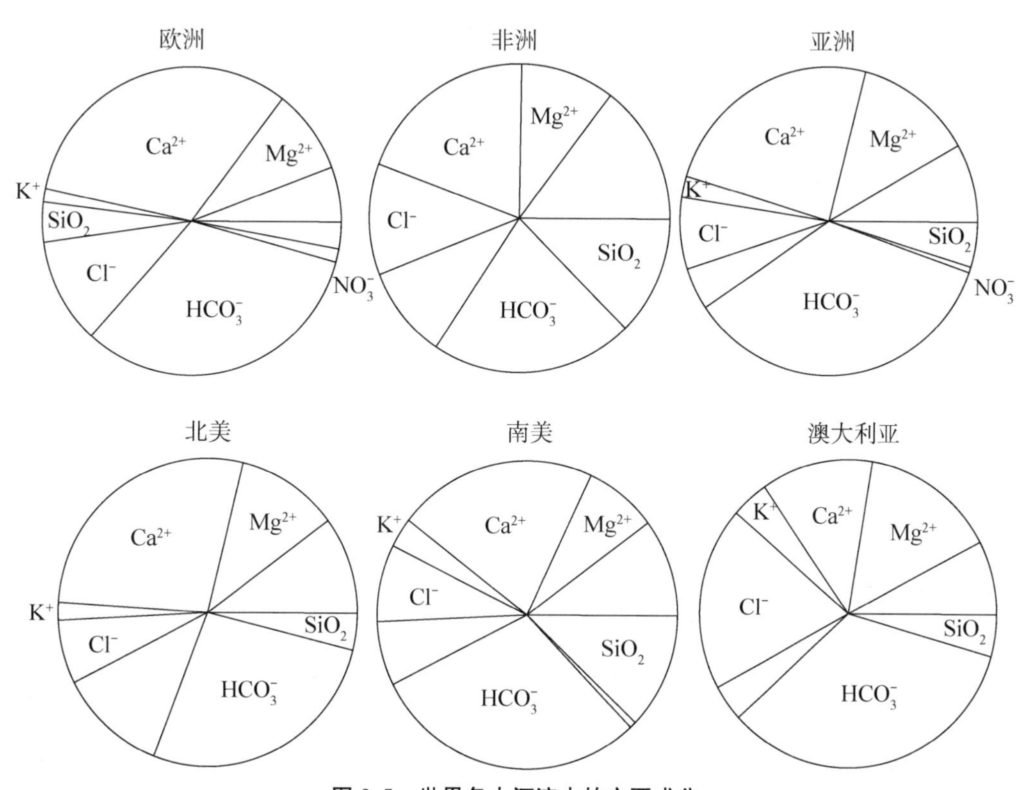

图 2.5　世界各大河流水的主要成分

全世界的河水与普通海水的平均组分比较见图 2.6。尽管大多数河水的总溶解固体在 70～200 ppm 之间，但其主要成分的等值分数相似。主要阳离子有 Ca^{2+} 、Mg^{2+} 和 Na^+ ，主要阴离子有 HCO_3^- 、SO_4^{2-} 和 Cl^- 。大多数 NaCl 进行海盐气溶胶循环。大多数河水的 pH 值为 7.3～8.0，所以 SiO_2 主要以非离子形式 $Si(OH)_4$ 存在。全世界河水的主要成分是 Ca^{2+} 和(来自 $CaCO_3$ 的风化)。

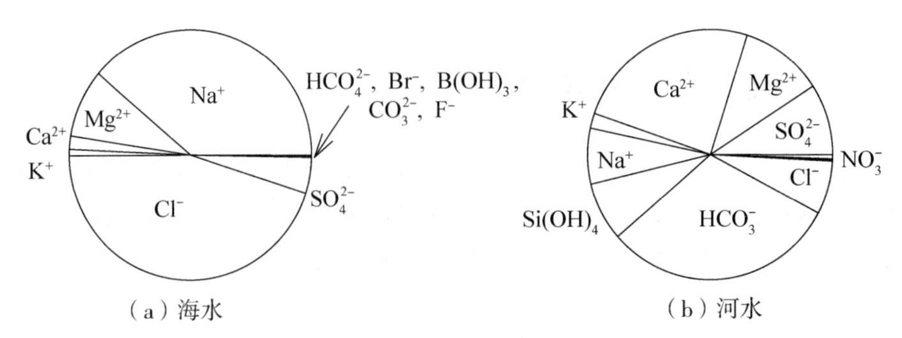

图 2.6 全世界河水和海水中主要成分的平均等值分数

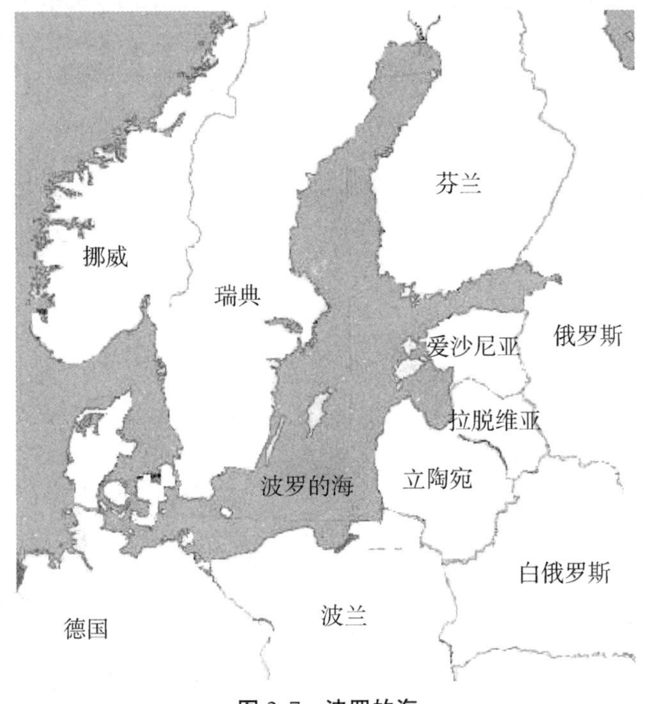

图 2.7 波罗的海

笔者（Millero，1978）通过将波罗的海平均河水与海水混合，分析了波罗的海河口水的形成（图 2.7）。波罗的海是一个具有很大盐度和温度梯度的正向分层河口（图 2.8）。由于植物体的氧化作用，营养物 NO_3^- 和 PO_4^{3-} 在深层水中的含量相当高（图 2.9）。由于这种氧化，O_2 在深层水中的含量相当低（图 2.10）。如之前所讨论的，河口的溶解成分含量是 Cl^- 的线性函数。Kremling（1969，1970，1972）得到的主要成分的化学数据如图 2.11 和图 2.12 所示，图上绘制了每千克海水的每种成分的克数（g_i）与氯度的关系曲线。所有曲线图的截距（等于 g_R）如表 2.6 所示。盐的总克数（g_T）由下式给出：

$$g_T = g_R + [(35.171 - g_R)/19.374]\ Cl(‰) \tag{2.28}$$

式中，g_R 表示河水中盐分的克数。由于斜率与河水中盐浓度有关，可以从下式得到更准确的 g_R 数值：

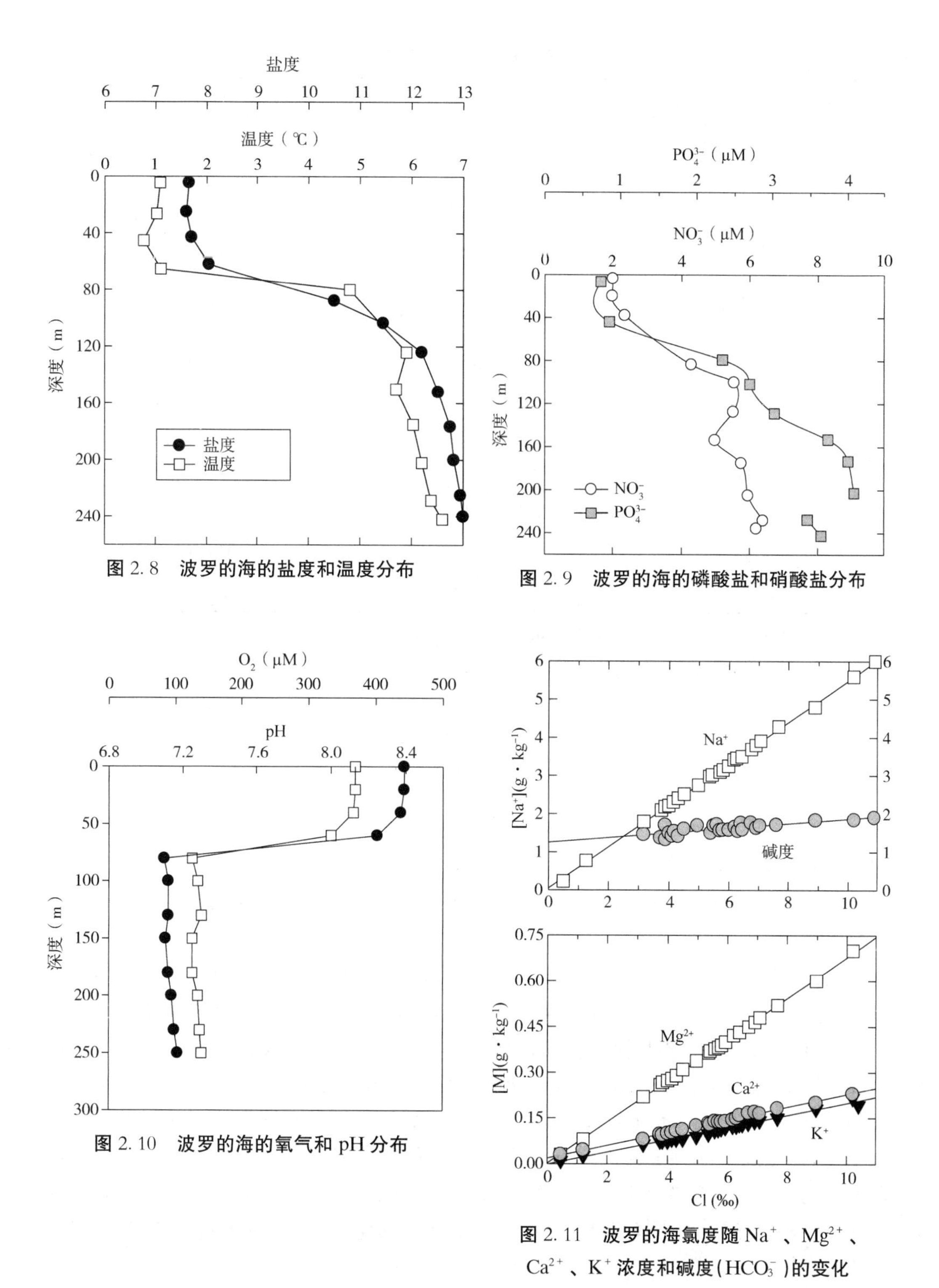

图 2.8　波罗的海的盐度和温度分布

图 2.9　波罗的海的磷酸盐和硝酸盐分布

图 2.10　波罗的海的氧气和 pH 分布

图 2.11　波罗的海氯度随 Na^+、Mg^{2+}、Ca^{2+}、K^+ 浓度和碱度（HCO_3^-）的变化

表 2.6　波罗的海表层水组成

溶质	1900 年数据[a]	最佳估算[b]
Na^+	—	5.4 ± 3.8
Mg^{2+}	2.3	2.9 ± 0.5
Ca^{2+}	15.4	21.1 ± 0.6
K^+	—	0 ± 0.5
Sr^{2+}	—	—
Cl^-	—	—
SO_4^{2-}	6.1	6.0 ± 1.0
HCO_3^-	49.3	84.6 ± 4.2
Br^-	—	0.0 ± 0.8
$B(OH)_4^-$	—	—
F^-	—	0.06 ± 0.1
$B(OH)_3$	—	0.8 ± 0.03
总量	72.8	120.7 ± 11.5

[a] $g_T = 0.073 + 1.8110\ Cl(‰)$；Lyman 和 Fleming(1940)(1900 年数据)。
[b] $g_T = 0.120 + 1.8092\ Cl(‰)$；Millero(1978)(1967 年数据)。

$$g_R = \frac{[g_E - g_{SW}]19.374}{19.374 - Cl(‰)} \tag{2.29}$$

其中

$$g_{SW} = k_i \times Cl(‰) \tag{2.30}$$

式中，k_i表示海水g_i/Cl 的平均比值(表 2.1)。从该方程式得到的 g_R 值与 Kremling 1967 年测量得到的 $g_T = 0.121$ 相同，并与早期 Lyman 和 Fleming 得到的 $g_T = 0.073$ 进行比较。

过去 60 年的增长主要是由于 Ca^{2+} 和 HCO_3^- 的增加引起的。因为水域变得更缺氧(见图 2.13)，SO_4^{2-} 含量显著下降。波罗的海河水和世界主要大洋河水的比较如图 2.14 所示。由于进入波罗的海的主要河流的流量减少了(图 2.15)，g_T 的增加可归因于稀释地下水(含有固定浓度的 Ca^{2+} 和 HCO_3^-)的降雨量减少。有趣的是，流速是循环的(周期接近太阳黑子周期的 11 年)，这将导致固体循环输入河口，并产生使深层水(从北海)更新的脉动速率。假设波罗的海沉积物中 FeS 的条带效应是由河流的脉动量引起的，而河流的脉动量又是由太阳黑子活动引起的。由于波罗的海深盆地随时间变化，对其进行检查(图 2.16)，可以发现脉动的模式(有氧至缺氧)；但是，脉动时期相当短暂。

实用盐标经常用于表征河口水域的组成。由于这些水域的组成与用于确定标度的成分(即用纯水稀释的海水)不同，因此应该讨论该方法的限制性。通过将全世界河水

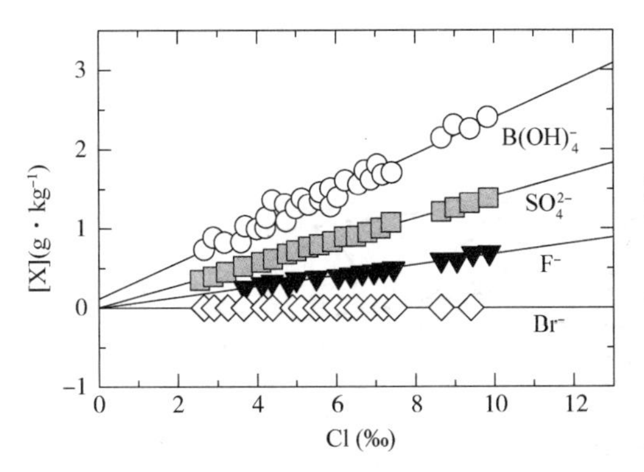

图 2.12　波罗的海中氯度随 $B(OH)_4^-$、SO_4^{2-}、F^- 和 Br^- 浓度的变化

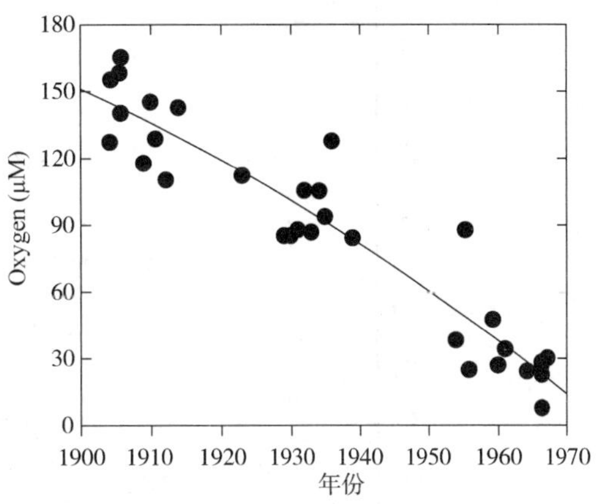

图 2.13　波罗的海深海盆地中氧浓度随时间的变化

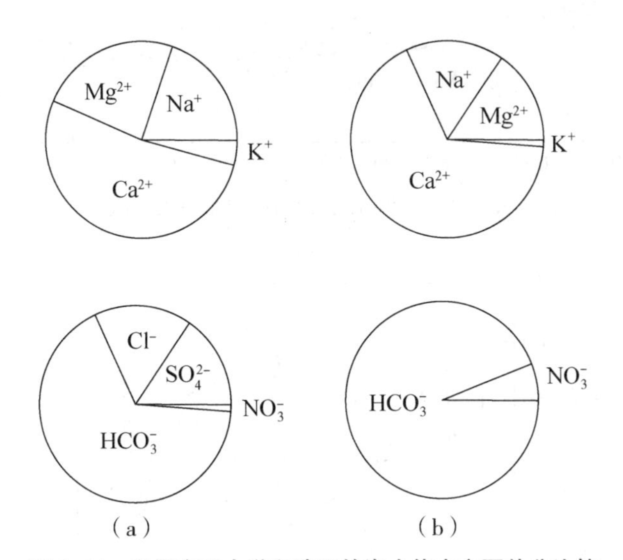

图 2.14　世界主要大洋和波罗的海水体中主要盐分比较

与普通海水混合，形成典型的河口溶液(表 2.7)。如果 SiO_2 不计入河端成分，那么 1 kg 溶液中盐的总克数与 Cl 相关，由下式得出：

$$g_E = 0.092 + 1.80271\ Cl(‰) \tag{2.31}$$

海水蒸发时会丢失盐分，因此真实盐度($S_T = g_T/1.0049$)由下式得出：

$$S_T = 0.092 + 1.80183\ Cl(‰) \tag{2.32}$$

河口混合水体的实用电导盐度与下式相关：

$$S_{COND} = 0.044 + 1.803898\ Cl(‰) \tag{2.33}$$

而由密度测定的盐度由下式得出：

$$S_{DENS} = 0.092 + 1.80186\ Cl(‰) \tag{2.34}$$

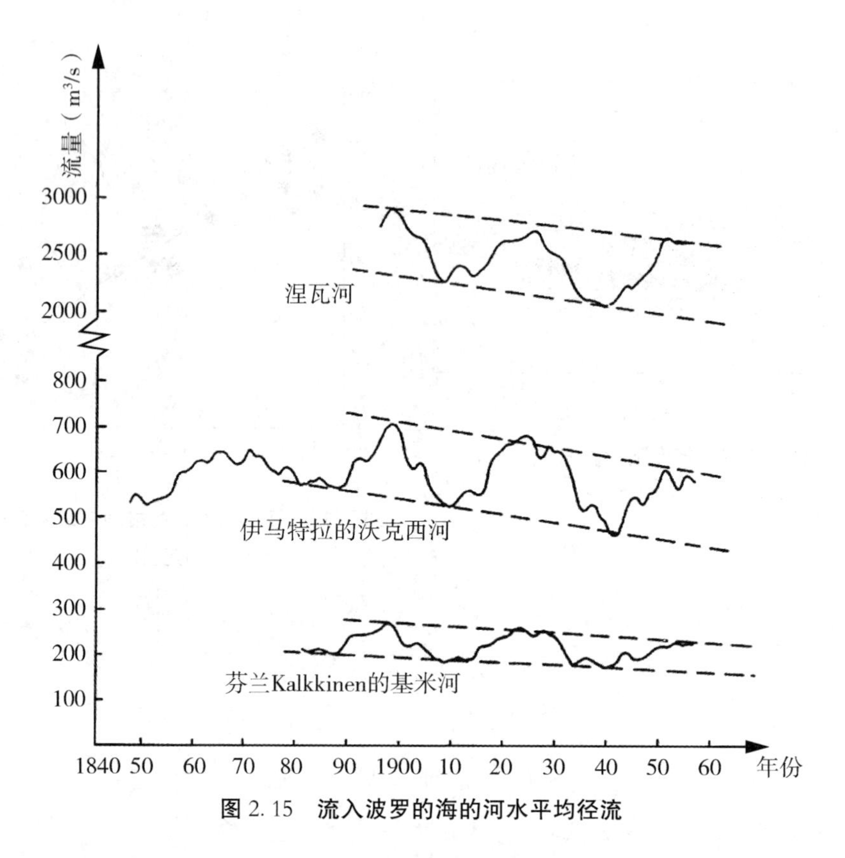

图 2.15　流入波罗的海的河水平均径流

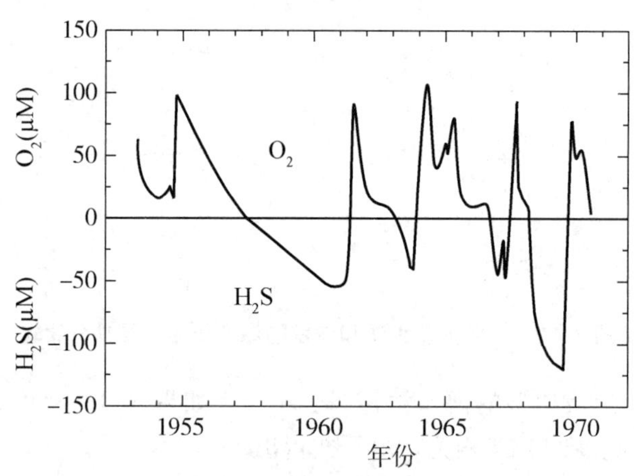

图 2.16　波罗的海深海盆地的氧气和硫化氢浓度

表 2.7　1 L 全世界河水的平均组成

种类	10^6_{gi}	10^3_{ni}	10^3_{ei}	10^3_{Ii}
Na^+	6.5	0.283	0.283	0.283
Mg^{2+}	4.1	0.169	0.337	0.674
Ca^{2+}	15.0	0.374	0.749	1.496

续表 2.7

种类	10^6_{gi}	10^3_{ni}	10^3_{ei}	10^3_{Ii}
K^+	2.3	0.059	0.059	0.059
Cl^-	7.8	0.220	0.220	0.220
SO_4^{2-}	11.2	0.117	0.233	0.466
HCO_3^-	58.4	0.950	0.950	0.950
CO_3^2	—	0.002	0.004	0.008
NO_3^-	1.0	0.016	0.016	0.016
$Si(OH)_3O^-$	—	0.005	0.005	0.005
$1/2\sum=$		1.086	1.428	2.089
$Si(OH)_4$	21.5	0.213	0.213	—
	$g_T = 126.8$	$n_T = 1.299$	$e_T = 1.641$	$I_T = 2.089$

注：将摩尔单位乘以密度。转换为摩尔单位，除以 $X_{H_2O} = 0.96483$。

S_A 和 S_P 或 S_ρ 之间的差异如图 2.17 所示。由密度测定的盐度值与真实盐度非常一致。这些结果表明，对于典型的河口水来说，通过密度计算得到的盐度比电导率更准确。S_{COND} 数值的偏低与海水和全世界河水主要成分的等效电导之间的差异有关(见表 2.8)。Na^+ 和 Cl^- 的电导作用大于 Mg^{2+}、Ca^{2+} 和 HCO_3^-；因此，在给定的 Cl(‰)下，用纯水稀释的海水的电导率大于河口水的电导率。当 Cl(‰)低于 2.0 时，河水的电导率比稀释至相同 Cl(‰)的海水低 0.94 ± 0.02。这好比从无限稀释电导率数据计算得到的 $\Lambda^0_{RW}/\Lambda^0_{SW} = 0.88$。该差异的一部分与实用盐标 $S = 2.000$ 的限制有关。

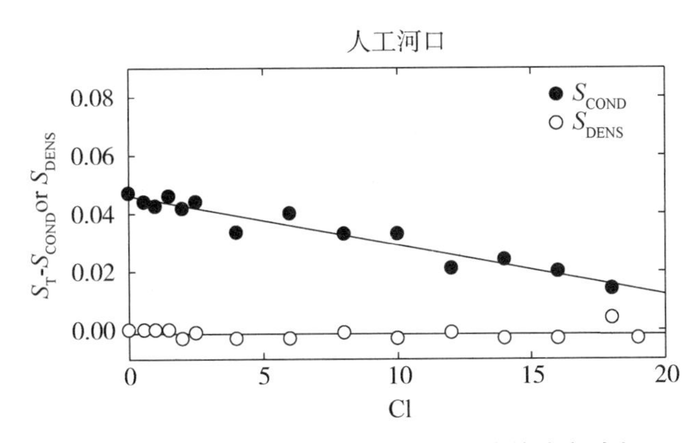

图 2.17 河口水域的电导率和密度测定的盐度对比

通过以下方程式可以将标度扩展到较低的盐度范围：

$$S = S_{PSS} - \frac{a_0}{1 + 1.5X + X^2} - \frac{b_0 f(t)}{1 + Y^{1/2} + Y + Y^{3/2}} \tag{2.35}$$

式中，S_{PSS} 是用以前给出的实用盐标值，其他参数 $a_0 = 0.0080$、$b_0 = 0.0005$、$X = 400\ R_T$、$Y = 100\ R_T$ 和 $f(t) = (t-15)/[1-0.0162(t-25)]$。这项的加入有助于计

算出用纯水加入稀释溶液稀释的海水的 S_T 准确值，该值也可以用于河流和淡水湖的盐度的测量。

结果表明，如果河流末端成分已知，那么可以对河口水系的真实盐度进行合理估计。出于细致认真，应进行实验室混合试验，特别是当河流末端成分的组成尚不可知的情况下。如上所述，应用纯水稀释的海水校准盐度计，以确保其在稀释溶液中正常工作。密度的最大误差为 35×10^{-6} g·cm^{-3}。如果在同一 S_T 进行比较，那么差异应该在 $\pm3\times10^{-6}$ g·cm^{-3}范围以内。只有当河水盐分对密度有类似海水盐分的影响时，由密度得到的盐度才是准确的。对于一般河流而言这是正确的，但不适用于所有河流。例如，圣劳伦斯河水域的密度比稀释至相同氯度的海水的密度大 14×10^{-6} g·cm^{-3}。

表 2.8 各种水在 25 ℃下的无限稀释等效电导

离子	Λ_i^0	$E_i\Lambda_i^0$[a]		
		海水	河水	圣劳伦斯河
Ca^{2+}	59.51	46.97	31.41	35.40
Mg^{2+}	53.50	9.32	12.71	13.15
Na^+	50.10	38.71	9.67	7.24
K^+	73.50	1.24	3.06	0.91
HCO_3^-	44.50	0.14	29.79	25.19
SO_4^{2-}	89.02	7.46	13.14	13.89
Cl^-	76.35	68.77	11.83	18.61
NO_3^-	71.46	0.20	0.81	—
	$\Lambda^\circ=$	127.85[b]	112.2	114.41

[a] E_i 是各种类离子的等效函数。
[b] $\Lambda^\circ=\sum E_i\Lambda_i^0$。

结果表明，尽管稀释后的圣劳伦斯河河水的电导率与世界河水的电导率相似，但它们的密度不同。因此，为了更仔细地完成河口工作，有必要测量密度和电导率与氯度之间的函数关系，以充分表征河口水系特点。如果可容忍的盐度误差为 ±0.04 和 $\pm50\times10^{-6}$ g·cm^{-3}，那么实用盐标和国际海水状态方程式可以用于河口系统，并且不需要详细了解其离子组成。

2.6.2 独立海盆的蒸发

1912 年，Van Hoff 首次研究了热带干旱地区蒸发岩(施塔斯富特沉积物)的形成(Borchert，1965)。在海水蒸发缓慢期间，盐的沉淀会改变溶液的组成。我们研究了蒸发期间墨西哥潟湖海水主要成分的变化，盐度变化接近 200，氯度变化大约为 100。我们得到的结果如图 2.18 和图 2.19 所示。在 Cl(‰)为 40($S=72$)时，Ca^{2+} 和 SO_4^{2-} 流失，可能是 $CaSO_4\cdot2H_2O$(石膏)的形成导致的。HCO_3^- 的流失表明 $CaCO_3$ 也可能以文石的形式沉淀。Mg^{2+} 和 K^+ 的少量减少可能是由于共沉淀引起的。热力学计算表明，潟湖中 $CaSO_4$ 的沉淀(图 2.20)发生在预测氯度附近。如果海水进一步蒸发，其他盐将会沉淀(见表 2.9)。

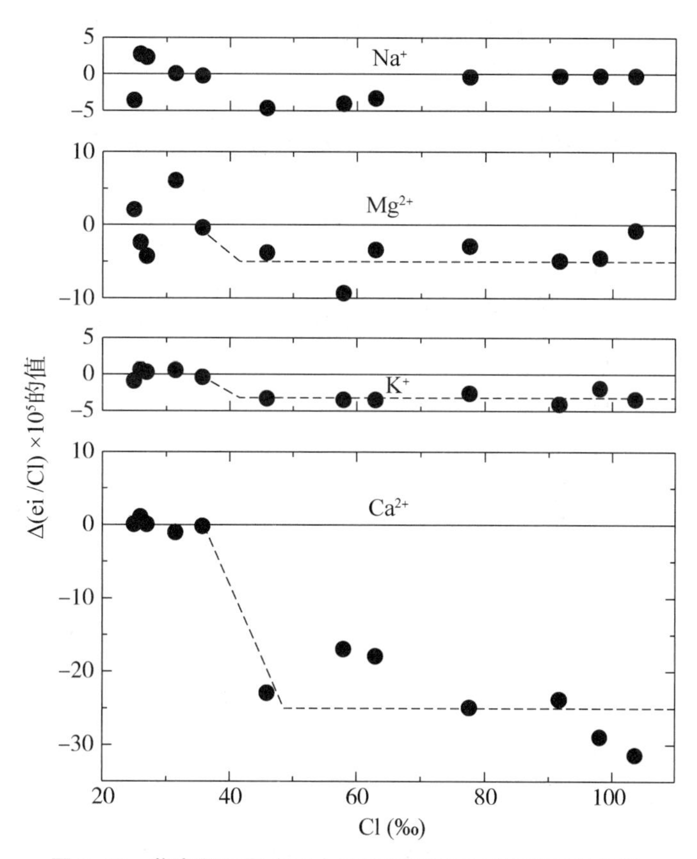

图 2.18　蒸发墨西哥潟湖水域的阳离子当量除以氯度的值

表 2.9　由于海水蒸发析出盐的顺序

阶段	密度	液体重量(%)	固体	总固体量(%)
	1.026	100		
I	1.140	50	$CaCO_3$+ $MgCO_3$	1
II	1.214	10	$CaSO_4$(石膏)	3
III	1.236	3.9	NaCl(岩盐)	70
IV	—	—	Na－Mg－K－SO_4 和 KCl，$MgCl_2$	26

在实验室实验中，在阶段 IV 形成 Na、K 和 $MgSO_4$，而不是 K－Mg－Cl(具体矿物的形成取决于蒸发温度)。在自然界，盐卤水中的 SO_4^{2-} 消失，产生 H_2S；因此，天然蒸发层几乎没有硫酸盐。阶段 IV 中最重要的固相是 KCl 和 $MgCl_2 \cdot 6H_2O$。Harvie 和 Weare(1980)使用热力学模型来检验预测在海水蒸发期间的沉淀顺序，结果见表 2.10。

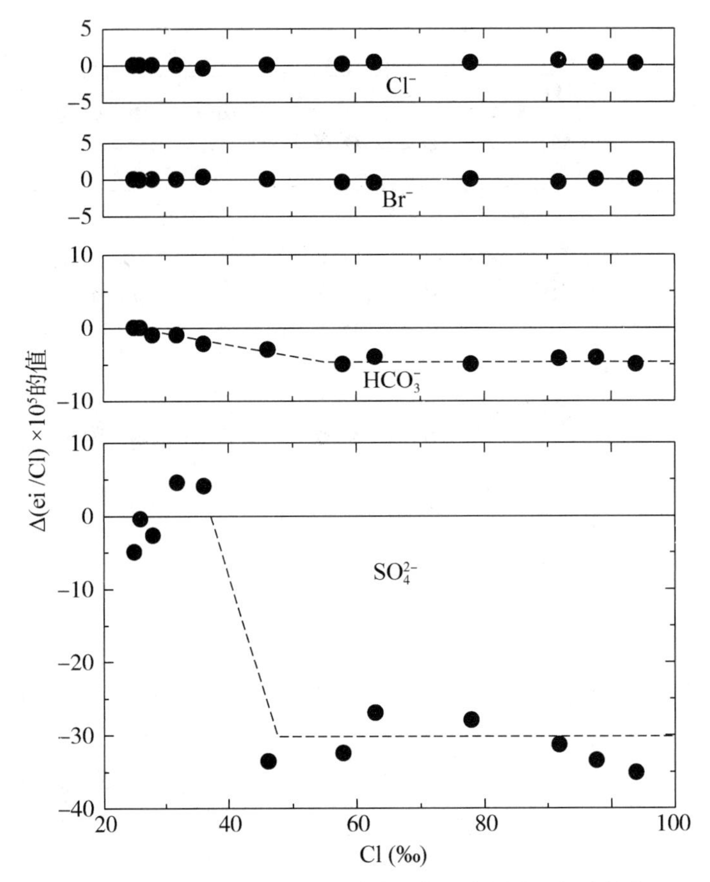

图 2.19 蒸发墨西哥潟湖水域的阴离子当量除以氯度的值

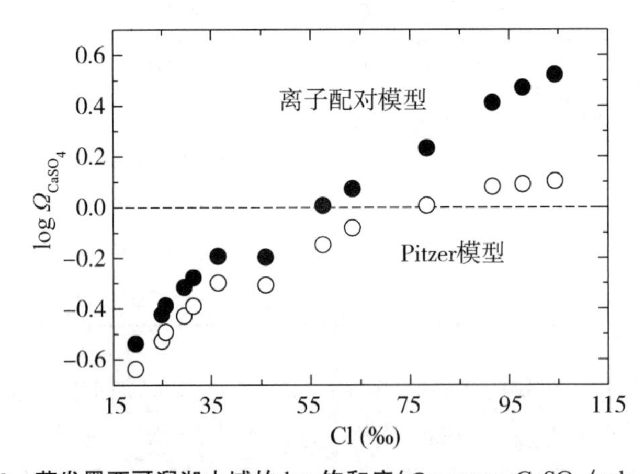

图 2.20 蒸发墨西哥潟湖水域的 log 饱和度（Ω = meas. $CaSO_4$/calc. $CaSO_4$）

表 2.10　由于海水蒸发盐沉淀的预测顺序

部分	首次出现	C. F.[a]	留下的 H_2O(%)	I[b]	aH_2O[c]	表面
a	G + Sol.[d]	3.62	27.63	2.6	0.929	半盐水
b	A + Sol.	9.82	10.18	6.6	0.772	
c	A + H + Sol.	10.82	9.24	7.2	0.744	盐水
d	A + H + Gl + Sol.	13.15	7.60	7.5	0.738	
e		29.17	3.43	9.1	0.714	
f	A + H + Gl + Po + Sol.	38.50	2.60	10.1	0.697	超咸水
g	A + H + Po + Sol.	44.76	2.23	10.7	0.685	
h	A + H + Po + Ep + Sol.	73.56	1.36	13.0	0.590	
	A + H + Po + Hx + Sol.	85.05	1.18	13.8	0.567	
	A + H + Po + Ki + Sol.	102.40	0.98	14.9	0.498	
i	A + H + Po + Ki + Car + Sol.	117.11	0.85	15.15	0.463	
	A + H + Ki + Car + Sol.	159.74	0.62	15.33	0.457	
	A + H + Ki + Car + Bi + Sol.	246	0.41	17.40	0.338	

注：1. 矿物缩写：A，无水石膏，$CaSO_4$；Bi，水氯镁石，$MgCl_2 \cdot H_2O$；Car，光卤石，$KMgCl_3 \cdot 6H_2O$；Ep，泻利盐，$MgSO_4 \cdot 7H_2O$；G，石膏，$CaSO_4 \cdot 2H_2O$；Gl，钙芒硝，$Na_2Ca(SO_4)_2$；H，卤盐，NaCl；Hx，六水合物，$MgSO_4 \cdot 6H_2O$；Ki，硫酸镁石，$MgSO_4 \cdot H_2O$；Po，多卤化物，$K_2MgCa_2(SO_4)_4 \cdot 2H_2O$。

2. [a]C. F. 是浓度因子(海水 C. F. = 1.0)。

2.6.3　盐卤水的混合

在 2 000 m 深处的红海海底裂缝会产生热的高盐度水(45～58 ℃，S = 225‰～326‰)，这些水的组成与普通海水有很大的不同(见图 2.21)。封闭地下盐卤水在低温下也可以通过溶解蒸发物来形成。例如，墨西哥湾的戟鲸盆地就是通过这种方法形成的(图 2.22)。这些水的组成与普通海水也不同(图 2.21)。这些盐卤水形成的混合物的 g_i(Cl)值由最大/最小值两个数决定。

2.6.4　沉淀和溶解

在深海中文石和方解石形式的 $CaCO_3$ 溶解会导致太平洋深处的 Ca^{2+} 浓度增加约 1%。近期对北太平洋的测量结果如图 2.23 所示。Ca^{2+} 的归一化值在这些水域中增加了 1.3%。由于 $CaCO_3$ 在巴哈马群岛海岸和红海以文石的形式沉淀，Ca^{2+} 出现了低值(Wilson，1975)。

2.6.5　海底火山作用

熔岩浆对大部分海水主要成分影响不大。在大西洋中脊附近发现高 F/Cl(‰)比

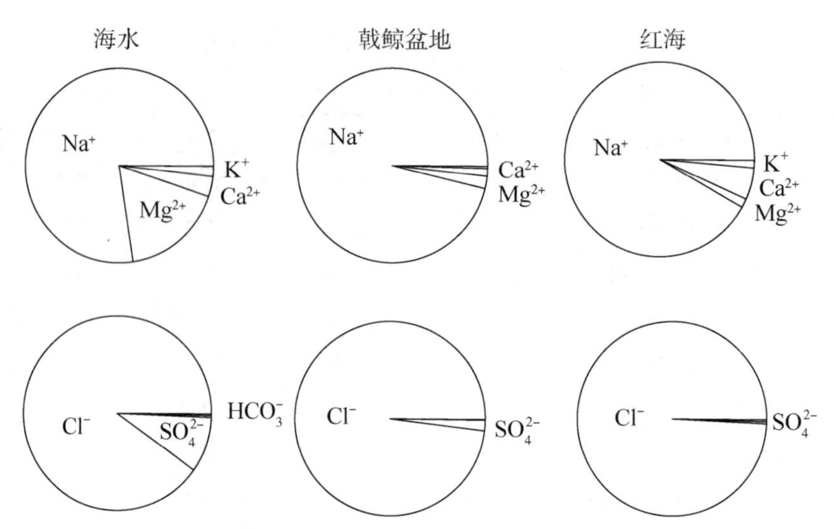

图 2.21　各种盐卤水与普通海水的成分对比

值，为 $8.0\times10^{-5}\sim9.0\times10^{-5}$(正常值为 6.7×10^{-5})，这可能来自火山气体的注入。Brewer(1975)提出，过量的F可能以胶体形式存在，因为F离子电极的结果显示出与表层岩样相同的浓度(也可能与Ca或其他微量金属络合)。近期在深海热液喷口的研究表明，一些主要成分发生了变化(Si和Ca增加；Mg、K、B和 SO_4^{2-} 减少)。在第10章中关于热液系统有详细说明。

2.6.6　海气交换作用

海洋和大气气泡飞沫每年将 10^{10} 吨的离子带入大气，这其中大多数离子直接或间接返回海洋，并发生相当多的分馏。气泡将溶解物质和颗粒聚集到其表面，选择性地吸收某些离子。离子和有机物的白色间隙气溶胶的尺寸为 0.1 μm 至 20 μm，并可能引起成核降雨。相对于 Na^+，大气中主要富集 Ca^{2+}、K^+、Mg^{2+} 和 SO_4^{2-}，缺乏 Cl^- 和 Br^-。许多气泡将过渡金属与有机物结合在一起。Br^-/Cl^- 的比例在空气中略高，因为两者都通过气泡破裂被消除(Duce，1989)。Cl^- 的气体形式可能是由盐和三氧化硫或 NO_2 形成的HCl。Br^- 在盐中的光化学氧化产生 Br_2。大气中的(I^-/Cl^-)比值比海水高出777倍，因为 I_2 是通过 I^- 的光化学氧化形成的。I从海洋中失去的比例估计是 4×10^{11} g·yr^{-1}。雨水中的高浓度B可能是由于海面 $B(OH)_3$ 蒸馏造成的，其挥发性较高。

2.6.7　缺氧海盆

在全世界海洋中存在一些缺氧海盆(黑海、Cariaco沟)(Richards，1965)。这些盆地的 SO_4^{2-}/Cl 比例相当低，因为细菌将 SO_4^{2-} 作为 O_2 的来源，释放出 H_2S，再通过沉淀 FeS_2 和其他硫化物(ZnS、CuS等)消耗 H_2S。缺氧盆地的进一步讨论见第10章。

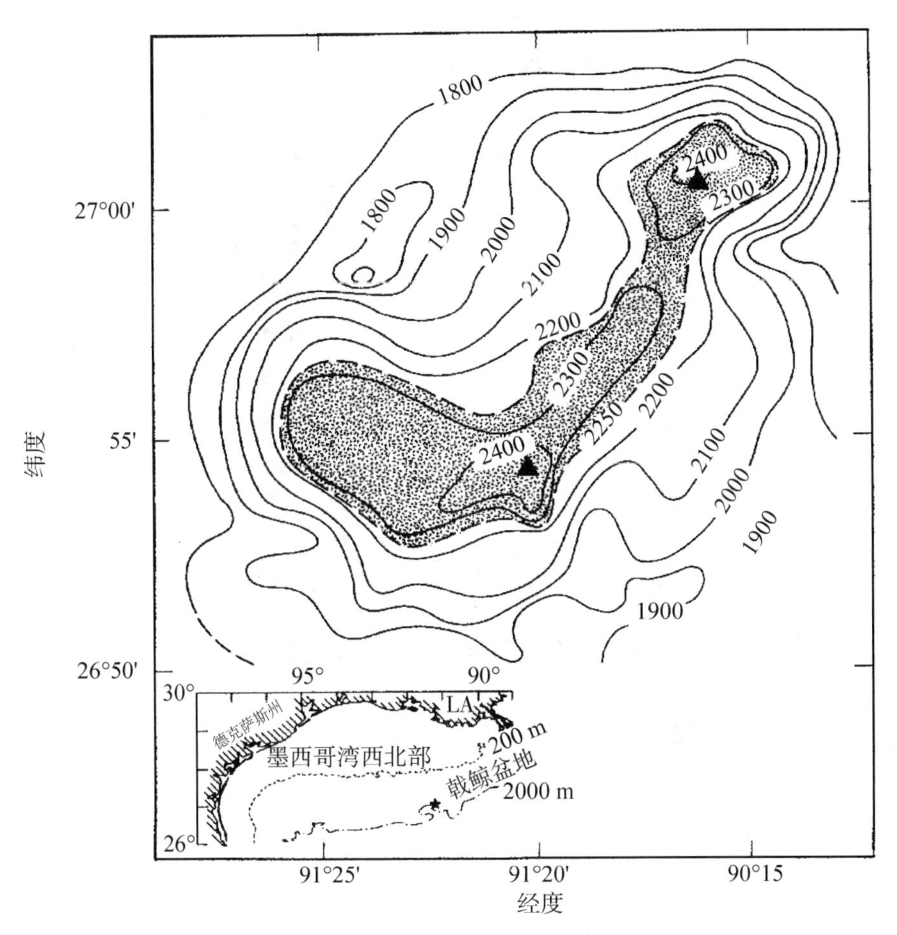

图 2.22 戟鲸盆地在墨西哥湾的位置

2.6.8 结冰现象

海冰比海水的 SO_4^{2-} /Cl 比例高，这是因为 SO_4^{2-} 可以融入冰中。已证明北太平洋最低温度层（由融冰形成）中的海水缺乏 SO_4^{2-} 。由于海冰中 $CaCO_3$ 的沉淀，Ca/Cl 比值也可能出现差异。

2.6.9 间隙水

间隙水的一些主要成分与海水明显不同。Cl^- 的含量是上覆水的 ± 1%以内，随地方的不同有很大的变化。Ca^{2+} 的变化可能是由植物体氧化（释放 CO_2）引起的 $CaCO_3$ 分解溶解造成的，而 SO_4^{2-} 的变化可能是由于细菌产生 H_2S 引起的。

K^+ 和其他阳离子的变化可能是通过与黏土矿物的交换引起的。Mg^{2+} 可能被亚氯酸盐吸收所消耗，或通过与 $CaCO_3$ 反应形成白云石耗尽。相比之下，K^+ 由于长石的水解而富集。本章将进一步探讨沉积物化学。温度效应引起的孔隙水的成分变化很重要。沉积物在现场温度下保存其组成会有不同的比值，这是由于溶液 - 固体平衡会随

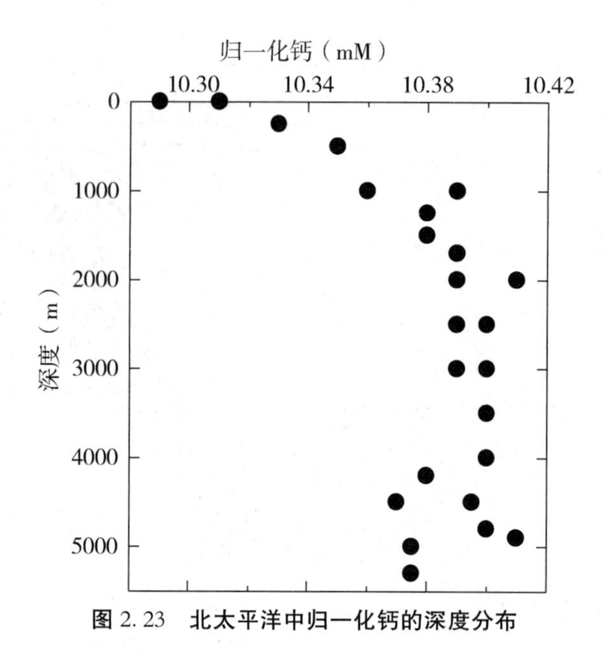

图 2.23　北太平洋中归一化钙的深度分布

温度变化，如果样品在现场温度下处理得当，结果不受影响。

2.7　同位素组成变化

2.7.1　氢与氧

水是海水的主要成分。1929 年，科学家发现了氧的稳定同位素，1932 年发现了氘。因此，天然存在的水显然是分子量不同的几种物质的混合物。有三个已知的氢同位素（^{1}H、^{2}H 或 D［氘］和 ^{3}H 或 T［氚］）和六个氧同位素（^{14}O、^{15}O、^{16}O、^{17}O、^{18}O 和 ^{19}O）。氚是放射性氢同位素，半衰期为 12.5 年。同位素 ^{14}O、^{15}O 和 ^{19}O 也是放射性的同位素，但是寿命短，在天然水体中较少存在。天然水体的精确同位素含量取决于样品的来源；但是，在变化范围内，天然水体的丰度为 99.73% 的 $^{1}H_2^{16}O$（淡水）、0.2% 的 ^{18}O 水、0.046% 的 ^{17}O 水和 0.032% 的 $^{1}H^{2}H^{16}O$ 水（HDO），见表 2.11。

表 2.11　与不同形式的水成分

水分子	总水量中的占比	重水中的占比	可比浓度
$^{1}H_2^{16}O$	99.73	—	—
$^{1}H_2^{18}O$	0.20	73.5	Mg
$^{1}H_2^{17}O$	0.04	14.7	Ca
$^{1}H_2H^{16}O$	0.032	11.8	K
$^{1}H_2H^{18}O$	6×10^{-5}	0.022	N
$^{1}H_2H^{17}O$	1×10^{-5}	0.003	A1

续表 2.11

水分子	总水量中的占比	重水中的占比	可比浓度
$^{2}D_2^{16}O$	3×10^{-6}	0.001	P
$^{2}D_2^{18}O$	6×10^{-9}	2×10^{-6}	Hg
$^{2}D_2^{17}O$	1×10^{-9}	3×10^{-7}	Au

应指出的是，下列平衡是持续存在的：

$$D_2O + H_2O = 2HDO \tag{2.36}$$

水中的氢为 0.032/2 = 0.015% D。这些同位素的存在可能会改变一些水的性质，因此必须将这些同位素组分当作海水的主要成分。

质谱分析法是确定 D 和^{18}O 的最佳方法。在 D 测定之前，通过与热锌或铀金属反应将水样转化为氢气；在测定^{18}O 时，用 CO_2 气体平衡水样，然后通过质谱分析法进行分析。

同位素的绝对丰度还不能精确进行测定，所以不能用于研究其天然变化。根据报道，在早期工作中，D 分析与当地自来水相关。因为自来水中 D 含量的差异，这个方法不符合要求。一些研究者在自然水域的^{18}O/^{16}O 工作中将大西洋、太平洋和印度洋海域的许多深水样本的同位素数据平均值作为标准。但是，这并不完美。Harmon Craig 指出了 D 和^{18}O 分析的标准参考的可取性。他确定了一组海洋水域(类似于之前工作人员为^{18}O 数据选择的海洋水域)的 D/H 比。他建议 D 和^{18}O 数据可以按照美国国家标准局(NBS)同位素参考样品 1 号和 1 - A 号的规定进行确定。这些是大体积蒸馏水样品，用于质谱分析实验的反复核对校准。经过咨询，Craig(1961)根据 NBS 参考样本确定了标准平均海水(standard mean ocean water，SMOW)：

$$D/H\ (SMOW) = 1.050\ D/H\ (NBS)^{-1} \tag{2.37}$$

$$^{18}O/^{16}O\ (SMOW) = 1.008\ ^{18}O/^{16}O\ (NBS) \tag{2.38}$$

有人建议，两种同位素的数据每千次报告一次。定义 SMOW 的富集值 δ 由下式得出：

$$\delta = [(R_{sample}/R_{smow}) - 1]1000 \tag{2.39}$$

式中，R 的值是同位素比值。因此，SMOW 被定义为实际水参考标准 NBS - 1，并为报告富集值提供了方便一致的零参比水平。

2.7.2　氘

海洋水体 D/H 比例差异很大。赤道水域比高纬度地区的水域中所含的 D 更多。D 与^{18}O 随深度变化的趋势相同；也就是说，表层水中的 D 比深层水中的更多。大西洋、太平洋和印度洋的 D/H 为 6410～6536。总而言之，高纬度水域往往比赤道水域含有的 D 更少，深层水比表层水含有的 D 更少。

2.7.3　氧 - 18

已经对来自雪、雨、湖泊和河流以及海洋的一些淡水的^{18}O/^{16}O 比值进行了检测，结果发现，淡水中的^{18}O差异很大；因此，海洋中的^{18}O含量会根据来源中淡水含量发生变化。融雪中的^{18}O比密西西比州的水域中的^{18}O值高出3.5倍。对于在阿拉斯加州和加利福尼亚州流域收集的水，其低盐度和高^{18}O含量是由冰雪融化引起的。

深层水中的^{18}O比表层水样品中的^{18}O少，它们的差值比蒸发引起的预期变化值更大。因为深层水被下沉的极地水稀释，因此降低了^{18}O的含量。地中海水域（表层水和深层水）的差异较小，因为高蒸发速率导致同位素分馏较少，这反过来又意味着进入海洋的淡水的^{18}O产生的影响比其他讨论的情况小。由于太平洋深层水古老，水域中富集了^{18}O，因此与大西洋深处相比，太平洋深层水中所含的^{18}O更多。

HDO的蒸气压低于H_2O的蒸气压，这意味着在蒸发过程中，H_2O比HDO更容易进入气相，造成D容易集中在残留水中。这也解释了为何赤道附近表层水中的D浓度较高。在降雨过程中，情况相反。残余相蒸气中的HDO减少了，HDO优先沉降。随着雨滴的下落，蒸发过程能进一步富集同位素，特别是在干燥的气候下。

北极冰水混合水域的氘分析显示，冰中的D含量比其形成的水域中的D含量高2%。一般来说，^{18}O的模式与D相同；但是，由于^{18}O和^{16}O之间的相对质量差较小，因此效应也更小。雪中的$^{18}O/^{16}O$比值低于雨水或海水中的$^{18}O/^{16}O$比值。

一般来说，两种同位素比值在海水中的变化都是非常大的。相对于深层水来说，由于不同的原因，两种较重的同位素集中在表层水中。蒸发会引起D/H的效应，而通过下沉极地水的稀释会使深层水中的$^{18}O/^{16}O$比值降低。由于生物体更喜欢^{16}O，因此古老的水域比年轻水域中的$^{18}O/^{16}O$比值更大。

2.7.4 硫同位素

硫具有四个稳定同位素，原子量分别为32，33，34和36。最重的同位素是丰度最低的同位素。在太平洋、大西洋、北冰洋以及北海和波罗的海海域收集的海水的$^{32}S/^{33}S$比值为123.4。该比值低于雨水中的比值，这表明降水中SO_4^{2-}的硫不是来自盐雾。S同位素分馏中最重要的媒介是SO_4^{2-}还原菌：

$$H^{34}S^- + {}^{32}SO_4^{2-} = H^{32}S^- + {}^{34}SO_4^{2-} \tag{2.40}$$

当SO_4^{2-}被还原成HS^-时，会产生H_2S来平衡缺乏的S的重同位素，这只会在沉积物或厌氧水中出现，不会显著改变海水的物理性质。值得注意的是，海洋蒸发岩中的SO_4^{2-}矿物与海水具有相同的$^{32}S/^{33}S$比值。在无氧条件下沉积的SO_4^{2-}矿物的这一比值较大（一些页岩高达23.2）。

参考文献

Aston, S. R. , Estuarine chemistry, Chapter 41, Chemical Oceanography, Vol. 7, 2nd ed. , Riley, J. P. , and Chester, R. , Eds. , Academic Press, New York, 361 – 440 (1978).

Borchert, H. , Principles of oceanic salt dcposition and metamorphism, Chapter 19, Oceanography, Vol. 2, Riley, J. P. , and Skirrow, G. , Eds. , Academic Press, New York, 205 – 276 (1965).

Brewer, P. , Minor elements in sea water, Chapter 7, Chemical Oceanography, Vol. 1, 2nd ed. , Riley, J. Pv and Skirrow, G. , Eds. , Academic Press, New York, 416 – 496 (1975).

Carpenter, J. H. , and Manella, M. E. , Magnesium to chlorinity ratios in seawater, J. Geophys. Res. , 78, 3621 – 3626 (1973).

Cox, R. A. , The physical properties of seawater, Chapter 3, Chemical Oceanography, Vol. 1, Riley, J. Pv and Skirrow, G. , Eds. , Academic Press, New York, 73 – 120 (1965).

Cox, R. A. , Culkin, F. , and Riley, J. P. , The electrical conductivity/chlorinity relationship in natural seawater Deep-Sea Res. , 14, 203 (1967).

Craig, H. , Standard for reporting concentrations of deuterium and oxygen-18 in natural waters, Science, 133, 1833 (1961).

Culkin, F. , The major constituents, Chapter 4, Chemical Oceanography, Vol. 1, Riley, J. P. , and Skirrow, G. , Eds. , Academic Press, New York, 121 – 161 (1965).

Culkin, F. , and Cox, R. A. , Sodium, potassium, magnesium, calcium and strontium in seawater, Deep-Sea Res. , 13, 789 (1966).

Dickson, A. G. , Thermodynamics of the dissociation of boric acid in synthetic seawater from 273. 15 to 318. 15 K, Deep-Sea Res. , 37, 755 (1990).

Dittmar, W. Report on the scientific results of the exploring voyage of HMS Challenger. Physics and Chemistry 1, 1 – 251. London (1884).

Duce, R. A. , SEAREX: the Sea/Air Exchange program, in Chemical Oceanography, Vol. 10, Riley, J. P. , Chester, R. , and Duce, R. A. , Eds. , Academic Press, New York, 1 – 14 (1989).

Forchammer, G. On the composition of seawater in the different parts of the ocean. Philosophical Transaction 155, 203 – 262 (1865).

Grasshoff, K. , Kremling, K. , and Ehrhart, M. , Methods of Seawater Analysis, Eds. , 3rd ed. , Wiley-VCH, Berlin (1999).

Harvie, C. E. , and Weare, J. H. , The prediction of mineral solubilities in natural waters: the Na-K-Mg-Ca-Cl-$S0_4$-H_2O system from zero to high concentration at 25℃, Geochim. Cosmochim. Acte, 44, 981 (1980).

Lee, K, Kim, T. -W. , Byrne, R. H. , Miller. , F. J. , Feely, R. A. , and Liu, Y. -M. , The universal ratio of boron to chlorinity for the North Pacific and North Atlantic oceans, Geochim. Cosmochim. Acta, 74, 1801 - 1811 (2010).

Lewis, E. L. , Salinity: its definition and calculation, J. Geophys. Res. , 83, 466 (1978).

Lyman, J. , and Fleming, R. H. , Composition of seawater, J. Mar. Res. , 3, 134 - 146 (1940).

Kremling, K. , Untersuchungen ber die chemische Zusammensetzung de Meerwasser aus Ostsee, I. Frühjahr, 1966, Kieler Meeresf. , 26, 81 - 104 (1969).

Kremling, K. , Untersuchungen uber die chemische Zusammensetzung de Meerwasser aus Ostsee, II. Frühjahr 1967, Kieler Meeresf. , 26, 1 - 20 (1970).

Kremling, K. , Untersuchungen uber die chemische Zusammensetzung de Meerwasser aus Ostsee, III. Frühjahr 1969, Kieler Meeresf. , 37, 99 - 118 (1972).

Kremling, K. , Determination of major constituents, Chapter 11, Methods of Seawater Analysis, 229 - 251, Kiel, Germany (1976).

Menache, M. , Verification, par analyse isotopique de la validite de la methode de Cox, McCartney et Culkin tendant a l'obtention d'un etalon de masse volumique, Deep-Sea Res. , 18, 449 - 456 (1971).

Millero, F. J. , The physical chemistry of Baltic Sea waters, Thalassia Jugoslavica, 14, 1 (1978).

Millero, F. J. , Chemical Oceanography, 3rd ed. , Taylor & Francis, Boca Raton, FL (2006).

Millero, F. J, Graham, T. , Huang, F. , Bustos, H. , and Pierrot, D. , Dissociation constants for carbonic acid in seawater as a function of temperature and salinity Mar. Chem. , 100, 80 - 94 (2006).

Millero, F. J. , Schrager, S. R. , and Hansen, L. D. , Thermometric titration analysis of seawater for chlorinity, sulfate, and alkalinity, limnol. Oceanogr. , 19, 711 (1974).

Millero, F. J. , Zhang, J. Z. , Fiol, S. , Sotolongo, S. , Roy, R. N. , Lee, K. , and Mane, S. , The use of buffers to measure the pH of seawater, Mar. Chem. , 44, 143 (1993).

Millero, F. J. , Zhang, J. Z. , Lee, K. , and Campbell, D. M. , Titration alkalinity of seawater, Mar. Chem. , 44, 153 (1993).

Mojica Prieto, RJ. , and Millero, F. J. , The values of $pK_1 + pK_2$ for the dissociation of carbonic acid in seawater, Geochim. Cosmochim. Acta, 66, 2529 (2002).

Morris, A. W., and Riley, J. P., The direct gravimetric determination of the salinity of sea water, Deep-Sea Res., 11, 899 (1964).

Morris, A. W., and Riley, J. P., The bromide / chlorinity and sulphate / chlorinity ratio in seawater, Deep-Sea Res., 13, 699 (1966).

Pierrot D., Lewis, E., and Wallace, D, W. R., MS Excel Program Developed for CO_2 System Calculations, Rep. ORNL/CDIAC-105a, Carbon Dioxide Information Analysis Center, Oak Ridge National Laboratory, U. S. Department of Energy, Oak Ridge, TN (2006).

Richards, F. A., Dissolved gases other than carbon dioxide, in Chemical Oceanography, Vol. 1, Riley, J. P., and Skirrow, G., Eds., Academic Press, New York, 197 - 225 (1965).

Riley, J. P., Analytical chemistry of sea water, Chapter 21, Chemical Oceanography, Vol. 2 Riley, J. P_V and Skirrow, G., Eds., Academic Press, New York, 295 - 424 (1965a).

Riley, J. P., Historical introduction, Chapter 1, Chemical Oceanography, Vol. 1, 1st ed., Riley, J. P_V and Skirrow, G., Eds., Academic Press, New York, 1 - 41 (1965b).

Riley, J. P., Analytical chemistry of sea water, Chapter 19, Chemical Oceanography, Vol. 3, 2nd ed., Riley, J. P., and Skirrow, G., Eds., Academic Press, New York, 193 - 514 (1975).

Riley, J. P. and Chester, R., Introduction to Marine Chemistry, Academic Press, New York (1971).

Riley, J. P., and Tongudai, M., The major cation / chlorinity ratios in seawater of seawater, Chem. Geol, 2, 263 (1967).

Uppstrm, L. R., Boron / chlorinity ratio of deep-sea water from the Pacific Ocean, Deep-Sea Res., 21, 161 (1974).

Wallace, C., Development of the Chlorinity-Salinity Concept, Elsevier, New York (1974).

Warner, T. B., Normal fluoride content of seawater, Deep-Sea Res., 18, 1255 (1971).

Whitfield, M., Electroanalytical chemistry of sea water, Chapter 20., Chemical Oceanography, Vol. 4, 2nd ed., Riley, J. P., and Skirrow, G., Eds., Academic Press, New York, 1 - 154 (1975).

Wilson, T. R. S., Salinity and the major elements of sea water, Chapter 6, Chemical Oceanography, Vol. 1, 2nd ed., Riley, J. R, and Skirrow, G., Eds., Academic Press, New York, 365 - 413 (1975).

第 3 章　海水中的微量元素

3.1　元素分类

在海水中发现的元素(见图 3.1)包括元素周期表中的大部分元素。其中只有 14 种元素(O，H，Cl，Na，Mg，S，Ca，K，Br，C，Sr，B，Si 和 F)的浓度大于 1 ppm。这些元素大部分(Si 除外)是非活性元素(化学和生物学)，剩余元素多为微量元素，其中一些元素涉及海洋环境中的无机和生物反应。生物限制性元素 N、P 和 Si 将在第 8 章讨论。惰性气体也将在第 6 章中单独讨论。

Bruland(1983)列出海水中多种元素的范围和平均浓度(盐度 $S_P = 35$)。其结果如表 3.1 所示。

表 3.1　海水中元素的形态、浓度和分布类型

元素	可能的物种	范围和平均浓度	分布类型
Li	Li^+	25 μmol · L^{-1}	保守型
Be	$BeOH^+$，$Be(OH)_2$	4～30 pmol · L^{-1}，20 pmol · L^{-1}	营养盐型
B	$B(OH)_3$，$B(OH)_4$	0.416 mmol · L^{-1}	保守型
C	HCO_3^-，CO_3^{2-}	2.0～2.5 mmol · L^{-1}，2.3 mmol · L^{-1}	营养盐型
N	NO_3^-，(N_2)	0～45 μmol · L^{-1}	营养盐型
F	F^-，MgF^+，CaF^+	68 μmol · L^{-1}	保守型
Na	Na^+	0.468 mol · L^{-1}	保守型
Mg	Mg^{2+}	53.2 mmol · L^{-1}	保守型
Al	$Al(OH)_4^-$，$Al(OH)_3$	5～40 nmol · L^{-1}，2 nmol · L^{-1}	中层极小值型
Si	$Si(OH)_4$	0～180 μmol · L^{-1}	营养盐型
P	$HPO_4{}^{2-}$，$MgHPO_4$	0～3.2 μmol · L^{-1}	营养盐型
S	$SO_4{}^{2-}$，$NaSO_4^-$，$MgSO_4$	28.2 mmol · L^{-1}	保守型
Cl	Cl^-	0.546 mol · L^{-1}	保守型
K	K^+	10.2 mmol · L^{-1}	保守型
Ca	Ca^{2+}	10.3 mmol · L^{-1}	保守型
Sc	$Sc(OH)_3$	8～20 pmol · L^{-1}，15 pmol · L^{-1}	表层清除型
Ti	$Ti(OH)_4$	很少 pmol · L^{-1}	?
V	HVO_4^{2-}，$H_2VO_4^-$	20～35 nmol · L^{-1}	表层清除型

续表3.1

元素	可能的物种	范围和平均浓度	分布类型
Cr	CrO_4^{2-}	2～5 nmol·L^{-1}，4 nmol·L^{-1}	营养盐型
Mn	Mn^{2+}	0.2～3 nmol·L^{-1}，0.5 nmol·L^{-1}	深层清除型
Fe	$Fe(OH)_3$	0.1～2.5 nmol·L^{-1}，1 nmol·L－$^{-1}$	表层和深层清除型
Co	CO^{2+}，$CoCO_3$	0.0～0.1nmol·L^{-1}，0.02 nmol·L^{-1}	表层和深层清除型
Ni	$NiCO_3$	2～12 nmol·L^{-1}，8 nmol·L^{-1}	营养盐型
Cu	$CuCO_3$	0.5～6 nmol·L^{-1}，4 nmol·L^{-1}	营养盐型，清除
Zn	Zn^{2+}，$ZnOH^+$	0.05～9 nmol·L^{-1}，6 nmol·L^{-1}	营养盐型
Ga	$Ga(OH)_4^-$	5～30 pmol·L^{-1}	?
As	$HAsO_4^{2-}$	15～25 nmol·L^{-1}，23 nmol·L^{-1}	营养盐型
Se	SeO_4^{2-}，SeO_3^{2-}	0.5～2.3 nmol·L^{-1}，1.7 nmol·L^{-1}	营养盐型
Br	Br^-	0.84 nmol·L^{-1}	保守型
Rb	Rb^+	1.4 μmol·L^{-1}	保守型
Sr	Sr^{2+}	90 μmol·L^{-1}	保守型
Y	YCO_3^+	0.15 nmol·L^{-1}	营养盐型
Zr	$Zr(OH)_4$	0.3 nmol·L^{-1}	?
Nb	$NbCO_3^+$	50 pmol·L^{-1}	营养盐型(?)
Mo	MoO_4^{2-}	0.11 μmol·L^{-1}	保守型
Tc	TcO_4^-	无稳定同位素	?
Ru	?	<0.05 pmol·L^{-1}	?
Rh	?	?	?
Pd	$PdCl_4$	0.2 pmol·L^{-1}	?
Ag	$AgCl^{2-}$	0.5～35 pmol·L^{-1}，25 pmol·L^{-1}	营养盐型
Cd	$CdCl_2^-$	0.001～1.1 nmol·L^{-1}，0.7 nmol·L^{-1}	营养盐型
In	$In(OH)_3$	1 pmol·L^{-1}	?
Sn	$Sn(OH)_4$	1～12 pmol·L^{-1}，4 pmol·L^{-1}	表层富集型
Sb	$Sb(OH)_6^-$	1.2 nmol·L^{-1}	?
Te	TeO_3^{2-}，$HTeO_3^-$	?	?
I	IO_3^-	0.2～0.5 ymol·L^{-1}，0.4 μmol·L^{-1}	营养盐型
Cs	Cs^+	2.2 nmol·L^{-1}	保守型
Ba	Ba^{2+}	32～150 nmol·L－$^{-1}$，100 nmol·L^{-1}	营养盐型
La	$LaCO_3^+$	13～37 pmol·L^{-1}，30 pmol·L^{-1}	表层清除型
Ce	$CeCO_3^+$	16～26 pmol·L^{-1}，20 pmol·L^{-1}	表层清除型

续表3.1

元素	可能的物种	范围和平均浓度	分布类型
Pr	$PrCO_3^+$	4 pmol·L^{-1}	表层清除型
Nd	$NdCO_3^+$	12～25 pmol·L^{-1}，10 pmol·L^{-1}	表层清除型
Sm	$SmCO_3^+$	3～5 pmol·L^{-1}，4 pmol·L^{-1}	表层清除型
Eu	$EuCO_3^+$	0.6～1 pmol·L^{-1}，0.9 pmol·L^{-1}	表层清除型
Gd	$GdCO_3^+$	3～7 pmol·L^{-1}，6 pmol·L^{-1}	表层清除型
Tb	$TbCO_3^+$	0.9 pmol·L^{-1}	表层清除型
Dy	$DyCO_3^+$	5～6 pmol·L^{-1}，6 pmol·L^{-1}	表层清除型
Ho	$HoCO_3^+$	1.9 pmol·L^{-1}	表层清除型
Er	$ErCO_3^+$	4～5 pmol·L^{-1}，5 pmol·L^{-1}	表层清除型
Tm	$TmCO_3^+$	0.8 pmol·$L-^{1}$	表层清除型
Yb	$YbCO_3^+$	3～5 pmol·L^{-1}，5 pmol·L^{-1}	表层清除型
Lu	$LuCO_3^+$	0.9 pmol·L^{-1}	表层清除型
Hf	$Hf(OH)_4$	<40 pmol·L^{-1}	?
Ta	$Ta(OH)_5$	<14 pmol·L^{-1}	?
W	WO_4^{2-}	0.5 nmol·L^{-1}	保守型
Re	ReO_4^-	14～30 pmol·L^{-1}，20 pmol·L^{-1}	保守型
Os	?	?	?
Ir	?	0.01 pmol·L^{-1}	?
Pt	$PtCl_4^{2-}$	0.5 pmol·L^{-1}	?
Au	$AuCl^{2-}$	0.1～0.2 pmol·L^{-1}	?
Hg	$HgCl_4^{2-}$	2～10 pmol·L^{-1}，5 pmol·L^{-1}	?
Tl	Tl^+，TCI	60 pmol·L^{-1}	保守型
Pb	$PbCO_3$	5～175 pmol·L^{-1}，10 pmol·L^{-1}	表层输入，深层清除型
Bi	BiO^+，$Bi(OH)_2^+$	<0.015～0.24 pmol·L^{-1}	深层清除型

Bruland根据浓度将元素分为三类(图3.1)：

主要元素：0.05～750 mmol·L^{-1}。

微量元素：0.05～50 μmol·L^{-1}。

痕量元素：0.05～50 nmol·L^{-1}。

由于许多微量元素是金属，Goldberg(1965)根据其电子结构将它们分为三类(见表3.2)。由于其反应性质差异，海洋中微量元素和痕量元素的浓度范围很广(见表3.1和图3.2)。

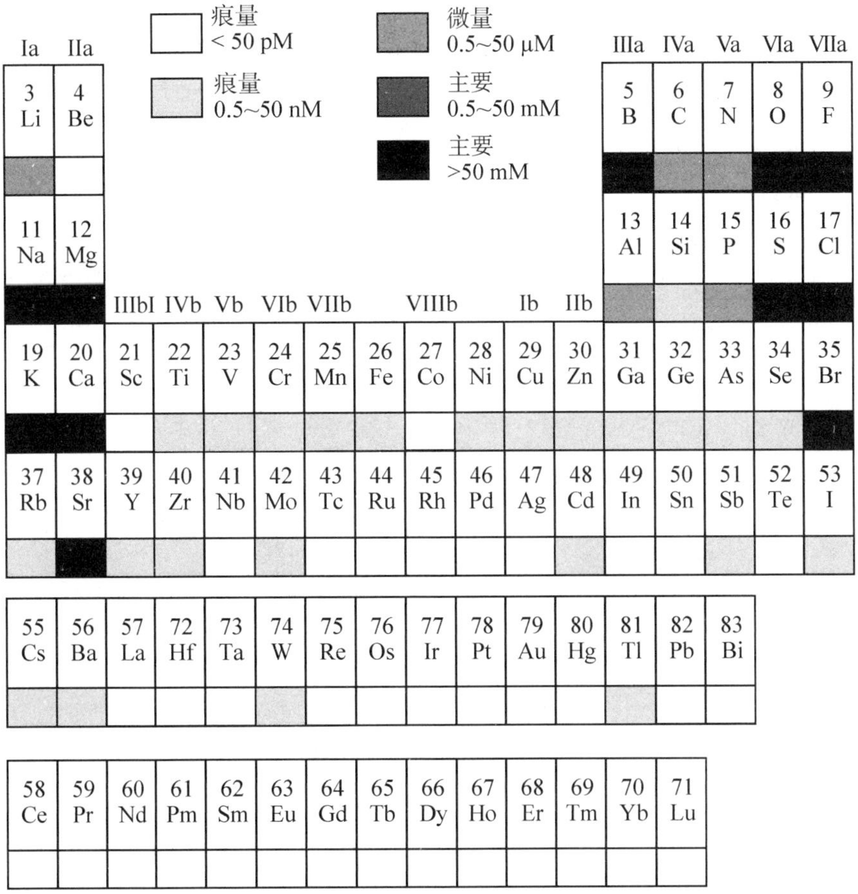

痕量 < 50 pM
痕量 0.5~50 nM
微量 0.5~50 μM
主要 0.5~50 mM
主要 >50 mM

Ia IIa IIIa IVa Va VIa VIIa
3 Li | 4 Be | 5 B | 6 C | 7 N | 8 O | 9 F
11 Na | 12 Mg | 13 Al | 14 Si | 15 P | 16 S | 17 Cl
IIIbI IVb Vb VIb VIIb VIIIb Ib IIb
19 K | 20 Ca | 21 Sc | 22 Ti | 23 V | 24 Cr | 25 Mn | 26 Fe | 27 Co | 28 Ni | 29 Cu | 30 Zn | 31 Ga | 32 Ge | 33 As | 34 Se | 35 Br
37 Rb | 38 Sr | 39 Y | 40 Zr | 41 Nb | 42 Mo | 43 Tc | 44 Ru | 45 Rh | 46 Pd | 47 Ag | 48 Cd | 49 In | 50 Sn | 51 Sb | 52 Te | 53 I
55 Cs | 56 Ba | 57 La | 72 Hf | 73 Ta | 74 W | 75 Re | 76 Os | 77 Ir | 78 Pt | 79 Au | 80 Hg | 81 Tl | 82 Pb | 83 Bi
58 Ce | 59 Pr | 60 Nd | 61 Pm | 62 Sm | 63 Eu | 64 Gd | 65 Tb | 66 Dy | 67 Ho | 68 Er | 69 Tm | 70 Yb | 71 Lu

图3.1 海水中的元素分类

表3.2 原子的电子排布

周期	*Z*	元素	K	L		M			N			
			s	s	p	s	p	d	s	p	d	f
1	1	H	1									
	2	He	2									
2	3	Li	2	1								
	4	Be	2	2								
	5	B	2	2	1							
	6	C	2	2	2							
	7	N	2	2	3							
	8	O	2	2	4							
	9	F	2	2	5							
	10	Ne	2	2	6							

续表 3.2

周期	Z	元素	K	L		M			N			
			s	s	p	s	p	d	s	p	d	f
3	11	Na	2	2	6	1						
	12	Mg	2	2	6	2						
	13	Al	2	2	6	2	1					
	14	Si	2	2	6	2	2					
	15	P	2	2	6	2	3					
	16	S	2	2	6	2	4					
	17	Cl	2	2	6	2	5					
	18	Ar	2	2	6	2	6					
4	19	K	2	2	6	2	6		1			
	20	Ca	2	2	6	2	6		2			
	21	Sc	2	2	6	2	6	1	2			
	22	Ti	2	2	6	2	6	2	2			
	23	V	2	2	6	2	6	3	2			
	24	Cr	2	2	6	2	6	5	1			
	25	Mn	2	2	6	2	6	5	2			
	26	Fe	2	2	6	2	6	6	2			
	27	Co	2	2	6	2	6	7	2			
	28	Ni	2	2	6	2	6	8	2			
	29	Cu	2	2	6	2	6	10	1			
	30	Zn	2	2	6	2	6	10	2			
	31	Ga	2	2	6	2	6	10	2	1		
	32	Ge	2	2	6	2	6	10	2	2		
	33	As	2	2	6	2	6	10	2	3		
	34	Se	2	2	6	2	6	10	2	4		
	35	Br	2	2	6	2	6	10	2	5		
	36	Kr	2	2	6	2	6	10	2	6		

3.1.1 d^0 阳离子

具有惰性气体构型的金属元素离子，包括碱金属（Li^+，Na^+，K^+，Rb^+，Cs^+，Fr^+）；碱土金属（Be^{2+}，Mg^{2+}，Ca^{2+}，Sr^{2+}，Ba^{2+}，Ra^{2+}）；镧系元素（稀土元素）（La^{3+}，Ce^{3+}，Pr^{3+}，Pm^{3+}，Sm^{3+}，Eu^{3+}，Gd^{3+}，Tb^{3+}，Dy^{3+}，Ho^{3+}，Er^{3+}，

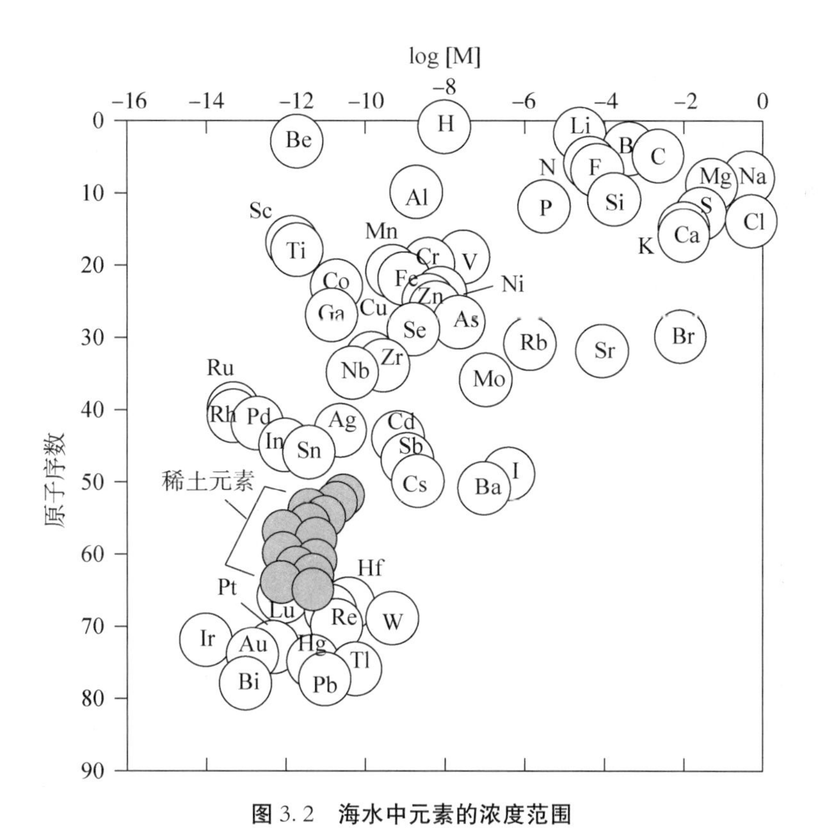

图 3.2　海水中元素的浓度范围

Tm^{3+}，Yb^{3+}，Lu^{3+}）；其他金属（Al^{3+}，Sc^{3+}，Ti^{3+} 和 Th^{4+}）。

该组阳离子的特征是，除了与 F^- 和含氧供电子配体（例如，OH^-，SO^{4-}，CO_3^{2-} 和 PO_4^{3-}）形成络合物外，很难形成其他络合物。很少或几乎没有证据表明这些金属离子能与较重的卤化物形成络合物。在给定的元素族中，对于相同电荷的阳离子，络合物的稳定性随着电荷的增加而增加，随着半径的减小而增加。表 3.3 列出了几种阳离子与 F^- 和 OH^- 形成二价金属络合物的稳定常数值。这些结果表明络合物的强度与静电相互作用有关（与 Z^2/r 成比例，其中 Z 是电荷数，r 是离子的半径）。

在这里我们讨论作为海水主要成分的 d^0 金属离子的各种无机络合物。

表 3.3　阳离子形成氟化物和氢氧化物络合物的稳定常数

离子	$\log K_{MF}$	$\log K_{MOH}$	半径（Å）
Be^{2+}	4.29	10.28	0.31
Mg^{2+}	1.82	2.30	0.65
Ca^{2+}	1.04	1.40	0.99
Sr^{2+}	—	0.90	1.13
Ba^{2+}	0.45	0.80	1.35

3.1.2 d^{10}阳离子

具有 18 个电子的外电子层的阳离子包括 Ag^{+}，Zn^{2+}，Ga^{3+} 和 Sc^{4+}。单价 d^{10}金属离子的作用方式与 d^{0} 金属离子不同。对于 d^{10}阳离子，卤化物络合物的稳定性相当强，并且其稳定性随着配体的原子量或尺寸的增加而增加。银和铜(I)卤素络合物的稳定常数与原子半径的关系如下表所示：

络合物	CuX	AgX	半径(Å)
MF	—	-0.3	1.36
MCI	2.7	3.0	1.81
MBr	3.2	4.3	1.95
MI	7.2	8.1	2.16

这个顺序是按照金属和大卤化物配体中的 d^{10}电子极化率递增顺序排列的。因此，络合物具有更多的共价特性。由于 Cl^{-} 在海水中的浓度比其他卤化物的浓度大得多，所以 Cl^{-} 络合物通常会占主导地位(较重卤化物的较大的 K_{MX}值不足以补偿低浓度的效应)。但是，OH^{-} 可能与 Cl^{-} 竞争。对于占主导地位的 Cl^{-} 络合物，$\log K_{MCl} - \log K_{MOH}$的值必须大于 -5.4。各种金属离子的 $\log K_{MCl}$ 和 $\log K_{MOH}$的值如表 3.4 所示。从该表中可以看出，Ag^{+}、Cd^{2+}、Hg^{2+} 和 Zn^{2+} 的 Cl^{-} 配合物的强度比 OH^{-} 配合物的强度大，而 Cu^{2+} 和 Pb^{2+} 则不是这样。相对于 Cl^{-} 和 OH^{-}，SO_4^{2-} 与 d^{10}阳离子形成配合物更难。添加高浓度的 Cl^{-} (如盐卤水)可促成许多金属的更强 Cl^{-} 络合物的形成。例如，汞可能与氯化物形成高阶络合物。

$$Hg^{2+} Cl^{-} \rightarrow HgCl^{+} \quad (3.1)$$

$$HgCl^{+} + Cl^{-} \rightarrow HgCl_2^{0} \quad (3.2)$$

$$HgCl_2^{0} + Cl^{-} \rightarrow HgCl_3^{-} \quad (3.3)$$

$$HgCl_3^{-} + Cl^{-} \rightarrow HgCl_4^{2-} \quad (3.4)$$

$$HgCl_4^{2-} + Cl^{-} \rightarrow HgCl_5^{3-} \quad (3.5)$$

表 3.4 阳离子形成氯化物和氢氧化物复合物的稳定常数

离子	$\log K_{MCl}$	$\log K_{MOH}$	$\log K_{MCl} - \log K_{MOH}$
Ag^{+}	3.1	2.3	0.8
Cd^{2+}	2.0	5.5	-3.5
Hg^{2+}	7.3	11.5	-4.2
Zn^{2+}	-0.5	4.4	-4.9
Cu^{2+}	0.4	6.3	-5.9
Pb^{2+}	1.5	7.8	-6.3

为了评估海水中这些重金属的完整种类或形式，有必要考虑某一给定金属的所有配体（Cl^-，Br^-，OH^-，HCO_3^-，CO_3^{2-} 等）和海水中某一给定阴离子的主要二价阳离子（Mg^{2+}，Ca^{2+} 和 Sr^{2+}）的竞争能力。本章进一步讨论了海水和河水中二价重金属离子（Cd^{2+}，Hg^{2+}，Zn^{2+}，Cu^{2+} 和 Pb^{2+}）的形态。

3.1.3　d^0 与 d^{10} 之间的过渡金属

过渡金属阳离子指 d 电子数大于 0 且小于 10 的金属阳离子。这些阳离子包括 Mn^{2+}、Fe^{2+}、Co^{2+}、Ni^{2+}、Cu^{2+} 和 Zn^{2+} 离子。这些金属能与有机分子（配体）形成强大的复合物，科学家已对此进行了广泛研究。此类工作包括欧文－威廉姆斯（Irving-Williams）序列，其中指出，对于几乎每个配体，其配合物的稳定性按以下顺序增加：

$$Mn^{2+} < Fe^{2+} < Co^{2+} < Ni^{2+} < Cu^{2+} > Zn^{2+}$$

表 3.5 中与有机配体 EDTA（乙二胺 N，N，N′，N′四乙酸）、乙二胺和氨基三乙酸（NTA）的配合物的稳定常数就是这一顺序的一个例证。这一稳定顺序与各种金属与某一给定配体的电子结构的稳定性有关。铜通常与有机配体形成最强的络合物。这与铜中 8 个 d 电子形成混合型构型的独特能力有关。

表 3.5　形成有机配体与氢金属络合物的稳定常数

离子	logK		
	EDTA	乙二胺	次氮基三乙酸
Mn^{2+}	14	2.7	7.4
Fe^{2+}	14	4.3	8.3
Co^{2+}	16	5.9	10.5
Ni^{2+}	18	7.9	11.4
Cu^{2+}	19	10.5	12.8
Zn^{2+}	16	6.0	10.5

3.2　逗留时间

一个元素在海水中的浓度很低可能有两个原因：一是该元素可能非常活跃，因此可迅速地移到沉积物中；二是其在来源的结晶岩或地球内部的气体中的浓度可能很低。

例如，Al^{3+} 虽然是海水中的一个微量元素，却是火成岩中最主要的成分之一；但是其在海洋环境中的反应性很高，因此降低了其浓度。另外，元素 Cs^+ 在海水和结晶岩中的浓度很低，从而在海水中浓度很低。因此，深入了解元素之间化学行为差异可以根据元素的相对反应活性来考虑，这是基于元素从海水中转移到沉积物的平均时间以及元素在海水中的不饱和度来考察的。这些方面将在以下部分进行讨论。

Barth(1952)第一个将海洋作为一个简单的元素库这一概念引入主要元素沉积物循环研究中。Barth 假设了一个稳态系统，其中每单位时间输入的元素的数量或当量数等于沉降的输出。那么逗留时间 τ 可以定义为一种物质在被沉降或吸收过程移除之前保留在海水中的平均时间，并由下式给出：

$$\tau = \text{海水中该元素的总质量/每年补充的量}$$

进一步假设，与逗留时间相比，该元素在短的时间内完全混合。应用稳态模型，对于一个元素 A 的河流输入 Q 和沉降去除量 R，我们可以得出

$$Q \rightarrow A \rightarrow R$$

A 随时间 t 的变化公式为 $\mathrm{d}A/\mathrm{d}t = Q - R = 0$。如果去除与浓度成正比(一阶去除)，那么我们得到 $R = k[A]$，逗留时间由下式给出：

$$\tau = l/k = [A]/R = [A]/Q \tag{3.6}$$

元素通过三种方法引入海洋：(1)大气物质输入，(2)河水流入，(3)从地球内部流入。

Barth(1952)使用各种元素的河流输入 Q 的估计值来估计元素的逗留时间。由于某些元素以固相(黏土矿物中的 Si)从河流进入海洋，所以在估计河流输入时必须考虑这一点。另外还要注意考虑元素从海洋到陆地的循环和再回到海洋的过程。例如，从河流进入海洋的 Cl^- 离子主要是以海盐(盐卤水)的形式从海洋循环回陆地。

表 3.6　海洋中元素逗留时间

元素	逗留时间(百万年)		元素	逗留时间(百万年)	
	河流输入	沉降		河流输入	沉降
Na	210	260	Ba	0.05	0.084
Mg	22	45	A1	0.003 1	0.000 1
Ca	1	8	Mo	2.15	0.5
K	10	11	Cu	0.043	0.05
Sr	10	19	Ni	0.015	0.018
Si	0.935	0.01	Ag	0.25	2.1
Li	12	19	Pb	0.000 56	0.002
Rb	6.1	0.27			

如第 10 章所讨论的，来自深海热液喷口的元素的输入可能会改变由仅从河流的输入所确定的逗留时间。表 3.6 给出了河流输入的逗留时间估计值，并显示了图 3.3 中绘制的与原子序数的关系。表 3.6 中给出的是从元素 R 的沉降速率确定的逗留时间。

考虑到海洋模型的简单性，计算逗留时间的两种方法之间的一致性是相当合理的。数值跨越六个数量级：从 Na 的 2.6×10^8 yr 年至 Al 的 100 年。必须满足另外一个条件。在 τ 的 3～4 倍时间段内，A 和 Q 应保持不变。即使对于 Na，这个假设似乎也是成立的，因为 10^9 年的海洋年龄符合当今的地质概念。

逗留时间长的元素具有在海水离子环境中低反应性的特征。碱金属从 Na^+ 到 Cs^+ 的逗留时间的减少反映了其在海洋中反应活性的变化。调节碱金属浓度的主要反应可能涉及与海底黏土矿物的离子交换平衡。对于阳离子，黏土表面上的保留时间随着离子半径的增加而增加(即水化半径降低)。因此，随着原子序数的增加，逗留时间会减少，这与碱金属的已知行为一致。某些元素(Be^{2+}，Al^{2+}，Ti^{3+}，Cr^{3+}，Fe^{2+}，Nb^{3+} 和 Th^{4+})的逗留时间小于 1 000 年，这是大洋水混合时间的数量级。这些元素以来自大陆或以黏土矿物、长石等形式的火山活动的颗粒物的形式进入海洋；因此，它们迅速沉降到沉积物中。这些元素中的一些也与诸如铁锰矿物质和沸石此类物质反应。因此，它们作为固体进入海洋及其较高的化学反应活性正是其逗留时间短的原因。由于假设了这些元素在海洋中完全混合，这些逗留时间的绝对数值有点不可靠。

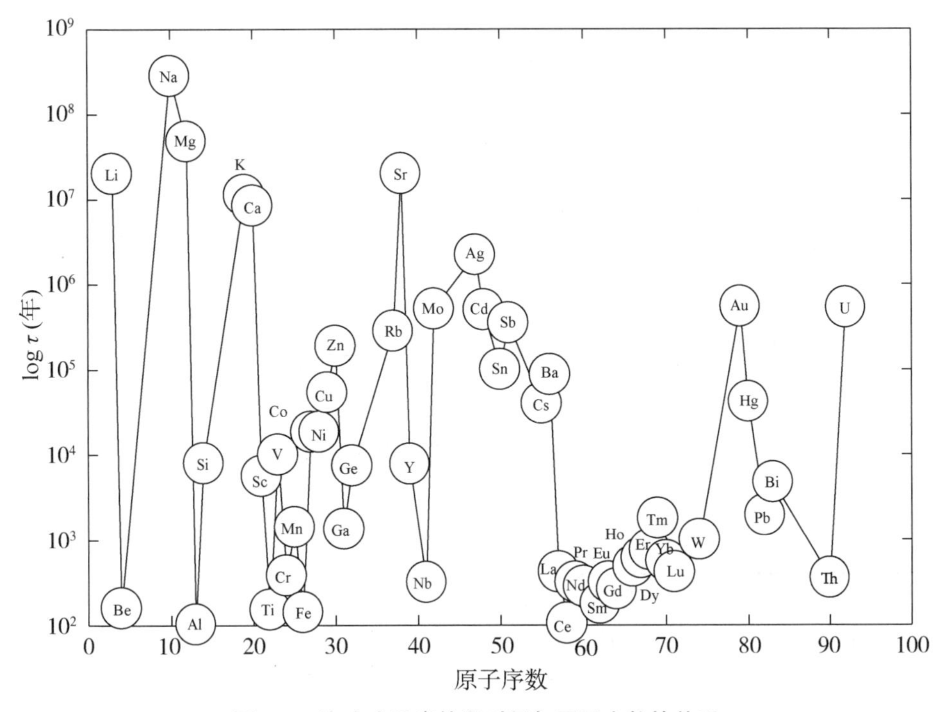

图 3.3　海水中元素停留时间与原子序数的关系

然而，可以对它们的地球化学作某些推断，预计这些元素在海洋中随时间而变化。例如，海洋中 Th^{4+} 的短暂逗留时间使得不同的水团保持不同的浓度。某些微量元素的逗留时间为中间值：Mn(7 000 年)、Zn(180 000 年)、Co(18 000 年)和 Cu(65 000 年)。这些元素中一些的反应与植物体的形成(即主动和非主动吸收)明显相关。

Whitfield 和 Turner(1987)建立了元素的逗留时间的半经验关联式：

$$\log\tau = 2.6\ \log[C_{SW}/C_{RW}] + a\Delta H_h + b \tag{3.7}$$

式中，C_{SW}和 C_{RW}分别是海水(SW)和河水(RW)中元素的浓度；ΔH_h 是元素的水合热；$a=0.004\ 52$ 和 $b=-0.6$ 是可调参数。该方程式的可靠性如图 3.4 所示，将许多元素观测的和计算的逗留时间进行比较。

许多研究者已经基于饱和度检测了海水中元素的相对反应度。如果给定元素的溶解度而控制其在海洋中的浓度，那么可以预期可溶性元素越多，逗留时间就越长。一些被认为是这样的金属(Goldberg，1965)在表 3.7 列出。在该表中给出了每种元素最难溶的化合物以及饱和浓度与测量浓度 R 的比值。

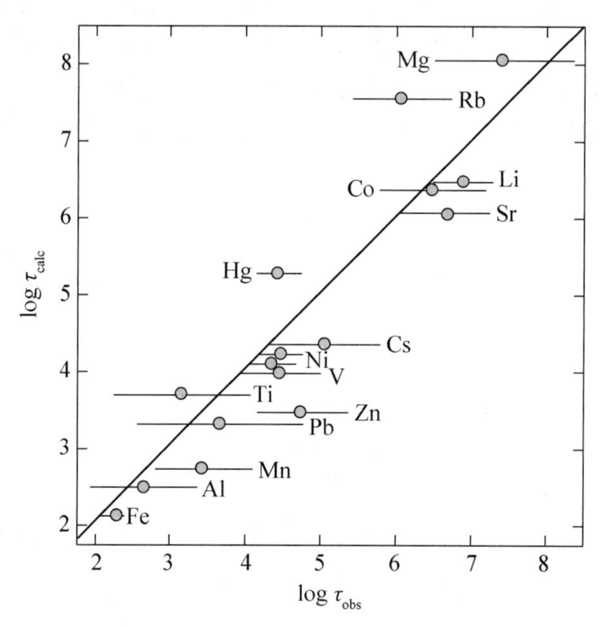

图 3.4 计算和观测到的逗留时间

表 3.7 饱和浓度与测量值的比值和逗留时间的比较

金属	不溶性化合物	R[a]	年
Pb^{2+}	$PbCO_3$	10 000～20 000	2 000
Ni^{2+}	$Ni(OH)_2$	10 000～225 000	18 000
Co^{2+}	$CoCO_3$	50 000～400 000	18 000
Cu^{2+}	$CuCO_3$	133～266	50 000
Ba^{2+}	$BaSO_4$	3.7	84 000
Zn^{2+}	$ZnCO_3$	120～250	180 000
Cd^{2+}	CdOHCl	40 000～10 000 000	500 000
Ca^{2+}	$CaCO_3$	0.25～1.2	8 000 000
Sr^{2+}	$SrCO_3$	2.75	190 000 000
Mg^{2+}	$MgCO_3$	27	450 000 000

注：*a*—不饱和度度量值，*R*—饱和浓度/测量浓度。

R 值作为已知元素的不饱和度度量值。可以预期，R 值小的元素拥有最长的停留时间。尽管这通常是正确的，但许多反应性元素的逗留时间都较短，并且浓度都远低于饱和极限。这些结果意味着除溶解度外，还有其他因素可以控制海洋中大多数元素的反应度。

3.3　微量元素在海洋中的分布

近年来，我们对海洋中微量元素（主要是金属）分布的了解也在迅速增长。最近的这场革命涉及仪器仪表的重大进步以及采样、存储和分析过程中污染的消除或控制。Bruland（1983）对这些发展发表了综述。现在可以利用树脂螯合和共沉淀等预浓缩技术将一种元素与海水的主要组分分离，并且目前已经实现了对每千克纳摩尔和皮摩尔级别的微量元素的测量。我们发现元素的分布与已知生物和物理性状一致。Patterson 及其同事（Schaule 和 Patterson，1983）提出在铅的测量中使用超净工作室及特殊设计的采样用缆绳（Kevlar）和样品瓶（涂有 Teflon 涂料），为 Mn、Cu、Cd、Ni、Ba 和 Fe 等微量金属的测量提供了可靠数据。表层的 Pb、Hg、Cu、Ni 和 Zn 的值是使用皮筏手动采集样品获得的。最近，作为 GEOTRACES 计划的一部分，Biller 和 Bruland（2012）已经确定了 Mn、Pb、Fe、Co、Zn、Cu、Ni 和 Cd 在北大西洋和太平洋的分布图。这些新结果实际上是世界各地海洋中此类金属元素预期成果的前奏。各种元素的各类分布图可以分为多种种类。各类分布图举例如下。

（1）保守型分布：一些反应性低的元素的浓度与氯度或盐度的比值保持恒定。海水的主要组分及 Li^+、Rb^+ 和 Cs^+ 等微量金属，以及钼（MoO_4^{2-}）和钨（WO_4^{2-}）等阴离子具有这种性质（见图 3.5）。

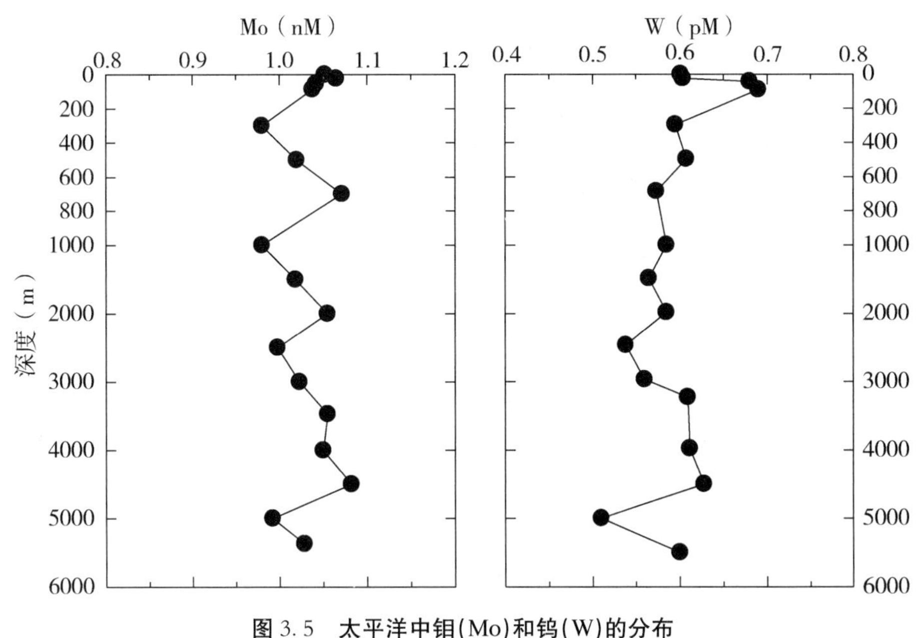

图 3.5　太平洋中钼（Mo）和钨（W）的分布

(2)营养盐型分布：元素在表层水中消耗和在深层水富集即为营养盐型分布类型。浮游生物从表层水吸收元素，或元素吸附到生物生成的颗粒物质上，从而将元素从表层水中清除，而在深层水中生源颗粒被细菌氧化时再生。营养盐型分布分为三类：

a. 浅层水再生型，这类金属在近 1 km 处出现最大值，类似于营养盐 PO_4^{3-} 和 NO_3^-。金属 Cd^{2+} 就是这类营养盐的一个很好的例子(见图 3.6)。这种行为表明，元素与活的和死的生物组织的软体部分有关。De Baar 及其同事(De Baar 等，1994；Loscher 等，1997)证明，许多金属与硝酸盐和磷酸盐呈现近线性关系(图 3.7)。Boyle(1992)证明，这种关系可以用于利用贝壳中共沉淀的 Cd 估计海水中的磷酸盐。通过测定贝壳的年代，他能够估计北大西洋深层水中过去存在的磷酸盐与时间的函数关系。

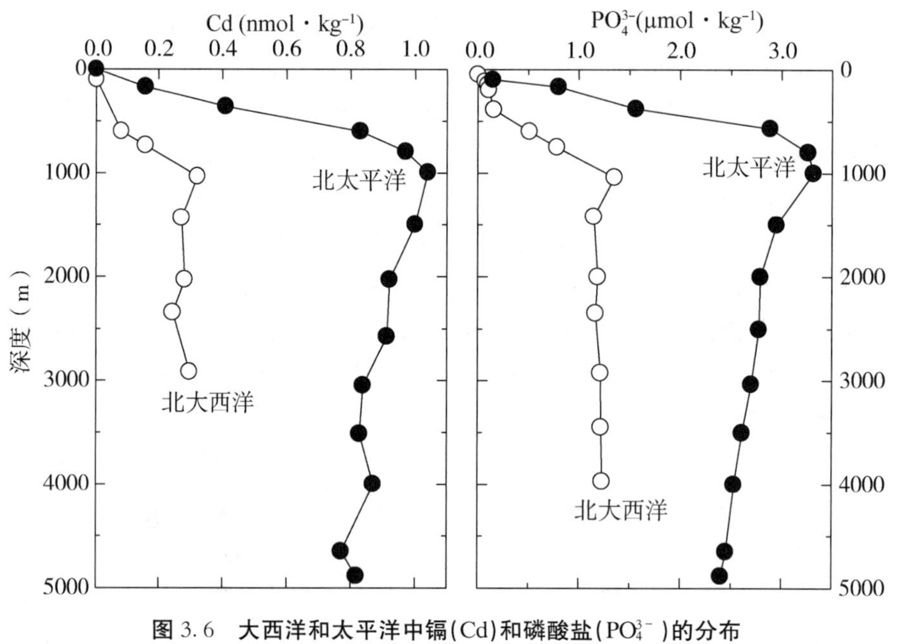

图 3.6 大西洋和太平洋中镉(Cd)和磷酸盐(PO_4^{3-})的分布

b. 深层再生循环型，对于这类金属，可观察到在深水达到最大值，类似于二氧化硅和总碱度的分布。这种类型的例子包括元素 Zn^{2+}、Ge^{3+}、Ba^{2+} 和 Ni^{2+}(见图 3.8 至图 3.11)。

c. 浅层再生与深层再生循环型的结合类型，从 Ni 和 Se 的营养盐型分布图可推导出来(见图 3.11 和图 3.12)。Ag 的最新结果也显示有这种混合类型的性质(图 3.13)。此类金属似乎会受到浮游植物和硅藻或钙化物的影响。

Biller 和 Bruland(2012)制作的北大西洋和太平洋中 Ni，Zn 和 Cd 的最新分布图与之前的结果相似。Mn、Fe 和 Co 的最新研究结果(分别为图 3.14、图 3.15 和图 3.16)比其他过渡族金属更复杂。

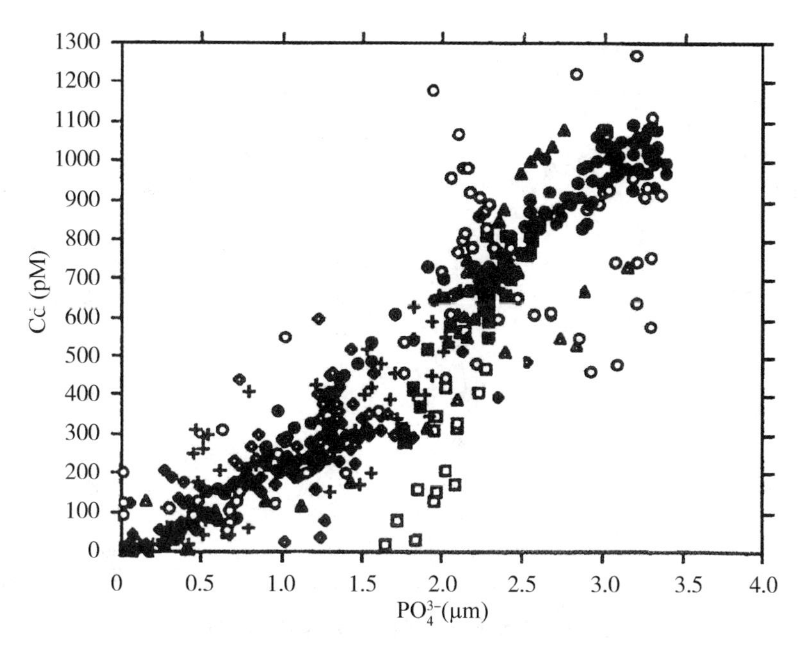

图 3.7　镉与磷酸盐浓度的函数关系

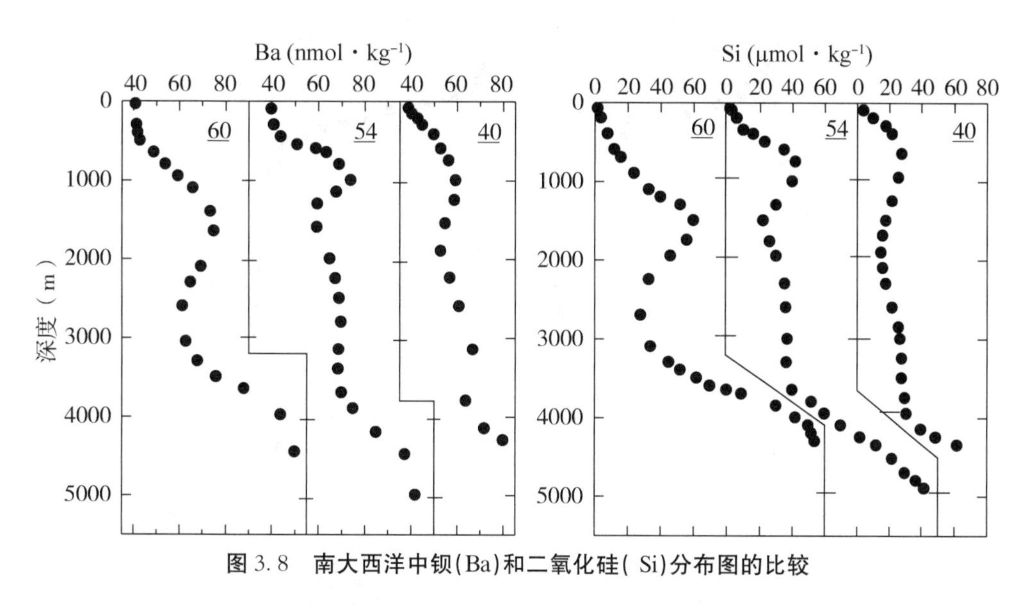

图 3.8　南大西洋中钡(Ba)和二氧化硅(Si)分布图的比较

表层水中的 Mn 含量较高，而太平洋中的 Mn 含量最高。Fe 和 Co 的分布在表层水中较低，在中层水达到最大值。靠近 O_2 最小值处的 Mn 和 Fe 的增多可能与这些金属形成了还原态有关。Biller 和 Bruland(2012)测得的 Cu 的最新结果如图 3.17 所示。大西洋和太平洋表层的 Cu 值相似，并且 Cu 值随着海水加深逐渐增大。Cu 似乎与植物的软体部分或硬体部分并不是直接相关的。在未来 10 年内，随着 GEOTRACES 测量的不断发展，导致这些现象的原因将会被阐明。

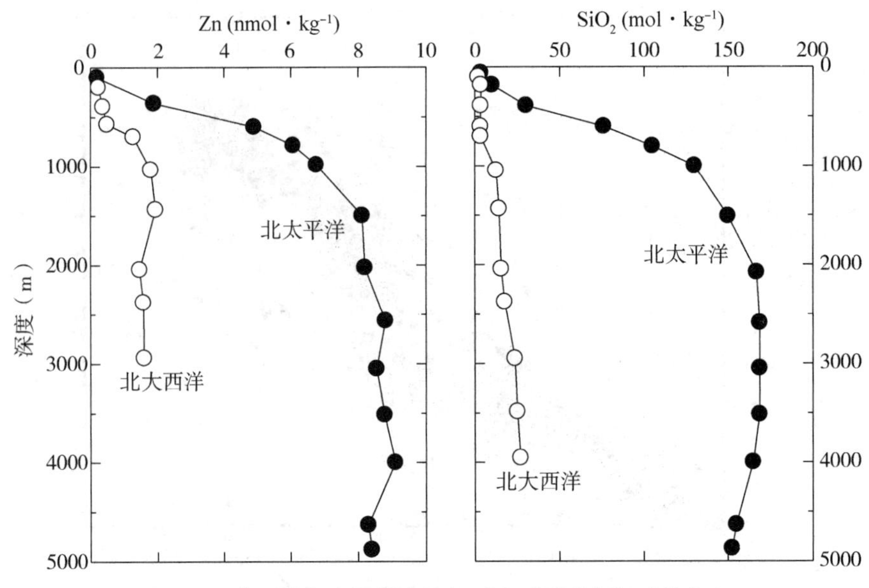

图 3.9　大西洋和太平洋中锌(Zn)和硅酸盐(SiO_2)的分布

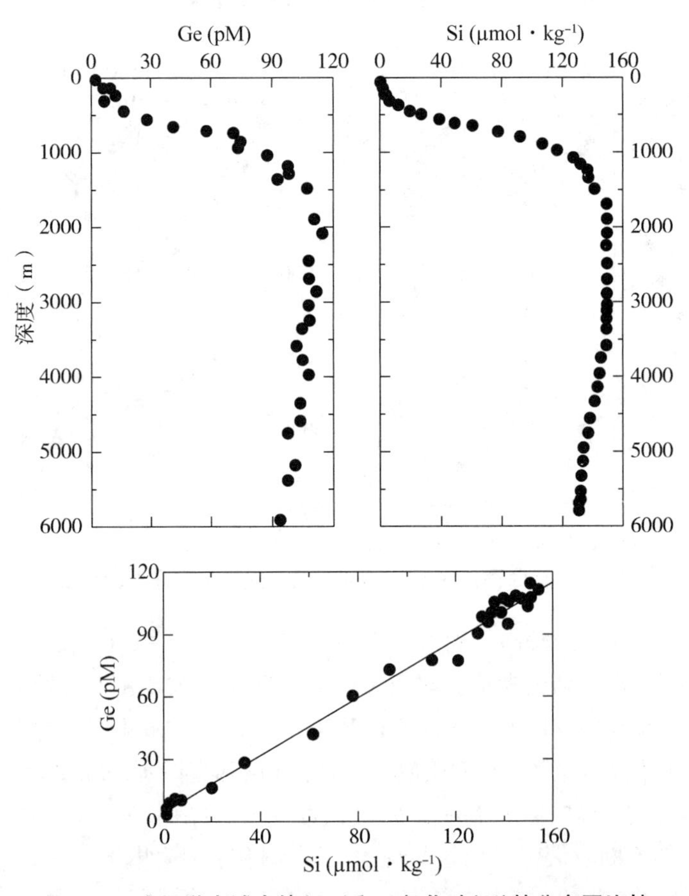

图 3.10　太平洋水域中锗(Ge)和二氧化硅(Si)的分布图比较

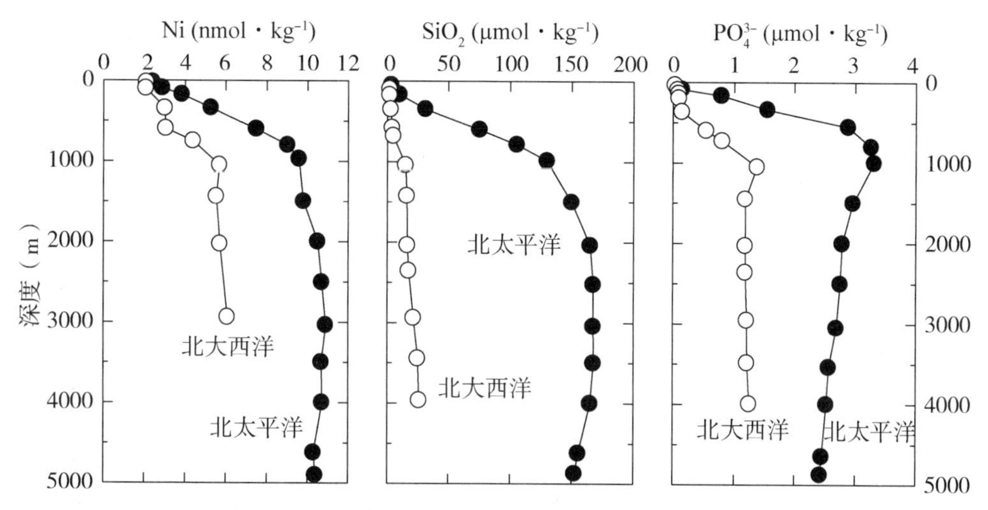

图 3.11　大西洋和太平洋中镍(Ni)和硅酸盐(SiO_2)和磷酸盐(PO_4^{3-})的分布图比较

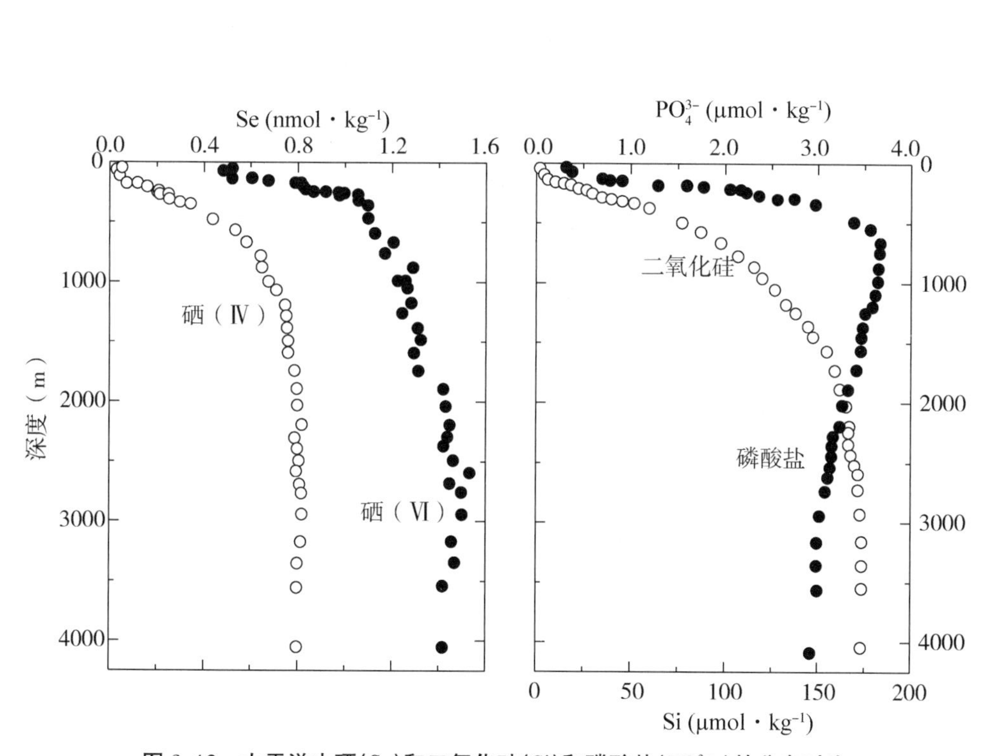

图 3.12　太平洋中硒(Se)和二氧化硅(Si)和磷酸盐(PO_4^{3-})的分布对比

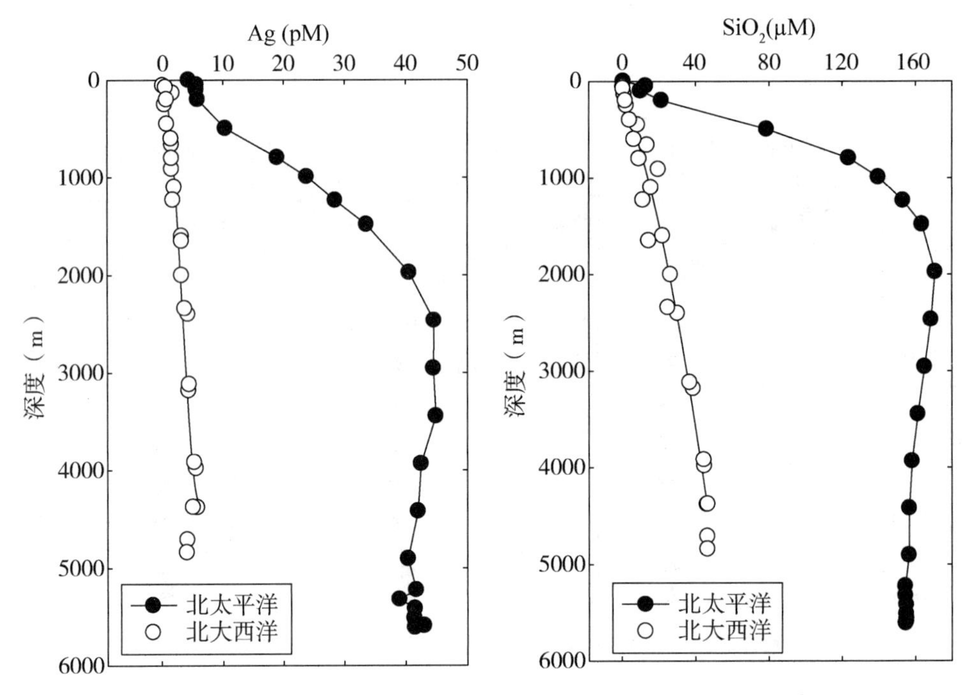

图 3.13 大西洋和太平洋中银(Ag)和硅酸盐(SiO_2)的分布图比较

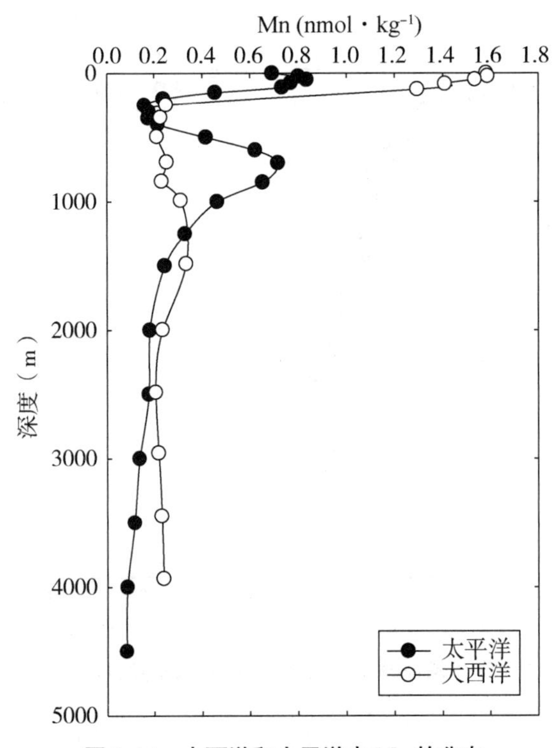

图 3.14 大西洋和太平洋中 Mn 的分布

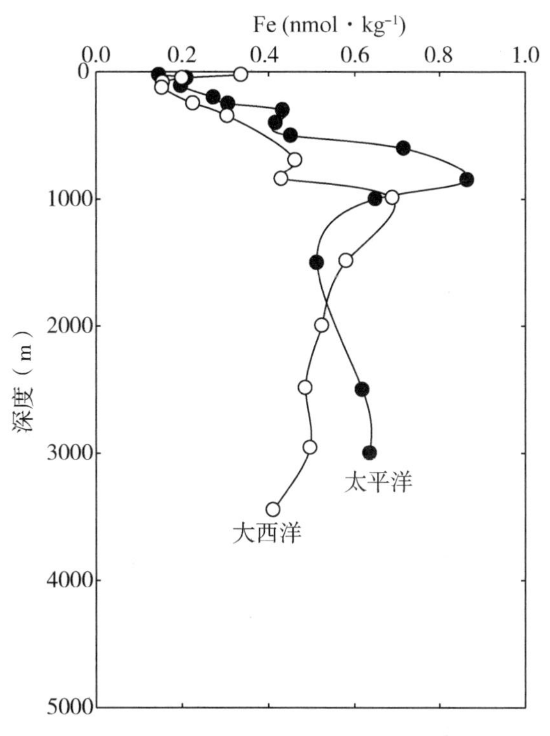

图 3.15　**大西洋和太平洋中 Fe 的分布**

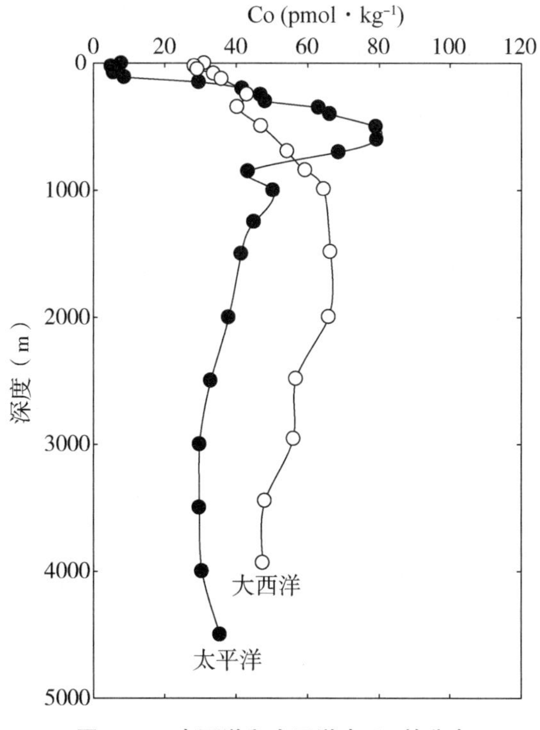

图 3.16　**大西洋和太平洋中 Co 的分布**

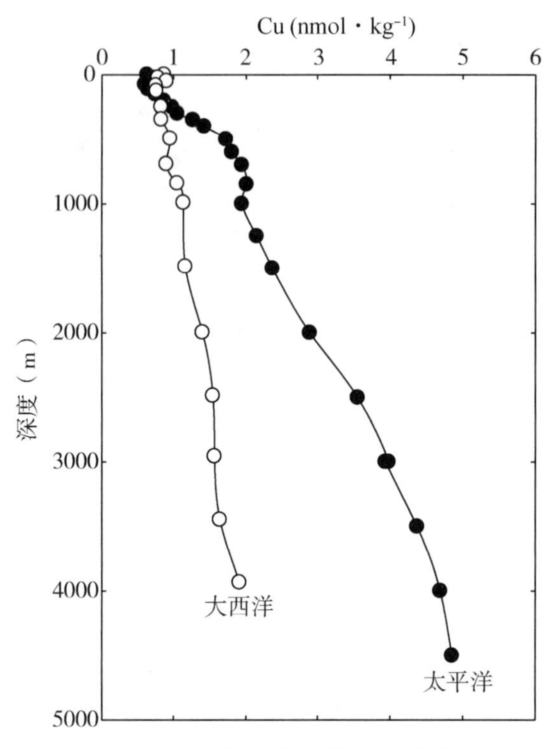

图 3.17　**大西洋和太平洋中 Cu 的分布**

(3)表层富集和深层清除型：这种类型的元素因大气、河流和陆地输入海水表层，并迅速从海水中清除。这类元素的逗留时间非常短。通过大气进入海洋的元素的一个很好的例子就是金属 Pb。百慕大海岸的 Pb 浓度与时间的关系，如图 3.18 所示。表层海水铅的输入量的高值，很大程度上是因为铅过去作为汽油中抗爆剂使用的结果。随着时间的推移，铅通过沉淀或吸附到颗粒上而被清除(Wu 和 Boyle，1997)。目前尚未明确铅的确切清除机理。有趣的是，Biller 和 Bruland(2012)最近测得的大西洋和太平洋中的 Pb 测量值与之前的测量值不同(见图 3.19)。太平洋表层水的 Pb 值比以往高，这可能是因为亚洲利用煤炭发电产生的灰尘中 Pb 浓度较高。之前的研究发现，因为 Pb 随着海水从大西洋向太平洋流动会产生流失，所以大西洋和太平洋的深层水中的 Pb 值都较低。

元素可以通过河流进入表层水或从加利福尼亚的大陆架沉积物中释放，金属 Mn 就是一个很好的例子(见图 3.20)。具有不同氧化态的元素也可能显示出这种类型的分布图。生物和光化学过程会导致表层水中金属发生还原反应。随后的氧化作用可导致生成一种不溶于海水的氧化型。元素 Cr^{3+}、As^{3+} 和 I^- 属于此类。

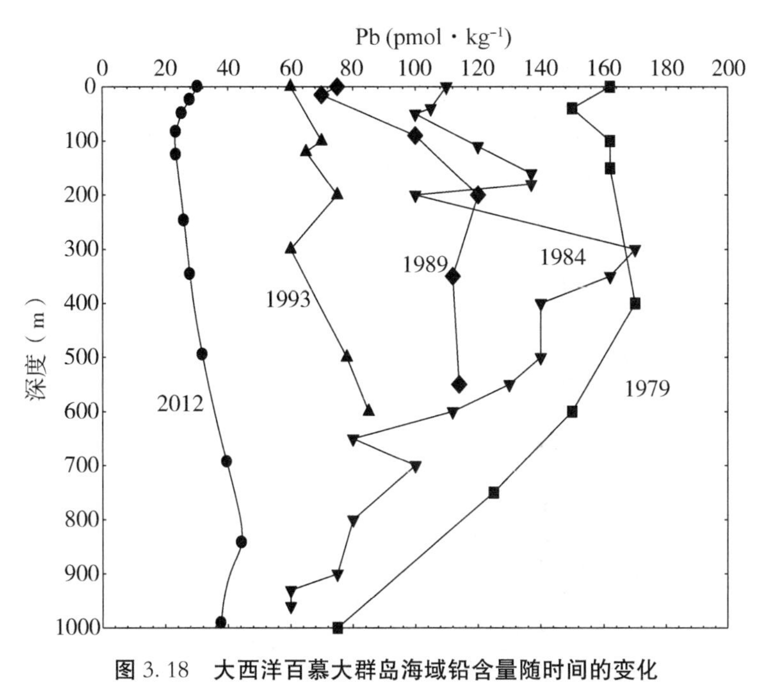

图 3.18　大西洋百慕大群岛海域铅含量随时间的变化

（源自 Wu，J. F.，and Boyle，E. A.，Geochim. Cosmochim. Acta，61，3283，1997，and Biller，D. V.，and Bruland，K. W.，Mar. Chem.，130，12 - 20，2012.）

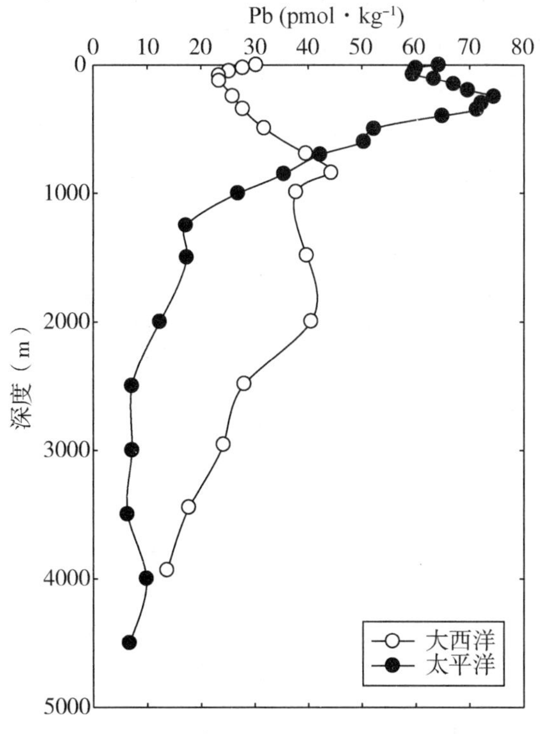

图 3.19　大西洋和太平洋中 Pb 的分布

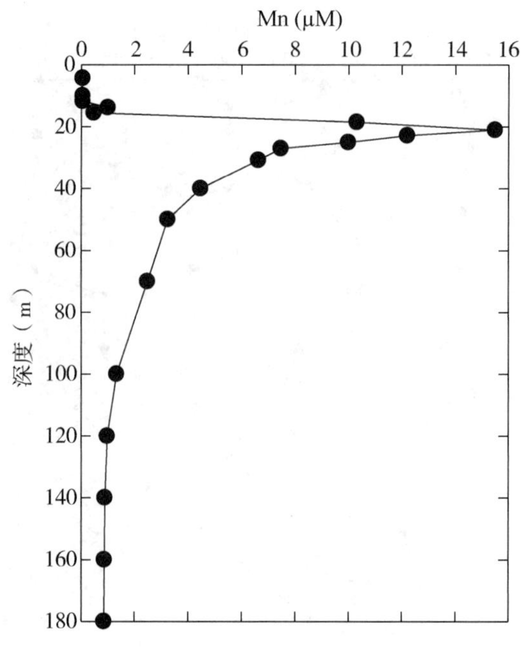

图 3. 20　加利福尼亚沿海北太平洋中锰(Mn)的分布

（4）中层极小值型：中层极小值型可能是由表层输入和底部或底部附近的再生，或者在整个水柱的清除过程中产生的。金属 Cu^{2+} 、Sn^{4+} 和 Al^{3+} 具有这种类型的分布图。大西洋和太平洋中 Al 的分布图如图 3. 21 所示。表层海洋的输入来源于大陆上产生的大气降尘。从非洲(撒哈拉沙漠)输入大西洋的灰尘量远高于从中国(戈壁沙漠)输入太平洋的灰尘量。通过植物体的吸附作用或吸收作用，可快速将 Al 从表层水中清除。颗粒物会沉入深海，并且沉淀，融入沉积物。沉积物中 Al 的再悬浮和流动导致底层水中 Al 浓度增加。

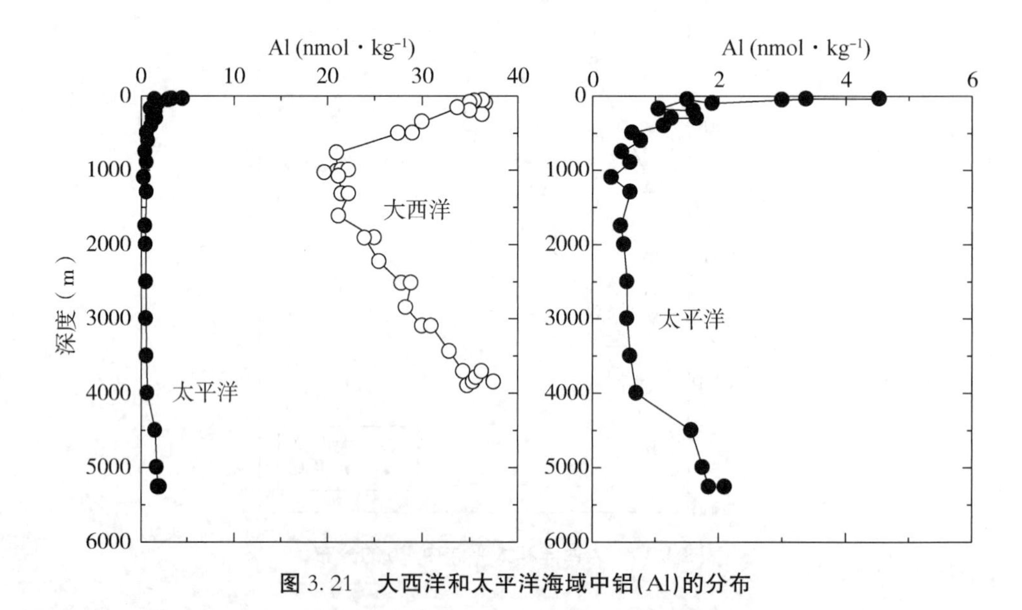

图 3. 21　大西洋和太平洋海域中铝(Al)的分布

(5)中层最大值型：这种类型的分布图可能是因为洋中脊的热液输入。元素 Mn^{2+} 和 ^{3}He 是这种类型的分布图的最佳示例(见图 3. 22 和图 3. 23)。可利用此类元素通过热液羽状流(第 10 章)的流动追踪深层海水中此类元素的踪迹。

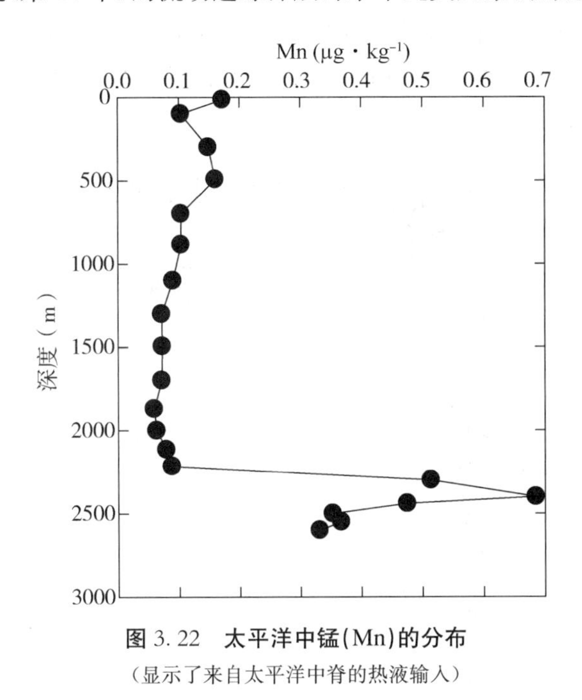

图 3. 22　太平洋中锰(Mn)的分布

(显示了来自太平洋中脊的热液输入)

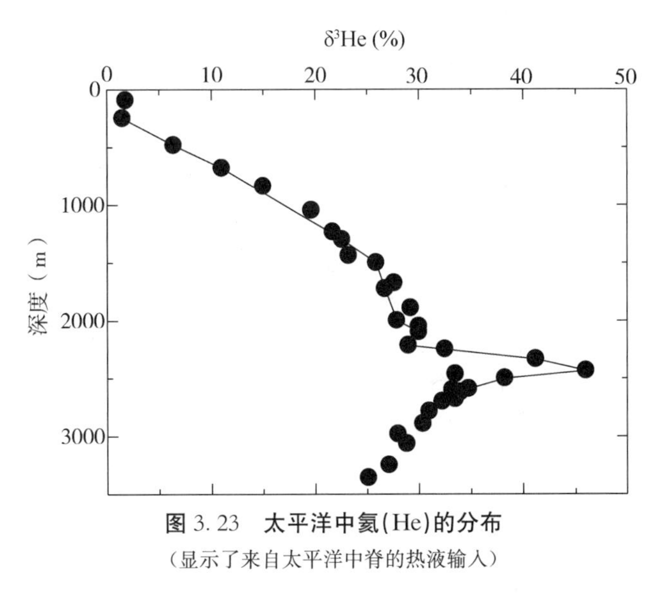

图 3. 23　太平洋中氦(He)的分布

(显示了来自太平洋中脊的热液输入)

(6)中层亚氧层(约 1 km)极大或极小值型：太平洋和印度洋的某些区域存在大面积的亚氧层。在水柱或相邻边坡沉积物中的还原和氧化过程可以得出还原态的最大值(如 Mn^{2+} 、Fe^{2+} 和 Co^{2+}，分别见图 3. 14、图 3. 15 和图 3. 16)。还原态为固相的不溶性金属或被清除的金属(如 Cr^{3+})则为最小值。

(7)缺氧水中的最大值和最小值型：在黑海、Cariaco 沟和峡湾等循环受限区域内，随着 H_2S 的产生，水可能变得缺氧(缺 O_2)。在两层水域之间的交界面附近，可能发生氧化还原反应，可通过各种离子种类的溶解度变化产生最大值和最小值。例如，因为还原型的溶解度增强，Fe^{2+} 和 Mn^{2+} 有最大值(见图 3. 24 和图 3. 25)。这些最大值是由于含氧层－缺氧层交界面附近的铁和锰的氧化和还原导致的。第 10 章会有关于缺氧水的详细内容。

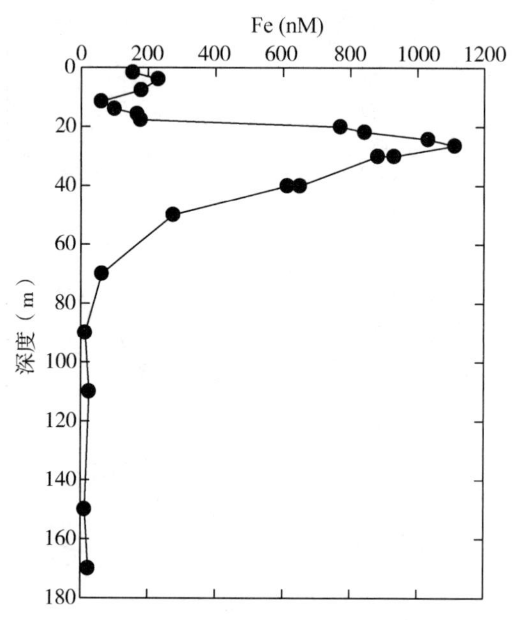

图 3. 24　挪威 Framvaren 峡湾中铁(II)(Fe)的分布

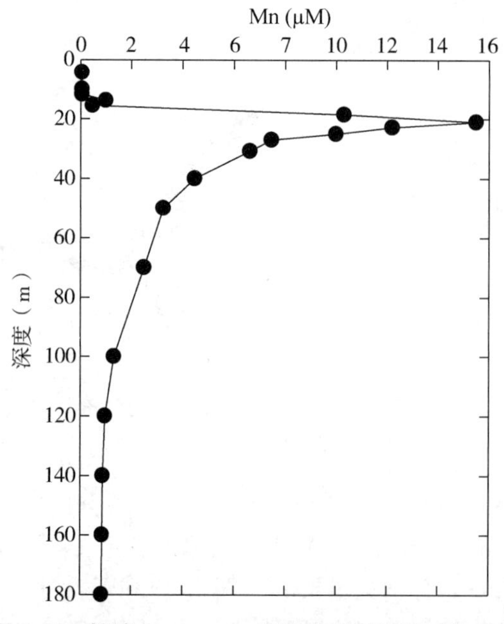

图 3. 25　挪威 Framvaren 峡湾中锰(II)(Mn)的分布

除 Pb^{2+} 和 Al^{3+} 外，已研究的许多金属在太平洋的浓度高于大西洋(见表 3.8)。这是由于太平洋深层水更为古老，累积了更多来自表层的金属。对于 Pb^{2+} 和 Al^{3+}，大西洋表层输入越高，则在大西洋深层水中的浓度更高。由于这些金属可迅速从海水中清除，它们不会随洋流聚积在太平洋深层水中。大多数金属在大陆架上的浓度较高(表 3.9)，则表示有陆地来源(河流或沉积物)；而大西洋中央环流中金属浓度较高(表 3.10)，则表示有大气输入(来自非洲尘土)。

表 3.8　大西洋和太平洋深层水重的金属(nM)

金属	大西洋	太平洋	P/A	金属	大西洋	太平洋	P/A
Cd	0.29	0.94	3.2	Cu	1.7	2.7	1.6
Zn	1.5	8.2	5.5	Mn	0.6	—	—
Ni	5.7	10.4	1.8				

表 3.9　大陆架上的金属与开阔海域表层水对比

金属	大陆架	开阔海域	金属	大陆架	开阔海域
Mn	21 $nmol \cdot L^{-1}$	2.4 $nmol \cdot L^{-1}$	Zn	2.4 $nmol \cdot L^{-1}$	0.06 $nmol \cdot L^{-1}$
Ni	5.9 $nmol \cdot L^{-1}$	2.3 $nmol \cdot L^{-1}$	Cd	200 $pmol \cdot L^{-1}$	2 $pmol \cdot L^{-1}$
Cu	4.0 $nmol \cdot L^{-1}$	1.2 $nmol \cdot L^{-1}$			

表 3.10　中央环流中的金属

金属	大西洋	太平洋	金属	大西洋	太平洋
Mn	2.4 $nmol \cdot L^{-1}$	1.0 $nmol \cdot L^{-1}$	Zn	0.06 $nmol \cdot L^{-1}$	0.06 $nmol \cdot L^{-1}$
Cu	1.2 $nmol \cdot L^{-1}$	0.5 $nmol \cdot L^{-1}$	Cd	2 $pmol \cdot L^{-1}$	2 $pmol \cdot L^{-1}$
Ni	2.1 $nmol \cdot L^{-1}$	2.4 $nmol \cdot L^{-1}$			

3.4　生物相互作用

许多研究者已经研究了微量元素与海洋生物体的相互作用。Bowen(1966)总结了这些相互作用，下面根据浓度系数(相对于给定海水体积的生物体内的浓度)进行概述。

(1)生物体排斥 Cl^-。

(2)Na^+、Mg^{2+}、Br^-、F^- 和 SO_4^{2-} 在生物体中的浓度和海水中的浓度相似(浓度系数为 1.0)。

(3)大多数其他元素(除了惰性气体)在活体组织中大幅度富集。

(4)生物体对阳离子的亲和力顺序是：

$$4^+ > 3^+ > 2^+ \text{过渡金属} > 2^+ \text{第二主族金属} > 1^+ \text{第一主族金属}$$

对于浮游生物，顺序为：

$Fe^{3+} > Al^{3+} > Ti^{3+} > Cr^{3+} > Ga^{3+} > Zn^{2+} > Pb^{2+} > Cu^{2+} > Mn^{2+} > Co^{2+} > Cd^{2+}$

此顺序与 Irving-Williams 顺序不一致。表面配体络合物的形成并不能控制浮游生物的吸收。

(5)特定类别的重基团元素与较轻元素相比，更容易被吸收。

(6)生物体对阴离子的亲和力随着离子电荷的增加而增加，而在给定基团中随着中心原子的重量增加而增加：

$$F^- < Cl^- < Br^- < I^-$$

$$SO_4^{2-} < MoO_4^{2-} < WO_4^{2-}$$

(7)低等生物体富集的元素比高等生物体更多。

(8)重金属常常集中在消化系统或肾脏器官中。

生物圈可以通过以下方式影响微量元素：

(1)溶解态和颗粒状有机物的调节作用与时间和空间呈函数关系。这种有机物可以与微量元素相互作用并改变其反应性质。

(2)有生命和无生命有机物中元素的浓度。主动吸收和被动吸收可以将元素从表层水重新分配到深层水。在无生命颗粒上的有机物浓度也可能增强这些颗粒的吸附作用。

这些影响可以解释元素从表层水向沉积物的运动。这一运动由以下原因导致：

①生物体的主动吸收作用(Fe^{2+}，Zn^{2+}，Mn^{2+})。

②生物体的被动吸收作用(重金属)。

③颗粒物的吸附作用(Pb^{2+}，Cu^{2+})。

④由于氧化作用沉积物的重新活动(Mn^{2+})。

⑤沉淀作用(Fe^{3+})。

金属的主动吸收作用可能是因为它们在酶系统中的使用(V，Cr，Mn，Fe，Co，Ni，Cu，Zn 和 Mo)。被动吸收作用可能是由于与有机颗粒的表面基团(羧酸、酚类)的相互作用产生而吸附作用。

众所周知，许多金属都集中在生物组织中。由此引申出海洋生物的死亡及随后的氧化分解及深海再矿化作用成为深海中这些元素的来源。还有一种解释认为，金属可以通过活的或死的有机物的吸附作用被运送到深海。例如，我们发现，Cu^{2+} 会吸附在活的或死的细菌上(见图 3.26)。这种吸附作用非常快(图 3.27)，并且可以通过酸化溶液解除对 Cu^{2+} 的吸附。随着 pH 的增加，吸附作用增强，这表明表面 -OH 和 -COOH 基团可能参与了此过程。Fisher(1986)已经证明，许多金属对活的和死的浮游植物的吸附是相似的，与金属的水解常数(见图 3.28)和停留时间(图 3.29)成比例。

这些结果表明，海洋中金属的清除可能是因为海洋中活的和死的有机物上表面基团的离子相互作用。Fisher 还说明了金属对浮游生物的毒性与水解常数相关(见图 3.30)。

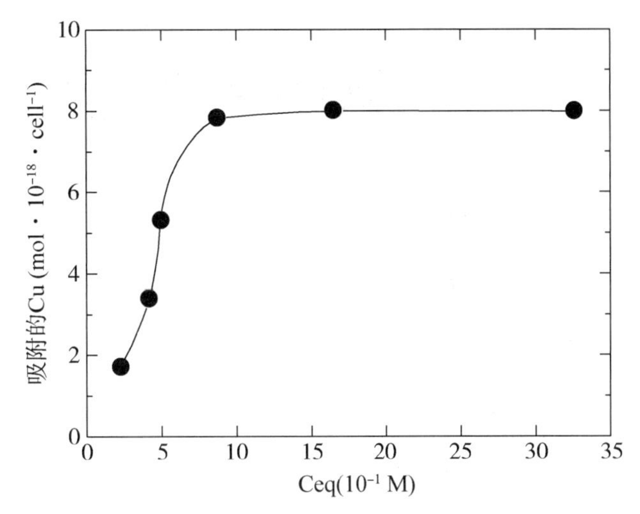

图 3.26　细菌表面吸附的 Cu(II)与 Cu(II)平衡浓度的关系

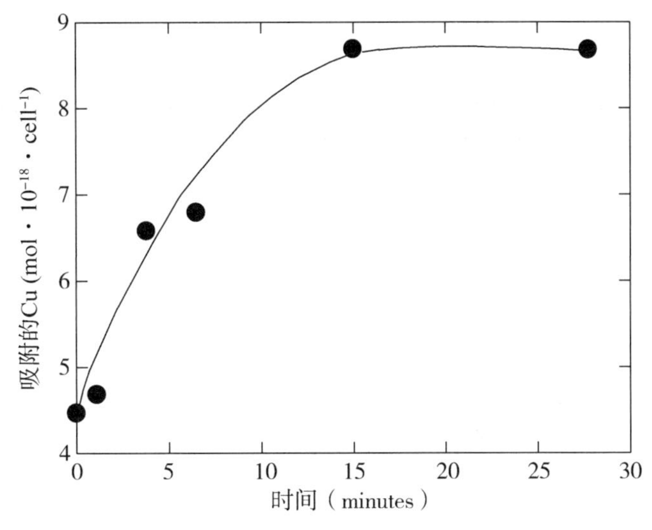

图 3.27　细菌表面吸附的 Cu(II)与时间的关系

上述讨论并不意味着排除非生物运输，因为众所周知，许多金属可以被 SiO_2 和 $CaCO_3$ 共沉淀或被吸附到海水中的矿物上。在氧化环境中，例如，Fe^{2+}、Cu^{2+}、Ni^{2+}、Co^{2+} 等都集中在 Mn 结核上。在还原环境中，许多金属被黄铁矿(FeS_2)共沉淀或吸附。Fe^{2+} 和 Mn^{2+} 的氧化作用会导致形成可吸附许多金属的固体。总之，每种金属都可能受生物或非生物过程的影响。需要未来的进一步研究来说明这些过程实际上对海洋中许多元素的分布的影响。

尽管进入海洋的大多数微量元素最终会被清除，沉入沉积物中，但许多微量元素会再循环。清除过程与元素和粒子的相互作用有关(Whitfield 和 Turner，1987)。因此，颗粒物的产生、下沉和分解对控制金属的再循环很重要。浮游植物是海洋表层颗粒的主要生产者。这些植物被浮游动物摄食，并被包裹入粪球。它们每天下沉几米到

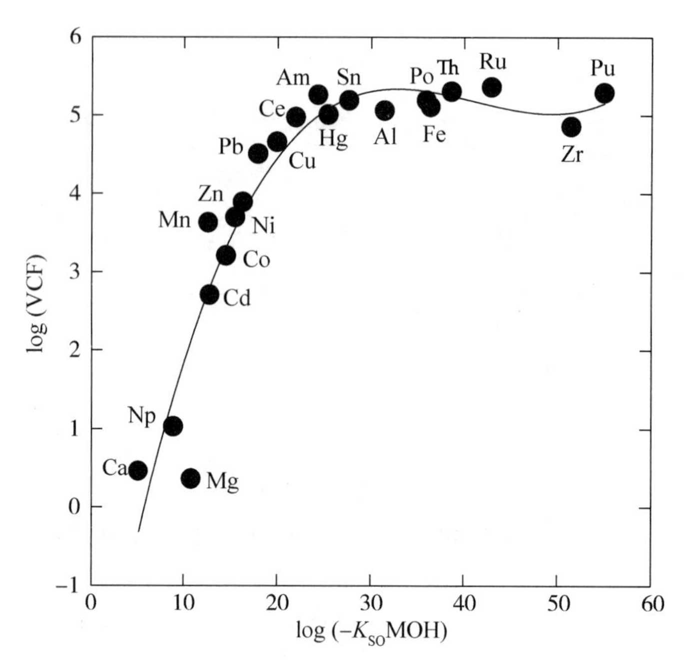

图 3.28 金属的浮游植物体积浓度系数(VCF)值与金属氢氧化物的溶解度曲线

（资料来源：Fisher，N. S.，Limnol. Oceanogr.，3，443，1986. 经许可。）

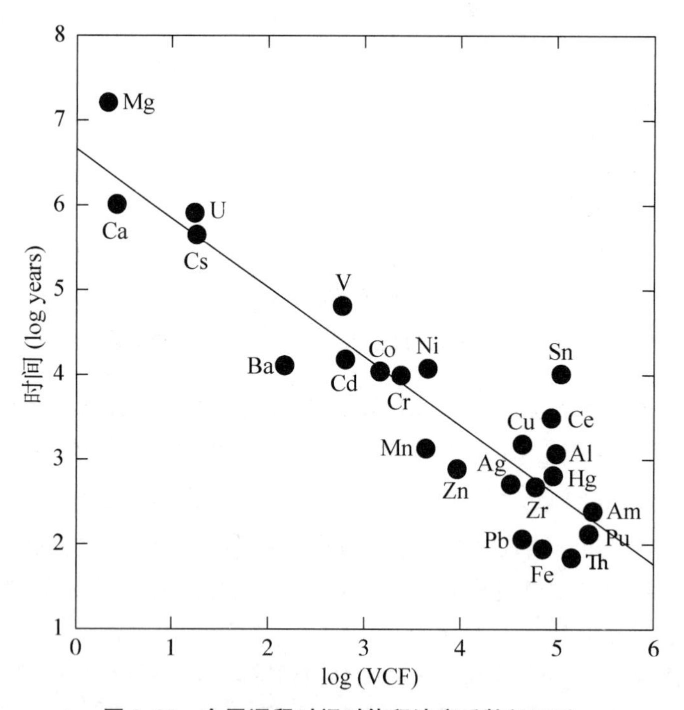

图 3.29 金属逗留时间对体积浓度系数(VCF)

（资料来源：Fisher，N. S.，Limnol. Oceanogr.，3，443，1986. 经许可。）

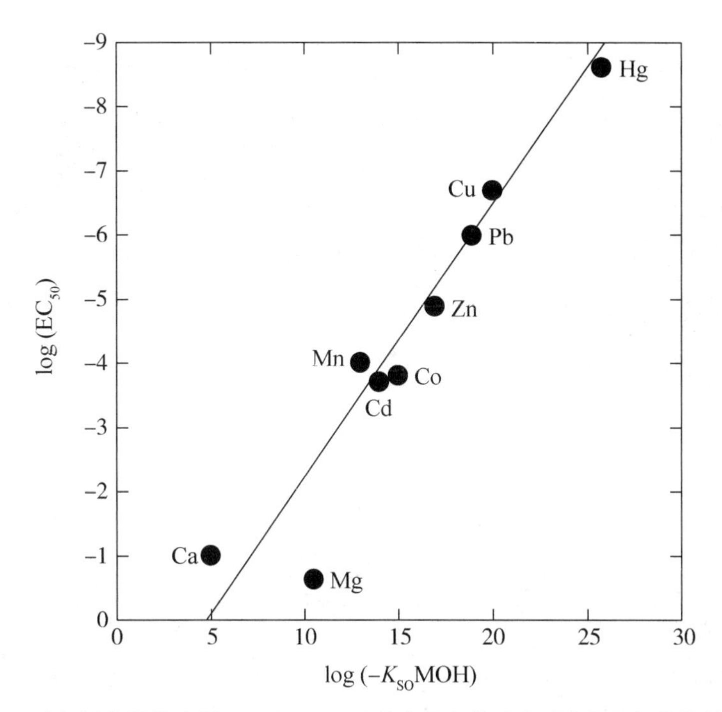

图 3.30　降低浮游植物生长 50%(EC _ 50)的金属有效浓度对金属氢氧化物的溶解度

(资料来源：Fisher，N. S.，Limnol. Oceanogr.，3，443，1986. 经许可。)

几千米。这些颗粒的氧化和溶解可以再生一些元素。最近的工作表明，大型颗粒对物质向深海的大量输送有影响。

颗粒物可以通过沉积物捕集器或通过大容量泵获取来进行研究。一项大型多机构研究即全球海洋通量联合研究计划(JGOFS)进行了 C，N，P 和 S，以及微量金属循环的研究。作为气候变异和预测度研究计划(CLIVAR)研究的内容之一，科学家近期对表层微量金属进行了研究。非洲沿海大西洋中 Fe 和 Al(Landing，个人通信)的最近结果如图 3.31 所示。因为非洲尘土输入，Al 在表层水中有很多，而在更深层水域 Al 被清除了。浮游生物明显会将 Fe 从表层水中吸收，并通过细菌或浮游动物对浮游生物的分解作用将 Fe 运送至更深层水域。

GEOTRACERS 将会测量多个航次巡航轨迹上从表层水到深层水的大量痕量金属的信息。此计划将会获得大量有关世界海洋的生物地球化学信息。

3.5　元素的地球化学平衡

海洋与陆地间存在连续的相互作用。海洋蒸发作用产生的水会以降雨的方式降落，并侵蚀岩石和土壤。世界上各条河流则将风化的产物(溶解的和悬浮的)运送到海洋，沉积物在大陆架上形成，而细颗粒会在整个海洋中运输。许多地球化学工作者一直关注地球化学过程，他们对海水的演变、沉积循环以及对海洋组分的控制感兴趣。

通过比较海洋中的溶解离子的现有组分(每平方厘米地球表面的摩尔数)与输送

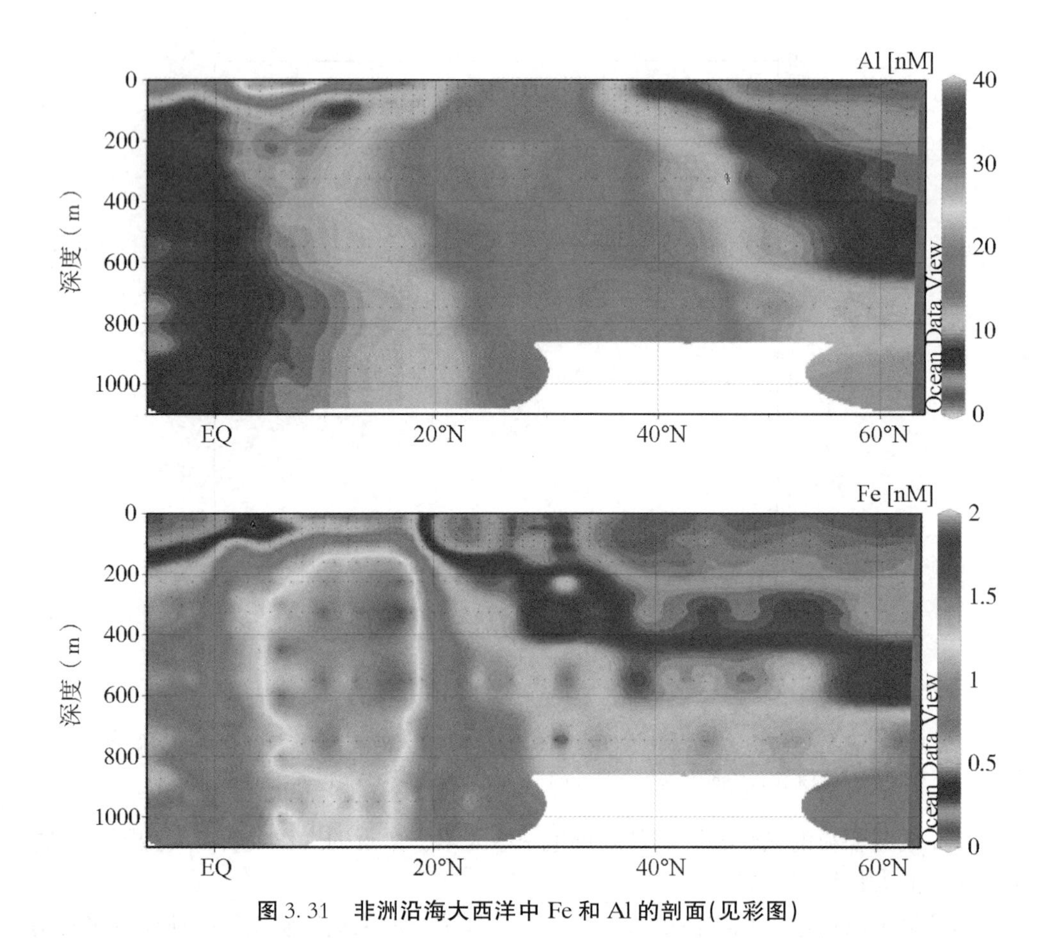

图 3.31 非洲沿海大西洋中 Fe 和 Al 的剖面(见彩图)

量，科学家已经尝试制作一个地球化学平衡系统。Sillen(1967)列出了过去 1 亿年来河流输送的一些海水主要组分的数量。表 3.11 中比较了这些估计数与目前海洋中的数量。在这段时间内，大多数元素数量有额外增加。输送到海洋的 Na^+ 和 Cl^- 大部分是通过海浪冲回海洋，而其他离子则是岩石和土壤风化的结果。除了溶解物质外，在过去 1 亿年里，已有 300～600 kg/cm^3 的固体物质被输送到海洋中。这些固体主要是黏土矿物，可以参与海水组分的离子交换反应，并且还会经历相变。

表 3.11 海水主要组分的当前浓度(表层摩尔 · cm^{-2})与过去 1 亿年内河流增加的数量对比

	Na	Mg	Ca	K	Cl	SO_4	CO_3	NO_3
当前	129	15	2.8	2.7	150	8	0.3	0.01
通过河流增加的量	196	122	268	42	157	84	342	11
增加的额外量	67	107	265	39	7	76	342	11

一些地球化学工作者尝试实现一种添加到河流中的物质与输送到沉积物的物质量之间的地球化学平衡。1993 年，Goldsmith 就开始了尝试。他认为存在下述反应：

$$火成岩 + 挥发物 \rightarrow 海水 + 沉积物 + 空气 \quad (3.8)$$

他认为上述反应式控制着岩石和海水的组分，他尝试实现此反应的平衡。最后他得出结论，600 g 岩石会产生 600 g 沉积物。之后，Garrels 和 Mackenzie(1971)也进行过尝试。沉积循环中元素循环的稳态模式如图 3.32 所示。通量以 10^{14} g · yr^{-1} 为单位。和之前 Goldsmith 的模式不同，最近的研究工作既考虑风化反应也考虑反风化反应，反风化反应亦即火成岩的形成是随海底扩张进行的。

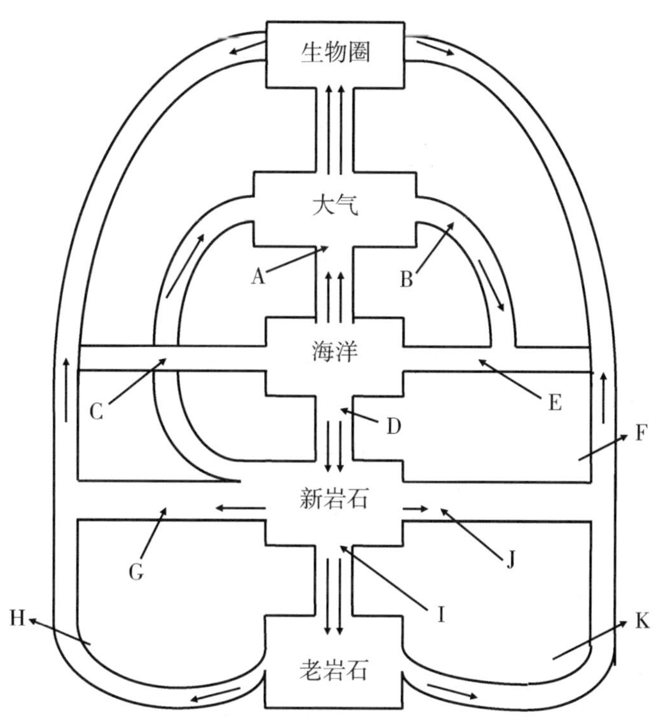

A—海洋到大气；B—大气到溪流；C—溪流的总悬移质；D—总沉积物通量；E—溪流产生的溶移质；F—岩石产生的溶解总通量；G—新岩石产生的悬移质；H—老岩石产生的悬移质；I—新岩石向老岩石的运动量；J—新岩石产生的溶移质；K—老岩石产生的溶移质

新岩石—4800×10^{20} g 的元素(150×10^{6} y)；**生物圈**—0.01×10^{20} g C 活的，0.04×10^{20} g C 死的；**老岩石**—8450×10^{20} g 的元素(663×10^{6} y)；**大气**—0.065×10^{20} g C 作为 CO_2 元素；**海洋**—500×10^{20} g 的元素

图 3.32　地球上元素的循环

之前的模型为大多数元素的岩石和沉积物之间建立了一种合理的平衡关系(见表 3.12)。发现元素 B，S，Cl，As，Se，Br 和 I 有超量情况，推测是来源于火山。最近发现了来自深海热液喷口的物质运动，因此需要对某些元素的数值进行一些修改。

表 3.12　海洋地球化学循环中各种组分的浓度

组分	岩石	挥发物	空气	SW	沉积物	
H_2O	O_x	—	54.90	—	54.90	—
Cl(HCl)	—	0.94	—	0.55	0.40	
Na(NaO_5，NaOH)		1.47	—	—	0.47	1.00
Ca(CaO，$Ca(OH)_2$)	1.09	—	—	0.01	1.08	
Mg(MgO，$Mg(OH)_2$)	0.87	—	—	0.05	0.82	
K(KO_5，KOH)		0.79	—	—	0.01	0.78
Si(SiO_2)	12.25	—	—	—	12.25	
Al($AlO_{1.5}$，$Al(OH)_3$)	3.55	—	—	—	3.55	
C(CO_2)	0.03	1.05	—	0.002	1.08	
C(s)	—	1.01	—	—	1.01	
O_2	—	0.022	0.022	—	—	
Fe(FeO，$Fe(OH)_2$)	0.52	—	—	—	0.53	
($FeO_{1.5}$，FeOH)		0.38	—	—	—	0.38
Ti(TiO_2)	0.12	—	—	—	0.12	
S	0.02	0.06	—	0.03	0.05	
F(HF)	0.05	—	—	—	0.05	
P($PO_{2.5}$，H_3PO_4)		0.04	—	—	—	0.04
Mn(MnO_{1-2})		0.05	—	—	—	0.05
N_2	—	0.082	0.082	—	—	

注：气体—$H_2O(g)$；液体—H^+，K^+，Cl^-，$H_2O(l)$；固体—SiO_2，高岭石钾云母。

Sillén(1967)提出了一些虚构的实验来呈现真实的海洋系统。他将水与多种矿物质混合后，形成海洋。这种混合，也许是由一个著名的调酒师进行的，在一段时间内进行以确保平衡。他考虑的第一个模型如图 3.33 所示。离子交换反应(3.9)可控制海洋中 H^+ 比例与 pH 值。

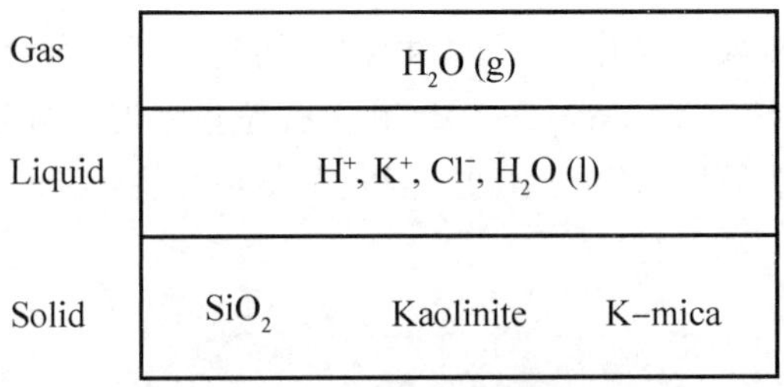

Gas	H_2O (g)		
Liquid	H^+, K^+, Cl^-, H_2O (l)		
Solid	SiO_2	Kaolinite	K–mica

图 3.33　Sillén 离子交换模型

$$1.5Al_2Si_2O_5(OH)_4(s) + K^+ \rightarrow KAl_3Si_3O_{10}(OH)_2(s) + 1.5H_2O + H^+ \quad (3.9)$$

高岭石　　　　　　　　　　钾－云母

应用这种反应的平衡条件(在 Cl^- 浓度和温度恒定的情况下)，得出：

$$K = [H^+]/[K^+] \quad (3.10)$$

$$[K^+] + [H^+] = [Cl^-] + Kw/[H^+] \quad (3.11)$$

比值 $[H^+]/[K^+]$ 是固定的，因此只要 $[Cl^-]$ 和温度是恒定的，添加 HCl 或 KOH 可使其恢复到其原来值。只要 Cl^- 和温度是恒定的且没有任何一个相完全消失，系统就是 pH 稳态而非 pH 缓冲。这一简单结果表明，海水的 pH 和主要离子浓度受黏土交换反应控制。当 Sillén 提出这一见解时，大多数海洋研究者都震惊了，因为他们认为海洋的 pH 值由碳酸盐体系控制，而黏土仅作为容器的器壁。实验结果得出，在此反应中，K 值范围为 10^{-6} 到 $10^{-6.5}$(25℃)，而海水中该比值为 $10^{-6.2}$。为实现具有 Na^+ 的五组分体系中高岭石与蒙脱石的平衡，我们有

$$1.5Al_2Si_2O_5(OH)_4(s) + Na^+ \rightarrow NaAl_3Si_3O_{10}(OH)_2(s) + 1.5H_2O + H^+ \quad (3.12)$$

高岭石　　　　　　　　　　蒙脱石

比值 $[H^+]/[Na^+]$ 也接近于海水中的该比值蒙脱石。由于新鲜黏土在一两天内会发生改变，在几年内会形成新相，大多数研究工作者发现硅酸盐理论是合理的。最近，研究工作者还证明，SiO_2 在海水中溶解的速度比之前所认为的速度还快。Sillén 还考虑了一个更复杂的九组分体系：

(1)海水

(2)SiO_2(石英)

(3)$CaCO_3$(方解石)

(4)高岭石

(5)伊利石

(6)绿泥石

(7)蒙脱石

(8)钙十字石

(9)大气

研究发现 Mg 以及 SiO_2 成为了一个问题。最近的深海热液喷口的结果可以解释这些差异(第 10 章)。海洋中 Mg 存在亏损，而发生在深海热液喷口系统的一系列反应导致了 Si 的增多。

Turner 等(1981)说明，海洋中一种元素的逗留时间与岩石和海水之间该元素的分配有关。他们定义了海洋与岩石的分配系数 K_Y：

$$K_Y = Y_C / Y_A \quad (3.13)$$

式中，Y_A 是地壳岩石产生的物质的输送速率，而 Y_C 是从海洋储库输送的速率。Y_A 的值与再生海洋飞沫相关。研究发现，平均逗留时间的对数与分配系数的对数成线性分式函数(见图 3.34)：

$$\log\tau = 0.53\ \log K_Y + 6.15 \quad (3.14)$$

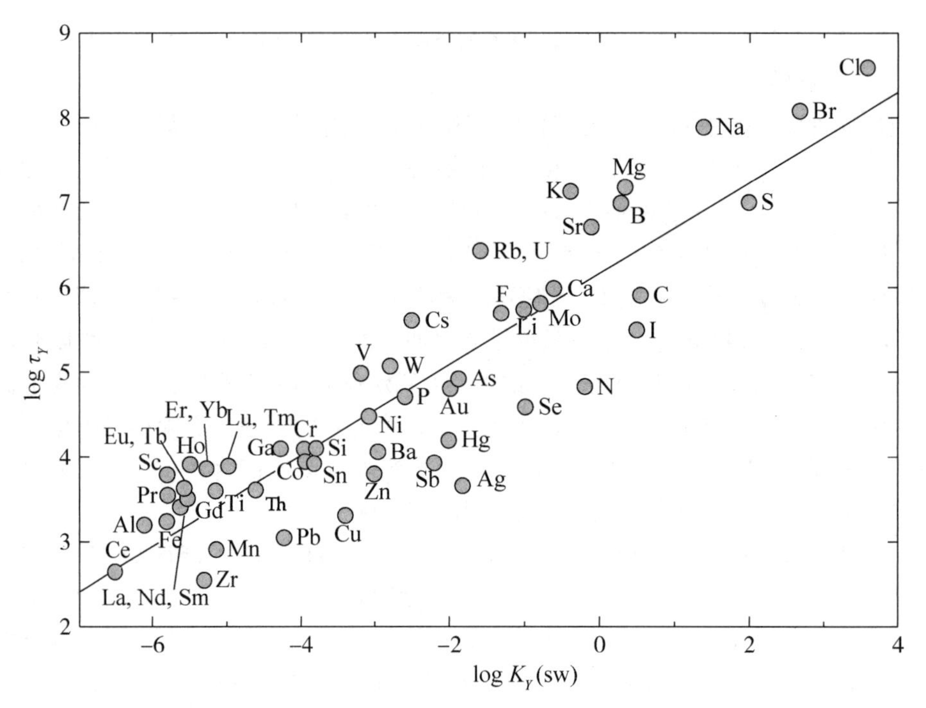

图 3.34　**平均逗留时间** t **的对数与分配对数作图**

假设海洋 20 亿年来处于稳定状态，τ_R 值 = 每百万年 1000 次变更，是指海洋的活跃变更。

Turner 等人(1981)还说明，分配系数的值 K_Y 与元素 Q_{YO}的负电性相关，如下：

$$\log K_Y = -1.55 Q_{YO} + 3.69 \tag{3.15}$$

式中，负电性的单位为电子伏特(eV)。

$$Q_{YO} = (X_Y - Y_O)^2 \tag{3.16}$$

Q_{YO}值是对 Y_O 键能的静电贡献量的度量值或对氧化物基矿物元素(Y)的吸引力的度量值。X 的值是各种元素的电负性的值。

Meybeck(1987)考虑了由各种岩石类型形成的离子，从而检查化学风化情况。主要岩石类型的丰度见表 3.13。他对释放到河流的各类岩石的主要成分起源的估计数值见表 3.14。Ca 和 Mg 主要来自页岩和碳酸盐岩，Na 和 Cl 主要来自岩盐，SO_4^{2-} 主要来自页岩和石膏，HCO_3^- 主要来自页岩和碳酸盐岩，K 主要来自砂岩和碳酸盐岩。通过风化各类岩石产生的运送到海洋的可溶解河盐来源见表 3.15。这些结果指出了风化过程在控制输入海洋的主要成分上的重要性。

表 3.13　**陆地上主要岩石类型的露头丰度(按面积计算百分比)**

深成岩	11%	花岗岩	10.40%	砂岩	15.8%	石英砂岩	12.60%
		辉长岩和橄榄岩	0.60%			长石砂岩	0.80%
变质岩	15%	片麻岩	10.40%			杂砂岩	2.40%

续表3.13

		云母片岩	1.50%	页岩	33.1%		
		石英岩	0.80%	沉积碳酸盐岩	15.9%	碎屑碳酸盐岩	5.90%
		大理石	0.40%			白云岩	3.65%
		闪岩	1.90%			石灰岩	6.35%
火山岩	7.9%	玄武岩	4.15%	蒸发岩	1.3%	石膏	0.75%
		安山岩	3.00%			岩盐	0.55%
		流纹岩	0.75%				

表3.14　各类岩石风化产物的来源(释放总量所占百分比)

	SiO_2	Ca^{2+}	Mg^{2+}	Na^+	K^+	Cl^-	SO_4^{2-}	HCO_3^-	$\Sigma+$
花岗岩	10.9	0.60	1.2	5.9	4.9		2.0	1.6	1.6
辉长岩	0.75	0.0	1.1	0	0		0.3	0.3	0.3
片麻岩和云母片岩	11.7	1.10	2.8	6.6	8.2		4.6	2.0	2.4
其他变质岩	1.5	4.7	3.2	0.3	1.6		1.7	4.7	3.7
火山岩	11.1	1.8	4.9	5.4	6.6		0.5	4.2	3.1
砂岩	16.6	2.1	3.8	5.2	19.6		9.6	2.3	3.2
页岩	35.1	19.9	30.7	22.6	41.0	7.4	30.3	22.5	23.1
碳酸盐岩	11.3	60.4	39.3	3.5	13.1		8.6	59.5	46.7
石膏	0.5	7.2	7.2	4.9	1.6	10.0	32.7	1.7	6.8
岩盐	0.4	2.2	5.8	45.6	3.3	82.6	9.6	1.2	9.1
合计(%)	100	100	100	100	100	100	100	100	100
10^{12} g/年	320	504	118	132	24	120	280	1950	

注：$\Sigma+$ = 阳离子总量(毫当量/升)。

表3.15　输送到海洋的河流溶解物质的来源(以风化释放总量的百分比计算)

模型	SiO_2	Ca^{2+}	Mg^{2+}	Na^+	K^+	Cl^-	SO_4^{2-}		HCO_3^-	$\Sigma+$
							Pyr. a	SO_4 b		
大气									67	
硅酸盐	92.5	26	48	46	95	0	40	18		35
碳酸盐	0	67	42	0	0	0	0	0	33	51
蒸发岩	0	7	10	54	5	100	0	42		14
无定形二氧化硅	7.5									

注：$\Sigma+$—阳离子总量；a—SO_4^{2-}来源于黄铁矿和有机硫的氧化；b—SO_4^{2-}来源于硫酸盐矿物的溶解。

参考文献

Barth, T. W. , Theoretical Petrology, Wiley, New York (1952).

Biller, D. V. , and Bruland, K. W. , Analysis of Mn, Fe, Co, Ni, Su, Zn, Cd and Pb in seawater using the Nobias-chelate PA1 resin and magnetic sector inductively coupled plasma mass spectrometer (ICP _ MS), Mar. Chem. , 130, 12 - 20 (2012).

Bowen, H. H. M. , Trace Elements in Biochemistry, Academic Press, London (1966).

Boyle, E. A. , Cadmium and δ^{13}C paleochemical ocean distributes during stage 2 glacial maximum, Annu. Rev. Earth Planet Sci. , 20, 245 (1992).

Brewer, P. , Minor elements in sea water, Chapter 7, Chemical Oceanography, Vol. 1, 2nd ed. , Riley, J. P. , and Skirrow, G. , Eds. , Academic Press, New York, 416 - 496 (1975).

Bruland, K. W. , Trace elements in sea-water, Chapter 45, Chemical Oceanography, Vol. 8, 2nd ed. , Riley, J. P. , and Chester, R. , Eds. , Academic Press, New York, 157 - 220 (1983).

De Baar, H. J. W. , Saager, P. M. , Nolting, R. F. , and Van der Meer, J. , Cadmium versus phosphate in the world ocean, Mar. Chem. , 46, 261 (1994).

Fisher, N. S. , On the reactivity of metals for marine phytoplankton, Limnol. Oceanogr. , 31, 443 (1986).

Garrels, R. M. , and Christ, C. L. , Solutions, Mineral and Equilibria, Harper and Row, New York (1965).

Garrels, R. M. , and Mackenzie, F. T. , Evolution of Sedimentary Roclcs. W. W. Norton & Co. , New York, 539 (1971).

Goldberg, E. , Minor elements in sea water, Chapter 5, Chemical Oceanography, Vol. 1, Riley, J. P. , and Skirrow, G. , Eds. , Academic Press, New York, 163 - 196 (1965).

Goldsmith, V. M. , Fortsch. Mineral. Krist. Petrogr. , 17, 112 (1967).

Horne, R. , Marine Chemistry, Wiley-Interscience, New York, 568 (1969).

Loscher, B. M. , van der Meer, J. , de Baar, H. J. W. , Saager, P. M. , and de Jong, J. T. M. , The global Cd/ phosphate relationship in deep ocean waters and the need for accuracy, Mar. Chem. , 59, 87 (1997).

Mackenzie, F. T. , Sedimentary cycling and the evolution of sea water, Chapter 5, Chemical Oceanography, Vol. 1, 2nd ed. , Riley, J. P. , and Skirrow, G. , Eds. , Academic Press, New York, 309 - 364 (1975).

Meybeck, M., Global chemical weathering of surficial rocks estimate from river dissolved loads, Am. J. Sci., 287, 401 (1987).

Nicholls, G. D., The geochemical history of the oceans, Chapter 20, Chemical Oceanography, Vol. 2, Riley, J. P., and Skirrow, G., Eds., Academic Press, New York, 277-294 (1965).

Schaule, B. K., and Patterson, C. C., Perturbations of the natural lead depth profile in the Sargasso Sea by industrial lead, in Trace Metals in Sea Water, NATO Conf. Series, Wong, C. S., et al., Eds., 487-503 (1983).

Sillén, L. G., How have sea water and air got their present compositions? Chem. Brit., 3, 291-297 (1967).

Turner, D. R., Whitfield, M., and Dickson, A. G., The equilibrium speciation of dissolved components in freshwater and seawater at 25℃ and 1 atm pressure, Geochim. Cosmochim. Acta, 45, 855 (1981).

Whitfield, M., and Turner, D. R., The role of particles in regulating the composition of seawater, Chapter 17, Aquatic Surface Chemistry, Stumm, W., Ed., Wiley-Interscience, New York (1987).

Wong, C. S., et al., Eds., Trace Metals in Sea Water, Plenum Press, New York (1983).

Wu, J. F., and Boyle, E. A., Lead in western North Atlantic Ocean: complete response to leaded phase out, Geochim. Cosmochim. Acta, 61, 3283 (1997).

第 4 章　离子相互作用

4.1　引言

痕量金属在海洋环境中的地球化学历程越来越受到人们的关注。许多基础研究已经确定如何表示这些金属在溶液中的溶解相、气相、固相(即，在生命和非生命物质)的总浓度。虽然这些研究对指示海洋环境中痕量金属的归宿很有用，但在确定金属不同相之间转移的机制(物理、化学和生物)方面进展甚微。我们目前对海洋环境中微量金属的了解较缺乏，部分原因是在实验检测微量金属的真实活性(热力学和生物化学)上存在困难；再者，微量金属的浓度低，难以应用传统的电极方法来确定热力学活性。虽然有可能检测到某些金属的活性，但我们目前不得不利用模型来估算大多数微量金属的热力学活性，从而与生物学研究进行比较。

很多研究工作者都提出过了解海水中金属离子的真实生物活性(而非总浓度)的重要性。例如，我们发现铜对细菌 *Vibrio alginolyticus* 的生长抑制作用受络合物形成的影响。铜毒性的这种变化是由于与富里酸等配体一起构成络合物时会出现不同浓度的游离铜。

合成配体(如 NTA[氨基三乙酸])和天然有机配体在海洋环境中可具有相似的作用。加入这种配体后，可能出现三种可能结果：(1)金属可能会溶解，并从高浓度海域输送到未污染海域；(2)由于过度络合，海洋生物可能无法获得生长所需的必要金属；(3)降低天然金属毒性可能导致致病生物体数量增多。

许多研究工作者还指出，游离或复合金属离子在生产力中也发挥着重要作用。例如，Barber 和 Ryther(1969)报道称，在秘鲁沿海上升流的水域，浮游植物的增殖受海水中有机物的制约。他们认为，形成有机化合物是金属离子被吸收利用，促进生长的必要条件。然而，Steeman-Nielson 和 Wium-Anderson(1970)提出，有机调节作用是通过铜毒性(由络合引起)的减少来实现的。虽然现在不可能明确地说明上述哪一种有机配体的作用(或两者)是真实准确的，但我们可以说，在确定金属的生物和地球化学活性时金属的形式(而非总量)是很重要的。通常，给定元素形式的确定被称为形态分析。

现在我们将讨论可影响海水中金属离子状态或结构的离子相互作用。热力学活性是否直接与生物活性相关，仍有待观察。另外，我们还必须记住，由于金属络合物和各种氧化还原对的形成和降解的动力学缓慢，最可能的热力学状态可能并不是海洋环境中发现的状态。

为了了解含水电解质溶液中的离子相互作用，人们已经发展出了各种化学模型。

物理化学溶液理论与海洋化学、分析和实验数据的耦合极大地影响自然水域的化学模型的发展。海水化学模型发展的主要趋势产生于电解质溶液物理化学发展方法的应用。过去，物理化学变化趋势用了很长时间来影响海洋化学。例如，阿伦尼乌斯理论经历了40年才在海洋学界被接受，而德拜－休克尔(1923)和布耶鲁姆(1926)理论的定量层面经历了30年才被Garrels和Thompson(1962)应用于海水研究。虽然Wirth(1940)在1940年将密度集中性态的理论引入海洋学界，但最近这一说法才被用来表示海水状态方程式。

近年来，这一趋势发生了改变，人们希望海洋化学能够接受并应用这些新的理论和模型来解决地球化学和生物化学问题。通过将化学模型应用于检验自然水域中的离子相互作用，主要限于下述两大领域：(1)涉及海水的大体积热力学和运输性质的领域；(2)涉及海洋水域对溶质活性的影响的领域。这个问题在本章其他地方会做进一步讨论。要了解海水中某个离子的状态和结构，必须采取若干步骤。我们在考查海水中的离子状态时考虑两个过程：(1)当离子从理想气体状态转移到无限大的储水层时发生的离子与水的相互作用(其中离子不能与另一个离子相互作用)：

$$M^+(\text{理想气体}) \rightarrow M^+(\text{无限稀释溶液}) \tag{4.1}$$

和(2)当离子从无限稀释溶液转移到海水时发生的离子间的相互作用(在此过程中，混合物中所有离子的相互作用会影响它的存在状态，即正正、正负和负负相互作用)：

$$M^+(\text{无限稀释溶液}) \rightarrow M^+(\text{海水}) \tag{4.2}$$

在讨论这两个过程之前，我们先来了解水作为溶剂系统的独特性质。

4.2　独特的溶剂——水

尽管海水占海洋的96.5%，并且是导致海水具有许多独特物理和化学性质的原因，但其重要性一直被许多海洋研究者忽视。Horne(1972)试图强调了解自然水域中水的性质及其相互作用的重要性。随着化学海洋学成为一个不太具有描述性的科学，并且研究者转而尝试探索在海洋中发生的化学过程，这种方法的应用将变得更加普遍。必须记住，海洋工作者的最终目标是从分子水平理解海洋环境中发生的化学过程。为此，研究者最终必须了解水在这些分子相互作用中发挥的作用。考虑到这一点，我们将在本节中讨论一些水的独特性质及其结构。

与其他类似化合物相比，水在自然界的独特地位表现为它在各种气象学、海洋学、地球化学和生物化学过程中均有极大的重要性。通过比较水和其他液体的物理和化学性质，可以证明这种独特性。我们先来看一下，与其他类似结构的液体相比，水的沸点(蒸汽压等于大气压的温度)有何不同(图4.1)。从图中可以看出，水的沸点高于预期值。还应记住，给定系列的沸点Tb通常会随着分子量的增加而增高。沸点较高，则表明水分子进入气体状态所需的能量高于预期值。而水的融点 T_m 也高于预期值。这表明，融化冰所需的能量高于预期值。

通过比较水和其他液体的其他物理和化学性质，也可能证明这种独特性。性质比较见表4.1。水的介电常数高(80)是高偶极矩的结果。同时，这也会导致反应 $H_2O \rightarrow H^+ + OH^-$ 的解离常数($K = 1 \times 10^{-14}$)很高。而溶解性很强也是水的介电常数高导致的。

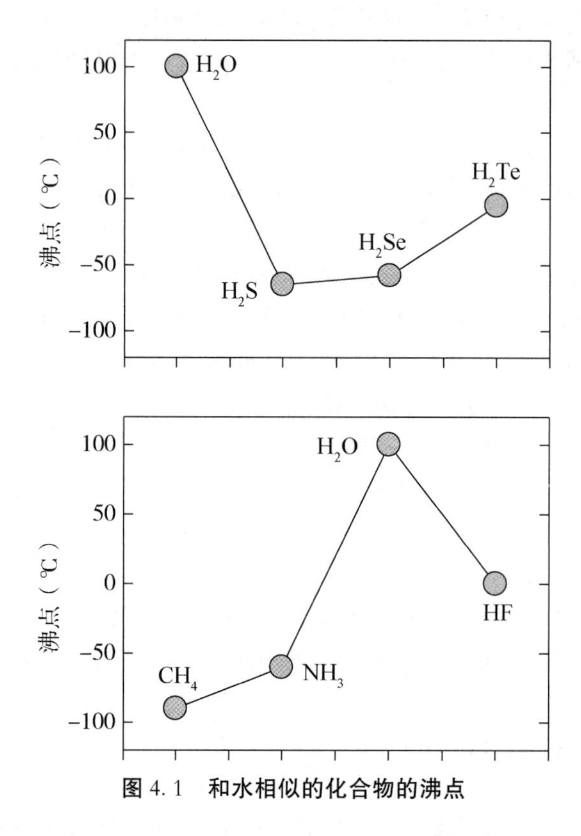

图4.1 和水相似的化合物的沸点

表4.1 H_2O，MeOH和正庚烷的物理性质比较

性质	H_2O	MeOH	正庚烷
MW	18	32	100
偶极矩(德拜)	1.84	1.70	>0.2
介电常数	80	24	1.97
密度($gm \cdot cm^{-3}$)	1.0	0.79	0.73
沸点(℃)	100	65	98.4
熔点(℃)	0	−98	−97
比热(cal/(g·deg))	1.0	0.56	0.5
ΔH_{vap}(cal/g)	540	263	76
ΔH_{fus}(cal/g)	79	22	34
表面张力(达因/cm)	73	23	25
20℃时的粘度(泊)	0.01	0.006	0.005
25℃时的压缩性(atm^{-1})	4.57×10^{-11}	12.2×10^{-11}	14×10^{-11}

只有少数无机成分具有较高的介电常数：D(NH_3) = 23，D(HF) = 85，D(HCN) = 95，D(SO_2) = 140。水的水合特性是众所周知的，然而，原因还不清楚。

水具有独特的键角和形成氢键的能力，可导致水(和冰)的长程有序，这种性质与大多数其他液体相比是独一无二的。每个水分子都有机会通过氢键与其他四个水分子结合(见图 4.2)。水的所有这些独特性质可以追溯到各个水分子的结构以及它们如何相互作用上。有人可能以为水中的原子有 180°的键角，但它们实际上形成的键角只有 105°。由于水分子中的分子间力不完全平衡(105°键角)，水分子具有一个电偶极子。不成对电子上的负电荷和质子上的正电荷之间的间隔会导致 1.84D 的偶极矩(D = 德拜；1D 等于在距离为 1Å 时的符号相反的两点电荷的间隔，10^{-8} cm)。如图 4.3 所示。实际上，由于水分子有两点负电荷和两点正电荷发生分离，所以一个分子具有四极矩(图 4.4)。四极矩是由偶极子间的相互作用导致的，这是惯性矩的电类比。

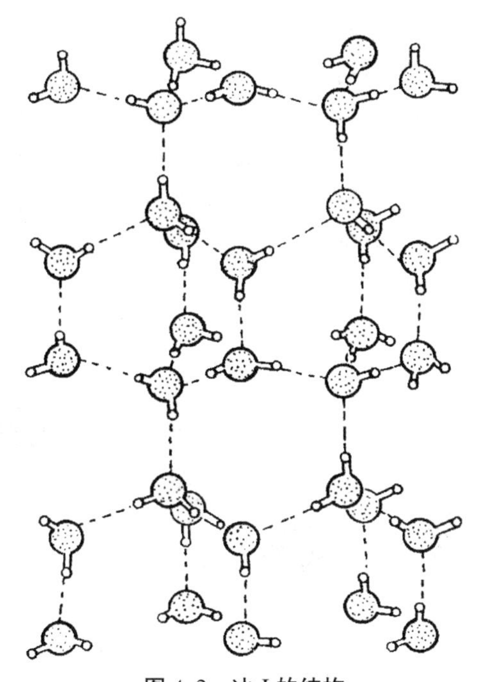

图 4.2　冰 I 的结构

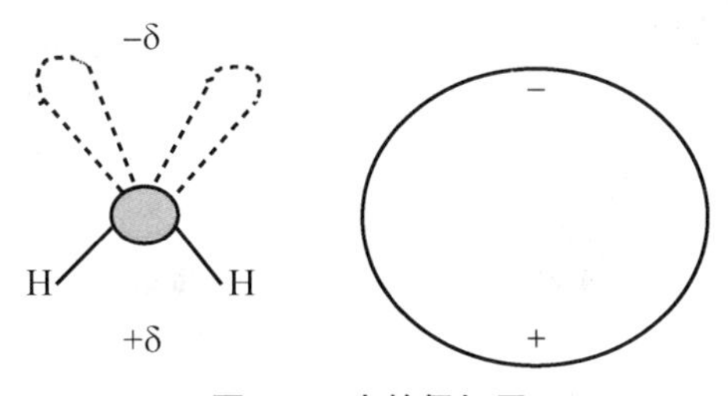

图 4.3　水的偶极子

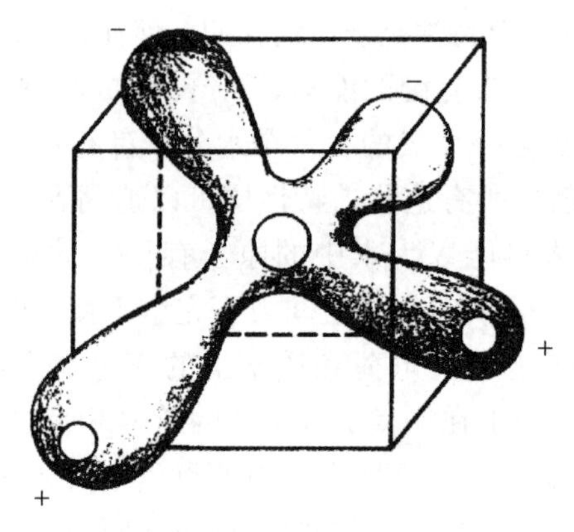

图 4.4　水分子的三维结构

两个水分子的偶极子间的相互作用会引起水中氢键的形成。一个指定水分子能够形成四个氢键(见图 4.5)。与氢键作用相关的能量一般远远大于大多数偶极子间的相互作用；因此，应分成不同的类别。与形成大多数化合物的化学键键值 100 kcal/mol 相比，形成氢键的 ΔH 较小(约 1～10 kcal/mol)。氢键本质上不完全带静电。因为在一个水分子的氧原子上与另一个水分子的质子共享不成对电子，所以氢键具有一些共价特征。水中的这种氢键作用会导致水的许多物理和化学性质变得不同。与其他液体相比，温度和压力对水的许多性质的影响是独特的。在给定温度下，温度对比容、声速、压缩性和比热的影响(图 4.6)都具有最大值或最小值。

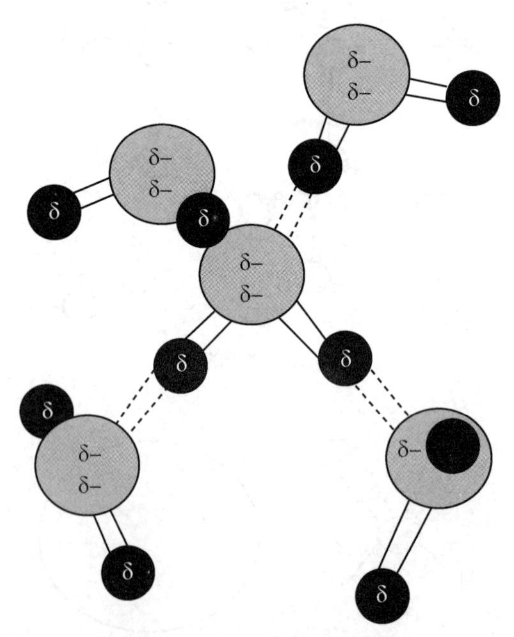

图 4.5　水分子的氢键结构

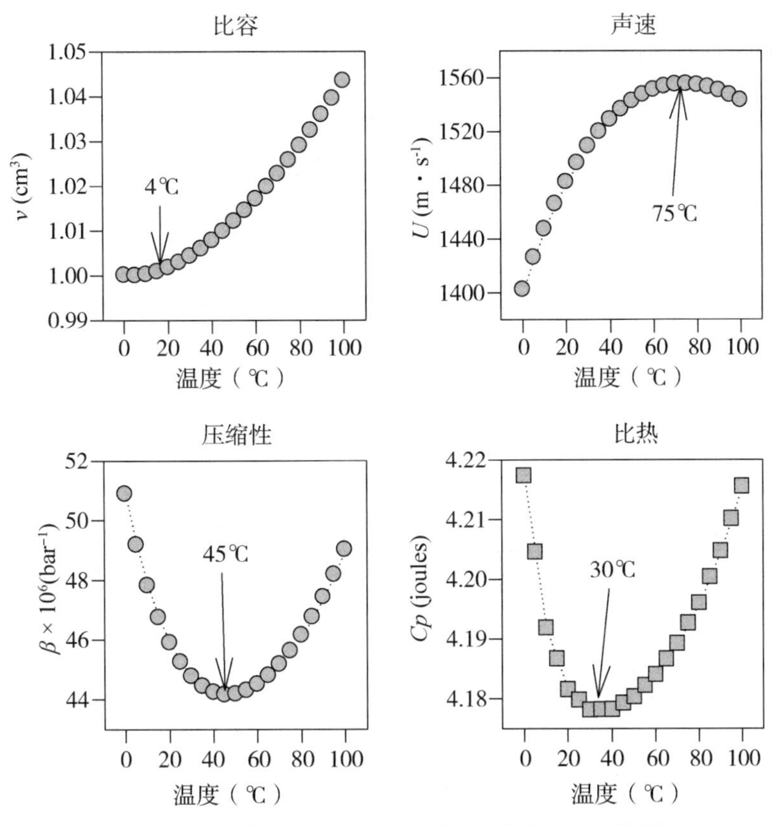

图 4.6　温度对比容(1/密度)、声速、压缩性和热容的影响

尽管温度不变时水体不会发生变形，但在液体结构发生变化时，水会发生变形。例如，比容显示，在 0～4 ℃时，某些冰状结构可能会分解，而在高于 4 ℃的温度下，水的体积随着温度的升高而增大，和其他流体一样。在温度低于 30 ℃时，压力对水粘度的影响(图 4.7)也似乎是独一无二的。一般来说，压力对流体的作用会随着压力的增加而增加。在压力首次施加时，低于 30 ℃的水会压缩。这可能是由于在较低温度下压力最初施加时分解了水的某些开链结构。这些所谓的水异常可能会对自然水域的性质造成影响(表 4.2)。例如，水的热容高可防止沿海地区出现极端温度。

表 4.2　水的异常性质汇总

性质	结　果
1. 高热容	防止出现极端温度范围；随着水的运动，传热很大；保持统一的水体温度
2. 高融解热	冻结和融化的调温作用
3. 高蒸发热	对从水到大气的传热很重要
4. 热膨胀	淡水和稀释海水的蒸发热最大；密度高于 T_m(融点)；控制湖泊的温度密度分布和垂直环流

续表 4.2

性质	结　果
5. 高表面张力	对细胞生理学很重要；控制某种表面形状和液滴形成
6. 高介电常数	对于使盐离子化并变成电解液(溶解能力)很重要
7. 低电解解离	H^+ 和 OH^- 的性状在许多地质和生物过程中都是很重要的
8. 高透明度	吸收红外和紫外线的辐射能；几乎不可见；对物理和生物过程很重要
9. 高导热性	仅在活细胞中小尺度上起作用；涡流电导更大
10. *Cp* 和 *p* 随温度的变化不同于其他流体	溶液中溶质的独特热性质
11. 高粘度	对物理性状(波浪等)和细胞运动很重要
12. 固体冰的密度小于液体在融点时的密度	对许多地球化学、大气和生物过程很重要

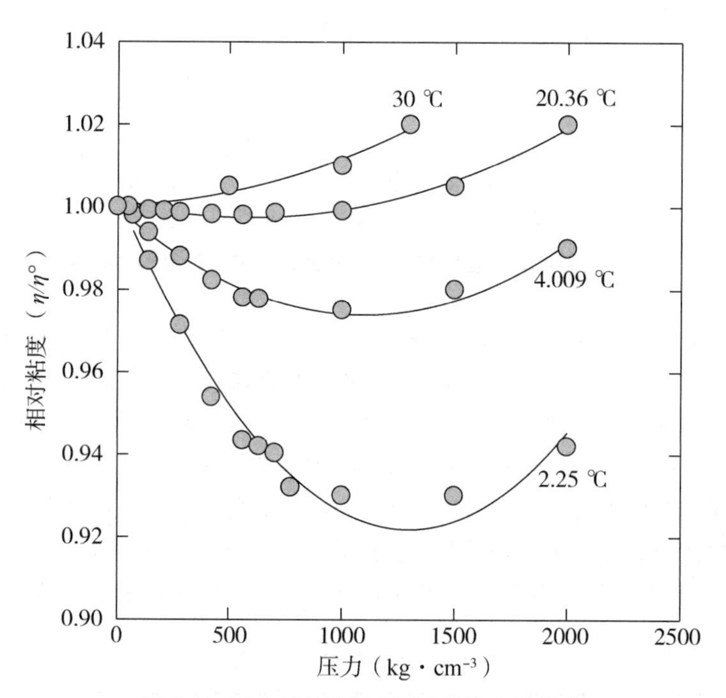

图 4.7　压力对各种温度下水的粘度的影响

4.3　水结构综述

现在我们简要回顾一下水结构理论。目前已经有几篇总结了水结构研究现状的评论和专著。Franks(1972)编著的书中做了精彩的调研。我们可以将水结构模型分为两大类：统一模型(或一般模型)和混合模型。两种模型都认为，水是十分结构化的液体；两种模型的主要区别在于，混合模型认为同时存在至少两种不同状态的水。

4.3.1　统一(一般)模型

Bernal 和 Fowler(1933)、Pople(1951)、Wall 和 Horning(1965)和 Falk 和 Kell (1966)都是统一(一般)模型的支持者。统一模型观点的基本要素是：水中不存在一个局部域使其结构不同于其他任意的水分子。在平均化过程中，各个水分子的性态在任何时候都与任何其他水分子一样。目前已经采用了 Bernal 和 Fowler(1933)的原始模型，并且这种模型在许多应用中运行良好。Pople(1951)的论述为确定水结构的性质提供了更广阔的视角。Pople 解释了由两种相反的影响引起的液态水的最大密度——由于晶格结构的膨胀和 H 键的弯曲导致体积增大。因此，该模型将液态水当作“冰状”晶格，具有因键的弯曲(而非断裂)引起的差异。

4.3.2　混合模型

多年来，混合模型得到了越来越多的关注。我们可以将混合模型划分为以下几类：

(1)分解的冰晶格模型：与单体保持平衡的冰状单元。

(2)团簇模型：与单体保持平衡的氢键团簇。

(3)笼形模型：与单体保持平衡的包合笼。

(4)显著结构模型或 Eucken 聚合物模型：大体积种类不一定是单体。

在每种情况下，至少存在两种不同种类的水——一种大体积种类(代表某种类型的结构单元)和一种密集型种类(如单体)。一种被称为闪动团簇模型的流行混合模型的示意图如图 4.8 所示。人们认为，水单体与大量氢键结合的水的大型团簇存在一种动态平衡。

4.3.2.1　**冰状模型**

Rowland(1880)是第一个提出冰 I 和单体之间存在平衡的人。Samoilov(1965)提出了一种模型，其中单体 H_2O 分子“被隐藏”在冰状晶格的间隙中(图 4.9)。由于冰有 13 个已知的晶相(Ball，1999)和一些不定型体(Guthrie 等人，2003)，有些研究工作者认为结构形式是冰状的。例如，Tammann(1895)提出，因为存在各种类型的冰，所以液态水中应该存在许多种结构(例如冰 I、II 等等；图 4.10)。Danford 和 Levy (1962)进行过一次非常认真的 X 射线衍射研究，我们发现此研究非常符合分解的冰结构模型。他们认为单体水分子占据了冰块间隙的位置(这和 Samoilov 模型相似)。虽然已经成功利用此模型重现 X 射线数据，但也采用了许多可调参数；因此，有人对这种模型持批判态度。Davis 和 Litovitz(1965)提出了一个模型，此模型涉及与冰底面平面形成的冰环相似的折叠型六角环。假设存在两个环，即开放的冰状环和封闭的环形结构，这两个环引起密度差异。

4.3.2.2　**团簇理论**

Stewart(1931)是第一个根据其 X 射线研究工作提出团簇的存在的人。团簇包含

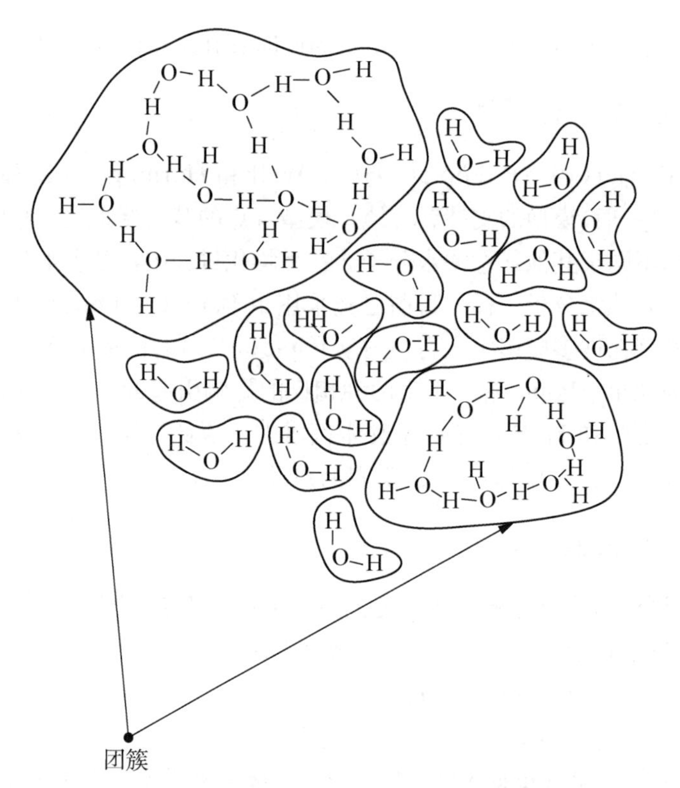

图 4.8 Frank 和 Wen 的针对水结构的闪烁团簇模型

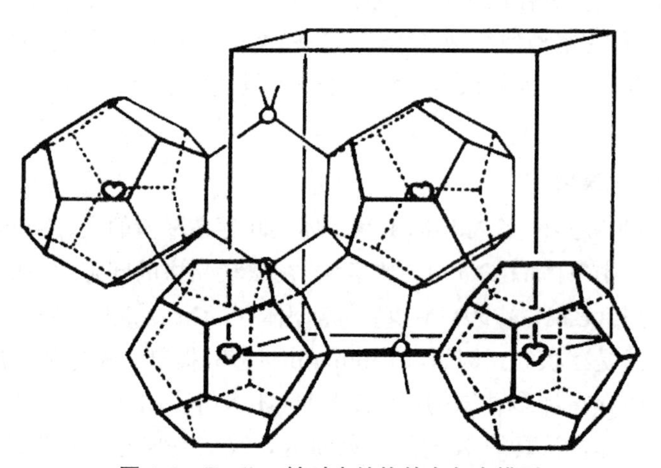

图 4.9 Pauling 针对水结构的自包合模型

10 000 个水分子。Nemethy 和 Scheraga（1962）利用统计热力学在 Frank 和 Wen（1957）的闪烁团簇概念基础上确立了团簇模型。他们利用此模型来计算 H_2O 的热力学性质。研究人员认为，每个水分子都可能为非氢键水分子或具有 1，2，3 和 4 氢键的水分子。从 0～70 ℃，平均簇数为 91 到 25 个分子不等。在 25 ℃时，团簇的大小约为 50 个分子。单体分子在 0～70 ℃时，分数为 0.24～0.29（即：在 0 ℃融化，24%的键会断裂）。其他人通过分配能带而非氢键的不同状态水平，进行了类似的计

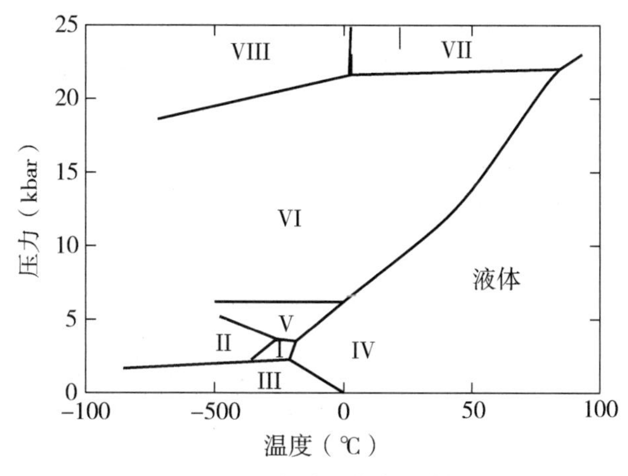

图 4. 10　**各种形式的冰的相**

算。仅考虑三种状态：游离、一个 OH 基团键合的分子和两个 OH 基团键合的分子。他们已经能够利用上述模型以及使用 100～700 个分子的团簇的构想模型来计算热力学性质，并达到很大的准确度。

4. 3. 2. 3　**笼形模型**

Pauling(1960)最初假定有笼形模型。他注意到存在许多惰性气体的笼形水合物，并提出水是其自身的笼形水合物。Frank 和 Quist(1961)发展了这一模型，并成功利用此模型计算出水的热力学性质，结果很符合实验值。在笼形模型中，离散位点存在于主晶格中(相对其他分子或溶质分子)。

4. 3. 2. 4　**重要结构理论和 Eucken 聚合物模型**

大体积种类是冰状的(不一定像冰 I)。密集型种类不一定是单体，而可能是另一种具有较高密度的冰状种类。Eyring、Ree 和 Hirai(1958)采用了显著结构理论——除各个单体之外还存在一种具有流化空位的特定元素。其他人认识到了游离单体水的量较小，于是扩展了这种处理模式。因此，显著结构是具有 16 个分子(冰 I 的密度)的笼状团簇，在冰 III 类结构中保持平衡。在融化期间会产生流化空位(在将单个分子包入冰 I 类团簇的空隙中时发生收缩)。该模型已成功被用于预测 4 ℃下密度、蒸汽压和比热的最小值(结合 Eyring 速率理论，该模型还被用于计算水的相对粘度的压力依存性)。

Eucken(1949)将水视为明显相关的各种二聚体、四聚体和八聚体的混合物。虽然这种方法可能不正确，但 Wicke(1966)提出，二聚体可能存于临界点附近。虽然该模型是不正确的，有趣的是，Eucken 的理论能够估算出与实验结果一致的热力学性质。因此，值得一提的是，即使一个模型能够计算出水的准确性质，这并不能证明该模型是正确的。关于水理论的一个更具决定性考量就是该理论是否能够正确预测水的大量各种不同性质(即使只是定量分析)。混合模型假设密集型种类为单体水，这种模型的主要困难之一在于解释范德华力如何能够为单个水分子提供足够的吸引力，以避免水分子逸入蒸汽状态。包合笼中的水分子也必须具有一些独特的性质。我们很难弄懂具有极大偶极矩的分子如何存在于具有很强相互作用的包合笼中。实验研究尚未证明分子存在于包合笼中。

重要的是要理解，当我们考虑一种液体的结构时，有必要考虑用于测量结构的时标。根据所使用的实验方法(见图 4.11)，比如人们可以拍摄照片，与相机快门速度有关。热力学测量见平均结构。

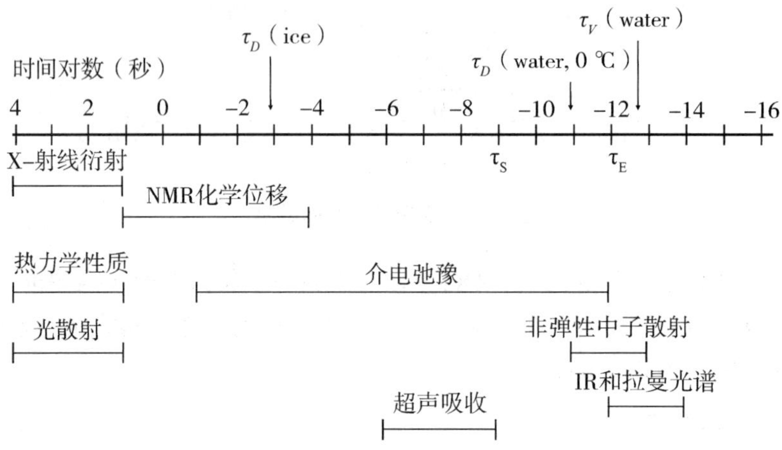

图 4.11 水运动的次数与进行各种测量所需次数的比较

分子运动的时间(即分子位移的时间)在冰中为 10^{-5} s，在液态水中为 10^{-11} s。最近的研究是通过使用能够快速测定液体结构的技术来完成的。下面将简要说明此类研究。

一些关于水的结构的概述和讨论(Ohmine 和 Tanaka，1993)已经获得了一些重要关注。关于水的独特结构的辩论仍在继续(Soper，2000；Pratt，2002)。这些新研究使用了超快探针研究水的结构。Ruan 等(2004)利用激光脉冲研究了薄冰膜，还采用电子衍射测量了结构变化。他们的结果显示了疏水性表面上水的瞬态结构。表面上的水分子似乎比在三维网络中更具气态性。Wernet 等(2004)的研究工作表明，水分子只有两个氢键(一个是供体氢键，另一个是受体氢键)。这些结果不符合之前被接受的观点，该观点认为每个水分子涉及三到四个氢键。他们认为，液态时水分子类似于冰表面的水，并且 80%的水分子在亚秒级(10^{-15} s)的时标上只拥有两个较强氢键。这两个较强氢键被一群较弱的氢键团簇包围。基于 X 射线吸收和中子衍射的静态图综合了时间结构，给出了液态水中三维结构的平均图像。

液态水的此类快照不符合根据之前的一些分子动力学模拟分析的结构。Kuo 和 Mundy(2004)对气液界面的较新分子动力学研究能够重现和量化界面上水的结构。他们的研究工作支持了某些测量结果(Du 等，1993；Raymond 等，2003)，证明界面处的水具有悬空的 OH 键，也被称为“仅受体”氢键。在界面上的水域中，这些仅受体水域占 19%，而“单一供体”水域占 66%。

这些研究改变了我们对界面结构的想法。例如，卤素(F，Cl，Br，I)的水合作用在界面处被分隔开来。界面处离子的顺序为 I，Br，Cl，F。水合作用最大的种类存在于水的本体中，而 I 接近于界面。这对于在气溶胶界面处的卤化物的性状可能很重要。

4.4　离子与水的相互作用

要了解离子在海水中的性状表现，重要的是要了解离子与水分子的相互作用。为了研究这些离子与水的相互作用，人们必须研究电解液在无限稀释时的热力学性质和输运性质。在实践中，不可能在无限稀释的情况下进行直接测量；因此，无限稀释时的热力学性质是根据有限低浓度的实验结果（借助针对远程离子间的相互作用的德拜－休克尔方程式）进行推测的。因为人们通常会研究不发生离子间的相互作用的溶液中的离子与水的相互作用，所以有必要选择一个不具有离子间的相互作用的初始状态。通常选择的初始状态为一个具有无限低压力（即理想气体）条件下的真空中离子的初始状态。然后考虑方程式 4.1 指明的过程中的自由能变 ΔG_h^0、焓变 ΔH_h^0 和熵变 ΔS_h^0 等性质的变化（分别称为水合自由能、焓和熵）。用于计算这些热力学水合函数的方法在其他地方被讨论过（Robinson 和 Stokes，1959）。用于计算 ΔH_h^0 的方法如图 4.12 所示。该图所示热力学循环（玻恩－哈伯）表明，保证晶体聚集所需的的能量（晶格能）与化合物的电离、升华、解离和形成过程所涉及的热量有关。所有这些内容都可以通过实验确定，同样也可确定已知晶体的溶液的热量。

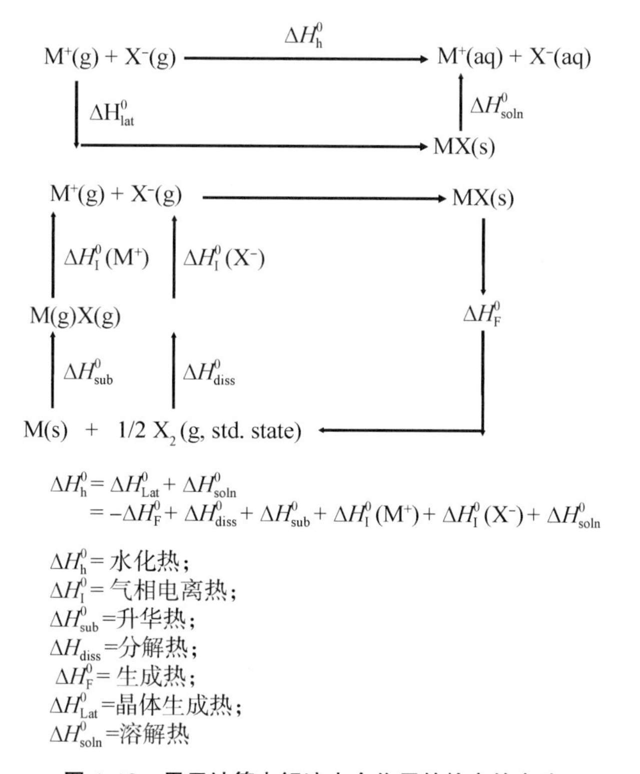

图 4.12　用于计算电解液水合作用的焓变的方法

既然我们对离子(M^+)的转移而不是电解质(MX)感兴趣，有必要提出一些关于阳离子和阴离子的性质之间的差异的非热力学假设。关于这些方法的详细内容我们在其他部分进行了讨论(Millero，1977)。当我们选择了一个离子(通常是质子)的绝对热力学量，我们就很容易通过加和原则确定其他离子的值：

$$\Delta H_h^0(MX) = \Delta H_h^0(M^+) + \Delta H_h^0(X^-) \tag{4.3}$$

某些金属的 ΔG_h^0、ΔH_h^0 和 ΔS_h^0 的值见表 4.3 所示。要真正了解离子与水的相互作用，就必须了解水的结构。由于水的结构非常复杂，人们必须使用简单的模型来了解离子与水分子的相互作用。这些模型作为抽象图像，重现了发生在真实系统中的情况。这些模型能够达到的预测真实系统实验性质的效果越好，它们就能更好地为了解真实系统提供辅助。在开始讨论这些模型前(见图 4.13)，我们先看看在水里加入盐后会发生什么。

表 4.3　25 ℃时离子水合作用的热力学

离子	r(Å)	$-\Delta G_h^0$(kcal/mol)	$-\Delta H_h^0$(kcal/mol)	$-\Delta S_h^0$(kcal/(mol·deg))
H^+	—	260.5	269.8	31.3
Li^+	0.60	122.1	132.1	33.7
Na^+	0.95	98.2	106.0	26.2
Ag^+	1.26	114.5	122.7	27.6
K^+	1.33	80.6	85.8	17.7
Tl^+	1.40	82.0	87.0	16.7
Rb^+	1.48	75.5	79.8	14.8
NH_4^+	1.60	—	84.8	—
Cs^+	1.69	67.8	72.0	14.1
Cu^+	0.96	136.2	151.1	50.0
Be^{2+}	0.31	—	594.6	—
Mg^{2+}	0.65	455.5	477.6	74.3
Ni^{2+}	0.72	494.2	518.8	82.4
Co^{2+}	0.74	479.5	503.3	80.0
Zn^{2+}	0.74	484.6	506.8	74.5
Fe^{2+}	0.76	456.4	480.2	79.8
Mn^{2+}	0.80	437.8	459.2	72.1
Cu^{2+}	0.96	498.7	519.7	73.9
Dd^{2+}	0.97	430.5	449.8	65.2
Ca^{2+}	0.99	380.8	398.8	60.8
Hg^{2+}	1.10	436.3	—	—
Sr^{2+}	1.13	345.9	363.5	59.2

续表 4.3

离子	r(Å)	$-\Delta G_h^0$(kcal/mol)	$-\Delta H_h^0$(kcal/mol)	$-\Delta S_h^0$(kcal/(mol·deg))
Pb^{2+}	1.20	357.8	371.9	47.4
Ba^{2+}	1.35	315.1	329.5	48.5
Al^{3+}	0.50	1103.3	1141.0	126.6
Fe^{3+}	0.64	1035.5	1073.4	127.5
Cr^{3+}	0.69	—	1079.4	—
Y^{3+}	0.93	859.5	891.5	107.6
Sc^{3+}	0.81	929.3	962.7	112.5
La^{3+}	1.15	—	811.9	—

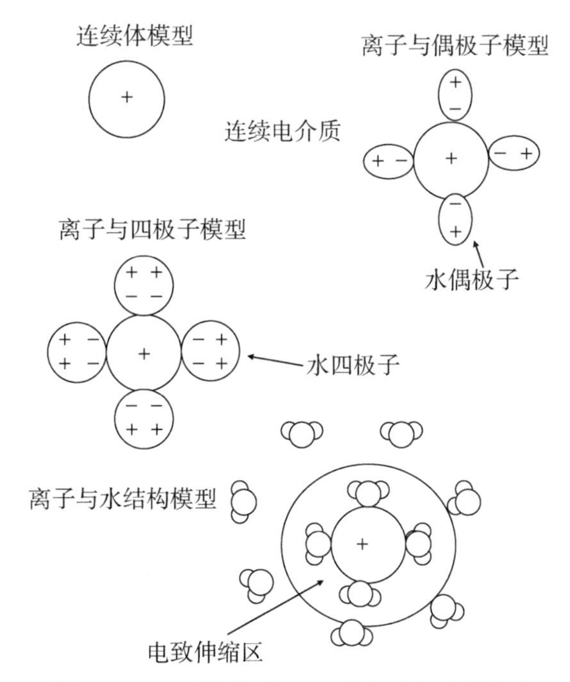

图 4.13　用于解释离子与水的相互作用的模型

在水中加入盐，很大程度上使水的结构和属性复杂化了。我们首先考虑在水中加入足够的 NaCl，制成重量比为 3.5%NaCl 的人工海水。在 965 g H_2O 中加入 35 g NaCl，得出下列质量摩尔浓度：

$$m = (35/965)(1000/58.48) = 0.62 \tag{4.4}$$

溶液形成时会发生什么？

$$NaCl(c) \rightarrow Na^+(aq) + Cl^-(aq) \tag{4.5}$$

(1)约 0.6 千卡热被吸收掉(吸热反应)。这种热吸收表明溶液过程会涉及化学键的形成和破坏。由于来自气体离子($M^+ + X^-$)并参与 NaCl(s)形成的热量十分大：

$$Na^+(g) + Cl^-(g) \rightarrow NaCl(crystal) \tag{4.6}$$

$$\Delta H^0 = 181\ \text{kcal} \cdot \text{mol}^{-1}$$

水合离子 Na^+ 和 Cl^- 的热量也相当大：

$$Na^+(g) + Cl^-(g) \rightarrow Na^+(aq) + Cl^-(aq) \tag{4.7}$$

这一点可以通过检测 NaCl 水合（ΔH_h 是离子水合热）的玻恩－哈伯循环得到清楚的证明。盐（MX）的水合热计算公式为：

$$M^+(g) + X^-(g) \rightarrow M^+(aq) + X^-(aq) \tag{4.8}$$

它与固体状态下 MX 形成的反应热有关：

$$M^+(g) + X^-(g) \rightarrow MX(s) \tag{4.9}$$

被称为晶格热和盐溶解热。

$$MX(g) \rightarrow M^+(aq) + X^-(aq) \tag{4.10}$$

$$\Delta H_h = \Delta H_{LATTICE} + \Delta H_{SOLN} \tag{4.11}$$

对于 NaCl，

$$\Delta H_h = 181 + 0.6 = 182(\text{kcal/mol}) \tag{4.12}$$

ΔH_h 的数量级与 $\Delta H_{LATTICE}$ 相同，表明参与离子溶剂化的能量与晶体中形成离子键的数量级相同。

（2）加入 NaCl 后形成的溶液在 0 ℃下不再冻结，但在约 －2.3 ℃左右会冻结。冰点下降大致计算如下：

$$\Delta T_F = 1.86\nu m \tag{4.13}$$

其中，ν 是盐完全解离时形成的离子数目。根据该方程式得出 $\Delta T_F = 2.3$ ℃，$T_f = -2.3$ ℃。这表明 Na^+ 和 Cl^- 与水的相互作用会破坏水的结构。

（3）溶液也会在较高的温度下沸腾。沸点升高由下式给出：

$$\Delta T_h = 0.52\nu m \tag{4.14}$$

根据该方程式得出 $\Delta T_h = 0.63$ or $T_b = 100.63$ ℃。这表明水合作用往往会使水分子保持液态。

（4）NaCl 溶液的蒸气压低于纯水的蒸气压。溶液中的蒸气压比例为 $P/P_{H_2O} = 0.98$。蒸气压降低 2%也表明水合作用会“缚牢”水分子，使它们更难进入气态。

（5）溶液的电导提高 10 000（$10^{-6}\ \Omega^{-1} \cdot cm^{-1} \sim 4.68 \times 10^{-2}\ \Omega^{-1} \cdot cm^{-1}$）。表明离子能够通过溶液携带电荷。

（6）最高密度的温度下降 8 ℃，变成 －4 ℃。这个温度（如海水的温度）低于冰点。这些结果表明水合过程会破坏水的结构。

（7）会产生渗透压（～26 atm）。这个压力与蒸汽压力、冰点和沸点的影响有关（这是一种依数性）。

可以用下式得出：

$$\pi = -(RT/V_{H_2O}) \ln a_{H_2O} \tag{4.15}$$

其中，a_{H_2O} 是溶液中水的活性（P/P_{H_2O}），V_{H_2O} 是溶液中水的摩尔体积（$V_{H_2O} = MW/\rho$）。这种渗透压可以作为水通过膜时的扩散驱动力。H_2O 分子与离子的相互作用非常强烈。许多电解质以这样的粘性紧紧抓在它们的水分子上，使得固体与一定数量的水分子结晶。

因此，了解离子与水的相互作用和离子与离子间的相互作用是进一步了解海水化学成分的先决条件。有人会问，Na^+ 或 Cl^- 离子水合了多少 H_2O 分子？根据测量值的计算方式，估计为2～70个水分子。数字范围这么大，是因为离子周围的水合体积没有一个确定的边界。因此，有些方法会计入没有被强键合的 H_2O 分子。另一个可能会问到的问题是，当离子移动时有多少水合水分子在移动？为了解答这个问题，我们必须知道 H_2O 分子在离子上停留的确切时间。这个时间通常不长，所以要区分离子的静态和动态水合氛围可能不现实。

对于海水化学中大多数重要离子而言，确定水合程度或强度的主要因素是电荷密度（Z/r 比）。离子电荷密度较高，会导致更大的水合作用。

4.4.1　电致伸缩

形成NaCl溶液的另一个意想不到的现象是电致伸缩。例如，固体NaCl的密度为2.165 $g \cdot cm^{-1}$。因此，35 g NaCl的体积为16.2 cm^3。25 ℃时水的密度为0.997 $g \cdot cm^{-1}$；因此，965克水的体积为967.9 cm^3。如果体积是恒定的，混合时，溶液的体积为 $16.2 + 967.9 = 984.1(cm^3)$。由于溶液密度为1.0232 $g \cdot cm^{-3}$，所以它的实际体积为977.3 cm^3。因此，溶液的体积减少了 $984.1 - 977.3 = 6.8(cm^3)$。体积的这种减少被称为电致伸缩，是由离子与水的相互作用引起的。离子将水分子向内拉，同时压缩溶剂。离子附近的水分子密度比本体水的密度高。这种效应很重要，原因有两个：(1)这种水合改变了离子的流动性；(2)压力对离子平衡的作用迫使反应到最小体积。由于溶液中离子的有效体积较小，所以压力会迫使固体的溶解度变得更高。

连续体模型（见图4.13）是一个粗略模型，可以作为真实系统的一个近似模型。Drude和Nernst（1884）率先使用该模型来解释电解质溶于水时发生的体积减少。Born（1920）推广了该模型，所以该模型常附有他的名字。在该模型中，离子被描绘成一个具有电荷 Ze（其中 Z 是化合价，e 是静电电荷）的半径为 r 的实心球，溶剂是一个无结构的连续电介质。利用静电学，ΔG_h^0（单位为 $kcal \cdot mol^{-1}$）由下式得出（温度为25 ℃）：

$$\Delta G_h^0 = -(Ne^2Z^2/2r)(1-1/D) = -163.89\ Z^2/r \tag{4.16}$$

其中，N是阿伏加德罗数，r 是以埃为单位的半径（$1Å = 1\times10^{-8}cm$），D 是水的介电常数（25 ℃时为78.36）。方程式(4.16)对温度 T 适当求微分，可以确定 ΔS_h^0（单位为卡路里 $degree^{-1} \cdot mol^{-1}$）和 ΔH_h^0（单位为 $kcal \cdot mol^{-1}$）的其他热力学水合函数：

$$\Delta S_h^0 = (Ne^2Z^2/2r)(\partial \ln D/\partial T)_P = -9.649\ Z^2/r \tag{4.17}$$

$$\Delta H_h^0 = (-Ne^2Z^2/2r)[1-1/D-(T/D)(\partial \ln D/\partial T)_P] = -166.78\ Z^2/r \tag{4.18}$$

ΔG_h^0、ΔH_h^0 和 ΔS_h^0 的实验值与 $Z^2/2r$ 的比较如图4.14至图4.16所示。从这些数字可以看出，玻恩模型对 ΔG_h^0、ΔH_h^0 和 ΔS_h^0 的幅度、半径和电荷依赖性提供了一个合理的第一近似值。仔细检查数据，可发现存在一些显著的偏差。例如，图4.17给出的过渡金属（Ca^{2+} to Zn^{2+}）的 ΔS_h^0 值不会随着原子序数的增加（半径减小）而增加。这是因为三维轨道不是呈球形对称的(即，水合水分子不具有相同的能量)。

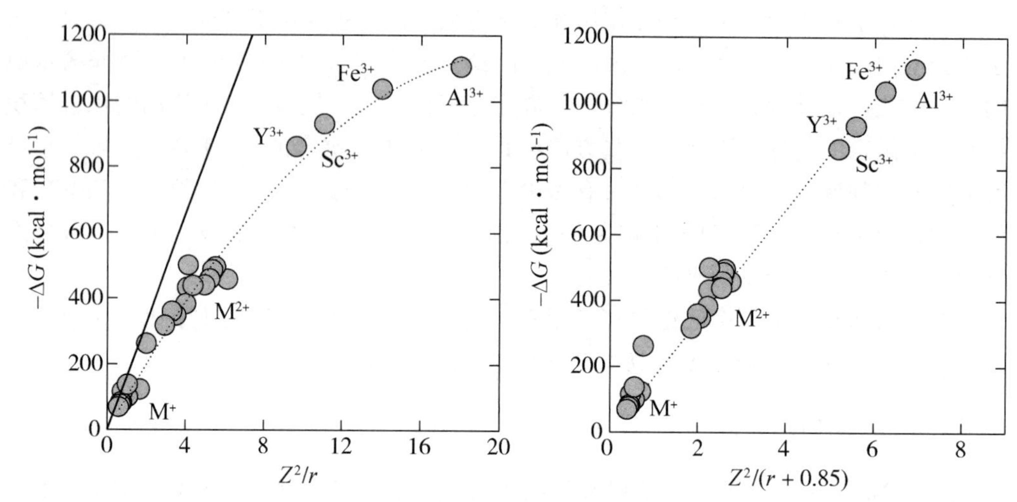

图 4. 14　金属水合自由能变与电荷(Z)的平方除以晶体半径(r 和 $r+0.95$Å)作图

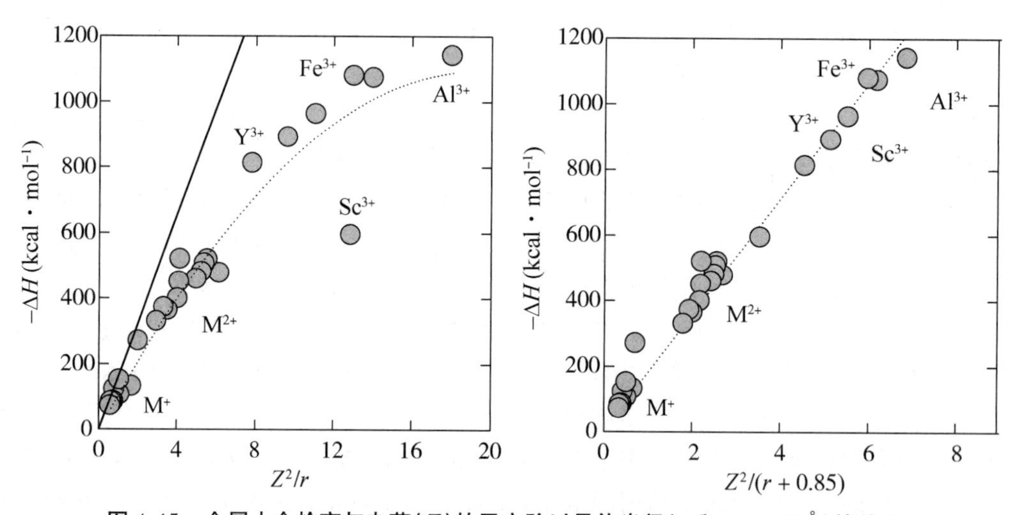

图 4. 15　金属水合焓变与电荷(Z)的平方除以晶体半径(r 和 $r+0.95$Å)的关系

方程式(4. 16)至方程式(4. 18)进一步求导，可以获得关于水合球的尺寸和结构的信息。根据 ΔG_h^0 的压力依存性，可以得出体积变化(即电致伸缩)：

$$V^{\circ}(\text{elect}) = (-NZ^2e^2/2Dr)(\partial \ln D/\partial P)_T = -4.175\ Z^2/r \tag{4.19}$$

方程式(4. 19)对 T 和 P 进一步求导，得出电致伸缩的部偏摩尔扩展性($E^{\circ}=\partial V^{\circ}/\partial T$)和压缩性($K^{\circ}=\partial V^{\circ}/\partial P$)。

$$E^{\circ}(\text{elect}) = (-NZ^2e^2/2Dr)[(\partial \ln D/\partial P) - (\partial \ln D/\partial T)\times(\partial \ln D/\partial P)_T] = -2.74\times10^{-2}\ Z^2/r \tag{4.20}$$

$$K^{\circ}(\text{elect}) = (NZ^2e^2/2Dr)[(\partial \ln D/\partial P^2)T - (\partial \ln D/\partial P)_T^2] = -8.31\times10^{-4}\ Z^2/r \tag{4.21}$$

类似地，方程式(4. 16)溶液组分对温度求导，得出静电偏摩尔熵($-\partial G^{\circ}/\partial T=$

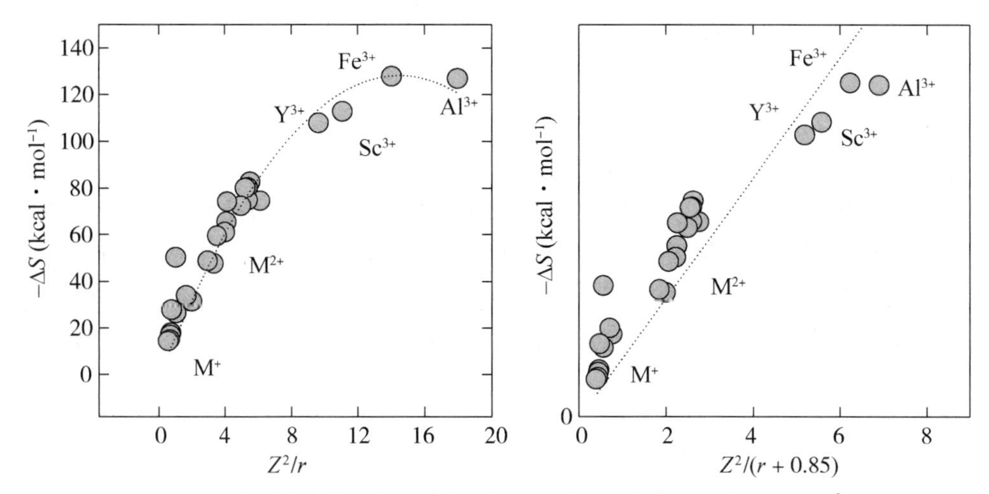

图 4.16　金属水合熵变与电荷(Z)的平方除以晶体半径(r 和 r + 0.95Å)

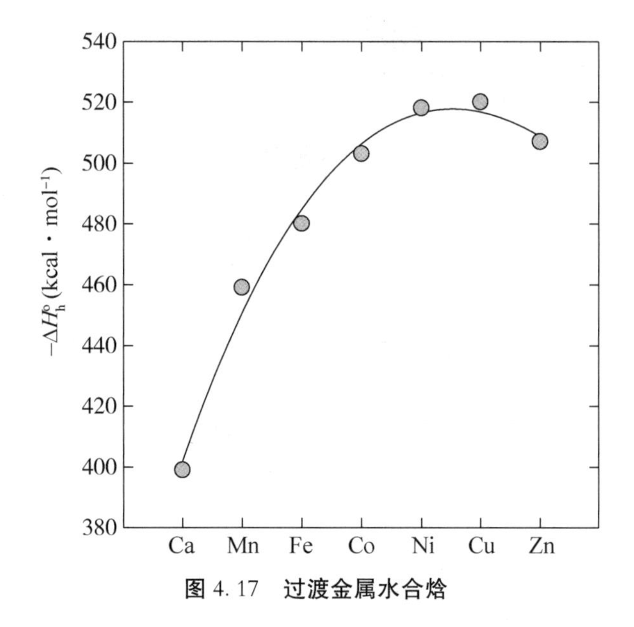

图 4.17　过渡金属水合焓

S°)和热容 $-\partial(S^\circ/\partial T)=\partial H^\circ/\partial T=C^\circ{}_P$。

$$S^\circ(\text{elect})=(NZ^2e^2/2Dr)(\partial\ln D/\partial T)_P=-9/65\ Z^2/r \tag{4.22}$$

$$C_P^0(\text{elect})=(NZ^2eT^2/2Dr)[(\partial^2\ln D/\partial T^2)_P-(\partial\ln D/\partial T)_P^2=-12.96\ Z^2/r \tag{4.23}$$

溶液中离子的偏摩尔性质至少包含两项——本征贡献和电贡献。例如，一个已知的偏摩尔体积，我们可得到下式：

$$V^\circ(\text{ion})=V^\circ(\text{int})+V^\circ(\text{elect}) \tag{4.24}$$

式中，本征偏摩尔体积 $V^\circ(\text{int})$与离子的大小相等，$V^\circ(\text{cryst})=(4\pi N/3)r^3=2.52\ r^3$ (r 用单位Å 表示)加上聚集效应，电致伸缩偏摩尔体积 $V^\circ(\text{elect})$是离子与水的相互作用引起的体积下降。因此，要绘出各偏摩尔性质对应 Z^2/r 的曲线，必须估算本征项。对于 $V(\text{int})$，可以用下式得出的半经验值：

$$V^{\circ}(\text{int}) = 4.48\ r^{3} \tag{4.25}$$

而对于 $S^{\circ}(\text{int})$，可以采用下式：

$$S^{\circ}(\text{int}) = 3/2\ \ln[AW] \tag{4.26}$$

其中 AW 为原子量。分别用方程式(4.24)和方程式(4.25)计算得的 $V^{\circ}(\text{elect})$和 $S^{\circ}(\text{elect})$对应 Z^2/r 的曲线图见图 4.18 和图 4.19。虽然这些数字的一般特征与玻恩模型一致，但是看看精细结构就显示出一些差异。例如，许多二价和三价离子的 $V^{\circ}(\text{elect})$似乎几乎都与 r 无关，$V^{\circ}(\text{elect})$的电荷依存性似乎与 Z^2 没有直接关系。

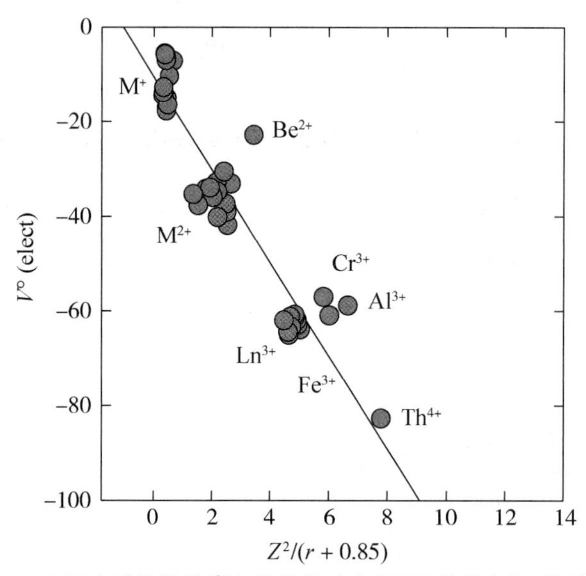

图 4.18 金属电致伸缩的摩尔体积值对电荷(Z)的平方除以晶体半径

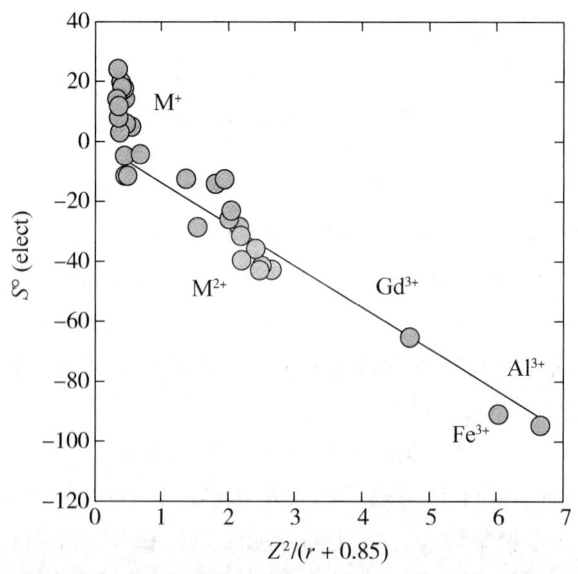

图 4.19 金属电致伸缩的摩尔熵与电荷(Z)的平方除以晶体半径(r + 0.95Å)

有人试图通过调整半径的大小(例如，Latimer、Pitzer 和 Slansky 在 1939 年将阳离子增加 0.85Å，阴离子增加 0.1Å 以获得线性图)和调整靠近离子时的溶剂介电常数(例如，Laidler 和 Pegis 在 1957 年提出在离子附近，有效介电常数约为 2)来扩展玻恩模型，以解决这些差异。然而这些方法都没有考虑水分子的结构。近年来，有人用结构水合模型来检验离子与水的相互作用(见图 4.13)。结构模型考虑了离子与偶极子的相互作用，离子与四极的相互作用以及与水结构相关的效应。

虽然本章不会对这些模型进行全面讨论，但可归纳如下：根据离子与水偶极子的相互作用，可以解释水分子的分子结构。根据离子与水四极的相互作用，我们可以解释同样大小的阳离子与阴离子热力学性质的差异。水结构效应使电致伸缩区域中的取向偶极子和本体水之间形成一个区域 —— 水分子被离子部分取向，并受本体水结构的影响。许多人将离子分为两类：(1)结构创造者——有着在离子周围创造更多结构的净效应；(2)结构破坏者——有着破坏水结构的净效应。总体来说，这些术语很模糊，因为我们对结构是如何被创造或破坏的知之甚少。将论证限制在水合效应[V°(elect)]，我们就可以用方程式(4.24)或该式的其他热力学性质等价方程式讨论离子与水的相互作用。

如果我们使用离子与水的相互作用的水合模型，那么 V°(elect)可以与受离子影响的水分子数(即水合数 h)有关：

$$V^\circ(\text{elect}) = V^\circ(\text{ion}) - V^\circ(\text{int}) = h(V^\circ_E - V^\circ_B) \tag{4.27}$$

式中，V°_E 为电致伸缩区水的摩尔体积，V°_B 为本体相($18.0\ \text{cm}^3 \cdot \text{mol}^{-1}$)中水的摩尔体积。由于很难确定 V°(int)，所以不能明确地解这个方程式。将方程式(4.24)对压力求微分，我们可以得出偏摩尔压缩率：

$$K^\circ(\text{ion}) = K^\circ(\text{int}) + K^\circ(\text{elect}) \tag{4.28}$$

假设 $K^\circ(\text{int}) = 0$，将这个方程式与方程式 4.27(假设 h 和 V°_E 不是压力的函数)的微分合并，可得

$$K^\circ(\text{ion}) - K^\circ(\text{elect}) = -\partial V^\circ(\text{elect})/\partial P = h(\partial V^\circ_B/\partial P) = -hV^\circ_B\beta^\circ_B \tag{4.29}$$

式中，$\beta^\circ_B = -(1/V^\circ_B)(\partial V^\circ_B/\partial P)$是本体水($45.25\times10^{-6}\ \text{bar}^{-1}$，25 ℃)的压缩率。重排方程式(4.28)，我们得出水合数

$$h = -K^\circ(\text{ion})/V^\circ_B\beta^\circ_B \tag{4.30}$$

根据方程式 4.30 计算出的某些阳离子阴离子的水合数见表 4.4。通过检查各种离子的 V°(elect)和 $K^\circ(\text{ion}) = K^\circ(\text{elect})$，可以计算($V^\circ_E - V^\circ_B$)。合并方程式，可得

$$V^\circ(\text{elect}) = -[(V^\circ_E - V^\circ_B)/V^\circ_B\beta^\circ_B]K^\circ(\text{elect}) = -k\,K^\circ(\text{elect}) \tag{4.31}$$

V°(elect)对应 K°(ion)的曲线图如图 4.20 所示。根据图 4.20，我们可以得出 $k = 4800$ 巴，可与下式对比：

$$k = -(\partial\ln D/\partial P)/[(\partial\ln D/\partial P) - (\partial\ln D/\partial P)^2] = 5000\ \text{bars} \tag{4.32}$$

表 4.4 根据压缩率数据确定的 25 ℃下溶质的水合数

阳离子	h	阴离子	h	离子对	h
Li^{+}	2.8	F^{-}	5.6	$MgSO_4^0$	15.3
Na^{+}	3.7	Cl^{-}	2.0	$MnSO_4^0$	14.2
K^{+}	2.9	Br^{-}	1.2	$LaSO_4^+$	17.3
Rb^{+}	2.9	I^{-}	0.1	$LaFeCn_6^0$	18.3
Cs^{+}	2.5	OH^{-}	6.4		
Ag^{+}	3.4	SO_4^{2-}	8.6		
NH_4^+	0.4	CO_3^{2-}	12.8		
Mg^{2+}	7.8				
Zn^{2+}	5.9				
Cu^{2+}	7.6				
Cd^{2+}	8.5				
Ca^{2+}	6.5				
Ba^{2+}	9.2				
La^{3+}	14.7				

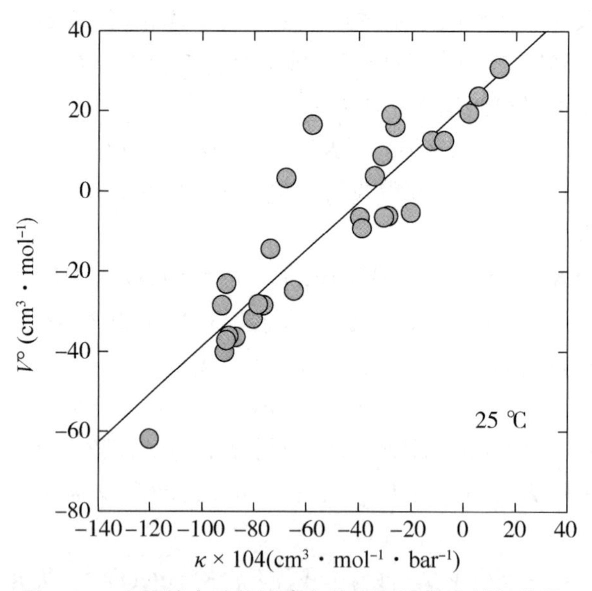

图 4.20 金属的电致伸缩摩尔体积与压缩率的相关性

该方程式来自玻恩模型。假设 $k=4800$ ba，可得$(V^{\circ}_E - V^{\circ}_B) = -3.9\ cm^3 \cdot mol^{-1}$。将这个值与$V^{\circ}_B = 18.0\ cm^3 \cdot mol^{-1}$合并，可得 $V^{\circ}_E = 14.1\ cm^3 \cdot mol^{-1}$，它比水的结晶摩尔体积 $V^{\circ}(\mathrm{cryst}) = 2.52 \times (1.38)^3 = 6.6(cm^3 \cdot mol^{-1})$或聚集效应校正值 $V^{\circ}(\mathrm{int}) = 4.48 \times (1.38)^3 = 11.8(cm^3 \cdot mol^{-1})$大得多。因此，电致伸缩区的水分子并不

像我们期待的那样紧凑。这种差异一定程度上是由所谓的被破坏区的水分子导致的。溶液的其他摩尔性质也可以用水合摩尔来处理。

4.4.2　水溶液中的质子结构

气相和溶液中质子结构的公式表达为 $H^+(H_2O)n$。大多数早期研究与 $n>10$ 的小团簇有关。Eigen（1964）提出 $n=1$，H_2O^+；而 Zundel（1974）提出 $n=2$，$H_2O\cdots H^+\cdots OH_2$。一般认为小团簇最稳定的是由六个二维结构的水分子组成（图 4.21）。这些不同于水溶液中六个水分子的三维结构。已经有人使用 OH 伸缩的红外（IR）光谱研究了气相水团簇的结构。Searcy 和 Fenn（1974）的早期测量发现，$n=21$ 的水团簇主导了红外光谱，形成了一个“魔法数”。这个 $n=21$ 的团簇与甲烷水合物的十二面体结构相似（见图 4.22）（Zwier，2004）。他们发现，小尺寸时，存在二维结构（$10<n<21$），且两个纳米笼的 $n>21$。据早期的研究发现，团簇的魔法数为 $n=21$。悬空 OH 基团来自类似结合部位的水分子。有关学者对于 $n>10$ 的水结构进行过两项研究（Miyazaki 等，2004；Shin 等，2004）。目前，还不确定 $n=21$ 的团簇是否也像甲烷水合物一样，笼形物内包含有 H_3O^+，也不确定它们是否位于笼的表面（见图 4.23）（Zwier，2004）。

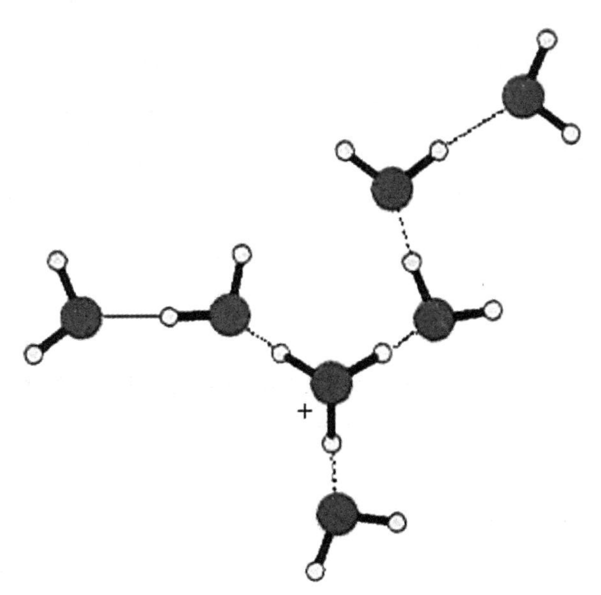

图 4.21　具有六个水分子的水合质子（H_3O^+ 式）结构示例

（资料源自 Zwier，T. SV Science 304，1119，2004。经许可。）

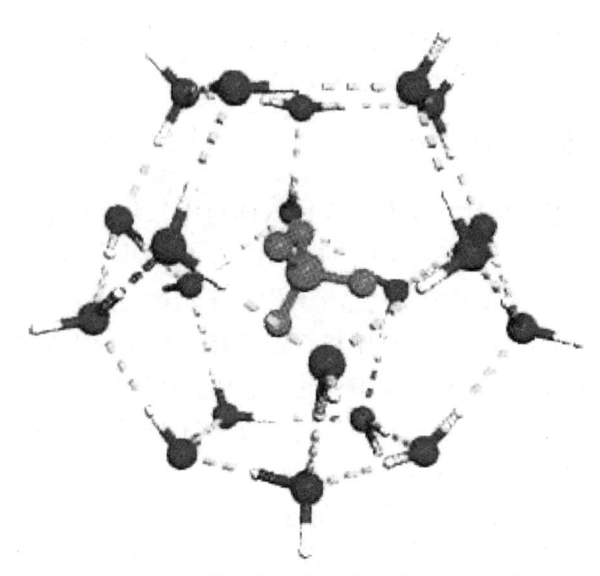

图 4. 22　21 个水分子甲烷水合物团簇的十二面体结构
（资料源自 Zwier，T. S.，Science 304，1119，2004。经许可。）

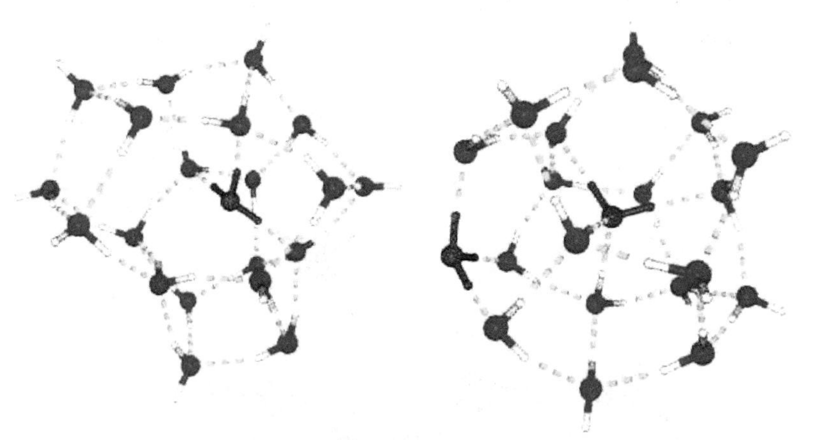

图 4. 23　21 个水分子团簇的表面或内部水合质子的可能结构
（资料源自 Zwier，T. S.，Science 304，1119，2004。经许可。）

4. 5　离子间的相互作用

现在我们对无限稀溶液中的离子结构有了理性的认识，我们可以考虑随着浓度的上升会发生什么。为了了解这些离子间的相互作用，需要研究活度系数及其压力（$V - V^{\circ}$）和温度（$H - H^{\circ}$）依赖性。通过研究二离子系统（M^{+}，X^{-}）的热力学性质，可以了解正负相互作用；通过研究三离子系统（M^{+}，N^{+}，X^{-} 或 M^{+}，X^{-}，Y^{-}），可以了解正正相互作用和负负相互作用。在离子与水的相互作用下，使用模型（见图 4. 24）来验证这些相互作用很有用。关于解决离子间的相互作用的模型在其他部分另行深入讨论。这些模型中包括连续模型（德拜 – 休克尔理论和布耶鲁姆离子配对理论）。这些模型都假设电解液的非理想行为完全归因于电效应。结构模型试图解释水合作用以及具体的相互作用。Friedman（1960）的团簇理论并没有试图区分电位相互作用和非电位相互作用（除了极限状况下）。他们还考虑了溶液所有可能的相互作用（正正、正负和负负）的重要性。

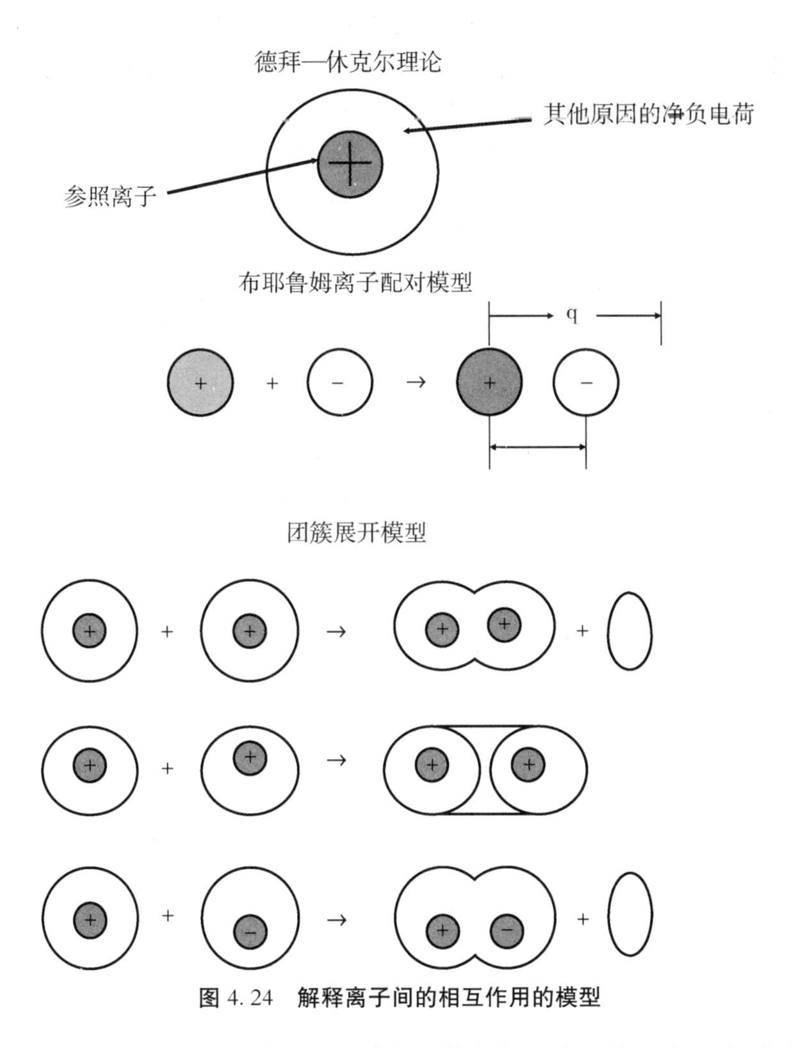

图 4.24　解释离子间的相互作用的模型

离子间的相互作用的一切讨论都从德拜—休克尔理论开始。该理论预测电解液的平均活度系数 $\gamma_{\pm}$ 可由下式得出：

$$\ln \gamma_{\pm} = -S_f I^{1-2}(1 + A_f a I^{1/2}) \tag{4.33}$$

式中，S_f 和 A_f 是与绝对温度 T 和水介电常数 D 相关的常数（25 ℃时，对于 1－1 电解液，$S_f = 0.5116$，$A_f = 0.3292$），$I = 1/2\sum \nu_i Z_i^2 m_i$ 是摩尔离子强度（ν_i 是离子数，Z_i 是电荷，M_i 是离子态[i]的摩尔数），a 是以埃为单位表示的离子大小。该方程是稀释溶液的极限；然而，由于一些基本假设中的缺陷（例如，将连续介电介质中的离子当点电荷处理）和因为水合等非库仑作用的存在（德拜－休克尔理论只考虑电效应）而产生的偏差，该方程式无法解释海水的高离子强度。

检验浓缩液中因德拜－休克尔理论产生的偏差的经典方法是，使用涉及一个或多个任意常数的各种扩展形式。这种形式与实验数据之间的差异归因于非库仑作用。例如，Guggenheim(1935)用了下列方程式：

$$-\log \gamma_{\pm}=0.551\ Z_{M}Z_{X}I^{1/2}/(1+I^{1/2})+2\nu B_{MX}m \tag{4.34}$$

式中，$\nu=2\nu_{M}\nu_{X}/(\nu_{M}+\nu_{X})$，$I$ 是摩尔离子强度，m 是质量摩尔浓度。通过方程式(4.34)对温度和压力求微分，可以按温度和压力的函数来检验特定交互作用模型。

在浓缩液中处理德拜－休克尔理论偏差最常用的方法是布耶鲁姆离子配对方法。该方法假设近距离相互作用可通过离子对的生成来表示：

$$M^{+}+A^{-}\rightarrow MA^{\circ} \tag{4.35}$$

给这种离子对的形成赋予一个特征缔合常数：

$$K_{A}=a_{MA}/a_{M}a_{A}=([MA]/[M^{+}][A^{-}])(\gamma_{ma}/\gamma_{MtA}) \tag{4.36}$$

式中，a_i、$[i]$和 γ_i 分别为 i 类离子的活度、摩尔浓度和活度系数。共有四类离子对(见图 4.25)：

(1)配离子：被共价键约束在一起的离子。

(2)接触离子对：离子与静电接触连接(无共价键)。

(3)溶剂共享离子对：静电连接的离子对，被单水分子分离。

(4)溶剂分离离子对：静电连接但被一个以上的水分子分离的离子对。

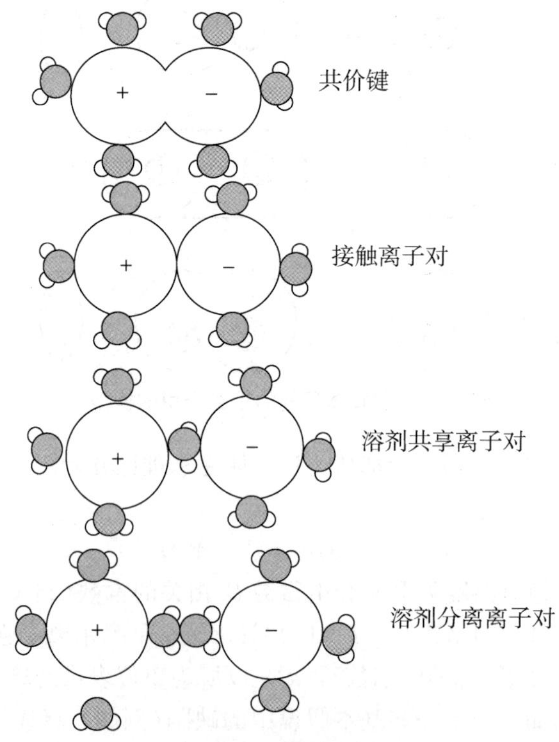

图 4.25 离子对类型

布耶鲁姆用 $q = Z + Z - e^2/2DkT$ 定义两个缔合反向带电离子间的距离，其中 Z_i 是离子 i 的电荷，e 是静电电荷，D 是介电常数，k 是波尔兹曼常数，T 是绝对温度。在这种处理方法中，当两个相反电荷的离子在 a（离子大小参数）和 q 之间，则认为形成了一个离子对。第 2、3、4 类离子对可包含在内。布耶鲁姆(1926)理论预测，离子对形成越大，原子价越高，溶剂的介电常数越小，这与实验结果一致。

许多人指出布耶鲁姆理论距离界限的随意性。它现在已被其他理论所取代。例如，Fuoss 模型(1958)只将在阳离子(体积为 $V - 2.52\ a^3$)表面的阴离子视为离子对。Fuoss 得出：

$$K_A = (4\pi Na^3/3000)\exp(Z + Z - e^2/DakT) \tag{4.37}$$

式中，第一项是阳离子周围排阻体积。其他人进一步扩展了这些方法并讨论了该模型的缺点。Friedman(1960)采用团簇展开法对电解质溶液进行了研究。简单来说，这种方法考虑了溶液中的所有相互作用，但并不试图区分库仑作用和非库仑作用。例如，对于主要的海盐($NaCl + MgSO_4$)，需要考虑若干可能的相互作用。

相互作用	可能类型
正正	Na - Na，Mg - Mg，Na - Mg
负负	Cl - Cl，SO_4 - SO_4，Cl - SO_4
正负	Na - Cl，$MgSO_4$，Mg - Cl，$NaSO_4$

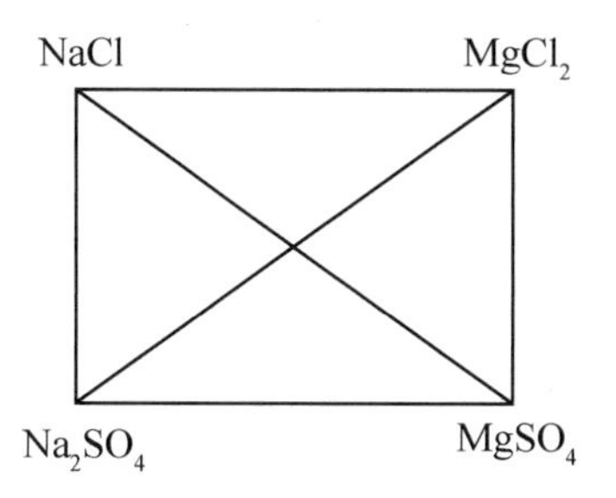

图 4.26　主要海盐交叉框

这些相互作用可以用图 4.26 所示的交叉框图表示。通过研究该图边上的混合物，可以获得有关正负相互作用的信息；研究个别盐和各面周围的总盐($MgSO_4 = MgCl_2 + Na_2SO_4 - 2NaCl$)，可以研究正负相互作用。交叉项表示混合物(或简单海水)。由于正正项和负负项较小，所以总活度系数可用下式估算：

$$\log \gamma_{\pm}^{T}(MX) = \log \gamma_{\pm}^{0}(MX) + 正 - 正项 + 负 - 负项 \tag{4.38}$$

式中，$\log \gamma_{\pm}^{T}(MX)$是化合物离子强度下 MX 自身的值，其他项与混合引起的相互作用有关。例如，海水中的 NaCl，有

$$正 - 正 = (Na - Mg) + (Na - K) + (Na - Ca) + \cdots \tag{4.39}$$

$$负 - 负 = (Cl - SO_4) + (Cl - HCO_3) + (Cl - Br) + \cdots \tag{4.40}$$

式中，括号里的项按混合物的成分加权。本章其他部分会进一步讨论这一点。

在我们尝试运用上一节所述方法来确定金属离子在海水中的活度之前，即

$$aM = [M]_T \gamma_T(M) \tag{4.41}$$

我们需知道控制海水中离子状态的一些因素有：

(1)Eh 值。

(2)pH 值。

(3)无机配体。

(4)有机配体。

海水的 Eh 值可以控制金属离子的氧化态。对于可以以两种氧化态存在的金属离子，有

$$\mathrm{Ox} + n\mathrm{e}^- = \mathrm{Red} \tag{4.42}$$

其中，Ox 是氧化形式，Red 是还原形式，n 是转移的电子数(e^-)。平衡常数可表示为

$$\log K = \log a_{\mathrm{Red}} - \log a_{\mathrm{Ox}} + n\ \mathrm{pE} \tag{4.43}$$

式中，a_i 是 i 的活度，$\mathrm{pE} = -\log a_{\mathrm{Ox}}$，是电子活度的对数。重排该方程式，可得

$$\mathrm{pE} = \mathrm{pE}^0 + (1/n)\log a_{\mathrm{Ox}}/a_{\mathrm{Red}} \tag{4.44}$$

式中，$\mathrm{pE}^0 = (1/n)\log K$。而 $\mathrm{pE} = \mathrm{Eh}/(2.303RT/F)$，可得一个更熟悉的形式：

$$\mathrm{Eh} = \mathrm{Eh}^0 + (2.303RT/nF)\log a_{\mathrm{Ox}}/a_{\mathrm{Red}} \tag{4.45}$$

式中，$\mathrm{Eh}^0 = (2.303RT/nF)\log K = (0.0591/n)\log K$(在 25 ℃条件下)。

含氧水的 pE 或 Eh 的理论上限受下列反应控制：

$$1/2\ O_2(g) + 2H^+ + 2e^- = H_2O(aq) \tag{4.46}$$

代入 $\log K = 41.6$，$\log a_{H_2O} = -0.01$，a 及 $\mathrm{pH} = 8.1$(在 25 ℃条件下)，pE 可表达为

$$\mathrm{pE} = (\log P + 50.7)/4 \tag{4.47}$$

当 $\log P = -0.69$，$\mathrm{pE} = 12.5$，或 $\mathrm{Eh} = 0.73$ V。开放的表层海水的 Eh 实验测量值(约 0.5～0.6 V)低于该理论值。代入反应式

$$O_2 + 2H^+ + 2e^- = H_2O_2 \tag{4.48}$$

可以得到一个较低的理论值 $\mathrm{pE} = 6.3$ 或 $\mathrm{Eh} = 0.4$ V(设$[H_2O_2] = 10^{-7}$ M)，该值更接近试验确定出的值。

对于缺氧条件，负 pE 或 Eh 由下列反应式导致：

$$SO_4^{2-} + 9H^+ + 8e^- = HS^- + 4H_2O \tag{4.49}$$

$$SO_4^{2-} + 8H^+ + 6e^- = S^\circ(s) + 4H_2O \tag{4.50}$$

将 $\log K = 34.0$ 和 36.6 分别代入反应式(4.49)和(4.50)，pE 可表达为

$$\mathrm{pE} = [-\log(HS^-) - 41.1]/8 \tag{4.51}$$

$$\mathrm{pE} = [-\log(SO_4^{2-}) - 41.4]/8 \tag{4.52}$$

当$(HS^-) = 10^{-3} \sim 10^{-6}$，$\mathrm{pE} = -4.8 \sim -4.4$ 或 $\mathrm{Eh} = -0.28 \sim -0.26$ V。

海水中遇到的 pH 和 Eh 环境如图 4.27 所示。上限和下限由水的性质决定。交叉

线和虚线表示由反应式(4.49)和(4.50)给出的氧气(4～260 M)和硫化物(10^{-3}～10^{-6} M)浓度的稳定线。大多数海洋的 pH 值在 7.6～8.3，Eh 值大于 0.2 V。Kester，Byrne 和 Liang(1975)通过检测铁系统，对海水中金属的氧化态进行了样本计算。铁的两种氧化状态的关系式为

$$Fe^{3+} + e^{-} = Fe^{2+} \tag{4.53}$$

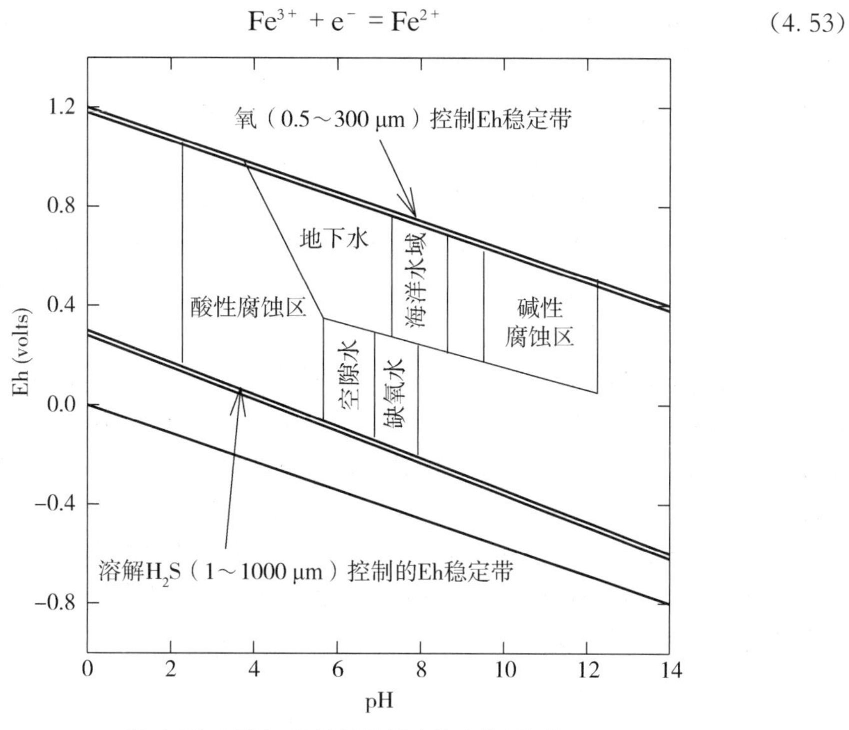

图 4.27　不同 pH 值的天然水体电位 Eh 值

代入方程式(4.45)，氧化态可由下式确定：

$$Eh = Eh^{\circ} + (2.3RT/nF)\log[a_{Fe}(III)/a_{Fe}(II)] \tag{4.54}$$

代入 $Eh^{\circ} = 0.771$ V (25 ℃下)，可得 $Eh = -0.27$ V 时 $\dfrac{a_{Fe}(III)}{a_{Fe}(II)} = 2.43 \times 10^{-18}$。需指出的是，这些比率是极稀状态下的，且不包括复合物形成的作用(这种作用一般能让系统在还原反应时保持稳定)。为了确定较高离子强度下的浓度比，必须估计离子的化学计量活度系数：

$$[Fe^{3+}]_T/[Fe^{2+}]_T = [a_{Fe}(III)/a_{Fe}(II)]\gamma_T(Fe^{2+})/\gamma_T(Fe^{3+}) \tag{4.55}$$

Kester 等(1975)也研究了海水中 Fe^{3+} 和 Fe^{2+} 的离子配对，可用于估计活度系数比。虽然氧化还原计算非常简单，但这些计算中存在一些固有的问题，具体如下：

(1)没有达到平衡(即，该过程被动力学控制)。

(2)生物活性可能会改变氧化态。

(3)光化学过程可能控制状态。

(4)其他重要形态可能被忽略(如有机配合物)。

(5)实际系统中可能用了不可靠的分析和热力学数据。

pH 可通过水解平衡直接影响金属：

$$M^{2+} + H_2O = M(OH)^{+} + H^{+} \tag{4.56}$$

还可通过影响配体的形式来影响金属：

$$HCO_3^{-} = H^{+} + CO_3^{2-} \tag{4.57}$$

Kester，Byrne 和 Liang（1975）研究了 pH 对海水中铁的状态的影响。这些结果见图 4.28。在海水的 pH 和 Eh 条件下的主要形式是 $Fe(OH)_3$。由于 OH^- 浓度是 pH 值的函数，所以 Fe^{3+} 的相对形式十分依赖 pH 值。pH 值接近 7 和 10 时，存在 $Fe(OH)_2^+ \rightarrow Fe(OH)_3$ 和 $Fe(OH)_3 \rightarrow Fe(OH)_4^-$ 之间的转换。这些结果表明铁可以在阳离子和阴离子形态之间交替，这会极大地影响胶体铁的离子交换特性及其运输性质。最近我们开发出了 Fe(II)和 Fe(III)的形态模型。根据该模型确定的以 pH 函数表达的海水中 Fe(III)的形态如图 4.29 所示。如早期工作所示，除低 pH 值情况下，铁(III)的水解占主导地位。

影响金属的无机配体包括海水中的主要阴离子组分[Cl^-，SO_4^{2-}，HCO_3^-，Br^-，$B(OH)_4^-$ 和 F^-]和一些次要的阴离子组分（OH^-，$H_2PO_4^-$，NO_3^- 等）。很难将有机配体进行分类，因为我们对海水中的有机物的组成知之甚少。虽然通常将 EDTA（乙二胺 N，N，N，N′四乙酸）用作模型；但是，更重要的有机配体可能是由胡敏素和富里酸及其衍生物组成的。尽管我们认识到这些有机配体可能非常重要，但目前我们还无法估算它们。需指出的是，使用各种有机配体进行的所有模型计算结果表明，有机配体对大多数微量金属的形态影响很小（与主要的无机配体相比）。

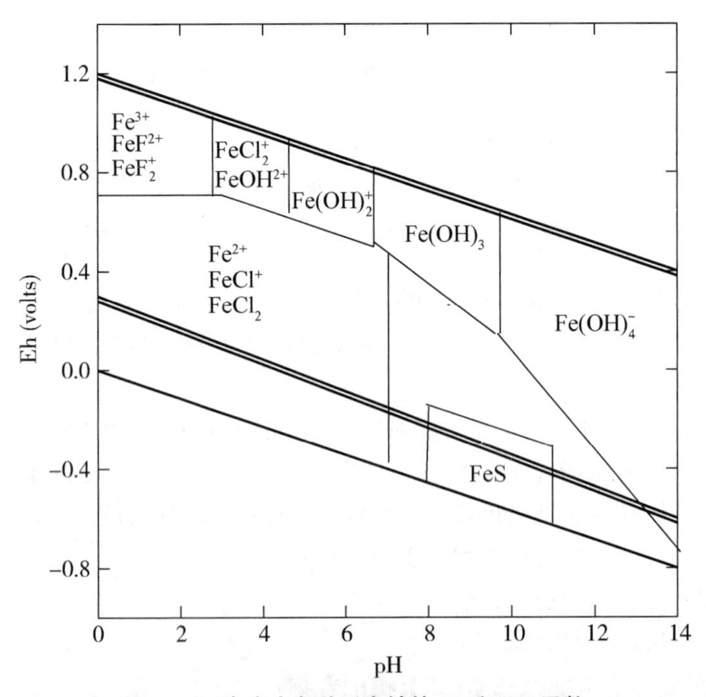

图 4.28 海水中各种形态铁的 Eh 和 pH 函数

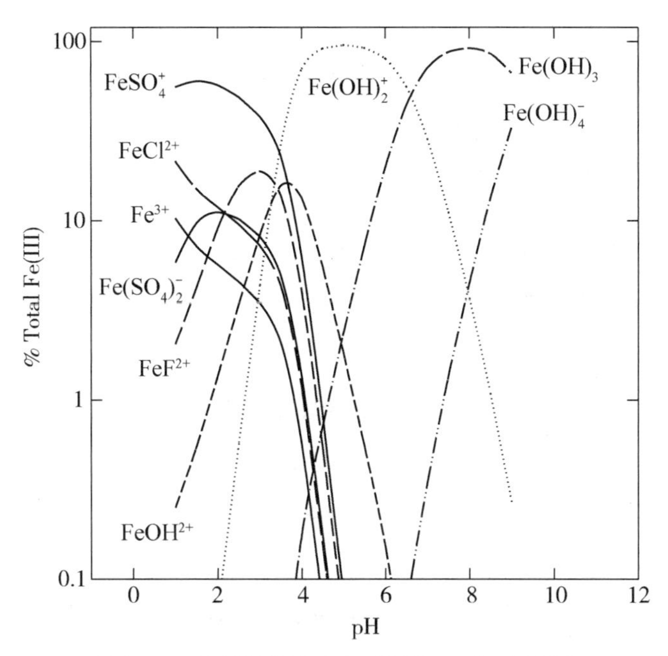

图 4.29　25 ℃时海水中 Fe(III)形态的 pH 函数

现在我们在研究运用离子对模型和特定交互作用模型来估计海水主要离子的总活度系数。由于有大量的主要海盐热力学数据，因此这两种方法都可以采用。我们会发现，对于次要金属或微量金属，目前只能采用离子配对方法。

4.5.1　离子对模型

各种金属可能存在的形态形式如图 4.30 所示。大多数模型都将金属形态限制为溶解态中。为了检测金属的胶体形式，必须使用各种尺寸的过滤器，或者使用透析等技术来区分各种形式。用于确定各形态的一些方法包括：

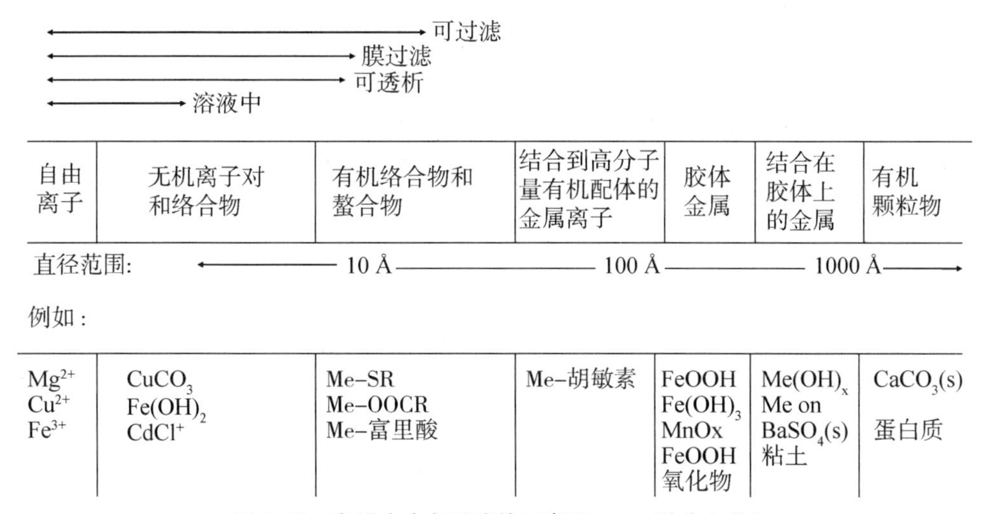

图 4.30　自然水中各形式的元素(Ppts. = 千分之几)

(1)基于尺寸的物理区分。

(2)运用吸收、离子交换、氧化还原平衡等的平衡分布区分法。

(3)采用离子选择电极的电位法。

(4)极谱法等电极动力学方法。

(5)使用光学方法的结构检测法。

(6)金属可用作催化剂或抑制剂的生物测定技术法。

采用 Pearson 硬酸和软酸溶质划分法(见表 4.5)可将 Goldberg(1965)的金属分类扩大。

表 4.5 按硬酸和软酸划分的溶质

硬酸	临界	软酸
所有 A 金属阳离子加 Cr^{3+}、Mn^{3+}、Fe^{3+}、Co^{3+}、Bi^{3+}、UO^{2+}、VO^{2+}	所有二价过渡金属阳离子加 Zn^{2+}、Pb^{2+}、Bi^{3+}	所有 B 金属阳离子减 Zn^{2+}、Pb^{2+}
还有 BF_3、BCl_3、SO_3、RSO_2^+、RPO_2^+、CO_2、RCO^+、R_3C^+ 等形态	$SO_2/NO^+/B(CH_3)_3$	所有金属原子、块体金属、I_2、Br_2、ICN、I^+、Br^+
A 类金属：所有那些有一个惰性气体电子构型的阳离子 (H^+、Li^+、Na^+、K^+、Rb^+、Cs^+、Be^{2+}、Mg^{2+}、Ca^{2+}、Sr^{2+}、Ba^{2+}、Al^{3+}、Sc^{3+}、La^{3+}、Si^{4+}、Ti^{4+}、Zr^{4+}、Th^{4+})		
过渡金属：有 1～9 个外层电子的阳离子 (V^{2+}、Cr^{2+}、Mn^{2+}、Fe^{2+}、Co^{2+}、Ni^{2+}、Cu^{2+}、Ti^{3+}、V^{3+}、Cr^{3+}、Mn^{3+}、Fe^{3+}、Co^{3+})		
B 类金属：有 10 个或 12 个电子的阳离子 (Cu^+、Ag^+、Au^+、Tl^+、Ga^+、Zn^{2+}、Cd^{2+}、Hg^{2+}、Pb^{2+}、Sn^{2+}、Tl^{3+}、Au^{3+}、In^{3+}、Bi^{3+})		

当使用离子对模型时，游离离子 i 的活度由下式给出

$$a_i = [i]_F \gamma_F(i) \tag{4.58}$$

式中，$[i]_F$ 是摩尔浓度，$\gamma_F(i)$是游离离子或非配合离子的活度系数。γ_F 值仅离子强度的函数，且与相对成分无关。由于离子活度系数与总浓度系数和总活度系数的关系式如下：

$$a_i = [i]_T \gamma_T(i) \tag{4.59}$$

所以，总活度系数或化学计量活度系数为

$$\gamma_T(i) = ([i]_F/[i]_T)\gamma_F(i) \tag{4.60}$$

该总活度系数是用总浓度得出的理想活度系数(即利用方程式 4.60)。$\alpha_F = [i]_F/[i]_T$ 项是成分和离子强度固定的溶液中游离离子的分数。如果形成了一系列一对一的配合物，则

$$M_i + X_i \rightarrow M_i X_i \tag{4.61}$$

$M_i X_i^0$ 形成的离子对常数由下式给出：

$$K_{MX}{}^{*} = [M_iX^0]/[M_i^+][X_i] \tag{4.62}$$

$$K_{MX}{}^{*} = K_{MX}[\gamma_F(M)\gamma_F(X)]/\gamma_F[M_iX_0] \tag{4.63}$$

式中，K_{MX}是纯水的热力学常数，$K_{MX}{}^{*}$是化学计量常数，$\gamma_F(i)$是 i 类的活度系数。M_i 和 X_i 的总浓度为

$$[M_i]_T = [M_i]_F + \sum[M_iX_i^0] \tag{4.64}$$

$$[X_i]_T = [X_i]_F + \sum[M_iX_i^0] \tag{4.65}$$

式中，$\sum[M_iX_i^0]$是溶液中各离子对的总和。将这些方程式与方程式(4.62)合并，可得

$$\alpha_M = [M]_F/[M]_T = (1 + \sum K_{MX}{}^{*}[X_i]_F)^{-1} \tag{4.66}$$

$$\alpha_X = [X]_F/[X]_T = (1 + \sum K_{MX}{}^{*}[M_i]_F)^{-1} \tag{6.67}$$

如果 $K_{MX}{}^{*}$ 已知，则可通过一系列迭代来解这些方程式。有几个计算机程序可协助这些迭代。但是结果取决于 $K_{MX}{}^{*}$ 值(离子强度的函数)的质量，在一定程度上也取决于溶液的成分。给定离子对的分数为：

$$[MX_i]/[M]_T = K_{MX}{}^{*}[X_i]_F\alpha_M \tag{4.68}$$

$$[M_iX]/[X]_T = K_{MX}{}^{*}[M_i]_F\alpha_X \tag{4.69}$$

需要指出的是，给定配合物的形式不影响 M 或 X 的热力学活性。

$$\gamma_T(M) = \alpha_M\gamma_F(M) \tag{4.70}$$

$$\gamma_T(X) = \alpha_X\gamma_F(X) \tag{4.71}$$

对于海水的主要离子成分，Millero 和 Schreiber(1982)为一些离子的 $K_{MX}{}^{*}$ 和 $\gamma_F(i)$给出了离子强度函数。可在个人电脑上用这些方程式计算天然水主要成分的形态和活度系数。

游离阳离子和阴离子的分数可以用方程式(4.66)和(4.67)确定。表 4.6 给出了离子对常数 $K_{MX}{}^{*}$ 的期望值。

表 4.6　海水中主要离子对的离子配对常数($S = 35$，$T = 25$ ℃)

离子	K_{HX}^{*}	K_{NaX}^{*}	K_{KX}^{*}	K_{MgX}^{*}	K_{CaX}^{*}	K_{SrX}^{*}
Cl^-	—	—	—	—	—	—
SO_4^{2-}	31.35	2.15	1.66	10.41	11.04	7.13
HCO_{3-}	—	0.28$_4$	—	2.18	2.20	2.14
Br^-	—	—	—	—	—	—
$CO_3{}^{2-}$	—	2.38	—	77.06	138.84	135.00
$B(OH)_{4-}$	—	0.70	—	8.07	13.28	4.65
F^-	880.40	0.10	—	19.60	4.56	2.35
OH^-	—	0.37	—	48.88	5.52	1.79

开始迭代时，可以假设 $\alpha_M = 1.0$ 并计算 α_X 的值。这些 α_X 的值用于估算$[X]_F =$

$\alpha_X[X]_T$，然后估算出 α_M 的值。新的 α_M 用于确定$[M]_F=\alpha_M[M]_T$，重复这一过程，直到找到一个自洽 α_i 集合。迭代得出的值样本见表 4.7。从表中可以看出，经过三次迭代后，得到了一个自洽的 α_i。这些值可用于确定各种离子的总活度系数（表 4.8）。也可以确定图 4.31 和图 4.32 中金属的各种形式和阴离子的分数。

表 4.7 迭代后自由阳离子和阴离子的分数计算

离子	迭代				离子	迭代			
	第 1 次	第 2 次	第 3 次	第 4 次		第 1 次	第 2 次	第 3 次	第 4 次
H^+	1.000 0	0.734 2	0.726 8	0.726 6	OH^-	0.255 5	0.276 0	0.276 7	0.276 7
Na^+	1.000 0	0.977 1	0.976 3	0.976 3	HCO_3^-	0.780 6	0.791 9	0.792 3	0.792 3
K^+	1.000 0	0.982 6	0.982 0	0.982 0	F^-	0.460 8	0.487 5	0.488 4	0.488 4
Mg^{2+}	1.000 0	0.895 2	0.891 8	0.891 7	$B(OH)_4^-$	0.519 9	0.539 5	0.540 1	0.540 2
Ca^{2+}	1.000 0	0.888 8	0.885 1	0.885 0	SO_4^{2-}	0.363 5	0.376 8	0.377 3	0.377 3
Sr^{2+}	1.000 0	0.923 5	0.920 9	0.920 8	CO_3^{2-}	0.127 1	0.138 2	0.138 6	0.138 7

表 4.8 海水中主要离子成分的$[i]_T$、$[i]_F$、α_i、$\gamma_F(i)$和 $\gamma_T(i)$值（$S=35$，$T=25$ ℃）

离子	$[i]_T$	α_i	$[i]_F$	$\gamma_F(i)$	$\gamma_T(i)$
H^+	—	0.726 600	—	0.947 000	0.688 000
Na^+	0.486 100	0.976 300	0.474 580	0.707 000	0.690 000
K^+	0.010 580	0.982 000	0.010 370	0.628 000	0.616 000
Mg^{2+}	0.054 740	0.891 700	0.048 780	0.286 000	0.255 000
Ca^{2+}	0.010 660	0.885 000	0.009 430	0.258 000	0.228 000
Sr^{2+}	0.000 090	0.920 800	0.000 080	0.251 000	0.231 000
Cl^-	0.565 770	1.000 000	0.565 770	0.628 000	0.628 000
OH^-	—	0.276 900	—	0.853 000	0.236 000
F^-	0.000 070	0.488 300	0.000 030	0.681 000	0.333 000
Br^-	0.000 870	1.000 000	0.000 870	0.646 000	0.646 000
HCO_3^-	0.001 930	0.792 400	0.001 530	0.677 000	0.536 000
$B(OH)_4^-$	0.000 090	0.540 300	0.000 050	0.650 000	0.351 000
SO_4^{2-}	0.029 270	0.377 100	0.010 970	0.224 000	0.085 000
CO_3^{2-}	0.000 200	0.138 600	0.000 030	0.207 000	0.029 000
$H_2PO_4^-$	—	0.786 000	—	0.502 000	0.395 000
HPO_4^{2-}	—	0.296 800	—	0.167 000	0.050 000
PO_4^{3-}	—	0.001 470	—	0.028 400	0.000 042

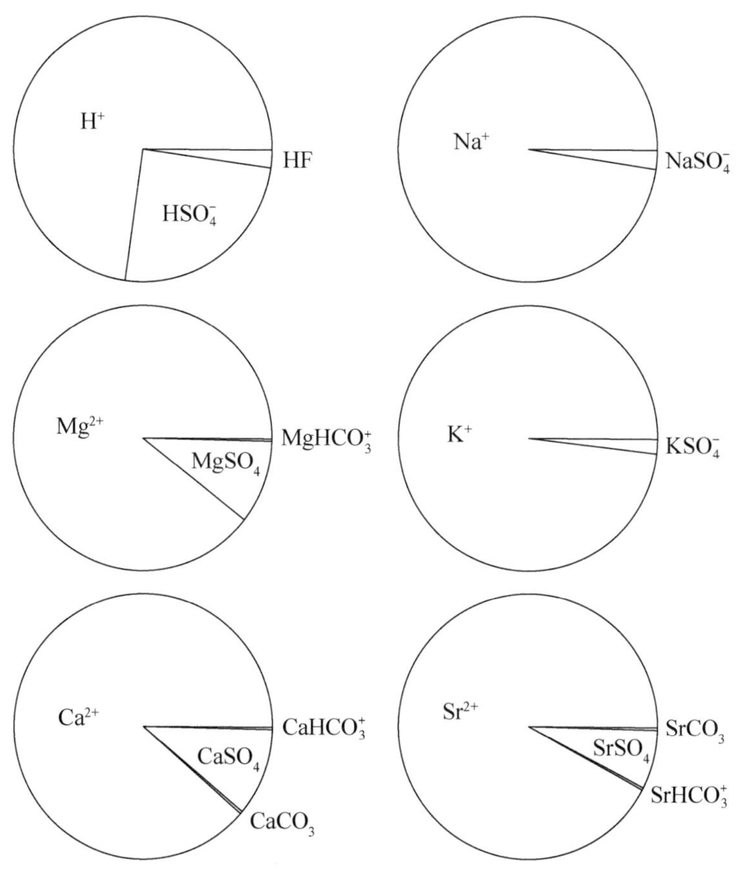

图 4.31　**海水中的阳离子形态**

通过计算海水中硼酸的解离常数 $K_{HB}{}^*$ 可以证明这些总活度系数的有效性。计算方程式为

$$K_{HB}{}^* = K_{HB}\gamma_{HB}/\gamma_{HB} = 10^{-9.24}\times 1.09/(0.688\times 0.351) = 10^{-8.54} \qquad (4.72)$$

该计算值可以与 Hansson(1973)测量到的 $10^{-8.60}$ 值进行比较。其他酸的类似计算结果如表 4.9 所示。计算值与测量值非常一致，且证明了该模型的可靠性。

表 4.9　25 ℃下海水中酸的 $pK_{HA}{}^*$ 测量值和 $pK_{HA}{}^*$ 计算值的比较

酸	$pK_{HA}{}^*$			酸	$pK_{HA}{}^*$		
	计算值	测量值	ΔpK		计算值	测量值	S
H_2O	13.210	13.180	0.030	NH_4^+	9.345	9.351	−0.006
$B(OH)_3$	8.590	8.600	−0.010	H_3PO_4	1.550	1.570	−0.020
H_2CO_3	5.860	5.840	0.020	H_2PO_{4-}	6.140	5.940	0.200
HCO_{3-}	8.960	8.930	0.030	$HPO_4{}^{2-}$	9.110	8.930	0.180

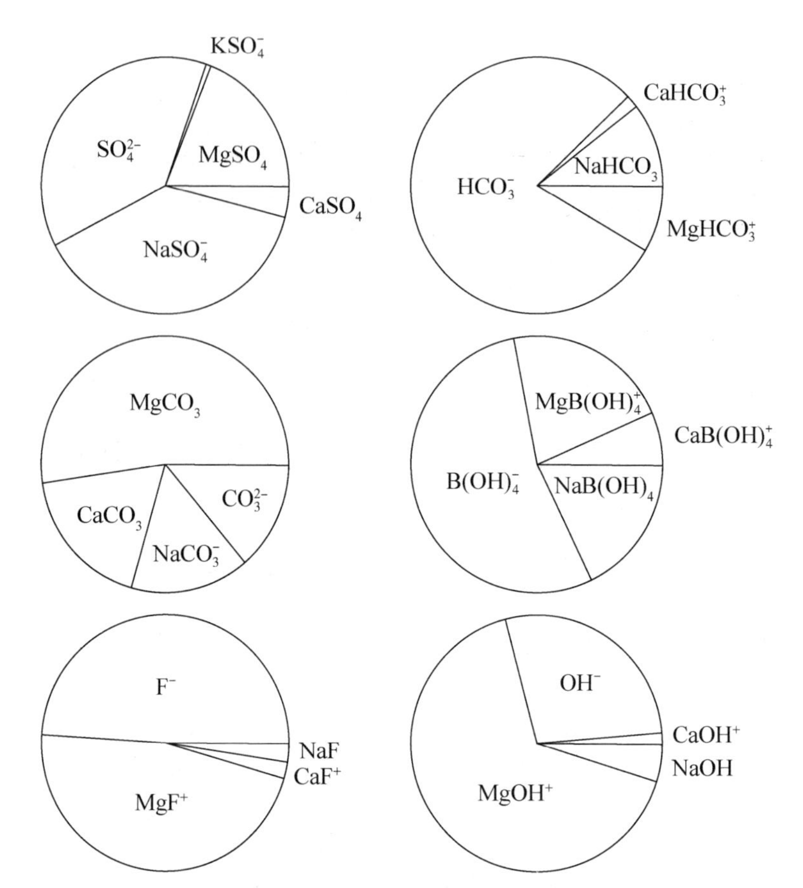

图 4.32　海水中的阴离子形态

可以使用表 4.8 中给出的游离阳离子和阴离子的浓度来确定海水中次要组分形态。这些计算用不着迭代，因为次要组分不会影响主组分的形态。PO_4^{3-} 离子的样本计算为

$$\alpha_{PO_4} = (1 + K^*_{NaPO_4}[Na]_F + K^*_{MgPO_4}[Mg]_F + K^*_{CaPO_4}[Ca]_F)^{-1} = 0.0016 \tag{4.73}$$

由于 PO_4^{3-} 的 γ_F 值 = 0.0252，所以 γ_T 值 = 4×10^{-5}。

要计算海水中游离痕量金属的分数，需要金属的可靠的 K^*_{MX} 值，且这些金属的主要阴离子的离子强度为 0.7。但 K^*_{MX} 值的可靠值通常不适用。Whitfield 及其同事(Turner，Whitfield 和 Dickson，1981)采用最佳可用数据进行了这些计算。他们得出的结果见表 4.10。由于 Cu^{2+} 有可靠的 K^*_{BMX} 值(见表 4.11)，所以可以展示如何运用这种方法。游离 Cu^{2+} 的函数式为

$$\alpha_{Cu} = (1 + K^*_{CuSO_4}[SO_4]_F + K^*_{CuHCO_3}[HCO_3]_F + K^*_{CuCO_3}[CO_3]_F + K^*_{CuCO_2}[CO_3]_F^2 + K^*_{Cu(OH)}[OH]_F + K^*_{Cu(OH)_2}[OH]_F^2)^{-1} \tag{4.74}$$

表 4.10　淡水和海水中游离金属的分数和主要形式

阳离子	游离态	OH	F	Cl	SO_4	CO_3	$\log\alpha$
			淡水 pH = 6				
Ag^{+}	72	a	a	28	a	a	0.15
Al^{3+}	a	90	10	—	—	a	3.14
Au^{+}	a	—	—	100	—	—	6.08
Au^{3+}	a	100	—	a	—	—	21.98
Ba^{2+}	99	a	a	a	1	a	0.01
Be^{2+}	15	57	28	a	a	a	0.82
Bi^{3+}	a	100	a	a	a	—	9.08
Cd^{2+}	96	a	a	2	2	a	0.02
Ce^{3+}	72	a	3	a	22	3	0.14
Co^{2+}	98	a	a	a	2	a	0.01
Cr^{3+}	a	98	a	a	1	—	2.41
Ca^{2+}	100	—	0	a	—	—	0.00
Cu^{+}	95	0	0	5	0	0	0.02
Cu^{2+}	93	1	a	a	2	4	0.03
Dy^{3+}	65	1	6	a	21	7	0.19
Er^{3+}	63	1	7	a	19	10	0.20
Cu^{3+}	71	1	3	a	21	4	0.15
Fe^{2+}	99	a	a	a	1	a	0.01
Fe^{3+}	a	100	a	a	a	a	6.41
Ga^{3+}	a	100	a	a	—	a	7.80
Gd^{3+}	63	1	5	a	22	9	0.20
Hf^{4+}	a	100	a	a	a	a	13.28
Hg^{2+}	a	8	a	92	a	a	6.88
Ho^{3+}	65	1	7	a	19	8	0.19
In^{3+}	a	100	a	a	a	a	5.53
La^{3+}	73	a	1	a	25	1	0.14
Li^{3+}	100	a	—	0	a	0	0.00
Lu^{3+}	59	1	8	a	15	17	0.23
Mn^{2+}	98	a	a	a	2	a	0.01
Nd^{3+}	70	1	3	a	24	3	0.15
Ni^{2+}	98	a	a	a	2	a	0.01

续表 4.10

阳离子	游离态	OH	F	Cl	SO_4	CO_3	$\log\alpha$
Pb^{2+}	86	2	a	1	4	7	0.06
Pr^{3+}	72	1	2	a	23	2	0.14
Rb^{3+}	100	—	—	a	—	—	0.00
Sc^{3+}	a	43	41	a	a	15	2.80
Sm^{3+}	68	1	3	a	25	4	0.17
Sn^{4+}	a	100	—	—	—	—	24.35
Tb^{3+}	67	1	6	a	22	4	0.18
Th^{4+}	a	100	a	a	a	a	7.94
TiO^{2+b}	a	100	—	—	a	—	7.17
Tl^{+}	100	a	a	a	a	—	0.00
Tl^{3+}	a	100	—	a	a	—	14.62
Tm^{3+}	66	1	8	a	20	6	0.18
U^{4+}	a	100	a	a	a	—	14.02
UO_2^{2+b}	12	18	8	a	1	60	0.91
Y^{3+}	63	1	17	a	14	4	0.20
Yb^{3+}	58	1	7	a	17	17	0.24
Zn^{2+}	98	a	a	a	2	a	0.01
Zr^{4+}	a	100	a	a	a	—	14.33
			海水 pH = 8.2				
Ag^{+}	a	a	a	100	a	a	5.26
Al^{3+}	a	100	a	—	—	a	9.22
Au^{+}	a	—	—	100	—	—	12.86
Au^{3+}	a	100	a	9	5	a	27.30
Ba^{2+}	86	a	a	9	5	a	0.07
Be^{2+}	a	99	2	a	a	a	2.74
Bi^{3+}	a	100	a	a	a	—	14.79
Cd^{2+}	3	a	a	97	a	a	1.57
Ce^{3+}	21	5	1	12	10	51	0.68
Co^{2+}	58	1	a	30	5	6	0.24
Cr^{3+}	a	100	a	a	a	—	5.82
Ca^{2+}	93	—	—	7	—	—	0.03
Cu^{+}	a	—	—	100	—	—	5.18
Cu^{2+}	9	8	a	3	1	79	1.03

续表 4.10

阳离子	游离态	OH	F	Cl	SO_4	CO_3	$\log\alpha$
Dy^{3+}	11	8	1	5	6	68	0.94
Er^{3+}	8	12	1	4	4	70	1.08
Eu^{3+}	18	13	1	10	9	50	0.74
Fe^{2+}	69	2	a	20	4	5	0.16
Fe^{3+}	a	100	a	a	a	a	11.98
Ga^{3+}	a	100	a	a	—	a	15.35
Gd^{3+}	9	5	1	4	6	74	1.02
Hf^{4+}	a	100	a	a	a	—	22.77
Hg^{2+}	a	a	a	100	a	a	14.24
Ho^{3+}	10	8	1	5	5	70	0.99
In^{3+}	a	100	a	a	a	a	11.48
La^{3+}	38	5	1	18	16	22	0.42
Li^{3+}	99	a	—	—	1	—	0.00
Lu^{3+}	5	21	1	1	1	71	1.32
Mn^{2+}	58	a	a	37	4	1	0.23
Nd^{3+}	22	8	1	19	12	45	0.66
Ni^{2+}	47	1	a	34	4	14	0.33
Pb^{2+}	3	9	a	47	1	41	1.51
Pr^{3+}	25	8	1	12	13	41	0.61
Rb^{+}	95	—	—	5	—	—	0.02
Sc^{3+}	a	100	a	a	a	a	7.41
Sm^{3+}	18	10	1	8	11	52	0.75
Sn^{4+}	a	100	—	—	—	—	32.05
Tb^{3+}	16	11	1	8	9	55	0.80
Th^{4+}	a	100	a	a	a	a	0.80
TiO^{2+b}	a	100	—	—	a	—	11.14
Tl^{+}	53	a	a	45	2	—	0.28
Tl^{3+}	a	100	—	a	a	—	20.49
Tm^{3+}	11	21	1	5	6	55	0.94
U^{4+}	a	100	a	a	a	—	23.65
UO_2^{2+b}	a	a	a	a	a	100	6.83
Y^{3+}	15	14	3	7	6	54	0.81
Yb^{3+}	5	9	1	2	3	81	1.30

续表 4.10

阳离子	游离态	OH	F	Cl	SO_4	CO_3	$\log\alpha$
Zn^{2+}	46	12	a	35	4	3	0.34
Zr^{4+}	a	100	a	a	a		23.96
			淡水 pH = 9				
Ag^{+}	65	a	a	25	a	9	0.18
Al^{3+}	a	100	a	—	—	a	12.95
Au^{+}	a	—	—	100	—	—	6.07
Au^{3+b}	a	100	—	a	—	—	30.93
Ba^{2+}	96	a	a	a	1	3	0.02
Be^{2+}	a	100	a	a	a	a	4.47
Bi^{3+}	a	100	a	a	a	—	18.01
Cd^{2+}	47	4	a	1	1	47	0.33
Ce^{3+}	a	5	a	a	a	95	2.37
Co^{2+}	20	7	a	a	a	73	0.70
Cr^{3+}	a	100	a	a	a	—	9.08
Ca^{2+}	100	—	—	a	—	—	0.00
Cu^{+}	95	—	—	5	—	—	0.02
Cu^{2+}	a	3	a	a	a	96	2.62
Dy^{3+}	a	46	a	a	a	54	3.01
Er^{3+}	a	78	a	a	a	22	3.54
Eu^{3+}	a	18	a	a	a	82	2.48
Fe^{2+}	27	8	a	a	a	65	0.57
Fe^{3+}	a	100	a	a	a	a	14.99
Ga^{2+}	a	100	a	a	—	a	19.31
Gd^{3+}	a	14	a	a	a	86	2.92
Hf^{4+}	a	100	a	a	a	—	27.61
Hg^{2+}	a	100	a	a	a	a	11.79
Ho^{3+}	a	48	a	a	a	52	3.08
In^{3+}	a	100	a	a	a	a	14.57
La^{3+}	2	10	a	a	a	88	1.78
Li^{+}	100	a	—	—	a	—	0.00
Lu^{3+}	a	92	a	a	a	8	4.21
Mn^{2+}	62	1	a	a	1	35	0.20
Nd^{3+}	a	9	a	a	a	90	2.33

续表 4.10

阳离子	游离态	OH	F	Cl	SO_4	CO_3	$\log\alpha$
Ni^{2+}	9	2	a	a	a	90	1.07
Pb^{2+}	a	5	a	a	a	95	2.73
Pr^{3+}	1	9	a	a	a	90	2.23
Rb^{+}	100	—	—	a	—	—	0.00
Sc^{3+}	a	100	a	a	a	a	10.82
Sm^{3+}	a	14	a	a	a	86	2.49
Sn^{4+}	a	100	—	—	—	—	36.27
Tb^{3+}	a	32	a	a	a	68	2.67
Th^{4+}	a	100	a	a	a	a	19.86
TiO^{2+b}	a	100	—	—	a	—	13.15
Tl^{+}	100	a	a	a	a	—	0.00
Tl^{3+}	a	100	—	a	a	—	23.57
Tm^{3+}	a	86	8	a	a	14	3.51
U^{4+}	a	100	a	a	a	—	28.77
UO_2^{2+b}	a	a	a	a	a	100	8.61
Y^{3+}	a	14	a	a	a	85	2.57
Yb^{3+}	a	62	a	a	a	38	3.59
Zn^{2+}	6	78	a	a	a	16	1.20
Zr^{4+}	a	100	a	a	a	—	28.81

注：“—”表示没有考虑配位体；a 计算丰度低于 1%；b 被分类为全水解氧化态。

表 4.11　25 ℃下海水中配合物的稳定常数

络合物	$\log K^*_{MX}$	络合物	$\log K^*_{MX}$	络合物	$\log K^*_{MX}$
$CuOH^+$	−8.14	$CuSO_4$	1.37	$Cu(CO_3)_2$	9.34
$Cu(OH)_2$	−16.73	$CuCO_3$	5.67	$CuHCO_3$	1.06

根据方程式(4.74)计算出的各种形式的 Cu^{2+} 如表 4.12 和图 4.33 所示。pH 为 8.1，温度为 25 ℃时，铜的主要形式为 $CuCO_3^0$（74%）和 $Cu(CO_3)_2^{2-}$（14%）。使用 Millero 及其同事(Millero 和 Hawke，1992 年；Millero1992 年、2001 年)的方程式，可以在大的浓度范围下确定二价和三价金属的形态。可以使用 Byrne、Kump 和 Cantrell(1988)的方程式推出温度函数。

表 4.12　海水中 Cu^{2+} 的形态（pH = 8.1，S = 35，T = 25 ℃）

物种	分数	%	物种	分数	%	物种	分数	%
Cu^{2+}	0.0390	3.9	$CuSO_4$	0.0101	1.0	$CuHCO_3^+$	0.0006	0.1
$CuOH^+$	0.0486	4.9	$CuCO_3$	0.7379	73.8			
$Cu(OH)_2$	0.0220	2.2	$Cu(CO_3)_2^{2-}$	0.1417	14.2			

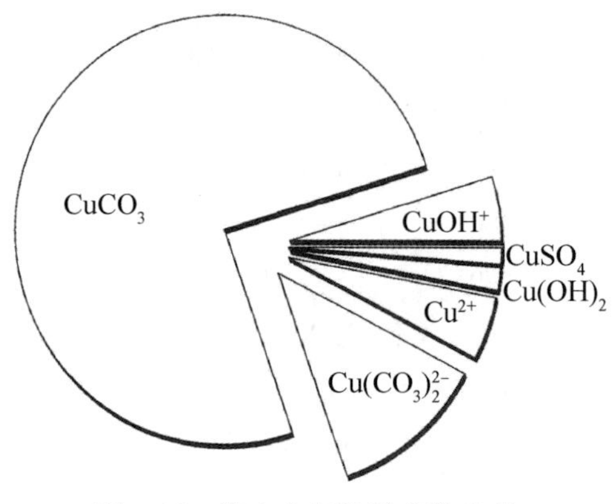

图 4.33　海水中各种形式的 Cu^{2+}

4.5.2　特定交互作用模型

虽然离子对模型可以产生可靠的稀溶液（低于 1 m）活度系数估计，但是在较高的离子强度下它并不可靠。这主要是因为它不考虑离子的同号相互作用（即正正和负负相互作用）。离子溶液理论表明电解质混合物中的活度系数应表达为

$$\ln\gamma = DH + \sum B_{ij}m_j + \sum C_{ijk}m_jm_k \quad (4.75)$$

式中，DH 是德拜－休克尔项，B_{ij} 是与所有组分的二元相互作用（正负、正正和负负）相关的项，C_{ijk} 与所有组分的三元相互作用（正负正、正负负和负正正）有关。Pitzer 给出了一些可用来估计混合电解质溶液离子相互作用的离子活度系数的一般方程。这些方程式的最简形式为

$$\ln\gamma_M = Z_M{}^2 f\gamma + 2\sum_a m_a(B_{Ma} + EC_{Ma}) + Z_M{}^{2\Sigma}{}_{c\Sigma a} m_c m_a B_{ca} + Z_{M\Sigma c\Sigma a} m_c m_a C_{ca} \quad (4.76)$$

$$\ln\gamma_X = Z_X{}^2 f\gamma + 2\sum_c m_c(B_{cX} + EC_{cX}) + Z_M{}^{2\Sigma}{}_{c\Sigma a} m_c m_a B_{ca} + Z_{X\Sigma c\Sigma a} m_c m_a C_{ca} \quad (4.77)$$

式中，Z_i 是离子的电荷；a 和 c 分别是该介质的阴离子和阳离子；m_i 是质量摩尔浓度；$E = 1/2\sum m_iZ_i$ 是等价质量摩尔浓度；f_γ 是一个德拜－休克尔项：

$$f_\gamma = -0.392[{}^{1/2}/(1 + 1.2I^{1/2}) + (2/1.2)(1 + 1.2I^{1/2})] \quad (4.78)$$

1－1 型电解质的相互作用项 B_{MX}，B^1_{MX}和 C_{MX}用下面几个方程式表达：

$$B_{MX} = \beta^0_{MX} + (\beta^{1/2}_{MX} I)[1 - (1 + 2I^{1/2})\exp(-2I^{1/2})] \quad (4.79)$$

$$B_{MX}{}' = (\beta_{MX}^{1/2} I^2)[-1 + (1 + 2I^{1/2} + I^2)\exp(-2I^{1/2})] \tag{4.80}$$

$$C_{MX} = C^{\Phi}/(2\ |Z_M Z_X|^{1/2}) \tag{4.81}$$

各种电解质 β^0，β^1 和 C^{Φ} 值在其他部分列出(Pitzer，1991)。

尽管这些方程式似乎很复杂，但如果在个人计算机上进行计算，则很容易使用。这些方程式表示了所有二元相互作用。要用于三元相互作用，有必要再考虑两个项：

$$\ln\gamma_M = 方程(4.86) + \sum_c m_c(2\theta m_c + \sum_a m_a \Psi m_{ca}) + \sum\sum m_a m_{a'} \Psi_{aa} M \tag{4.82}$$

$$\ln\gamma_X = 方程(4.87) + \sum_a m_a(2\theta_{Xa} + \sum_c m_c \Psi_{cc} X) + \sum\sum m_{cc} \Psi_{cc} X \tag{4.83}$$

θ_{ij} 值与类电荷(like-charged)离子的相互作用(如 $Na^+ - K^+$)有关，Ψ_{ijk} 值与三元相互作用(如 $Na^+ - K^+ - Cl^-$)有关。如果按给定离子强度计算 B_{MX}，B'_{MX}和 C_{MX}值(还有 f_y 和E)，那么 γ 的计算就很简单。这点可以通过 Na^+，Mg^{2+}，Cl^- 和 SO_4^{2-} 构成的简单海水介质的 M 和 X 方程式证明。方程式如下：

$$\begin{aligned}\ln\gamma_M = {} & Z_M^2 f^Y + 2m_{Cl}(B_{MCl} + EC_{MCl}) + 2m_{SO_4}(B_{MSO_4} + EC_{MSO_4}) \\ & + m_{Na} m_{Cl}(Z_M^2 B_{NaCl}^1 + Z_M C_{NaCl}) + m_{Mg} m_{Cl}(Z_M^2 B_{MgCl_2}^1 + Z_m C_{MgCl_2}) \\ & + m_{Na} m_{SO_4}(Z_M^2 B_{NaSO_4}^1 + Z_M C_{Na_2SO_4}) + m_{Mg} m_{SO_4}(Z_M^2 B_{MgSO_4}^1 + Z_m C_{MgSO_4})\end{aligned} \tag{4.84}$$

$$\begin{aligned}\ln\gamma_X = {} & Z_X^2 f^Y + 2m_{Na}(B_{NaX} + EC_{NaX}) + 2m_{Mg}(B_{MgX} + EC_{MgX}) \\ & + m_{Na} m_{Cl}(Z_M^2 B_{NaCl}^1 + Z_X C_{NaCl}) + m_{Mg} m_{Cl}(Z_X^2 B_{MgCl_2}^1 + Z_X C_{MgCl_2}) \\ & + m_{Na} m_{SO_4}(Z_X^2 B_{NaSO_4}^1 + Z_X C_{NaSO_4}) + Z_X C_{NaSO_4} + m_{Mg} m_{SO_4}(Z_X^2 B_{MgSO_4} + Z_X C_{MgSO_4})\end{aligned} \tag{4.85}$$

首先要注意的是，这两个方程式的 $m_{Na} m_{Cl}$等二重和项都是一样的，只是这种介质的函数。因此，可以将所有 B^1 和 C 项计算并合计为

$$Z_M{}^2 \sum\sum + Z_M \sum \tag{4.86}$$

式中

$$\sum\sum = B'_{NaCl} + B'_{MgCl_2} + B'_{NaSO_4} + B'_{MgSO_4} \tag{4.87}$$

$$\sum = C_{NaCl} + C_{MgCl_2} + C_{NaSO_4} + C_{MgSO_4} \tag{4.88}$$

对于海水，$\sum = 0.035\ 03$ 和$\sum\sum = 0.000\ 27$，可与 NaCl 中的$\sum = 0.032\ 34$ 和$\sum\sum = 0.000\ 33$ 和 NaCl + $MgSO_4$ 中的$\sum = 0.035\ 43$ 和$\sum\sum = 0.000\ 26$ 对比。由于$\sum$和$\sum\sum$值变化不大，所以，它们不是介质成分的强函数。如果 Na^+ and Cl^- 盐的 PitzerB_{MX}和 C_{MX}已知，就可以对海水介质中的许多离子进行可靠的 γ_T 估计。如果有合适的 Mg^+ 和 SO_4^{2-} 盐项，估算就更可靠。一些简单离子的估算见表 4.13。

要对一些阴离子进行可靠的估算，有必要考虑和 Mg^{2+} 和 Ca^{2+} 之间发生的强烈相互作用。对于 H^+，还有必要考虑与 SO_4^{2-} 的强相互作用。海水中 H^+、F^-、OH^-、HCO_3^-、$B(OH)_4^-$ 和 CO_3^{2-} 值对这些作用校正后的结果列在表 4.13 中。目前，25 ℃下，海水所有主要组分均有可靠的 Pitzer 参数和必要的离子对常数。最近已经将这些参数的应用范围扩大到了 25 ℃下的 Na^+、Mg^{2+}、Ca^{2+}、Cl^- 和 SO_4^{2-}。未来这些可靠数据可以扩大到更多的离子和更广泛的温度。

表 4.13　多种介质中离子的估算活度系数

离子	NaCl	NaCl + $MgSO_4$	海水	离子	NaCl	NaCl + $MgSO_4$	海水
H^+	0.779	0.739	0.546	Ni^{2+}	0.266	0.225	—
Na^+	0.664	0.668	0.667	Cu^{2+}	0.223	0.193	—
K^+	0.619	0.629	0.628	Zn^{2+}	0.235	0.206	—
NH_4^+	0.616	0.625	0.624	F^-	0.595	0.620	0.299
Mg^{2+}	0.283	0.240	0.240	Cl^-	0.664	0.668	0.667
Ca^{2+}	0.259	0.215	0.215	Br^-	0.688	0.694	0.692
Sr^{2+}	0.254	0.212	0.212	OH^-	0.670	0.672	0.216
Ba^{2+}	0.224	0.192	—	HCO_3^-	0.552	0.597	0.556
Mn^{2+}	0.252	0.217	—	$B(OH)_4^-$	0.513	0.559	0.418
Fe^{2+}	0.255	0.218	—	CO_3^{2-}	0.164	0.134	0.039
Co^{2+}	0.257	0.220	—	SO_4^{2-}	0.131	0.115	0.113

对离子对进行校正很简单。比如，H^+ 的理想 γ_T 可由下式得出：

$$\gamma_T = \gamma_F(1 + \beta_{HSO_4}[SO_4])^{-1} \tag{4.89}$$

式中，γ_F 是 SO_4^{2-} 以外所有阴离子的 γ_F 值。代入 $\beta_{HSO_4} = 12.0$，可得

$$\gamma_T = 0.739(1 + 12.0 \times 0.02947) = 0.546 \tag{4.90}$$

Pitzer 生成的活度系数的可靠性可以通过计算海水中碳酸 K_2^* 来证明。该值由下式得出：

$$K_2^* = K_2\gamma_{HCO_3}/\gamma_H\gamma_{CO_3} = 10^{-10.33} \times 0.556/0.546 \times 0.039 = 10^{-8.91} \tag{4.91}$$

该计算值可与 $pK_2^* = 8.93$ 这一测量值进行比较。

Pitzer(1991)方程式的主要优点在于，它们可以广泛应用于各种组合物和离子强度且无需迭代。Pitzer 方程可用于估算次要阳离子及阴离子的游离活度系数，但在使用离子对模型时必须考虑其强相互作用(如金属 - OH 相互作用)的。Millero(1992)尝试结合 Pitzer 特异相互作用和离子对模型，来确定天然水中的金属形态和活度系数。使用 Pitzer 方程式确定游离离子的稳定常数和活度系数。离子对模型考虑了金属与 OH^-、CO_3^{2-} 等阴离子的强相互作用。

Honig 和 Nicholls(1995)证明，使用静电学研究电荷离子和极性分子在水溶液中相互作用有重大进步。这种进步是通过建立数值法和计算法以快速解泊松 - 波尔兹曼方程来实现的，泊松 - 波尔兹曼方程式描述的是连续介电介质(类似于玻恩和德拜 - 休克尔模型)中带电分子的静电相互作用。这些方法已经用于检查具有不同电荷分布的复合分子(蛋白质)的静电相互作用。将计算结果图表化，可检查参与结合金属和极性溶质的蛋白质和核酸的表面电荷。这些方法可能对检查金属与模型聚胶体和有机配体在天然水中的相互作用有所帮助。

4.6　海水的物理性质

对海水中离子相互作用的了解也会影响海水的物理性质。由于天然水的组成可能有很大的不同(见图 4.34 和图 4.35)，所以使用模型来描述离子组分如何影响海水的物理性质会很有用。

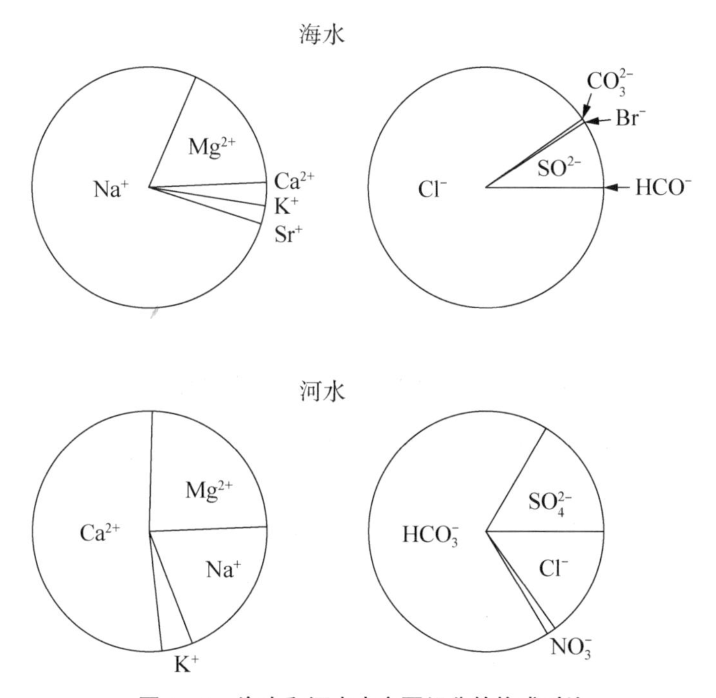

图 4.34　海水和河水中主要组分的构成对比

近年来，在混合电解质溶液物理化学性质的解释和模型建立上取得了很大的进步。通过这些模型，结合海盐的已知性质来估测海水的性质。主要是通过溶液的表观摩尔质量 Φ 来估测的。表观摩尔浓度与盐加入水中时发生的变化有关。其表观摩尔性质的定义式为

$$\Phi = \Delta\rho/n = (P - P^0)/n \tag{4.92}$$

式中，n 是加入的盐的摩尔数，P 是溶液的性质，P^0 是水的性质。表观摩尔浓度之所以有用是因为它对混合物来说几乎是相加性的。这种相加性被称为杨氏法则(Young's rule)，表达式为

$$\Phi = \sum N_i \Phi_i \tag{4.93}$$

式中，$N_i = n_i/nT$ 是混合物中电解质 i 的摩尔分数，Φ_i 是混合物离子强度下 i 的摩尔性质。就混合电解质溶液的离子组分而言，方程式为

$$\Phi = \sum_{M}\sum_{X} E_M E_X \Phi(MX) \tag{4.94}$$

式中，E_M 和 E_X 是阳离子 M 和阴离子 X 的等值分数，Φ(MX)是混合物离子强度下

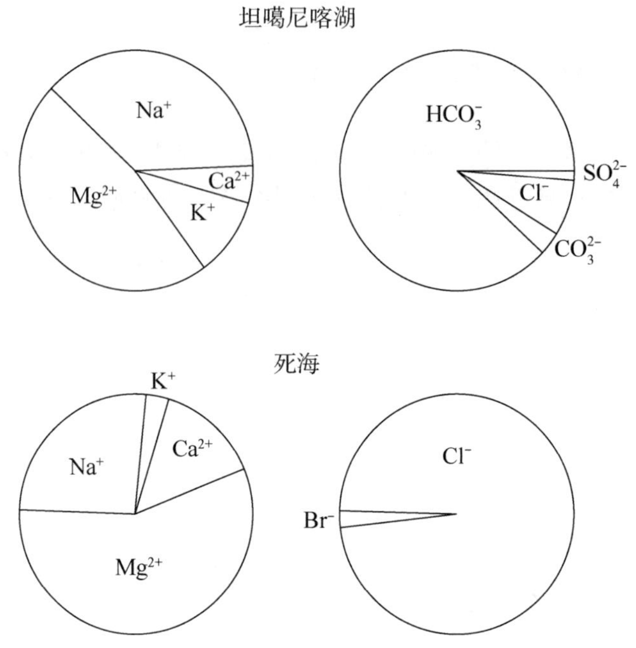

图 4.35　坦噶尼喀湖和死海水体构成比对

电解质 MX 的表现性质。对于海水的主要组成部分，这一总数有如下三种计算方式：

1. $\Phi(\mathrm{SW}) = E_{\mathrm{Na}}E_{\mathrm{Cl}}\Phi(\mathrm{NaCl}) + E_{\mathrm{Mg}}E_{\mathrm{SO_4}}\Phi(\mathrm{MgSO_4})$

2. $\Phi(\mathrm{SW}) = E_{\mathrm{Na}}E_{\mathrm{SO_4}}\Phi(\mathrm{Na_2SO_4}) + E_{\mathrm{Mg}}E_{\mathrm{Cl}}\Phi(\mathrm{MgCl_2})$

3. $\Phi(\mathrm{SW}) = E_{\mathrm{Na}}E_{\mathrm{Cl}}\Phi(\mathrm{NaCl}) + E_{\mathrm{Na}}E_{\mathrm{SO_4}}\Phi(\mathrm{MgSO_4}) + E_{\mathrm{Mg}}E_{\mathrm{Cl}}\Phi(\mathrm{MgCl_2}) + E_{\mathrm{Mg}}E_{\mathrm{SO_4}}$ $\Phi(\mathrm{MgSO_4})$

实验上，发现第三种求和方式最有效，因为它考虑了所有可能的阳离子阴离子相互作用的加权和。这些正负相互作用代表混合物中发生的主要离子相互作用。估算了混合物的 Φ 后，就可以根据下式确定相关物理性质：

$$P = P^0 + \Phi e_{\mathrm{T}} \tag{4.95}$$

式中，e_{T} 是混合物中离子组分的总当量。使用这种简单的加法，测量和计算所得的海水密度的比较见表 4.14。计算值与测量值非常一致。在高离子强度（例如盐水）下，估计值不是可靠的。

表 4.14　25 ℃下海水测量密度和计算密度（$\mathrm{g \cdot cm^{-3}}$）的差异

I	S	$\Delta\rho$，10^6	I	S	$\Delta\rho$，10^6	I	S	$\Delta\rho$，10^6
0.11	5	−4	0.41	20	−5	0.72	35	24
0.21	10	−7	0.51	25	1			
0.31	15	−7	0.61	30	11			

高离子强度下的这些大误差与过量混合参数有关。这些过量混合性质可以通过在恒定离子强度下混合两种电解质溶液来研究。对于主要海盐的混合，图 4.36 中给出了六种可能的混合物。图边界的盐在混合时有一个共同的阳离子或阴离子。Young (1951)的一些研究表明，ΔP_{EX}的过量混合性质遵循一些简单的规则：

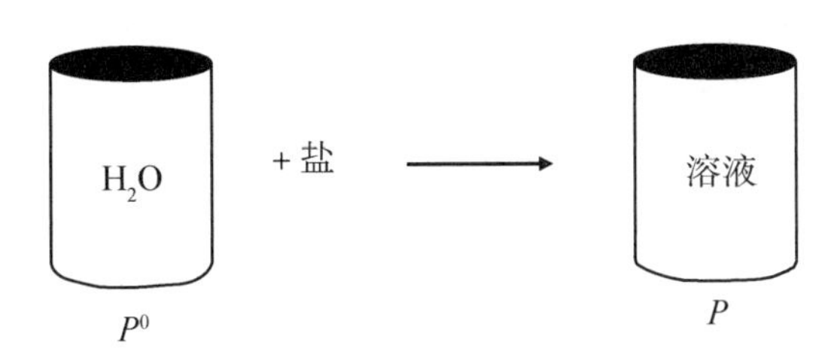

图 4.36 水中加入盐形成溶液

1. 稀溶液的 ΔP_{EX}值不是很大，可假设为零。如此就得出了 Φ 相加性或杨氏(1951)第一定律(Young's first rule)。

2. 混合物成分有一个共同阴离子或阳离子的，其 ΔP_{EX}值不会受这个共同离子太大的影响。例如，混合 NaCl 和 KCl 的 ΔP_{EX}几乎与混合 NaBr 和 KBr 的 ΔP_{EX}相同。

$$\Delta P_{EX}(NaCl - KCl) = \Delta P_{EX}(NaBr - KBr) \tag{4.96}$$

由于该混合过程与正正，负负离子之间的相互作用有很大的相关性，因此作为一级近似，正负相互作用与溶液中的其他离子无关。

第三定律被称为横平方率(cross-square rule)，其方程式如下：

$$\sum = \sum X \tag{4.97}$$

该方程式中，所给图的周围的过量混合性质的总和等于交叉混合物的过量性质的总和。对于主要的海盐，有：

$$\begin{aligned}&\Delta P_{EX}(NaCl + Na_2SO_4) + \Delta P_{EX}(MgCl_2 + MgSO_4) + \Delta P_{EX}(NaCl + MgCl_2)\\&+ \Delta P_{EX}(MgSO_4 + Na_2SO_4) = \Delta P_{EX}(NaCl + MgSO_4) + \Delta P_{EX}(Na_2SO_4 + MgCl_2)\end{aligned} \tag{4.98}$$

这样就简化了海水一类复杂混合物 ΔP_{EX}的估算。代入杨氏简单定律(Young's simple rule)，可得：

$$\Phi = \sum_M \sum_X E_M E_X \Phi(MX) + \Delta P_M / e_T \tag{4.99}$$

其中 $\Delta P_M / e_T$ 通过下式给出：

$$\begin{aligned}\Delta P_M / e_T = (e_T/4)[&\sum E_X E_N E_X (Z_M + Z_X)(Z_N + Z_X)\Delta P(M, N)^X\\&+ E_X E_N E_M (Z_M + Z_X)(Z_M + Z_Y)\Delta P(X, Y)^M]\end{aligned} \tag{4.100}$$

式中 Z_i 是 i 离子的绝对电荷，$\Delta P(M, X)^X$ 是 MX + NX 的过量混合性质，$\Delta P(X, Y)$是 NX + NY 的过量混合性质。这个方程式试图忽略三元相互作用，来解释混合物中的阳离子与阳离子，阴离子与阴离子间的相互作用(杨氏第三定律，Young's third rule)。由于 ΔP_{EX}值是围绕离子强度分数呈对称的(见图 4.37)，所以估算混合物的 ΔP_M 值所需的 ΔP 值可以为 $y = 0.5$。

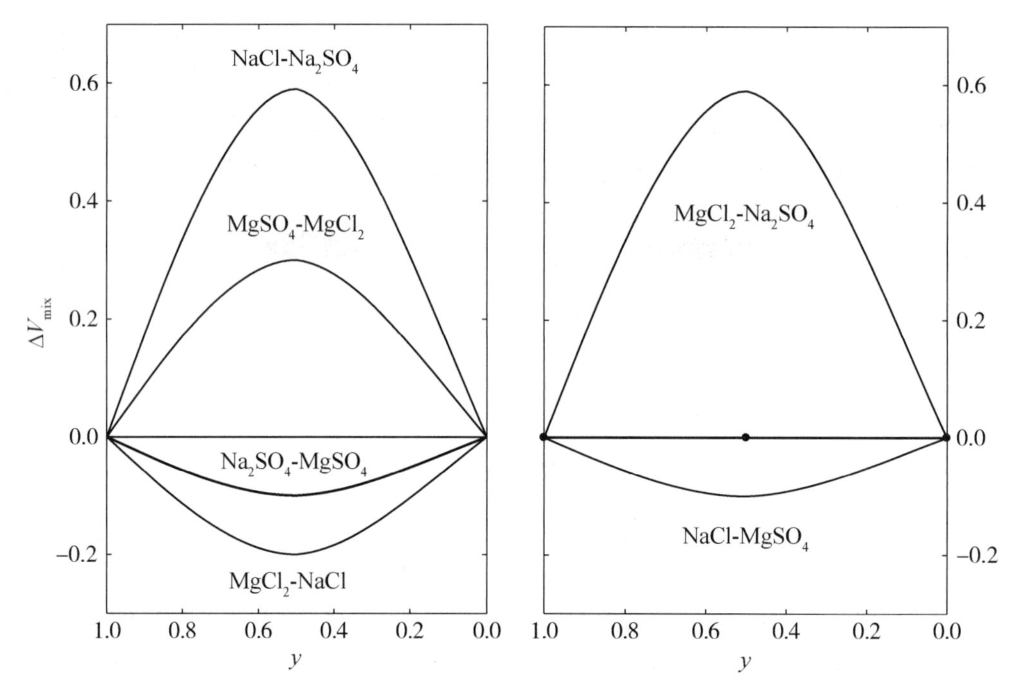

图 4.37　主要海盐混合物体积值对应离子强度分数 γ_y 的曲线

对于海水溶液，$\Delta P_M/e_T$ 值由下式可得：

$$\begin{aligned}\Delta P_M/e_T = (e_T/4)[&E_{Na}E_{Mg}E_{Cl}(Z_{Na}+Z_{Cl})(Z_{Mg}+Z_{Cl})\Delta P(NaCl+MgCl)\\&+E_{Na}E_{Mg}E_{SO_4}(Z_{Na}+Z_{SO_4})(Z_{Mg}+Z_{SO_4})\Delta P(Na_2SO_4+MgSO_4)\\&+E_{Cl}E_{SO_4}E_{Na}(Z_{Na}+Z_{Cl})(Z_{Na}+Z_{SO_4})\Delta P(NaCl+Na_2SO_4)\\&+(Z_{Mg}+Z_{Cl})(Z_{Mg}+Z_{SO_4})\Delta P(MgCl_2+MgSO_4)]\end{aligned} \tag{4.101}$$

使用这些混合项来估计混合物的物理性质的重要性如表 4.15 所示。考虑过量混合条件(在这种情况下即 ΔV_{EX}，主要海盐的混合体积)时，密度的估算值与测量值更一致。

表 4.15　25 ℃海盐卤水用水稀释后测量密度与计算密度($g \cdot cm^{-3}$)的比较

I	测量的$(\rho-\rho^\circ)10^3$	$\Delta\rho$，10^6	I	测量的$(\rho-\rho^\circ)10^3$	$\Delta\rho$，10^6
0.470	18.360	−18	3.561	123.974	211
1.218	46.136	81	4.234	144.207	235
1.752	64.986	134	5.333	175.610	297
2.614	93.984	199	6.124	197.281	444

稀溶液大多数物理性质的估算都可以不用 ΔP_{EX}项。表观摩尔性质，如体积，可以认为是由两部分组成：离子与水的相互作用项和离子与离子的相互作用项。海水的物理性质的公式如下：

$$P = P^0 + \sum 离子-水 + \sum 离子-离子 \tag{4.102}$$

式中，$\sum$离子－水项是溶液主离子与水的相互作用的加权和，$\sum$离子－离子是溶液主离子间的相互作用的加权和。第一项完全是相加性的，并且与纯水中离子与水的相互作用有关。第二项与溶液中所有可能的离子间的相互作用有关。这些相互作用可以用Pitzer 法估算，且与下式有关：

$$\sum 离子 - 离子 = DH + \sum 二元 + \sum 三元 \tag{4.103}$$

式中，二元相互作用与 β^0，β^1 和 θ 相关，三元相互作用与 $C\Phi$ 和 ψ 相关。因此，杨氏定律的运用体现在 Pitzer 方程式中。β^0，β^1 和 C^Φ 项对应的是所有二元组分（NaCl，Na_2SO_4，$MgCl_2$，等等），θ 和 ψ 项针对的是所有三元混合物（NaCl + Na_2SO_4，NaCl + $MgCl_2$，等等）。这种通用方法虽然有些复杂，但可以用逐级计算的方式解释所有可能的相互作用。

参考文献

Ball，P.，H_2O：A Bibliography of Water，Weidenfeld and Nicolson，London（1999）.

Barber，R. T.，and Ryther，J. H.，Organic chelators：factors affecting primary production in the Cromwell Current upwelling，J. Exp. Mar. Biol. Ecol，3，191（1969）.

Bernal，J. D.，and Fowler，R. H.，A theory of water and ionic solution，with particular reference to hydrogen and hydroxyl ions，J. Chem. Phys.，1，515（1933）.

Bjerrum，N.，Ion association. I. Influence of ionic association on the activity of ion at moderate degree of association，Kgl Danske Videnskab Selskab. Mat. Fys. Medd.，7，1（1926）.

Born，M.，Volumes and heats of hydration of ions，Z. Physik.，1，45（1920）.

Byrne，R. H.，Kump，L. R.，and Cantrell，K. J.，The influence of temperature and pH on trace metal speciation in seawater，Mar. Chem.，25，163（1988）.

Danford，M. D.，and Levy，H. A.，The structure of water at room temperature，J. Am. Chem. Soc.，84，3965（1962）.

Davis，C.，and Litovitz，T.，Two-state theory of the structure of water，J. Chem. Phys.，42，2563（1965）.

Debye，P.，and Hückel，E.，Zür Theorie der Electrolyte. I. Gefrierpunkterniedindung und verwandte Erscheinungen，Phys. Z.，24，185（1923）.

Drude，P.，and Nernst，W.，Electrostriction of free ions.，Z. Phys. Chem.（Frankfort）f 15，9（1884）.

Du，Q.，Superfine，R.，Freysz，E.，and Shen，Y. R.，Vibrational spectroscopy of water at the vapor/water interface，Phys. Rev. Lett.，70，2313（1993）.

Eigen，M.，Proton transfer，acid-base catalysis and enzymatic hydrolysis，I. Ele-

mentary processes, Angew. Chem. Int. Ed., 3, 1 (1964).
Eucken, A., Z. Elektrochem; 53, 102 (1949).
Eyring, H., Ree, T., and Hirai, N., Significant structures in the liquid state, Proc. Natl Acad. Sci., 44, 683 (1958).
Falk, M., and Kell, G. S., Thermal properties of water: discontinuities questioned, Science, 155, 1013 (1966).
Frank, H. S., and Quist, A. S., Pauling's model and the thermodynamic properties of water, J. Chem. Phys., 34, 604 (1961).
Frank, H. S., and Wen, W. Y., Structural aspects of ion-solvent interactions in aqueous solutions, Discussions Faraday Soc., 24, 133 (1957).
Franks, F., Water: A Comprehensive Treatise, the Physics and Physical Chemistry of Water, Plenum Press, New York, 596 (1972).
Friedman, H L., Mayer's ionic solution theory applied to electrolyte mixtures, J. Chem. Phys., 32, 1134 (1960).
Fuoss, R. M., Ionic association III. The equilibrium between ion pairs and free ions, J. Am. Chem. Soc., 80, 5059 (1958).
Garrels, R. R., and Thompson, M. E., A chemical model for seawater at 25℃ and one atmosphere total pressure, Am. J. Sci., 260, 57 (1962).
Goldberg, E., Minor elements in sea water, Chapter 5, Chemical Oceanography, Vol. 1, Riley, J. P., and Skirrow, G., Eds., Academic Press, New York, 163–196 (1965).
Guggenheim, E. A., Thermodynamic properties of aqueous solutions of strong electrolytes, Philos. Mag., 19, 588 (1935).
Guthrie, M., Urquidi, J., Tuld, S. A., Benmore, S. J., Klug, D. D., and Neuefeind, J., Direct structural measurements of relaxation processes during transformations in amorphous ice, Phys. Rev. B, 68, 184110 (2003).
Hansson I., A new set of acidity constants for carbonic acid and boric acid in seawater, Deep-Sea Res., 20, 461 (1973).
Honig, A., and Nicholls, A., Classical electrostatics in biology and chemistry, Science, 268, 1144 (1995).
Horne, R. A., Water and Aqueous Solutions, John Wiley and Sons, NY, 837 pp. (1972).
Kester, D. R., Byrne, R. H., and Liang, Y. J., Redox reactions and solution complexes of iron in marine systems, ACS Symp., 18, 56–79 (1975).
Kramer, and Duinker, J. C., Complexation of Trace Metals in Natural Waters, Martinus Nijhoff/W. Junk, The Hague (1984).
Kuo, L.-F., and Mundy, C. J., An ab initio molecular dynamics study of the aque-

ous liquid-vapor interface, Science, 303, 658 (2004).

Laidler, K. J. , and Pegis, Cv The influence of dielectric saturation on the thermodynamic properties of aqueous ions, Proc. Roy. Soc. , London, A241, 80 (1957).

Latimer, W. M. , Pitzer, K. S. , and Slansky, C. M. , The free energy of hydration of gaseous ions, and absolute potential of the normal calomel electrode, J. Chem. Phys. 7, 108 (1939).

Millero, F. J. , Thermodynamic models for the state of metal ions in seawater, Chapter 17, The Sea, Ideas and Observations, Vol. 6, Goldberg, E. D. , Ed. , Wiley, New York, 653 - 693 (1977).

Millero, F. J. , Effects of pressure and temperature on activity coefficients, Chapter 2, Activity Coefficients in Electrolyte Solutions, Vol. 2, Pytkowicz, R. M. , Ed. , CRC Press, Boca Raton, FL, 63 - 151 (1979).

Millero, F. J. , The stability constants for the formation of rare earth inorganic complexes as a function of ionic strength, Geochim. Cosmochim. Acta, 56, 3123 (1992).

Millero, F. J. , Influence of pressure on chemical processes in the sea, Chapter 43, Chemical Oceanography, Vol. 8, 2nd edv Riley, J. P. , and Chester, R. , Eds. , Academic Press, New York, 1 - 88 (1983).

Millero, F. J. , The activity of metal ions at high ionic strengths, in Complexation of Trace Metals in Natural Waters, Kramer, and Duinker, J. C. , Eds. , Martinus Nijhoff/W. Junk, The Hague, 187 - 200 (1984).

Millero, F. J. , The Physical Chemistry of Natural Waters, Wiley-Interscience, New York (2001).

Millero, F. J. , and Hawke, D. H. , Ionic interactions of divalent metals in natural waters, Mar. Chem. , 40, 19 (1992).

Millero, F. J. , and Schreiber, D. R. , Use of the ion pairing model to estimate activity coefficients of the ionic components of natural waters, Am. J. Sci. , 282, 1508 (1982).

Millero, F. J. , Yao W. , and Aicher, J. , The speciation of Fe(II) and Fe(III) in seawater, Mar. Chem. , 50, 21 (1995).

Millero, F. J. , Seawater as a multicomponent, in The Sea, Ideas and Observations, Vol 5, Goldberg, E. D. , Ed. , Wiley-Interscience, New York, 3 - 80 (1974).

Miyazaki, M. , Fuji, A. , Ebata, T. , and Mikami, N. , Infrared spectroscopic evidence for protonated Water clusters forming nanoscale cages, Science, 303, 1134 (2004).

Morel, Principles of Aquatic Chemistry, Wiley, New York (1983).

Nemethy, G. , and Scheraga, H. A. , Structure of water and hydrophobic bonding in proteins. I. A model for the thermodynamic properties of liquid water, J. Chem. Phys. , 36, 3382 (1962).

Ohmine, L. , and Tanaka, H. , Fluctuations, relaxations and hydration in liquid water: hydrogen-bond rearrangement dynamics, Chem. Rev. , 93, 2545 (1993).

Pauling, L. , The Nature of the Chemical Bond, 3rd ed. , Cornell Press, Ithaca, NY, Chapter 5 (1960).

Pitzer, K. S. , Activity Coefficients in Electrolyte Solutions, 2nd ed. , CRC Press, Boca Raton, FL (1991).

Pople, J. A. , Molecular association in liquids. II. A theory of the structure of water, Proc. Roy. Soc. London, A205, 163 (1951).

Pratt, L. R. , Ed. , Thematic issue: water, Chem. Rev. , 102 (2002).

Raymond, G. L. et al. , Hydrogen-bonding interactions at the vapor/water interface investigated by vibrational sum-frequency spectroscopy of $HOD/H_2O/D_2O$ mixtures and molecular dynamics, J. Phys. Chem. , 107, 546 (2003).

Robinson, R. A. , and Stokes, R. H. , Electrolyte Solutions, 2nd ed. , Butterworths, London, 455 (1959).

Rowland, H. A. , on the mechanical equivalent of heat with subsidiary researches on the variation of the mercurial from the air thermometer and on the variation of the specific heat of water, Proc.

Am. Acad. ArtsScl, 15, 75 (1880).

Rowlinson, J. S. , The second virial coefficients of polar gases, Trans Faraday Soc. , 45, 974 (1949).

Ruan, C. -Y, Lobastov, V. A. , Vigliotti, F. , Chen, S. , and Zewail, A. H. , Ultrafast electron crystallography of inter facial water, Science, 304, 80 (2004).

Samoilov, O. Y. , Structure of Aqueous Electrolyte Solutions, Ives, D. J. , Trans. , Consultants Bureau, New York (1965).

Searcy, J. Q. , and Fenn, J. B. , Clustering of water on hydrated protons in a supersonic free jet expansion, /. Chem. Phys. , 61, 5282 (1974).

Shin, J. W. , Hammer, N. I. , Diken, E. B. , Johnson, M. A. , Walters, R. S. , Jaeger, T. D. , Duncan, M. A. , Christie, R. A. , and Jordan, K. D. , Infrared signature of structures associated with the $H^+(H_2O)_n$ (N = 6 to 27) clusters, Science, 304, 1137 (2004)

Soper, A. K. , Ed. , The structure of the first coordination shell in liquid water, Chem. Phys. , 258 (2000).

Steeman-Nielson, E. , and Wium-Anderson, S. , Copper ions as poison in the sea and fresh water, Mar. Biol, 6, 93 (1970).

Stewart, G. W. , X-ray diffraction water. The nature of molecular association, Phys. Rev. , 37, 9 (1931).

Stumm, W. , and Brauner P. A. , Chemical speciation, Chapter 3, Chemical Oceanography, Vol. 1, 2nd edv Riley, J. P. , and Skirrow, G. , Eds. , Academic Press, New York, 173 - 239 (1975).

Stumm, W. , and Morgan, J. J. , Aquatic Chemistry, Wiley, New York (1970).

Tammann, G. H. , Uber die Beziehungen zwischen den inneren Kraften und Eigenschaften der Losungen, Z. Physik. Chem. , 17, 620 - 636 (1895).

Turner, D. R. , Whitfield, M. , and Dickson, A. G. , The equilibrium speciation of dissolved components in freshwater and seawater at 25℃ and 1 atm pressure, Geochim. Cosmochim. Acta, 45, 855 (1981).

van den Berg, C. M. G. , Electroanalytical chemistry of sea-water, Chapter 51, Chemical Oceanography, Vol 9, 2nd ed. , Riley, J. P. , Ed. , Academic Press, New York, 198 - 246 (1989).

Wall, T. T. , and Homing, D. F. , Raman intensities of HDO and structure in liquid water, /. Chem. Phys. , 43, 2079 (1965).

Wernet, P. , Nordlund, D. , Bergmann, U. , et al. , The structure of the first coordination shell in liquid water, Science, 304, 995 (2004).

Whitfield, M. , Sea water as an electrolyte solution, Chapter 2, Chemical Oceanography, Vol. 1, 2nd ed. , Riley, J. PV and Skirrow, G. , Eds. , Academic Press, New York, 44 - 171 (1975).

Wicke, E. , Structure formation and molecular mobility in water and in aqueous solutions, Angew Chem. , 5, 106 - 122 (1966).

Wirth, H. E. , The problem of the density of seawater, J. Mar. Res. , 3, 230 (1940)

Young, T. F. , Recent developments in the study of interactions between molecules and ions, and of equilibrium in solutions, Rec. Chem. Vrogr. , 12, 81 (1951).

Zundel, G. , Z. Phys. Chem. 58, 225 (1974).

Zwier, T. S. , Enhanced: the structure of protonated water clusters, Science, 304, 1119 (2004).

第 5 章 大气化学

5.1 引言

近年来，大气化学越来越受到关注。由于海洋与大气关系密切，是大气气体的源和汇，所以有必要适当简要介绍一下这个科学领域。人们早期对大气的兴趣主要与各大城市光化学烟雾的形成有关。汽车和发电厂排放的未燃尽碳氢化合物与氮氧化合物通过复杂相互作用而形成了光化学烟雾。太阳提供了生物生存必要的能量。近年来，人们对大气化学的兴趣主要集中在由化石燃料燃烧产生的 NO_x 和 SO_2 气体氧化所形成的酸雨（HNO_3 和 H_2SO_4），氯氟烃（CFCs）引起的臭氧层减少，以及可吸收红外（IR）能量并导致大气变暖的温室气体（CO_2，CH_4 等）浓度上升。

由于许多有趣的化学反应都发生在地球表面附近，所以简要介绍大气层各个组成层具有重要意义。大气层可分为四层（参见图 5.1）：对流层（0～10 km）、平流层（10～50 km）、中间层（50～100 km）和热层（100～1000 km）。这些层以大气温度的变化为标志。从地球表面到 10 km 的高度上，对流层顶的温度降至最低。在平流层中，平流层顶的温度升至最高。在中间层中，中间层顶的温度降至最低。在热层中，随着大气气体分子的稀薄，温度再次上升。大气温度的变化与气体浓度和海洋各个层次发生的化学反应有关。地球表面上方的高度与海洋中的水深相似。由于两种流体都是可压缩的，所以高度或深度的变化可以改变温度。这种效应在大气层中更易于表征，原因在于气体是以近似理想的方式呈现，并且可以通过理想气体方程式进行估算。压力随着高度 z 的变化与密度 ρ 和重力加速度 g 有关（$dp/dz = -pz$）。

对于理想气体，可以确定绝热温度随高度的变化（$dT/dz = -Mg/Cp$，式中 M 为分子量，Cp 为热容）。该方程式可求导出 −9.8 ℃/km 的温度变化（即高度每增加 1 km，绝热温度下降 9.8 ℃）。从地球表面到对流层顶的大气温度降低是由这种绝热冷却所致。而平流层和中间层之间的温度升高，以及在平流层顶达到最高值则是臭氧分子（O_3）吸收能量产生的结果。在中间层顶上随着大气气体的减少，温度升高直至外太空。

大气中主要成分之间的化学反应以较慢的速率发生。光会促进活性物质的形成，而这些活性物质又会引发许多快速反应链。由于低层大气的化学是由光子的吸收而驱动的，因此通常被称为对流层光化学。

太阳光子通量与波长的关系如图 5.2 所示。290 nm 以下的大部分辐射未到达对流层。波长短于 240 nm 的光子被热层中的 O_2 和 N_2 分子吸收。这就形成了臭氧 O_3：

$$O_2 + h\upsilon \rightarrow 2\ O\cdot \quad (5.1)$$

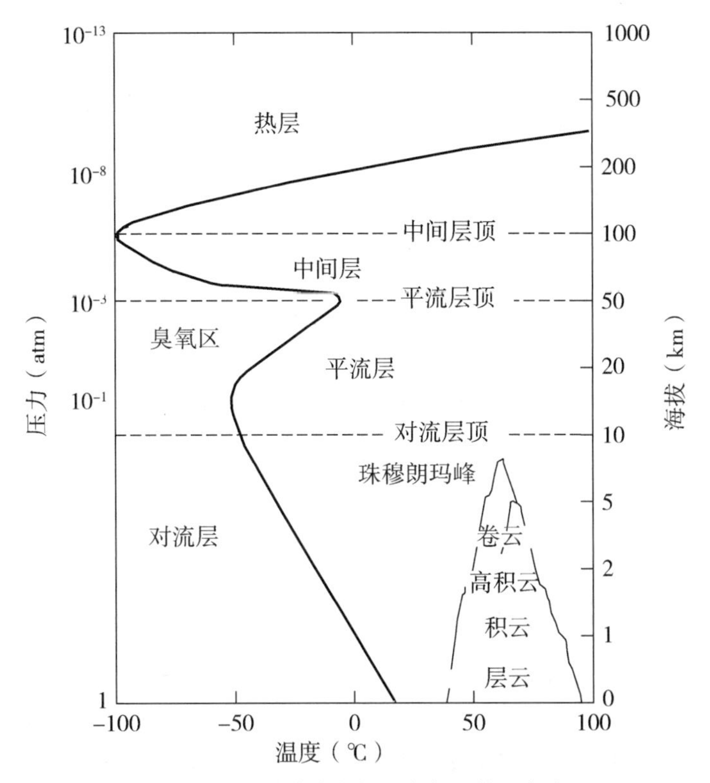

图5.1　通过温度变化标记大气层的四个分层

$$O_2 + O + M \rightarrow O_3 + M \tag{5.2}$$

式中，M代表在反应中未发生变化的另一个氧气或氮气分子。以这种方式形成的O_3，其浓度在平流层下部达到了峰值(见图5.3)。紫外线(UV)辐射同样也可以刺激O_3的解离：

$$O_3 + h\upsilon \rightarrow O_2 + O(^1D) \tag{5.3}$$

该反应导致240 nm至300 nm之间发生了光的吸收。由于O_3解离过程中形成了电子激发态的氧$O(^1D)$，导致出现了奇电子氮自由基和奇电子氢自由基：

$$N_2O + O(^1D) \rightarrow 2\ NO\cdot \tag{5.4}$$

$$H_2O + O(^1D) \rightarrow 2\ OH\cdot \tag{5.5}$$

对于这些反应将有更详尽的讨论。被光子分解的O_3形成了氧原子，而这些氧原子又可以很快与O_2再次反应生成O_3。这就形成了O_3的稳态积聚。当O_3与一个氧原子O碰撞时，O_3会消失并形成两个氧气分子：

$$O_3 + O \rightarrow 2\ O_2 \tag{5.6}$$

平流层中破坏O_3的其他反应(如与原子态Cl的反应)未来将进一步讨论。平流层中臭氧浓度的最大值是因为平流层上部的O_2呈指数级下降，同时在当太阳光穿透越来越稠密的大气时，平流层下部紫外线强度降低。

由于到达对流层的光线波长超过了300 nm，所以没有足够的能量来破坏强度为

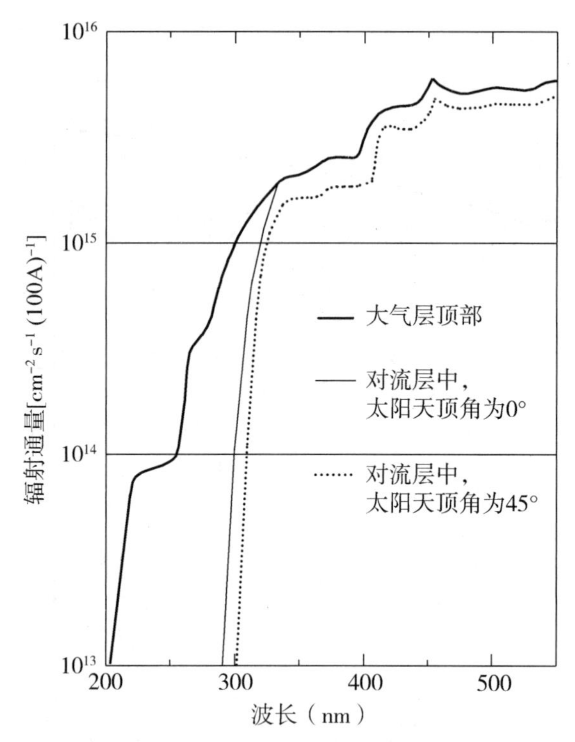

图 5.2　**在对流层中到达各个分层的太阳辐射中，大多数波长小于** 290nm **的太阳辐射都没有达到对流层**

120 kcal/mol 的 O—O 键。这也就表明，O_2 无法氧化对流层中的还原性气体。人们曾一度认为 O_3 和 H_2O_2 都是对流层中的氧化剂。现在，人们认为氢氧自由基(OH·)才是氧化剂。

OH·的生成是由 O_3 的光解引发的。臭氧以 10～100 ppb 的浓度存在于对流层中，并具有 26 kcal·mol^{-1}的键能。波长介于 315 nm 到 1200 nm 之间的太阳光子可以解离 O_3 并产生一个处于电子基态的氧原子：

$$O_3 + h\upsilon(1200 > \lambda > 315\ \text{nm}) \rightarrow O_2 + O(^3P) \quad (5.7)$$

$O(^3P)$原子在三元反应中与 O_2 反应，而迅速再次形成臭氧：

$$O(^3P) + O_2 + M \rightarrow O_3 + M \quad (5.8)$$

式中 M 表示 N_2 或 O_2。该序列不会产生净化学作用。当臭氧在波长短于 315 nm 的情况下发生反应时，会产生一个电子激发态的氧原子：

$$O_3 + h\upsilon(\lambda < 315\ \text{nm}) \rightarrow O(^1D) + O_2 \quad (5.9)$$

$O(^1D)$到 $O(^3P)$的跃迁被禁止，导致 $O(^1D)$具有 100 s 相对较长的寿命。$O(^1D)$最易与 N_2 或 O_2(M)发生碰撞：

$$O(^1D) + M \rightarrow O(^3P) + M \quad (5.10)$$

$O(^3P)$最终与 O_2 反应生成 O_3，也不会发生净化学变化。有时候，$O(^1D)$会与水发生碰撞，产生两个羟基自由基：

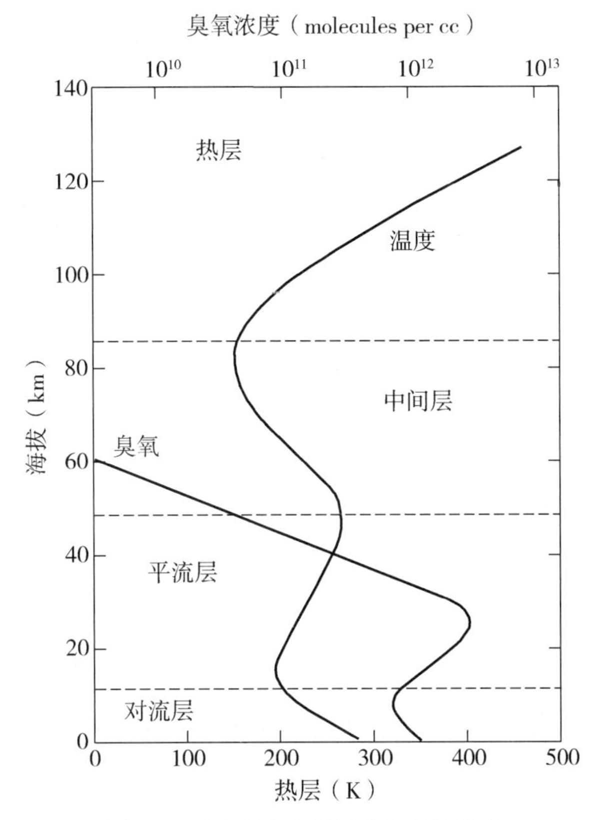

图 5.3　大气层各个分层中臭氧的浓度

$$O(^1D) + H_2O \rightarrow 2\ OH\cdot \tag{5.11}$$

该系列反应是对流层中羟基自由基的主要来源。人们认为，以这种方式形成的 OH· 自由基可控制许多痕量气体的浓度(见图 5.4)。

从大气中除去 OH·自由基由以下反应引起：

$$CO + OH\cdot \rightarrow CO_2 + H\cdot \tag{5.12}$$

$$CH_4 + OH\cdot \rightarrow CH_3\cdot + H_2O \tag{5.13}$$

H·和·CH_3 自由基都可与 O_2 快速结合，生成过氧羟(HO_2)和过氧甲基(CH_3O_2)自由基。但是，过氧羟自由基可以再次生成 OH·自由基：

$$HO_2 + NO \rightarrow NO_2 + OH\cdot \tag{5.14}$$

$$HO_2 + O_3 \rightarrow 2O_2 + OH\cdot \tag{5.15}$$

它也会导致链终止反应：

$$HO_2 + OH\cdot \rightarrow H_2O + O_2 \tag{5.16}$$

$$HO_2 + HO_2 \rightarrow H_2O_2 + O_2 \tag{5.17}$$

过氧化氢(H_2O_2)通过雨水从大气中去除。过氧甲基自由基(CH_3O_2)的化学性质十分复杂，且目前尚不知道它的全部化学反应。人们已经使用数学模型来模拟这些反应，而 OH·的平均浓度约为每立方厘米 $2\times10^5 \sim 20\times10^5$ 个自由基，且在热带地区的平均浓度最高。模型计算预测，在南半球可发现约 20%的 OH·自由基。这是由北

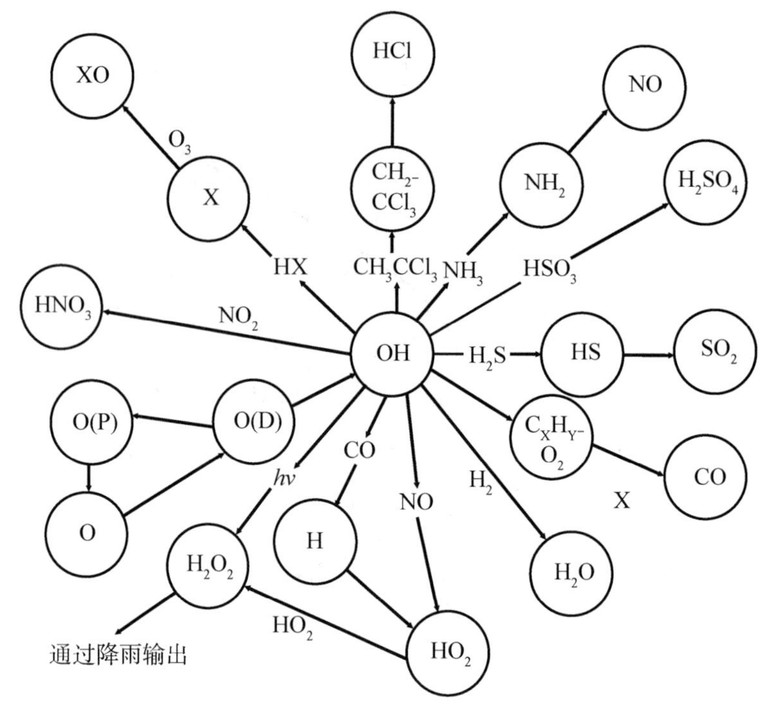

图 5.4　痕量气体上 OH·自由基的光化学控制

半球 CO 浓度较高引起的。由于 OH·自由基具有低浓度和高反应度，尚且难以实现直接测定大气中的 OH·自由基。对流层中 OH·自由基的最大损失是由 CO 浓度控制的 CO 氧化。图 5.5 中，通过在多个不同位点测量显示，CO 的分布随着时间变化而变化(Novelli 等，1994)。其水平范围在 45～250 ppb 之间，从北到南呈降低趋势。晚冬和早春的水平最高，夏季则会下降。

近年来，CO 在北纬地区似乎下降了 7.3 $ppb \cdot yr^{-1}$，而在南纬下降了 4.2 $ppb \cdot yr^{-1}$。最近的下降与过去 30 年来北半球出现的 1%至 2%的升幅正好相反。

CO 进入大气主要途径是化石燃料燃烧、工业排放、生物质燃烧以及 CH_4 和非甲烷碳氢化合物的氧化作用。与 OH·的反应所消耗的 CO 占总迁出的 90%～95%。目前尚不能将这一下降完全解释为更有效使用化石燃料所致。因为它可能与大气层中较高水平的 OH·自由基有关，也可能是 1991 年 6 月皮纳图博火山爆发使平流层 O_3 降低所致。O_3 的减少会导致到达对流层的 UV 辐射增多，使 O_3 光解作用增强，从而产生更多 OH·自由基。许多其他因素也会影响 CO 的源和汇。需要进一步测量以确认下降趋势。有趣的是，从 1991 年开始，CO_2、甲烷和一氧化二氮的增长也显示出放缓的趋势，而氧气输入量则有所增加。尽管这些结果可能是由独立效应引起的，但它们提示了大气环境的微小变化会导致气体浓度的剧烈变化。

5.1.1　大气的构成

大气成分包括主要气体(摩尔级的 N_2，O_2，Ar，H_2O 和 CO_2)、微量气体(ppm

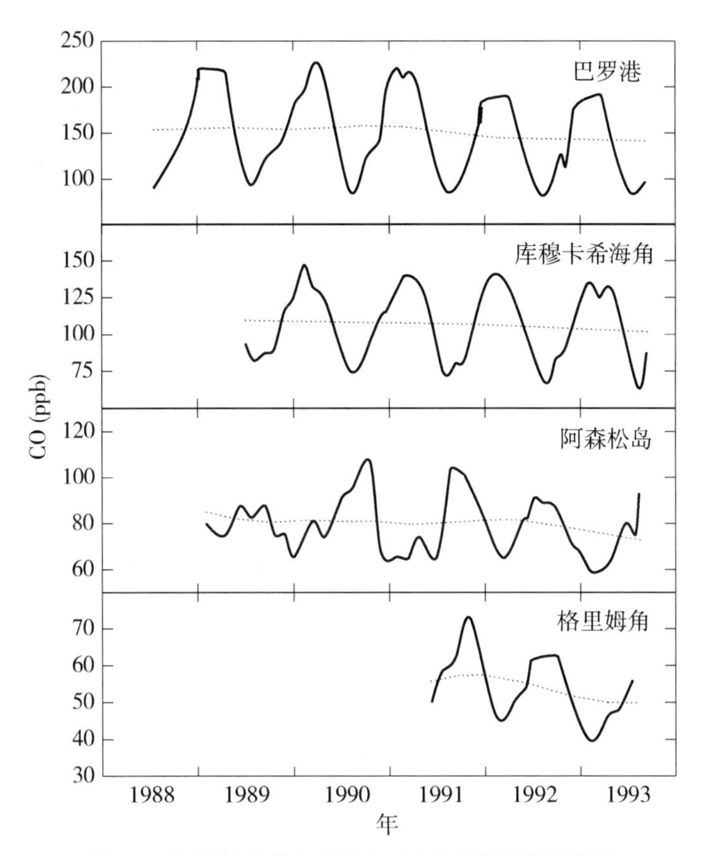

图 5.5　不同地点的大气层中 CO 浓度随时间的变化

级 Ne，He，CH_4 和 CO）、一些痕量气体（ppb 级的 O_3，NO，N_2O 和 SO_2；ppt 级的 CCl_2F_2，CF_4 和 NH_3）以及自由基，如每立方厘米原子或分子的 OH·。除了这些气体之外，大气中还含有许多化合物（H_2SO_4/HNO_3 等）的凝聚相（如云和气溶胶）。大气中主要保守气体的摩尔分数如表 5.1 所示。摩尔分数的误差（±）反映了组合物的稳定性和精度。大气中某些微量气体的组成如表 5.2 所示。这些气体源自生物、工业和光化学过程。微量气体的浓度会随着工业和生物来源的变化而变化。

表 5.1　主要保守大气气体的丰度

气体	干燥空气中的摩尔分数（*Xi*）	气体	干燥空气中的摩尔分数（*Xi*）
N_2	0.780 84 ± 0.000 04	Ne	$(1.818 \pm 0.004) \times 10^{-5}$
O_2	0.209 46 ± 0.000 02	H_e	$(5.24 \pm 0.004) \times 10^{-6}$
Ar	$(9.34 \pm 0.01) \times 10^{-3}$	Kr	$(1.14 \pm 0.01) \times 10^{-6}$
CO_2	$(3.5 \pm 0.1) \times 10^{-4}$	Xe	$(8.7 \pm 0.1) \times 10^{-8}$

来源：数据源自 Kester，D. R. 溶解气体（非 CO_2），《化学海洋学》，1975 年。

表 5.2　大气中微量气体的构成

物种	X_i 实际值	可靠性	源	汇
CH_4	1.7×10^{-6}	高	生物作用	光化学
CO	$0.5\sim2\times10^{-7}$	一般	光作用和人为因素	光化学
O_3	5×10^{-8}(clean) 4×10^{-7}(polluted) $10^{-7}\sim6\times10^{-6}$(平流层)	一般	光作用	光化学
$NO+NO_2$	$10^{-8}\sim10^{-12}$	低	闪电、人为因素和光作用	光化学
HNO_3	$10^{-9}\sim10^{-11}$	低	光作用	湿沉降
NH_3	$10^{-9}\sim10^{-10}$	低	生物作用	光作用和湿沉降
N_2O	3×10^{-7}	高	生物作用	光作用
H_2	5×10^{-7}	高	生物作用和光作用	光作用
OH	$10^{-15}\sim10^{-12}$	极低	光作用	光作用
HO_2	$10^{-11}\sim10^{-13}$	极低	光作用	光作用
H_2O_2	$10^{-10}\sim10^{-18}$	极低	光作用	湿沉降
H_2CO	$10^{-10}\sim10^{-9}$	低	光作用	光作用
SO_2	$10^{-11}\sim10^{-10}$	一般	人为因素和光作用	光作用和火山爆发
CS_2	$10^{-11}\sim10^{-10}$	低	人为因素和生物作用	光作用
OCS	$5\sim10^{-10}$	一般	人为因素、生物作用和光作用	光作用
CH_3CCl_3	$0.7\sim2\times10^{-10}$	一般	人为因素	光作用

大气中气体的分布是其分子量和反应度(图 5.6)的函数。高分子量气体(Xe，Kr)集中在地面附近，而较轻的气体(H_2，He)则扩散到外层大气中。大气中气体的分布与其寿命有关。气体在大气的寿命从几秒到几百年不等(见图 5.7)。它们的寿命就相当于气体在两半球的混合时间，可能是几年，也可能是几个月。大气中，水分的寿命最短(从赤道到极地，6～15 天)。具有大陆来源的气体(如甲烷和二氧化碳)因其寿命长短不同，在半球范围内的分布也就不同(见图 5.8)。而甲烷寿命较长(7 年)，所以在两半球之间的分布几乎是均匀的。活性较高的一氧化碳(寿命 65 天)集中在北部的源头附近。两半球之间气体的缓慢运动是由热带辐合带(intertropical convergence zone，ITCZ)所致，而 ITCZ 又是由赤道附近气体上升引起的。这样可以防止两个半球之间的混合，从而产生 1～2 年的半球间混合时间。根据 1982 年埃尔奇琼(El Chichon)火山爆发产生的灰尘和颗粒运动的研究，可证明存在快速的半球间混合(见图 5.9)。该次火山爆发发生在 4 月 4 日，并在 4 月 25 日侵袭了整个北半球。

大气中痕量气体的浓度是由复杂的过程联合控制的。影响气体时空变化的因素包括源(强度和可变性)和汇(机制和可变性)，以及寿命。源(污染空气)附近的变化主要

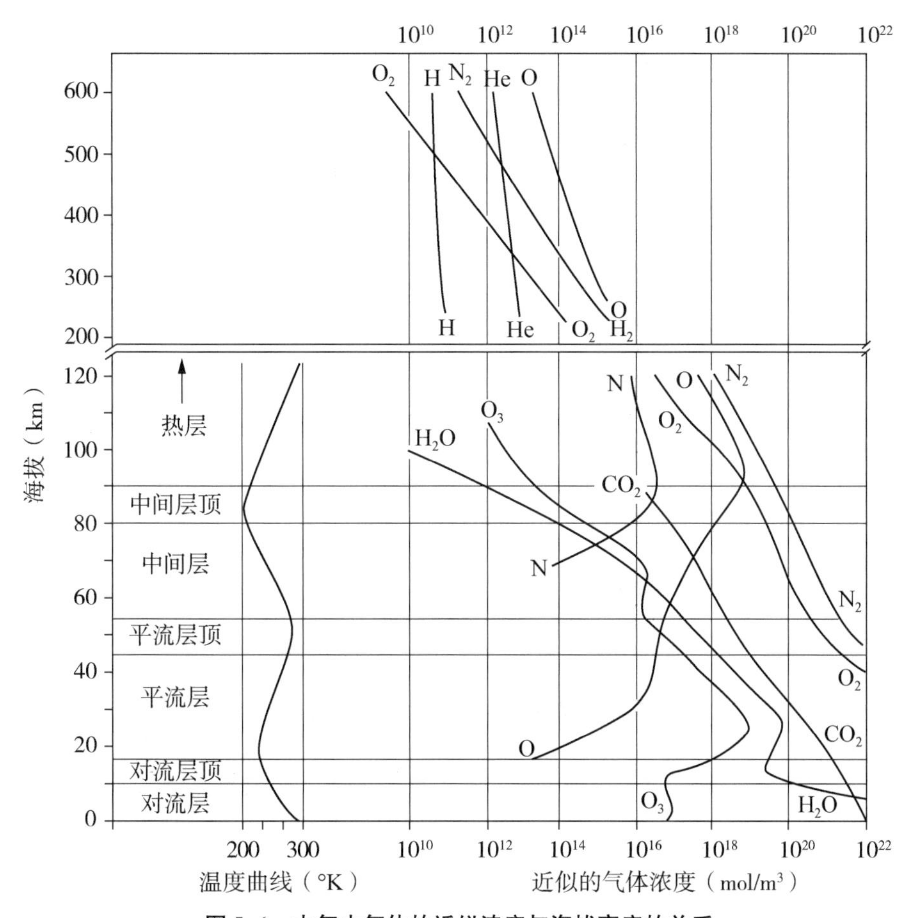

图5.6 大气中气体的近似浓度与海拔高度的关系

取决于源头(汽车交通)的变化，而偏远地区(在海洋)的变化则由汇或寿命控制。痕量气体浓度的变化与逗留时间成反比。大气中痕量气体的浓度高于基于热力学计算的预期浓度。这些气体的主要来源是：

(1)生物源(CH_4，NH_3，H_2O，H_2，CS_2，OCS)。

(2)光化学作用(CO，O_3，NO_2，HNO_3，H_2，OH，HO_2，H_2O_2，H_2CO)。

(3)闪电(NO，NO_2)。

(4)火山爆发(SO_2)。

这些气体的迁出大部分是取决于光化学反应，但 H_2O_2、HNO_3 和 H_2SO_4(因湿沉降而被移出)除外。

大气中存在水的所有三种相。一般条件下，水的分压非常小(30～40 mbar，相当于 25 gm^3)。在典型的云层中，很少有水会处于凝聚阶段(层云为 0.3～1.0 gm^3)。

这些云很重要的，它们可以将水从大气输送到地球表面，并从空气中清除许多物质再将其输送到地球表面。云是由云凝结核(cloud condensation nuclei，CCN)的粒子形成的。这些粒子必须足够小，才能具有较小的沉降速度。这些粒子可溶于水。过

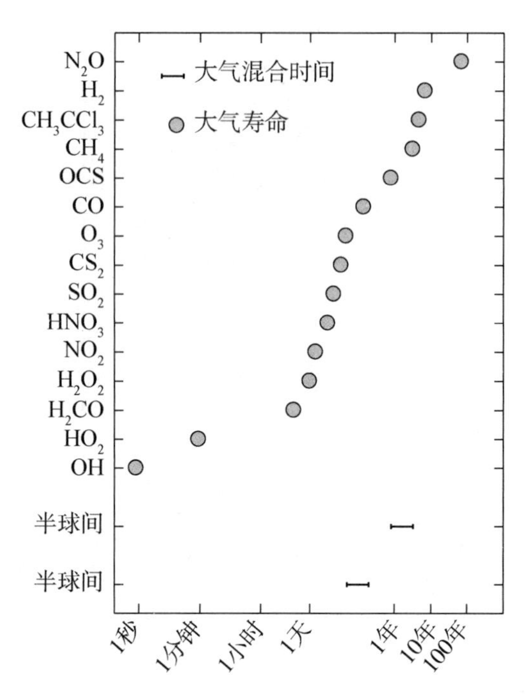

图 5.7　对流层中痕量气体的大气寿命在 1 秒到 100 年之间不等

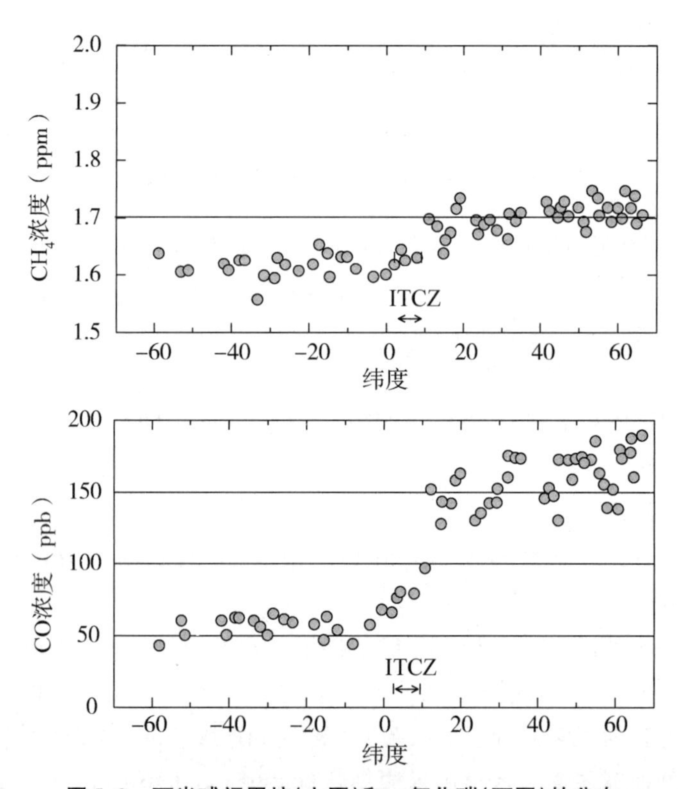

图 5.8　两半球间甲烷(上图)和一氧化碳(下图)的分布

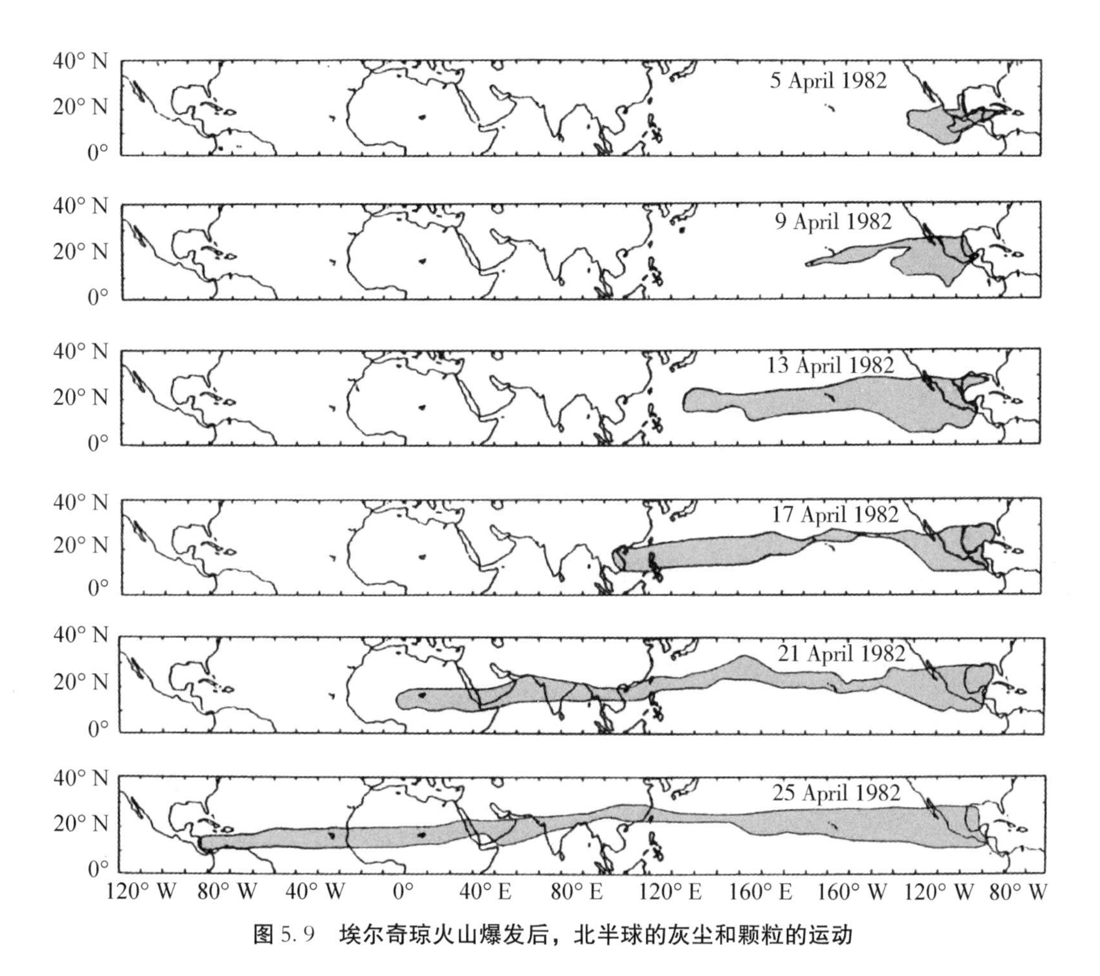

图 5.9　埃尔奇琼火山爆发后，北半球的灰尘和颗粒的运动

去人们曾认为来源于海沫的 NaCl 是主要的云凝结核，而最近的研究表明，硫酸盐颗粒(H_2SO_4 和$[NH_4]_2SO_4$)占据主导地位。在通过冷凝生长液滴之后，可通过碰撞发生进一步的生长。在存在冰的情况下(温度一般在 $-5\sim-20$ ℃之间)，会形成大的雨滴，从而形成强降雨。冰颗粒在碰撞期间会慢慢变大，其下落可导致形成冰雹(若冻结的话)或雨(若融化的话)。溶解在云凝结核中的化合物可以由溶解气体(SO_2，NH_3，HCHO，H_2O_2，HNO_3)和盐($[NH_4]_2SO_4$，NaCl 等)组成。对于含硫化合物将有更详尽的讨论。

5.2　含氮气体

低层大气中活性氮的种类(表 5.3)包括 NO、NO_2 和 HNO_3。这些种类可通过一系列反应相互循环偶合。这些种类的反应如图 5.10 所示。一氧化氮与氢过氧自由基的反应具有特别的意义：

$$NO + HO_2 \rightarrow NO_2 + OH\cdot \tag{5.18}$$

该反应可从 HO_2 中再次生成 OH·自由基。它还可通过以下反应生成臭氧：

$$NO_2 + h\upsilon \rightarrow NO + O\cdot \tag{5.19}$$

$$O\cdot + O_2 + M \rightarrow O_3 + M \tag{5.20}$$

表 5.3　**大气氮化合物浓度**

物种	浓度	来源	汇
N_2	78.9084%	原始挥发物	生物作用，闪电
NH_3	0～10 ppbv	生物作用	降水
RNH_2	—	生物作用	降水
N_2O	0.1～0.4 ppmv	生物作用	平流层中光解作用
NO	0～0.5 ppmv	氧化作用	HNO_3
NO_2	—	NO 氧化作用	HNO_3
HNO_2	—	OH + NO	降水
HNO_3	—	OH + NO	降水

来源：资料源自 Carlson，R. J.，The atmosphere，in Global Biogeochemical Cycles，Butcher，S. S.、Charleson，R. J.、Orians，G. H. 和 Wolfe，G. V.，，Eds.，美国学术出版社，纽约，1992 年。

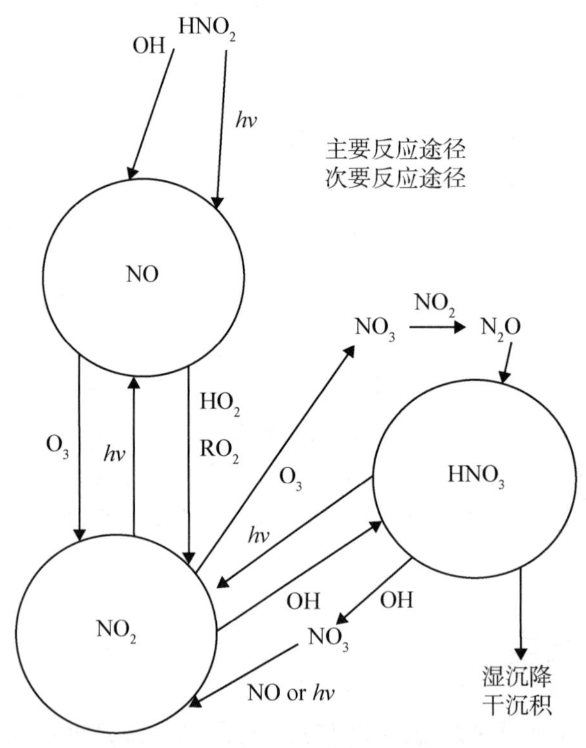

图 5.10　**对流层中主要活性氮种类**

式中，$M = N_2$ 或 O_2。化石燃料(如汽车燃油)的燃烧会产生大量的 CO 和 NO。CO 来自碳氢化合物的不完全燃烧，而 NO 在高温下由 N_2 和 O_2 形成。由于汽车和卡车中催化转化器的使用，这些气体的产量将会减少(Jacoby，2012)。虽然 CO 会导致

OH· 水平降低，但 NO 可以提高 OH·水平，特别是在偏远地区。氮氧化物如 HNO_3 可溶于雨水，可以从大气中迅速排出。此外，它还可以附着到气溶胶和颗粒上，并作为干沉积物被去除。雨水中的 HNO_3 是酸雨的组成成分之一。尽管已知 HNO_3 作为酸雨组分会影响雨水的 pH 值，但最近的工作(见图 5.11)表明，大气中的硝酸盐来源也可能是切萨皮克湾富营养化的成因之一。

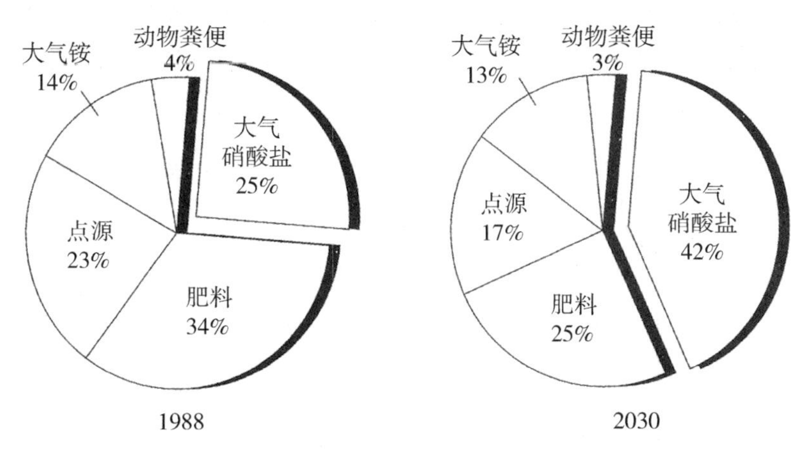

图 5.11　截至 2030 年，切萨皮克湾的大气硝酸盐来源可能会增加

大气中的 N_2O 也会减少平流层中的臭氧(见图 5.12)。细菌生产的 N_2O 可以通过吸收光在高空分解：

$$N_2O + h\upsilon \rightarrow N + NO \tag{5.21}$$

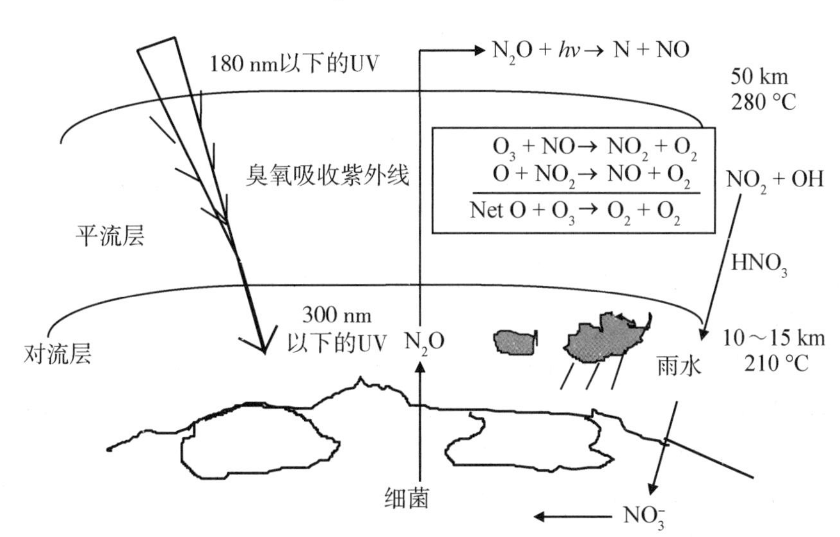

图 5.12　氮氧化物对平流层臭氧浓度的影响

形成的 NO 可在链式反应中与 O_3 发生反应：

$$O_3 + NO \rightarrow NO_2 + 2O\cdot \tag{5.22}$$

$$O\cdot + NO_2 \rightarrow NO + O_2 \tag{5.23}$$

总反应式为

$$O\cdot + O_3 \rightarrow 2O_2 \tag{5.24}$$

人们对硫物质引起酸雨的担忧引发了对硫循环的研究兴趣。生物过程中会产生一些硫化物（H_2S，CH_3SCH_3，OCS）。而 OH·自由基可将这些还原态的硫化物氧化成 SO_2。SO_2 也可作为化石燃料氧化的副产物直接注入大气。SO_2 的寿命在几天到一个月之间不等。SO_2 氧化成 H_2SO_4 后，H_2SO_4 被融入云滴和气溶胶中，可通过降雨作用和湿/干沉积去除 SO_2（见图 5.13）。氧化反应可能发生在气相、溶液相或颗粒上（见图 5.14）。

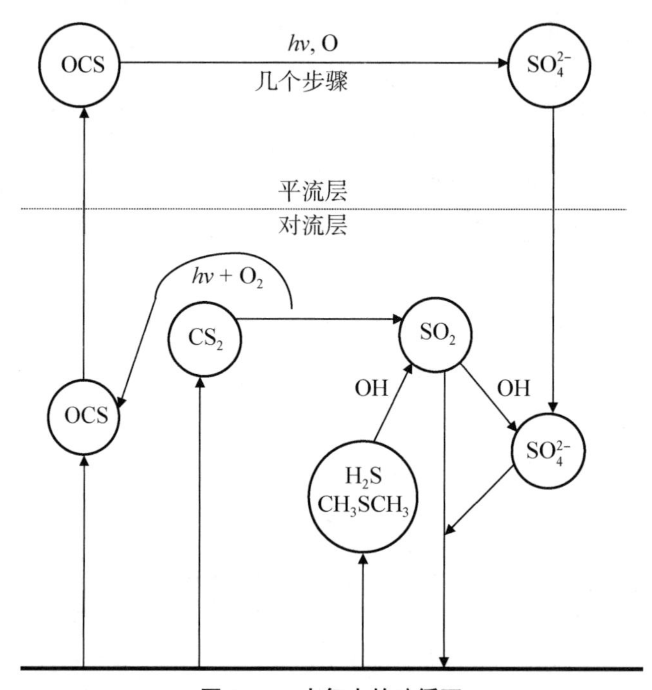

图 5.13　大气中的硫循环

安格斯·史密斯首先使用“酸雨”一词来描述工业排放物对英国降雨的影响。与大气 CO_2 平衡的水的 pH 值为 5.6。在未受污染的地区，由于天然的酸性物质的存在，pH 值则接近 5.0。在大多数城市地区，pH 一般低于 5.0。在欧洲和北美，90%的硫来自化石燃料的燃烧（表 5.4）。雨水的较低 pH 值（pH = 4.6～4.7）通常归因于 NO_X 和 SO_2 氧化形成的 HNO_3 和 H_2SO_4 的浓度。有机酸也可能是酸雨的重要组成部分，特别是在偏远地区。许多地区都对酸雨敏感，其中包括许多具有低碱度（<50 μM）的北方湖泊和广阔的森林地区。

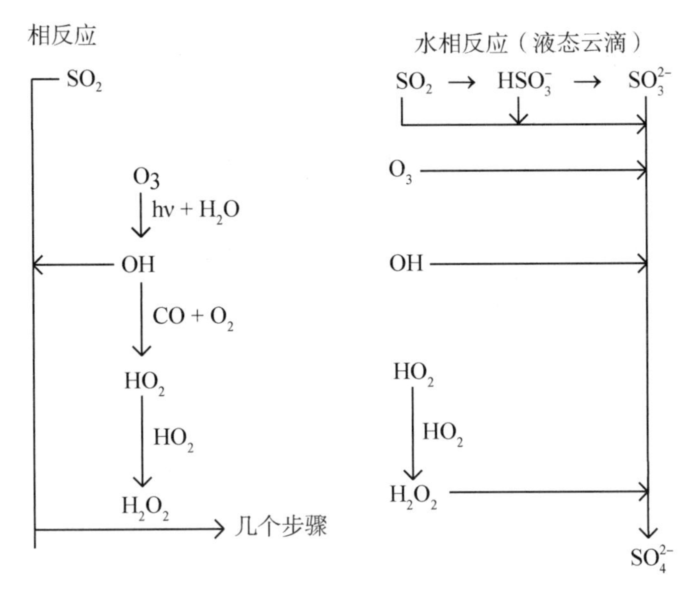

图 5.14　大气中硫的气相和液相反应

表 5.4　地中海和北大西洋的海洋雨水组成

离子	北大西洋	地中海	离子	北大西洋	地中海
pH	4.3～5.8	4.03～6.88	Ca^{2+}	2～119	2～112
H^+	1.7～50.1 μM	0.1～93.3 μM	NO_3^-	1～38	4～97
NH_4^+	—	4～40	Cl^-	8～6 900	20～2 260
Na^+	1.7～64.6	17～1 620	SO_4^{2-}	2～341	9～115
Mg^{2+}	1～653	3～211	HCO_3^-	4.1	9～152
K^+	1～130	1～42			

来源：资料源于 Losno，R. 等人，Atm. Environ.，25 A，763，1991 年。

酸雨的影响导致了更低的碱度以及更低的 Mg^{2+} 和 Ca^{2+} 的比例。鱼类可以耐受低至 5.5 的 pH 值。幼鱼和许多生物体可能在 pH 大于 5.5 的时候就受到影响。这可能导致掠食性鱼类的饥饿。在春季融雪期间，酸性水流频繁地引起酸性水脉冲，继而导致鱼类死亡。湖泊和溪流的较低 pH 也可能导致铝从沉积物中释放出来。离子态的铝（Al^{3+}）是有毒的，而其水解物（$Al[OH]^{2+}$，$Al[OH]^{2+}$）等是无毒的。最近的研究表明，H^+ 与沉积物的交换反应可能会减少酸雨对湖泊的影响。如果土壤的基本成分不发生丢失，那么湖泊就可能很快恢复成原来的 pH。然而，实际上并非如此，湖泊有可能多年都无法达到原来的 pH，需要通过广泛养殖鱼类以恢复原湖泊食物链关系。

5.3 温室气体

目前，人们已广泛接受 CO_2 的增加将导致全球气候变化这一可能性，但其他痕量气体对气候的影响仍鲜为人知。例如，CH_4、O_3、N_2O 等气体以及诸如 CCl_3F（CFC－11）和 CCl_2F_2（CFC－12）等 CFC 气体会造成对流层温度升高。太阳辐射被大气吸收，从而为许多过程提供能量。到达大气顶部的紫外线能量如图 5.15 所示。反向辐射到大气中的 IR 能量是地球温度（285 K 或 12 ℃）的函数。影响地球的太阳能量如图 5.16 所示。为了使全球气候平衡，吸收的辐射必须等于发射的辐射。与没有大气分子和颗粒的情况相比，大气分子和颗粒能够捕获一些热辐射能量，并将地球表面温度提高 10～15 ℃。吸收从地球辐射的红外能量（IR）的这个过程被称为温室效应。

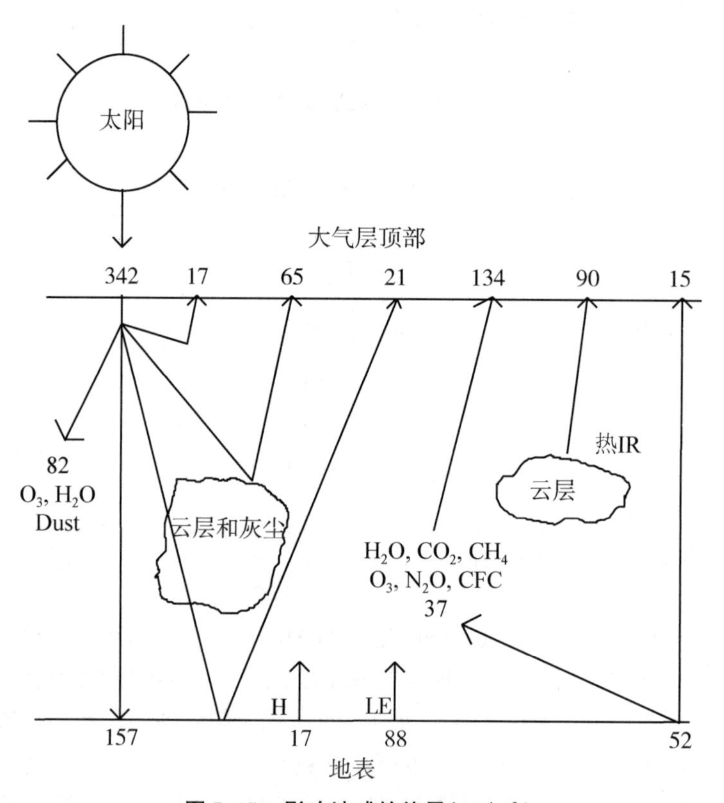

图 5.15　影响地球的能量（W/m^2）

大气中各种气体对吸收 IR 能量的影响如图 5.17 所示。云和水汽是这一过程的主要贡献者。大气中的其他气体虽然量少，但也有助于这种热辐射的捕获。在水汽和 CO_2 吸收不强烈的红外区域中，吸收强烈的气体会产生最大的影响。存在于 7 500 nm 和 12 000 nm 之间的“窗口”特别重要，因为水汽和 CO_2 在该区域不发生吸收，且在 10 000 nm 处地球发射的能量是最大的。若没有这些活性成分，地球将会失去作为

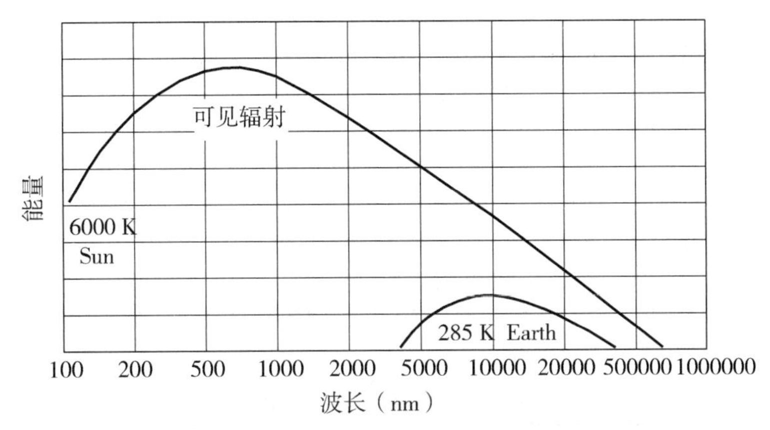

图 5.16　到达地球的可见辐射和地球发射的红外辐射

黑体所吸收的热辐射能（～387 W·m^{-2}）。大气顶部的实际辐射通量为 239 W·m^{-2}，所以大约有 148 W·m^{-2}（38%）被捕获。捕获 1 W·m^{-2}（0.3%）的能量变化就足以改变平衡，进而改变了气候。目前大气微量成分的捕获情况如表 5.5 所示。工业化前的微量气体的浓度和热变化的估计值在表 5.6 中给出。由于所有温室气体的浓度都在增加，这些变化在未来几年会变得更大。

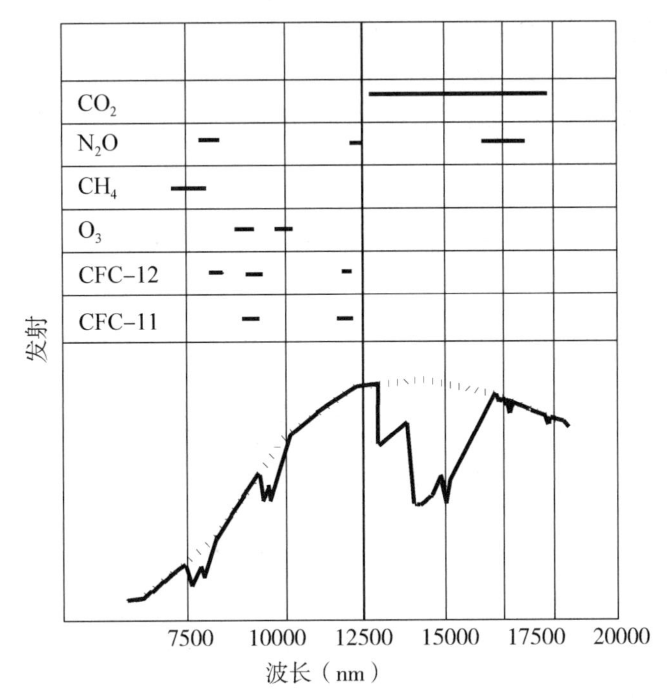

图 5.17　大气中温室气体吸收红外辐射

表 5.5　痕量气体对红外辐射的捕获(ΔQ，W/m^{-2})

气体	当前水平	当前 ΔQ	寿命	气体	当前水平	当前 ΔQ	寿命
CO_2	345 ppm	2.0	10～15 年	CFC－11[a]	0.22 ppb	0.06	75 年
CH_4	1.7 ppm	1.7	7～10 年	CFC－12[b]	0.38 ppb	0.12	100 年
O_3	10～100 ppb	1.3	0.5	合计		6.5	
N_2O	340 ppb	1.3	100				

[a] CCl_3F，[b] CCl_2F_2。

表 5.6　工业化前痕量气体对红外辐射的吸收

气体	过去水平	过去 ΔQ	气体	过去水平	过去 ΔQ	气体	过去水平	过去 ΔQ
CO_2	275 ppm	1.3	N_2O	285 ppb	0.05	CFC－12	0	0
CH_4	0.7 ppm	0.6	CFC－11	0	0	合计		2.2
O_3	0～25%	0～0.2						

对比两个表格可以发现，工业过程引起的 ΔQ 增加了大约 200%。但是，目前还难以将 ΔQ 的增加解读为全球气温的升高。虽然一些测量(见图 5.18)表明温度有所升高，但还难以根据 ΔT 的变化对 ΔQ 的变化进行可靠的估计。人们对 CO_2 在过去 260 年中的变化进行了充分的记录(图 5.19)。CO_2 的这种增加是由于化石燃料(煤、石油和天然气；图 5.20)使用增加而引起的。图 5.21 就美国化石燃料燃烧对 CO_2 的排放贡献与其他国家进行了比较。

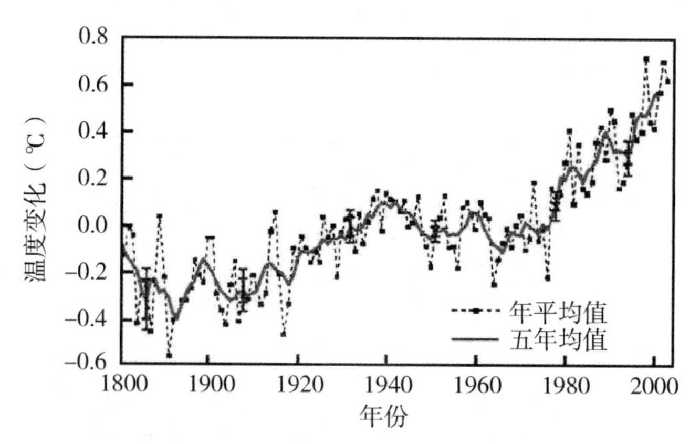

图 5.18　过去 200 年中的温度异常

目前，亚洲的"贡献"相当于美国，将来甚至会超过美国。虽然美国的人口仅为世界的 5%，但其化石燃料产生的 CO_2 却高达 20%。图 5.22 更加明确了这一点，它显示了各国的人均化石燃料排放量。与之贡献最接近的国家(澳大利亚)相比，美国人均排放量高出了 30%。

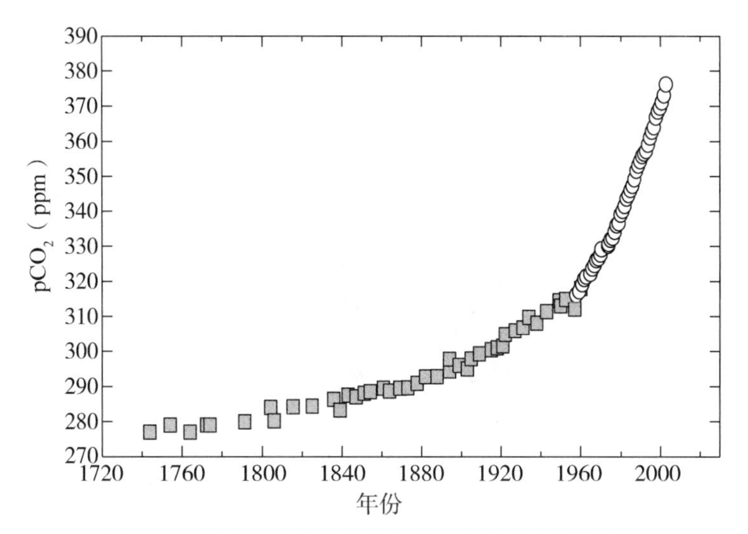

图 5.19　过去三个世纪里大气中二氧化碳分压的增加

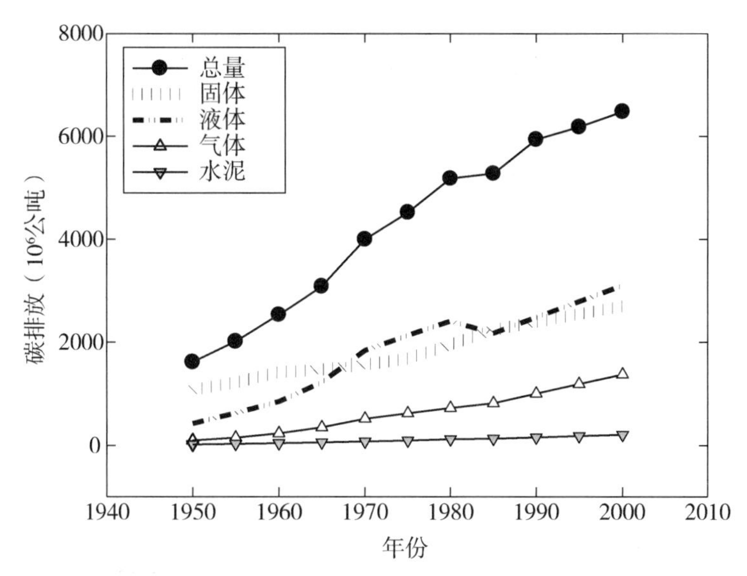

图 5.20　从化石燃料(液体和气体)消耗和水泥中排放到大气中的 CO_2 排放量

1958 年，Keeling 和 Whorf(2004)在夏威夷的莫纳罗亚观测站(Mauna Loa Observatory)测量了大气中的 pCO_2，表明 CO_2 一直在增加(图 5.23)。去除增加量(图 5.24)后，大气中 pCO_2 的年循环是由陆地植物光合作用和呼吸作用的变化引起的。最大值发生在 4 月和 5 月，最低值发生在 9 月和 10 月。近年来，人们也在其他地方(图 5.25)测得了 pCO_2 的值。这些地方的增幅与莫纳罗亚是相同的(1.5 ppm · 年$^{-1}$)，但阿拉斯加的年际变化较大，而南极则较小。

过去大气中的 CO_2 浓度已经通过测量捕获在冰芯中的空气中 CO_2 浓度来确定(图 5.19，方形)。根据过去 1 万年间 pCO_2 的记录，随着时间的推移，大气中的 CO_2 水平出现过增加和减少的情况。冰期的 CO_2 水平较低，而在间冰期则较高。CO_2 的

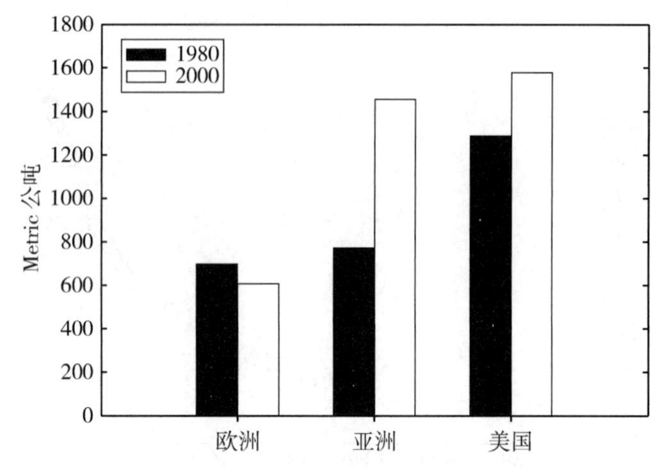

图 5.21 各地区化石燃料的 CO_2 排放量

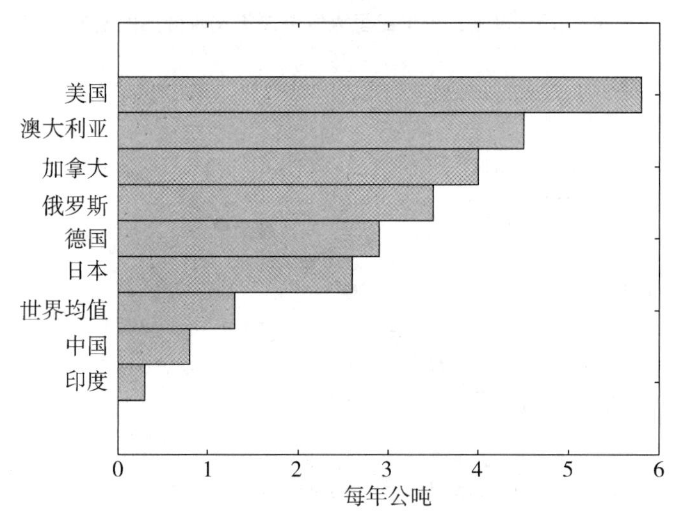

图 5.22 各国化石燃料的人均 CO_2 排放量

世界均值 = 世界平均值

增减都与全球气温变化息息相关(图 5.26)。我们尚不清楚 CO_2 浓度的波动是否会导致温度的变化，或温度变化是否会导致 CO_2 的波动。

最近的工作表明，CH_4 也出现了大幅的增加(见图 5.27)。大气中甲烷的来源(550 Tg · 年$^{-1}$)如图 5.28 所示。最大的来源是湿地(21%)和稻田(20%)。其他来源包括牲口(15%)、生物体燃烧(10%)、天然气(8%)、白蚁(7.4%)、堆填区(7.4%)、煤(6.5%)和海洋(2%)。目前尚不完全清楚甲烷的增加情况。进入南半球大气层的甲烷(源自海洋)似乎有一个年际周期，而进入北半球大气层的甲烷(源自工业)却有一个更复杂的周期。

不同的工作者已经试图估计对大气中添加温室气体的长期影响。预计截至 2050 年，气体的增长情况如表 5.7 所示。一些工作者试图估计在下一世纪中，预测的痕量气体增加将对温度造成什么影响。

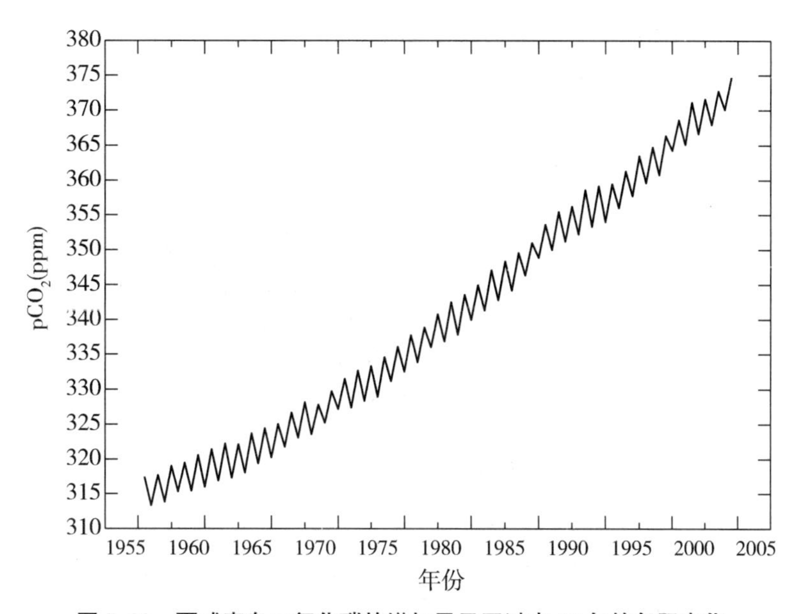

图 5.23　夏威夷岛二氧化碳的增加显示了过去 42 年的年际变化

（资料源自 Keeling，C. D.，Whorf，T. P.，in *Trends*：*A Compendium of Data on Global Change*，田纳西州橡树岭二氧化碳信息分析中心，2004 年。）

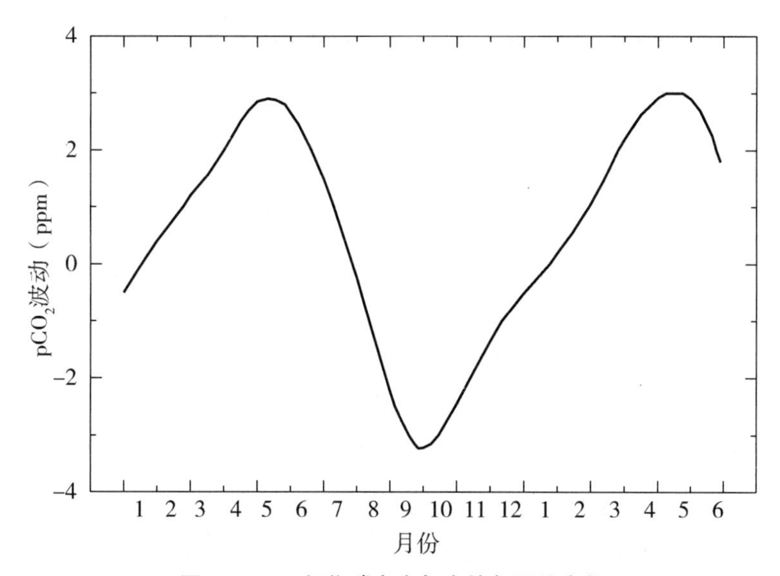

图 5.24　二氧化碳在大气中的年平均变化

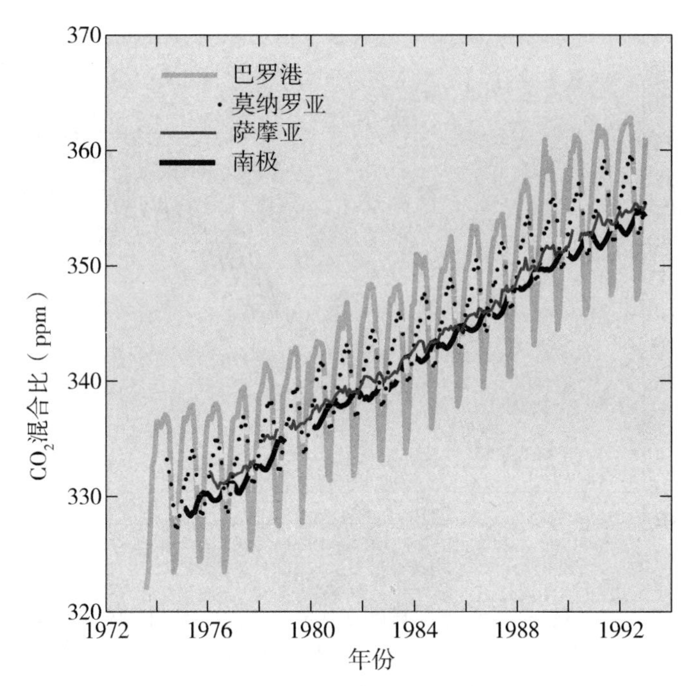

图 5.25 各地大气中二氧化碳年际变化的差异

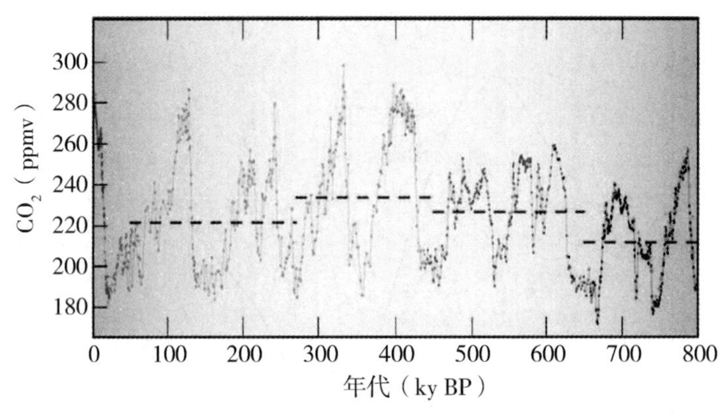

图 5.26 最近一个气候循环中东方站冰芯(Vostok ice core)记录的二氧化碳和温度的变化

表 5.7 2050 年痕量气体对红外辐射的捕获

气体	2050 年水平	ΔQ	气体	2050 年水平	ΔQ
CO_2	440～600 ppm	0.9～3.2	CFC－11	0.7～3.0 ppb	0.23～0.7
CH_4	2.1～4.0 ppm	0.2～0.9	CFC－12	2.0～4.8 ppb	0.6～1.4
O_3	15%～50%或更高	0.2～0.6	合计		2.2～7.2
N_2O	350～450 ppb	0.1～0.3			

用于做出这些估计的模型是相当复杂的，可能并不可靠，但是，目前这是最好的做法。表 5.8 给出了假设痕量气体浓度增加而预期温度升高的结果。尽管 CO_2 占增加量的 75%，但其他气体也很重要，且在未来会变得更加重要(见图 5.29)。最近发

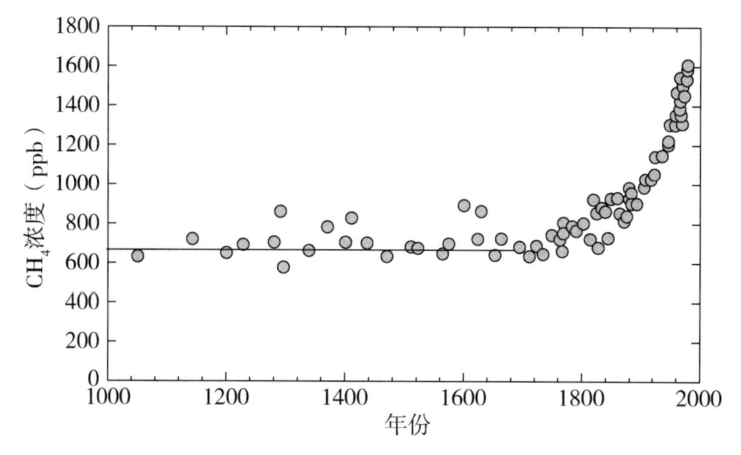

图 5.27 大气中甲烷浓度的增加

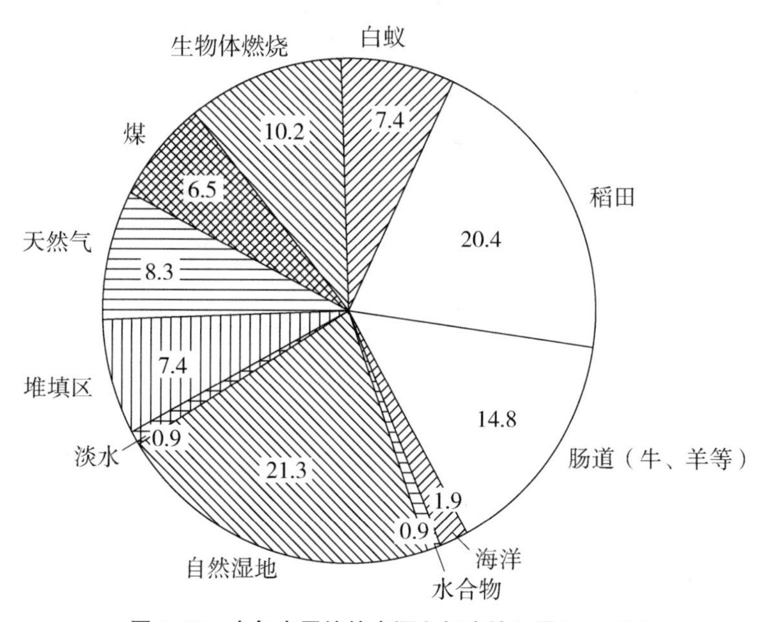

图 5.28 大气中甲烷的来源和相应输入量(wt. %)

现，火山喷发可以产生影响全球气温的气体和颗粒(见图 5.30)。全球气温的下降可能是更多云的形成(来自 SO_2)或反射(来自颗粒)的结果。

表 5.8 痕量气体浓度增加导致的温度预期将会上升

气体	假定增加量	温度变化(℃)	气体	假定增加量	温度变化(℃)
CO_2	2	2.6	HNO_3	2	0.08
H_2O	2	0.65	CH_4	2	0.26
O_3	0.75	0.4	SO_2	2	0.02
N_2O	2	0.65	CFCs	20	0.65
NH_3	2	0.12	合计		4.63

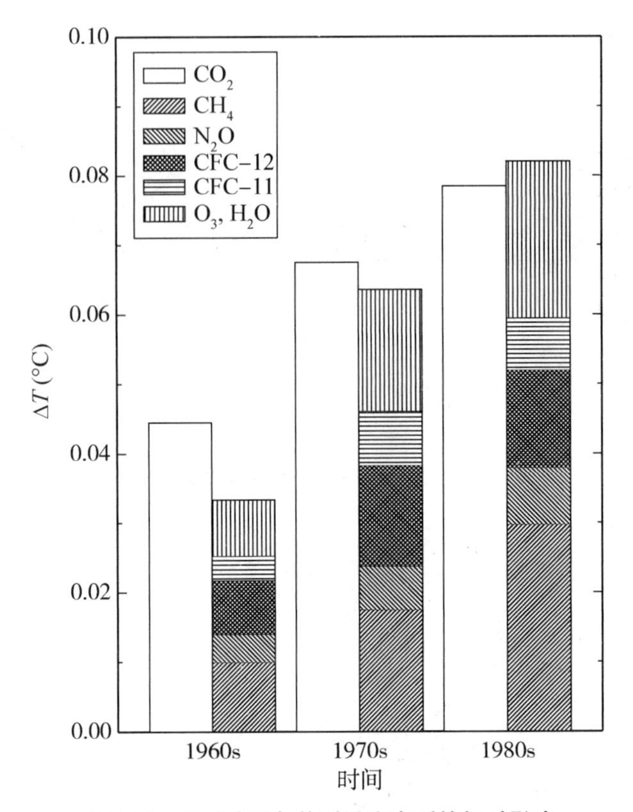

图 5.29 各种痕量气体对温室变暖的相对影响

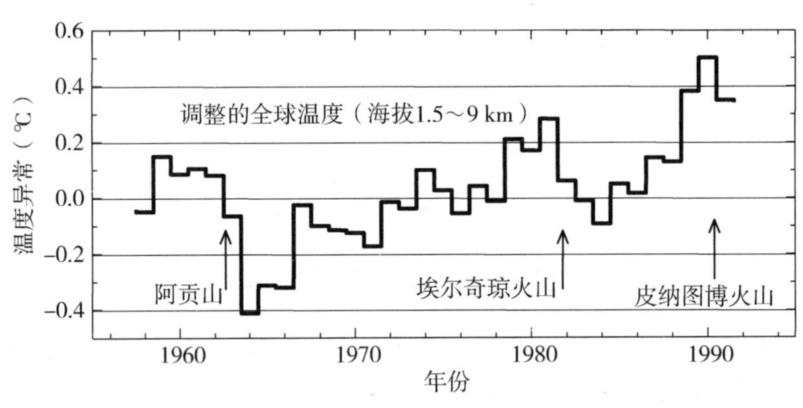

图 5.30 火山喷发对全球平均气温的影响

5.4 全球变化的影响

目前，大多数科学家都同意以下几个观点：

(1)某些气体对入射的太阳紫外线是透明的，但它们会吸收红外线。

(2)大气中的温室气体浓度正在上升。

(3)随着气体的增加，全球平均气温也会上升。

目前尚无明确答案的问题有：

(1)全球变暖的时间和严重性是怎样的?

(2)温室效应影响的区域分布是怎样的?

(3)反馈过程的幅度是多少?

简要回顾一下我们对这些问题的了解情况是有益的。正如所讨论的，大气中 CO_2 的增加主要与化石燃料的燃烧有关。大气中温室气体的增加以及由此导致的地球温度升高可能会造成一些全球变化。其中包括：

(1)海平面上升：温度的升高可能导致海水体积的增加，从而导致海平面升高。温度升高也会导致陆地上冰块融化，使海平面上升。例如，如果南极冰层融化，那么海平面则会上升 70 m。

(2)极端天气事件：海洋中表层水温度升高可能会引发极端天气事件。例如，在温暖水域中的飓风会变得更加频繁、更加剧烈。有人猜测，如果北大西洋的表层水温度变得太过暖和，就不能下沉形成北大西洋深层水，这可能会对地球造成更大规模的气候影响。

(3)热带病传播：热带地区较热的水域可能会导致疟疾和伤寒等热带疾病的增加。

(4)物种灭绝：海水温度的升高可能会导致珊瑚礁的珊瑚白化。

有证据表明，由于全球变暖，北冰洋冰盖正在变薄。这些结果来自 1957—1997 年的潜艇测量。过去 40 年来，冰盖已经下降了 3 m。有人预测，在 50 年后的夏天，北极冰川将完全消失。还有一些证据表明，近 20 年的地表海洋水域有所增加。例如，水域的热量在过去 50 年间出现了上升的情况。这意味着大气温度升高的一部分已被用来加热海洋的表层水。虽然目前的测量值显示海平面正在上升，但尚无法准确预测未来将会如何。不过，我们可以根据可能的温度升高情况来估算海平面升高的程度。如果未来 50 年的温度升高 3 ℃，那么海平面就可能上升 80 cm 或 32 英寸。最近有人预测，南极冰层的融化可能会导致海洋上升 70 m(约 200 英尺)。海平面上升可能会导致一些沿海地区的水资源被淹没，且会产生导致更严重沿海洪灾的飓风和台风。更多有关全球变暖的信息，可访问 www. ipcc. ch，www. ucsusa. org 和 www. iclei. org。

5. 4. 1　全球变暖对海洋的影响

大气中 CO_2 的增加对海洋表层水造成了一些压力。最近，Gruber(2011)对以下问题进行了讨论：

(1)表层水变暖。

(2)表层水脱氧。

(3)表层水海洋酸化。

受影响的地区如图 5. 31 所示(Gruber，2011)。表层水的变暖会导致海水层化。层化会导致表层水中 O_2 含量更低。这些变化可能使生物过程受到影响，并且改变生物体的压力。增加的 CO_2 可以溶于海水，并降低 pH 值。第 6 章和第 7 章对其的影响进行了更详细的讨论。

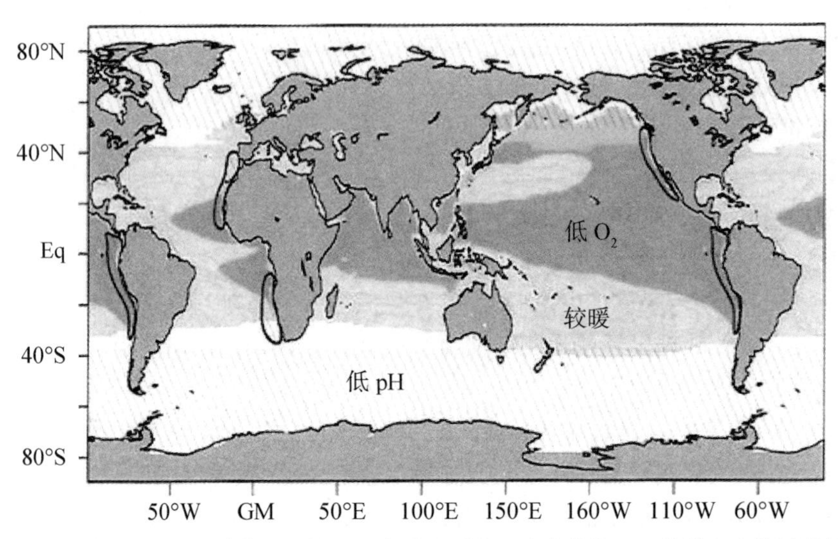

图 5.31　表层水的变暖会导致海洋层化，这会影响到表层水中的物理、化学和生物过程(见彩图)

5.5　臭氧缺失

据悉，一段时间以来，人类产生的气体可能会导致平流层中的臭氧缺失。前文对自然生成的 N_2O 的影响进行了讨论(见图 5.12)。氯也可通过以下反应减少 O_3(见图 5.32)：

$$O_3 + Cl\cdot \rightarrow ClO + O_2 \tag{5.25}$$

$$O\cdot + ClO \rightarrow Cl\cdot + O_2 \tag{5.26}$$

总反应式为

$$O\cdot + O_3 \rightarrow 2O_2 \tag{5.27}$$

通过 CFCs(CFC－11 和 CFC－12)的光致离解可产生游离态氯原子：

$$CCl_2F_2 + h\upsilon \rightarrow CClF_2 + Cl\cdot \tag{5.28}$$

$$CCl_3F + h\upsilon \rightarrow CCl_2F + Cl\cdot \tag{5.29}$$

这些 CFCs 会进入高空，由于其寿命较长(CFC－11，$\tau = 75$ 年；CFC－12，$\tau = 110$ 年)，停留时间较长，加上高空充足能量的光，CFCs 将发生解离。如上文所述，NO·和 OH·自由基也可以减少臭氧：

$$NO\cdot + O_3 \rightarrow NO_2 + O_2 \tag{5.30}$$

$$NO_2 + O\cdot \rightarrow NO\cdot + O_2 \tag{5.31}$$

$$OH\cdot + O_3 \rightarrow HO_2 + O_2 \tag{5.32}$$

$$HO_2 + O\cdot \rightarrow OH\cdot + O_2 \tag{5.33}$$

两种反应路径的净效应是破坏两个臭氧分子(与 O_3 发生的主要反应以及破坏形

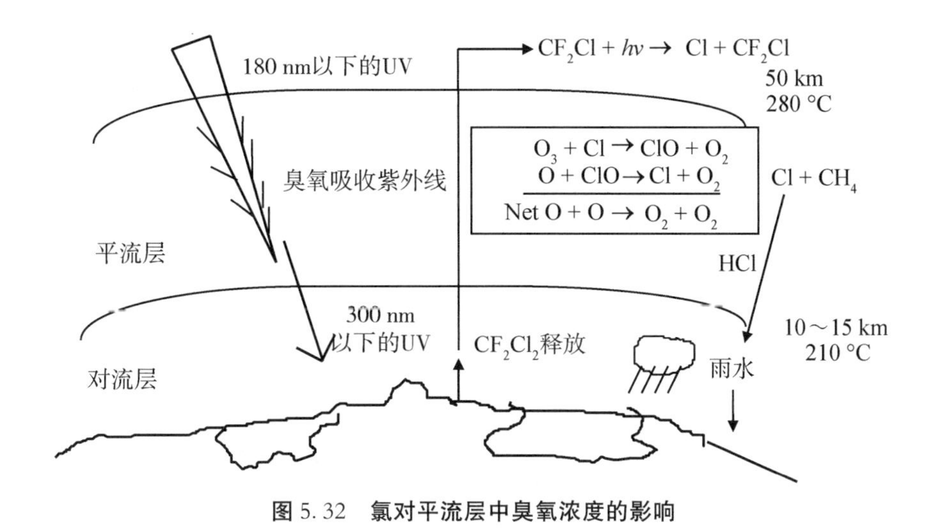

图 5.32 氯对平流层中臭氧浓度的影响

成 O_3 的 O·)。

通过产生稳定物质或水溶性物质的反应，可除去反应活性物质：

$$Cl\cdot + CH_4 \rightarrow HCl + CH_3 \tag{5.34}$$

$$Cl\cdot + HO_2 \rightarrow HCl + O_2 \tag{5.35}$$

$$NO_2 + OH\cdot \rightarrow HNO_3 \tag{5.36}$$

$$OH\cdot + HO_2 \rightarrow H_2O + O_2 \tag{5.37}$$

光致离解或其他自由基反应可逆转这些反应：

$$OH\cdot + HCl \rightarrow H_2O + Cl\cdot \tag{5.38}$$

$$HNO_3 + h\upsilon \rightarrow OH\cdot + NO_2 \tag{5.39}$$

$$HO_2 + NO\cdot \rightarrow OH\cdot + NO_2 \tag{5.40}$$

$$OH\cdot + CO \rightarrow CO_2 + H\cdot \tag{5.41}$$

随着 CFC 产量的增加(见图 5.33)，可以预期在今后几年中，通过光致离解形成 Cl 来去除 O_3 会变得更加重要。尽管 CFCs 的气雾剂使用量下降了，但非气雾剂的使用量却增加了。自 1978 年以来，CFCs、甲基氯仿、四氯化碳和一氧化二氮的增加已通过直接测量而被记录(见图 5.34)。O_3 水平的降低将增加到达地球的紫外线辐射量，如图 5.35 所示。该图包括了所有波长(300～345 nm)根据对生物系统的破坏程度进行加权的结果。以 100%的比例降低 O_3 的含

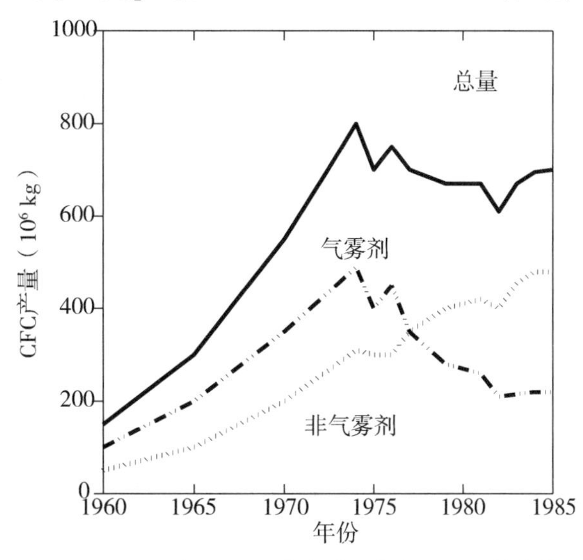

图 5.33 1960 年至 1985 年间含氯氟烃(CFC)的产量

量将导致具有破坏性的紫外通量增加约 18%。

最近对臭氧层破坏的关注主要集中在 1960 至 1992 年间的春季南极地区（见图 5.36）。这导致了南极上方所谓的“臭氧空洞”（图 5.37）。春季的臭氧缺失扩散到了南极北部（见图 5.38）。应当指出的是，一多布森单位（Dobson unit）等于每 10^9 个 O_3 分子中一个分子的浓度。研究表明，1980 年至 2004 年期间，臭氧空洞明显增大了（见图 5.39）。由于 O_3 在全球的浓度显示出了很大的变化波动（见图 5.40），所以很难区分它在时间上的趋势。

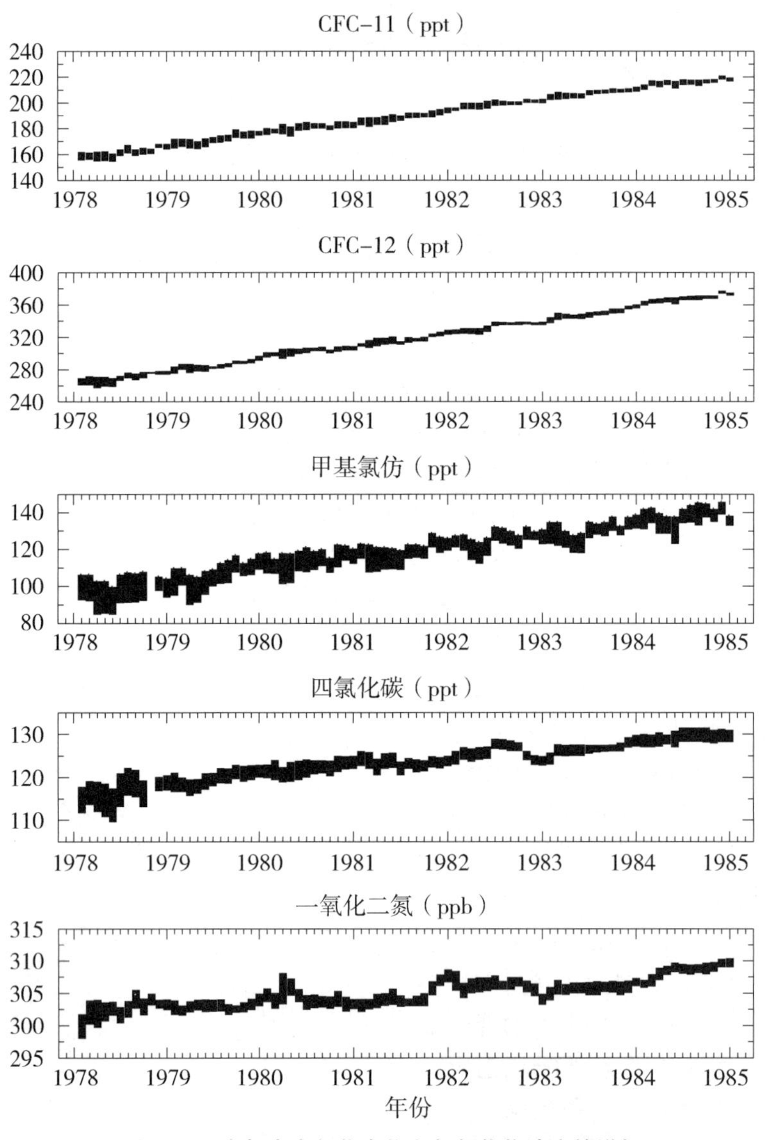

图 5.34 **大气中含氯化合物和氮氧化物浓度的增加**

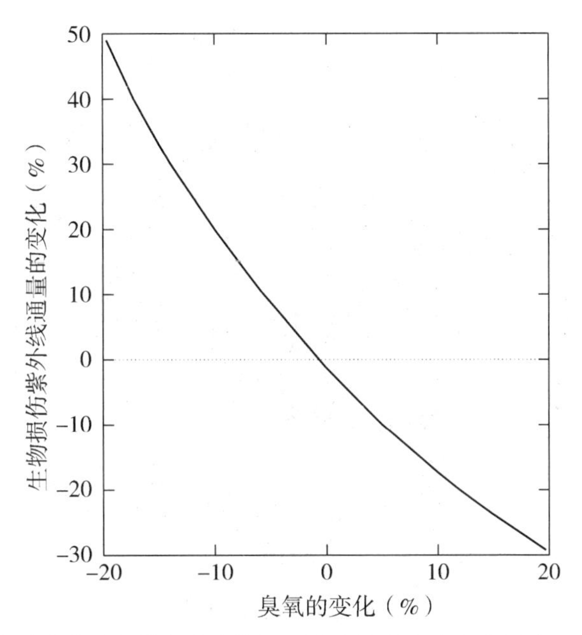

图 5.35　具有生物破坏性的紫外线(UV)通量变化与臭氧水平变化的函数关系

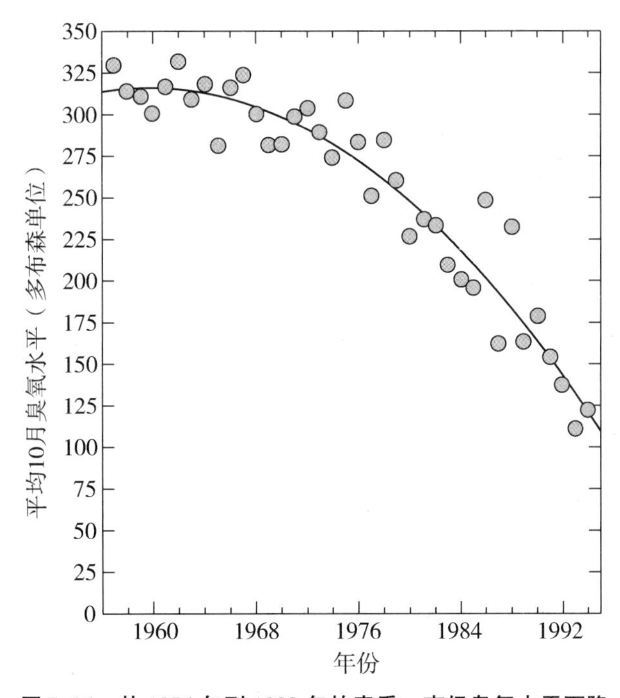

图 5.36　从 1956 年到 1988 年的春季，南极臭氧水平下降

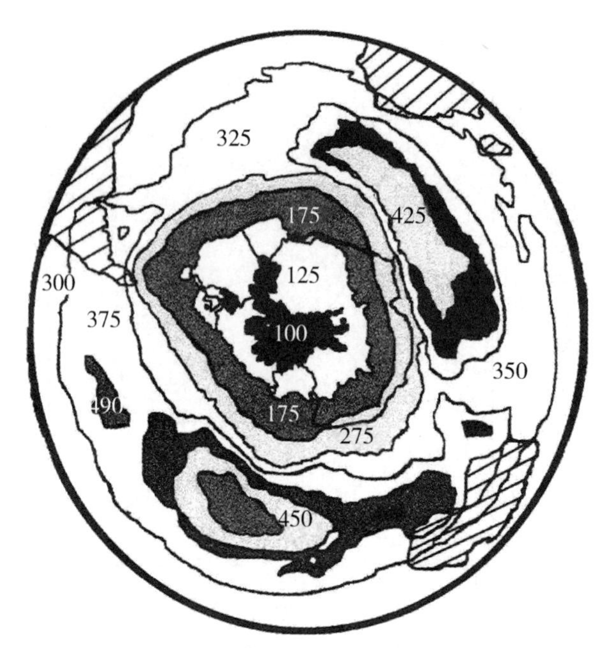

图 5.37 南极地区的臭氧空洞

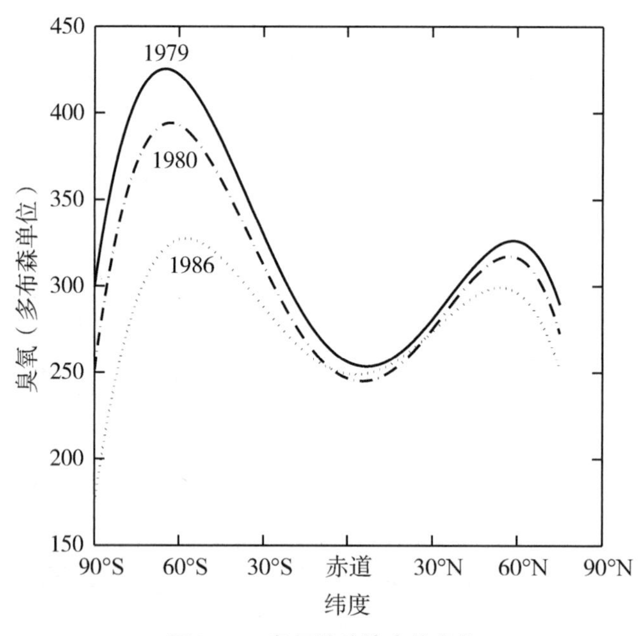

图 5.38 臭氧随着纬度的变化

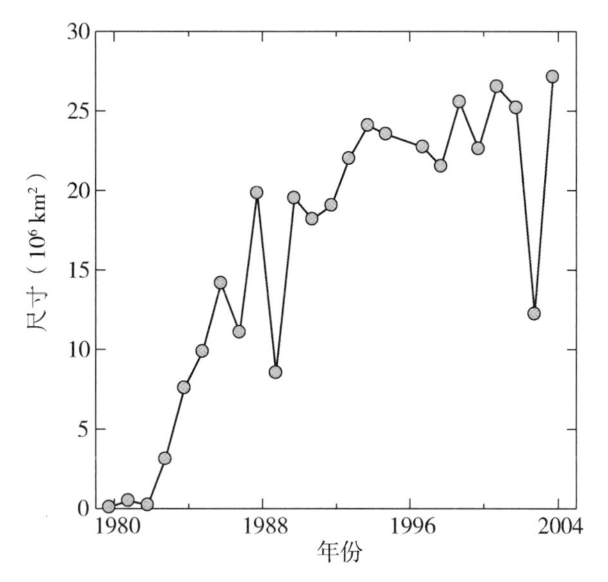

图5.39 南极臭氧空洞面积增加

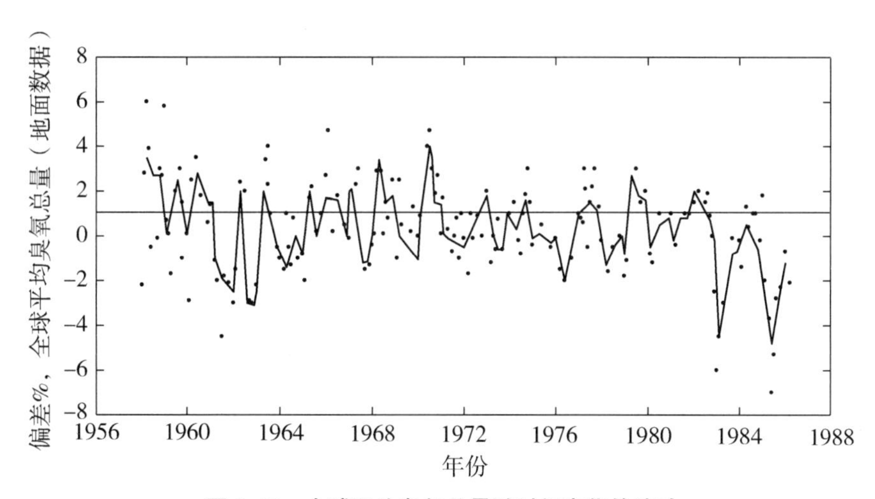

图5.40 全球平均臭氧总量随时间变化的波动

春季，南极的臭氧缺失归结于ClO的形成(见图5.41)。春季的巨大影响是由于平流层下部的动力抬升和涉及氯的催化循环。一个潜在的循环是

$$ClO + ClO \rightarrow Cl_2O_2 \tag{5.42}$$

$$Cl_2O_2 + M \rightarrow Cl_2 + O_2 + M \tag{5.43}$$

$$Cl_2 + h\upsilon \rightarrow 2Cl\cdot \tag{5.44}$$

$$2Cl\cdot + 2O_3 \rightarrow 2ClO + 2O_2 \tag{5.45}$$

总反应式为

$$2O_3 \rightarrow 3O_2 \tag{5.46}$$

Cl或ClO与CH_4和NO_2的反应可以产生惰性化合物：

$$Cl\cdot + CH_4 \rightarrow HCl + CH_3 \tag{5.47}$$

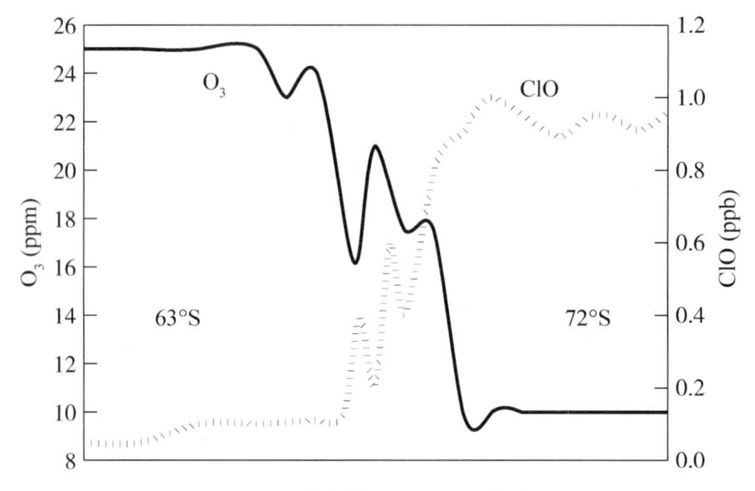

图 5.41 南极的 O_3 和 ClO 的关系

$$ClO + NO_2 \rightarrow ClONO_2 \quad (5.48)$$

需要降低 NO_2 的水平来防止 $ClONO_2$ 的形成。已经有学者提出冰上的反应来解释惰性化合物是如何变得活跃的：

$$ClONO_2 + HCl \rightarrow Cl_2 + HNO_3 \quad (5.49)$$

$$ClONO_2 + H_2O \rightarrow HOCl + HNO_3 \quad (5.50)$$

南极洲独特的气象导致平流层的空气循环与北半球不同。冬季，一股被称为极地漩涡的气流往往会绕南极旋转。被困在涡流中的空气会变得非常冷（-90 ℃），因此即使在非常干燥的条件下也会形成云。这些云会生成冰晶，而实验室研究表明这些冰晶会促使 HCl 和 $ClONO_2$ 的分子反应。形成的 Cl_2 气体释放到气相中，而 HNO_3 保留在冰中。Cl_2 与光反应产生 2 个 Cl·，再进一步与 O_3 反应产生更多的 ClO。总反应序列为

$$ClONO_2 + HCl \rightarrow Cl_2 + HNO_3 \quad (5.51)$$

$$Cl_2 + h\upsilon \rightarrow 2Cl\cdot \quad (5.52)$$

$$2Cl\cdot + 2O_3 \rightarrow 2ClO + 2O_2 \quad (5.53)$$

$$ClO + NO_2 \rightarrow ClONO_2 \quad (5.54)$$

总反应式为

$$HCl + 2O_3 + NO_2 \rightarrow HNO_3 + 2O_2 + ClO \quad (5.55)$$

HCl 可除去 NO_2 并形成 ClO，而 ClO 可进一步去除 O_3。虽然这些反应解释了南极臭氧空洞的形成过程，但仍需进一步的工作来预测全球大气中 O_3 的损失。随着人类继续增加气体，进而使自然平衡破坏大气，气候变化将继续影响到地球上的生命。

相关工作也表明，碘跟氯和溴一样，也可能在臭氧破坏中扮演了重要角色。20 km 以上的温带地区的臭氧缺失是一个困惑科学家多年的问题。在较高海拔地区，氯和溴是重要的，但它们并不能解释平流层下部臭氧缺失的原因。假定碘的反应序列为（Solomon 和 Ravishankara，1994）：

$$HO_2 + IO \rightarrow HOI + O_2 \tag{5.56}$$

$$HOI + h\upsilon \rightarrow OH + I \tag{5.57}$$

$$I + O_3 \rightarrow IO + O_2 \tag{5.58}$$

$$OH + O_3 \rightarrow HO_2 + O_2 \tag{5.59}$$

由于已有人提出三氟碘甲烷（CF_3I）可以作为具消耗臭氧能力的卤化烷灭火剂的替代物，使碘对臭氧消耗的潜在影响变得更加复杂。一般认为，碳碘键容易被太阳光光解，且不会到达平流层，因此这种化合物不会对臭氧层的消耗造成问题。海洋生物天然形成的甲基碘被认为远高于目前的工业排放量。由于科学家们急于进一步测量碘的含量，所有的争议将暂时保留下去。

最后，虽然《蒙特利尔议定书》（*Montreal Accord*）停止了 CFC 气体的使用，但平流层中氯的含量仍以较慢的速度下降（见图 5.42）。因此，臭氧水平的下降将持续一段时间。

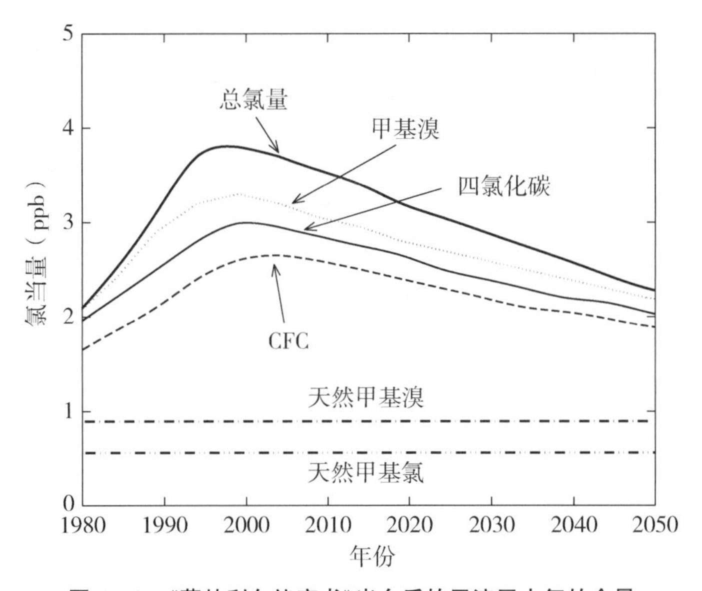

图 5.42 《蒙特利尔议定书》出台后的平流层中氯的含量

5.6 全球硫循环

近年来，全球硫循环受到了广泛关注（Saltzman 和 Cooper，1989）。这种关注与含硫燃料燃烧后还原态的硫化物（SO_2）以及植物产生的还原态硫化合物（二甲基硫[DMS]）有关。这些化合物可以被氧化成 H_2SO_4，可以作为 CCN 并影响气候。天然硫排放量（Tmol/yr）的估计值如表 5.9 所示。将 1.2～2.8 Tmol・yr^{-1} 的排放水平与人造硫排放量的 2.5±3 Tmol・yr^{-1} 的值进行比较（T＝万亿＝10^{12}），可以明显看出，虽然天然硫的排放不是众所周知，却与人类排放量具有相同水平。这样一来，人们对硫的自然生物地球化学和空气 - 海洋界面中的硫循环更加有兴趣了。天然硫循环存在不确定性有以下三个原因：

(1)在未受污染地区测量低水平的 H_2S 难度很大。

(2)森林和灌木生态系统的通量测量存在几个问题。

(3)现有数据的地理覆盖率小。

最重要的来源是化石燃料的燃烧以及海洋。

硫酸盐还原为挥发性硫化合物是生物过程形成的。来自海洋的主要挥发物是 DMS。DMS 是由大型海藻的蛋白质中的蛋氨酸产生的二甲基巯基丙酸(DMSP)反应得来。

$$\underset{(DMSP)}{(CH_3)_2—CH_2CH_2COO^-} \longrightarrow \underset{(DMS)}{CH_3SCH_3} + \underset{(丙烯酸)}{CH_2=CHCOOH} \tag{5.60}$$

海藻中的 DMSP 被认为具有渗透调节作用。鞭毛藻、颗石藻和蓝藻细菌中都含有高水平的 DMSP。由于表层水 DMS 呈过饱和状态，因此它会被释放到大气中，特别是在浮游植物生长期间。来自陆地和海洋植物的 DMS 贡献程度几乎等于工业生产中减少的还原态硫氧化物(SO_2)。DMS 寿命为 8 到 49 小时。白天，OH · 自由基可将其氧化；晚间，硝酸根可将其还原。DMS 氧化的主要产物是 SO_2 和甲磺酸(CH_3SO_3H [MSA])。SO_2 可以被迅速氧化成 SO_4^{2-}，而 MSA 十分稳定，会缓慢氧化成 SO_2。其它的氧化产物还包括二甲亚砜(DMSO)和二甲基砜($DMSO_2$)。MSA 是一种强酸，其大气化学主要是液相过程。因此，通过成核和凝结可以使其非常迅速地结合到气溶胶中。大气气溶胶中存在的硫化合物如表 5.10 所示。Mg、Ca 和 Na 的硫化物主要来自海洋。

表 5.9　大气硫化合物的浓度

种类	浓度	来源	汇
SO_2	0～0.5 ppmv(城市)	化石燃料(氧化物)	氧化成 SO_4
	20～200 pptv(偏远)	生物作用(DMS)	氧化成 SO_2
H_2S	0～40 pptv	生物作用	氧化成 SO_2
CH_3SH	>ppbv	制纸浆	氧化成 SO_2
CH_3CH_2SH	>ppbv	制纸浆	氧化成 SO_2
OCS	500 pptv		平流层破坏
CH_3SCH_3	20～200 pptv	海洋浮游生物	氧化成 SO_2
CH_3SSCH_3	小		氧化成 SO_2
CS_2	10～20 pptv		平流层破坏

由于其稳定性，MSA 已被用作冰芯中生物硫(DMS)排放的示踪剂(Saltzman，Whug 和 Mayewski，1997)。海洋气溶胶中非海盐硫酸盐(non-sea-saltsulfate，NSS)的数量可以通过假设盐衍生硫酸盐与其相关的海水值计算：

表 5.10　大气中气溶胶颗粒化合物

种类	化学式	种类	化学式	种类	化学式
硫酸	H_2SO_4	硫酸铵	$(NH_4)_2SO_4$	硫酸镁钙	$MgSO_4$
亚硫酸	H_2SO_3	硫酸氢铵	NH_4HSO_4		$CaSO_4$
磺酸	$R-SO_3H$	硝酸铵	NH_4NO_3		
硝酸	HNO_3	硫酸钠	Na_2SO_4		

资料源自 Carlson，R. J.，The atmosphere，in Global Biogeochemical Cycles，Butcher，S. S.、Charleson，R. J.、Orians，G. H. 和 Wolfe，G. V.，Eds.，美国学术出版社，纽约，1992 年。

$$NSS-SO_4=[SO_4^{2-}]_T-X[Na^+] \tag{5.61}$$

式中，$X=0.2517$，$[Na^+]$是气溶胶中钠的浓度。NSS 可以通过化石燃料燃烧、火山爆发、生物质燃烧和 DMS 的氧化来产生。MSA/NSS－SO_4 的比例可以用于区分生物来源和非生物对海洋硫收支(sulfur budget)的贡献。

DMS 的分布呈现出与初级生产力相似的模式。生物活性越高，DMS 的产量就越高；在海洋边界层附近很高，而在大气中会随高度而降低。气溶胶中 MSA 的分布与 DMS 的光化学氧化相似。NSS－SO_4 在海洋边界层较低，它会随高度增加，且与 SO_2 呈相关性(见图 5.43)。长距离运输 SO_2 可能会导致对流层高层的 SO_2 和 NSS－SO_4 水平升高。

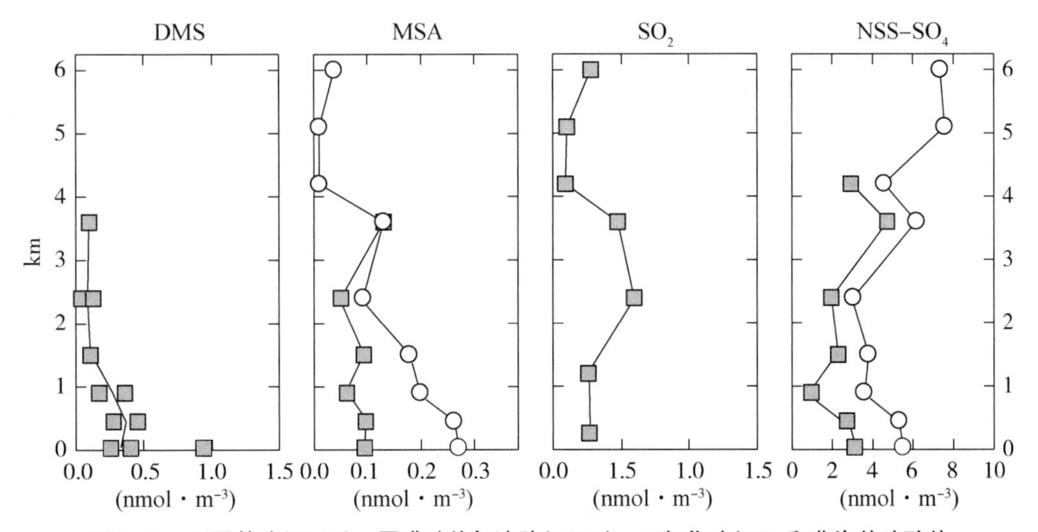

图 5.43　二甲基硫(DMS)、甲磺酸盐气溶胶(MSA)、二氧化硫(SO_2 和非海盐硫酸盐(NSS－SO_4)在东北太平洋大气层中的垂直分布

MSA 和 SO_4 的气溶胶可以作为 CCN，并影响上层大气反照率(反射率)和地球气候(图 5.44)。有人推测这可能会导致所谓的反馈效应。海洋表层植物的生长可能会导致云层的形成，使地球冷却，从而抵消温室气体的影响。

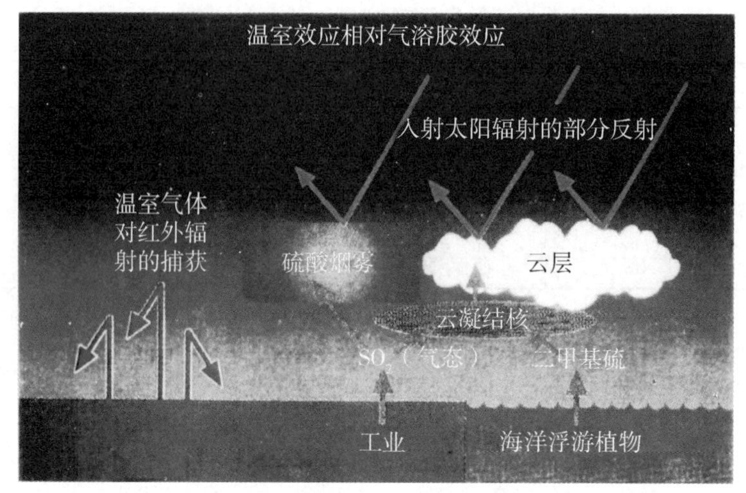

图 5.44　气溶胶和温室气体对进出辐射平衡的影响(见彩图)

5.7　大气气溶胶

近年的一些研究表明，大陆的气溶胶可能会对气候(Evan 等，2011；Booth 等，2012)以及海洋中化学物质(如 Fe)的输入(Prospero 等，2002；Le Roux 等，2011；Sholkovitz 等，2012；Trapp，Millero 和 Prospero，2010)产生影响。输入大西洋的气溶胶来自撒哈拉沙漠，而输入太平洋的气溶胶来自戈壁沙漠(图 5.45)。大西洋平均输入的气溶胶颗粒量如图 5.46 所示。

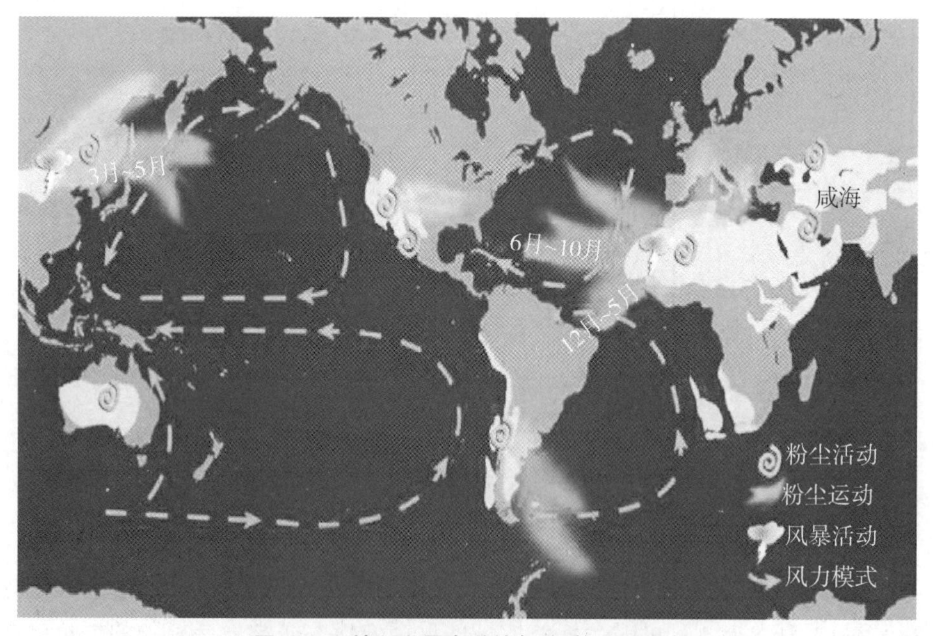

图 5.45　输入世界海洋的气溶胶(见彩图)

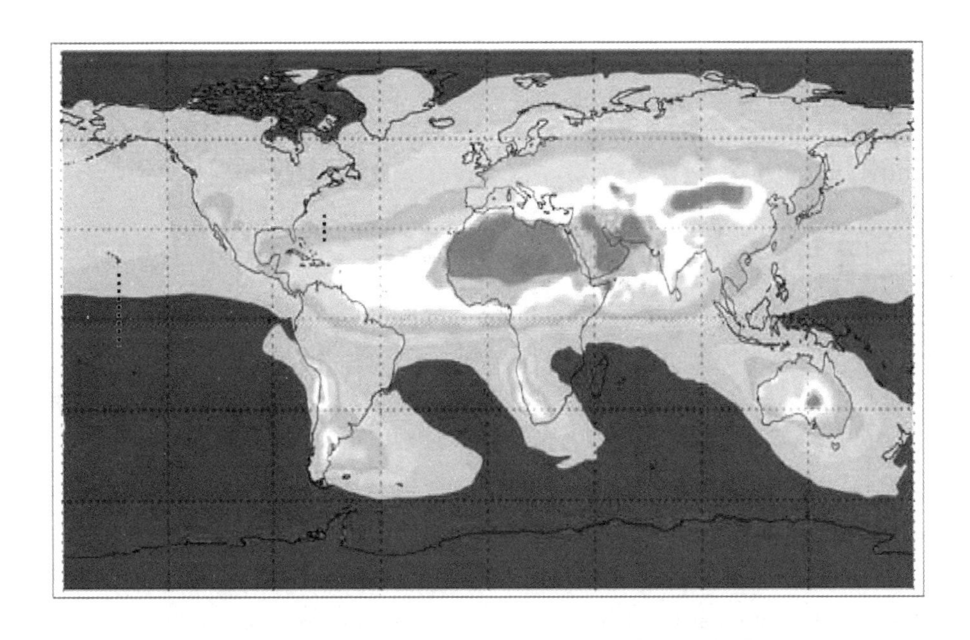

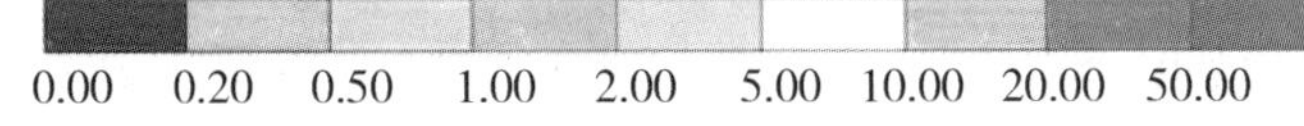

图 5.46　大西洋年平均气溶胶颗粒沉降量($g \cdot m^{-2} \cdot yr^{-1}$)(见彩图)

Prospero(1999)多年来一直在巴巴多斯和迈阿密的工作站对来自非洲的气溶胶颗粒进行监测。1984—2004 年，这些工作站观测的月气溶胶颗粒输入量如图 5.47 所示。夏季时的浓度最大。

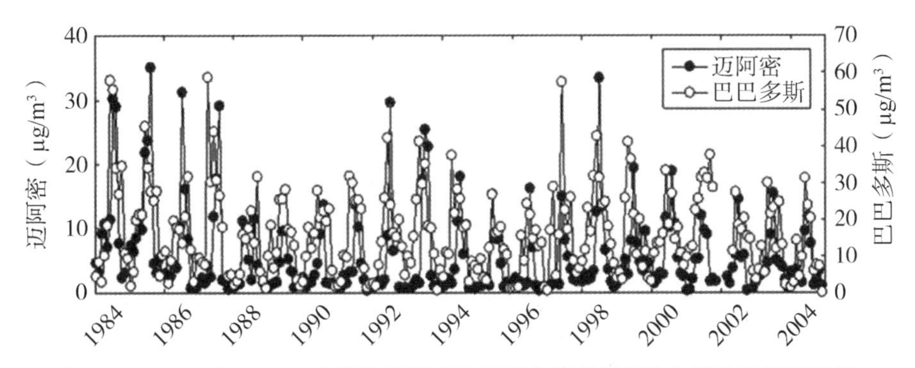

图 5.47　1984 年至 2004 年期间迈阿密和巴巴多斯的月平均气溶胶颗粒沉降量

(源自 Trapp、J. M.、Millero、F. JV 和 Prospero、J. M.、Geochem. Geophys. Geosyst，11，2000。经许可。)

气溶胶颗粒中元素的化学浓度如图 5.48 所示(Trapp，Millero 和 Prospero，2010)。迈阿密和巴巴多斯的浓度与上地壳丰度(upper crustal abundances，UCA)的浓度相似。Al 和 Fe 的浓度最高，因为它们是构成矿物质的主要成分。Fe 的总浓度与气溶胶颗粒中 Mn 的浓度呈线性关系(图 5.49)。这跟矿物中 Fe 与 Mn 的比例是相似的。全年 Fe 的溶解度分数与总气溶胶颗粒物浓度相关(Trapp，Millero 和 Prospero，

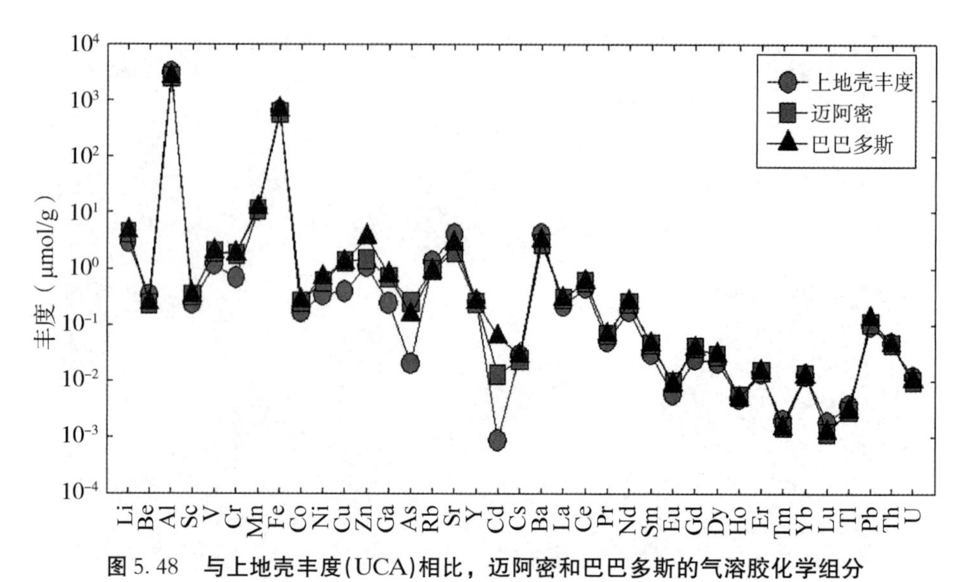

图 5.48 与上地壳丰度(UCA)相比，迈阿密和巴巴多斯的气溶胶化学组分

（源自 Trapp、J. MV Millero、F. J. 和 Prospero、J. M. 、Geochem. Geophys. Geosyst. ，11，2000。经许可。）

2010)(见图 5.50)。最近，Sholkovitz 等(2012)综合了全球气溶胶数据。人们发现，气溶胶颗粒物中 Fe 的溶解度分数(%)会随着总颗粒物量的变化而呈现双曲线形式的变化(图 5.51)(Trapp 等，2010；Sholkovitz 等，2012)。他们发现通过简单的双组分混合模型可充分描述全球规模数据。Fe 是由燃烧气溶胶以保守的形式混合而成的。燃烧气溶胶包括总 Fe 含量低但高 Fe(%)的燃烧气溶胶和总铁含量高而低 Fe(%)的矿物粉尘。这意味着来自燃料的气溶胶是海洋可溶性 Fe 的主要来源。

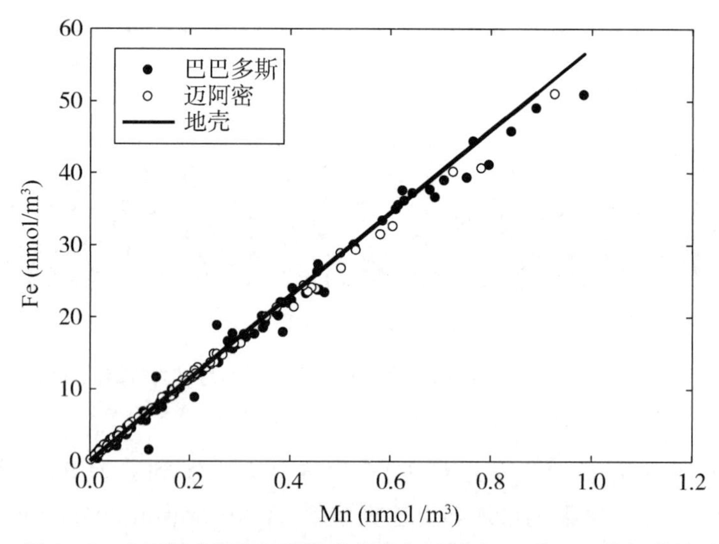

图 5.49 在巴巴多斯和迈阿密收集的气溶胶中 Fe 和 Mn 的相关性

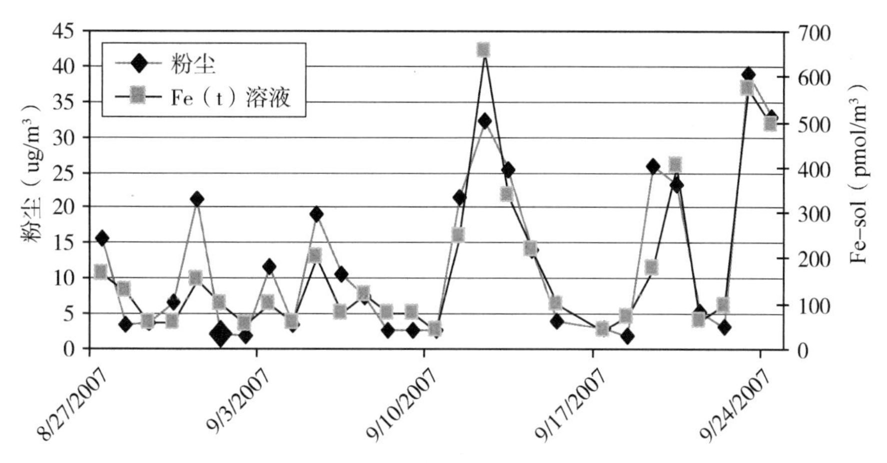

图 5.50　2007 年气溶胶颗粒物和铁的月输入量

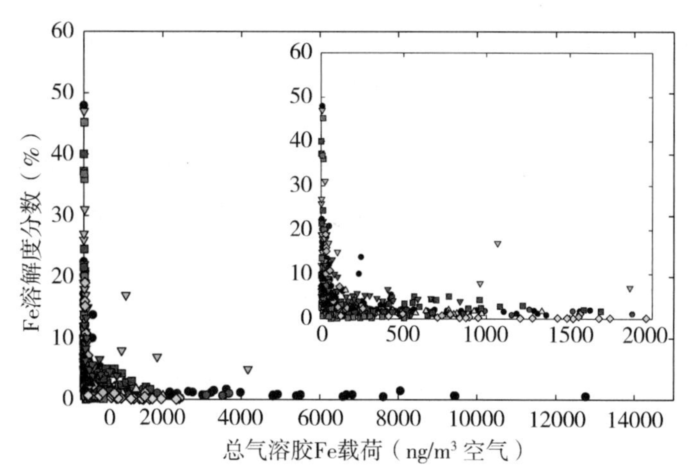

图 5.51　Fe 溶解度分数 vs 总气溶胶 Fe 载荷(见彩图)

（源自 Sholkovitz 等人、Geochim. Cosmochim. Acta，89，173－189，2012 年数据。）

图 5.52　气溶胶霾的来源

有机气溶胶通常在陆地上形成，具有不同的来源，并在大气中进行化学转化(图 5.52)。这就导致了城市中经常出现的气溶胶雾霾。发生的光化学过程会导致烟雾。有趣的是，现在大多数新车都有催化消声器，可以去除汽车发动机中产生的 NO 和 CO(Jacoby，2012)。这让我回想起多年前我的第一份工作是在一家石油公司从事催化消声器的工作。在高温的发动机(高速巡航时)中会形成 NO，而在空转或加速时则形成 CO。

参考文献

Berg，W. WV Jr.，and Winchester，J. W.，Aerosol chemistry of the marine atmosphere，Chapter 38，Chemical Oceanography，Vol. 7，2nd ed.，Riley，J. P.，and Chester，R.，Eds.，Academic Press，New York，173 – 231 (1978).

Booth，B. B. B.，Dunstone，N. J.，Halloran，P. RV Andrews，T.，and Bellouin，N.，Aerosols implicated as a prime driver of twentieth – century North Atlantic climate variability，Nature，484，228 – 232 (2012).

Carlson，R. J.，The atmosphere，in Global Biogeochemical Cycles，Butcher，S. S.，Charleson，R. J.，Orians，G. H.，and Wolfe，G. V.，Eds.，Academic Press，New York (1992).

Chameides，W. L.，and Davis，D. D.，Chemistry in the troposphere，Chem. Eng. News，Oct. 4，36 – 52 (1982).

Evan，A. T.，Kossin，J. P.，Chul，E. C.，and Ramanathan，V.，Arabian Sea tropical cyclones intensified by Gmissions of black carbon and other aerosols，Nature，479，94—97 (2011).

Gruber，N.，Warming up，turning sour，losing breath：ocean biogeochemistry under global change，Phil. Trans. R. Soc.，A369，1980 – 1996 (2011).

Jacoby，M.，Ever – cleaner auto exhaust，Chem. Eng. News，May 21，10 – 16 (2012).

Johnson，R. W.，and Gordon，G. E.，The Chemistry of Acid Rain，ACS Symp. 349，ACS，Washington，DC (1987).

Keeling，C. D.，and Whorf，T. P.，Atmospheric Carbon Dioxide (CO_2) Records from Sites in the SIO Air Sampling Network (1957 – 2002)，in CDIAC in Trends：A Compendium of Data on Global Change，Carbon Dioxide Information Analysis Center，Oak Ridge，TN (2004).

Le Roux，V.，Dasgupta，R.，and Lee，C. – T. A. Mineralogical heterogeneities in the Earth's mantle：constraints from Mn，Co，Ni and Zn partitioning during partial melting. Earth and Planetary Science Letters，307，395 – 408 (2011).

Losno，R.，Bergametti，G.，Carlier，P.，and Mouvier，G.，Major ions in marine rainwater with attention to sources of alkaline and acidic species. Atm. Environ., 25A, 3/4, 763 - 770 (1991).

Muhs, D. R., Budahn, J. R., Skipp, G., Prospero, and Herwitz, S. R., Soil genesis on the island of Bermuda in the Quaternary: the importance of African dust transport and deposition, J. Geophys. Res. - Earth Surface, doi: 10.1029/2012JF002366 (2012).

Novelli, P., Masarie, K., Tans, P., and Lang, P, Recent changcs in atmospheric carbon monoxide, Science, 263, 1587 (1994).

Prospero, J. M., Long - term measurements of the transport of African mineral dust to the southeastern United States: implications for regional air quality, J. Geophys. Res., 104, 15, 917 - 15/927 (1999).

Prospero, J. M., Ginoux, P., Torres, O., Nicholson, S. Ev and Gill, T. E., Environmental characterization of global sources of atmospheric soil dust identified with the Nimbus 7 total ozone mapping spectrometer (TOMS) absorbing aerosol product, Rev. Geophys., 40, 1002 (2002).

Saltzman, E. S., and Cooper, W. J., Biogenic Sulfur in the Environment, ACS Symp. Series, 393, ACS, Washington, DC (1989).

Saltzman, E. S., Whug, P. Y., and Mayewski, P. Av Methanesulfonate in the Greenland ice sheet Project 2 ice core, Geophys. Res., 102, 26649 (1997).

Seinfeld, J. H., Atmospheric Chemistry and Physics of Air Pollution, Wiley, New York (1986).

Sholkovitz et al., Fractional solubility of aerosol iron: synthesis of a global - scale data set, Geochim. Cosmochim. Acta, 89, 173 - 189 (2612).

Solomon, S., and Ravishankara, A. R., Ozone depletion and global warming potential of CF_3I, J. Geophys. Res., 99, 20929 (1994).

Trapp, J. M., Millero, F. J., and Prospero, J. M., Trends in the solubility of iron in dust - dominated aero - sols in the equatorial Atlantic trade winds: importance of iron speciation and sources, Geochem. Geophys. Geosyst., 11, Q01034 (2000).

Trapp, J. M., Millero, F. J., and Prospero, J. M., Temporal variability of the elemental composition of African dust measured in trade wind a6rosols at Barbados and Miami, Mar. Chem., 120, 71—82 (2010).

第 6 章　除 CO_2 外的溶解气体

6.1　引言

许多工作者都检测了海洋水域（如海水）中溶解气体的浓度。Richards（1965）和 Kester（1975）对大部分早期工作都进行了综述。研究最多的气体（不包括 CO_2）是氧气。人们曾尝试单独地研究控制 O_2 分布的物理和生物过程。另外，还对非反应性或保守气体（N_2 和 Ar）以及惰性气体（He，Ne，Kr 和 Xe）进行了研究。其中，保守气体的正常分布被用于研究跨海气界面交换过程，He 和 Rn 的异常分布被用于研究跨沉积物－海水界面的交换过程。下一个章节（二氧化碳或碳酸盐体系）将论述有关 CO_2 的内容。因为涉及海水的 pH 缓冲系统，所以将二氧化碳与其他气体分开来讨论。由于大多数气体都源自大气层，我们首先考虑了大气的构成和由此产生的的大气－海洋界面的交换。

6.2　大气的构成

大气由主要气体（N_2，O_2 和 Ar）和少量的不活泼气体（Ne，He，Kr 和 Xe）构成。水汽是大气中最易变化的组分。不稳定的微量气体（CO，NO_2 和 CH_4）是通过生物过程和人类活动产生的。由于这些气体具有不同的源和汇，所以它们的含量因地而异。

道尔顿分压定律可以用来表示大气的构成。该定律简单地指出，固定体积 V 中气体混合物的总压力 P_T 等于混合的各组分的分压总和。就大气层来说，得出了以下公式

$$P_T = \sum P_i = P_{N_2} + P_{O_2} + P_{Ar} + P_{H_2O} \tag{6.1}$$

式中，P_i 的值是主要气体组分 i 的分压。假设气体符合理想气体定律，那么可通过下式求出每种气体的分压：

$$P_i = n_i RT / V \tag{6.2}$$

式中，n_i 是气体 i 的摩尔数（分子数等于 $n_i N$，其中阿伏伽德罗常量 $N = 6.024 \times 10^{23}$ 分子/mol），$R = 0.082\ 057$（$dm^3 \cdot atm \cdot mol^{-1} \cdot K^{-1}$），$T$ 是绝对温度（$T = t$ ℃ + 273.15）。

干燥空气中的气体组成按摩尔分数表示为

$$X_i = n_i / n_T = P_i / P_T \tag{6.3}$$

式中，$n_T = \sum n_i$。大气中主要气体的摩尔分数如表 5.1 所示。当总压力 $P_T = 1$ atm 时，X_i 的值等于理想气体的分压。非理想气体的状态可根据范德华方程式估计：

$$(P_i + n_i^2 a / V^2)(V - n_i b) = n_i RT \tag{6.4}$$

式中，a 与分子间引力有关，b 与气体的有限体积和压缩性有关。方程式(6.4)的系数 a 和 b 如表 6.1 所示(Kester，1975)。另外，表 6.1 中还给出了根据方程式(6.4)计算的在 0 ℃和 1 atm(标准温度和压力，STP)时气体的摩尔体积。He 的理想气体状态值(22.414 $dm^3 \cdot mol^{-1}$)的偏差为 +0.1%，而 Kr 为 -0.67%。对于精确的计算，需要使用方程式(6.4)，这些气体的状态方程更精确，但在 STP 附近，方程(6.4)的精度可达到 ±0.05%。

表 6.1　大气气体的范德华系数

气体	范德华系数	STP 下的摩尔体积($dm^3 \cdot mol^{-1}$)		气体	范德华系数	STP 下的摩尔体积($dm^3 \cdot mol^{-1}$)	
		a	b			a	b
N_2	1.390	0.039 13	22.391	Ne	0.210 7	0.017 09	22.421
O_2	1.360	0.031 83	22.385	He	0.034 12	0.023 70	22.436
Ar	1.345	0.032 19	22.386	Kr	2.318	0.039 78	22.350
CO_2	3.592	0.042 67	22.296	Xe	4.194	0.051 05	22.277

来源：资料源自 Kester，D. R.，Dissolved gases other than CO_2，in *Chemical Oceanography*，Vol. 1，2nd ed.，J. R Riley and G. Skirrow，Eds.，Academic Press，New York，498－556，1975。

虽然大气中主要气体的摩尔分数在地理或高度上(至 95 km)不变，但水汽的分数却有很大的变化。这些变化值可通过对给定温度下对空气湿度(%)进行修正来计算。水蒸汽的分压可由下式得出：

$$P_{H_2O} = (h/100) P_0 \tag{6.5}$$

式中，P_0 表示给定温度下水的分压(kPa)。

$$\ln P_0 = -0.493048 + 0.07263769\ t - 0.000294549\ t^2 + 9.79832\ 10^{-7}\ t^3 - 1.86536\ 10^{-9}\ t^4 \tag{6.6}$$

表 6.2　大气气体的同位素丰度

元素	质量数	摩尔%	元素	质量数	摩尔%
H(H_2O 中)	1	99.98	Ar	40	99.600
H(H_2O 中)	2	0.02	Kr	78	0.354
He	3	1.1×10^{-4}	Kr	80	2.27
He	4	100.0	Kr	82	11.56
C(CO_2 中)	12	98.9	Kr	83	11.55
C(CO_2 中)	13	1.1	Kr	84	56.90
C(CO_2 中)	14	9.5×10^{-13}	Kr	86	17.37
N	14	99.62	Xe	124	0.096

续表 6.2

元素	质量数	摩尔%	元素	质量数	摩尔%
N	15	0.38	Xe	126	0.090
O	16	99.757	Xe	128	1.919
O	17	0.039	Xe	129	26.44
O	18	0.204	Xe	130	4.08
Ne	20	90.92	Xe	131	21.18
Ne	21	0.257	Xe	132	26.89
Ne	22	8.82	Xe	134	10.44
Ar	36	0.337	Xe	136	8.87
Ar	38	0.063			

来源：资料源自 Kester，D. R.，Dissolved gases other than CO_2，in *Chemical Oceanography*，Vol. 1，2nd ed.，J. R Riley and G. Skirrow，Eds.，Academic Press，New York，498－556，1975。

在温度 $T = 25$ ℃，湿度（h）＝100％时，水的蒸汽压为 3.169 kPa 或 0.031 69 bar。因此，水对总压力的贡献为3％（类似于 Ar）。使用下式可将其他气体的分压转化为干燥气体的分压：

$$P_i = [P_T - (h/100)P_{H_2O}]X_i \qquad (6.7)$$

表6.2中总结了大气气体的稳定同位素组成（Kester，1975）。使用 5×10^{21} g 或 1.71×10^{20} 摩尔计算大气总体的摩尔百分比。

6.3 气体在海水中的溶解

溶液中某一气体的浓度与分压的关系如亨利定律所示：

$$P_i = K_i[i] \qquad (6.8)$$

其中，$[i]$表示的是所溶解气体的浓度（以溶液的 $mol \cdot kg^{-1}$ 表示），而 K_i 则指的是亨利常数。参数 K_i 取决于特定气体种类、溶液的盐度或离子强度、温度和总压力等因素。在溶液中的气体分压与气相中的分压相等的情况下，达到平衡状态：

$$P_i(\text{soln}) = P_i(\text{gas}) \qquad (6.9)$$

平衡状态下的气体浓度可由下式得出：

$$[i] = P_i(\text{gas})/K_i \qquad (6.10)$$

溶液中某一气体的浓度可用各种标度进行表示。大多数物理化学学家偏向于将浓度表示为质量摩尔浓度（$mol[kgH_2O]^{-1}$）或摩尔分数。这些浓度标度是有意义的，因为该量级不受气相组成的影响，并且与温度因素无关。就气体在海水中的早期溶解度而言，大部分溶解度是以本生系数进行表示的，即标准温度和压力下某一气体的体积（立方厘米）比上所述温度下（当 $P_i = 1.0$ atm 时）该溶液的体积（立方厘米）所得出的

$[i]$值。由于每种气体在标准温度和压力下的体积并不相同，所以会造成一定的混乱。出于实际原因，当 P_i 为分压而总压为 1 标准大气压(1.013 巴)时，最为实用的浓度标度应为摩尔每千克海水。因不同总压力(atm)和百分率湿度(h)而导致的 P_i 与标准值之间的偏差，可由下式进行校正：

$$P_{i'} = P_i(P_T - P_S h/100)/(1 - P_S) \tag{6.11}$$

其中，$P_{i'}$ 表示的是气体的校正分压，而 P_S 则是在给定温度和盐度(S)下，海水中水的蒸气压。可以用下式得出：

$$P_S = P_0 + AS + BS^{3/2} + CS^2 \tag{6.12}$$

其中，P_0 表示的是当 $S = 0$ 时，水的蒸气压(方程式 6.6)：

$$A = -3.7433 \times 10^{-3} + 1.6537 \times 10^{-4}\ t - 1.9667 \times 10^{-6}\ t^2 - 2.435 \times 10^{-7}\ t^3 \tag{6.13}$$

$$B = 5.2556 \times 10^{-4} - 7.72660 \times 10^{-6}\ t \tag{6.14}$$

$$C = -4.9535 \times 10^{-5} \tag{6.15}$$

在 $T = 25$ ℃且 $S = 35$ 时，通过该方程式可得出 $P_S = 2.7251$ kPa 或 0.027251 bar。可根据表层水的条件得出适当的湿度(h)和压力(P_S)。但必须注意的是，溶解度对 $P_{T'}$ 的变化响应缓慢，且水－气界面附近的湿度可能不同于在船上(高出该水－气界面 5 m 左右)所观察到的湿度。对于离开该表层的水质点，假设 $P_T = 1$ atm 而 $h = 100\%$，是较为合理的做法。近年来，气体在海水中的溶解度已得到更准确的数据。这些更为准确的数据可用于测定水域是否处于平衡状态。例如，N_2 和 Ar 的过度饱和可能与气泡的注入存在一定关联。O_2 的过度饱和或不饱和现象可能与光合作用和呼吸作用有关。

Weiss(1971)将气体在海水中的溶解度(C 以 mol/kg 进行表述)调整为下述形式的方程式：

$$\ln C = B_1 + B_2 S \tag{6.16}$$

这符合 Setchenow 盐析方程及积分形式下的范特霍夫方程式。

$$\ln C = A_1 + A_2/T + A_3 \ln T \tag{6.17}$$

Weiss(1971)所采用的最终形式为

$$\ln C = A_1 + A_2(100/T) + A_3 \ln(T/100) + S[B_1 + B_2(T/100) + B_3(T/100)^2] \tag{6.18}$$

系数 A_i 与不同温度下气体在水中的溶解度有关，而系数 B_i 则与气体在海水中的溶解度有关。温度对盐析系数 B_2 的影响不适用于范特霍夫方程式(方程式 6.17)。B_2 和 B_3 应分别为 $1/T$ 和 $\ln T$ 的函数。当$[i]$以微摩尔每千克为单位时，各种气体的 A_i 和 B_i 值如表 6.3 所示。对于 $S = 35$ 的海水，以这些单位表示的$[i]$值见表 6.4。需要指出的是，方程式(6.18)可用于消除气体。

表 6.3 气体在海水中的溶解度[方程式(6.18)中的常数以摩尔/千克为单位]与 1 atm 的空气在海水中的溶解度(相对湿度为 100%)之间的对比

气体	A_1	A_2	A_3	A_4
N_2	−173.2221	254.6078	146.3611	−22.0933
O_2	−173.9894	255.5907	146.4813	−22.2040
Ar	−174.3732	251.8139	145.2337	−22.2046
Ne	−166.8040	255.1946	140.8863	−22.6290
He	−163.4207	216.3442	139.2032	−22.6202
气体	B_1	B_2	B_3	
N_2	−0.054052	0.027266	−0.0038430	
O_2	−0.037362	0.016504	−0.0020564	
Ar	−0.038729	0.017171	−0.0021281	
Ne	−0.127113	0.079277	−0.0129095	
He	−0.44781	0.023541	−0.0034266	

来源：资料源自 Kester, D. R., Dissolved gases other than CO_2, in Chemical Oceanography, Vol. 1, 2nd ed., J. R Riley and G. Skirrow, Eds., Academic Press, New York, 498－556, 1975。

表 6.4 N_2，O_2，Ar，Ne 和 He 在海水中的溶解度(经湿度达 100%的大气($P=1$ atm)加以平衡)($S=35$)

温度(℃)	mol·kg⁻¹			nmol·kg⁻¹			
	N_2	O_2	Ar	Ne	He	Kr	Xe
0	616.4	349.5	16.98	7.88	1.77	4.1	0.66
5	549.6	308.1	15.01	7.55	1.73	3.6	0.56
10	495.6	274.8	13.42	7.26	1.70	3.1	0.46
15	451.3	247.7	12.11	7.00	1.68	2.7	0.39
20	414.4	225.2	11.03	6.77	1.66	2.4	0.33
25	383.4	206.3	10.11	6.56	1.65	2.2	0.29
30	356.8	190.3	9.33	6.36	1.64	2.0	0.25

溶解度因温度和盐度而产生的差异(Kester, 1975)。O_2 的溶解度已被 Benson 和 Krause(1984)的测量值所取代：

$$\ln C = -135.29996 + 1.572288\times10^5/T - 6.637149\times10^7/T^2 + 1.243678\times10^{10}/T^3 - 8.621061\times10^{11}/T^4 - S(0.020573 - 12.142/T + 2363.1/T^2) \quad (6.19)$$

6.4　海气交换

海水中的气体大多源自下述三个来源：(1)地球的大气层；(2)海底的火山活动；(3)海洋中发生的化学过程(生物光合作用、有机物分解以及物理放射性衰变)。有关气体溶解度最有意义的假设之一为：过去某一时间段内，每一部分的水都曾处于海面，并就在那时与大气中的气体平衡(或接近平衡)。在海洋循环过程中，非反应性气体通过平流和扩散的方式分布在整个水柱中。

多个研究者已通过各种模型对海－气界面上的气体交换进行了检测。其中，最简单的模型(一个滞膜模型)如图 6.1 所示。该模型考虑了三个区域：(1)每种气体的分压均处于均匀分布状态的湍流大气相；(2)具有均匀分压的湍流液相；(3)分离两个湍流区域的层流层。层流层中液体的运动应平行于海－气界面。假设气体是以分子扩散的方式通过层流层的，并且该层或膜代表的是对气体转移所造成的主要阻力。层流薄膜或薄膜是永久的且厚度为 τ。气体的界面通量可以用菲克第一定律检验：

$$dC_i/dt = A D_i(dC_i/dz) \tag{6.20}$$

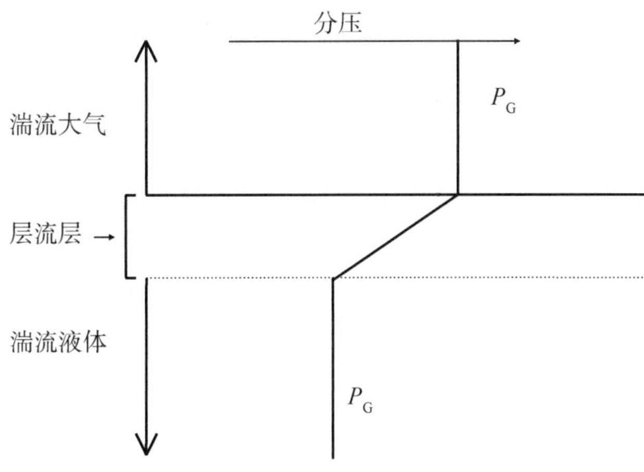

图 6.1　气体穿过海－气界面所需的层流层

其中，A 是界面面积，C_i 是物质 i 的浓度，t 是时间，D_i 是物质 i 的扩散系数或扩散率，而 dC/dz 代表的是梯度(z 是垂直距离)。若将这个方程式与亨利定律($P_i = k_iC_i$)结合起来，就可得出

$$dC_i/dt = (A D_i/\tau k_i)[P_i(\text{gas}) - P_i(\text{soln})] \tag{6.21}$$

式中，k_i 代表的是亨利常数。该模型假设海－气界面的气体通量与扩散系数成正比，与亨利常数成反比。气体交换的驱动力与液体和大气之间的气体分压差成一定比例。各种气体的分子扩散系数见表 6.5。在给定温度下，扩散系数随着分子量或分子大小的增加而减小。温度的升高可导致扩散系数变大。通过各种气体的层流层模型可观察到边界层流层的厚度为 $\tau = 0.002 \sim 0.02$ cm。若风速增加，则湍流增加，进而厚度降

至最低。Broecker 和 Peng(1982)将 τ 的风洞测量值与通过 ^{14}C 和 Rn 测量所获得的值进行了对比。如图 6.2 所示，结果是一致的。τ 值范围为 10～90 μm(取决于风速)。实线源自风洞测量。实线圆是基于海洋中的氡测量，而开口正方形代表的是基于 ^{14}C 测量的全球平均值。经实验得出的膜厚度要比直接测量得出的厚度值小得多。这可能是因为海洋中的波浪要比在风洞中的波浪更大或在估计水面上确切风速(风洞中水面以上 10 cm 处的风速相对于海面以上 15 m 处的风速)的过程中出现了问题。两项研究都表明，在风速较高的情况下，膜厚度会减小。

用于计算气体通过海－气界面的转移速率的更为常用的方程式如下所示：

$$dC_i/dt = A(f_i/k_i)[P_i(\text{gas}) - P_i(\text{soln})] \tag{6.22}$$

表 6.5 海水中各种气体的分子扩散速率

气体	MW	$D_i(10^{-5}\cdot cm^2\cdot s^{-1})$		气体	MW	$D_i(10^{-5}\cdot cm^2\cdot s^{-1})$	
		0 ℃	20 ℃			0 ℃	20 ℃
He	4.0	2.0	4.0	Kr	84	0.7	1.4
Ne	20	1.4	2.8	Xe	131	0.7	1.4
N_2	28	1.1	2.1	Rn	222	0.7	1.4
O_2	32	1.2	2.3	CO_2	44	1.0	1.9
Ar	40	0.8	1.5	N_2O	44	1.0	2.0

来源：资料源自 Broecker, W. S., and Peng, T. H., Tracers in the Sea, Eldigio Press, New York, 1982.

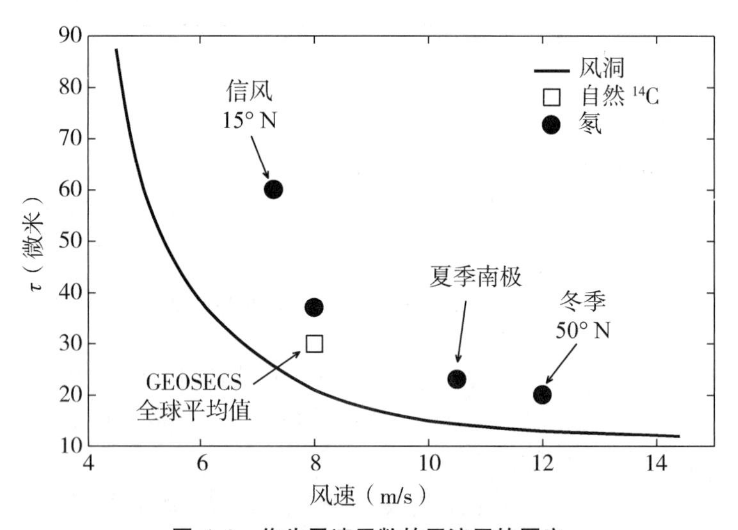

图 6.2 作为风速函数的层流层的厚度

其中，$f_i D_i/\tau$ 称为出口系数或转移速度。层流层模型把 f_i 等同于D/τ。如果假设决定扩散速率的因子是时间 θ，则体积元位于海气界面处：

$$f_i = 2(D_i/\pi\theta)^{1/2} \tag{6.23}$$

观测结果进一步肯定了海－气界面处存在层流层这一事实。

费克第一定律也可以表述为

$$F = \mathrm{d}C/\mathrm{d}t = k\Delta C \tag{6.24}$$

其中，F 是通量($mol \cdot cm^{-2} \cdot s^{-1}$)，$\Delta C$ 是海－气界面的浓度变化($mol \cdot cm^{-3}$)，k 为转移速度($cm \cdot s^{-1}$)、渗透系数 、传质系数、吸收系数、出口系数或活塞速度。如果使用薄膜层模型，则 k 与 D/τ 呈比例关系，其中 D 是扩散系数，τ 是边界厚度。如果使用表面更新模型，则 k 与 $D_{1/2}$ 呈正比；如果使用边界层模型，则 k 与 $D_{2/3}$ 呈正比。目前，Liss(1975)的模型是海洋学中用于描述海－气界面通量的应用最为广泛的模型。这个模型是一个滞膜模型，且在界面之间有一个双层边界(如图 6.3 所示)：

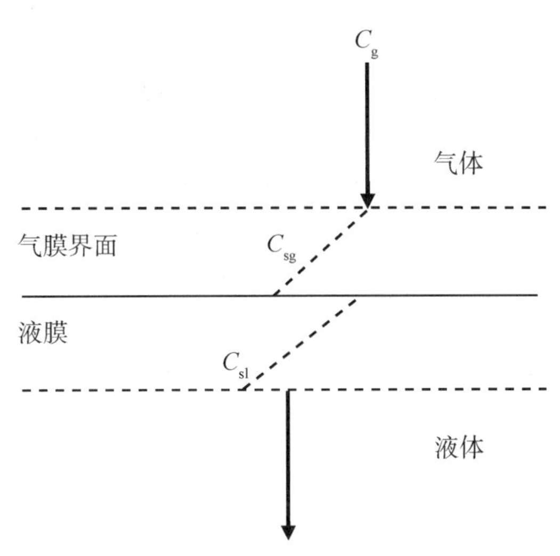

图 6.3　气体穿过海气界面的气膜模型

与薄膜模型一样，假定气体和液体薄膜以上的空气和气体与液体薄膜以下的液体均已充分混合。气体转移通过分子扩散的方式进行，而气体输送的阻力则来自气液界面层的扩散作用。k 值取决于气相和液相中的湍流以及气体的化学反应度。交换系数的倒数是衡量通过界面传输阻力的一个指标。这种阻力分为气相阻力和水相阻力：

$$1/k = R = R_g = R_1 \tag{6.25}$$

总通量等于通过两个边界的值

$$F = k_g(C_g - C_{sg}) = k_1(C_{sl} - C_1) \tag{6.26}$$

其中，C_g 是气相中气体的浓度，C_{sg}是表面膜中气体的浓度，C_1 是液相中气体的浓度，而 C_{sl}是表面膜中气体的浓度。在表面膜中：

$$C_{sg} = HC_{sl} \tag{6.27}$$

式中，H 代表的是亨利常数。代入方程式(6.26)得出：

$$F = (C_g = HC_1)/(1/k_g + H/k_1)(C_g/H - C_1)(1/k_1 + 1/Hk_g) \tag{6.28}$$

若定义为：

$$1/K_g = 1/K_g + H/K_1 \tag{6.29}$$

$$1/K_1 = 1/K_1 + 1/HK_g \tag{6.30}$$

则方程式(6.28)可改写为

$$F = K_g(C_g - HC_l) = K_l(C_g/H - C_l) \tag{6.31}$$

通过海气界面运输的总阻力 R 可由下式计算出来

$$R = 1/K_A + 1/K_W \tag{6.32}$$

其中，$R_g = 1/K_g$ 是气相的阻力，而 $R_l = 1/K_l$ 是液相的阻力。

R 值取决于气相和液相的交换常数以及气体的亨利常数。对于大多数气体，其中一相的阻力占主导地位并控制总阻力大小。

对于与水发生化学反应的气体(如 CO_2 和 SO_2)，传输过程更复杂。这不仅仅是因为气体存在梯度，还因为所形成的化学物质(HCO_3^- 和 HSO_3^-)也存在梯度。为了解释化学反应引起通量的增加，研究者定义了一个项 α。可得出：

$$1/k_l = 1/k_l\alpha + 1/Hk_g = C_g/k_l\alpha H - C_l/k_l\alpha \tag{6.33}$$

对于非反应性气体，$\alpha = 1.0$，而对于 SO_2 等气体，$\alpha \approx 2000$。对于易分配进入水(低 H)的气体或反应迅速的 H_2O，HCl，SO_2 和 HNO_3 等气体，$R_g \gg R_l$。对于 O_2、N_2、CO_2、惰性气体、SF_6 和氟利昂等(具有高 H 值并且是非反应性的)气体，$R_l \gg R_g$。例如，CO_2 的 α 就处于 1.02～1.03 这一区间。因此，对于大多数气体，项 R_l 或 k_l 将起决定性作用。

海－气界面的 k_i 值由多个研究者估算得出。Broecker 和 Peng(1982)在使用^{14}C 数据的过程中，发现 $k_w = 20\ cm \cdot h^{-1}$ 这一数值存在一个 20%或 5 $cm \cdot h^{-1}$ 的误差。某些研究者通过 O_2 测量来估计 k_w。研究发现，在夏季 $k_w = 5 \sim 15\ cm \cdot h^{-1}$，而在冬季，$k_w = 40 \sim 50\ cm \cdot h^{-1}$。冬季的值要比夏季的值高得多，这可能与冬季风速较大有关。此外，Broecker 和 Peng(1982 年)也借助界面附近的氡 ^{222}Rn 的浓度来估计 k_w 值。根据上述结果可知，$k_w = 12 \sim 15\ cm \cdot h^{-1}$，对应于 CO_2 的 $k_w = 15\ cm \cdot h^{-1}$。显然，传输速度取决于风速；然而，如图 6.2 和图 6.4 所示，这种关系并非那么直接。

Redfield(1948)借助缅因湾的氧气数据，对自然条件下的大气交换进行了评估。经其研究发现，春季期间，由于光合作用，O_2 将从海洋转移到大气层中。夏季期间，随着水温的上升，进一步产生了 O_2。冬季期间，温度较低的水域又将 O_2 吸收回去(其中，40%的氧气用于氧化有机物，而余下的 60%则将被吸收回去)。最终得出，春季的交换系数($E = D/k\ f/k$)为 $3 \times 10^6\ cm^3 month^{-1} \cdot atm^{-1}$，冬季的交换系数为 $13 \times 10^6 cm^3 month^{-1} \cdot atm^{-1}$。

风速对气水界面 O_2 交换的影响如图 6.4 所示。当风速小于 3 $m \cdot s^{-1}$ 时(液体上方 5 cm 处)，出口系数保持恒定。若该系数明显大于 3 $cm \cdot s^{-1}$，则表明存在湍流。5 cm 的风速约为标准气象高度(10 cm)的一半。虽然这些早期研究已得以改进，但它们确实就自然水体中气体转移的控制因素给出了一些见解。Broecker 和 Peng(1982)将风洞测量值与通过^{14}C 和氡法测量所获得的值进行了对比。测量结果(如图 6.4 所示)是一致的。

气泡也可能对海－气界面的气体交换造成一定影响。静水压可影响溶液速率和气泡成分。溶解气泡的半径随时间和深度的递增而呈线性递减。由于 O_2 的亨利系数要

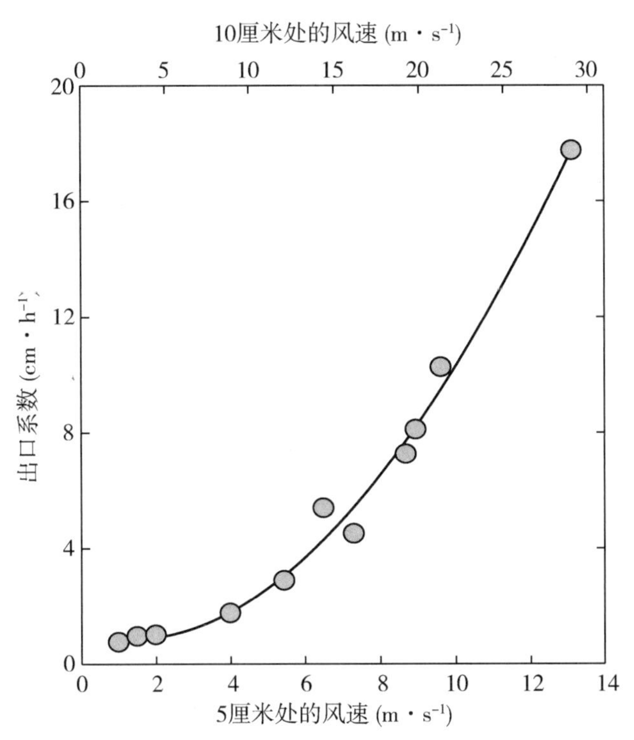

图 6.4　海气界面的出口系数(cm/h)与风速的关系

比 N_2 的亨利系数大得多，所以气泡富含 N_2。游离气泡的扩散系数为固定气泡的两倍。这种差异可能与固定气泡和游离气泡与液体界面之间的边界差异有关。

风暴期间，气泡将被降至海面以下 20 m 处。当气泡位于这个深度时，气泡中气体的分压是海面气泡气体分压的 3 倍。气泡和海水之间的气体交换程度要比海气界面的气体交换程度大得多，因为层流层较薄且分压变大了。存在两个泡沫群：(1)与沉积在海面上的大气颗粒相关的半径小于 40 u 的泡沫群体；(2)通过溃波在海面形成的半径约为 100 u 的泡沫群体。气泡可以改变气体通量的大小，风暴通过的 12 小时以内大气压力可变化 2%。气泡的交换速度可能比季节性通量高出几个数量级，因此，气泡是气体交换的重要机制之一。

若膜厚度较低(而风速较高)，则化学效应可忽略不计，但波浪可影响气体传输。传输速率与波的均方斜率呈比例关系。对于表面张力波，预测可增强 9 倍。而波浪隧道中的波浪只有 10%的增幅。风洞结果表明，传输速度的增量随着函数(波浪的均方斜率除以水中的摩擦速度)的变化而变化。欲进一步阐明控制海气界面气体传输的众多因素，还需进一步的研究。

6.5　非反应性气体

氮气和惰性气体均是非反应性气体。物理过程以及温度和盐度对溶解度的影响会对非反应性气体的分布造成一定影响。

针对非反应性气体分布的研究可用于区分物理过程和生物过程各自对 O_2 和 CO_2 等反应性气体的分布的影响。得益于分析技术的发展，近期在这一研究领域取得了一些进展。

非反应性气体的变化是由在 1 个大气压的总压和 100%相对湿度对溶解度的研究得出的。饱和度可由下式得出：

$$\sigma_i = [i]/[i]^* \times 100 \qquad (6.34)$$

其中，$[i]^*$ 代表的是特定位温和盐度下的溶解度浓度，$[i]$则是测量出的气体浓度。同时，还需考虑到饱和度偏差 Δi：

$$\Delta i = ([i] - [i]^*)/[i]^* \times 100 \qquad (6.35)$$

通过检测 σ_i 和 Δi，可实现气体分布跟踪，而无需考虑温度和盐度是否出现了偏差。可能导致非反应性气体偏离预期浓度的物理过程包括以下几个方面：

(1)气压偏离标准大气压。

(2)气泡部分溶解。

(3)空气注入。

(4)热量与气体交换的差异。

(5)不同温度水团的混合。

(6)放射来源或原生来源(He)。

海水中由 ^{40}K 生成放射性 ^{40}Ar 的放射性反应并不明显。需经 10^{11} 年，^{40}K 才能衰变出海洋中的 ^{40}Ar 的量。

大气压力和湿度的变化会对所有气体造成等百分比的影响。在温度为 30 ℃的情况下，若湿度降低到 80%，则 Δi 将增加 0.9%。欲将标准压力和湿度的偏差考虑在内，则至少需对两种情况下的气体做出相关研究。若气泡被淹没在表面以下，则在水的静压力作用下，气泡会发生溶解。如果在气泡回到表面之前就已经出现了部分溶解，则所有气体都将部分溶解且 Δi 会变大。虽出现了部分溶解，但气泡中的气体组成仍保持不变。在 1 m 深处，所有气体的 Δi 均增加 10%。但如果气泡完全溶解，则此类现象应称为空气注入。由于溶解度各不相同，因此每种气体因空气注入而受到的影响也各不相同。气体溶解度随温度变化而出现的差异如图 6.5 所示。若出现空气注入或完全溶解在海水中的情况，则各种气体因成分差异而出现的 Δi 变化程度会更大。

由于不同气体的溶解度会随着温度的变化不同，所以在气体未与大气进行交换的情况下，温度变化可使 Δi 发生变化。就溶液中处于平衡状态的各种气体而言，其摩尔分数与空气的摩尔分数并不相同(参见表 6.6)。例如，在温度为 15 ℃的情况下，温度降低 1 ℃会使得 He 的 Δi 变化 −0.24%，而 Xe 的 Δi 则会出现 −2.5%的变化(Kester，1975)。如果热交换比气体交换更快(例如，上升流区域)，则会出现饱和度偏差现象。若将温度各不相同的水进行混合，由于溶解度和温度之前的非线性行为，也会出现饱和度偏差现象。例如，若将 0 ℃和 30 ℃的水混合在一起，则会使 He 出

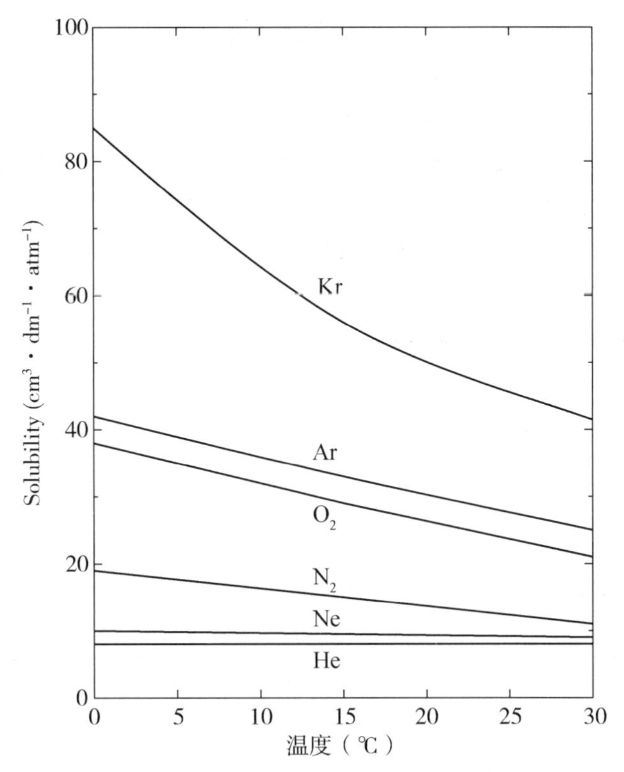

图 6.5　温度对气体在海水中的溶解度的影响

表 6.6　饱和海水和干燥空气中所溶解气体的摩尔分数（X_i）对比以及因每千克海水[a] 注入 1 cm^3 空气而产生的饱和度异常（标准温度和压力下）

	N_2	O_2	Ar	CO_2	Ne	He	Kr	Xe
$X_{空气}$	0.780	0.209	0.009	0.0003	18.2×10^{-6}	5.2×10^{-6}	1.1×10^{-6}	0.09×10^{-6}
$X_{饱和海水}$	0.626	0.343	0.016	0.014	9.7×10^{-6}	2.3×10^{-6}	3.8×10^{-6}	0.54×10^{-6}
空气(%)	7.7	3.8	3.5	0.1	11.6	13.8	1.8	1.0

注：[a] 所有海水值均基于温度为 15 ℃且 $S=35$ 这一条件。

通过研究几种气体，可以得出这些过程的幅度。Xe 和 Kr 对空气注入不敏感，因此可用于检验温度效应。He 对空气注入敏感，但不受温度影响。由于 Ar 和 O_2 受到的影响几乎相同，因此 Ar 是用于区分 O_2 的生物过程和物理过程的最佳非反应性气体。

许多研究者已对 N_2 的饱和度异常现象进行了研究。研究结果（Kester，1975）如表 6.7 所示。所有水域均处于饱和值 ±1.4% 这一范围内（位于标准误差 3% 范围以内）。标准误差较大，可能与海洋过程（空气注入等）所引起的实际变化有关。由于已知生物化学过程可以将 N_2 转化为有机结合态氮，且 N_2 可以在缺氧条件下由有机氮转化而来，因此可能会对 N_2 的保守程度存有疑问。Benson 和 Parker 针对 N_2 与 Ar

之间的比值而得出的测量结果表明，对于大多数海洋水域而言，N_2 的保守性为 ± 1%。Richards 和 Benson(1961)对缺氧盆地的 N_2/Ar 进行了测量。结果表明，Cariaco 沟的 ΔN_2 为 + 2. 3%，而达姆斯峡湾(Damsfjord)的 ΔN_2 为 + 3. 6%。由于采用的溶解度数据并不相同，同时考虑到报告结果的方法，难以对 1%水平的各种 N_2 研究进行详细比较。除缺氧水(2%～4%的过饱和度)以外，大多数海洋水域的饱和度通常处于 1%～2%这一范围。随着 N_2 分析精度的提高，ΔN_2 的变化幅度也随之缩小。

表 6. 7　氮饱和度异常

水团	N_2 平均值	N_2 标准差
所有的表层水(z<10 m)	− 0. 17%	3. 4%
南大西洋中央水域	− 0. 48%	1. 3%
南极中层水	− 1. 42%	3. 0%
北大西洋深层水	+ 0. 32%	1. 9%
南极底层水	− 0. 04%	2. 2%

来源：资料源自 Kester，D. RV Dissolved gases other than CO_2/ in Chemical Oceanography，Vol. 1，2nd ed.，J. P. Riley and G. Skirrow，Eds.，Academic Press，New York，498 − 556，1975.

某种气体的饱和度偏差可归因于下述三个主要因子(Weiss，1971)：

$$\Delta_i = \delta_P + \delta_t + \delta_A \tag{6.36}$$

因子 δ_P 是由有效大气压力和标准大气压力之间的差异所造成的：

$$\delta_P = \frac{[P_{\mathrm{atm}} - (h/100)P_{\mathrm{s}}]100}{1 - P_{\mathrm{s}}} + \frac{Z}{10} \tag{6.37}$$

其中，Z 表示的是气泡达到平衡状态时所处位置的深度(单位：cm)。由于 δ_P 不依赖于某种气体的具体属性，因此无法单独用来确定各项。δ_t 因子表示的是在无气体交换的情况下，温度改变所发生的饱和度偏差变化：

$$\delta_t = [-100 \, \mathrm{d} \ln[i]/\mathrm{d}\, T]\Delta T \tag{6.38}$$

其中，ΔT 等于观测到的位温减去气体处于平衡状态时温度所得出的差值。该项适用于因辐射加热或冷却和地热加热而引起的温度变化(而不适用于温度各不相同的水的混合)。因子 δ_A 表示的是空气注入的影响，可由下式得出：

$$\delta_A = X_i \, 100 \, a/[i]22390 \tag{6.39}$$

其中，a 是每千克海水注入的标准温度和压力下的空气量(单位：cm^3)，而 22 390 表示的是标准温度和压力下，空气的摩尔体积(单位：cm^3)。

Kester(1975)将上述关系用于大西洋海域(t = 26 ℃且 S = 36)：

$$\Delta Ne = 4.5 = \delta_P + 0.626\,\delta_t + 12.47\,\delta_A \tag{6.40}$$

$$\Delta Ar = 2.0 = \delta_P + 1.62\,\delta_t + 4.22\,\delta_A \tag{6.41}$$

$$\Delta He = 4.6 = \delta_P + 0.180\,\delta_t + 14.16\,\delta_A \tag{6.42}$$

经求解得出，$\delta_P = -2.8\%$，$\delta_t + 1.70$ ℃，且标准温度和压力下，每千克海水和吸收 $\delta_A = 0.50$ cm^3 的空气。δ_P 为负值，表明 $P_{atm} < 1$ atm。增加 1%可由以下因素导致：气压升高 8 mmHg，空气在海面以下 10 cm 处的达到平衡状态，或当温度为 25 ℃时 $h = 65\%$。

研究发现，在深海海域，每千克海水注入了 0.5～1.0 cm^3 处于标准温度和压力下的空气。氦也可以从海底注入深海，氦是由沉积物和岩石中铀和钍的放射性衰变产生的。此外，He 也可以直接由海底热液注入深海海水。1969 年，Craig 已将注入深海的过量氦用于研究深海水域的运动（见图 6.6）。北大西洋深层水（North Atlantic deep waters，NADWs）中 He，Ne 和 Ar 的饱和度偏差可归因于空气注入。然而，对于太平洋，ΔHe 的 7%～12%的偏差值可部分（50%）归因于氦过量这一情况。He 的异常可通过检测 $^3He/^4He$ 之间的比值来研究。若观察到的比值（太平洋）大于平衡值（图 6.7），则可归因于来自地球内部的和来自活动海岭的氦。根据最近的海底热泉水的测量（图 6.8），得出比值为 $^3He/^4He = 1.08 \times 10^{-5}$，而相比之下空气注入的比值仅为 1.38×10^{-6}。

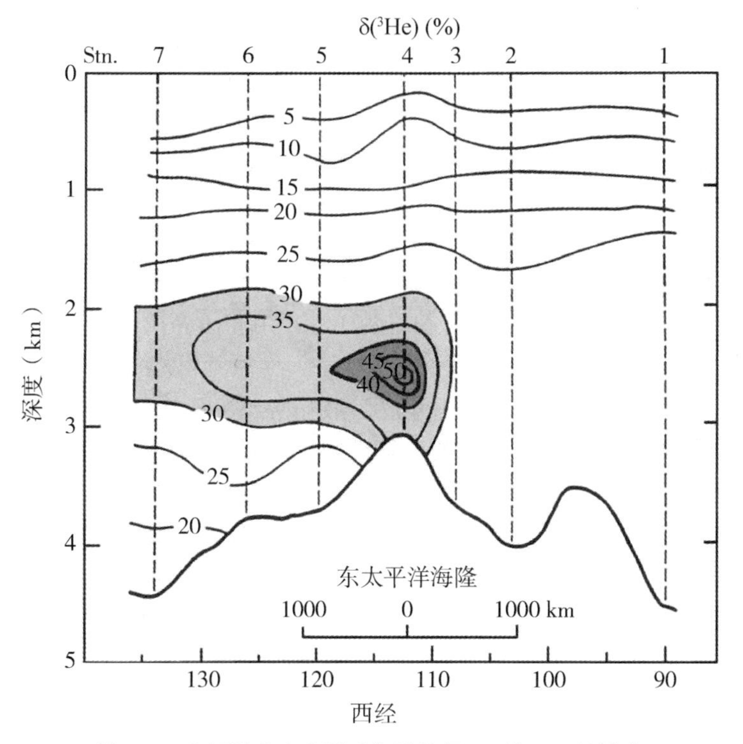

图 6.6　太平洋中来自活动海岭的氦－3/氦－4 的浓度

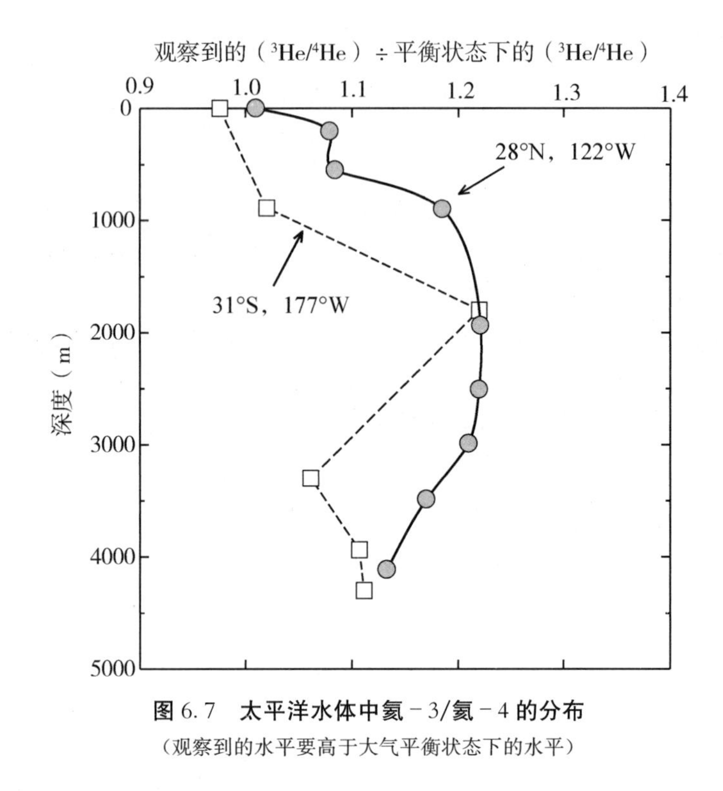

图 6.7 太平洋水体中氦－3/氦－4 的分布
（观察到的水平要高于大气平衡状态下的水平）

6.6 海水中的溶解氧

到目前为止，海水中研究最多的气体就是氧气（CO_2 除外）。这主要是因为它的浓度很容易测量，它也为海洋学家研究平流过程及生物学家研究植物体的光合作用和氧化作用提供了信息。目前，对自然水体中的 O_2 进行分析仍采用的是由 Winkler 于 1888 年发明的，并由 Carpenter 于 1965 年进行改进的技术。收集的样品由 $MnSO_4$ 和 NaOH 快速固定。NaOH 和 $MnSO_4$ 之间的反应可形成氢氧化锰：

$$Mn^{2+} + 2OH^- \rightarrow Mn(OH)_2 \tag{6.43}$$

$Mn(OH)_2$ 与 O_2 反应，可形成一种四价锰化合物：

$$2Mn(OH)_2 + O_2 \rightarrow 2MnO(OH)_2 \tag{6.44}$$

进而固定 O_2，在酸化并存在过量 NaI 条件下，可对溶液中的 O_2 进行分析。锰化合物会将 I^- 氧化成 I_2：

$$MnO(OH)_2 + 4H^+ + 2I^- \rightarrow Mn^{2+} + I_2 + 3H_2O \tag{6.45}$$

过量的 I^- 使游离 I_2 形成 I_3^-，从而处于稳定状态：

$$I_2 + I^- \rightarrow I_3^- \tag{6.46}$$

生成的 I_3^- 的量等于溶液中的 O_2 量，然后可通过滴定硫代硫酸钠的方式将其测量出来：

$$I_3^- + 2S_2O_3^{2-} \rightarrow 3I^- + S_4O_6^{2-} \tag{6.47}$$

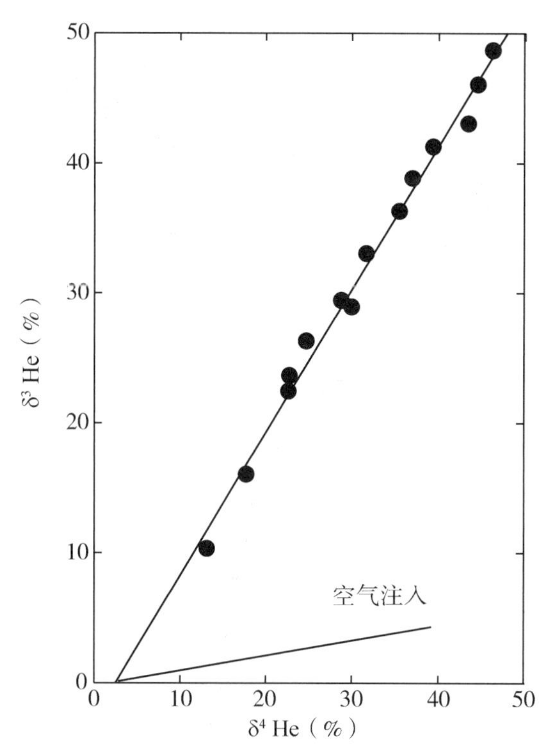

图 6.8　太平洋海域中氦－3 与氦－4 的对比关系（与空气注入的预期值相比）

I_2 可与淀粉溶液形成蓝色络合物，可用于确定滴定终点。也可以通过 O_2 电极或气体相色谱仪来测量 O_2 的浓度。将电极系统连接至温盐深测量仪（conductivity－temperature-depth，CTD），则可获得海水中 O_2 的连续分布图。

大部分海域中 O_2 的垂直分布如图 6.9 所示。在表层水中，海水中的 O_2 浓度接近于该水域水温和盐度所对应的预期值。地球化学海洋科学研究（Geochemical Oceans Sections Study，GEOSECS）计划所得出的测量值如图 6.10 所示。实线代表的是饱和度数值。表层值为 7 μmol/kg，或约 3%的过饱和度。这种过饱和现象是由于气泡注入和光合作用引起的。在光合作用区，由于光合作用，O_2 将达到最大值（见图 6.11）。

就主要海洋的溶解 O_2 的垂直分布图而言，其最显著的特征是存在溶解氧最小值层及深层海水相对较高的含氧量。最小值是植物体的生物氧化与富氧冷水的平流作用相平衡的结果。在图 6.12 给出的大西洋、太平洋和印度洋的 O_2 剖面图，更清楚地表明了海洋中富氧水域的平流情况。

大西洋、太平洋和印度洋自表层以下约 900 m 处，明显有南极中层水和北极中层水侵入。NADW 指的是南极大西洋中富含 O_2 的一片区域（北纬 60°处 0～2000 m 深度，最大可达 3000 m）。NADW 来自环极水域，在太平洋和印度洋深层向北流动的过程中，其 O_2 含量会逐渐下降。南极底层水对氧气含量的贡献可从南大洋富含 O_2

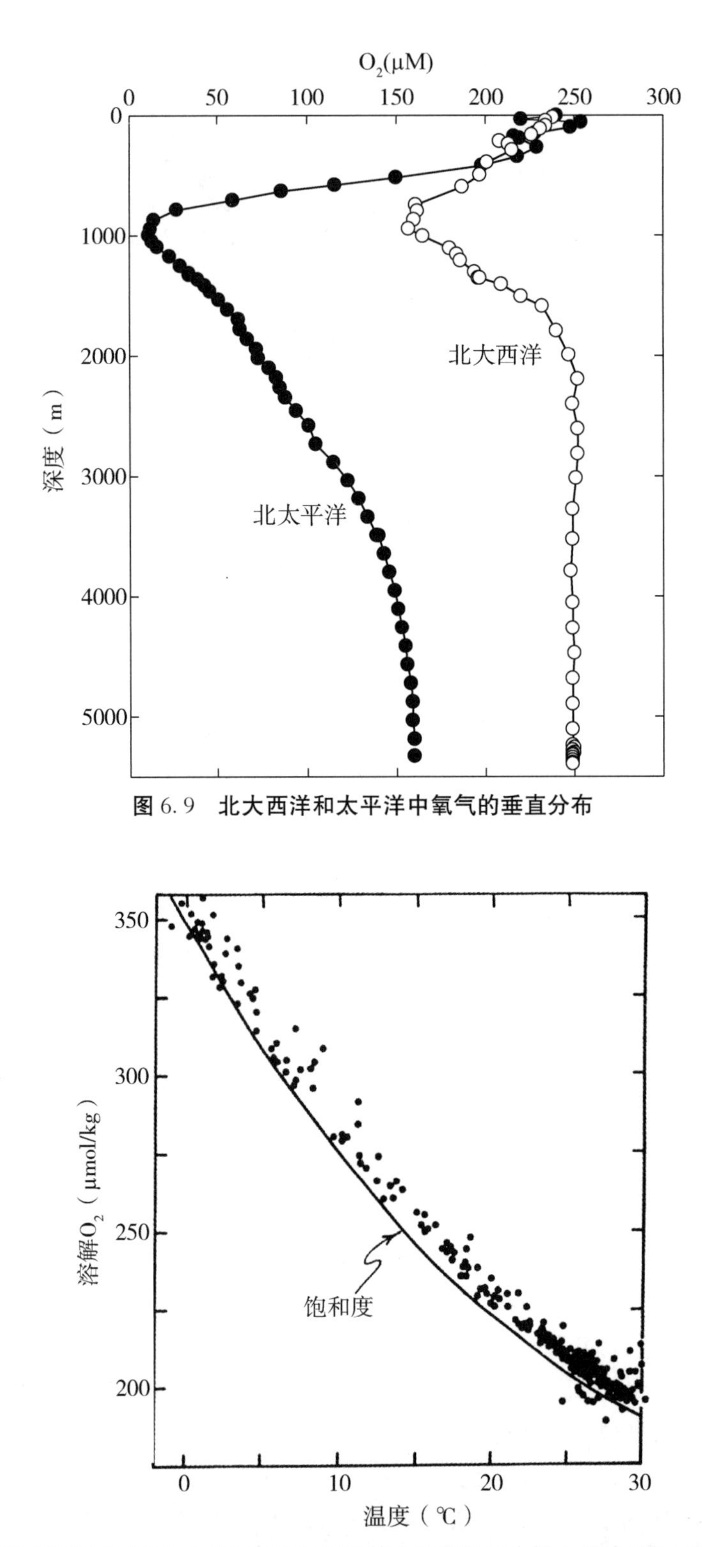

图 6.9　北大西洋和太平洋中氧气的垂直分布

图 6.10　测量出的表层海水中溶解氧含量与计算出的溶解氧含量之间的对比(用作温度函数)

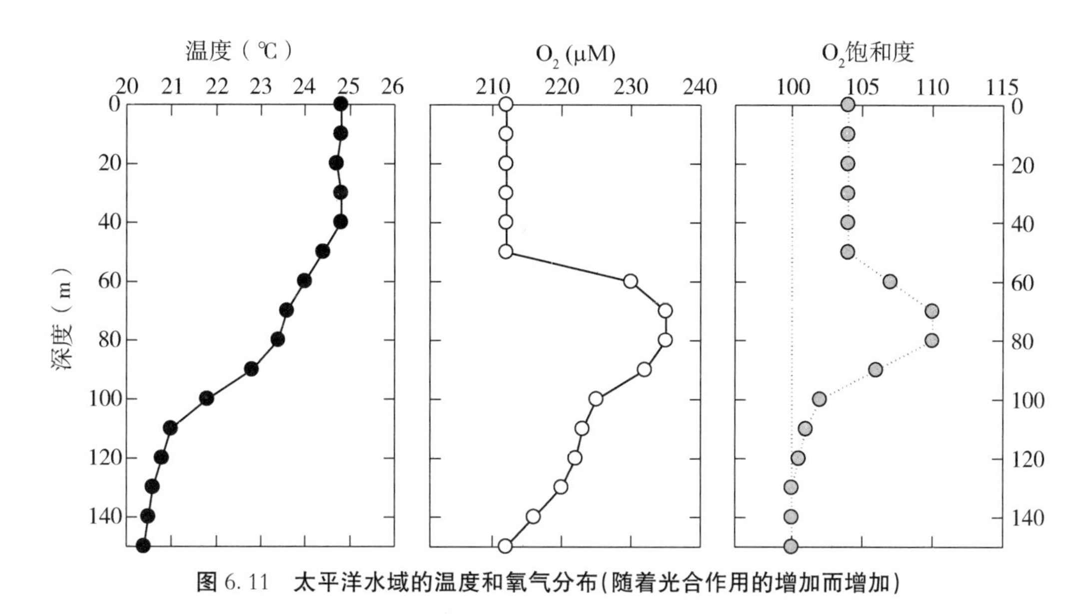

图 6.11　太平洋水域的温度和氧气分布(随着光合作用的增加而增加)

这一事实看出。北太平洋中层水中的 O_2 含量要比北大西洋中层水中的氧气含量低得多。南美洲沿海地区的最小值层最强，这与上升流带来的高生产力有关。

O_2 在海洋中的分布是下述几项因素的最终结果：

(1)表面混合层中的氧含量接近平衡。

(2)次表层由于生物的光合作用而产生的氧。

(3)所有水域的生物呼吸作用的耗氧以及中层生物质的氧化作用耗氧。

(4)由于寒冷水域富氧水体的下沉而导致深层水中的 O_2 含量增加。

测量耗氧量比测量总浓度更容易解释物理和生物效应。这样能够消除水域与大气接触时而引起的差异。而空气注入、热效应和大气压力等过程对氧气的贡献可通过前述方法来考虑。要做到这一点，就得考虑到还需了解其他惰性气体的相关信息。将 Ar 作为参比气体，可以对由非理想平衡引起的偏差进行合理的校正。自水体离开表层而消耗的氧气浓度可由下式得出：

$$[O_2]_{surf} - [O_2]_{meas} = [O_2]^* \times [Ar]_{meas} / \{[Ar]^* - [O_2]_{meas}\} \quad (6.48)$$

其中，$[i]^*$ 代表的是给定温度和盐度下的预测值，而$[i]_{meas}$代表的是测量值。

在未对 Ar 进行测量的情况下，表观耗氧量(apparent oxygen utilization，AOU)可由下式得出：

$$AOU = [O_2]^* - [O_2]_{meas} \quad (6.49)$$

AOU 可用于识别$[O_2]^*$偏离理想值的原因，例如空气注入。如前所述，表层水的过饱和度约为 3%。在上升流区域，表层 O_2 浓度可比饱和度低 20%。太平洋水域如图 6.13 所示。由于上升流影响，赤道附近的表层 AOU 值为 15 $\mu mol \cdot kg^{-1}$。这可与其他表层水周围的 AOU 值(约为 $-7\ \mu mol \cdot kg^{-1}$)进行比较。

O_2 和 AOU 在 4 000 m 深度处的分布如图 6.14 所示。北大西洋的下沉底层水有着较高的氧浓度(～300 $\mu mol \cdot kg^{-1}$)和较低的 AOU 值(～50 $\mu mol \cdot kg^{-1}$)。而对于

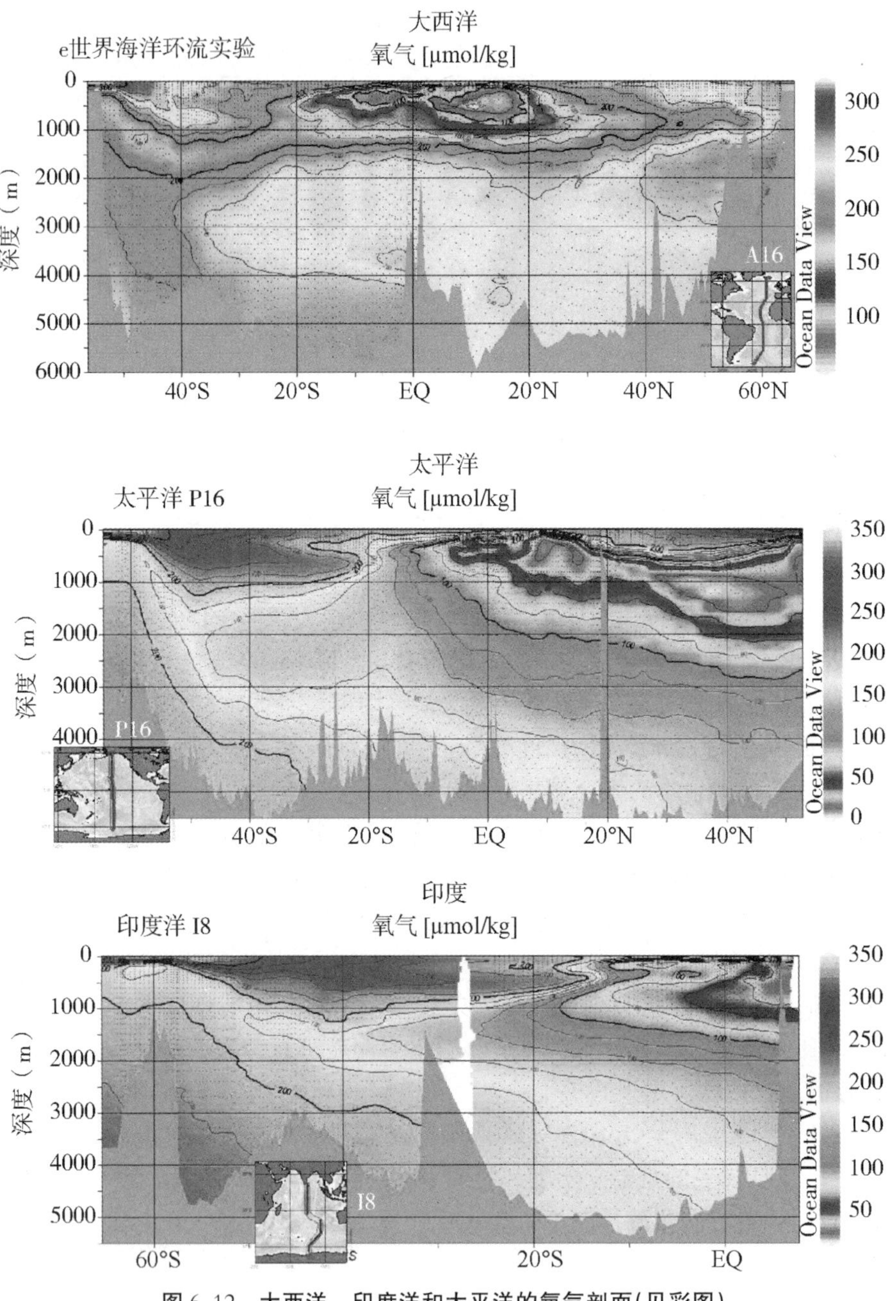

图 6.12 大西洋、印度洋和太平洋的氧气剖面(见彩图)

北太平洋较古老的水体，其 O_2 浓度非常低(～50 μmol·kg^{-1})，但 AOU 值却很高(～200 μmol·kg^{-1})。欲了解太平洋海域自表层到 1 000 m 深度处的 AOU 值和 pCFC 年龄值，可参见图 6.15。赤道上升流水体的 AOU 值很高，且水体较为古老。北方环流水域的 AOU 值约为 150，年龄为 10 年。这可以得出 AOU 每年减少约 15 μmol·kg^{-1}。上升流或深层水的的年龄无法通过 pCFC 方法准确确定，因为此类水域已经存在了约 50 年。通过不同位置的 AOU 值及营养盐分布，可以得出氧气含量

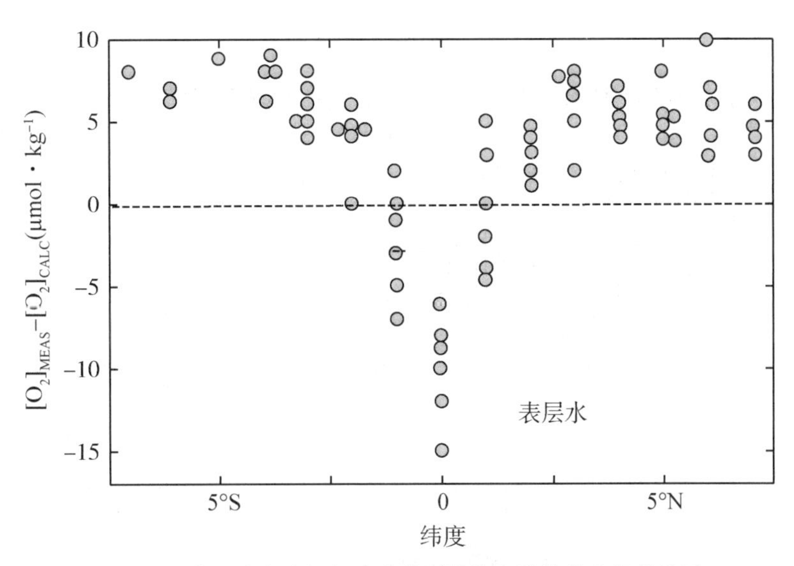

图 6.13　表层水中溶解氧浓度的测量值和计算值之间的差异

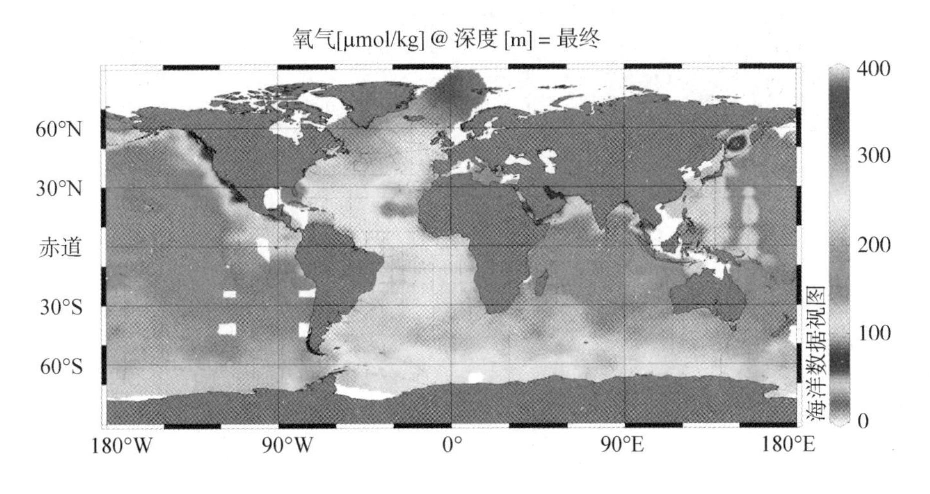

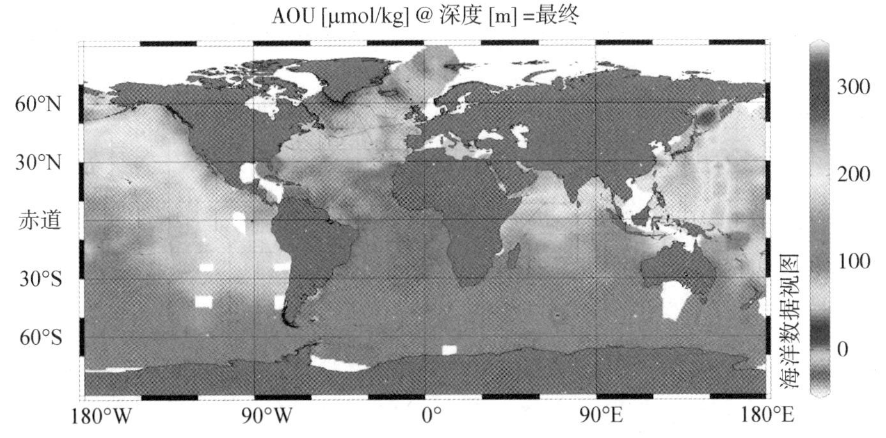

图 6.14　世界大洋深层水中的氧气和表观耗氧量(见彩图)

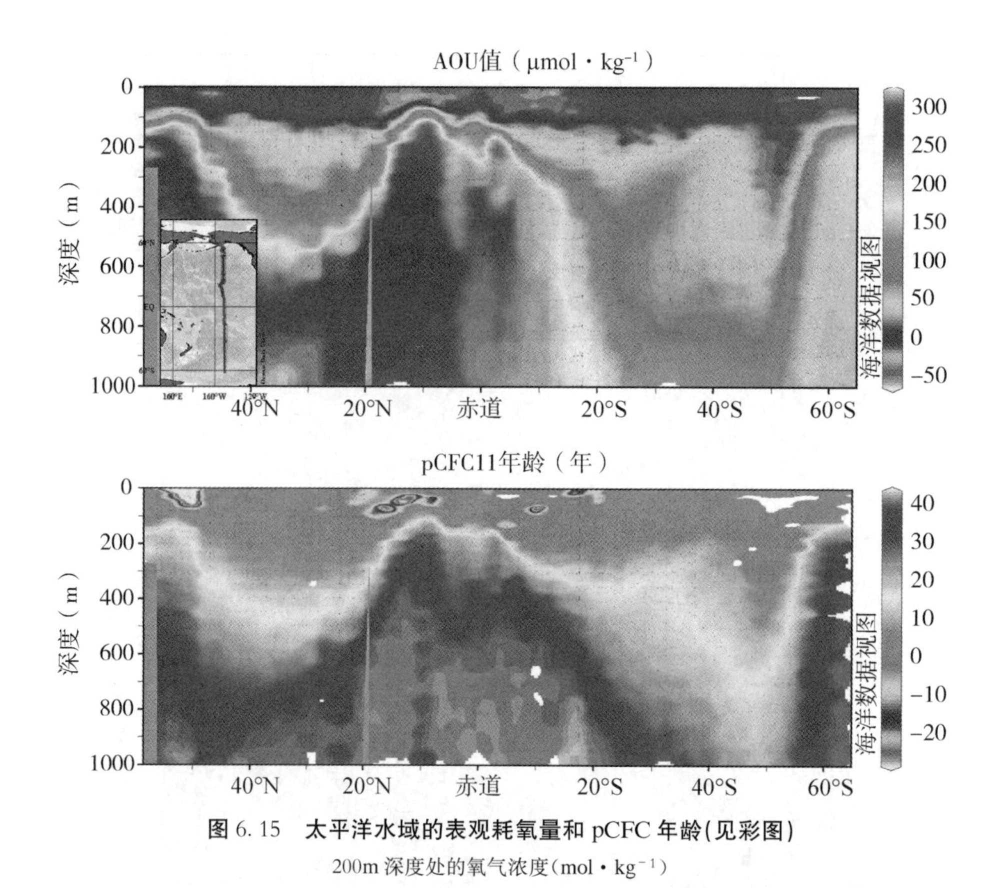

图 6.15 太平洋水域的表观耗氧量和 pCFC 年龄(见彩图)

200m 深度处的氧气浓度(mol·kg^{-1})

增加的原因。随着营养物质浓度的增加，深层水中的 AOU 也缓慢增加，这是由于来自表层水的颗粒有机物的氧化作用而导致耗氧量的增加(在本章将对此作出进一步论述)。

世界大洋中 200 m 深处的 O_2 水平如图 6.16 所示。通过该图可以发现，北美洲和南美洲沿海水域、北印度洋以及非洲沿海水域的 O_2 浓度非常低。这些上升流区域具有较高的初级生产水平，而由于有机物的氧化分解和层化作用，具有较低的 O_2 浓度水平(Gruber，2011)。如图 6.17 所示，这些区域的 O_2 水平随着时间的推移而下降。若这些水域持续变暖，则可能会使得这些区域的 O_2 水平持续下降。其他区域的 O_2 水平也出现了类似下降。例如，由于有机体(由密西西比河的高浓度营养物质形成)的氧化作用，新奥尔良沿海水域的所谓的死亡区(dead zone)O_2 含量非常低。据笔者所知，这些水域并没有因 H_2S 的生成而消耗过多的 O_2。

已有某些研究者通过平流扩散模型，对 O_2 浓度最低层进行了分析。假设原位氧气的消耗速率 R 随深度的变化而呈指数下降：

$$R = R_0 e^{-az} \tag{6.50}$$

其中，R_0 表示的是模型上边界处(～500m)的 O_2 利用率，而 a 则代表 R 随深度(z)减小的速率。假设水平混合为零，则 O_2 的边界值可通过大气交换和水平运输来维持。Wyniki(1962 年)将此模型应用于印度洋的 O_2 浓度测量，其结果如图 6.18 所示。速率 R 可由下式得出：

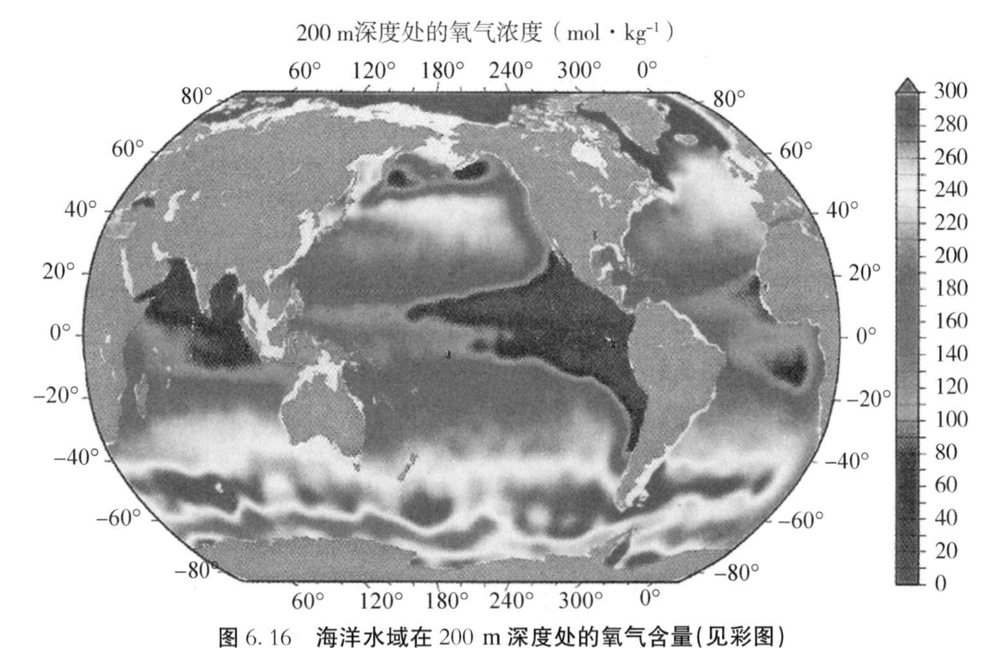

图 6.16　海洋水域在 200 m 深度处的氧气含量(见彩图)

（源自 Falkowski，P. G.，et al.，EOS Trans.，92，409 - 411，2012. 经许可。）

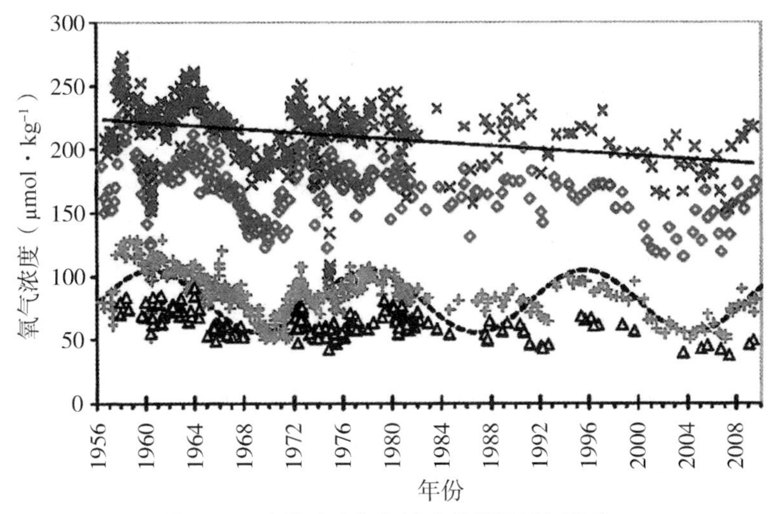

图 6.17　表层水中氧气浓度的下降(见彩图)

（源自 Falkowski，P. G.，et al.，EOS Trans.，92，409 - 411，2012. 经许可。）

$$R = A_z(Z^2[O_2]/Z_z^{\ 2}) - w(Z[O_2]/Z_z) \tag{6.51}$$

其中，A_z 代表的是垂直涡流扩散系数(不受深度的影响)，而 w 则是垂直平流速度。其研究结果表明，除了表层附近的区域外(南美洲和非洲西海岸)，O_2 的原位消耗需要考虑 O_2 最低层。因此，水平混合也是一项尤为重要的因素。Craig(1969)等人对这个简单的模型做出了进一步的研究。例如，Culberson 和 Pytkowitz(1970)表明，R 的推导值与 Packard(1969)通过酶分析所得出的氧化速率估计值一致(见图 6.19)。

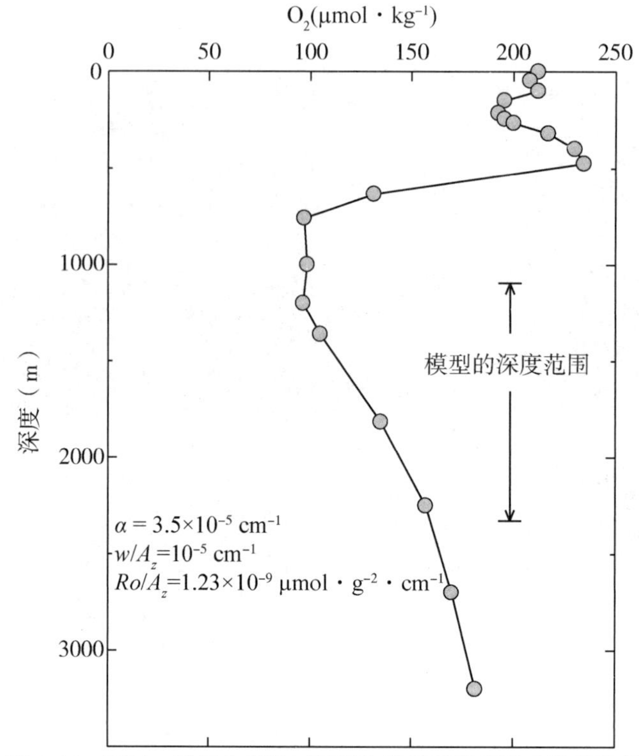

图 6.18 通过一维混合模型对测量和计算出的氧浓度进行比较

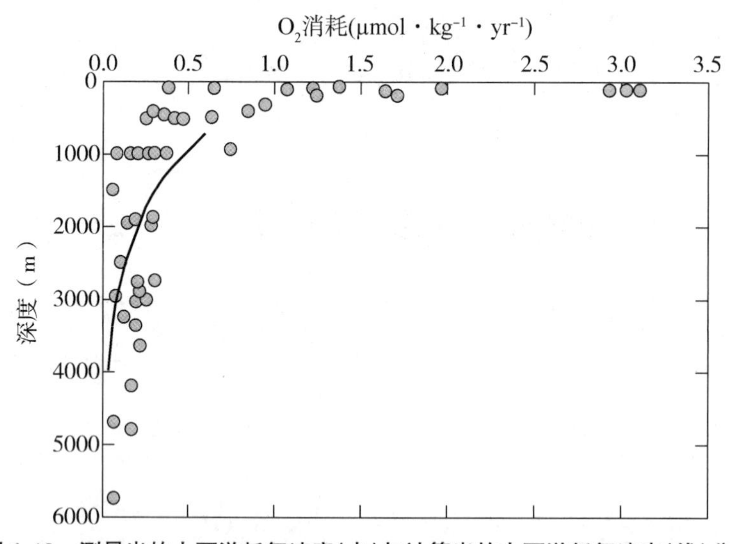

图 6.19 测量出的大西洋耗氧速率(点)与计算出的大西洋耗氧速率(线)分布

这个垂直模型对真实的海洋状况进行了极度简化。必须使用三维模型，对氧气分布进行最终说明。Riley(1951)的早期工作表明，由浮游植物产生的有机物质，其90%的氧化作用发生于表层水(<200 m)，而余下的10%将在深海中消耗掉。

通过检测其他有关化学参数(如 PO_4、NO_3、CO_2 和 pH)的表观耗氧量分布，

Redfield(1948)开发出了一种化学计量模型。有机质借助 O_2 而发生的氧化作用如下式所示：

$$(CH_2O)_{106}(NH_3)16H_3PO_4 + 83O_2 = 106CO_2 + 16HNO_3 + H_3PO_4 + 122H_2O \quad (6.52)$$

本章将对如何使用这一简单模型的相关细节做进一步的讨论。

随着近期现场 O_2 检测仪器成功研发，在未来的工作中，人们有望获得一些有关海洋有机物质发生氧化的更详尽的有用信息。Kester(1975)就如何将这些仪器用于观察因混合过程而导致 O_2 出现的一些细微变化(可用作深度函数)进行了展示。

6.7　其他非保守气体

近年来，科学家对海水中的其他非保守气体进行了检测，如 CO、H_2、CH_4 和 N_2O 等。大西洋东部的 CO 深度分布如图 6.20 所示。显然，表层水因细菌活动或光化学过程而出现了过饱和现象。如下图所示，约 500 m 深度处，一氧化碳的饱和度出现了增加，这个位置即为水体流出地中海的位置，且该位置的微生物数量明显增多。CO 的总体循环过程如图 6.21(10^{14} g/yr)所示。海洋是大气中 CO 的来源之一。

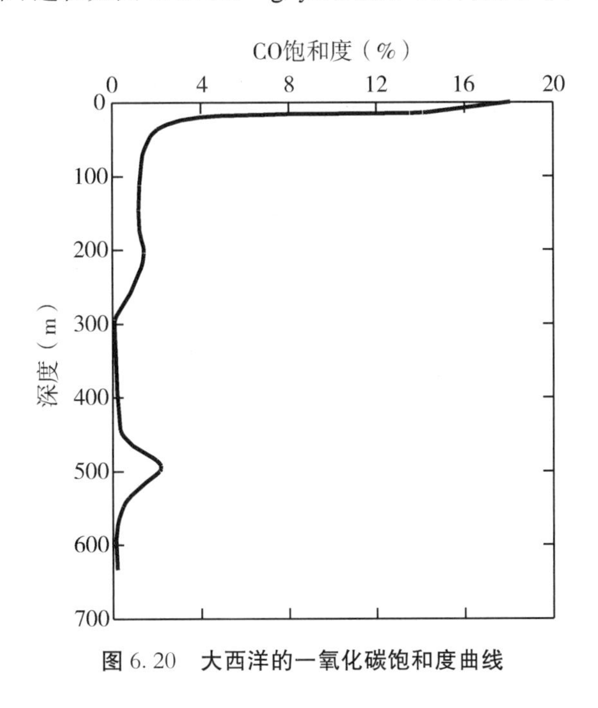

图 6.20　大西洋的一氧化碳饱和度曲线

大西洋中 H_2 的深度分布如图 6.22 所示。显而易见，由于生物活性，这些值在密度跃层附近的光合作用区将达到最大值。同样，海水中 CH_4 的深度分布(图 6.23)在表层水处也将达到最大值。如 CH_4 的剖面图(图 6.24)所示，其来源可能是陆架沉积物。如稍后将讨论的，海水中 N_2O 的分布图曲线(图 6.25)在氧的极小值层处达到最大值。

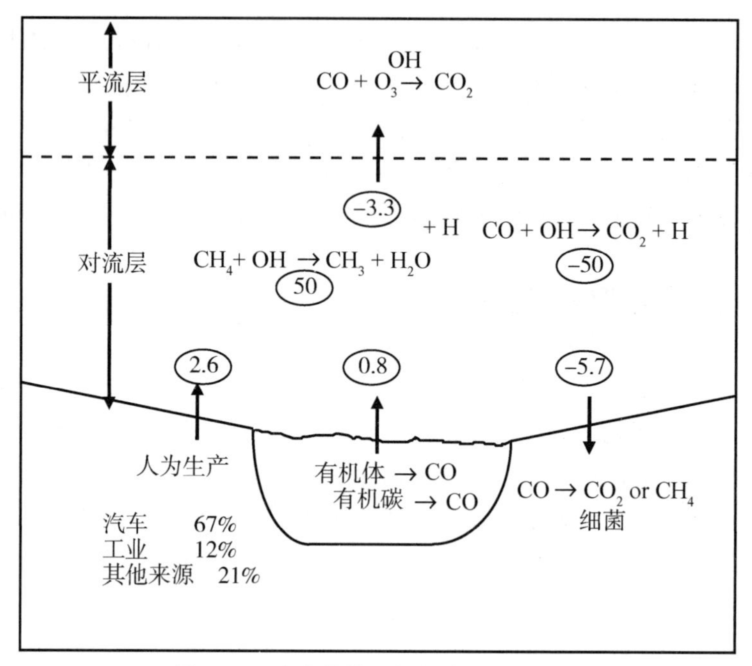

图 6.21 全世界的一氧化碳总体循环略

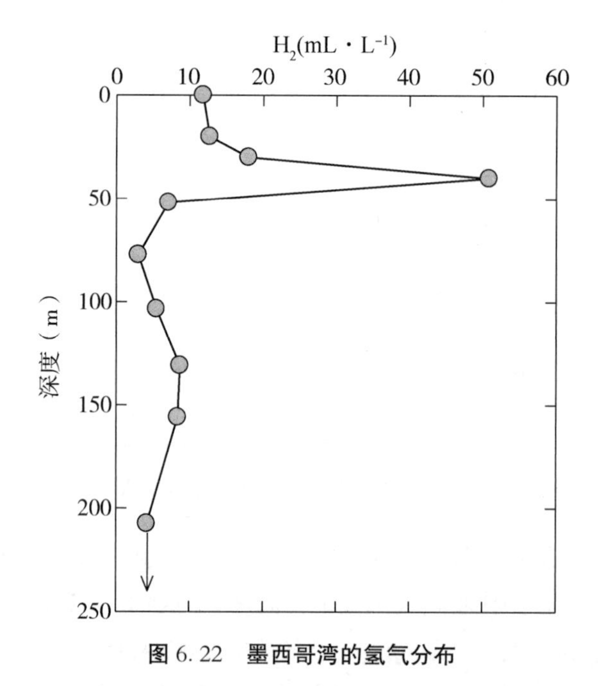

图 6.22 墨西哥湾的氢气分布

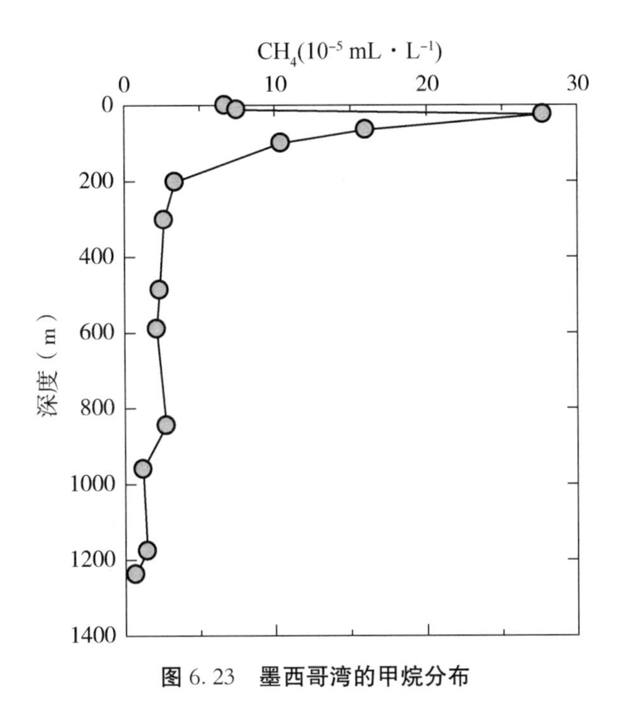

图 6.23　墨西哥湾的甲烷分布

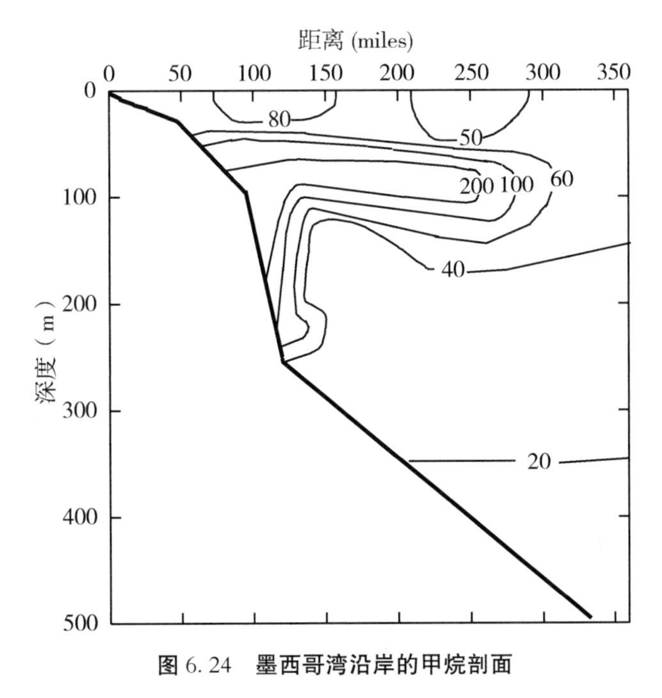

图 6.24　墨西哥湾沿岸的甲烷剖面

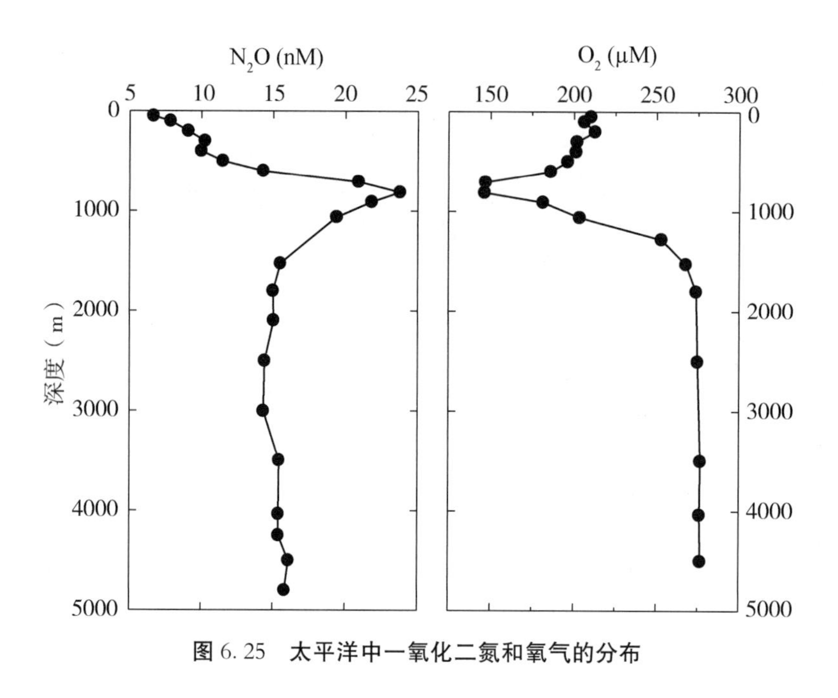

图 6.25　**太平洋中一氧化二氮和氧气的分布**

6.8　气体溶解度的结构性质

在前文，我们就带电离子溶解在水中的过程及相关能量进行了讨论。人们猜想气体分子的溶解可能只需要非常小的能量，而完全取决于紧束效应或构造效应。然而，惰性气体的有关实验研究表明，溶解过程中的 ΔH_s 和 ΔS_s 毫无规律可言(如表 6.8 所示)。ΔH_s 和 ΔS_s 均为负数。而这一点与将上述气体溶解于其他液体的过程完全相反(若溶剂的分子间作用力减弱，则熵将增加)。通常而言，之所以存在这种差异，是因为溶解气体附近的水发生了结构变化。溶解过程可分为两步：(1)在溶剂中产生孔或空腔；(2)将气体分子引入空腔。若 ΔH 是一个很大的负数，则表明气体和水之间可能存在化学键。然而，Frank 和 Evans(1945)得出了如下结论：加入惰性气体或非极性分子会使水看起来更像“冰”(“ice-like”)；也就是说，水似乎围绕惰性气体分子分布而呈现出了高度结构化。其他人则认为，水体结构并非形成于溶质周围，而是早已存在，引入溶质使得结构发生局部转移。在将这种局部结构物与结晶水合物做出比较之后，Pauling(1960)指出这种局部结构应是某种笼形包合物。许多有机溶质具有类似的热力学性质，这种相互作用通常被称为疏水键合。

表 6.8　气体溶于水的 ΔH 和 ΔS 值(25 ℃)

气体	ΔH (kcal · mol^{-1})	ΔS(cal · deg · mol^{-1})	气体	ΔH (kcal · mol^{-1})	ΔS(cal · deg · mol^{-1})
H_2	1.3	26	CO	3.9	30
N_2	2.1	29	O_2	3.0	31
He	0.8	27	NO	2.7	29
Ne	1.9	29	CO_2	4.7	31
Ar	2.7	30	COS	5.8	35
Kr	3.6	32	N_2O	4.8	32
Xe	4.5	34	CH_4	3.2	32
Rn	5.1	34			

向水中加入电解液会对气体溶解和气体周围的组织造成干扰。这通常会使得溶解度下降或产生“盐析”现象。这种盐析现象通常与摩尔离子强度成线性关系：

$$\log C = \log C^0 + kI_v \quad (6.53)$$

若 k 为负数，则会发生盐析；若 k 为正数，则会发生盐溶。海水中各种气体的 k 值如表 6.9 所示。在水中的溶解度与海水中溶解度的比值等于该气体的活度系数：

$$\gamma_g = C^0/C \quad (6.54)$$

各种气体的 γ_g 值也列于表 6.10。

表 6.9　海水和 NaCl 中的气体盐析系数的测量值和计算值对比($t = 25$ ℃)

气体	海水		NaCl	
	测量值	计算值	测量值	计算值
He	0.092	0.099	0.090	0.100
Ne	0.102	0.099	0.106	0.100
Ar	0.122	0.123	0.131	0.122
O_2	0.122	0.135	0.142	0.134
N_2	0.132	0.144	0.141	0.143

表 6.10　气体在海水中的活度系数($S = 35$，$t = 25$ ℃)

气体	γ_g	气体	γ_g	气体	γ_g	气体	γ_g	气体	γ_g
N_2	1.24	Ar	1.22	He	1.16	CO_2	1.17	CH_4	1.24
O_2	1.22	Ne	1.18	Kr	1.23	CO	1.23	H_2S	1.03

Masterton(1975)表明，海水中的气体盐析可用下式进行计算：

$$k = k_a + k_b \quad (6.55)$$

这个方程式是由定标粒子理论演化而来的。k_a 由空腔形成过程中的自由能产生，

而 k_b 则来自气体分子与周围水分子和离子之间的相互作用而产生的自由能。第一项是根据气体和水分子的直径、每毫升水分子和离子的数量以及离子的直径来计算的。k_a 一直都是正数，且会导致盐析。k_a 会随着气体分子的直径增加而增加；而随着温度的升高，k_a 会变为一个较小的正数值。

k_b 与气体分子和离子的极化率、离子中的电子总数以及水的偶极子运动有关。当温度处于 0～40 ℃这一范围时，所有气体的 k_b 均为负数，因此会导致盐溶。k_b 的数量级随着温度的升高而下降。NaCl 和海水中 k 的测量值和计算值对比如表 6.9 所示。通过观察该表可以发现，测量值和计算值几乎保持一致。Millero(2000)对定标粒子模型的使用(用于测量海水所含气体)进行了更为彻底的验证。

参考文献

Benson, B. B., and Krause, D., Jr., The concentration and isotopic fractionation of oxygen dissolved infresh water and seawater in equilibrium with the atmosphere, Limnol. Oceanogr., 29, 620 (1984).

Benson, B. B., and Parker, P. D. M., Nitrogen/argon and nitrogen isotope ratios in aerobic seawater, Deep-Sea Res., 1, 237 (1961).

Broecker, W. S., and Peng, T. H., Tracers in the Sea, Eldigio Press, New York (1982).

Carpenter, J., The accuracy of the Winker method for the dissolved oxygen analysis, Limnol. Oceanogr., 10, 141 (1965).

Craig, H. H., Abyssal carbon and radiocarbon in the Pacific, J. Geophys. Res., 74, 5491 (1969).

Culberson, C. H., and Pytkowicz, R. M., Oxygen-total carbon dioxide correlation in the eastern Pacific Ocean, J. Oceanogr. Soc. Jpn., 26, 15-21 (1970).

Falkowski, P. G., Algeo, T., Codispoti, L., Deutsch, C., Emerson, S., Hales, B., Huey, R. B., Jenkins, W. J., Kump, L. R., Levin, L. A., Lyons, T. W., Nelson, N. B., Schofield, O., Summons, R., Talley, L. D., Thomas, E., Whitney, F., and Pilcherm C. B., Ocean deoxygenation: past, present and future, EOS Trans., 92, 409411 (2012).

Frank, H. S., and Evans, M. W., Free volume and entropy in condensed systems. III. Entropy in binary liquid mixtures; partial molal entropy in dilute solutions; structure and the thermodynamics in aqueous electrolytes, J. Chem. Phys., 13, 507 (1945).

Gruber, N., Warming up, turning sour, losing breath: ocean biogeochemistry under global change, PM. Trans. Roy. Soc., 369, 1980—1996 (2011).

Kester, D. R., Dissolved gases other than CO_2, Chapter 8, Chemical Oceanography, Vol. 1, 2nd ed., Riley, J. P., and Skirrow, G., Eds., Academic Press, New York, 498-556 (1975).

Liss, P. S., Chemistry of the sea surface microlayer, Chapter 10, Chemical Oceanography, Vol. 2, 2nd ed., Riley, J. PV and Skirrow, G., Eds., Academic Press, New York, 193-243 (1975).

Masterton, W. L., Salting coefficients for gases in seawater from scaled particle theory, J. Solution Chem., 4, 523 (1975).

Millero, F. J., The activity coefficients of non-electrolytes in seawater, Mar. Chem., 70, 5 (2000).

Packard, T. T., The Estimation of the Oxygen Utilization Rate in Seawater from the Activity of the Respiratory Electron Transport System in Plankton, PhD thesis, University of Washington (1969).

Pauling, L., The Nature of the Chemical Bond, 3rd ed., Cornell Press, Ithaca, NY, Chapter 5 (1960).

Redfield, A. C., The exchange of oxygen across the sea surface, J. Mar. Res., 7, 347 (1948).

Richards, F. A., Dissolved gases other than carbon dioxide, in Chemical Oceanography, Vol. 1, Riley, J. P., and Skirrow, G., Eds., Academic Press, New York, 197-225 (1965).

Richards, F. A., and Benson, B. B., Nitrogen/argon nitrogen isotope rations in two anaerobic environments, the Carioca Trench in the Caribbean Sea and Damsfjord Norway, Deep-Sea Res., 7, 254 (1961).

Riley, G. W., Oxygen, phosphate, and nitrate in the Atlantic Ocean, Bull. Oceanogr. Coll., 13, 1-126 (1951).

Weiss, R., The effect of salinity on the solubility of argon in sea water, Deep-Sea Res., 18, 225 (1971).

Winkler, L. W., The determination of dissolved oxygen in water. Ber. Dtsche. Chem. Ges. 21, 2843—2854 (1888).

Wyriki, K., The oxygen minimum in relation to ocean circulation, Deep-Sea Res., 9, 11 (1962).

第 7 章 碳酸盐体系

7.1 引言

海洋中大部分的碳都属于碳酸盐体系。该体系涉及以下平衡：

$$CO_2(g) = CO_2(aq) \tag{7.1}$$

$$CO_2(aq) + H_2O = H^+ + HCO_3^- \tag{7.2}$$

$$HCO_3^- = H^+ + CO_3^{2-} \tag{7.3}$$

$$Ca^{2+} + CO_3^{2-} = CaCO_3(s) \tag{7.4}$$

碳酸盐体系具有十分重要的意义，因为它可调节海水的 pH 值，还能控制生物圈、岩石圈、大气和海洋之间的 CO_2 循环。近年来，CO_2 的"温室效应"越来越明显，进而激发了有关人员对碳酸盐体系的研究兴趣。如第 5 章所述，大气中 CO_2 的浓度在 20 世纪有所增加(见图 5. 19)。由于 CO_2 可以吸收红外(IR)能量，所以其浓度的增加可能会使得地球的温度升高，并最终导致极地冰盖融化。CO_2 浓度的增加与化石燃料(煤、石油和天然气)的燃烧和水泥的生产有关(如图 7. 1 所示)。一旦 CO_2 进入大气，它就会对初级生产力和风化过程发挥一定的作用。CO_2 可以通过称为溶解度泵的物理过程(如图 7. 1 所示)和称为生物泵的生物过程进入海洋(如图 7. 2 所示)。一旦 CO_2 通过海－气界面进入海洋，并参与到方程式(7. 1)至方程(7. 4)所述的平衡过程，则该二氧化碳也可被植物吸收，进而用于初级生产力：

$$CO_2 + H_2O \rightarrow CH_2O + O_2 \tag{7.5}$$

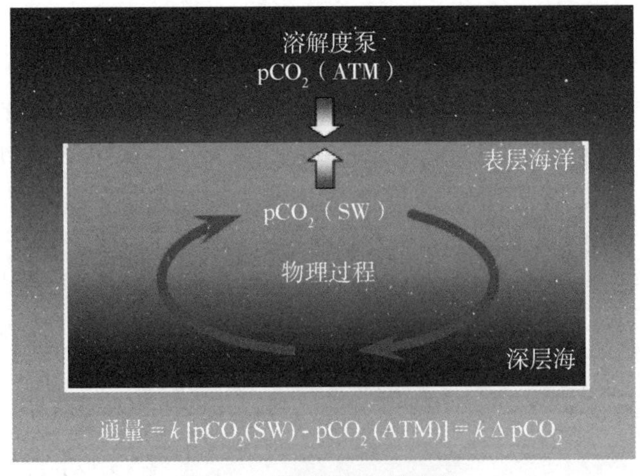

图 7. 1 溶解度泵(见彩图)

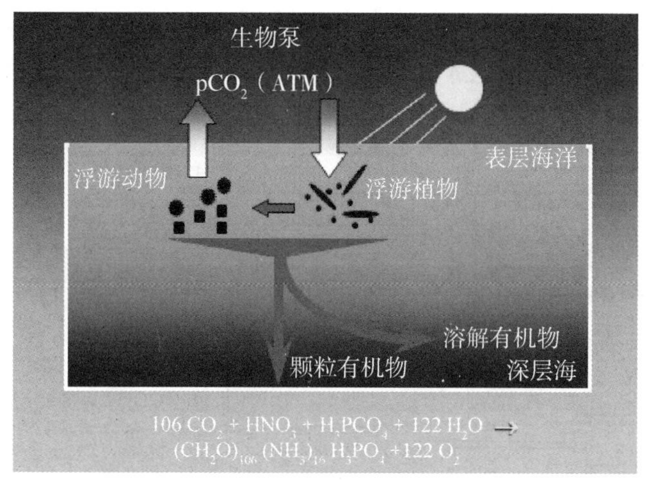

图 7.2　生物泵(见彩图)

DOM = 溶解有机物；POM = 颗粒有机物

这些过程并不简单，因为 CO_2 通过海 - 气界面以及从表层水进入深层水的移动速度会随纬度、时间、季节和生物过程的变化而变化。碳酸盐体系的日变化和季节变化是由光合作用及太阳能加热带来的 CO_2 消耗所导致(参见图 5.21 和图 5.22)。CO_2 的自然输入和人为输入也因纬度的不同而不同(如图 7.3 所示)。由于物理和化学方面的因素，海洋吸收 CO_2 的速率相对缓慢。交换过程中，会涉及到 CO_2 的水化，且较电离过程而言，水化过程较为缓慢。

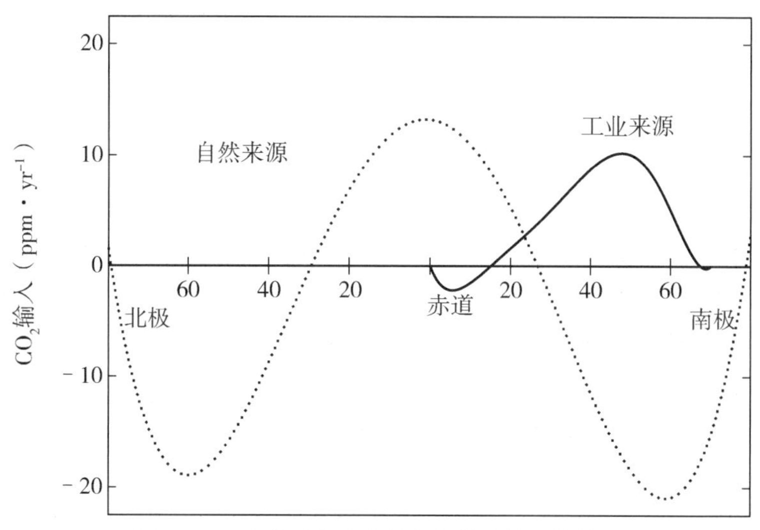

图 7.3　二氧化碳的人为输入与纬度的函数关系

如本章所述，若海洋吸收的 CO_2 量增加了，则其 pH 值会下降(海洋酸化)。可以使用放射性示踪剂来确定混合过程的大致时间尺度，以便对混合时间了解一二。为了使用这些估计值，有必要对各种碳库的碳含量和全球碳循环有所了解。最新的估计值如图 7.4 所示。无机碳的估计值是相当准确的，但海洋生物圈和腐殖质中碳的估计值就不那么准确了。就海洋中的碳而言，大部分的碳都位于温跃层之下。其中储存在碳酸盐岩和沉积物中的碳量远远多于循环中的 CO_2。但它们对于短时间尺度(几年)内的 CO_2 循环而言意义不大。

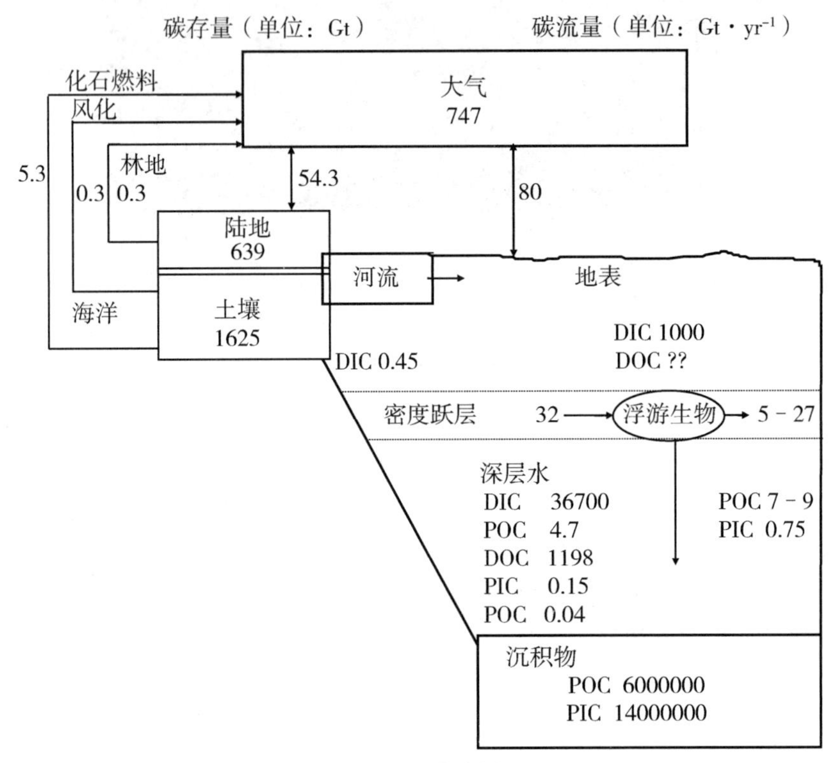

图 7.4 全球碳循环

DIC = 溶解无机碳；PIC = 颗粒无机碳

最近之所以有研究人员对 CO_2 在海洋中的分布进行研究，是因为我们需要了解大气中二氧化碳含量的增加以及预计的气温上升将对气候造成何种影响。已有多名研究者对大气中二氧化碳的分压(pCO_2)进行了研究。1958 年，Keeling 和 Whorf (2004)在夏威夷的莫纳罗亚天文台(Mauna Loa Observatory)对大气中的 pCO_2 进行了测量，且该次测量一直被视为经典。近期，研究人员对冰芯中的空气进行了测量，这些测量结果清楚地表明，化石燃料的燃烧导致大气中的 CO_2 日益增加。虽然二氧化碳的增长速率应与化石燃料使用量的增长速率相同，但实际上，大气中的二氧化碳量仅为预期值的一半。这一点可在图 7.5 中得到证实。该图对化石燃料排放二氧化碳的速率和大气中二氧化碳的累积速率进行了对比。二者之所以存在一定的差异，是因为海洋和陆地也吸收了部分 CO_2。此外，就大气中二氧化碳的累积速率而言，其变化与厄尔尼诺现象有一定的关联。在出现厄尔尼诺现象的年份，海洋和陆地累积二氧化碳的速率较低。此外，还需注意的是，CO_2 的产生量与实际进入大气中的 CO_2 量之间的差异会随着时间的推移而发生变化(如图 7.5 所示)，这意味着二氧化碳的自然源和汇也发生了变化。表 7.1 列出了大气中 CO_2 源和汇的相关估值。源(7.0 Gt/yr)与汇(5.4 Gt/yr)之间的差值(1.6 Gt/yr)与整体不确定度(1.4 Gt/yr)十分接近。研究者通过海洋模型，得出了 2 Gt/yr 的海洋汇估计值。最近，又以直接测量的方式对其进行了测量。Quay 等人(1992)对渗透到海洋中的 ^{13}C 进行了估计(如图 7.6 所示)，这些估计值为后来的估算提供了依据。

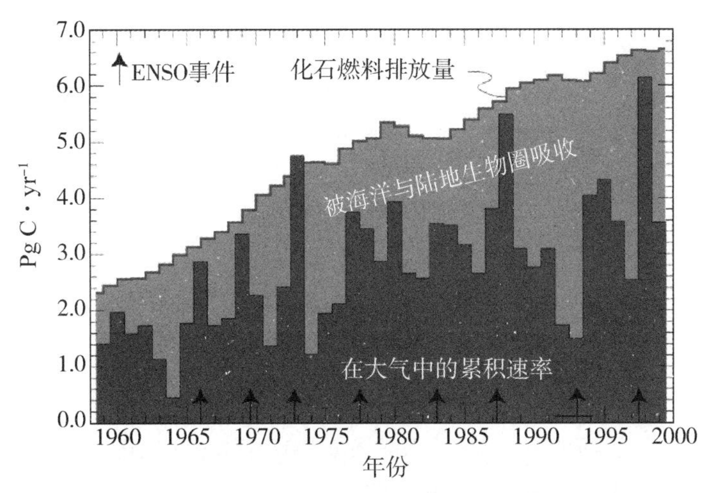

图 7.5　大气层中化石燃料 CO_2 的年输入量与厄尔尼诺－南方涛动现象(El Niño southern oscillation，ENSO)(1955—1982)期间 CO_2 实测量的比较(见彩图)

化石燃料碳源所含有的 ^{13}C 要比大气中 CO_2 所含有的 ^{13}C 多. 随着时间的推移，$^{13}CO_2$ 将逐渐渗入深层海。通过对 $^{13}CO_2$ 变化的建模，模型给出了 25～35 m/yr 的渗透率和 2.1 Gt/yr 的海洋吸收率。在本章节的后续内容中，我们将研究近期的全球调查将如何获得有意义的结果，并揭示海洋汇的重要性。正如 Sarmiento(1993)所指出的，进入大气的 CO_2 最终将与海水达到平衡。虽然这个过程较为缓慢，但 Sarmiento 的计算结果表明，进入大气的 1 095 个 CO_2 分子将在 1 000 年后降至 15 个分子(如表 7.2 所示)。其中，大多数的 CO_2 分子(985 个分子)将变成碳酸氢盐及碳酸盐离子而成为无机碳库的一部分。

表 7.1　全球的 CO_2 排放预算(1980—1989)

		平均扰动(10^{15} g 碳/年)
来源	化石燃料燃烧	5.4 ± 0.5
	森林砍伐	1.6 ± 1.0
	总量	7.0 ± 1.2
汇	大气	3.4 ± 0.2
	海洋(模型)	2.0 ± 0.8
	总量	5.4 ± 0.8
源汇总值之间的差值范围		1.6 ± 1.4

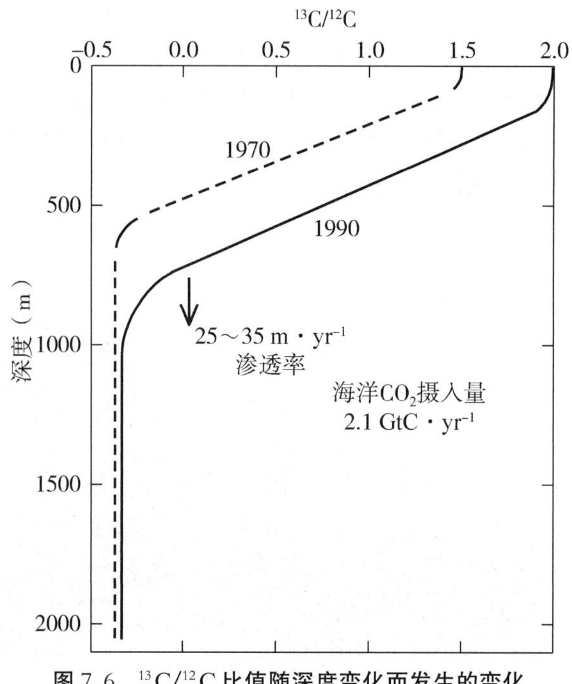

图 7.6 $^{13}C/^{12}C$ **比值随深度变化而发生的变化**

（**改自** Quay，P. D.，Tilbrook，B.，and Wong，C. S.，Sriewce，256，74，1992）

在我们研究海洋中 CO_2 的分布情况之前，我们需对相关概念进行论述，以便进一步了解海洋中的碳酸盐体系。

表 7.2 **进入大气的** 1 095 **个** CO_2 **分子的预期结果**(1000 **年后**)

	组分	总量
无机碳库		
大气	15	15
海洋		
CO_2	5	
HCO_3^-	875	
CO_3^{2-}	105	
	985	985
		1 000
有机碳库		
陆地	54	
海洋	41	
	95	95
	总量	1 095

7.2 海水中的酸碱平衡

海水的酸碱平衡对于控制海洋中的碳酸盐体系具有十分重要的意义。然而，在讨论 CO_2 在海水中的平衡之前，我们需要了解 pH 的概念以及如何在海水中测量 pH 值，这一点尤为重要。水属于弱电解质，根据下式发生电离：

$$H_2O = H^+ + OH^- \tag{7.6}$$

这个电离反应的平衡常数如下：

$$K_w = a_H a_{OH}/a_{H_2O} = [H^+][OH^-]\gamma_H\gamma_{OH}/a_{H_2O} \tag{7.7}$$

其中，a 代表活度，而 γ 则表示活度系数。对于稀释溶液，当温度为 25 ℃时，$a_{H_2O}=1.0$，$\gamma_H=1.0$，$\gamma_{OH}=0$，且 $K_w=1\times10^{-14}=[H^+][OH^-]$。pH 可由下式确定：

$$pH = -\log[H^+] = 7.0 \tag{7.8}$$

热力学解离常数随着温度的变化而变化：

$$\ln K_w = 149.9802 - 13847.26/T - 23.6521\ \ln T \tag{7.9}$$

K_w 也是压力的函数：

$$\ln(K_2 P_w/K_w 0) = -(\Delta V^\circ/RT)P + (0.5\Delta K^\circ/RT)P^2 \tag{7.10}$$

水的体积变化 ΔV° 和压缩率变化 ΔK° 可由下式得出：

$$\Delta V^\circ = -25.60 + 0.2324\ t - 3.6246\times10^{-3}(T-273.15)^2 \tag{7.11}$$

$$10^3\Delta K^\circ = -7.33 + 0.1368\ t - 1.233\times10^{-3}(T-273.15)^2 \tag{7.12}$$

$H^+ + OH^-$ 的浓度也受海水中主要成分的影响。解离过程中的化学计量产物为：

$$K_w{}^* = K_w a_{H_2O}/\gamma_H\gamma_{OH} = [H^+]_T[OH^-]_T \tag{7.13}$$

海水中的 $K_w{}^*$ 值根据下式进行计算：

$$\ln K_w{}^* = \ln K_w + A\ S^{0.5} + B\ S \tag{7.14}$$

$$A = -5.977 + 118.62/T + 1.0495\ \ln T \tag{7.15}$$

$$B = -1.615\times10^{-2} \tag{7.16}$$

当温度为 25 ℃而盐度为 35 时，$K_w{}^*$ 等于 $10^{-13.19}$，或 $pK_w{}^* = 13.19$。相对于淡水的 $pK_w{}^*$ 值增加了，该情况与 H^+ 和 SO_4^{2-} 以及 OH^- 和 Mg^{2+} 之间的相互作用有关：

$$H^+ + SO_4{}^{2-} \rightarrow HSO_4^- \qquad \beta_{HSO_4} = [HSO_4^-]/[H^+][SO_4{}^{2-}] \tag{7.17}$$

$$H^+ + F^- \rightarrow HF \qquad \beta_{HF} = [HF]/[H^+][F^-] \tag{7.18}$$

$$OH^- + Mg^{2+} \rightarrow MgOH^+ \qquad \beta_{MgOH} = [MgOH^+]/[Mg^{2+}][OH^-] \tag{7.19}$$

如上所述，游离的 H^+ 和 OH^- 浓度将分别降低 84%和 33%。K_w^* 的值可由下式得出：

$$K_w^* = K_w/\gamma_H\gamma_{OH} = 10^{-14}\times0.981/(0.71\times0.22) = 10^{-13.20} \tag{7.20}$$

通过对 K_W 值的简短论述，我们能够理解 pH 在海洋学中也能有各种不同的定义。pH 最初是由 Sorensen 于 1909 年进行定义的。Sorensen 将电池的 pH 定义为：

$$H_2(Pt)|\text{溶液}(X)||\text{盐桥}||\text{参比电极}| \tag{7.21}$$

根据能斯特方程式，可得出

$$E = E^{\circ} + (2.303RT/F)\mathrm{pH(X)} \tag{7.22}$$

通过电导率测量含有已知$[H^+]$的 NaCl－HCl 溶液中的电动势（*EMF*，*E* 或 *EO*），进而得出 E°值。

由于溶液－盐桥－参考溶液之间存在液接电位差，所以这种方法并不那么令人满意。Bates（1973）在美国国家标准局（NBS）研究出一种更为实用的 pH 标度。NBS pH 由下式定义：

$$\mathrm{pH_{NBS}} = -\log a_{\mathrm{H}} \tag{7.23}$$

由于无法确定出各离子的活性，因此该标度是以活性系数的常规定义为基础的。目前，已研发出了多种缓冲液，这些缓冲液在特定温度下具有固定的 pH 值。

$$\text{pH 玻璃电极} \mid \text{溶液(X)} \mid \mathrm{KCl(aq)} \mid \text{参比电极} \tag{7.24}$$

通常而言，该标度可用于测量特定类型（参比电极通常为甘汞电极）的电池的电动势。溶液的 $\mathrm{pH_{NBS}}$可通过待测液（X）和缓冲液的电动势测量进行确定。数值可由下式得出：

$$\mathrm{pH(X)} = \mathrm{pH(S)} + [E(\mathrm{X}) - E(\mathrm{S})]/(2.303RT/F) \tag{7.25}$$

就具有高离子强度的溶液而言，通过该标度并不能得出可靠的测量值，因为稀释缓冲液和离子介质的液接电位存有差异。

针对这一情况，科研人员研发出了一种新的 pH 标度，该标度的定义需要与待测量溶液相似的缓冲溶液。海水 pH 值的测量应基于总质子标度（其中，下标 T 和 F 分别表示总浓度和游离浓度）：

$$\mathrm{pH_T} = -\log[\mathrm{H^+}]_\mathrm{T} \tag{7.26}$$

式中，

$$[\mathrm{H^+}]_\mathrm{T} = [\mathrm{H^+}]_\mathrm{F} + [\mathrm{HSO_4}^-] \tag{7.27}$$

两种标度之间可通过下式建立起联系：

$$10 - \mathrm{pH_{NBS}} = f_\mathrm{H}[\mathrm{H^+}]_\mathrm{T} = f_\mathrm{H}[\mathrm{H^+}]_\mathrm{F}(1 + \beta_{\mathrm{HSO_4}}[\mathrm{SO_4}^{2-}]_\mathrm{T} + \beta_{\mathrm{HF}}[\mathrm{F^-}]_\mathrm{T}) \tag{7.28}$$

式中，f_H 是表观总质子活度系数（－0.7），β_i 值是缔合常数，而$[\mathrm{H^+}]_\mathrm{F}$ 是游离质子的浓度。Bates（1973）研究出了一种缓冲液，可用于测定游离标度和总标度下的 pH 值：

$$\mathrm{pH_F} = -\log[\mathrm{H^+}]_\mathrm{F} \tag{7.29}$$

游离 pH 值标度与总 pH 值标度之间的关系如下所示：

$$\mathrm{pH_T} = \mathrm{pH_F} - \log(1 + \beta_{\mathrm{HSO_4}}[\mathrm{SO_4}^{2-}]) \tag{7.30}$$

$\beta_{\mathrm{HSO_4}}$ 的值可由下式得出

$$\begin{aligned}
\log \beta_{\mathrm{HSO_4}} &= 4276.1 - 141.328 + 23.093 \ln T + AI^{0.5} + BI + CI^{1.5} + DI^2 \\
A &= -324.57 + 13856/T + 47.986 \ln T \\
B &= 771.54 - 35474/T - 114.723 \ln T \\
\mathrm{C} &= 2698/T \\
D &= -1776/T
\end{aligned} \tag{7.31}$$

通过上述方程式，可将其中的一种标度转化为另一种标度。此外，pH 值还可以用海水标度表示。如下所示：

$$[H^+]_{SWS} = [H^+]_F + [HSO_4^-] + [HF] = [H^+]_F(1 + \beta_{HSO_4}[SO_4^{2-}] + \beta_{HF}[F^-]) \quad (7.32)$$

式中，

$$\log \beta_{HF} = 1590.2/T - 12.641 + 1.525\ I^{0.5} \quad (7.33)$$

海水标度与总标度和游离标度相关，如下所示：

$$pH_{SWS} = pH_T - \log\{(1 + \beta_{HSO_4}[SO_4^{2-}] + \beta_{HF}[F^-])/(1 + \beta_{HSO_4}[SO_4^{2-}])\} \quad (7.34)$$

$$pH_{SWS} = pH_F - \log\{(1 + \beta_{HSO_4}[SO_4^{2-}] + \beta_{HF}[F^-])\} \quad (7.35)$$

当温度为 25 ℃且 $S = 35$ 时，$pH_{sws} = 8.06$，$pH_T = 8.05$，$pH_F = 8.19$ 而 $pH_a = 8.32$。

由于各种参比电极的液体接界电位所发生的变化各不相同，因此最好采用 pH_{SWS}、pH_T 或 pH_F 标度。在特定温度和盐度下，海水缓冲液能够用来校准适用于这些标度的电极。

缓冲液可用不含碳酸盐和硼酸盐的海水介质制成(如表 7.3 所示)。将制备缓冲液所需的等量的酸和碱加入该海水介质。缓冲液的 pH 值可通过 Dickson(1993)的方程式求解。该方程式是由 Dickson 根据 Bates 和 Calais(1981)以及 Bates 和 Erickson(1986)的 EMF 数据推导出来的。

尽管通常用电动势法来测量 pH 值，但也可以使用能够吸收光的指示剂测量 pH 值。指示剂应为酸或碱，其电离态和非电离态的吸光性不同。如果指示剂的化学计量常数是已知的，则 pH 由下式得出：

$$pH = pK_{HA}^* + \log C_A/C_{HA} \quad (7.36)$$

式中，C_A 和 C_{HA}分别代表酸性阴离子和未电离酸的浓度。C_A 和 C_{HA}的值与特定波长下的吸光度成正比。这种测量 pH 的方法对长时间的变化检测可能是有用的。Byrne 及其同事(Clayton 和 Byrne，1993)研发出了多种可用于测量海水溶液 pH 值的指示剂，测量精度达 0.000 4，准确度达 0.003。间甲酚紫是其中之一。其在 578 nm 和 434 nm 处吸光度的比值 R 被用于测定 pH 值：

$$pH_T = 1245.69/T + 3.8275 + (2.11\times10^{-3})(35 - S) + \log\{(R - 0.00691)/(2.222 - R\ 0.1331)\} \quad (7.37)$$

式中，T 为温度(K)，S 为盐度，而 pH 为总 pH 值标度。

表 7.3　用于研究酸碱平衡的合成海水的成分

盐	重量摩尔浓度	盐	重量摩尔浓度	盐	重量摩尔浓度
NaCl	0.427 64	KCl	0.010 58	$CaCl_2$	0.010 75
Na_2SO_4	0.029 27	$MgCl_2$	0.054 74	NaF	0.000 07

在溶液含有弱酸及相应弱酸盐(例如，乙酸和乙酸钠)的情况下，加入 H^+ 或 OH^- 只会使得 pH 发生轻微变化。该溶液的 pH 值可由方程式(7.33)得出。因为 $C_A = C_A^0 - \Delta H^+$ 以及 $C_{HA} = C_{HA} + \Delta H^+$，$C_A/C_{HA}$的比率未发生变化：

$$C_A/C_{HA}=(C_A^0-\Delta H^+)/C_{HA}^0+\Delta H^+ \qquad (7.38)$$

当 $C_A^0=C_{HA}^0$时或所需 $pH=pK_{HA}{}^*$ 时，缓冲效果最好。酸或碱的缓冲能力由下式定义：

$$\beta=\Delta C_B/\Delta pH \qquad (7.39)$$

对于二元酸 H_2A，缓冲能力为：

$$\beta=2.303[K_1^* C_T C_H/(K_1^*+C_H)]+[K_2^* C_T C_{H^+} C_{H^+} C_{OH}(K_2^*+C_H)^2] \qquad (7.40)$$

当 $C_A=C_{HA}$以及 $C_{HA}=C_{H_2A}$时，具有最大缓冲容量。

为了将酸各成分的浓度表示为 pH 的函数，人们经常使用布耶鲁姆图(Bjerrum diagram)。该图简单展现了酸的各种形式(通常以总量的百分比表示)与 pH 的函数关系。对于二元酸的离子化，存在以下电离反应：

$$H_2A=H^++HA^- \qquad (7.41)$$

$$HA^-=H^++A^{2-} \qquad (7.42)$$

可以得出下列方程式：

$$K_1^*=[H^+][HA^-]/[H_2A] \qquad (7.43)$$

$$K_2^*=[H^+][A^{2-}]/[HA^-] \qquad (7.44)$$

$$[H_2A]_T=[H_2A]+[HA^-][A^{2-}] \qquad (7.45)$$

各种形式的所占分数可以通过求解这些方程式来获得。求解过程可得出：

$$\alpha_{H_2A}=(1+K_1^*/[H^+]+K_1^*K_2^*/[H^+]^2)^{-1} \qquad (7.46)$$

$$\alpha_{HA}=(1+[H^+]/K_1^*+K_2^*/[H^+])^{-1} \qquad (7.47)$$

$$\alpha_A=(1+[H^+]/K_2^*+[H^+]^2/K_1^*K_2^*)^{-1} \qquad (7.48)$$

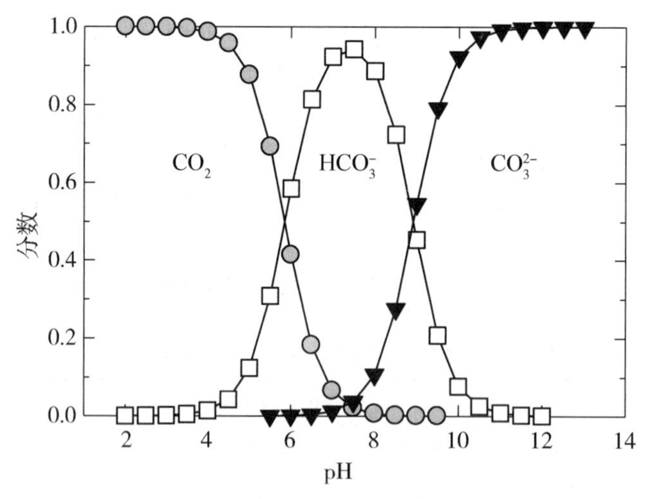

图 7.7 碳酸各形式的所占分数与 pH 的关系

从方程式(7.41)至(7.45)可得出当 $pH=pK_1^*$ 时，$[H_2A]=[HA^-]$以及 $pH=pK_2^*$ 时，$[HA^-]=[A^{2-}]$。因此，如果 pK_1^* 和 pK_2^* 的值是已知的，则可以描绘给定酸的 Bjerrum 图，即其各种形式(酸碱对)所占分数或浓度与 pH 的函数关系。碳酸各组分的分数如图7.7所示。图中的交叉点，即$[CO_2]=[HCO_3^-]$和$[HCO_3^-]=[CO_3^{2-}]$两点，分别满足$pK_2=pH$和$pK_2=pH$。

7.3 碳酸盐各组分平衡

当CO_2与水接触时，通过方程式(7.1)至(7.4)可以达到平衡，反应特征受动力学影响。方程式(7.2)相对于CO_2是一级反应，具有一级速率常数$k_1-0.03$ s或半衰期$t_{1/2}=\ln 2/k_1=23$ s。$OH^-+CO_2 \rightarrow HCO_3^-$的反应相对于$[CO_2]$和$[OH^-]$为二级反应：

$$-d[CO_2]/dt=k_2[CO_2][OH^-] \tag{7.49}$$

式中，$k_2=8500\ M^{-1}\cdot s^{-1}$。此过程在pH值很高时很重要。脱水反应$H_2CO_3 \rightarrow CO_2+H_2O$相对于$[H_2CO_3]$为一级反应，速率常数为$k_{-1}=20\ s^{-1}$和$t_{1/2}=0.03$ s。正反应和逆反应的速率常数在反应式中可表示为：

$$CO_2+H_2O \underset{k_{-1}}{\overset{k_1}{\longrightarrow}} H_2CO_3 \tag{7.50}$$

可用于确定平衡比：

$$K=k_1/k_{-1}=0.03/20=1/670 \tag{7.51}$$

这表明在平衡时，CO_2的浓度比H_2CO_3高670倍。这导致研究人员使用所谓的水合作用惯例来定义碳酸的一级电离(见方程式7.2)。对于碳酸体系的热力学特性已有相关综述(Millero，1995)。一级电离的化学计量缔合常数由下式定义：

$$K_1^*=[H^+]_T[HCO_3^-]_T/[CO_2^*] \tag{7.52}$$

式中，$[CO_2^*]=[CO_2]+[H_2CO_3]$，下标T用于表示总浓度。溶解的$CO_2$的浓度与压力有关：

$$[CO_2^*]=pCO_2 K_0 \tag{7.53}$$

式中，K_0是亨利常数，类似于第6章中有关其他气体的描述值。K_0的值可以从下式得知(Weiss，1974)：

$$\ln K_0=-60.2409+93.4517(100/T)+23.3585\ln(T/100)+S[0.023517 -0.023656(T/100)+0.0047036(T/100)] \tag{7.54}$$

式中，$T=t℃+273.15$。与其他气体类似，CO_2的溶解度随着温度和盐度的增加而降低。CO_2的溶解度大于O_2或N_2的溶解度。气体中含量比为$N_2:O_2:CO_2=240:630:1$，溶液中含量比为$28:19:1$。由于HCO_3^-和CO_3^{2-}的形成，pH值较高时亨利定律不再适用。通过下式，可将化学计量值与热力学值联系起来：

$$K_1=a_H a_{HCO_3}/a_{CO_2}a_{H_2O}=K_1^*\gamma_H\gamma_{HCO_3}/(\gamma_{CO_2}a_{H_2O}) \tag{7.55}$$

$\gamma_{CO_2}=[CO_2]^0/[CO_2]$，式中，上标零表示在纯水中的溶解度。给出的活度系数是总值，包括了离子对形成的影响。海水中pK_1^*的的值(K_1^*用每千克海水中的摩尔数表示)可以根据下式(其中$S=0\sim45$，$T=0\sim50$ ℃；Millero等，2006)进行计算：

$$\begin{aligned} \ln K_1^* &= \ln K_1 + AS^{0.5} + BS + CS^2 \\ A &= 12.10 - 489.634/T - 1.881 \ln T \\ B &= 0.022 - 2.635/T \\ C &= 0.0000474 \end{aligned} \tag{7.56}$$

水中 pK_1 的热力学数值由下式给出：

$$\ln K_1 = 290.9097 - 14554.21/T - 45.0575 \ln T \tag{7.57}$$

碳酸二级电离的化学计量缔合常数由下式定义：

$$K_2^* = [H^+]_T[CO_3^{2-}]_T/[HCO_3^-]_T \tag{7.58}$$

这与热力学值 K_2 相关：

$$K_2 = K_2^* \gamma_H \gamma_{CO_3} / \gamma_{HCO_3} \tag{7.59}$$

式中，活度系数是包括离子相互作用影响在内的总值。海水中 K_2^* 的值可以根据下式(其中，$S=0\sim45$，$T=0\sim50$ ℃，Millero 等，2006)进行计算：

$$\begin{aligned} \ln K_2^* &= \ln K_2 + AS^{0.5} + BS + CS^2 \\ A &= 22.444 + 797.294/T - 3.588 \ln T \\ B &= 0.148 - 26.687/T \\ C &= 0.000369 \end{aligned} \tag{7.60}$$

式中，K_2 的热力学值由下式给出：

$$\ln K_2 = 207.6548 - 11843.79/T - 33.6485 \ln T \tag{7.61}$$

压力(p，bar)对 K_1^* 和 K_2^* 的影响可以从下式进行估计：

$$\ln(K_i^P/K_i^0) = -(\Delta V_i/RT)P + 0.5\Delta K_i P^2 \tag{7.62}$$

式中，

$$-\Delta V_1 = 25.50 + 0.151(S - 34.8) - 0.1271(T - 273.15) \tag{7.63}$$

$$-103\Delta K_1 = 3.08 + 0.578(S - 34.8) - 0.0877(T - 273.15) \tag{7.64}$$

$$-\Delta V_2 = 15.82 - 0.321(S - 34.8) + 0.0219(T - 273.15) \tag{7.65}$$

$$-\Delta 103K_2 = -1.13 + 0.314(S - 34.8) + 0.1475(T - 273.15) \tag{7.66}$$

由于硼酸是海水的主要成分之一，因此必须考虑将其离子化的影响：

$$HB = H^+ + B^- \tag{7.67}$$

式中，$HB = B(OH)_3$；$B^- = B(OH)_{4-}$。解离常数由下式确定：

$$K_{HB}^* = [H^+]_T[B^-]_T/[HB]_T \tag{7.68}$$

海水中 pK_{KB}^*的值可以根据下式进行计算(Dickson，1990 年)：

$$\begin{aligned} \ln K_{HB}^* &= \ln K_{HB} + BS^{0.5} + CS + DS^{1.5} + \ln(1 - S\ 0.001005) \\ A &= -167.69908 + 6551.35253/T + 25.928788 \ln T \\ B &= 39.75854 - 1566.13883/T - 6.171951 \ln T \\ C &= -2.892532 + 116.270079/T + 0.45788501 \ln T \\ D &= -0.00613142 \end{aligned} \tag{7.69}$$

式中，热力学数值由下式给出：

$$\ln K_{HB} = 148.0248 - 8966.90/T - 24.4344 \ln T \tag{7.70}$$

压力对 $K_{KB}{}^*$ 的影响可以由方程式7.62确定，式中，

$$-\Delta V_{HB} = 29.48 - 0.295(S - 34.8) - 0.1622(T - 273.15) \quad (7.71)$$

$$-103\Delta K_{HB} = 2.84 - 0.354(S - 34.8) \quad (7.72)$$

研究碳酸盐体系时，还需要了解 $CaCO_3$ 两种主要形式(即方解石和文石)的溶解度。溶度积的化学计量值由下式给出：

$$K_{SP}{}^* = [Ca^{2+}][CO_3^{2-}] \quad (7.73)$$

与热力学值的关系为：

$$K_{SP}{}^* = K_{SP}/\gamma_T(Ca^{2+})\gamma_T(CO_3{}^{2-}) \quad (7.74)$$

海水的值根据下式得出(Mucci，1983)：

$$\ln K_{SP}{}^* = \ln K_{SP}(i) + AS^{0.5} + BS + CS^{1.5} \quad (7.75)$$

式中，

$$A_{方解石} = 0.77712 + 0.0028426\ T + 178.34/T$$

$$B_{方解石} = -0.07711$$

$$C_{方解石} = 0.0041249$$

$$A_{文石} = -0.068393 + 0.0017276\ T + 88.135/T$$

$$B_{文石} = -0.10018$$

$$C_{文石} = 0.0059415$$

热力学 K_{SP} 由下式给出：

$$\ln K_{SP}(方解石) = -171.9065 - 0.077993\ T + 2839.319/T + 71.595\ \log\ T \quad (7.76)$$

$$\ln K_{SP}(文石) = -171.9065 - 0.077993\ T + 2903.293/\mathrm{T} + 71.595\ \log\ T \quad (7.77)$$

压力对方解石和文石溶解度的影响可根据方程式(7.65)进行计算，式中，

$$-\Delta V_{方解石} = 48.76 - 0.5304(T - 273.15) \quad (7.78)$$

$$-\Delta V_{文石} = 46.0 - 0.5304(T - 273.15) \quad (7.79)$$

$$-103\Delta K_{方解石} = 11.76 - 0.3692(T - 273.15) \quad (7.80)$$

$$-\Delta 103K_{文石} = 11.76 - 0.3692(T - 273.15) \quad (7.81)$$

表7.4中给出了在各种温度下为计算海水($S = 35$)中碳酸盐体系各项参数所需的pK值。必须说明的是，所有的碳酸常数都基于总标度。表7.5给出了各种pH标度下海水的碳酸盐常数值(Millero，2010)。

不同pH标度之间的解离常数的转化由下式完成(Millero，201)：

$$\mathrm{pK}_i - \mathrm{pK}_i^0 = A_i + B_i/T + C_i\ \ln(T)$$

式中，T 是指绝对温度，而 A_i，B_i 和 C_i 则是指依赖于盐度的常数。pK_1^0 和 pK_2^0 的值由以下方程式确定(Millero 等，2006)：

表 7.4　海水($S=35$)中用于碳酸盐相关计算的解离常数

温度(℃)	pK_0	pK_1	pK_2	pK_B	pK_w	pK_{cal}	pK_{arg}
0	1.202	6.101	9.376	8.906	14.30	6.37	6.16
5	1.283	6.046	9.277	8.837	14.06	6.36	6.16
10	1.358	5.993	9.182	8.771	13.83	6.36	6.17
15	1.426	5.943	9.090	8.708	13.62	6.36	6.17
20	1.489	5.894	9.001	8.647	13.41	6.36	6.18
25	1.547	5.847	8.915	8.588	13.21	6.37	6.19
30	1.599	5.802	8.833	8.530	13.02	6.37	6.20
35	1.647	5.758	8.752	8.473	12.84	6.38	6.21
40	1.689	5.716	8.675	8.416	12.67	6.38	6.23

表 7.5　不同标度下(pH_F，pH_T 和 pH_{SWS}标度)计算海水 pK_1 和 pK_2 值所用拟合系数与温度、盐度和离子强度的关系

		pK_1			pK_2		
		pH_F 标度	pH_T 标度	pH_{SWS}标度	pH_F 标度	pH_T 标度	pH_{SWS}标度
$S^{0.5}$	a_0	5.092 47	13.405 1	13.403 8	11.063 7	21.572 4	21.372 8
S	a_1	0.055 74	0.031 85	0.032 06	0.137 9	0.121 2	0.121 8
S^2	a_2	-9.279E-05	-5.218E-05	-5.242E-05	-3.788E-04	-3.714E-04	-3.688E-04
$S^{0.5}/T$	a_3	-189.879	-531.095	-530.659	-366.178	-798.292	-788.289
S/T	a_4	-11.310 8	-5.778 9	-5.821 0	-23.288	-18.951	-19.189
$S^{0.5}\ln T$	a_5	-0.808 0	-2.066 3	-2.066 4	-1.810	-3.403	-3.374
SE		0.005 5	0.005 3	0.005 3	0.010 5	0.010 8	0.010 9
数量		551	551	551	590	590	590

$$pK_1^0 = -126.34048 + 6320.813/T + 19.568224\ln(T)$$

$$pK_2^0 = -90.81333 + 5143.692/T + 14.613358\ln(T)$$

式中，可调参数 A_i、B_i 和 C_i 如下式所示：

$$A_1 = a_0 S^{0.5} + a_1 S + a_2 S^2$$

$$B_1 = a_3 S^{0.5} + a_4 S$$

$$C_1 = a_5 S^{0.5}$$

不同 pH 标度下这些方程式的拟合系数均总结在表 7.5 中。

7.4　海水 CO_2 体系的参数

为了描绘海水中碳酸盐体系的各种组分，必须至少测量四个可测量参数中的两个：

1. pH。
2. 碱度，总碱度(TA)。
3. 总 CO_2(TCO_2)。
4. CO_2 的分压力，(pCO_2)。

pH 值可使用电极或指示器测量。如果使用海水缓冲溶液来校准电极，准确度为 ±0.01，精度可为 ±0.002 pH 单位。如果在 25 ℃和 1 atm 下进行测量，则必须确定在海洋给定深度处的原位值。温度的影响可以由下式确定：

$$\mathrm{pH}_t = \mathrm{pH}_{25} + A + Bt + Ct^2 \tag{7.82}$$

式中，

$$A = -2.6492 - 0.0011019\ S + 4.9319 + 10^{-6} S^2 + 5.1872\ X - 2.1586\ X^2 \tag{7.83}$$

$$B = 0.10265 - 0.20322\ X - 4431\ X^2 + 3.1618 \times 10^{-5}\ S \tag{7.84}$$

$$C = 4.4528 \times 10^{-5} \tag{7.85}$$

式中，$X = \mathrm{TA}/\mathrm{TCO}_2$。压力的影响可以由下式估计：

$$\mathrm{pH}_t^P = \mathrm{pH}_t^0 + AP \tag{7.86}$$

$$-10^3 A = 0.424 - 0.0048(S - 35) - 0.00282\ t - 0.0816(\mathrm{pH}_t^0) \tag{7.87}$$

式中，pH_t^0 是指在温度 t ℃和 1 atm 下的 pH 值。

表 7.6　各种成分对海水总碱度的贡献

成分	TA 百分比	成分	TA 百分比	成分	TA 百分比
HCO_3^-	89.8	$SiO(OH)_3^-$	0.2	HPO_4^{2-}	0.1
CO_3^{2-}	6.7	$MgOH^+$	0.1		
$B(OH)_4^-$	2.9	OH^-	0.1		

海水的 TA 定义为可以接受 H^+ 的所有碱的浓度，可通过使用 HCl 滴定至碳酸终点确定。TA 的值由下式给出：

$$\mathrm{TA} = [\mathrm{HCO_3^-}] + 2[\mathrm{CO_3^{2-}}] + [\mathrm{B(OH)_4^-}] + [\mathrm{OH^-}] - [\mathrm{H^+}] + [\mathrm{SiO(OH)_3^-}] + [\mathrm{MgOH^+}] + 2[\mathrm{HPO_4^{2-}}] + 3[\mathrm{PO_4^{3-}}] \tag{7.88}$$

表 7.6 给出了在 pH = 8[$SiO(OH)_3^-$] = $10^{-5.25}$ 和[HPO_4^{2-}] = $10^{-5.52}$ 的海洋水域中各种碱性物质对 TA 的贡献百分比。对于大多数水域，[HCO_3^-]、[CO_3^{2-}]以及[$B(OH)_4^-$]均为贡献最大的碱。对于缺氧水，HS^- 和 NH_3 对 TA 也有一定贡献。

碳酸盐碱度 A_C 由下式定义

$$A_C = [\mathrm{HCO_3^-}] + 2[\mathrm{CO_3^{2-}}] \tag{7.89}$$

并根据下式进行计算

$$A_C = TA - [B]_T \quad (7.90)$$

式中，$[B]_T = [B(OH)_4^-] + \cdots$，是所有非 HCO_3^- 和 CO_3^{2-} 的碱的总和。$[B(OH)_4^-]$ 的浓度（为 $[B]_T$ 的最大来源）可以根据下式进行计算：

$$[B(OH)_4^-] = K_{HB}^*[B]_T/(K_{HB+}^*[H+]_T) \quad (7.91)$$

式中，$[B]_T = 1.2\times10^{-5}$ S(Lee 等，2010)。其他碱（磷酸根、硅酸根、铵和硫根氢）的贡献可以通过使用相应酸的解离常数来确定（见第 8 章和第 10 章以及附录 4）。

海水的 TA 可以通过用 HCl 将给定量的海水滴定到碳酸终点来确定。滴定后，对玻璃 pH 电极和参比电极的 EMF 进行测量。对于 234 cm^3 海水（$S = 35$），使用 0.25N HCl 进行滴定的标准滴定曲线为如图 7.8 所示。滴定显示了两个终点 V_1 以及 V_2。A_T 的值由下式确定

$$TA = V_2 N_{HCl}/W \quad (7.92)$$

式中，N_{HCl} 是指 HCl 溶液的规定浓度，W 是指被滴定海水的重量（W = 体积 × 密度）。第一和第二个终点之间的差值可用于确定 TCO_2：

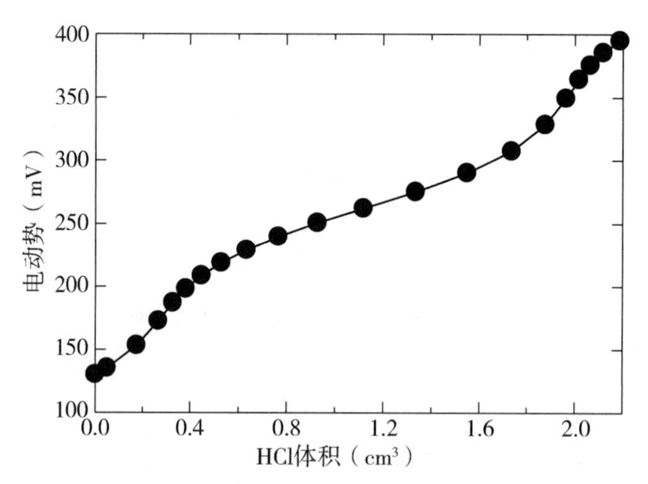

图 7.8　在使用盐酸滴定海水时，pH 电极 EMF 的变化

$$TCO_2 = (V_2 - V_1)N_{HCl}/W \quad (7.93)$$

添加 HCl 之前的初始溶液中的 pH_{SWS} 可以由下式确定：

$$pH_{SWS} = -(E - E^*)/(2.303RT/F) \quad (7.94)$$

可根据测量的 EMF(E) 和加入的 HCl(V) 体积，使用迭代算法确定 V_1，V_2 以及 E^* 的数值。V_1，V_2 和 E^* 的合理近似值可以通过计算 $[H^+]_{SWS}$ 来确定：

$$[H^+]_{SWS} = 10[(E - 400)/k] \quad (7.95)$$

式中，25 ℃时，$k = 2.303RT/F = 59.16$ mV。

使用 150～210 mV 的 EMF 数据，函数 F_2 根据下式进行计算：

$$F_2 = (V_0 + V)[H^+]_{SWS} \quad (7.96)$$

式中，V_0 是海水的初始体积。然后，F_2 的值由以下线性方程得出：

$$V = a + bF_2 \tag{7.97}$$

(图 7.9)。当 $F_2 = 0$ 时，V 的值等于 V_2。使用该函数，根据初始 EMF 数据（$-15 \sim 50$ mV）确定 V_1 的值：

$$F_2 = (V_2 - V)[H^+]_{SWS} \tag{7.98}$$

F_1 的值由以下线性方程得出：

$$V = a + bF_1 \tag{7.99}$$

$F_1 = 0$ 时，V 的值与 V_1 相同(见图 7.10)。E^* 值可通过 E 超过第二终点($V > V_2$)的数值由下式确定：

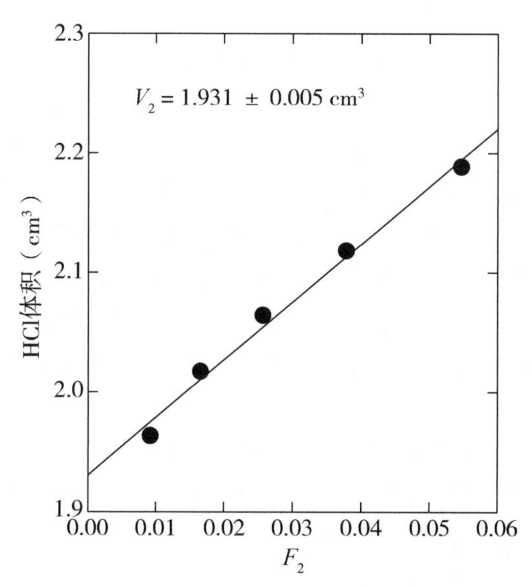

图 7.9 Gran 函数 F_2 与海水滴定过程中添加的 HCl 的体积的关系

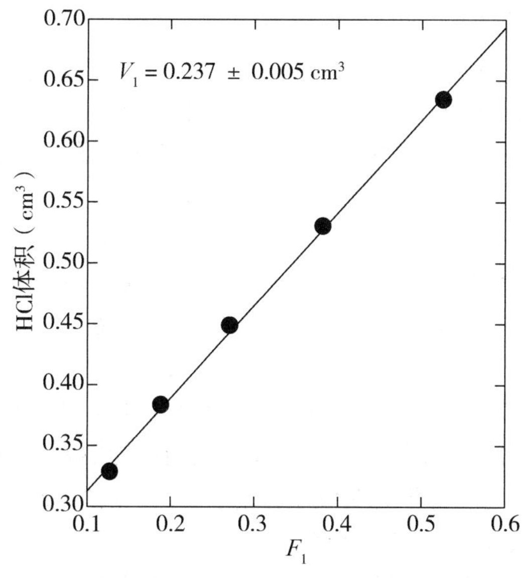

图 7.10 Gran 函数 F_1 与海水滴定过程中添加的 HCl 的体积的关系

$$E^* = E - k \log[\{(V - V_2)/(V_0 - V)\}N_{HCl}] \quad (7.100)$$

E^*的平均值可用于修正计算值。从所示的数据可知，TA = 2.237 ± 0.007 mmol · kg^{-1}，TCO_2 = 2.023 ± 0.013 μmol · kg^{-1}，pH_{sws} = 7.731 ± 0.019 以及 E^* = 407.6 ± 1.1 mV。

为了进行更准确的计算，有必要对副反应进行修正。修正后的 F_2'根据下式得出

$$F_2' = (V_0 + V)\{[H^+]_{SWS} + [HSO_4^-] + [HF] - [HCO_3^-]\} \quad (7.101)$$

$$F_1' = (V_2 - V)\{([H^+]^2 - K_1^* K_2^*)/(K_1^*[H^+] + 2K_1^* K_2^*)\} + (V_0 + V)\{[H^+] + [HSO_4^-] + [HF] - [B(OH)_4^-] - [OH^-] \times [H^+]^2 + K_1^*[H^+] + K_1^* K_2^* / N_{HCl}(K_1^*[H^+] + 2K_1^* K_2^*)\}$$

由于计算机程序的使用，这些预期比较复杂的 F_1'方程式的计算变得较容易完成。

虽然可以通过滴定来测定 TCO_2，但通过直接测量能获得更可靠的值。这是通过加入磷酸酸化后，用氮气吹扫无机 CO_2 来完成。可以将 CO_2 收集在液体空气阱中，并通过气相色谱、红外光谱或电导率进行分析。将 CO_2 收集在含有乙烯胺的 DMSO（二甲亚砜）溶液中，就可在 Pt 电极上用 OH^- 进行电量滴定。使用 Dickson（1993）制备的标准物质，可以使 30 cm^3 海水中 TCO_2 的常规测量精度达到 1 μmol · kg^{-1}，准确度达到 2 μmol · kg^{-1}。该标准物质可用于在实验室中和海上进行 TA 和 TCO_2 的测量。

可通过使用通入空气或氮气使样品达到平衡来确定海水中 CO_2 的分压力。平衡气体中的 CO_2 可通过气相色谱或 IR 分析仪来测量。通过让海水流过喷头式的平衡装置，可以对表层海水进行连续测量（Weiss，1981）。该系统可以使用标准的 CO_2 气体混合物对 pCO_2 值进行校准，精确至 1 μatm。

如上所述，可以使用四种可观测参数的任意两种组合来表征碳酸盐体系。也可以使用三个参数。总共有 10 种组合可供使用。工作人员必须在考虑到所需的分析精度和感兴趣的领域之后，根据自己的需要进行选择。Park（1969）列出了确定碳酸盐参数所需的所有方程式。基本方程式适用于研究者普遍测量的参数，包括 pH、A_C、TCO_2 以及 pCO_2，V_0 都需要测定。当 pH 和 A_C 为输入值时，方程式为

$$[HCO_3^-] = A_C/(1 + 2K_2^*/[H^+]) \quad (7.102)$$

$$[CO_3^{2-}] = A_C K_2^*/([H^+] + 2K_2^*) \quad (7.103)$$

$$[CO_2] = (A_C[H^+]/K_1^*)/(1 + 2K_2^*/[H^+]) \quad (7.104)$$

$$TCO_2 = [HCO_3^-] + CO_3^{2-} + [CO_2] \quad (7.105)$$

$$pCO_2 = [CO_2]/K_0 \quad (7.106)$$

严格地说，方程式 7.106 中的 pCO_2 应该是指逸度，由于气相中的 CO_2 分子之间的相互作用，它与分压力不同。但差异通常相当小（pCO_2 为 360 μatm 时，最多为 3 μatm），因此认为二者相等不会造成任何严重错误。K_1^*、K_2^*、K_0 和$[H^+]$值的测定指的是在现场温度、压力和盐度的值。

如果测定了 A_C 和 TCO_2，则碳酸盐体系的各种成分可以从下式中确定：

$$[CO_2] = TCO_2 - A_C + (A_C K_R - TCO_2 K_R - 4A_C + Z)/2(K_R - 4) \quad (7.107)$$

$$[HCO_3^-] = (TCO_2 K_2^* - Z)/(K_R - 4) \quad (7.108)$$

$$[CO_3^{2-}] = (A_C K_R - TCO_2 K_R - 4A_C + Z)/2(K_R - 4) \quad (7.109)$$

式中，$K_R = K_1^*/K_2^*$，Z 由下式得出：

$$Z = [4A_C + (TCO_2 K_R - A_C K_R)^2 + 4(K_R - 4)A_C{}^2]^{1/2} \quad (7.110)$$

通过 TA 确定 A_C 的过程中所需的$[H^+]$值，可由三次方程式的求解来测量或计算：

$$[H^+]^3 + [H^+]^2\{[K_1^*(A-1) + K_{HB}^*(A-B)]/A\} + [H^+][K_1^* K_{HB}^*(A-B-1)] + K_1^* K_2^*(A-2)/A + K_1^* K_2^* K_{HB}^*(A-B-2)/A = 0 \quad (7.111)$$

该方程式中的 A 和 B 值由下式给出：

$$A = TA/TCO_2 \approx 1.05 \quad (7.112)$$

$$B = [B]_T/TCO_2 \approx 0.18 \quad (7.113)$$

如果未测量 TCO_2 的值，则使用 pH = 8.0 可以从方程式中估算：

$$TCO_2 = A_C(1 + [H^+]/K_1^* + K_2^*/[H^+])/(1 + 2K_2^*/[H^+]) \quad (7.114)$$

可以通过求解三次方程式或使用迭代方法来求解$[H^+]$的三次方程式。重复该过程直至获得 TCO_2 和$[H^+]$的自洽值。使用现有的 QuickBasic 程序（CO_2sys）可以很容易地进行不同输入值下海水中 CO_2 成分的计算（Lewis 和 Wallace，1998）。该程序在 Excel 和 MATLAB 中也可使用（van Heuven 等，2011）。

通过选择研究碳酸盐体系所需的最佳参数，我们可以检测在有机碳的形成和分解以及 $CaCO_3$ 的溶解或沉淀过程中该体系的变化。深层水中 CO_2 体系的最大变化来源于有机碳的氧化。这可以通过下述反应来表示：

$$(CH_2O)_{106}(NH_3)_{16}H_3PO_4 + 138O_2 \rightarrow 106CO_2 + 122H_2O + 16HNO_3 + H_3PO_4 \quad (7.115)$$

这种氧化可以通过表观耗氧量（AOU）的变化来考察。表 7.7 说明了 AOU 为 0.13 mM 和 0.26 mM 时变化的影响。发生最大变化的是 pCO_2，然后是 TCO_2 和 pH。A_C，即碳酸碱度，不发生变化。如果考虑到当前测量 pCO_2（±0.1%），TCO_2（±0.17%），TA（±0.2%）和 pH（±0.04%）的能力，则最佳选择为 pH－TCO_2 和 pCO_2－TA，然后是 pCO_2－TCO_2。

表 7.7　有机质氧化引起的 CO_2 系统变化

	初始值[a]	ΔAOU（mM）		% 变化
		0.13	0.26	
ΔCO_2	0	0.10	0.20	—
TCO_2	2.200	2.300	2.400	9.1 ± 0.1
A_C	2.487	2.487	2.487	0
pCO_2	350	610	1.160	231 ± 1.0
pH	8.200	8.001	7.753	−5.5 ± 0.04

续表 7.7

	初始值[a]	ΔAOU(mM)		% 变化
		0.13	0.26	
$[CO_2]$	0.012	0.021	0.040	233
$[HCO_3^-]$	1.889	2.072	2.234	18
$[CO_3^{2-}]$	0.299	0.208	0.126	-58

[a]所有浓度均以毫摩尔浓度表示。

深层水中 $CaCO_3$ 溶解而导致的 CO_2 系统变化在表 7.8 中展现。变化最大的参数是 A_C，然后是 pCO_2 和 pH。通过酸滴定可知，最佳参数组合为 A_C - TCO_2，其次是 pH - A_C 和 A_C - TCO_2。这些是研究由 $CaCO_3$ 沉淀或溶解引起的碳酸盐体系变化的最佳方法。

表 7.8 由于 $CaCO_3$ 溶解而引起的 CO_2 体系的变化

	初始值[a]	$\Delta CaCO_3$(mM)		% 变化
		0.05	0.10	
ΔCO_2	0	0.05	0.10	—
TCO_2	2.200	2.250	2.300	4.5 ± 0.1
CA	2.487	2.587	2.687	72 ± 0.05
pCO_2	350	310	290	-17 ± 1.0
pH	8.200	8.264	8.321	1.5 ± 0.04
$[CO_2]$	0.012	0.011	0.010	-17
$[HCO_3^-]$	1.889	1.892	1.844	0.3
$[CO_3^{2-}]$	0.299	0.348	0.397	33

[a]所有浓度均以毫摩尔浓度表示。

如果将 AOU 和 $CaCO_3$ 效应相结合，就会发现

$$(CH_2O)_{106}(NH_3)_{16}H_3PO_4 + 138O_2 + 124CO_3^{2-} \rightarrow 16NO_3^- + HPO_4^{2-} + 230HCO_3^- + 16H_2O \tag{7.116}$$

由于 $CaCO_3$ 溶解形成的 CO_3^{2-} 离子与由有机质氧化形成的质子产生反应。如果有 x μM 的 $CaCO_3$ 和 y μM 的有机物发生分解，则 TA、TCO_2 和 NO_3^- 的变化由下式给出：

$$\Delta TA = 2x - 17y \tag{7.117}$$

$$\Delta TCO_2 = x + 106y \tag{7.118}$$

$$\Delta NO_3 = 16y \tag{7.119}$$

Ca^{2+} 变化由下式给出：

$$\Delta Ca = 0.463\Delta TA + 0.074\Delta TCO_2 = 0.5\Delta TA + 0.53\Delta NO_3 \quad (7.120)$$

Chen(1978)首先使用这个方程式来预测太平洋中 Ca^{2+} 的变化与深度的函数关系，结果与测量值非常吻合。无机碳与有机碳的变化由下式给出：

$$\text{Inorg C/Org C} = x/106y = 16\Delta Ca/106\Delta NO_3 = (8TA + 8.5\Delta NO_3)/106\Delta NO_3 \quad (7.121)$$

Chen 还提出使用此方程式来预测海洋中无机碳与有机碳的合理比例。

如果使用这些方程式(Brewer，1978；Chen 和 Millero，1979)来检测年代较久远的深层水和年轻水域中 TCO_2 的变化，可以估计由于燃烧化石燃料导致的大气 CO_2 增加对水体的影响。CO_2 增量的估计值(工业化前的值约等于 260 ± 20 ppm)与从冰芯中获得的值(280 ppm)吻合(见图 5.21)。在本章中将进一步提到有关估算进入海洋的化石燃料的内容。

7.5　碳酸盐各分量分布

许多研究人员都研究了 CO_2 系统的各种成分在海洋中的分布情况。Skirrow(1975)综述了很多早期工作。在 20 世纪 70 年代早期，GEOSEC(地球化学海洋剖面研究)计划中的碳酸盐体系研究是第一次在全球范围内进行的对 CO_2 系统的研究。此后，作为 WOCE(世界海洋循环实验)水文计划的一部分，JGOFS(联合全球海洋通量研究)在 20 世纪 90 年代进行的 CO_2 测量获得了更加可靠、更为全面的 CO_2 全球系统图，该图将作为未来研究的基准。这些结果可以在互联网上获得(http://cdiac.esd.ornl.gov)。作为气候变异和可预测性(CLIVAR)计划的一部分，对于海洋 CO_2 系统的重复性测量在过去十年间仍在继续。这些结果将在本章的其他部分进行讨论。在本节中，我们将讨论 CO_2 参数的分布情况。

7.5.1　pCO_2

遗憾的是，与大气研究不同，对于长期以来海洋表层水中的 pCO_2 变化，已有的历史数据并没有足够的准确度。1957 年至 1980 年间增幅的比较如图 7.11 所示(高桥和拉蒙特－多尔蒂地球观测站，Takahashi 和 Lamont Doherty Earth Observatory)。后文给出了时间序列站的近期测量结果(见图 7.17)。在过去 20 年里进行的重复测量揭示了目前表层水中 pCO_2 发生的变化。目前最可靠的 pCO_2 测量结果(测量至 2007 年)来源于百慕大和夏威夷的时间序列站，这部分数据将在本章其他部分进行讨论。表层水中测得的增加值似乎追随大气中的值($2\ ppm \cdot yr^{-1}$)。表层水中 pCO_2 的变化可能由以下因素引起：

(1)通过光合作用去除。

(2)通过 $CaCO_3$ 的溶解去除。

(3)通过太阳能加热去除。

(4)通过有机物氧化增加。

(5)通过 $CaCO_3$ 的形成增加。

(6)通过燃烧化石燃料导致的大气 CO_2 的增加而增加。

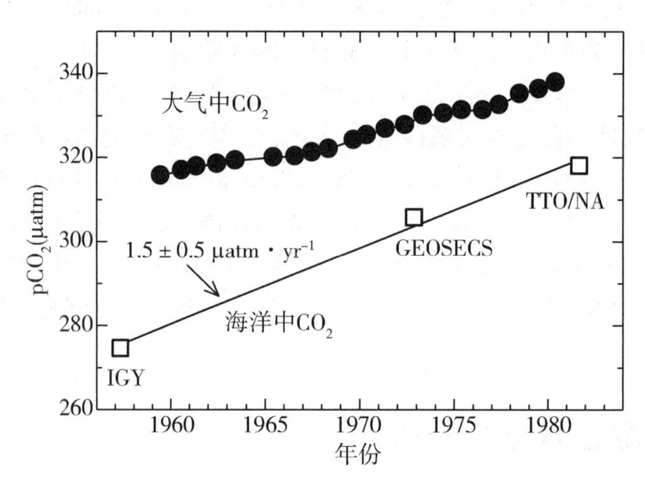

图 7.11　1957 **年至** 1980 **年间大气和海洋中二氧化碳分压力的增加情况**

由于海洋对大气中 CO_2 含量变化的反应缓慢，全面揭示这些影响因素将非常困难。与其他气体一样，海-气界面 CO_2 交换的驱动力为其在大气和海洋间浓度的差异为

$$Flux = k\{pCO_2(SW) - pCO_2(ATM)\} = k\Delta pCO_2 \tag{7.122}$$

式中，k 值被称为转移速率。Liss(1975)将此转移速率分为两个部分：

$$1/k = 1/\alpha k_W + 1/Hk_A \tag{7.123}$$

式中，k_w 和 k_A 分别是水和空气中的转移速率；H 是亨利定律常数(无单位值，平衡时空气与水的浓度比)；α 因子代表了由大气和 H_2O($CO_2 + H_2O \rightarrow H^+ + HCO_3^-$)之间的化学反应引起的任何水相转移的增加。对 CO_2 而言，α 的值为 1.02～1.03。根据^{14}C 的测量值，k_w 值在全球范围内平均约为 6 $mol \cdot m^{-2} \cdot yr^{-1} \cdot \mu atm^{-1}$。转移速率随着风速的增加而增加(见图 7.12)。在风洞测量中确定的 k 值为 3～4 $mol \cdot m^{-2} \cdot yr^{-1} \cdot \mu atm^{-1}$，远小于从$^{14}C$ 测量的估计值，从而难以使用方程式(7.122)来计算 CO_2 的全球通量。当 ΔpCO_2 为正时，海洋是 CO_2 的源；当它为负时，海洋是 CO_2 的汇。为了补偿缺失的 CO_2，全球的 ΔpCO_2 应为 8 ppm 左右。

在讨论其他气体时已经提及，k(脱离系数)的值是风速的函数，并且难以确定。如果发生了快速交换，则可以预见大气中 pCO_2 的值会等于其在表层水中的值。如果交换迟缓，表层水中的 pCO_2 在上升流区域将会高于大气中的值，而在较冷的水域中低于大气中的值。

大西洋表层水中 pCO_2 的测量如图 7.13 所示。

赤道附近 pCO_2 值较高，是赤道上升流引起的。极地地区 pCO_2 值较低，使得这些海域成为 CO_2 的汇。如 Broecker 和 Peng(1982)所讨论的，表层水中的 TCO_2 和 pCO_2 含量与海-气界面中的 CO_2 交换有关。交换迟缓导致赤道附近 pCO_2 的值大于大气中的值，而在极地水域中，pCO_2 的值则低于大气值。图 7.14 中太平洋表层水中 pCO_2 的南北剖面图显示数值与大西洋很相似。

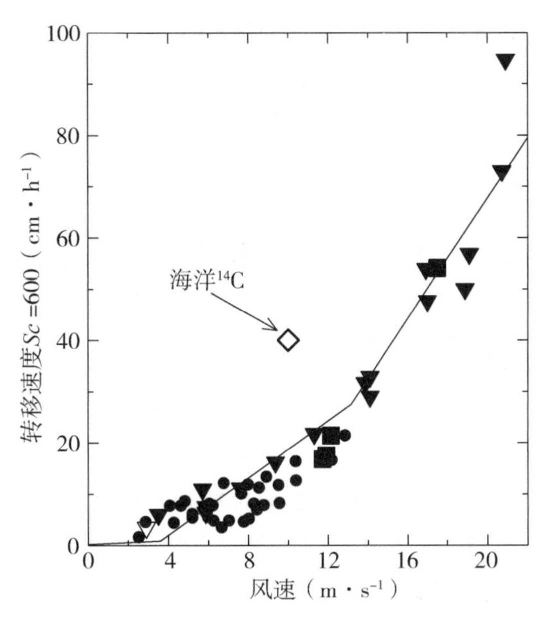

图7.12 20 ℃下CO_2的转移速度与风速的关系

其直线是基于Liss和Merlivat（1986）的关系：如果$U_{10}<3.6\ m \cdot s^{-1}$，则$k=0.17U_{10}$；如果$3.6\ m \cdot s^{-1}<U_{10}<13\ m \cdot s^{-1}$，则$k=2.85\ U_{10}-9.65$；如果$U_{10}>13 \cdot m\ s^{-1}$，则$k=5.9\ U_{10}-49.3$（式中$U_{10}$是指海面上的风速10 $m \cdot s^{-1}$）。施密特数$Sc=\nu/D$，式中ν是运动粘度（η/ρ），而D是扩散系数。

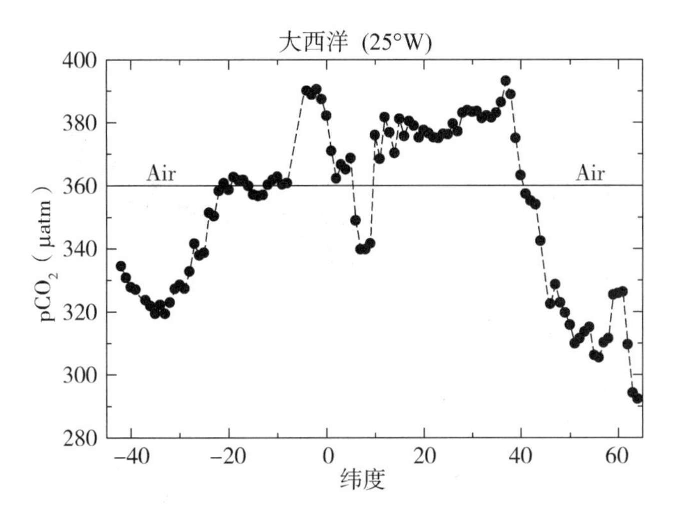

图7.13 在大西洋水域，大气（线）和表层水（圆圈）中二氧化碳的分压

（Wanninkhof，AOML/NOAA，个人通讯）

一些研究人员试图将引起表层水中pCO_2的变化的原因分为物理因素（温度和盐度）以及生物因素（叶绿素）。图7.15使用大西洋数据就此分类进行了举例说明。根据变化幅度的大小，影响因素按照重要程度排序为温度、叶绿素和盐度。这种考察不同物理和生物过程重要性的方式忽略了营养盐和水华的影响，后者能够降低海洋表层的pCO_2值。

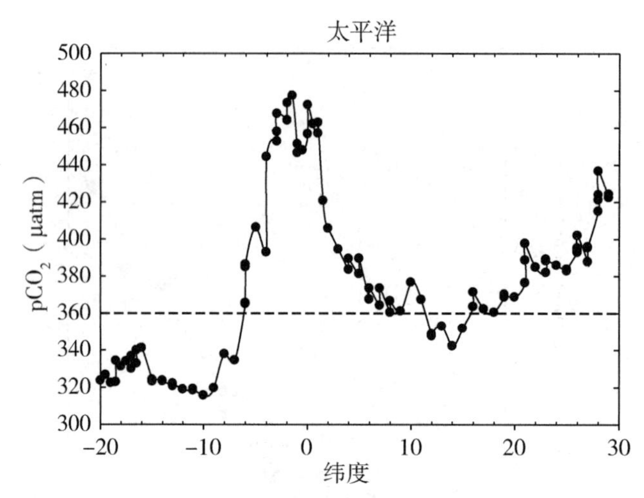

图 7.14　在太平洋水域，大气(虚线)和表层水(实线)中二氧化碳的分压

（Goyet，WHOI，个人通讯）

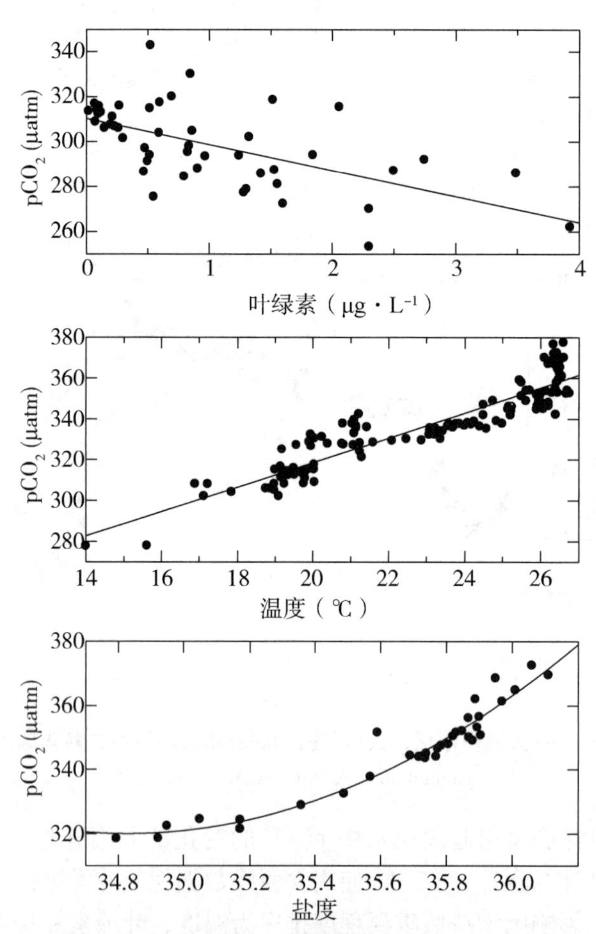

图 7.15　大西洋表层水中二氧化碳分压与叶绿素浓度、温度和盐度之间的关系

（源自 B. Schneider）

海洋表层水中 pCO_2 的值如图 7.16 所示（Takahashi 等人，1999）。冷水是大气中 CO_2 的汇（pCO_2 小于 365 ppm），而上升流则是它的源（pCO_2 高于 365 ppm）。夏威夷海洋（HOT）时间序列站和百慕大大西洋（BATS）时间序列站完成了近期关于 pCO_2 的测量。BATS 和 HOT 站的测量结果（见图 7.17）显示了 CO_2 的大型年度循环。pCO_2 在冬季较低、夏季较高，主要是由水域温度变化引起。由于温度波动更大，百慕大水域 pCO_2 年度循环的变化幅度比夏威夷水域更大。在百慕大和夏威夷水域，pCO_2 的年增长率分别为 1.6 和 2.3，与大气层 pCO_2 增长量的数量级相同。在这些水域，表层水中的 TA 没有发生显著变化。在百慕大和夏威夷时间序列站，TCO_2 分别增加了 0.68 $\mu mol \cdot kg^{-1} \cdot yr^{-1}$ 和 1.26 $\mu mol \cdot kg^{-1} \cdot yr^{-1}$，$\delta^{13}C$ 分别下降了 0.024 $ppm \cdot yr^{-1}$ 和 027 $ppm \cdot yr^{-1}$。

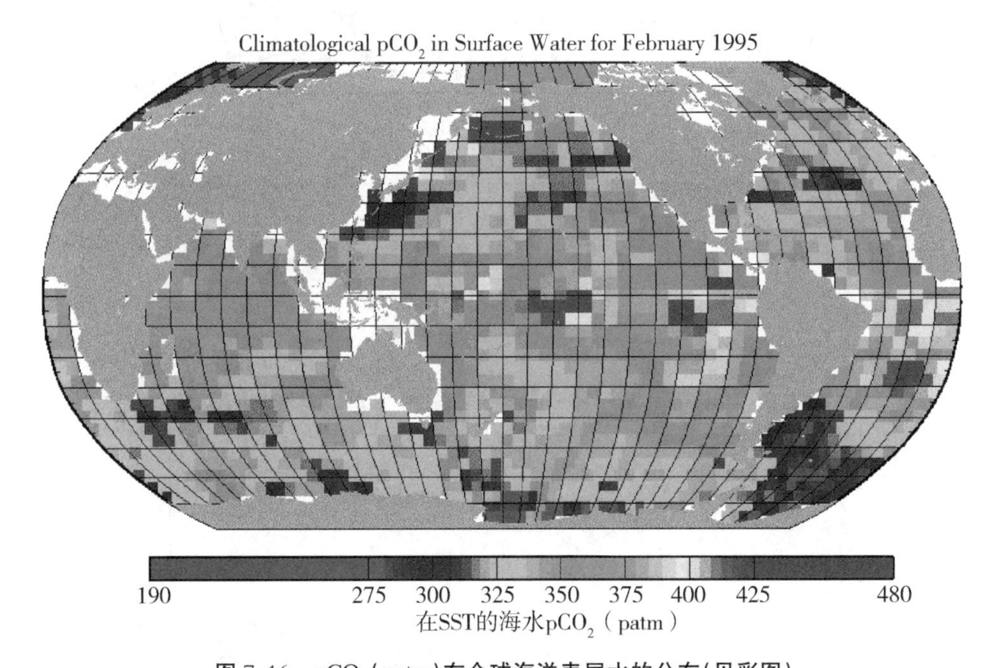

图 7.16　pCO_2（μatm）在全球海洋表层水的分布（见彩图）

（来自 Takahashi，T. 等，全球范围海洋——大气界面中 CO_2 的净通量：基于海洋——大气界面中 pCO_2 的差异改进估算，第二届海洋 CO_2 国际研讨会会议记录，CGER－1037－99，CGER/NIES，Tsukuba，日本，1999 年，pp. 9－15. 经许可。）

浮游植物的水华也影响着表层水中 pCO_2 的含量。浮游植物造成的表层 pCO_2 的下降以及浮游植物分解后 CO_2 向深层水的输送就是所谓的生物泵（见图 7.2）。研究表明，浮游生物造成的 CO_2 下降发生在北大西洋春季水华期间。这种生物泵若要从大气中永久地吸收 CO_2，则有机碳必须下沉到温跃层以下并被氧化为 CO_2，这部分 CO_2 将会在深层水中储存数百年。

大西洋和太平洋的 pCO_2 的深度分布图如图 7.18 所示。这些值是通过 TA 和 TCO_2 进行计算获得的，因此不如进行直接测量所得的值那么准确。然而，总体趋势

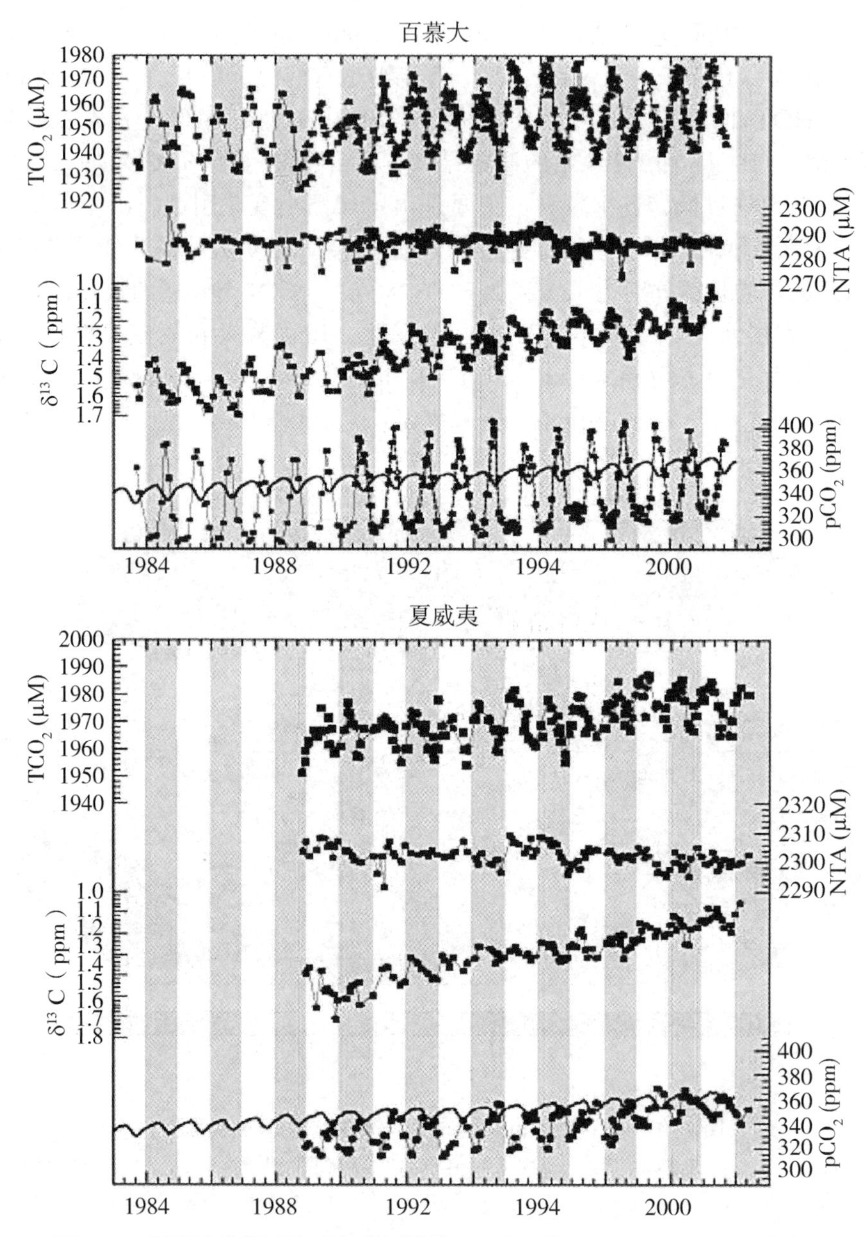

图 7.17　百慕大和夏威夷时间序列站的 pCO_2、$\delta^{13}C$、TA 以及 TCO_2 的变化

是真实的，也符合预期结果。其表面值与大气值相似。pCO_2 值由于有机质的氧化在 1 km 处增加到最大值(北大西洋为 500 μatm，1995 年 2 月，表层水中与气候学有关的 pCO_2 太平洋为 1200 μatm)。太平洋在 1 km 深处的数值较高是由于表层水的生产力较高，从而生成了更多的有机碳。太平洋深层水的数值高于大西洋是因为太平洋深层水年代较久远，随着深层海水从北大西洋流至北太平洋(600 年)，有机碳的氧化积聚了更多的 CO_2。深层水(最初在表层形成)的 pCO_2 数值比含氧最小值处的 pCO_2 数值要低。

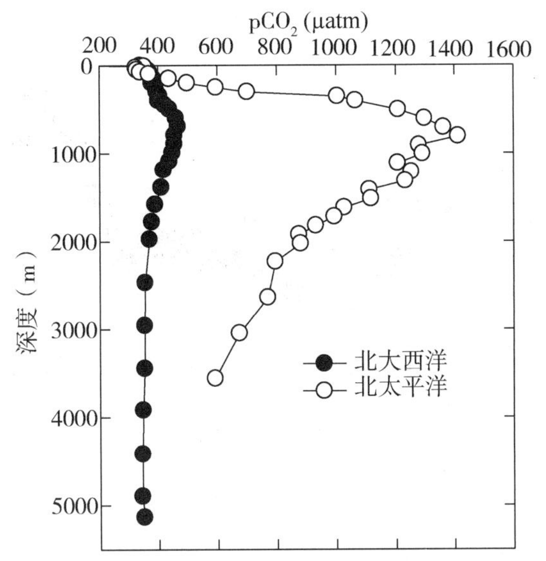

图 7.18　大西洋和太平洋海域二氧化碳分压的深度分布

7.5.2　pH

大多数与大气达到平衡的表层水的 pH 值为 8.2 ± 0.1。近期在大西洋和太平洋海洋表层水中测得的 pH 值分别如图 7.19 和图 7.20 所示。pH 值的总趋势与由表层水 pCO_2 值所预计的情况相符（pCO_2 值越高，pH 值越低，反之亦然）。赤道地区的上升流中，pH 值较低且与温度成比例。在封闭或小体积的水中，pH 值可以显示周期性的昼夜变化（8.2～8.9 之间）。由于生物的呼吸作用，该值在晚上降低，而由于光合作用，该值在下午升高。大西洋和太平洋海域 pH 值随深度的变化如图 7.21 所示。虽然在此图中很难看出，但由于光合作用，pH 在表层水中会出现一个局部最大值。光合作用消耗的 CO_2 会增加 pH 值，随后，pH 值因有机质的氧化而降低，并在约 1 km 处达到最小值。出现最小值的位置与 O_2 的最小值以及 pCO_2 的最大值相符。

深层水中的 pH 值增加是由于 $CaCO_3$ 的溶解。深层水的 pH 值在接近 1000 m 处可低至 7.5。在极深水域，由于压力对碳酸的离子化的影响，pH 值会出现局部的最大值。Park（1969）使用 Redfield 等人（1963）的模型计算 pH（作为深度的函数）。他将 pH 的变化归因于两个因素：

$$\Delta pH = \Delta pH(a) + \Delta pH(b) \qquad (7.124)$$

式中，$\Delta pH(a) = -2.0$ AOU，由于有机质的氧化而造成的 pH 下降，$\Delta pH(b) = 2.4\ \Delta Ca$（式中 ΔCa 是指 $CaCO_3$ 溶解引起的 Ca^{2+} 的变化）。

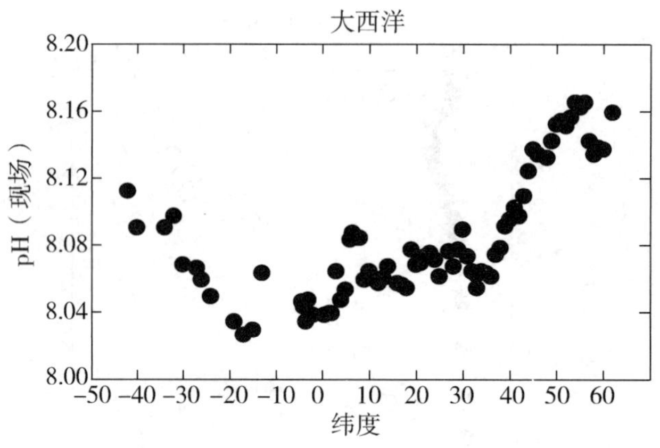

图 7.19 **大西洋表层水的 pH 值**

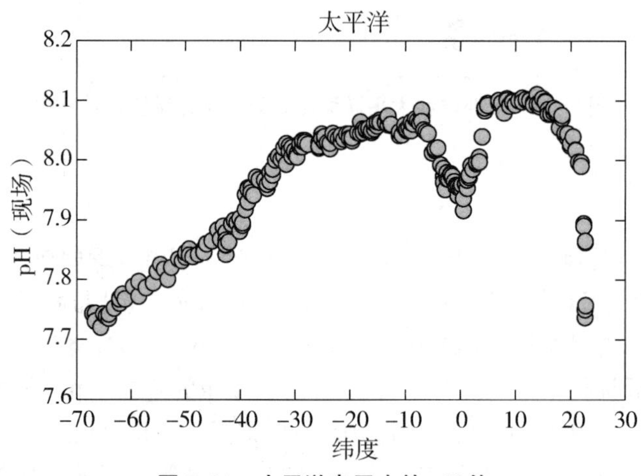

图 7.20 **太平洋表层水的 pH 值**

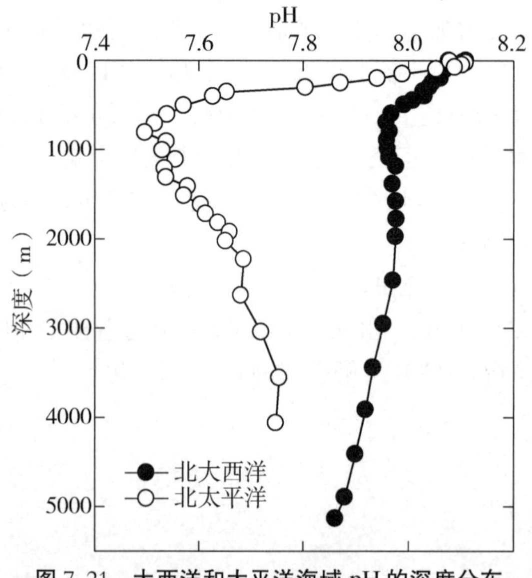

图 7.21 **大西洋和太平洋海域 pH 的深度分布**

7.5.3　总碱度 TA

在 WOCE 计划以及近期的 CLIVAR 研究中，研究人员广泛测量了表层水和深层水的总碱度（TA）。大西洋和太平洋海域的表层水温度、盐度和 TA 值分别如图 7.22 和图 7.23 所示。从这些图象明显可以看出，表层水 TA 值的变化与盐度相似。当以北大西洋海域的盐度对 TA 作图时，这个趋势将更加明显（见图 7.24）。产生这种线性关系的原因在于 HCO_3^- 是海水的主要成分，而 HCO_3^- 与盐度的比值几乎是常数。盐度为 35 附近的非线性关系是 TA 值较高的深层水上升所造成的，深层水的高 TA 值来源于 $CaCO_3$ 的溶解。可以通过归一化将盐度转化为恒盐度（$S=35$），从而去除 TA 变化中盐度的影响。归一化可通过计算标准总碱度（NTA）完成，$NTA = TA \times 35/S$。

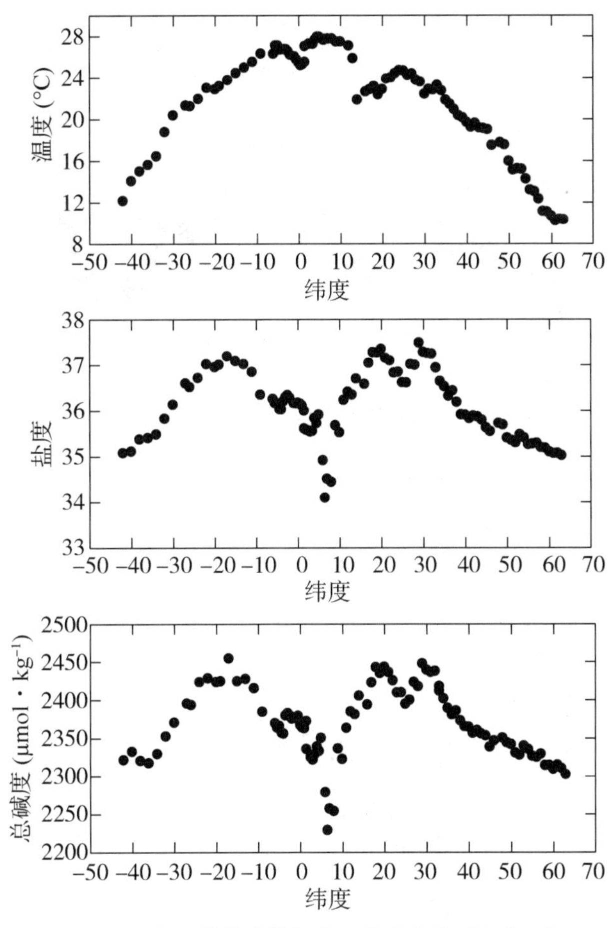

图 7.22　大西洋海域的温度、盐度和总碱度（TA）

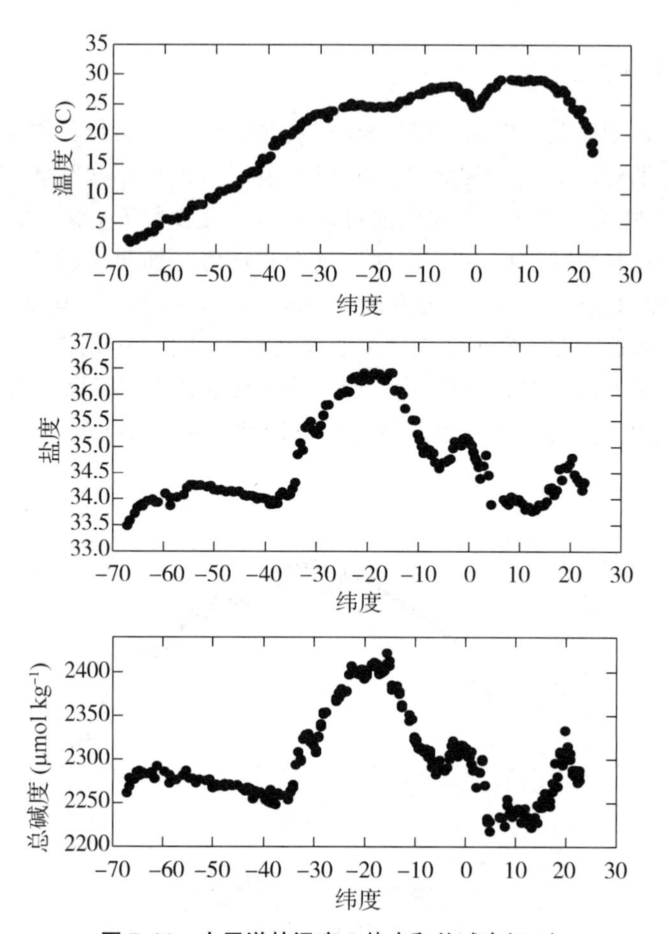

图 7.23 太平洋的温度、盐度和总碱度(TA)

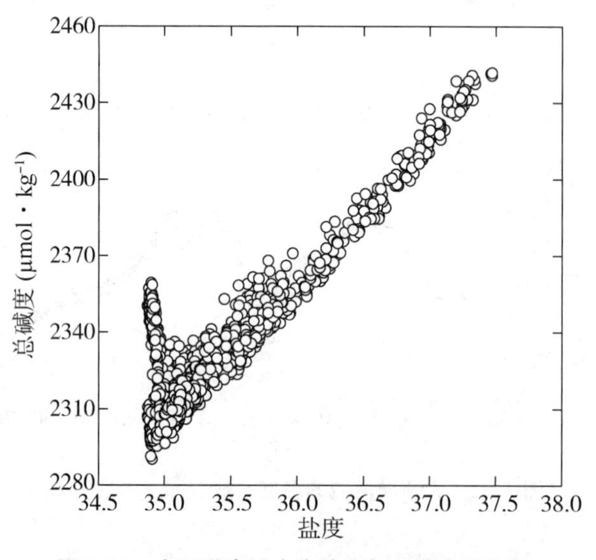

图 7.24 大西洋表层水中盐度与总碱度的关系

大西洋和太平洋海域开阔的表层水中的 NTA 值均在 2 300 附近（μmol・kg^{-1}）（见图 7.25）。在较冷的水域，NTA 的值较高，且在大西洋和太平洋海域几乎一样。这与 HCO_3^- 在海水中的近保守行为有关。极地水域（TA = 2 380 μmol・kg^{-1}）受高 NTA 深层水上升流的影响，也具有较高的 NTA 值。而深层水的高 NTA 值来源于 $CaCO_3$ 壳体（有孔虫门和翼足类动物）的溶解。

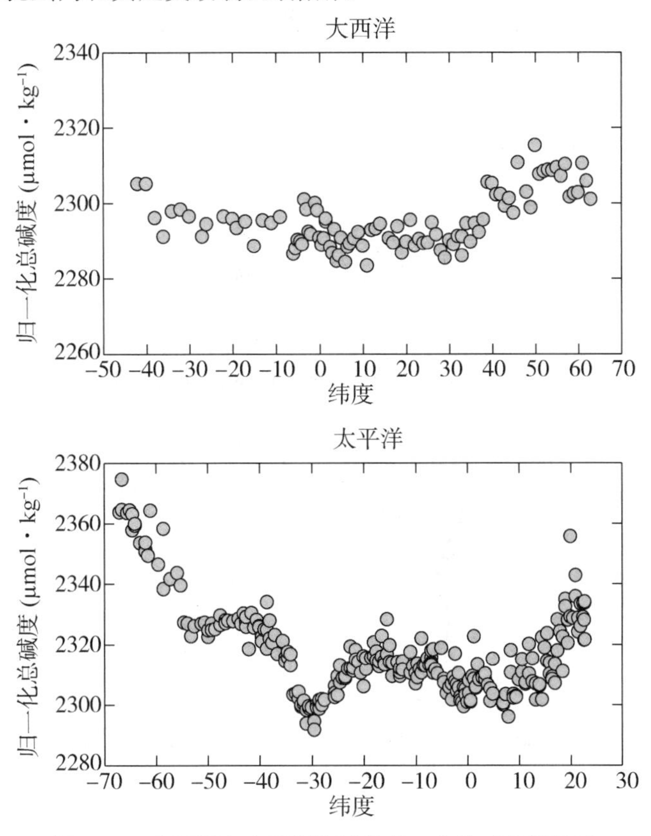

图 7.25　大西洋和太平洋海域的归一化总碱度（NTA）

北大西洋和北太平洋海域的 TA 分布图如图 7.26 所示。太平洋海域表层水的 TA 值低于其在大西洋的值；而在深层水中，大西洋海域 TA 值较低、太平洋海域较高。表层水 TA 的差异是由于大西洋表层水具有较高的盐度（蒸发作用导致）。如果将 TA 按照恒定盐度（$S = 35$）进行归一化，则结果符合预期（见图 7.27）。在上述两个海域中，表层水的 NTA 值是一样的，而 NTA 在太平洋的深层水中的值比其在大西洋中更高。深层水中较高的 NTA 与 $CaCO_3$ 的溶解有关。太平洋深层水年代更久，从溶解 $CaCO_3$ 中积聚的 CO_3^{2-} 更多，因而其碱度值会高于大西洋。

由于情况类似于第一章所示的盐度剖面图，因此本章未列出大西洋和太平洋海域中 TA 的剖面图。各主要大洋中 TA 的剖面图如图 7.28 所示。TA 分布与第 1 章中展示的盐度分布一样，都遵从主要水团的分布规律。由于 $CaCO_3$ 的溶解，深层水中的 TA 值从北大西洋的 2 330 μmol・kg^{-1}增加到北太平洋中的 2 430 μmol・kg^{-1}。

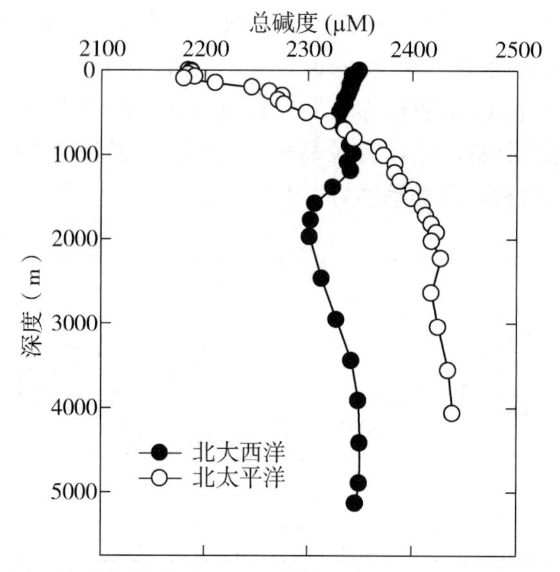

图 7.26 大西洋和太平洋海域总碱度(TA)与深度的关系

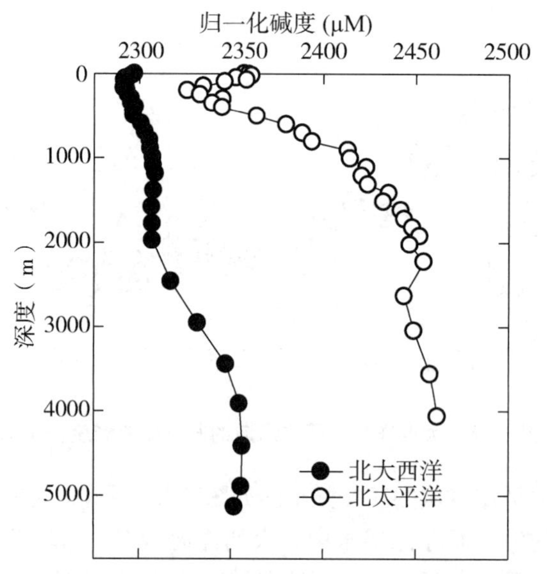

图 7.27 大西洋和太平洋海域的归一化总碱度(NTA)与深度的关系

7.5.4 总二氧化碳 TCO_2

大西洋和太平洋海域中表层水的总溶解无机碳如图 7.29 所示。与 TA 一样，盐度对 TCO_2 的影响可以通过将结果按照恒定盐度进行归一化(归一化的总 CO_2 $[NTCO_2] = TCO_2 \times 35/S$)来校正。大西洋和太平洋海域中表层水的 $NTCO_2$ 值如图 7.30 所示。与碱度不同，赤道水域的 TCO_2 大幅增加。这是由于赤道上升流导致的。TCO_2 随纬度的变化很小。由于快速交换的原因，水和空气中的 pCO_2 相似，而在极地地区，TCO_2 的值较高。

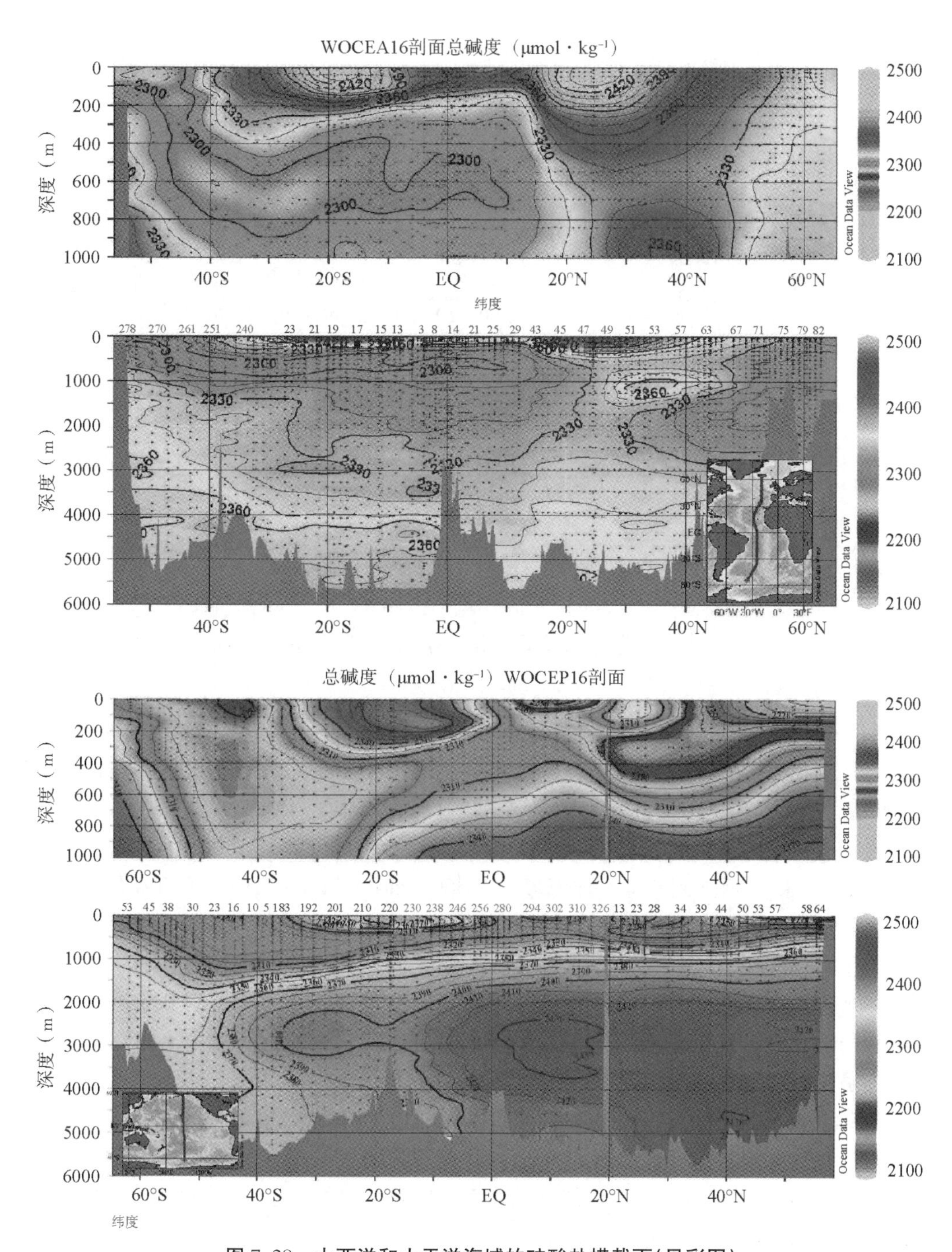

图 7.28　**大西洋和太平洋海域的硅酸盐横截面(见彩图)**

大西洋和太平洋海域中 TCO_2 的深度分布图如图 7.31 所示。表层水的偏移是由于盐度的差异引起的。如果 TCO_2 的值被归一化(见图 7.32)，则两个海洋的表面值都在 2.05 $mmol \cdot kg^{-1}$左右。由于光合作用，表层水中会出现局部最小值。在较深的水域，TCO_2 由于有机质的氧化而增加。太平洋深层水中 TCO_2 的值大于其在大西洋

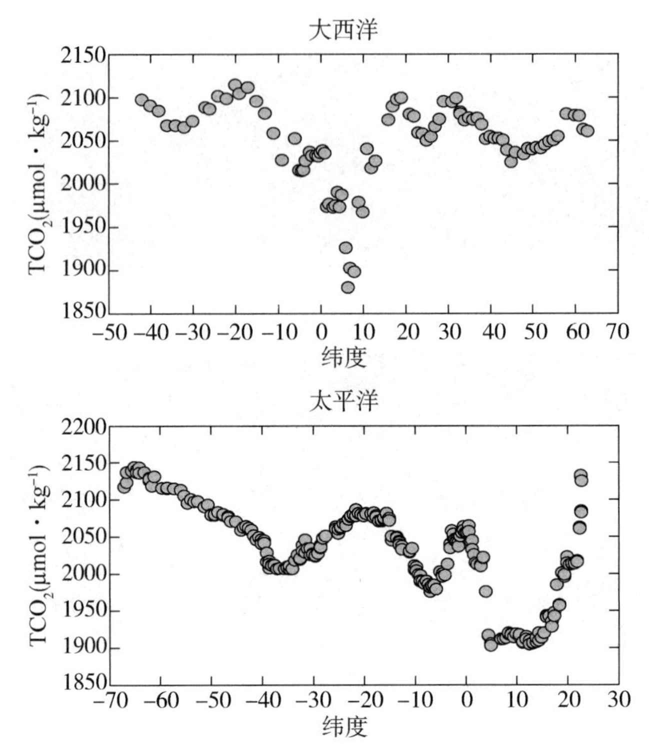

图 7.29 大西洋和太平洋海域中表层水的总二氧化碳(TCO_2)值

中的值，这是因为太平洋深层水年代更久远，有更长时间积聚微生物氧化生成的 CO_2。

由于有机碳的氧化以及 $CaCO_3$ 的溶解，深层水中的 TCO_2 值从北大西洋海域的 2 180 $\mu mol \cdot kg^{-1}$ 增加到北太平洋海域中 2 380 $\mu mol \cdot kg^{-1}$。TCO_2 和 TA 的值关联度很高，可用于表征各种水团(见图 7.33)。

由于海水的缓冲效应，只有少量的 CO_2 需要转移到海洋中以恢复大气和表层水之间的平衡。这种缓冲因素称为 Revelle 因子(R)。它是大气中二氧化碳分压变化的百分数与海洋中二氧化碳总量增加的百分数增加的比值。

赤道附近 TCO_2 的增加与 Revelle 因子有关：

$$R = (\Delta pCO_2/pCO_2)/(\Delta TCO_2/TCO_2) \quad (7.125)$$

对于较冷的水域而言，此值约为 14，而在较暖的水域，其值约为 8(平均值约为 10)。因此，10%的 pCO_2 变化仅能导致 TCO_2 出现 1%的变化。这个因子在考察大气中 CO_2 增加对碳酸盐体系的影响时非常重要。

大西洋和太平洋海域中 TCO_2 的剖面图如图 7.34 所示。由于有机碳的氧化以及 $CaCO_3$ 的溶解，深层水中的值从北大西洋海域的 2 180 $\mu mol \cdot kg^{-1}$ 增加到北太平洋海域中的 2 380 $\mu mol \cdot kg^{-1}$。

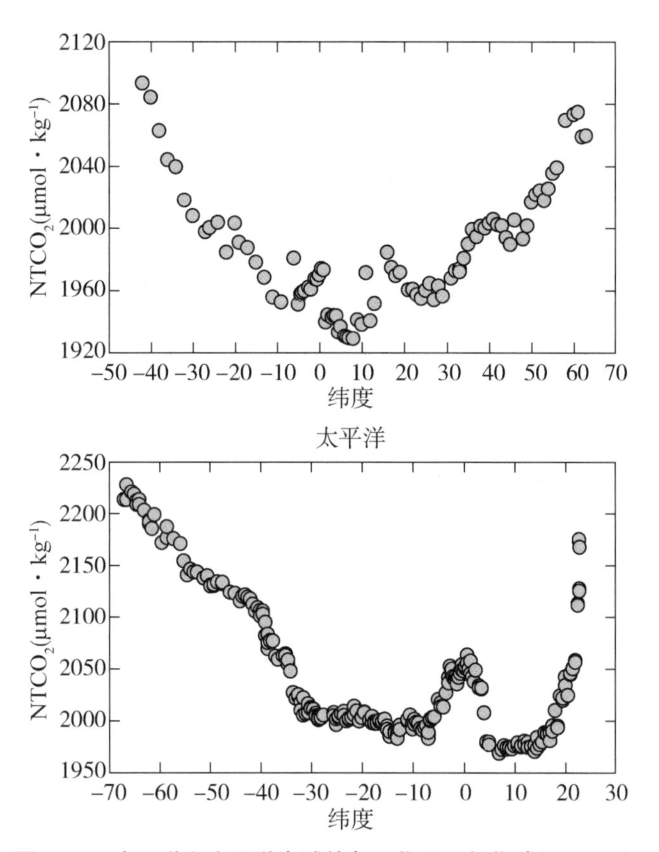

图 7.30　大西洋和太平洋海域的归一化总二氧化碳($NTCO_2$)

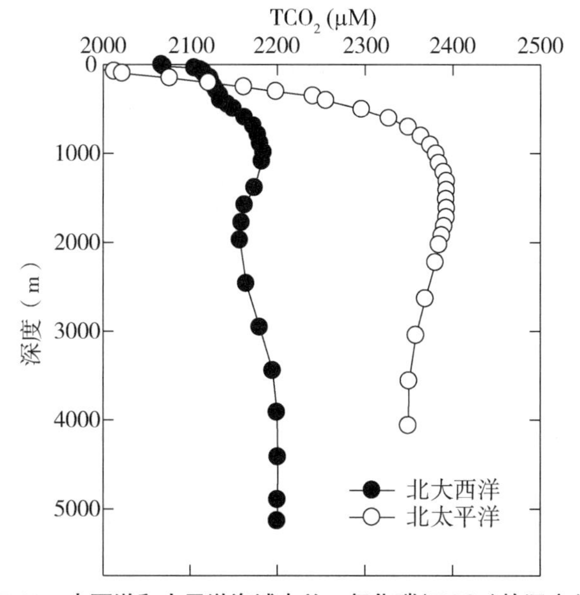

图 7.31　大西洋和太平洋海域中总二氧化碳(TCO_2)的深度分布

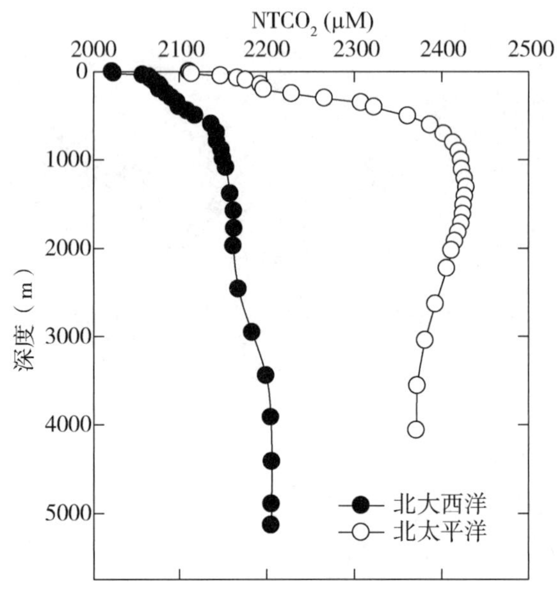

图 7.32　大西洋和太平洋海域归一化总二氧化碳($NTCO_2$)的深度分布

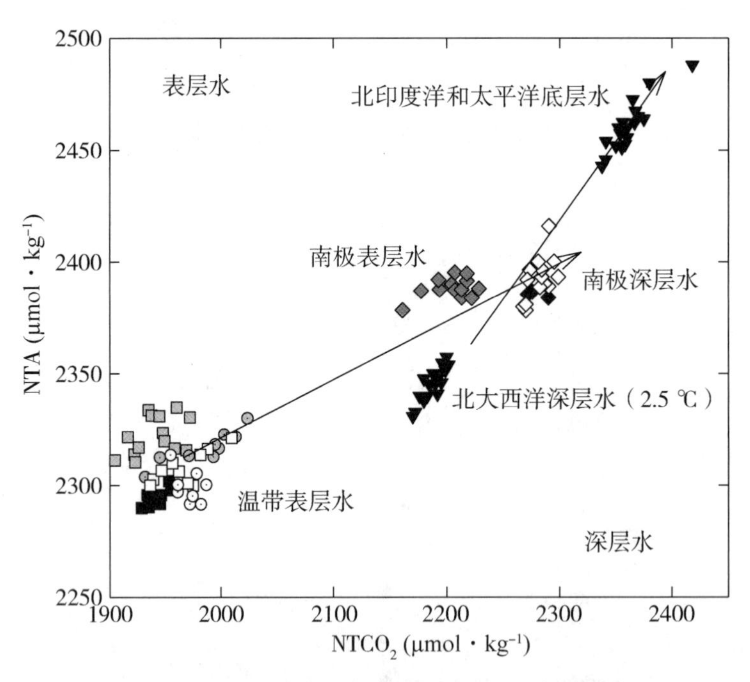

图 7.33　各种水团归一化的总碱度和总二氧化碳值

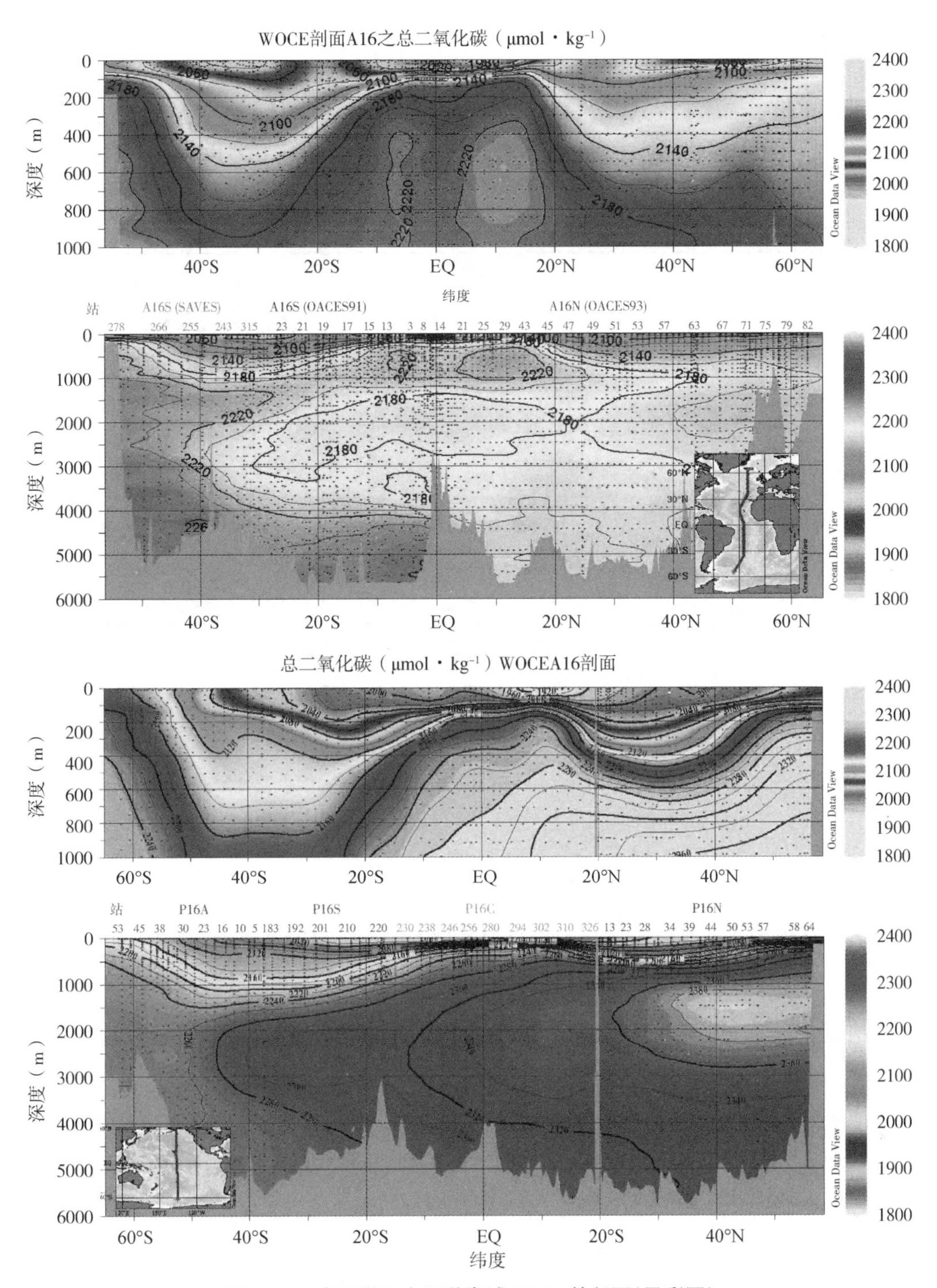

图 7.34　大西洋和太平洋海域 TCO_2 的剖面(见彩图)

7.6 海水中 $CaCO_3$ 的溶解

表层海水中固体 $CaCO_3$ 沉淀的形成以及深层水中固体 $CaCO_3$ 的溶解对于将表层水中的 CO_2 转移至深层水是非常重要的。世界海洋的远洋沉积物中也存在 $CaCO_3(s)$（见图 7.35）。

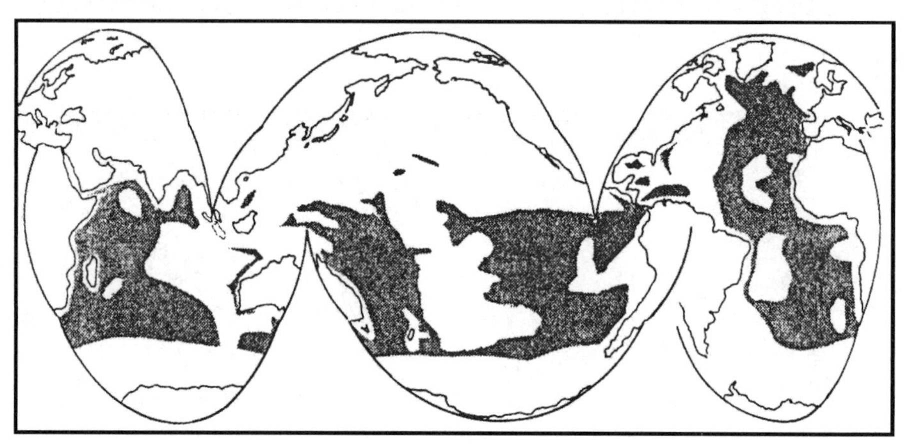

图 7.35 海洋中含有碳酸钙沉积物的地区

$CaCO_3$ 的海水饱和度是由下式确定：

$$\Omega = [Ca^{2+}][CO_3^{2-}]/K_{sp}^{*} \tag{7.126}$$

式中，$[Ca^{2+}][CO_3^{2-}]$是 Ca^{2+} 和 CO_3^{2-} 的浓度的离子积，K_{sp}^{*}是 S、t 和 P 在原位条件下的溶度积。由于 Ca^{2+} 是海水的主要成分（1%以内），其浓度（$mol \cdot kg^{-1}$）可以从下式估算：

$$[Ca^{2+}] = 2.934 \times 10^{-4} S \tag{7.127}$$

由有孔虫形成的方解石以及由翼足类动物形成的文石的溶解度积可以根据方程式（7.72）至式（7.80）确定。可以根据测量的碳酸盐参数（pH 和 TA 或 TA 和 TCO_2）确定$[CO_3^{2-}]$的值。

大西洋和太平洋海域中方解石和文石的 Ω 的分布图分别如图 7.36 和图 7.37 所示。表层水中方解石的 Ω 值接近 5.0，并在深层水中降低到 1.0 以下。而文石的 Ω 在表层水中为 3.0。在给定的 S，T 和 P 处，文石比方解石的溶解度高 1.5 倍。太平洋水域在比大西洋深度更浅的地方达到不饱和点（$\Omega < 1.0$）。

在北大西洋和北太平洋海域，大致饱和深度如下：

	北大西洋	北太平洋
方解石	4 300 m	750 m
文石	1 500 m	500 m

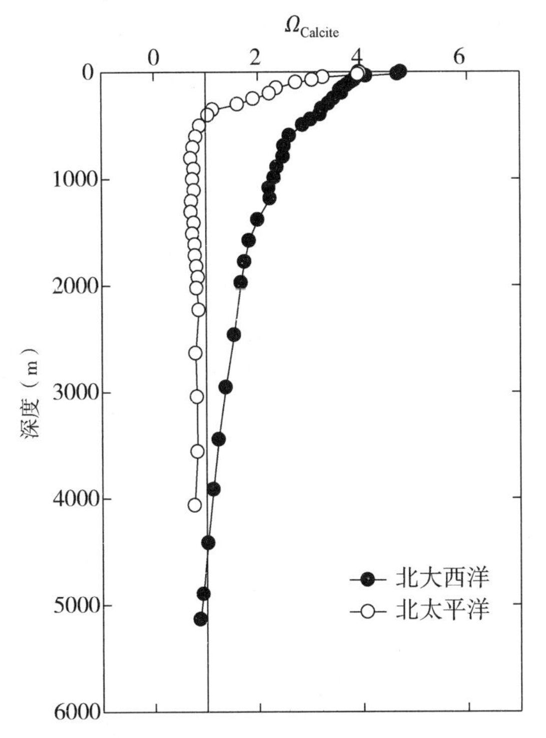

图 7.36　**大西洋和太平洋海域中，方解石饱和状态的深度剖面**

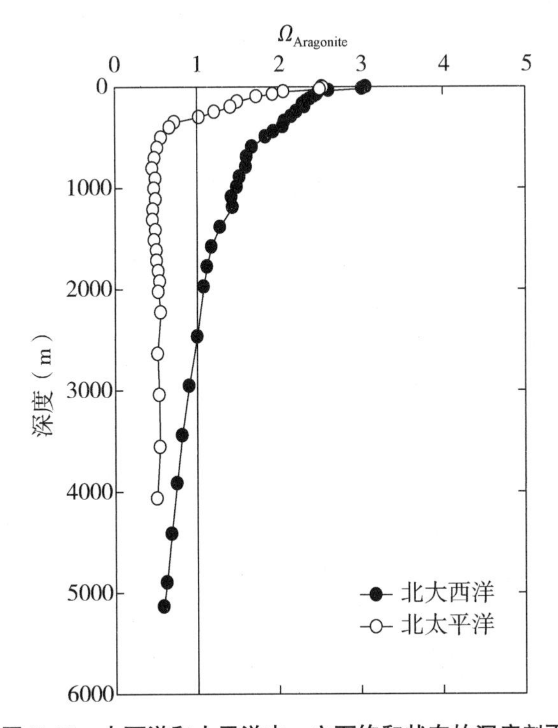

图 7.37　**大西洋和太平洋中，文石饱和状态的深度剖面**

这些矿物质在深层水中的较大的溶解度来源于压力的影响。由于在溶解期间形成了两个二阶离子，因此存在电致伸缩，体积变化较大且为负值。由于有机质氧化造成 pH 值降低或 CO_2 浓度升高，太平洋深层水在较浅的地方就变得不饱和。这些因素通过下述平衡的移动导致 CO_3^{2-} 浓度的降低：

$$CO_3^{2-} + H^+ \rightarrow HCO_3^- \tag{7.128}$$

由于压力对溶解度的影响，两个大洋中的 Ω 值在深海中的差异变小。尽管在大部分深海中，$CaCO_3$ 是不饱和的，但海洋沉积物中仍然存在大量碳酸钙。地质学者将海洋沉积物中 $CaCO_3$ 含量为 5%的深度定义为碳酸钙补偿深度(CCD)。如图 7.38 所示，大西洋海域的 $CaCO_3$ 补偿深度比饱和深度低约 2 km。这些结果表明，$CaCO_3$ 在海水中的溶解度不是受平衡控制，而是受到动力学的限制。

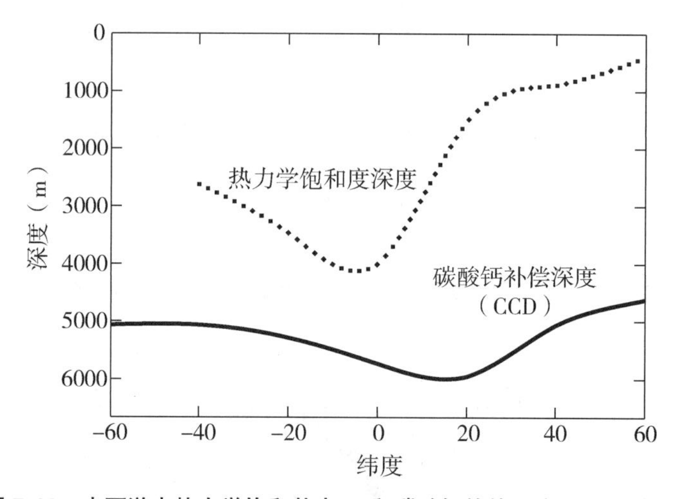

图 7.38　大西洋中热力学饱和状态 Ω 和碳酸钙补偿深度(CCD)的对比

Peterson(1966)第一次直接测量出 $CaCO_3$ 在海洋中的溶解速率。他在太平洋通过深海锚设备将方解石球悬浮了 250 天。他得出的结果如图 7.39 所示。在约 4 000 m 的深度，溶解速率显著增加。这种溶解速度快速增加的深度被称为溶解跃层。Honjo(1975)在可以流通海水的盒子中将许多 $CaCO_3$ 固体(颗石藻、有孔虫壳体、方解石试剂以及翼足类动物的壳)悬挂了 79 天(见图 7.39)。

海洋中文石的溶解跃层高于方解石。通过 $CaCO_3$ 悬挂实验确定的溶解跃层深度，与同一地区各种深度下表层沉积物中矿石减少的情况吻合(图 7.40)。这些结果表明，沉积物中溶解跃层和碳酸钙补偿深度通常在同一深度。

因此，补偿深度比饱和深度更深的原因在于不同晶形的 $CaCO_3$ 的溶解速率不同。如果沉降速率很高，那么 $CaCO_3$ 可以在溶解之前保留下来，从而导致 CCD 低于溶解跃层。

大西洋和太平洋的溶解跃层深度如图 7.41 所示。太平洋的溶解跃层较高，因为深度较浅时具有更高的不饱和度。饱和线与溶解跃层以及 CCD 的对比如图 7.42 所

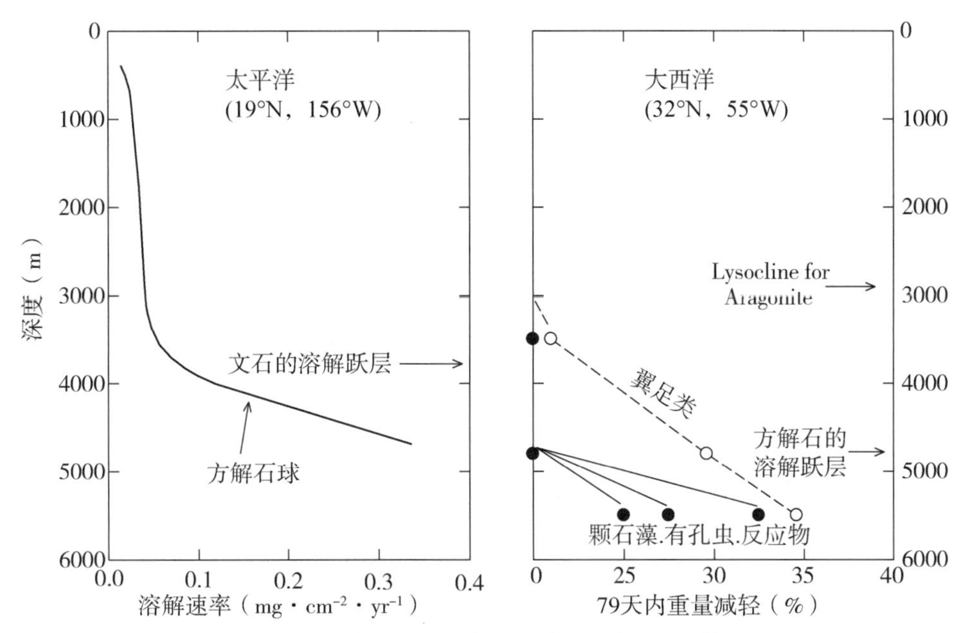

图7.39　有关大西洋和太平洋海域中碳酸钙溶解速率的深度剖面

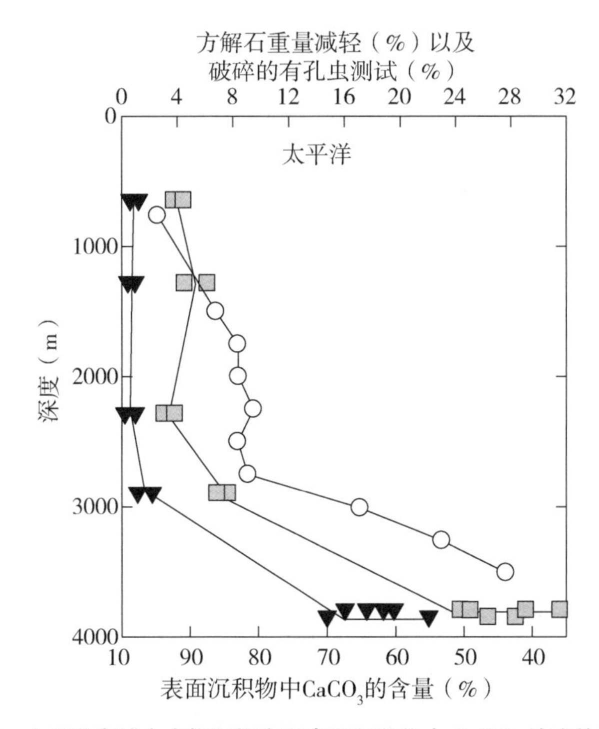

图7.40　太平洋海域中方解石损失和表面沉积物中 $CaCO_3$ 浓度的深度剖面

示。溶解跃层和CCD的值不受饱和状态的影响。除了赤道地区海域外，全球海域的CCD均接近溶解跃层。这是由于赤道海域的生产力较高所致。$CaCO_3$ 的供应速率越高，CCD越深(见图7.43)。

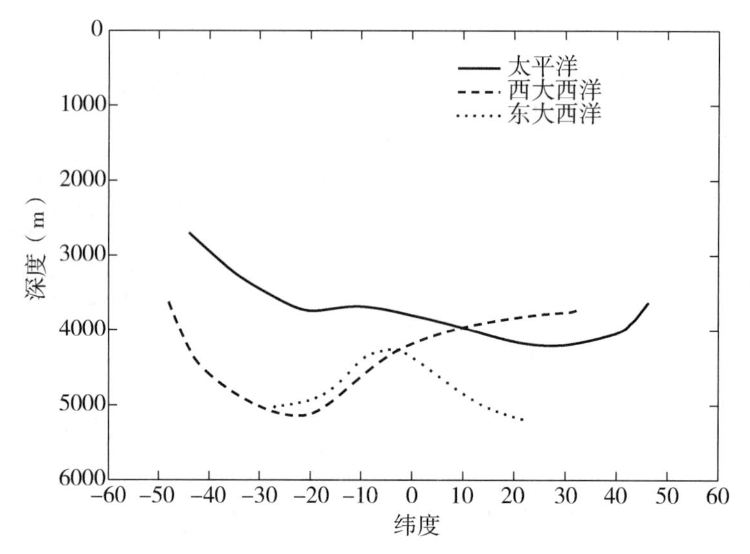

图 7.41　不同海洋的溶解跃层的深度

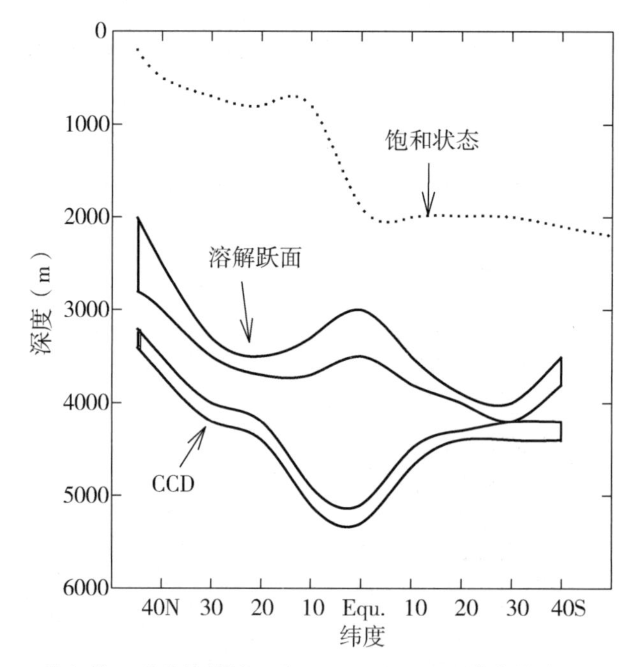

图 7.42　饱和线、碳酸盐补偿深度（CCD）以及不同纬度的溶解跃层的对比

Morse（1983）试图通过实验室研究来了解这些速率上升的原因。他发现当水的饱和度达到临界值时，$CaCO_3$ 开始溶解。该临界值约为 30%不饱和度，或 $\Delta CO_3^{2-} - CO_3^{2-}(sat) = -10\ \mu mol \cdot kg^{-1}$（即该溶液可以吸收另外 10 $\mu mol \cdot kg^{-1}$ 的 $CaCO_3$）。Broecker 和 Peng（1982）通过沉积物核心顶部 $CaCO_3$ 的百分比展示了这临界 $\Delta CaCO_3$ 值（见图 7.44）。这个所谓的临界值在很大程度上依赖于 $CaCO_3$ 的溶解积所选择的值。近期由 Byrne（南佛罗里达大学）进行的研究致力于使用海洋中收集的矿物和水分

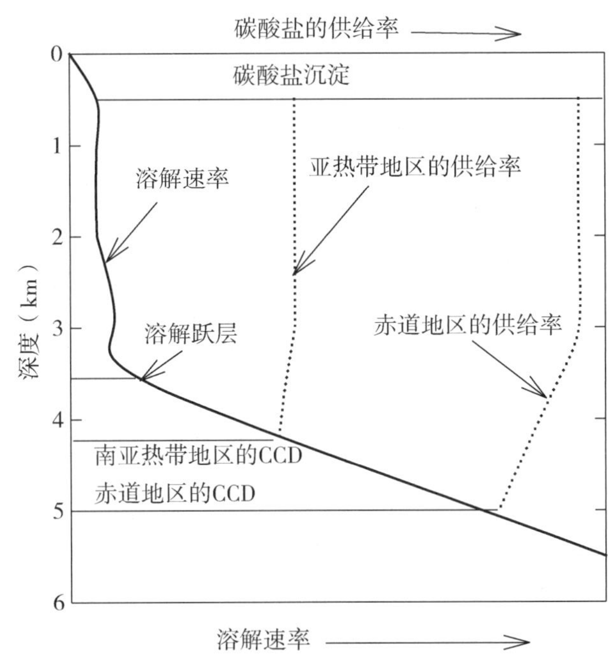

图 7.43 海洋碳酸盐的溶解速率和供给率的深度剖面

测量溶解速率。他和他的同事发现，在海上测量的文石质 $CaCO_3$ 的溶解速率可以描述为

$$R = 130\{1 - [Ca^{2+}][CO_3^{2-}]/1.78\ K_{SP}(cal)\}^{3.1} \tag{7.129}$$

其中 K_{sp}(文石) = 1.78 K_{sp}(方解石)。ρ = 1.78 略高于 1.5 这一理论值。这是由于 K_{sp}(文石)和 Ω_A 会发生变化，该变化源于文石溶解度随时间的改变(见图 7.45)。

Morse(1983)和同事利用实验室研究中得出的溶解率列出了两个方程式。如果 $\Omega_A \leqslant 0.44$，则

$$R(\%每天) = 110(1-\Omega)^{2.39} \tag{7.130}$$

如果 $\Omega_A \leqslant 0.44$[原文如此]，则

$$R(\%每天) = 1318(1-\Omega)^{7.27} \tag{7.131}$$

虽然方程式不同，但计算的速率是合理的。由于文石的产量在太平洋的表层水中很高，而在深层水中则处于未饱和状态，因此，文石向深层的运输和溶解可能导致碳被运送至深层水中。Betzer 和同事(1984)估计，90%的文石通量在水体上部 2.2 km 内发生溶解。在巴哈马群岛海岸文石在水中的沉淀值与图 7.45(Morse 等，2010)中所示的数值非常相似。在初期较高的溶解度被认为是随着时间流逝而缓慢沉淀为文石的高镁方解石。最近的研究表明，鱼类通过饮用海水产生高镁方解石(Wilson 等，2009)。这种与巴哈马海域物质相似的高镁方解石的溶解度是文石的 2 倍(Woosley，Millero 和 Grosell，2012)。鱼生产的高镁方解石由于溶解度足够大，大都在文石饱和线以上就已完全溶解。

Feely 等(2004)考察了海水中方解石和文石的饱和状态以及 $CaCO_3$ 在海洋中的

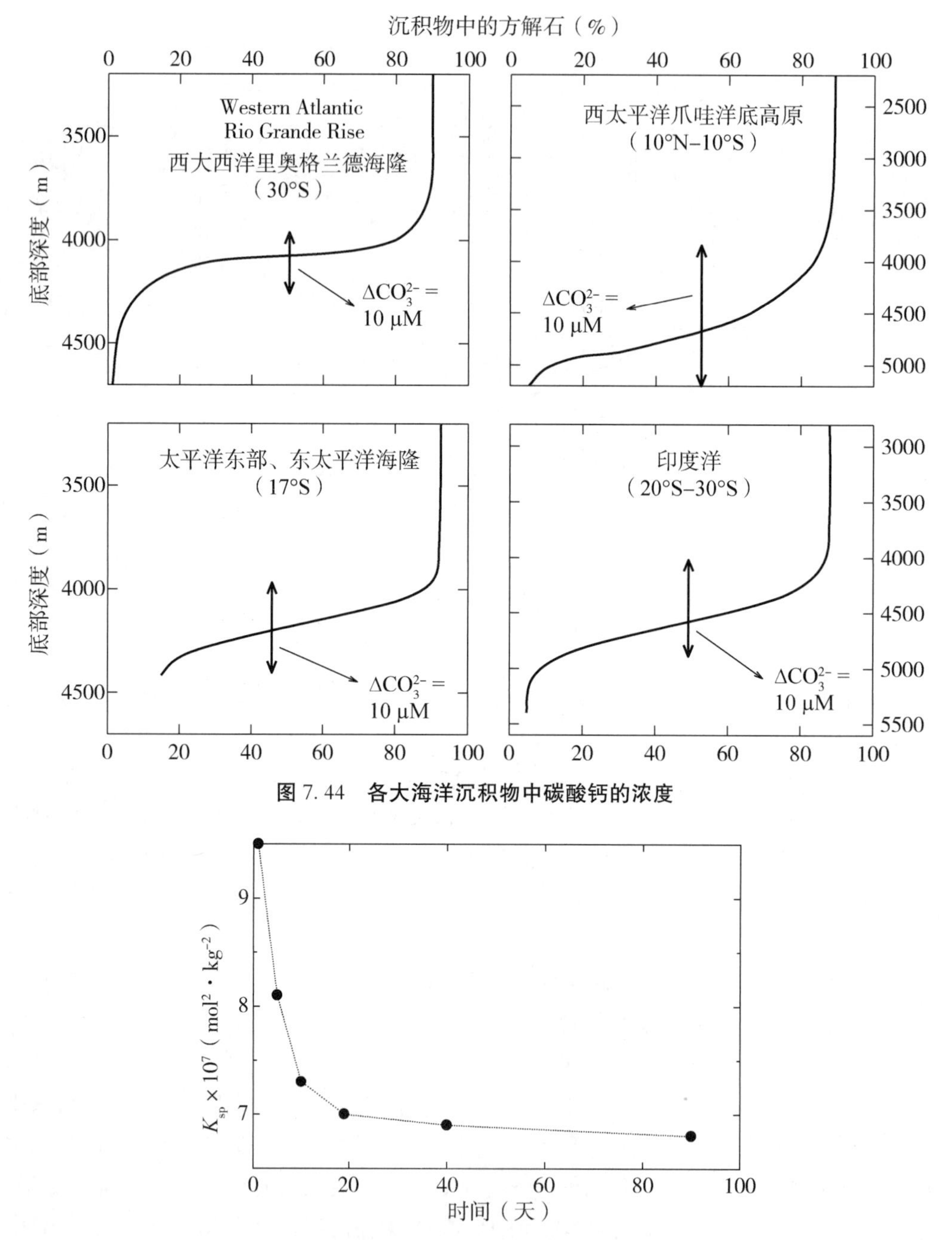

图 7.44　**各大海洋沉积物中碳酸钙的浓度**

图 7.45　**文石在水中的溶度积与平衡时间的关系**

溶解速率。他们使用了超过 10 年的 WOCE 巡航中获取的新碳酸盐数据，确定了主要海洋中的文石和方解石的饱和状态。这些结果如图 7.46 所示。对于文石和方解石，饱和深度分别为：在北大西洋为 3 000～4 500 m，在北太平洋为 500～700 m。人源 CO_2 对饱和深度的影响如图 7.47 所示。向海洋中添加 CO_2 使饱和深度降低了 500 m。在后续的讨论中可知，在接下来的 200 年里，对于文石，可能在海洋的表层水就达到不饱和状态。Feely 等(2004)也确定了海洋中文石和方解石的溶解速率。他们根据方程式确定了溶解的 $CaCO_3$ 的量。

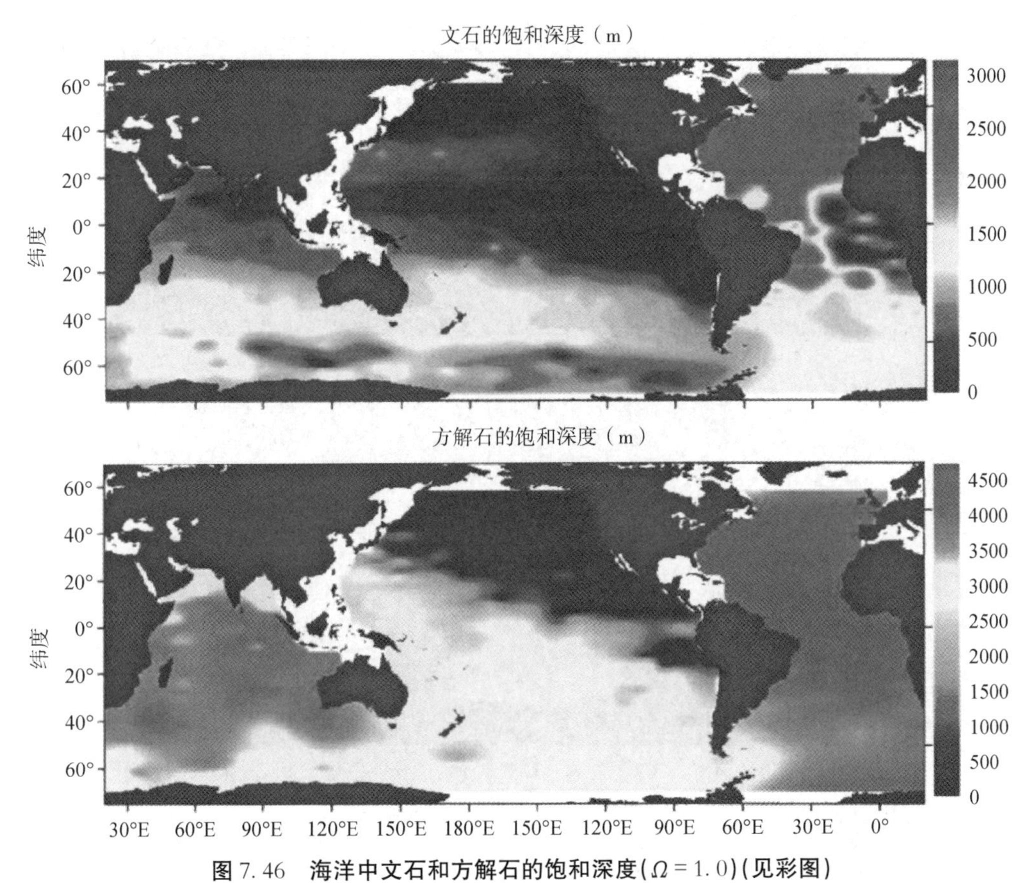

图 7.46　海洋中文石和方解石的饱和深度($\Omega = 1.0$)(见彩图)

(来自 Feely, R. A., Sabine, C. L., Lee, K., Berelson, W., Kleypas, J., Fabry, V. J., and Millero, F. J., Science, 305, 362, 2004。经许可。)

$$\Delta CaCO_3 = 0.5[TA_{Meas} - TA^0] + 0.63(0.0941\ AOU) \tag{7.132}$$

TA^0 的值是指 TA 在表面的预测值，最后一项校正了由于有机质氧化而引起的 TA 变化。Feely 等通过使用含氯氟烃(CFC)或 ^{14}C 来确定水域的年代，能够估计沿恒定密度表面的 $CaCO_3$ 的溶解速率。他们所获得的溶解速率列于表 7.9 中。在大西洋地区，$CaCO_3$ 的溶解速率最大值为 0.5 $\mu mol \cdot kg^{-1} \cdot yr^{-1}$，而在太平洋地区则为 1.2 $\mu mol \cdot kg^{-1} \cdot yr^{-1}$。大部分溶解都发生在文石的饱和深度附近。这比溶解跃层的深度要浅，表明溶解可能来源于微生物作用或低 pH 下的颗粒状絮体，或者矿物为溶解速率比文石高两倍的高镁方解石。这些问题需要更多研究来澄清。结果表明，表层形成的碳酸钙中大约 50%～70%(0.8～1.4 Pg $CaCO_3 \cdot yr^{-1}$)溶解在水柱上部。最近，Friis 等(2006，2007)指出较高的 $TA - TA^0$ 值来源于海洋混合作用。他们认为当 $S = 0$ 时，TA 应该按照推测值进行归一化。我个人很难认同这一观点。

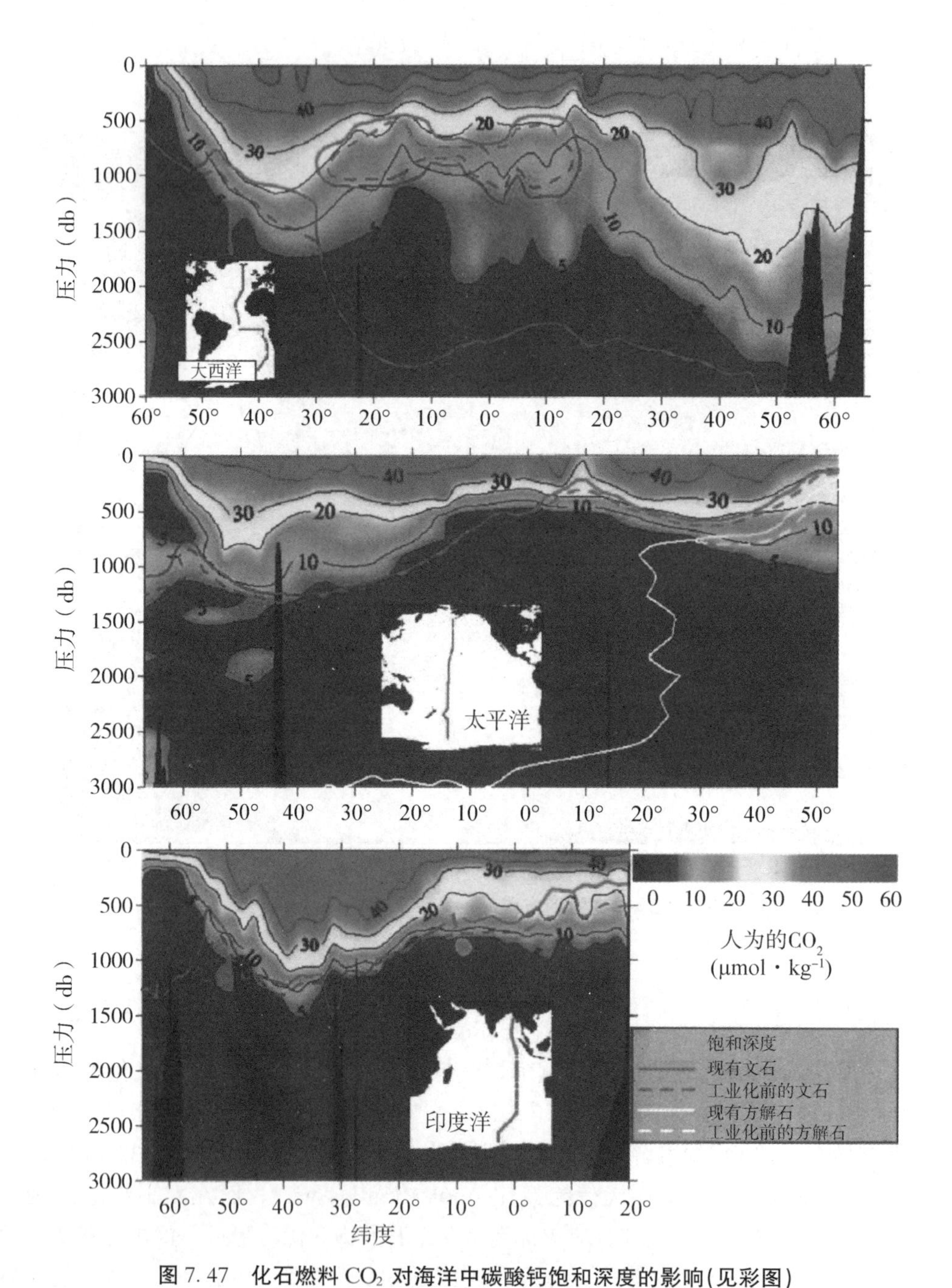

图 7.47　化石燃料 CO_2 对海洋中碳酸钙饱和深度的影响(见彩图)

(来自 Feely R. A.，Sabine C. L.，Lee K.，Berelson W.，Kleypas J.，Fabry V. J. and Millero F. J.，Science，305，362，2004。经许可。)

7.7 输入海洋中的来自化石燃料的 CO_2

化石燃料对海洋的输入情况已经通过多种方法进行估算(其中一些估算值的总结由表 7.10 给出):

(1)^{13}C 进入海洋的渗透率(见图 7.4;Quay,Tilbrook 和 Wong,1992)。

(2)CFC 进入海洋的渗透率(McNeil 等,2003)。

(3)表层水中 pCO_2 的变化(Takahashi 等,2002)。

(4)O_2/CO_2 在大气中的相关性(Battle 等,2000)。

(5)建模(Xu 等,2000)。

(6)利用时间函数测量 TCO_2(Wallace,2001)。

(7)TCO_2 的测量值、有机碳氧化和 $CaCO_3$ 溶解导致增量的校正值(Brewer,1978;Chen and Millero,1979;Gruber 等,1996)。

表 7.9 海洋中 $CaCO_3$ 的最大溶解速率

位置	深度(m)	溶解速率($\mu mol \cdot kg^{-1} \cdot yr^{-1}$)	位置	深度(m)	溶解速率($\mu mol \cdot kg^{-1} \cdot yr^{-1}$)
北大西洋	250~1 000	0.40	南印度洋	750	1.2
南大西洋	900	0.55	北太平洋	500	1.2
	250	0.22	南太平洋	1 000	0.75
北印度洋	250	0.75			

来源:资料源自 Feely,R. A.、Sabine,C. L.、Lee,K.、Berelson,W.、Kleypas,J.、Fabry,V. J. and Millero,F. J.,Science,305,362,2004。

表 7.10 海洋吸收量的估算

方法	pg ($C \cdot yr^{-1}$)	方法	pg ($C \cdot yr^{-1}$)
^{13}C(1970—1990)	2.1 ± 0.8	存量(1990)	1.6~2.7
^{13}C(1985—1995)	1.5 ± 0.8	存量(1990—2000)	1.9 ± 0.4
表面 pCO_2(1985)	2.8 ± 1.5		

下面将简要讨论最后两种确定海洋 CO_2 输入通量的方法。第一种是采用时间序列法简单地测定 TCO_2 在给定时间段内的变化:

$$\Delta(TCO_2)_{Anth} = [TCO_2(t = 1970) - TCO_2(t = 1990)]/20 \qquad (7.133)$$

可以将 1990 年起实际测量值与利用 1970 年数据拟合的经验方程式给出的计算值进行比较:

$$TCO_2(t = 1970) = a_0 + a_1 S + a_2 \theta + a_3 TA + a_4 O_2 \qquad (7.134)$$

式中 a_0 等为调整参数。该方法需要不同时间下可靠的测量结果。遗憾的是,与最近的 WOCE 结果相比，1970 年 GEOSEC 的 CO_2 数据不是很准确。这种方法在将来可能更容易做到。

第二种测定进入海洋 TCO_2 的方法是用下列方程(Brewer，1978；Chen 和 Millero，1979)：

$$\Delta(TCO_2)_{Anth} = (TCO_2)_{Meas} - \Delta(TCO_2)_{CaCO_3} - \Delta(TCO_2)_{Organic} \quad (7.135)$$

Gruber 等人(1996 年)采用下式改进了这种方法：

$$\Delta C^* = C_{Meas} - C_{Biol} - C_{280} \quad (7.136)$$

其中 C_{Biol}修正了因 $CaCO_3$ 的溶解以及有机碳的氧化对 CO_2 测定值的影响。修正后的值再与碳(C_{280})的工业化前水平进行比较，工业前水平以 $pCO_2 = 280\ \mu atm$ 以及 1800 年在表层水中预先形成的 TA(TA^0)进行计算。表层水 ΔC^* 的计算是为了校正各种不同水团的混合及远离海水表层所导致的变化的影响。

所有在 WOCE 巡航上进行的 CO_2 测量(见图 7.48)已经纳入全球数据库(http://cdiac.esd.ornl.gov)。这些结果得到了所有主要海洋的可靠的 TA 和 TCO_2 值，并被用于确定化石燃料进入世界海洋的量(Sabine 等，2004)。人类来源 CO_2 进入海洋的通量如图 7.49 所示。化石燃料 CO_2 大部分分布在北大西洋，即深层水形成区域。化石燃料 CO_2 的渗透率如图 7.50 所示。除了北大西洋，信号显示并未渗透到 1500 m 以下的海洋中心环流内。表 7.11 给出了与一些模型结果进行比较的各大洋的人类来源贡献估算量的总结。大西洋和太平洋中储存的量占总量的 71%。尽管太平洋的体积是大西洋的 4 倍，但大西洋和太平洋的储存量是相近的。主要大洋的计算值与模型的估计值一致。表 7.12 给出了人类来源 CO_2 收支的概要。过去的 200 年中，海洋吸收了人源 CO_2 的 48%。近年来，吸收速率为 $1.9 \pm 0.4\ Ptg \cdot yr^{-1}$。200 多年来，陆

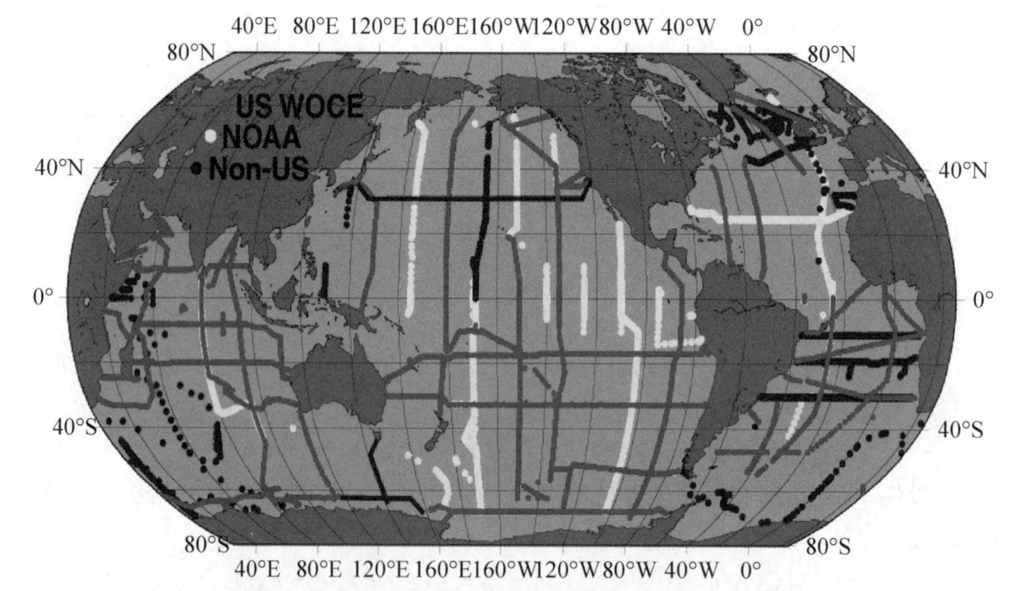

图 7.48　在 WOCE 巡航期间占用的巡航轨道(见彩图)

地一直是大气中 CO_2(39 Ptg)的来源，然而在最近几年中，其已经成为一个汇(-15 Ptg)。陆地植物对 CO_2 的吸收可能与北美地区树木的再生长有关。我们无法确定这种趋势是否会持续下去。

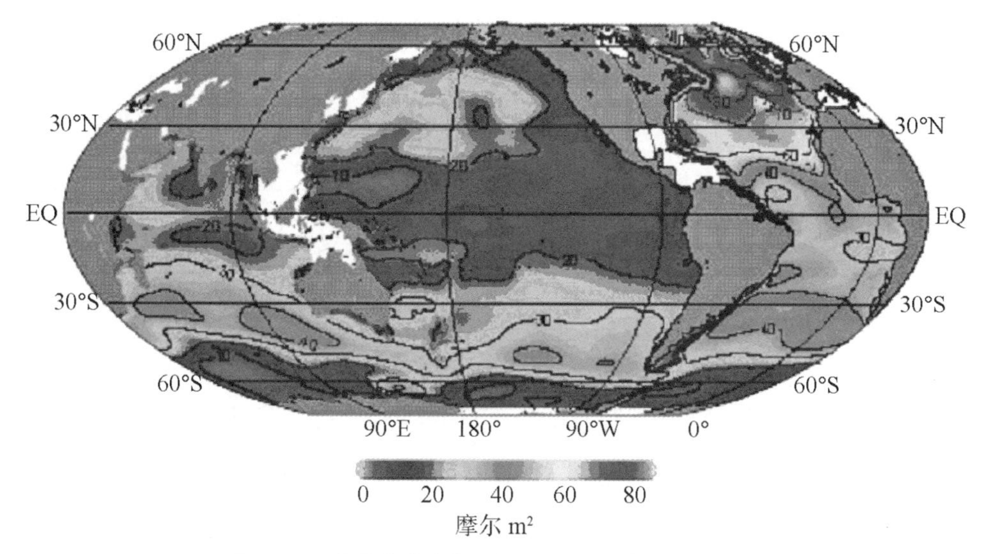

图 7.49 世界大洋中化石燃料 CO_2 的存量(见彩图)

(来自 Sabine, C. L., et al., Science, 305, 367-371, 2004。经许可。)

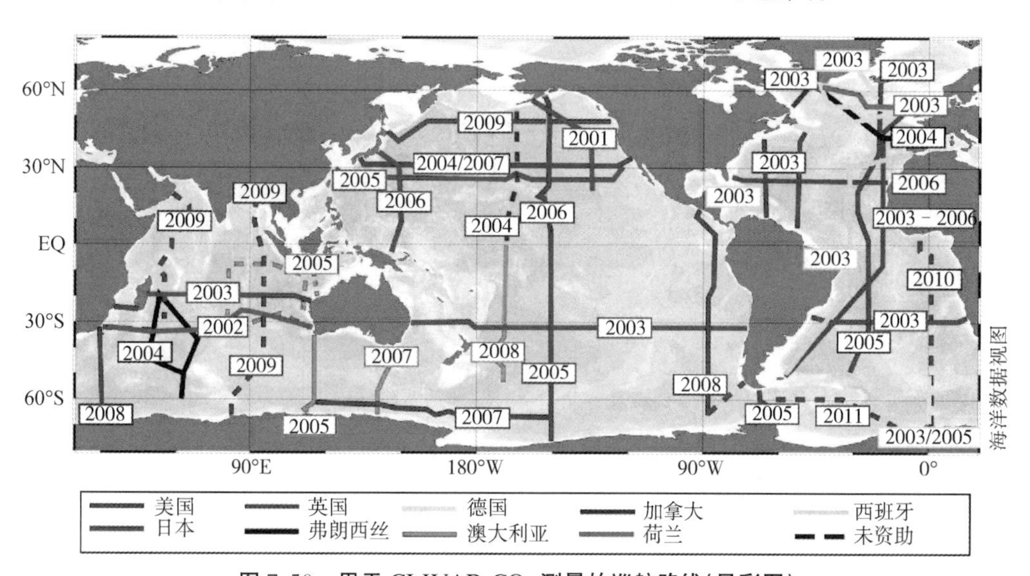

图 7.50 用于 CLIVAR CO_2 测量的巡航路线(见彩图)

表 7.11 人类来源化石燃料对海洋的输入

海洋	位置	测量	模型
印度洋	>50 °S～20 °N	22 ± 2	22～27
大西洋	>50 °S～50 °N	40 ± 5	30～40
太平洋	>50 °S～50 °N	44 ± 5	47～62
边缘海	>65 °N	12 ± 5	
总量		118 ± 19	99～129

表 7.12 人类来源 CO_2 的收支平衡

CO_2 来源	1800—1994 年	1980—1999 年	CO_2 来源	1800—1994 年	1980—1999 年
排放量	244 ± 20	117 ± 5	海洋摄入量	− 118 ± 19	− 37 ± 8
大气中的储存量	− 165 ± 5	− 65 ± 1	陆地净量	39 ± 28	− 15 ± 9

目前，大多数 CO_2 研究是 CLIVAR 计划的一部分。目前处于研究状态的世界海洋的巡航路线如图 7.50 所示。许多国家正在参加该项计划。Sabine 等(2008)在最近的研究中展示了重复测量是如何被用于考察 CO_2 随时间的变化的。该研究考察了太平洋上两个的巡航路线(东西向的 P2 以及南北向的 P16)的变化(见图 7.51)。两个站点的 TCO_2 值如图 7.52 所示。

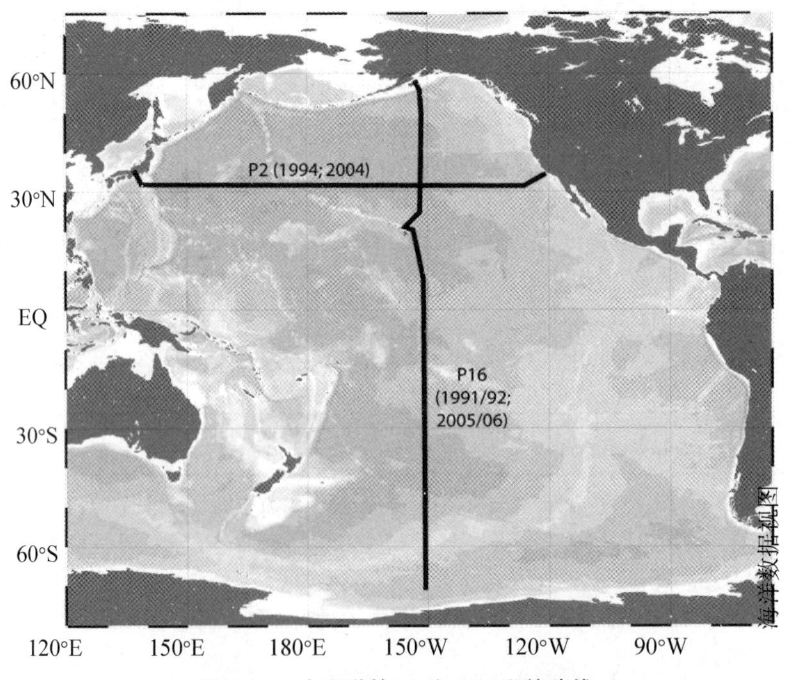

图 7.51 太平洋的 P2 和 P16 巡航路线

(来自 Sabine，C. L 等，J. Geo phys. Res.，113，2008。经许可。)

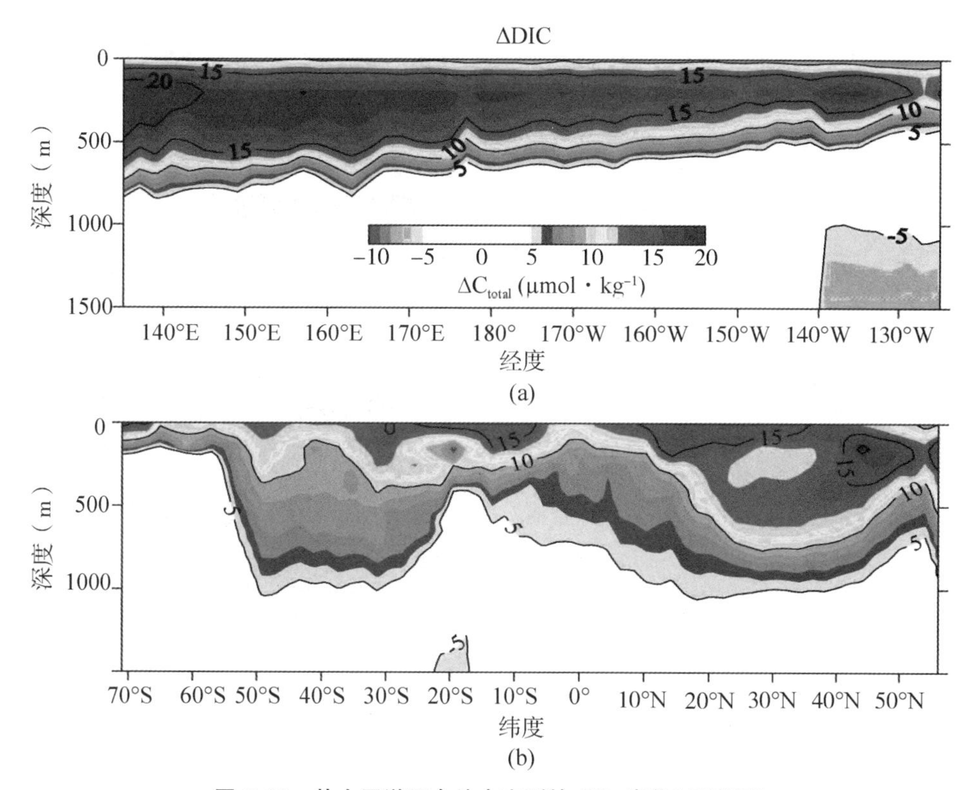

图 7.52　从太平洋两个站中实测的 CO_2 变化(见彩图)

（来自 Sabine，C. L. 等，J. Geo phys. Res.，113，2008 年。经许可。）

这些截面看起来非常相似。两个截面的结果通过经验方程式进行拟合(Friis 等，2005)：

$$TCO_2 = 常数 + a\,\sigma_\theta + b\theta + c\,S + d\,SiO_2 + e\,PO_4 \qquad (7.137)$$

其中，a，b，c，d，e 均为经验常数。两个截面的方程式之间的差异如图 7.53 所示。由于受到物理和生物过程的强烈影响，这些方法在混合层中使用效果不佳。

例如，由于有机质的氧化以及 CO_2 的形成而导致水域中 O_2 的变化(见图 7.54)。如果扣除由于有机质的氧化而引起 CO_2 的变化，则可以清楚地显示人类来源 CO_2 的输入情况(见图 7.55)。这些结论指出，使用这种方法来监测海洋中 CO_2 的吸收随时间的变化时，必须非常小心。

多数基于 CLIVAR 重复测量的其他研究，涉及吸收 CO_2 导致的海水 pH 和饱和状态的变化。部分结果将在下一节进行讨论。

Feely 等在 2012 年研究了海洋酸化对太平洋海域饱和状态的影响。在太平洋水域的很多巡航路线中，他们对文石和方解石饱和深度的变化进行了研究(见图 7.56)。沿 P16 南北线，文石和方解石的 Ω 值变化结果分别如图 7.57 和图 7.58 所示。平均变化为 0.345 yr^{-1}。饱和深度的上移速率为 1～2 m・yr^{-1}。由于人类来源 CO_2 的输入，南太平洋的饱和深度变浅的情况较严重。如果 CO_2 排放在未来的 100 年持续进行，太平洋地区的许多珊瑚礁将受到影响。

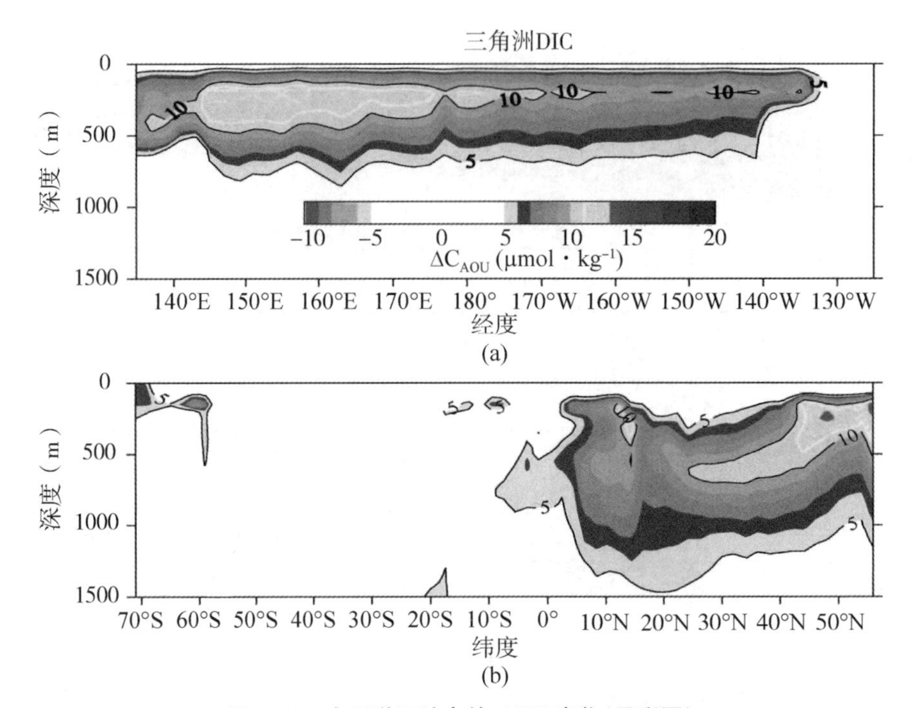

图 7.53 太平洋两站点的 AOU 变化(见彩图)

（来自 Sabine，C. L. 等，J. Geo phys. Res.，113，2008。经许可。）

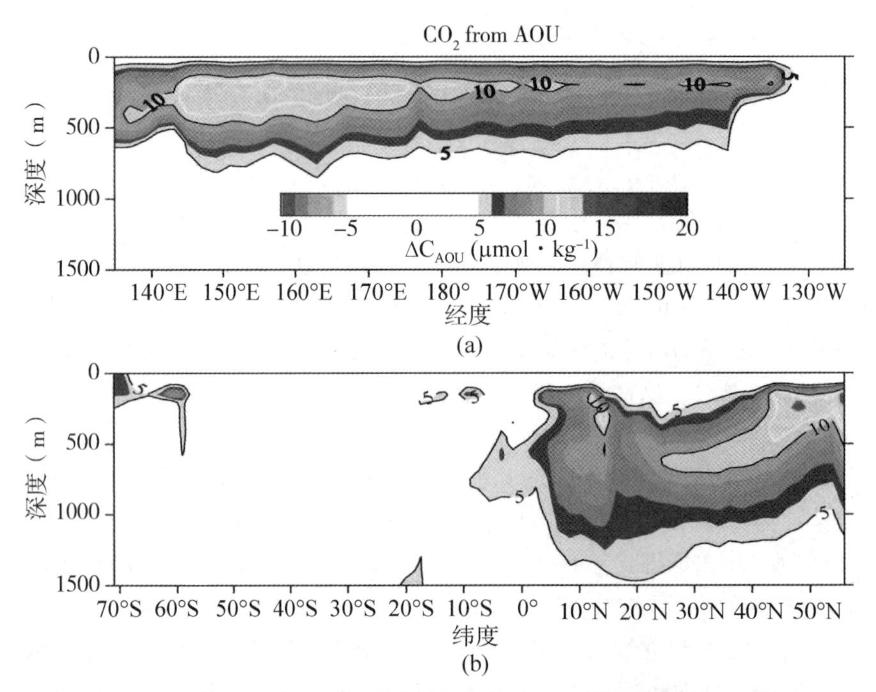

图 7.54 太平洋两站点由于有机质氧化导致 CO_2 产生的变化(见彩图)

（来自 Sabine，C. L.，et al.，J. Geophys. Res.，113，2008。经许可。）

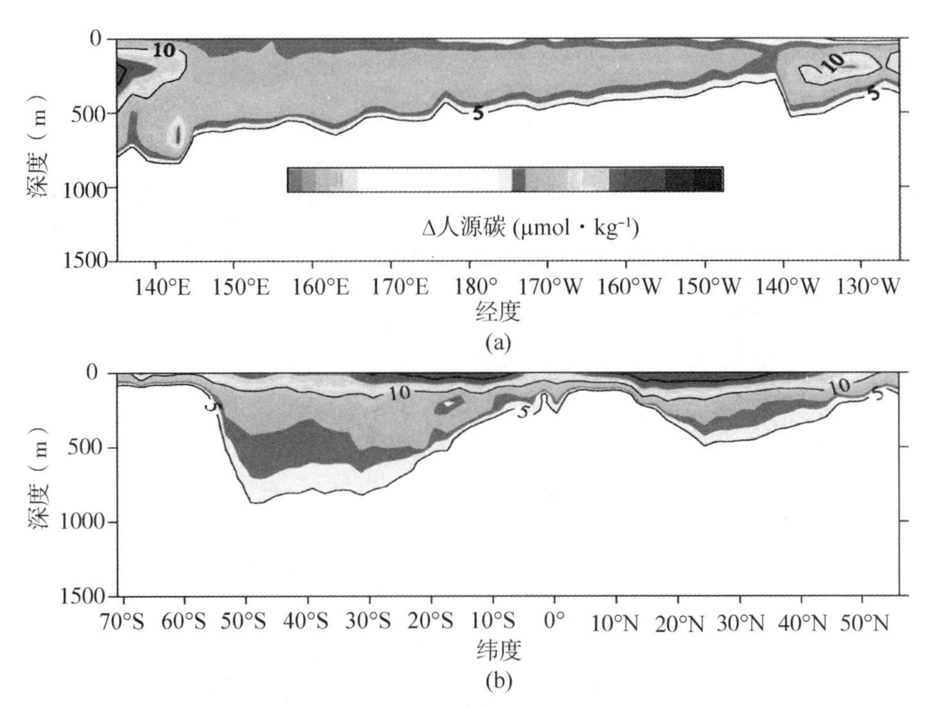

图 7.55　太平洋两站点人源 CO_2 输入的变化(减去有机质氧化对 CO_2 的影响)(见彩图)

(来自 Sabine，C. L.，et al.，J. Geophys. Res.，113，2008。经许可。)

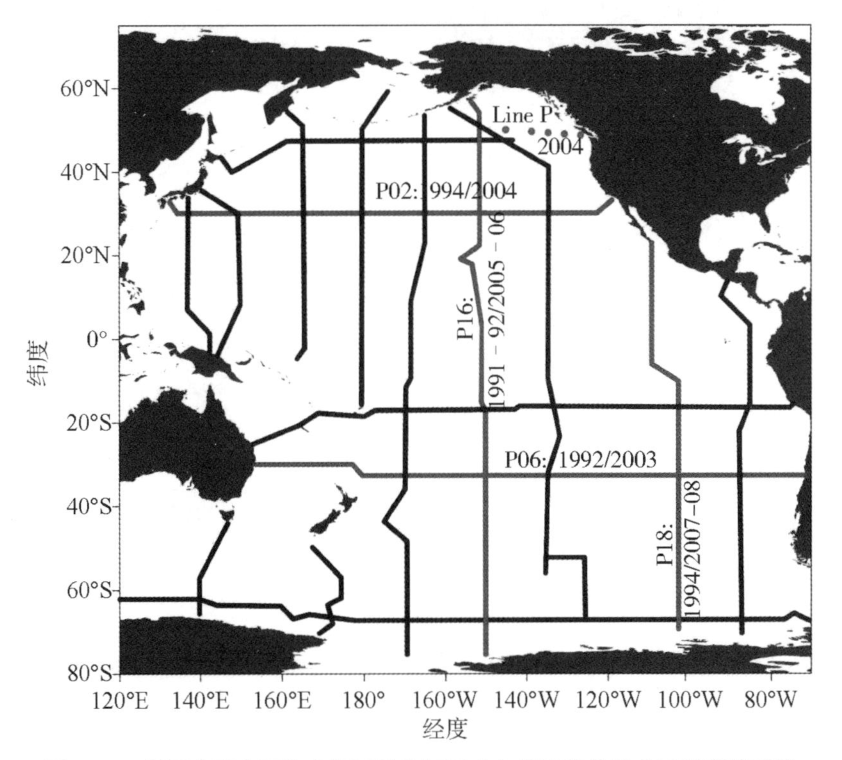

图 7.56　用于确定文石和方解石饱和深层水年代际变化的太平洋巡航路线

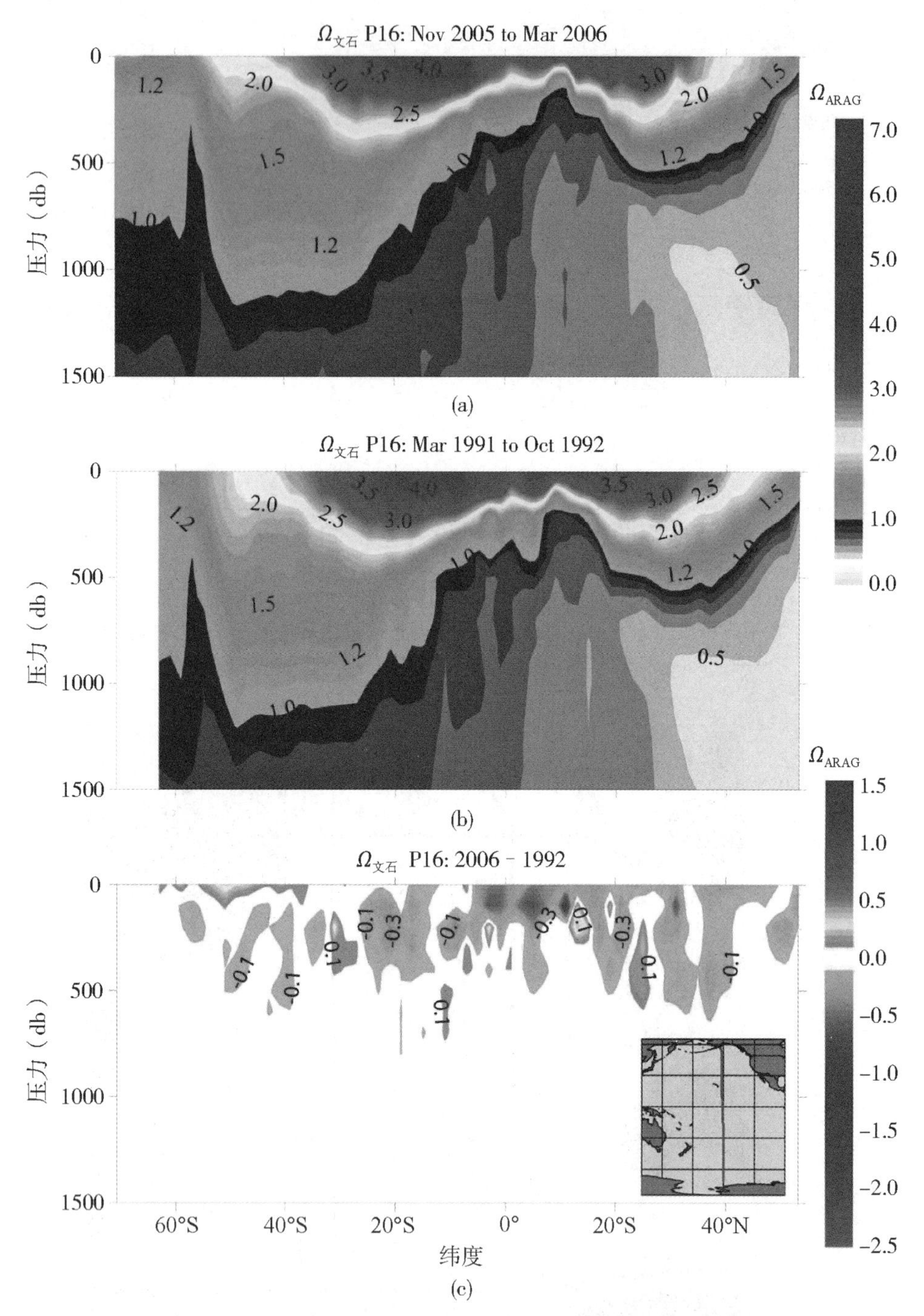

图 7.57　P16 航线沿线太平洋文石饱和水平线的变化（见彩图）

（来自 Feely，R. A.，et al.，Global Biogeochem. Cycles，2012。经许可。）

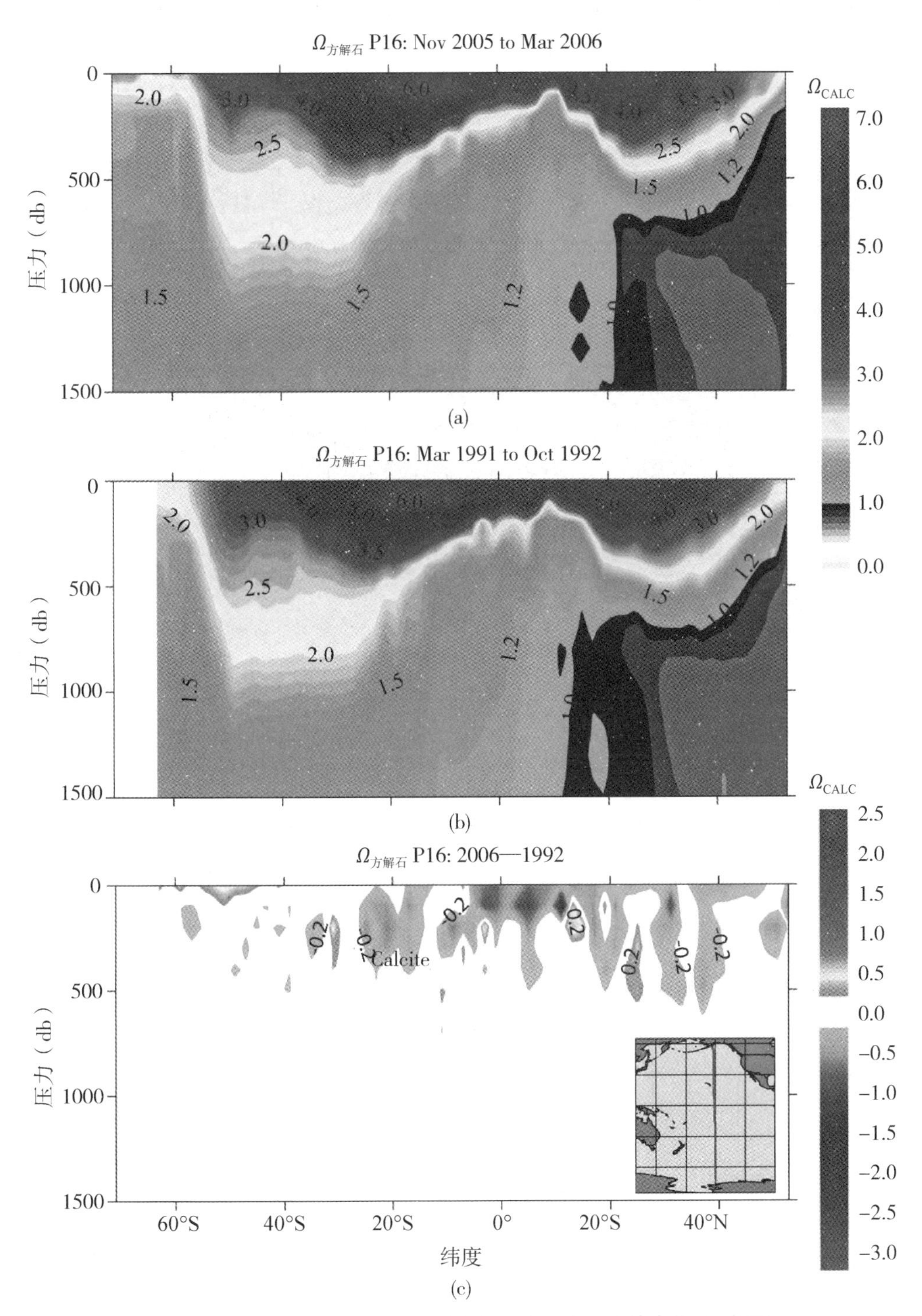

图 7. 58　P16 航线沿线中太平洋方解石饱和水平线的变化(见彩图)

（来自 Feely，R. A. ，et al. ，Global Biogeochem. Cycles，2012。经许可。）

在一些最近的研究中，CLIVAR 的 CO_2 测量结果被用于来考察海洋 pH 值的年代际变化(Byrne，2010；Waters 和 Millero，2011)。

他们发现，pH 变化为 $-0.0017\ yr^{-1}$ 和 $-0.0016\ yr^{-1}$，这与 HOT 站的直接测量值 $-0.0018\ yr^{-1}$ 和 ESTOC(欧洲站时间序列)在大西洋的结果值 $-0.017\ yr^{-1}$ 非常一致(Gonzalez 等，2010)。如图 7.59(Byrne 等，2010)所示，pH 值变化对水体的影响范围大约到水深 700 m 处。未来的 CLIVAR 测量将会揭示 pH 的这种变化是否与海洋的其他区域相似，以及其会不会随时间而发生改变。

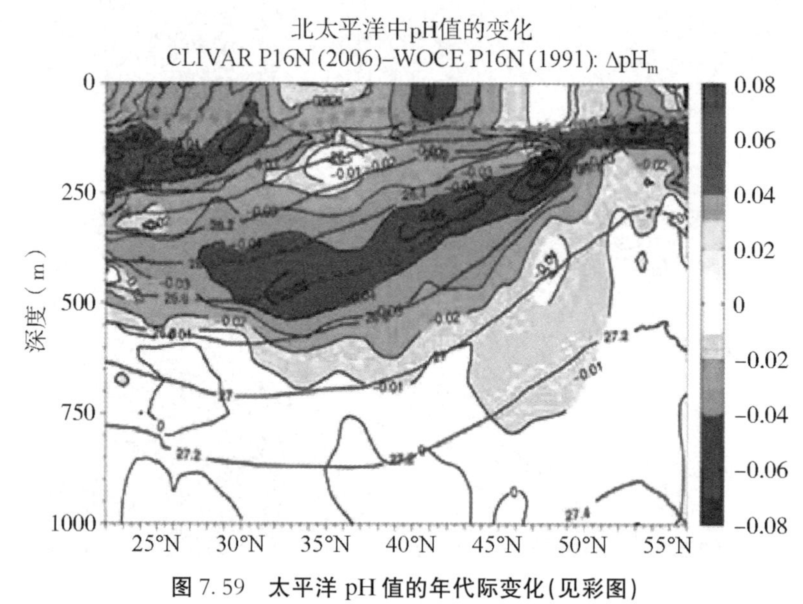

图 7.59 太平洋 pH 值的年代际变化(见彩图)

(来自 Byrne et al.，Geophys. Res. Lett.，37，L02601，2010。经许可。)

7.7.1 海洋酸化

由于化石燃料的持续使用，大气中的 pCO_2 将会增加。大气中较高的浓度导致了 CO_2 通量的增加，并使海洋的表层水中溶解了更多的 CO_2。水中的 CO_2 与水反应形成碳酸：

$$CO_2(g) = CO_2(aq)$$

$$CO_2(aq) + H_2O = H_2CO_3$$

$$H_2CO_3 = H^+ + HCO_3^-$$

质子浓度的增加导致了 pH 值的降低。此过程被称为海洋酸化。可以通过假设表层水的 TA 不变，从冰芯估算大气中的 pCO_2，从而估计海洋曾经的 pH 值。以这种方式计算的表层水中的 pCO_2 值如图 7.60 (Morel 等，2010)所示。

过去 40 万年间，海洋的 pH 值处于 8.2 和 8.3 之间；而在过去 200 年里，海洋表层水的 pH 值从 8.2 降至 8.1。联合国政府间气候变化专门委员会(The Intergovernmental Panel on Climate Change，IPCC，2007)预测了未来 100 年内由于燃烧化

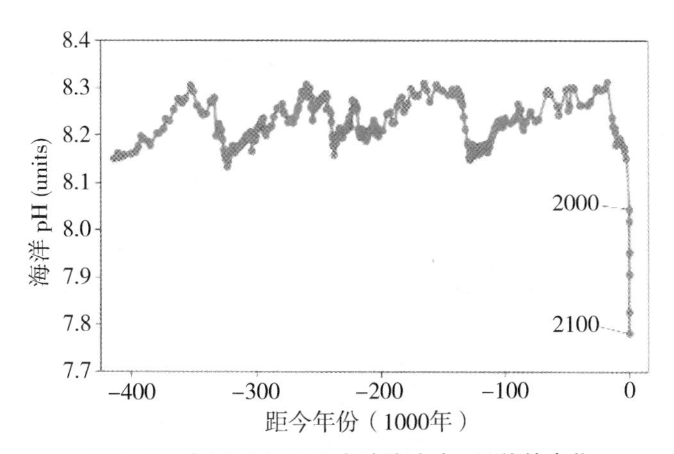

图 7.60　估计过去 40 万年来海水中 pH 值的变化

（来自 From National Acad. Report，Morel et al.，2010。经许可。）

石燃料所产生的 pCO_2 的可能增加量（图 7.61）。这个预测是基于化石燃料燃烧引起 CO_2 增加的各种估计值做出的，根据预测，到本世纪末期 pH 值将处于 7.7～7.8。

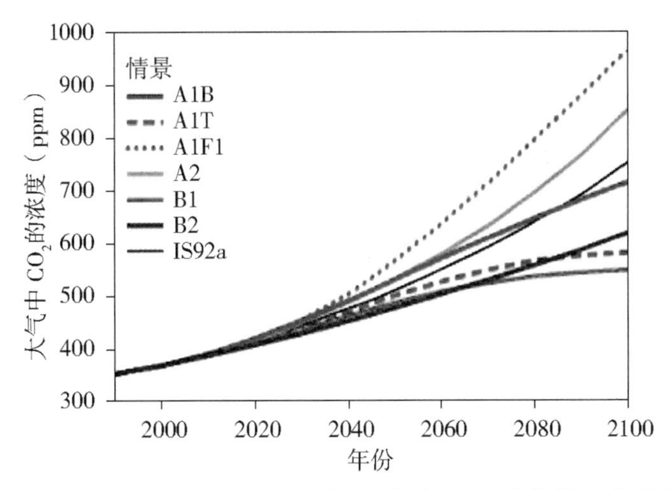

图 7.61　国际气候变化委员会对未来 100 年中 pCO_2 变化的预测（见彩图）

（资料来源于 ICPCC，2007 年，经许可。）

Caldera 和 Wickett（2003）考察了长时间范围内的 pCO_2 值。他们预测了所有化石燃料燃烧产生的 CO_2（$GtC \cdot yr^{-1}$）和由此导致的大气中 pCO_2 的增加随时间的变化，如图 7.62 所示。预计 pCO_2 可达到 2000 μatm。由于 CO_2 吸收缓慢，大气中 pCO_2 的高值可持续数百年。表 7.13 总结了未来 1 000 年间 CO_2 系统的所有预期变化。通过假定 TA 恒定（2 300 $\mu mol \cdot kg^{-1}$）、表层水与大气达到平衡状态，人们对未来的 pH 值进行了预测。所得 pH 值与时间和 pCO_2 的关系如图 7.63 所示，当 pCO_2 最大达到 2 000 ppm 时，海水 pH 值将低至 7.4。

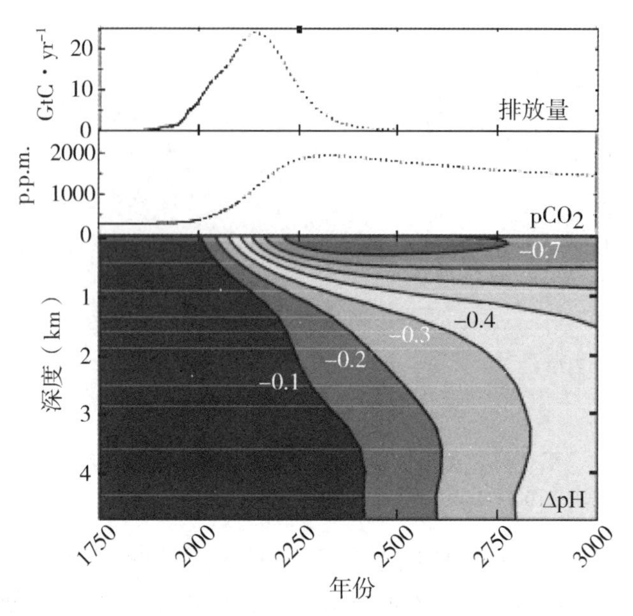

图 7.62 未来 1000 年间大气中 TCO_2 的预期变化，以及由此导致的 pCO_2 和 pH 的变化(见彩图)
（来自 Caldeira，K. z 和 Wickett，M. E.，《自然》(2003 年)，425 页与 365 页。经许可。）

表 7.13 大气中 pCO_2 增加引起的碳酸盐体系变化($S=35$，TA = 2 300 μmol · kg^{-1}，$T=25$ ℃)

年份 *p*	CO_2(μtm)	pH	TCO_2(μmol · kg^{-1})	(cal)	Ω(arg)	CO_3^{2-}(μmol · kg^{-1})
1800	280	8.16	1906	6.76	4.46	280.9
2000	370	8.07	1968	5.77	3.81	239.9
2040	570	7.92	2057	4.39	2.89	182.3
2080	770	7.80	2113	3.55	2.34	147.5
2120	970	7.72	2152	2.99	1.97	124.1
2160	1170	7.64	2182	2.58	1.70	107.1
2200	1370	7.58	2206	2.27	1.50	94.3
2240	1570	7.53	2226	2.03	1.34	84.2
2280	1770	7.48	3343	1.83	1.21	76.10
2320	1970	7.44	2258	1.67	1.10	69.40
2360	2170	7.40	2272	1.54	1.00	63.8
2400	2370	7.36	2284	1.42	0.94	59.1

夏威夷站和大西洋百慕大站正在测量大气和海洋中 pCO_2 的增加量，夏威夷站测量结果如图 7.64 所示。由于海洋对 CO_2 吸收过程较为缓慢，表层水 pCO_2 的增加相较于大气值有一定延迟。海水 pH 的变化也同时被测量。

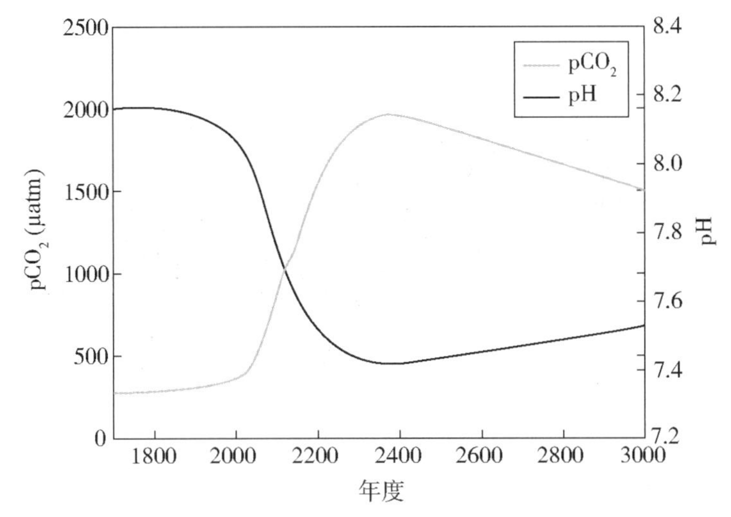

图 7.63　表层海水在未来 1000 年间的预期 pH 值

（来自 Millero 等，海洋学(2009)第 22 期，72－85 页，经许可。）

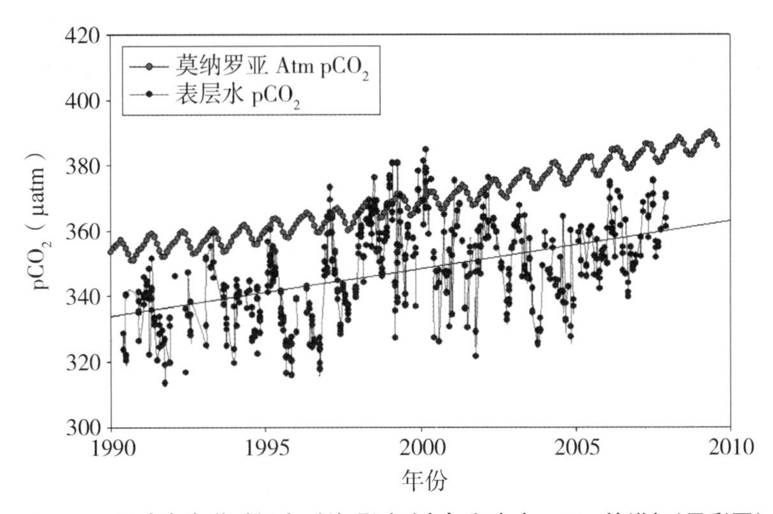

图 7.64　夏威夷海洋时间序列站观测到大气和水中 pCO_2 的增加(见彩图)

在夏威夷站的结果如图 7.65 所示，这表明表层水的 pH 值每年下降约 0.002。在大西洋百慕大站(BATS)和 ESTOC 时间序列站处测量的 pH 值也显示出类似的随时间降低的现象。长期来看，如果表面海水的 pH 值从 8.1 降低到 7.4，TCO_2 将提高 12%，CO_3^{2-} 离子将减少 60%，OH^- 离子将减少 78%。

预计未来的 1000 年间，高含量的 pCO_2 将降低 CO_3^{2-} 离子浓度和饱和状态(Ω)。Ω 的预期变化如图 7.66 所示(Millero 等，2009)。Ω 和 CO_3^{2-} 离子的降低将使得钙质生物体更难形成壳体(Kleypas 等，1999；Riebesell 等，2000；Orr 等，2005；Royal Society，2005；Doney 等，2009a)。大多数考察 pH 降低所造成影响的研究都关注了表层海洋 $CaCO_3$ 饱和度的变化(Doney 等，2009a)。饱和度可能在 200 年内降低到 1 以下，且将长时间保持较低水平。这将使得珊瑚和其他钙化生物难以生存。Lang-

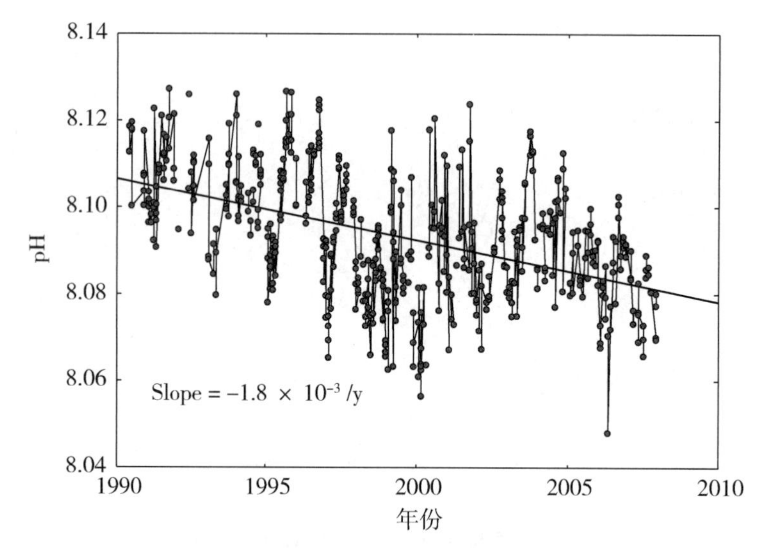

图 7.65　夏威夷海洋时间序列站观测到表层水中 pH 值下降

don 和 Anderson(2005)研究了较低饱和度对珊瑚生长的影响，结果如图 7.67 所示。近期关于海洋酸化对钙化、光合作用、固氮作用和繁殖影响的大部分实验结果如图 7.68 所示(Doney 等，2009a)。

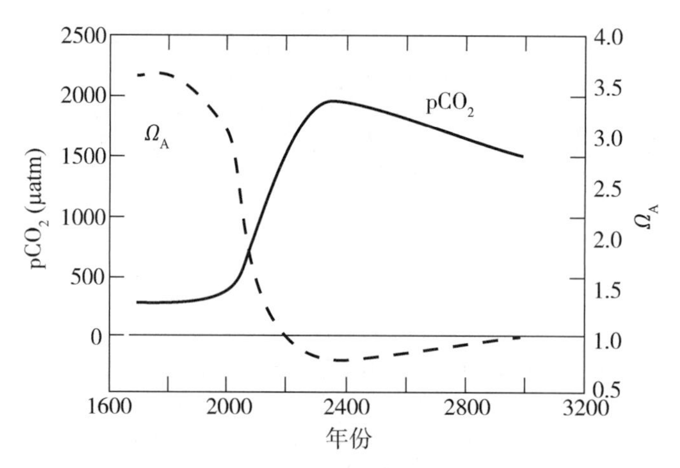

图 7.66　未来 1000 年间饱和度 Ω 的预期变化

(来自 Millero, F. J., Woosley, R., DiTrolio, B., and Waters, J., Oceanography, 22, 72 - 85, 2009。经许可。)

光合作用和固氮作用随着 pH 值的降低而增加。随着 pH 值降低，大多数生物的钙化和繁殖逐渐减少。颗石藻则属例外，呈现混合状态。部分结果显示，在 pH 值较低时钙化有所减少(Riebesell 等，2000；Delille 等，2005)；部分结果显示钙化增长或未受影响(Igeslas-Rodriguez 等，2008；Shi 等，2009)。Smith 等(2012)研究表明，颗石藻(赫氏颗石藻)呈现季节性变化，且在 pH 值较低情况下重量更大。由于它们为海洋贡献了大约 10%的初级生产量，并主宰了海洋中的碳酸盐通量，因此这类变化

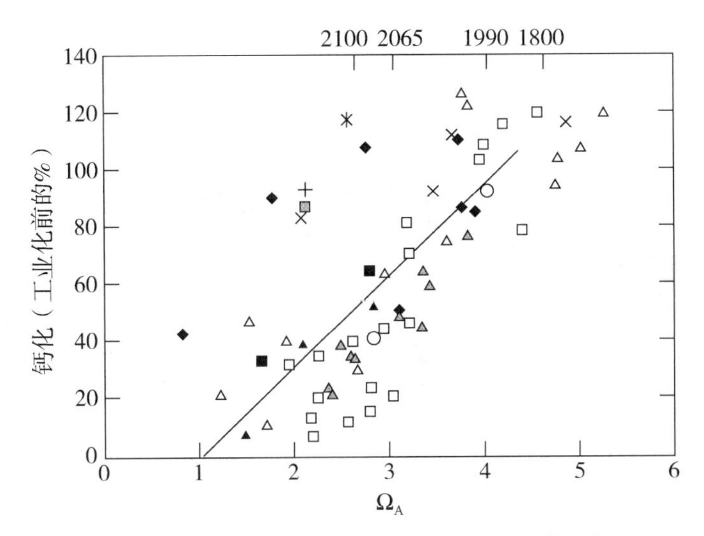

图 7.67　文石饱和度降低对珊瑚生长产生的影响

（Adapted from Langdon and Atkinson，J. Geophys. Res. Oceans，110，1－16，2005；Millero and DiTrolio，Elements，6，5，299－303，2010）

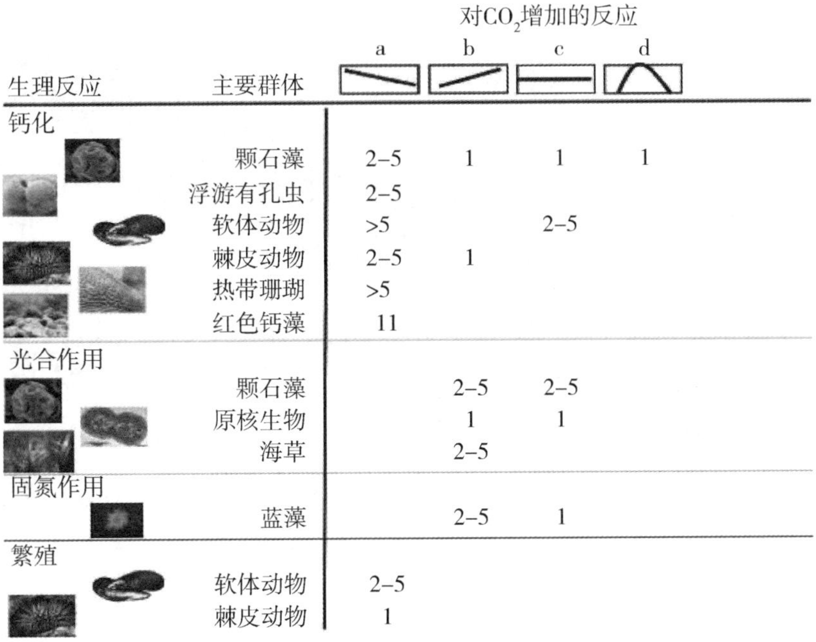

生理反应	主要群体	对CO_2增加的反应 a	b	c	d
钙化					
	颗石藻	2–5	1	1	1
	浮游有孔虫	2–5			
	软体动物	>5		2–5	
	棘皮动物	2–5	1		
	热带珊瑚	>5			
	红色钙藻	11			
光合作用					
	颗石藻		2–5	2–5	
	原核生物		1	1	
	海草		2–5		
固氮作用					
	蓝藻		2–5	1	
繁殖					
	软体动物	2–5			
	棘皮动物	1			

图 7.68　海洋酸化对钙化、光合作用、固氮作用和生物繁殖的影响(见彩图)

（来自 Doney，S. C.，et al.，Oceanography，22，16－25，2009。经许可。）

显得至关重要。固氮和光合作用的增加可能与 pH 值较低的情况下 Fe 浓度的增加有关。未来 90 年系统可能经受的冲击可由图 7.69 所示结果预测。我们期望这方面的研究在未来能有新的进展，并在低 pH 下开展更多其他不同类型的试验。

Feely 等 2012 年的研究表明，美国西海岸上升流水域中 pH 值普遍偏低(图 7.70)。这种 pH 值过低的状况已经给俄勒冈沿岸的牡蛎养殖(Service，2012)业造成

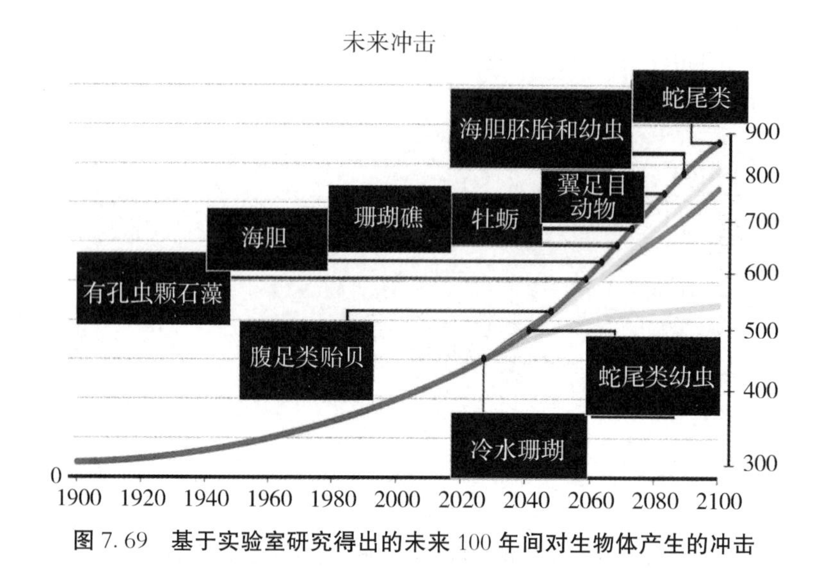

图 7.69　基于实验室研究得出的未来 100 年间对生物体产生的冲击

困扰。Gruber 等(2012)使用模型演示表明这个问题在未来的 50 年间将会变得更加严峻。

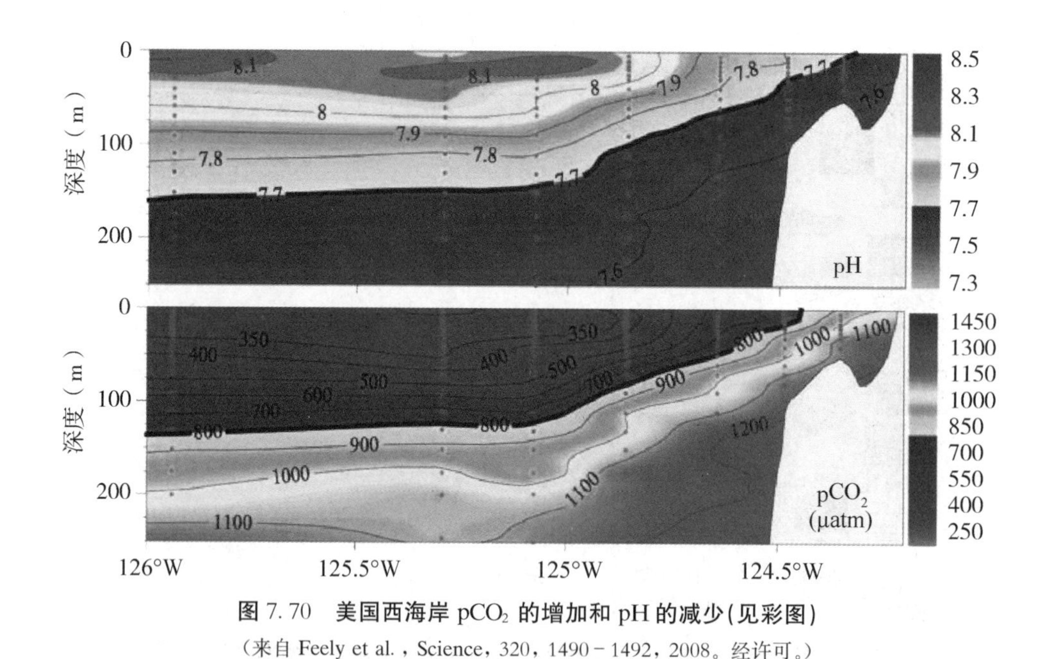

图 7.70　美国西海岸 pCO_2 的增加和 pH 的减少(见彩图)

(来自 Feely et al.，Science，320，1490 - 1492，2008。经许可。)

7.7.2　海洋酸化对海水中金属形态的影响

pH 值的降低也将影响海水中的金属形态(Millero 等，2009)。大多数无机配体(OH^-，CO_3^{2-})和有机配体(有机带电配体，如氨基酸)与 pH 值呈函数有关。未来 1000 年间 OH^- 和 CO_3^{2-} 离子浓度的预期变化如图 7.71 所示。这些离子的减少可以增加海水中游离金属的浓度。海水中游离 Cu^{2+} 随时间变化显示了这一关系(图 7.72)。

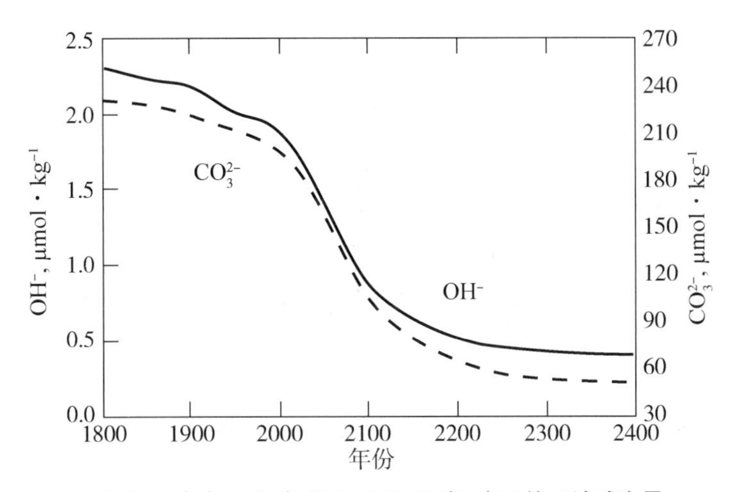

图 7.71　未来 1000 年间 OH^- 和 CO_3^{2-} 离子的预计减少量

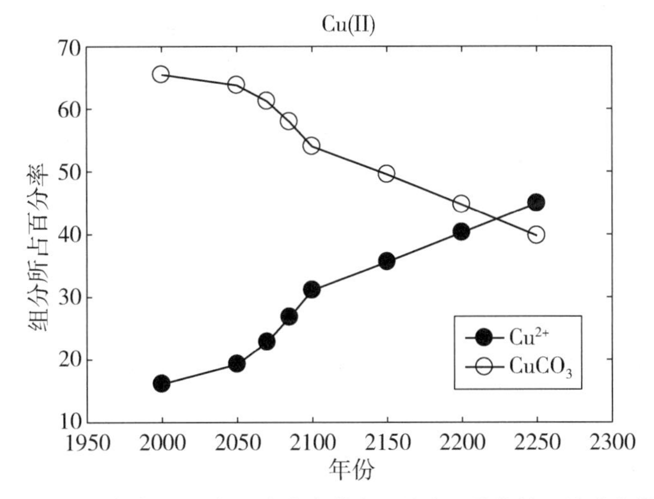

图 7.72　未来 1000 年间海水中游离二价离子分数的预计减少量

Millero 等(2009)已经对许多二价离子和三价离子进行了类似的计算。二价离子的百分率变化如图 7.73 所示。游离金属离子浓度的变化可以改变海水中金属的热力学和动力学性能。这可由两种金属 Fe 和 Cu 进行说明。植物生长需要 Fe，而高浓度的 Cu 对浮游生物和细菌有毒性。在目前的海水 pH 值(8.1)下，Fe^{2+} 能被 O_2 或 H_2O_2 快速氧化。O_2 在海水表层的半衰期约为 2～4 分钟。如图 7.74 所示，该反应的速率在低 pH 下较慢。Fe^{3+} 更易溶于酸性溶液(图 7.75)，因此其浓度在低 pH 下也会增加。因此，两个过程均可提高 Fe 浓度，有利于初级生产和固氮作用。较低的 pH 可以增加 Cu^{2+} 的浓度，并增加其在海水中的毒性，因为在 CO_3^{2-} 浓度较低时，表层水中 H_2O_2 作用下 Cu^{2+} 对 Cu^+ 的还原反应增加了。

如图 7.76 所示，添加硼酸盐对还原没有影响，而加入碳酸盐则降低了还原率。在高 pH 下 CO_3^{2-} 离子的降低将增加还原速率，表层水可能具有较高浓度的 Cu^+，其毒性比 Cu^{2+} 更高。这只是两种可能的对金属的影响；由于许多化学和生物过程受到

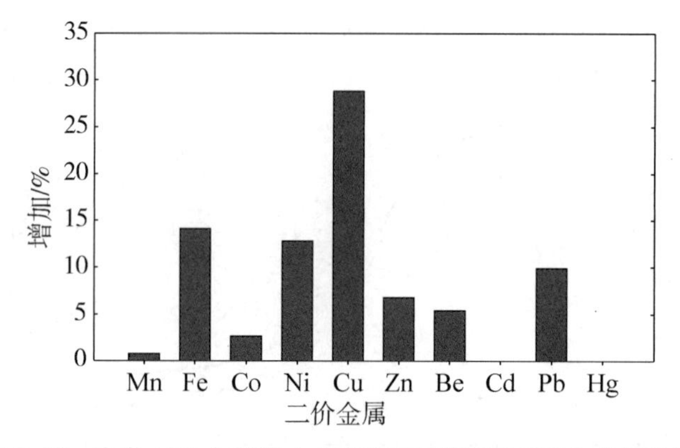

图 7.73　未来 1000 年间海水中游离二价离子浓度增加的百分率

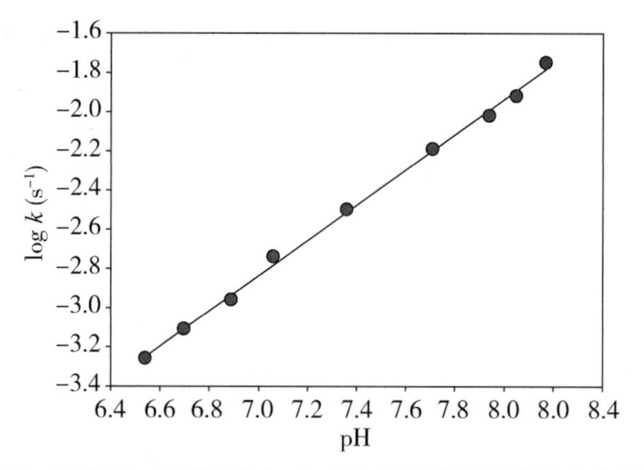

图 7.74　25 ℃下 pH 对海水中 O_2 氧化 Fe^{2+} 的速率常数产生的影响

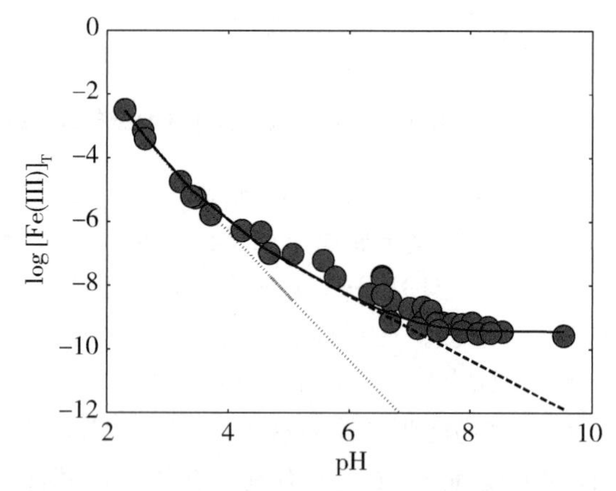

图 7.75　25 ℃下 pH 对海水中 Fe^{3+} 溶解度产生的影响

pH 的影响，将来会有更多明显的这类例子的出现。

综上所述，未来 1000 年间预计海洋中 pH 值的降低将影响海洋中许多化学和生物过程。未来海洋更低的 pH 值带来的影响有好有坏。如第 3 章所述，大部分二价金属与海水中的有机配体能形成强络合物。目前尚不清楚低 pH 对这种形态有怎样的影

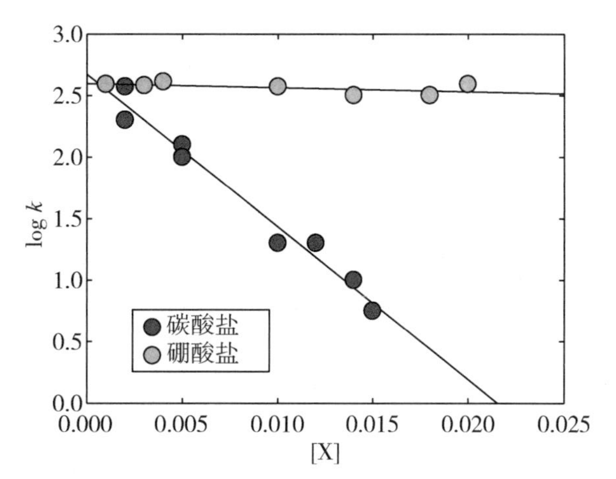

图7.76 25 ℃下 CO_3^{2-} 和 $B(OH)_4^-$ 浓度对海水中 H_2O_2 还原 Cu^{2+} 的速率常数产生的影响

响。目前笔者所了解的唯一关注此领域的研究是海水中 Cu^{2+} 与天然有机配体络合物的形成(Louis 等，2009)。这类研究结果表明配体具有酸碱性质(图7.77)。他们发现当pH从8.0降低到7.0时，配体的浓度降低。可以预见的是，较低的pH值会降低 Cu^{2+} 有机络合物的形成。我们希望在接下来的10年时间里针对pH对海水中有机配体二价金属形态所产生的影响开展更多研究。

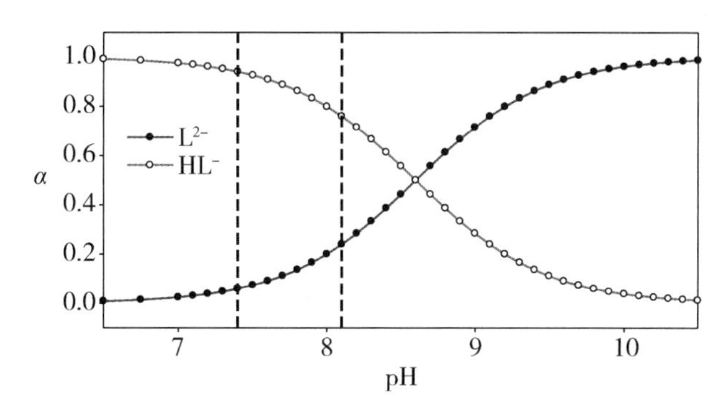

图7.77 pH对在海水中能与 Cu^{2+} 形成络合物的有机配体所产生的影响

(来自 Millero and DiTrolio, Elements, 6, 299－303, 2010。)

参考文献

Barnola, J. M., et al., Vostok ice core provides 160,000-year record of atmospheric CO_2, Nature, 329, 408 (1987).

Bates, R. G., Determination of pH Theory and Practice, 2nd ed., Wiley, New York, 479 (1973).

Bates, R. G,. and Calais, J. G., Thermodynamics of the dissociation of Bis H^+ in seawater from 5 to 40 C. J. Solution Chem. 10, 269－279 (1981).

Bates, R. G., and Erickson, W. P., Thermodynamics of the dissociation of 2-minopyridinium ion in synthetic seawater and a standard for pH in marine systems. J. Solution Chem. 15, 891-901 (1986).

Battle, M., et al., Global carbon sinks and their variability inferred from atmospheric O_2 and δ13C, Science, 287, 2467 (2000).

Berger, W. H., Biogenous deep sea sediments: production, preservation, and interpretation, Chapter 29, Chemical Oceanography, Vol. 5, 2nd ed., Riley, J. P., and Chester, R., Eds., Academic Press, New York, 266-388 (1976)

Betzer, P. R., et al., The ocean carbonate system: a reassessment of biogenic controls, Science, 226, 1074 (1984).

Brewer, P. G., Direct observation of the oceanic CO_2 increase, Geophys. Res. Lett., 5, 997-1000 (1978).

Broecker, W. S., and Peng, T. H., Tracers in the Sea, Eldigio Press, New York (1982).

Bustos, H., Morse, J. W., and Millero, F. J., The formation of whitings on the Little Bahama Banks, Mar. Chem., 113, 1-8 (2009).

Byrne, R. H., Mecking, S., Feely, R. A., and Liu, X., Direct observations of basin-wide acidifcation of the North Pacifc Ocean, Geophys. Res. Lett., 37, L02601 (2010).

Caldeira, K., and Wickett, M. E., Oceanography: anthropogenic carbon and ocean pH, Nature, 425, 365 (2003).

Chen, C.-T. A., Decomposition of calcium carbonate and organic carbon in the deep oceans, Science, 201, 735 (1978).

Chen, C.-T. A., and Millero, F. J., Gradual increase of oceanic CO_2, Nature, 277, 205-206 (1979).

Clayton, T. D., and Byrne, R. H., Spectrophotometric seawater pH measurements: total hydrogen ion concentration scale calibration of m-cresol purple and at-sea results, Deep-Sea Res., 40, 2115 (1993).

Cloud, P. E., Carbonate precipitation and dissolution in the marine environment, Chapter 17, Chemical Oceanography, Vol. 2, Riley, J. P., and Skirrow, G., Eds., Academic Press, New York, 127-158 (1965).

Coale, K. H., et al., Southern Ocean iron enrichment experiment: carbon cycling in high and low Si waters, Science, 304, 408 (2004).

Delille, B. et al., Response of primary production and calcifcation to changes pf pCO_2 during experimental blooms of the coccolithophorid Emiliania hyxley, Globa. Biogeochem. Cycles, 19, GB2023, doi: 10.1029/2004GB002318 (2005).

Dickson, A. G., pH buffers for sea water media based on the total hydrogen ion concentration scale, Deep-Sea Res., 40, 107 (1993).

Doney, S. C., et al., Ocean acidifcation, a critical emerging problem for the ocean science, Oceanography, 22, 16－25 (2009a).

Doney, S. C., et al., Ocean acidifcation, the other CO_2 problem, Annu. Rev. Mar. Sci, 1, 169－192 (2009b).

Feely, R. A., et al., In situ calcium carbonate dissolution in the Pacifc Ocean, Global Biogeochem. Cycles, 16, 1144 (2002).

Feely, R. A., Sabine, C. L., Lee, K., Berelson, W., Kleypas, J., Fabry, V. J., and Millero, F. J., The impact of anthropogenic CO_2 on the $CaCO_3$ system in the oceans, Science, 305, 362 (2004).

Feely, R. A., Sabine, C. L., Hernandez-Ayon, J. M., Ianson, D., and Hales, B., Evidence of upwelling of corrosive"acidifed" water onto the Continental Shelf, Science, 320, 1490－1492 (2008).

Feely, R. A., Sabine, C. L., Byrne, R. H., Millero, F. J., Dickson, A. G., Wanninkhof, R., Murata, A., Miller, L. A., and Greeley, D., Decadal changes in the aragonite and calcite saturation state of the Pacifc Ocean, Global Biogeochem. Cycles, 26 (2012).

Friis, K., et al., On the temporal increase of anthropogenic CO_2 in the subpolar North Atlantic, DeepSea Res. Pt. I: Oceanogr. Res. Papers, 52, 681－698 (2005).

Friis, K., et al., Possible overestimation of shallow-depth calcium carbonate dissolution in the ocean, Global Biogeochem. Cycles, 20, 1－11 (2006).

Friis, K., et al., Dissolution of calcium carbonate: observation and model result in the subpolar North Atlantic, Biogeoscience 4, 205-207 (2007).

Gledhill, D. K., Wanninkhof, R., Millero, F. J., and Eakin, M., Ocean acidifcation of the greater Caribbean region 1996－2006, J. Geophys. Res., 113, C10031 (2008).

González-Dávila, M., et al., Interannual variability of the upper ocean carbon cycle in the north-east Atlantic Ocean, J. Geophys. Res. Lett., 34, L07608 (2007).

González-Dávila, M., et al., Oxidation of copper(I) in seawater at nanomolar levels, Mar. Chem., 115(1－2), 118－124 (2009).

Gruber, N., et al., An improved method for detecting anthropogenic CO_2 in the oceans, Global Biogeochem. Cycles, 10, 809 (1996).

Gruber, N. et al., Rapid progression of ocean acidifcation in the California current system, Science, 337, 220－223 (2012).

Honjo, S., Dissolution of suspended cocoliths in the deep-sea water column and sedimentation of cocoliths ooze, in Dissolution of Deep-Sea Carbonates, Sliter, W., Be, A. W. H., and Berger, W. H., Eds., Cushman Foundation Foraminifera Res, Spec. Pub. No. 13, pp. 115 - 128 (1975).

Igellas-Rodriguez et al. Plankton calcifcation in a high-CO_2 World, Science, 320, 336 - 340 (2008).

IPCC Report, Contribution of Working Groups I, II and III to the Fourth Assessment Report of the Intergovernmental Panel on Climate Change, Core Writing Team, Pachauri, R. K. and Reisinger, A. (Eds.) IPCC, Geneva, Switzerland. 104 pp. (2012).

Keeling, C. D., and Whorf, T. P., Atmospheric CO_2 records from sites in the SIO air sampling network. in Trends: A Compendium of Data on Global Change, Carbon Dioxide Information Analysis Center, Oak Ridge, TN (2004).

Kleypas, J. A., et al., Geochemical consequences of increased atmospheric carbon dioxide on coral reefs, Science, 284(5411), 118 - 120 (1999).

Langdon, C., and Atkinson, M., Effect of elevated pCO_2 on photosynthesis and calcifcation of corals and interactions with seasonal change, J. Geophys. Res., 110(C9) (2005).

Lewis, E., and Wallace, D. W. R., Program developed for CO_2 system calculations, Report 105, Oak Ridge National Laboratory, Carbon Dioxide Inf. Anal. Cent. (1998).

Liss, P. S., Chemistry of the sea surface microlayer, Chapter 10, Chemical Oceanography, Vol. 2, 2nd ed., Riley, J. P., and Skirrow, G., Eds., Academic Press, New York, 193 - 243 (1975).

Louis, Y., et al., Characterisation and modelling of marine dissolved organic matter interaction with major and trace cations, Mar. Environ. Res., 67, 100 - 107 (2009).

Marion, G. M., Millero, F. J., Camões, M. F., Spitzer, P., Feistel, P., and Chen, C-T. A., pH and acidity of natural waters, Mar. Chem., 126, 89 - 95 (2011).

Marion, G. M., Millero, F. J., and Feistel, R., Precipitation of solid phase calcium carbonates and their effect on application of seawater SA-T-P models, Ocean Sci., 5, 285 - 291 (2009).

McNeil, B. I., et al., Anthropogenic CO_2 uptake by the ocean based on the global chlorofluorocarbon data set, Science, 299, 235 (2003).

Millero, F. J., The marine inorganic carbon cycle, Chem. Rev., 107(2), 308 - 341 (2007).

Millero, F. J., Thermodynamics of carbon dioxide system in the oceans, Geochim.

Cosmochim. Acta, 59, 661 (1995).

Millero, F. J., Carbonate constants for estuarine waters, Mar. Freshwater Res., 61, 130-143 (2010).

Millero, F. J., and DiTrolio, B., Use of thermodynamics in examining the effects of ocean acidifcation, Elements, 6(5), 299-303 (2010).

Millero, F. J., et al., Dissociation constants of carbonic acid in seawater as a function of salinity and temperature, Mar. Chem., 100, 80-94 (2006).

Millero, F. J., DiTrolio, B., Suarez, A. F., and Lando, G., Spectroscopic measurements of pH for NaCl brines from I = 0.1 to 5.7 m, Geochem. Cosmochim. Acta, 73, 3109-3114 (2009).

Millero, F. J., Woosley, R., DiTrolio, B., and Waters, J., The effect of ocean acidifcation on the speciation of metals in natural waters, Oceanography, 22, 72-85 (2009).

Morel, F. M., et al., Ocean Acidifcation: A National Strategy to Meet the Challenges of a Changing Ocean, National Academies Press, Washington, DC (2010).

Morse, J. W., The kinetics of calcium carbonate dissolution and precipitation, in Review in Mineralogy: Carbonates—Mineralogy and Chemistry, Reeder, R. J., Ed., Mineralogical Society of America, Bookcrafters, Chelsea, MI, 227-264 (1983).

Morse, J. W., and Mackenzie, F. T., Geochemistry of Sedimentary Carbonates, Elsevier, New York (1990).

Morse, J. W., Mucci, A., and Millero, F. J., The solubility of calcite and aragonite in seawater of 35‰ salinity at 25°C and atmospheric pressure, Geochim. Cosmochim. Acta, 44, 85-94 (1980).

Morse, J. W., Gledhill, D. K., and Millero, F. J., $CaCO_3$ precipitation kinetics in waters from the Great Bahama Bank, Geochim. Cosmochim. Acta, 67, 2819-2826 (2003).

Mucci, A., The solubility of calcite and aragonite in seawater at various salinities, temperatures and one atmosphere total pressure, Am. J. Sci., 283, 780 (1983).

Mucci, A., Millero, F. J., and Morse, J. W., Comment on "The Solubility of Aragonite in Seawater," Geochim. Cosmochim. Acta, 46, 105-107 (1982).

Orr, J. C., et al., Anthropogenic ocean acidifcation over the twenty-frst century and its impact on calcifying organisms, Nature, 437(7059), 681-686 (2005).

Park, K., Oceanic CO_2 system: an evaluation of ten methods of investigation, Limnol. Oceanogr., 14, 179 (1969).

Peng, T., and Wanninkhof, R., Increase in anthropogenic CO_2 in the Atlantic

Ocean in the last two decades, Deep-Sea Res. Pt. I: Oceanogr. Res. Papers, 57 (6), 755 - 770 (2010).

Peterson, M. N., Calcite: rates of dissolution in a vertical profle in Central Pacifc, Science, 154, 1542 (1966).

Pierrot, D., Lewis, E., and Wallace, D. W. R., MS Excel Program Developed for CO_2 System Calculations, Rep. ORNL/CDIAC-105a, Carbon Dioxide Information Analysis Center, Oak Ridge National Laboratory, U. S. Department of Energy, Oak Ridge, TN (2006).

Quay, P. D., Tilbrook, B., and Wong, C. S., Oceanic uptake of fossil fuel CO_2: carbon 13 evidence, Science, 256, 74 (1992).

Redfeld, A. C., et al., The influence of organisms on the composition of sea-water, in The Sea, Hill, M. N., Ed., Wiley-Interscience, New York, 26 - 77 (1963).

Riebesell, U., et al., Reduced calcifcation of marine plankton in response to increased atmospheric CO_2, Nature, 407(6802), 364 - 367 (2000).

Royal Society, Ocean Acidifcation due to Increasing Atmospheric Carbon Dioxide, Royal Society, London (2005).

Sabine, C. L., et al., Anthropogenic CO_2 inventory of the Indian Ocean, global and biogeochemical cycles, Global Biogeochem. Cycles, 13 (1), 179 - 198 (1999).

Sabine, C. L., et al., Distribution of anthropogenic CO_2 in the Pacifc, Global Biogeochem. Cycles, 16, 1083 (2002).

Sabine, C. L., et al., The oceanic sink for anthropogenic CO_2, Science, 305, 367 - 371 (2004).

Sabine, C. L., et al., Decadal changes in Pacifc carbon, J. Geophys. Res., 113, C07021 (2008).

Sarmiento, J. L., Ocean carbon cycle, Chem. Eng. News, May 31, 30 - 43 (1993).

Service, R. F., Rising acidity brings an ocean of trouble, Science, 337, 146 - 148 (2012).

Shi et al., Effects of pH/pCO_2 control method on medium, Biogeoscience, 6, 1199 - 1207 (2009).

Skirrow, G., The dissolved gases—carbon dioxide, Chapter 9, Chemical Oceanography, Vol. 2, 2nd ed., Riley, J. P., and Skirrow, G., Eds., Academic Press, New York, 1 - 192 (1975).

Smith, E. K., et al., Predominance of heavily calcifed Coccolithophores at low $CaCO_3$ saturation during winter in the Bay of Biscay, Proceedings Natl. Acad. Sci., doi/10. 1073/pnas. 1117508109 (2012).

Solomon, S., et al., Contribution of Working Group 1 to the Fourth Assessment Report of the Intergovernmental Panel on Climate Change, Cambridge University Press, Cambridge, UK (2007).

Takahashi, T., et al., Net air - sea CO_2 flux over global oceans: an improved estimate based on sea-air pCO_2 differences, in Proceedings of Second International Symposium on CO_2 in the Oceans, CGER-1037-99, 9 - 15, CGER/NIES, Tsukuba, Japan (1999).

Tans, P. P., et al., Observation constraints on the global atmospheric CO_2 budget, Science, 247, 1431 (1990).

van Heuven, S., et al., MATLAB Program Developed for CO_2 System Calculations, Carbon Dioxide Information Analysis Center, Oak Ridge National Laboratory, U. S. Department of Energy, Oak Ridge, TN (2011).

Wallace, D. W. R., Storage and transport of excess CO_2 in the oceans: the JGOFS/WOCE Global CO_2 survey in Ocean Circulation and Climate, Siedler, G., Church, J., and Gould, W. J., Eds., Academic Press, San Diego, CA, 489 - 521 (2001).

Waters, J., and Millero, F. J., The free proton concentration scale for seawater pH (2011).

Waters, J., Millero, F. J., and Sabine, C. L., Synthesis and analysis of the carbonate parameters in the Pacifc Ocean, Global Biogeochem. Cycles, 25 (2011).

Weiss, R., Carbon dioxide in water and seawater, the solubility of a non-ideal gas, Mar. Chem., 2, 203 (1974).

Weiss, R., Determinations of carbon dioxide and methane by dual catalyst flame ionization chromatography and nitrous oxide by electron capture chromatography, J. Chromatogr. Sci., 19, 611 (1981).

Wilson, R. W., et al., Contribution of fsh to the marine inorganic carbon cycle, Science, 323, 359 - 362 (2009).

Woosley, R. J., Millero, F. J., and Grosell, M. The solubility of fsh produced high magnesium calcite in seawater, Geophys. Res. Lett., 117, C04018 (2012).

Xu, Y., et al., Simulation of storage of anthropogenic carbon dioxide in the North Pacifc using an ocean general circulation model, Mar. Chem., 72, 221 (2000).

Zeebe, R. E., and Wolf-Gladrow, D., CO_2 in Seawater: Equilibrium, Kinetics, Isotopes, Elsevier Oceanographic Series 65, Elsevier, New York (2001).

第8章　海洋中的微量营养盐

8.1　引言

海洋浮游植物的生长需要某些微量元素的参与。浮游植物持续地吸收这类营养物，直到其资源耗尽且进一步生长受到抑制为止。如表8.1所示，一种粗略的评估海洋植物对各种元素的利用及需求的方法，是通过研究浮游植物的组成与海水中的平均浓度并进行比较。最重要的微量营养物是氮和磷。一些生物体（硅藻）具有硅质细胞膜，从而需要二氧化硅。虽然Fe，Mn，Cu，Zn，Co和Mo等其他元素对于生长也是必需的，但通常认为生物体生长不受这些金属浓度的抑制或限制。但是，对于特定的水域而言，Fe和Mn也可能是限制性营养盐，此外，某些有机化合物（如维生素）也是生长所必需的。本章主要讨论的微量营养物是P，N和Si。

表8.1　生物体（N）和海水（A）中元素的分布：需求度和利用度的检测

元素	N(g/100g)	A(g/m^3)	A/N	元素	N(g/100g)	A(g/m^3)	A/N
H	7	—	—	Cu	0.005	0.010	2
Na	3	10 750	3 600	Zn	0.001 25	0.005	4
K	1	390	390	B	0.002	0.005	2 500
Mg	0.4	1 300	300	V	0.003	0.000 3	0.1
Ca	0.5	416	830	As	0.000 1	0.015	150
C	30	28	1	Mn	0.002	0.005	2.5
Si^a	0.5	0.50	1	F	1	1.4	1 400
Si^b	10	0.50	0.05	Br	0.002 5	66	26 000
N	5	0.30	0.06	Fe^a	0.001	0.000 05	0.05
P	0.6	0.030	0.05	Fe^b	0.000	0.050	1.3
O(O_2+O_2)	47	90	2	Co	0.000 05	0.000 1	2
S	1	900	900	A1	1	0.120	120
Cl	4	19 300	4 800	Ti	0.100	—	—

注：a—浮游植物，b—硅藻。

8.2　海水中的磷

磷在海水中以溶解态和颗粒形式存在。在表层水中，溶解有机磷和颗粒有机磷是由于植物分解而产生的。这些溶解有机磷化合物是构成表层水中溶解 P 的重要变量。虽然尚未完全确定这类化合物来源，但它们无疑与海洋生物的分解和排泄产物有关。

海水中存在磷酸糖酯、磷脂、磷酸核苷及其水解产物。磷酸酯(O—P 共价键)和更稳定的氨基膦酸(C—P 共价键)也可构成大部分的有机磷化合物。目前，这些化合物在表层水中的循环详情在很大程度上都是未知的。溶解的无机磷将全部以 H_3PO_4 的电离产物形式存在。

$$H_3PO_4 \rightarrow H^+ + H_2PO_4^- \tag{8.1}$$

$$H_2PO_4^- \rightarrow H^+ + HPO_4^{2-} \tag{8.2}$$

$$HPO_4^{2-} \rightarrow H^+ + PO_4^{3-} \tag{8.3}$$

这些形式的分数由 pH 和水的成分控制。三步电离的电离常数由下式定义：

$$K_1 = [H^+][H_2PO_4^-]/[H_3PO_4] \tag{8.4}$$

$$K_2 = [H^+][HPO_4^{2-}]/[H_2PO_4^-] \tag{8.5}$$

$$K_3 = [H^+][PO_4^{3-}]/[HPO_4^{2-}] \tag{8.6}$$

在表 8.2 中给出了在 25 ℃环境下，在水中、NaCl(0.7 m)和海水(盐度[S] = 35)中的 H_3PO_4 的 pK 值(−log K)。从 NaCl 到海水的离子化的增加与离子强度($H_2O \rightarrow$ NaCl)的增加和强离子对的形成有关，Ca^{2+} 和 Mg^{2+} 与磷酸根离子可形成强离子对。$M^{2+} = Mg^{2+}$ 或 Ca^{2+} 时，有：

表 8.2　水、NaCl 和海水中 H_3PO_4 的 pK_i 值

介质	pK_1	pK_2	pK_3
H_2O	2.15	7.20	12.34
NaCl(0.7)	1.73	6.38	11.13
海水(S = 35)	1.57	5.86	8.69

表 8.3　用于形成 Mg^{2+} 和 Ca^{2+} 磷酸盐离子对的 log K_{MX} 值

物种(X)	log β_{MgX}	log β_{CaX}	物种(X)	log β_{MgX}	log β_{CaX}
$H_2PO_4^-$	0.14	−0.15	PO_4^{3-}	3.36	4.51
HPO_4^{2-}	1.23	0.97			

$$M^{2+} + H_2PO_4^- \rightarrow MH_2PO_4^+ \tag{8.7}$$

$$M^{2+} + HPO_4^{2-} \rightarrow MHPO_4^0 \tag{8.8}$$

$$M^{2+} + PO_4^{3-} \rightarrow MPO_4^- \tag{8.9}$$

在表 8.3 中给出了在 I = 0.7 和 25 ℃的条件下形成 Mg^{2+} 和 Ca^{2+} 磷酸盐离子对的

缔合常数 K_i^*。

$$K_1^* = [MH_2PO_4^+]/[M^{2+}][H_2PO_4^-] \tag{8.10}$$

$$K_2^* = [MHPO_4^0]/[M^{2+}][HPO_4^{2-}] \tag{8.11}$$

$$K_3^* = [MPO_4^-]/[M^{2+}][PO_4^{3-}] \tag{8.12}$$

给定介质中各种形式的磷酸盐分数可以按照下式计算：

$$\alpha(H_3PO_4) = \{1 + K_1/[H^+] + K_1K_2/[H^+]^2 + K_1K_2K_3/[H^+]^3\} \tag{8.13}$$

$$\alpha(H_2PO_4^-) = \{1 + [H^+]/K_1 + K_2/[H^+] + K_3/[H^+]\} \tag{8.14}$$

$$\alpha(HPO_4^{2-}) = \{1 + [H^+]/K_2 + [H^+]^2/K_1K_2 + K_2K_3/[H^+]^3\} \tag{8.15}$$

$$\alpha(PO_4^{3-}) = \{1 + [H^+]/K_3 + [H^+]^2/K_2K_3 + [H^+]^3/K_1K_2K_3\} \tag{8.16}$$

磷酸的解离常数由下式给出：

$$\ln K_1 = 115.54 - 4576.752/T - 18.453 \ln T + (0.069171 - 106.736/T)S^{0.5} + (-0.01844 - 0.65643/T)S \tag{8.17}$$

$$\ln K_2 = 172.1033 - 8814.71/T - 27.927 \ln T + (1.3566 - 160.340/T)S^{0.5} + (-0.05778 + 0.37335/T)S \tag{8.18}$$

$$\ln K_3 = -18.126 - 3070.75/T + (2.81197 + 17.27039/T)S^{0.5} + (-0.09984 - 44.99486/T)S \tag{8.19}$$

在各种形式如 H_2O，NaCl 和海水中的磷酸盐随 pH 变化的百分率如图 8.1 所示。在 pH = 8.1 时，各物种百分率见表 8.4。

表 8.4 在 25 ℃和 pH 8.1 条件下各种形态溶解无机磷所占百分比份额

形态	H_2O	NaCl	海水	形态	H_2O	NaCl	海水
H_3PO_4	0	0	0	$H_2PO_4^{2-}$	88.8	98.0	79.2
$H_2PO_4^-$	11.2	1.9	0.5	PO_4^{3-}	0	0.1	20.4

随着压力(或深度)的增加，各形态的 H_3PO_4 由于电离过程发生的负体积变化而产生相应变化。离子化物质具有更高的电荷和更小的摩尔体积。压力的增加使平衡向达到最小体积方向移动，因而解离常数变大。压力对 H_3PO_4 电离的影响见表 8.5。在 pH = 8.1 时，海水中各形态变化如表 8.6 所示。在深层水中，PO_4^{3-} 离子转化为更重要的形态(在 P = 1 000 bar 或 10 000 米时约为 50%)。在所有计算结果中，H_3PO_4 的分数指的是总浓度。各种形式的 H_3PO_4 形态可以从表 8.3 中给出的离子对常数计算得出，结果见表 8.7：H_3PO_4 基本呈游离状(92%)；HPO_4^{2-} 为 49%游离，$MgHPO_4$ 为 46%游离，$CaHPO_4$ 为 5%游离；PO_4^{3-} 和 $MgPO_4^-$ 同为 27%游离，$CaPO_4^-$ 为 73%游离。

表 8.5 压力(P)对海水中 H_3PO_4 电离常数的影响(25℃)

	K_1^P/K_1^0	K_2^P/k_2^0	K_3^P/k_3^0		K_1^P/K_1^0	K_2^P/k_2^0	K_3^P/k_3^0
0 bar	1.00	1.00	1.00	1000	1.78	2.61	3.64
500	1.36	1.65	1.98				

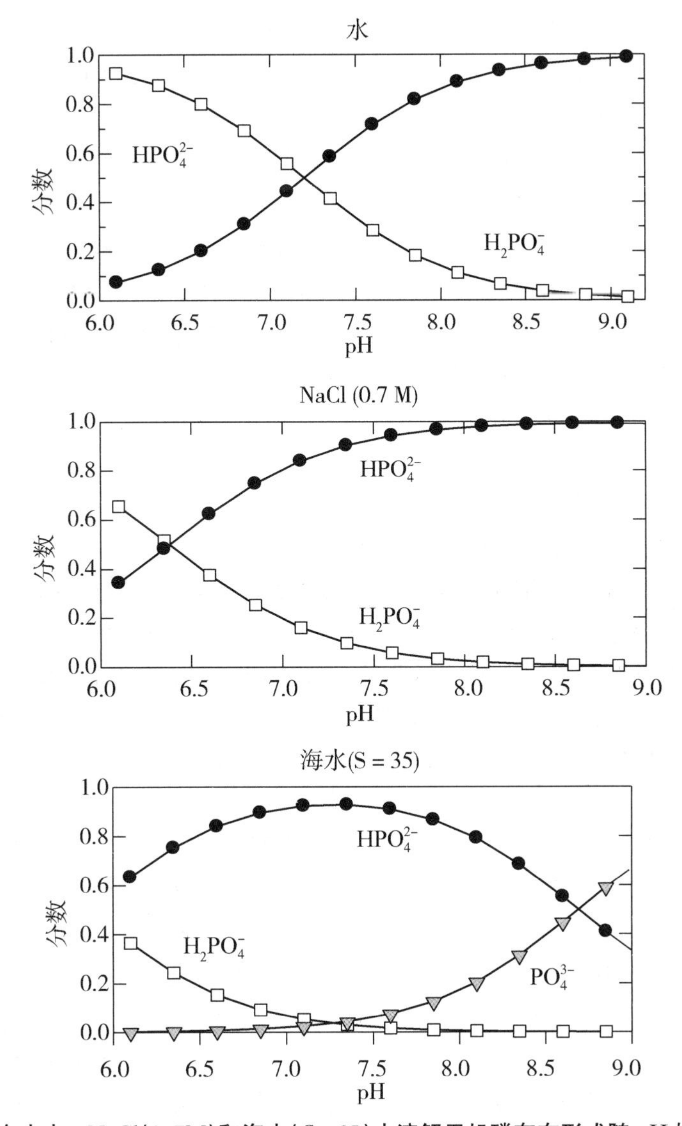

图 8.1　在水中、NaCl(0.7M)和海水($S = 35$)中溶解无机磷存在形式随 pH 的变化情况

表 8.6　海水中各形态无机磷($S = 35$，25 ℃)随压力而变化的百分率(bar)

形态	$P = 0$	$P = 500$	$P = 1000$	形态	$P = 0$	$P = 500$	$P = 1000$
H_3PO_4	0	0	0	HPO_4^{2-}	79.2	66.1	51.6
$H_2PO_4^-$	0.5	0.2	0.1	PO_4^{3-}	20.4	33.7	48.3

表 8.7　25 ℃条件下海水中各形态 H_3PO_4 的百分率

X	游离 X	MgX	CaX	X	游离 X	MgX	CaX
$H_2PO_4^-$	92.3	7.0	0.7	PO_4^{3-}	0.2	26.6	73.2
HPO_4^{2-}	49.3	45.8	4.9				

人们对海水中颗粒磷的性质知之甚少。一种可能是无机磷以颗粒的形式调节 H_3PO_4 在海水中的最大浓度。$Ca_3(PO_4)_2$ 的溶解度积估计约为 10^{-32}。该值可用于估算海水中 PO_4^{3-} 的平衡浓度：

$$K_{SP} = [Ca^{2+}]_T{}^3[PO_4^{3-}]_T{}^2 \gamma_T{}^2(Ca^{2+}) \gamma_T{}^2(PO_4^{3-}) \tag{8.20}$$

以 $[Ca^{2+}] = 0.010\ 8$，$\gamma_T(Ca^{2+}) = 0.28$，$\gamma_T(PO_4^{3-}) = 3.7 \times 10^{-5}$，得出 $[PO_4^{3-}]_T = 0.02 \times 10^{-6}$ M。可以猜想颗粒有机磷化合物是表层水中植物分解产生的。由于 PO_4^{3-} 可以吸附在各种表面上，其可能与碎屑物质和黏土矿物相关。在 $CaCO_3$ 环境下，大部分磷酸盐会被碳酸盐矿物吸附。尽管人们估算到在能够接受到有机物质的沉积物孔隙水中所含的 PO_4^{3-} 浓度，但在碳酸盐沉积物(例如在巴哈马群岛沉积物)中的浓度几乎无法检测到。

8.2.1 磷酸盐的测定

磷酸盐的测定是通过用含有抗坏血酸和少量的酒石酸锑钾酸性钼酸盐试剂处理一定量海水进行。将所得的磷钼酸还原得到蓝紫色的复合物，用分光光度计在 885 nm 处测量吸光度。还原的杂多酸 P∶Mo∶Sb 比例为 1∶12∶1。聚磷酸盐不能反应，但可将其在 100 ℃的酸性介质中水解后测定。在确定总磷含量之前，有机化合物必须通过氧化分解。分解可以通过用过氧化氢处理样品并用高强度 UV(紫外)辐射照射几个小时来完成。有机磷浓度由差值法得到。可以通过 0.45 μm 过滤器的过滤来确定颗粒态磷。

该分析的化学反应由两个步骤给出。黄铵钼酸络合物的形成由下式表示：

$$H_2SO_4 + (NH_4)_2MoO_4 \cdot 4H_2O + PO_4^{3-} \rightarrow NH_4P(Mo_3O_{10})_4 \tag{8.21}$$

在使用还原剂(如抗坏血酸)处理时，复合酸性黄被还原为钼蓝。

钼蓝形成量与用作正磷酸盐的海水中存在的磷浓度成比例。颜色的强度可以用分光光度计测量，该分光光度计将浓度与吸光度相关联。砷酸离子可能会干扰相关分析。PO_4^{3-} 以及其他营养成分通常用自动分析仪测量。该系统能在短时间内进行精确的测量。Johnson 和 Petty(1982)描述了一种测量 PO_4^{3-} 的流动注射技术。该技术的精密度在 3 μM 时为 1.5%，检测限为 0.05 μM。分析速度可达到每小时 90 个样本。

8.2.2 磷酸盐的分布

海洋中各种形式磷酸盐的分布由生物和物理过程控制。海洋中磷酸盐的循环如图 8.2 所示。表层水中，PO_4^{3-} 在光合作用期间会被浮游植物吸收。磷化合物如 ATP(三磷酸腺苷)和核苷酸辅酶在海洋中的磷酸循环在植物光合作用和其他过程中起关键作用。即使在黑暗中也可进行有机磷化合物的吸收和转化。浓度高于 0.3 μM 时，许多浮游植物的生长速度与磷浓度无关。浓度低于 0.3 μM 时，细胞分裂受到抑制，由此产生了缺磷型细胞。海洋中可能不会发生这类情况，因为 NO_3^- 通常在 PO_4^{3-} 降至临界水平之前就耗尽了。

当浮游植物死亡时，有机磷迅速转化为 PO_4^{3-}。大部分浮游植物被浮游动物所消

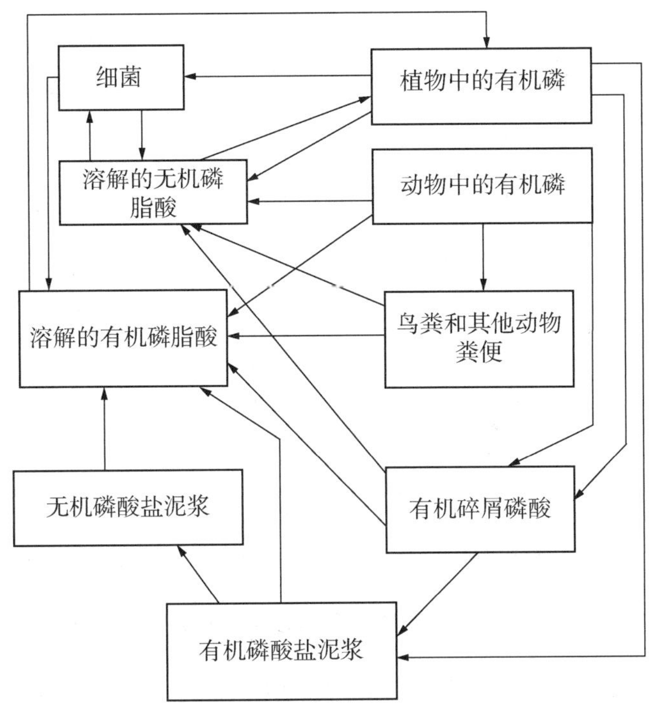

图 8.2　海洋水域中的磷酸盐循环

耗，在此过程中获取 PO_4^{3-}，未被同化的部分以含有大量有机磷的粪便颗粒排出。有机磷通过磷酸酶作用可迅速发生水解。当浮游植物量丰富时，浮游动物的排磷量最小；当浮游植物所剩无几时，浮游动物的排磷量最大。由于磷脂被储存起来或用于产蛋，因此当食物量丰富时，其排泄率较低。当食物量稀缺时，这些趋势呈相反走向，同时排磷量增加。

英吉利海峡中的总磷和无机磷的典型分布图如图 8.3 所示。在夏季，表层水中近 50%都为有机磷。在更深的水域中，大部分都为无机磷。冬季里几乎都为无机磷。沿海水域的变化是海水上涌和浮游植物生长共同作用的结果。冬季表面混合可引起近岸水域磷含量呈线性分布。春季和夏季生长期后，PO_4^{3-} 明显减少。在切萨皮克湾下午三点，磷酸盐会从 0.4 μM 降低至 0.1 μM。日落后的磷酸盐会迅速上升，到上午两点会上升至最高值。

大西洋和太平洋 PO_3^{3-} 的典型分布图(来自世界大洋环流试验[WOCE]测量)如图 8.4 所示，表面值几乎为零。当浮游植物和其他生物死亡时，PO_4^{3-} 在水柱中再生。其最大值出现在距离 1 000 m 的两个海洋中，海洋深度与 O_2 最低层相同。大西洋中 PO_4^{3-} 最大值约为 1.5 μM，而太平洋中其最大值约为 3.2 μM。与大西洋相比，太平洋(和印度洋)所含 PO_4^{3-} 更高的原因是水域年龄较大(从而累积更多氧化的植物体)。大西洋、太平洋和印度洋的 PO_4^{3-} 剖面图如图 8.5 所示。这类数值通常遵循主要水体的运动规律。深层水中的 PO_4^{3-} 从北大西洋逐渐向北太平洋和印度洋增加。

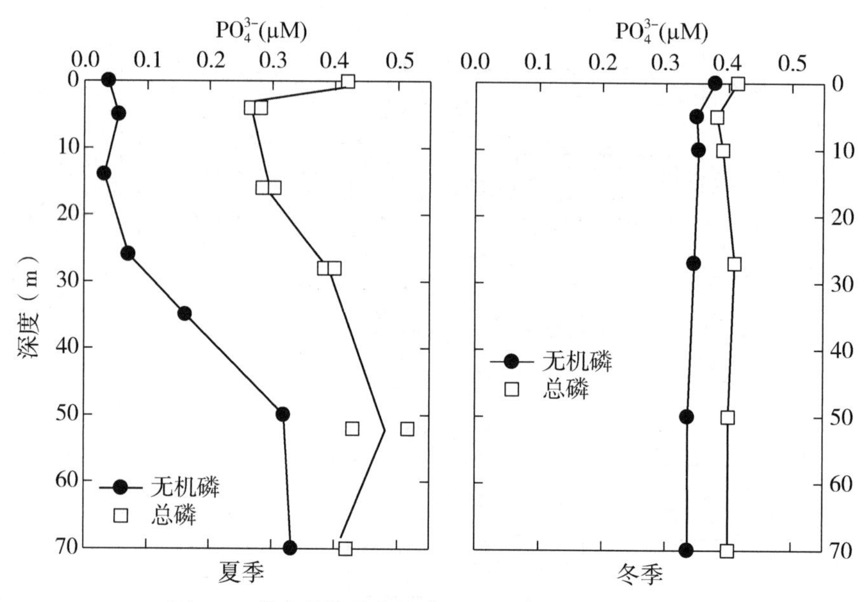

图 8.3　**英吉利海峡中总磷和无机磷酸盐的典型分布**

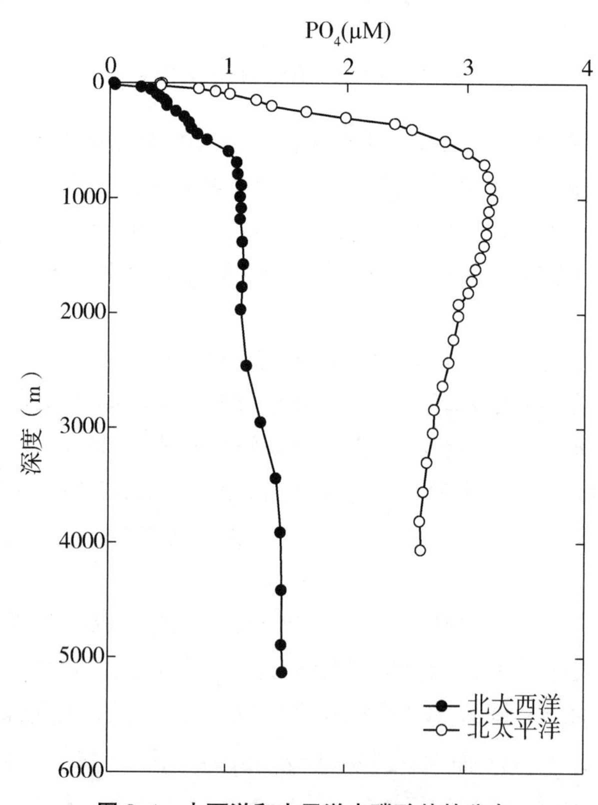

图 8.4　**大西洋和太平洋中磷酸盐的分布**

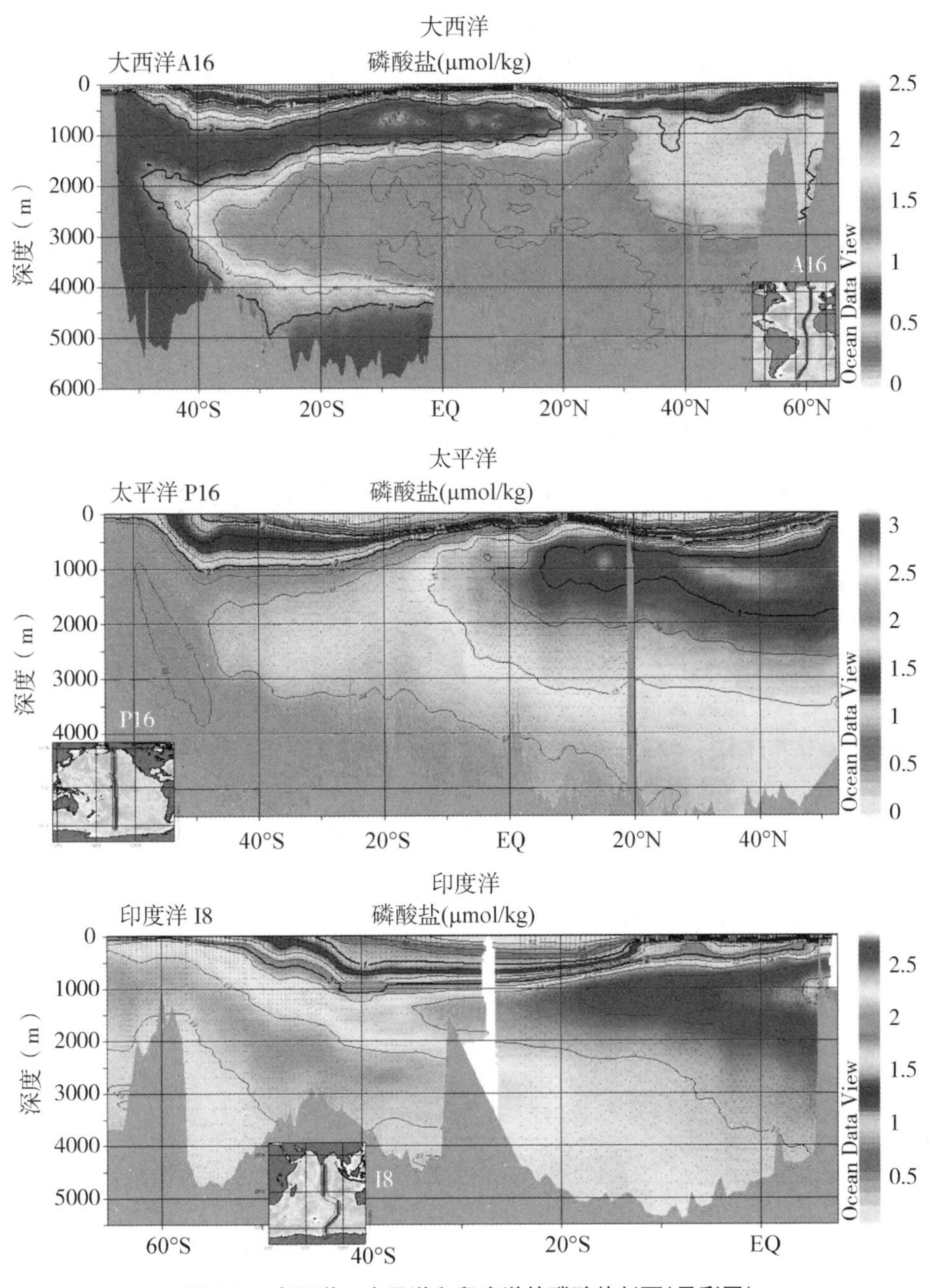

图 8.5 大西洋、太平洋和印度洋的磷酸盐剖面(见彩图)

8.3 海水中的含氮化合物

除了 N_2 外，海洋还含有少量的无机和有机氮化合物(约为 N_2 浓度的 1/10)。其存在形式可呈溶解态或颗粒态，并可分为有机和无机。主要的无机形态是 NO_3^- (1～

500 μM)、NO_2^- (0.1～50 μM)和 NH_4^+ (或 NH_3)(1～50 μM)。也会产生少量的一氧化二氮、羟胺和次硝酸根离子。研究氮化合物的难度在于它们有 9 种氧化态存在(见表 8.8)。

根据 pH 值的不同，氨离子可以两种形式存在。NH_4^+ 的解离由下式给出：

$$NH_4^+ \rightarrow H^+ + NH_3 \tag{8.22}$$

并且在 25 ℃的海水中 pK 值为 9.5。在 pH 为 8.1 的情况下，总氨的 95%都由 NH_4^+ 组成，另外 5%是 NH_3。氨的解离常数(NH_4^+)可以由下式确定：

$$\ln K_{NH_4} = -6285.33/T + 0.0001635\ T - 0.25444 + (0.46532 - 123.7184/T)S + (-0.01992 + 3.17556/T)S \tag{8.23}$$

8.3.1 含氮化合物的测定

在观察海洋中的硝酸盐循环之前，需简要介绍一下 NO_3^-、NO_2^- 和 NH_4^+ 的测定方法。氮的无机形式通常通过使用自动分析仪的比色法来确定。通过用磺酰胺溶液处理水样确定 NO_2^-。所得的重氮离子与 N-(1-萘基)-乙二胺偶联，可得到粉红色偶氮染料。用分光光度计在 543 nm 处测量吸光度。所得反应如下：

$$NH_2-C_6H_4-SO_2NH_2 + NO_2^- + 2H^+ \rightarrow {}^+N\equiv N-C_6H_4-SO_2NH_2 + H_2O \tag{8.24}$$

偶氮离子　　　　磺胺

$$NH_2CH_2CH_2NH-C_{10}H_7 + {}^+N\equiv N-C_6H_4-SO_2NH_2 \rightarrow$$

萘基乙二胺　　　　偶氮离子

$$\rightarrow NH_2CH_2CH_2NH-C_{10}H_6N=N-C_6H_4-SO_2NH_2 + H^+ \tag{8.25}$$

粉色偶氮染料

通过将硝酸盐还原为 NO_2^- 来确定 NO_3^- 含量，按照已有方法分析。通过用 NH_4Cl 或 EDTA(N，N，N，N-乙二胺四乙酸)处理样品，并将其通过填充有铜合金或铜包镉屑玻璃柱进行还原。在海水含氧浓度非常低的情况下，NH_3 和 NH_4^+ 的常规分析还没有能完全令人满意的方法。

表 8.8　氮的各种氧化态

氧化态	化合物	氧化态	化合物
+5	NO_3^-，N_2O_5	0	N_2
+4	NO_2	-1	H_2NOH，HN_3，N_3^-，NH_2OH
+3	$HONO^a$，NO_2^-，N_2O_3	-2	H_2NNH_2
+2	$HONNOH^b$，$HO_2N_2^-$，$N_2O_2^{2-}$	-3	RNH_4，NH_3^c，NH_4^{+c}
+1	N_2O		

注：a—pK = 3.35；b—pK = 7.05，pK_2 = 11.0；c—pK_n = 4.75，pK_A = 9.48。

目前正在使用的有两种方法(某些有机氮化合物会引起干扰)：

(1)NH_3 被碱性次氯酸盐氧化成 NO_3^-。然后用亚砷酸盐还原过量的次氯酸盐，通过所给出的方法确定 NO_2^-。

(2)在催化量的硝普钠存在下，用次氯酸钠和苯酚在碱性柠檬酸盐介质中氧化 NH_3，产生蓝色靛酚染料并用分光光度计(Catalano，1987)进行测量。

Johnson 和 Petty(1983)描述了一种廉价可靠的流动注射法，可用于确定海水中的硝酸盐和亚硝酸盐。化学性质与上述相似，系统为自动化系统。每小时可进行 75 次测定，检测限为 0.1 μM，在 10 μM 以上的精度为 1%。

8.3.2　含氮化合物的分布

海洋中的氮循环如图 8.6 所示。海洋中氮输入有三个主要途径：

(1)火山活动(NH_3)。

(2)大气层(固氮作用产生的 NO_2)。

(3)河流(肥料)。

氮循环的组分涉及许多氧化和还原过程。在初级生产力过程中，表层水中硝酸盐被吸收。当植物死亡和分解时，氮化合物再回到水体中。海洋鸟类也可能导致鸟粪中氮如 $NaNO_3$ 的损失。智利沙漠中大量 $NaNO_3$ 沉积物也可能是由固氮细菌或火山作用造成的。失去的氮可以 NO_2 的形式回到大气中。如前所述，这种气体可与臭氧发生反应。在光合作用过程中，浮游植物固氮(NH_3、NO_2^- 和 NO_3)的同化反应发生于真光带区域，通常 NH_3 或 NH_4^+ 优先被吸收。该类吸收显示了一个直接的双曲线行为，在给定的营养浓度下增加到最大速率。当硝酸盐低于 0.7 μM 时，在细胞分裂停止之前会产生缺氮细胞。这类细胞在黑暗中可以吸收 NH_3 和 NO_3^-，但无法吸收 NO_2^-。一些浮游植物可以利用氨基酸，或借助细菌利用硅藻。在受污染的水域中，可以从有机氮中获得大量的 NO_3^-。尿素也被用于受限制的沿海和河口地区。

NO_3^- 转化为氨基酸需要形成 NH_3：

$$NO_3^- + 2H^+ + 2e \rightarrow NO_2^- + H_2O \tag{8.26}$$

$$2NO_2^- + 4H^+ + 4e \rightarrow N_2O_2^{2-} + 2H_2O \tag{8.27}$$

$$N_2O_2^{2-} + 2H^+ + 2e \rightarrow NH_3 + H_2O \tag{8.28}$$

其中 $N_2O_2^{2-}$ 是亚硝酸根，NH_2OH 是羟胺。第一步由辅酶 II 催化。NH_3 被转化为谷氨酸：

$$\begin{aligned} &HOOC-CO-(CH_2)+NH_3+2NADPH \\ &\quad \rightarrow HOOC-CH(NH)_2CH_2CH_2COOH+2NADP+H_2O \end{aligned} \tag{8.29}$$

与 NH_3 反应的酸称作酮戊二酸。其他 20 种氨基酸由谷氨酸通过转氨作用形成。例如，丙氨酸是由丙酮酸转化形成的：

$$\begin{aligned} &CH_3COCOOH+HOOC^-CH\ (NH_2)\ CH_2CH_2COOH \\ &\quad \rightarrow CH_3CH(NH_2)COOH+HOOC^-CO(CH_2)_2COOH \end{aligned} \tag{8.30}$$

蛋白质是通过 RNA 和 DNA 参与的反应和利用 ATP 的能量将各种氨基酸连接起来形成的。

NO_3^- 主要通过有机氮的细菌氧化再生。当细胞死亡时会快速进行自我分解，释

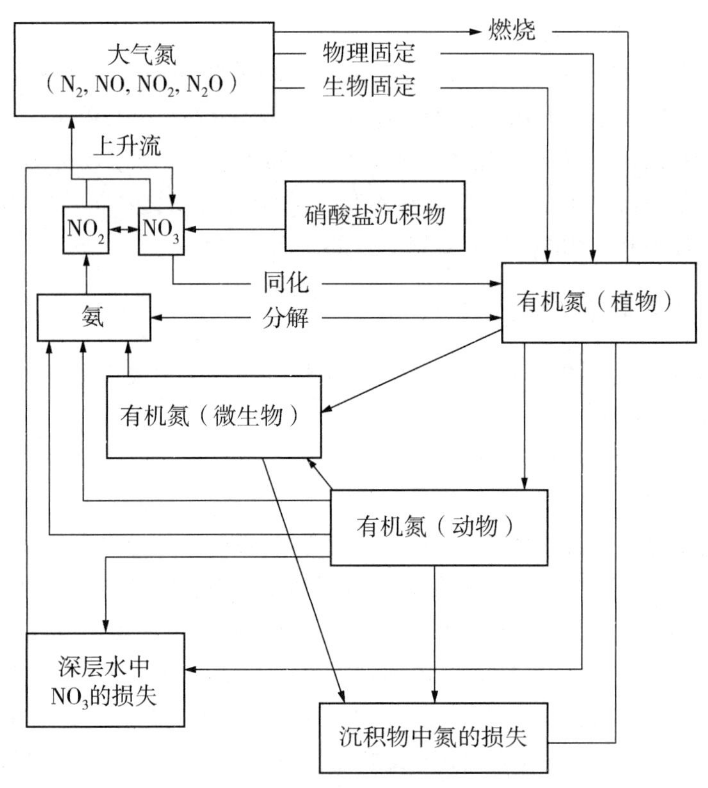

图 8.6 **海洋水域中的氮循环**

放出 NH_3 和 PO_4^{3-}。有机氮化合物分解的多种步骤中都能产生 NO_3^-。图 8.7 显示了死亡生物体的细菌氧化过程。颗粒有机氮的一小部分对细菌侵袭具有抵抗力，可以积聚在沉积物中。

涉及氮化合物的生物地球化学过程细节如图 8.8 所示。图中依次所示的过程包括：

(1)厌氧氨氧化。最近，厌氧氨氧化过程被添加到低浓度氧的表层海水的氮循环中。这一过程最初是在卫生设备发现的。亚硝酸盐和氨反应形成氮气：

$$NO_2^- + NH_4 \rightarrow N_2$$

(2)固氮作用。固氮作用是将氮气转化为铵($N_2 \rightarrow NH_4$)。陆地植物和蓝绿色藻类、霉菌和酵母菌上的细菌可起到固氮作用。在海洋中，蓝绿藻或更准确的蓝细菌是主要的氮固定者(Howells 和 Geesey，2010)。主要物种是束毛藻属(Capone，1997)。由于酶的形成需要 Fe，因此人们认为大西洋的固定度较高(由于来自非洲粉尘中的 Fe)，但在太平洋的固定度似乎更高(Howells 和 Geesey，2010)。

(3)硝化作用。硝化指的是 NH_3 氧化为 NO_3^-。该过程产生 NO_2^- 作为中间体，并由水柱和沉积物中的细菌进行硝化。这可能是秘鲁境内上升流水域中产生 NO_2^- 的成因。细菌也能够将 NO_3^- 还原成 NO_2^-。一般认为这类还原多发生在有机成份较高的水域，但现在人们却认为它发生在低氧水域。

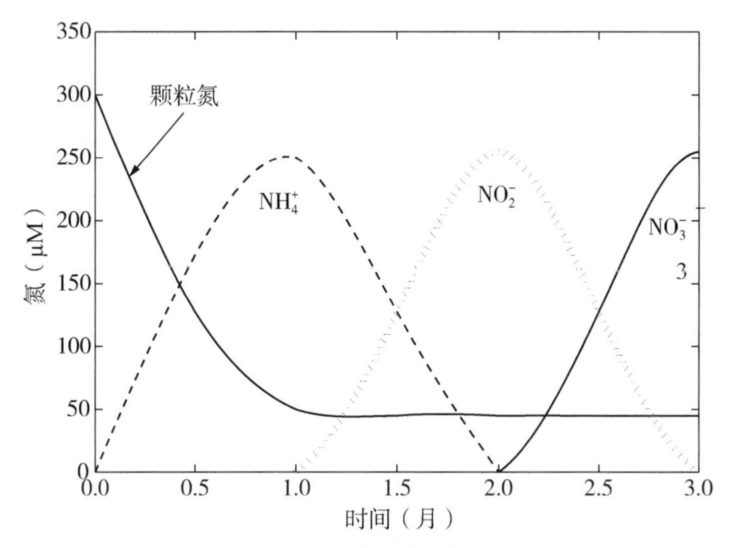

图 8.7　通过细菌氧化分解有机氮

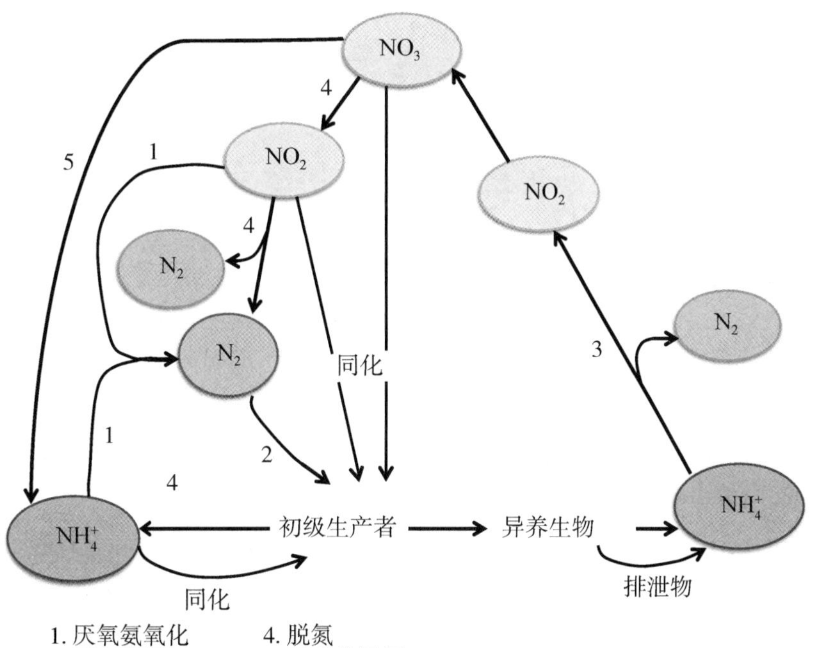

图 8.8　海洋水域中氮的生物地球化学循环

$$NH_4^+ \rightarrow NO_2^- \rightarrow NO_3^-$$

(4)脱氮。大多数脱氮($NO_3^- \rightarrow NO_2^- \rightarrow N_2O$ 或 N_2)都是由缺氧水中的细菌生长引起的。这一过程中 NO_3^- 作电子受体而不是 O_2。在 O_2 小于 2 μM 的水中也可能发生这类过程。由于海洋中溶解氮的体量巨大，很难检测到海水中 N_2 浓度的变化。

（5）硝酸盐还原。硝酸盐还原（$NO_3^- \rightarrow NH_4^+$）通常由细菌所引起，发生在海洋低氧区。还原进程到 NH_4^+ 时停止。如将进一步讨论的，还原过程中产生的铵可以帮助促进厌氧氨氧化过程。

大西洋和太平洋中 NO_3^- 的典型分布图如图 8.9 所示。表层水浓度很低；深层水中浓度较高。

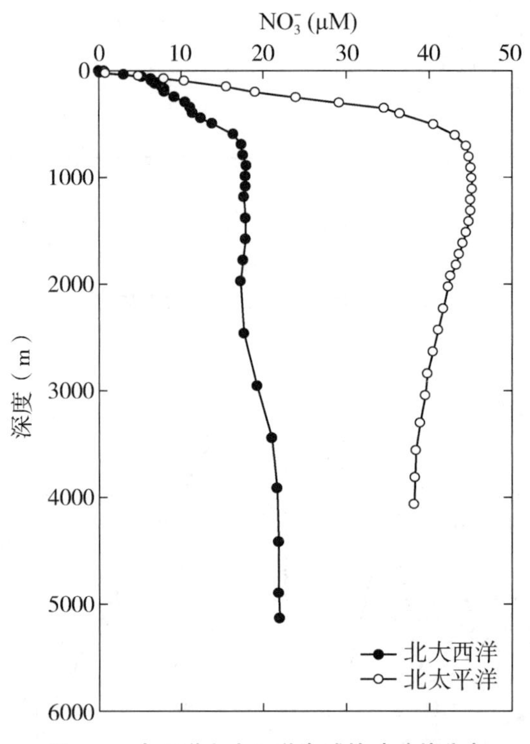

图 8.9　大西洋和太平洋海域的硝酸盐分布

随着太平洋深度的增大，其浓度越来越高，这些水域也越来越老，积聚了更多的 NO_3^-。大西洋、太平洋和印度洋的 NO_3^- 部分剖面图如图 8.10 所示。与 PO_4^{3-} 一样，其分布值随主要水体而变化，并从北大西洋到北太平洋和北印度洋的深层水中呈逐渐递增趋势。在沿海地区，无机氮经常随季节变化（见图 8.11）。在春季，由于浮游植物的生长，无机氮会被迅速消耗。浮游动物和鱼消耗了浮游植物，将 NH_4^+ 和 NO_3^- 返回到水中。在夏季，温跃层可防止表层水发生垂直混合或补充现象。由此可消耗大部分营养物质，以防止初级生产力进一步发展。在上升流区域，NO_3^- 未受限制。植物体的氧化使得 NO_3^- 在氧气浓度最低处达到最大值。大西洋百慕大时间序列（BATS）站表层水中硝酸盐加亚硝酸盐的历史变化如图 8.12 所示。该图清楚地显示了表层水中由冬季混合作用引起的硝酸盐周期性变化。硝酸盐的变化导致在这些水域中的初级生产发生类似变化。

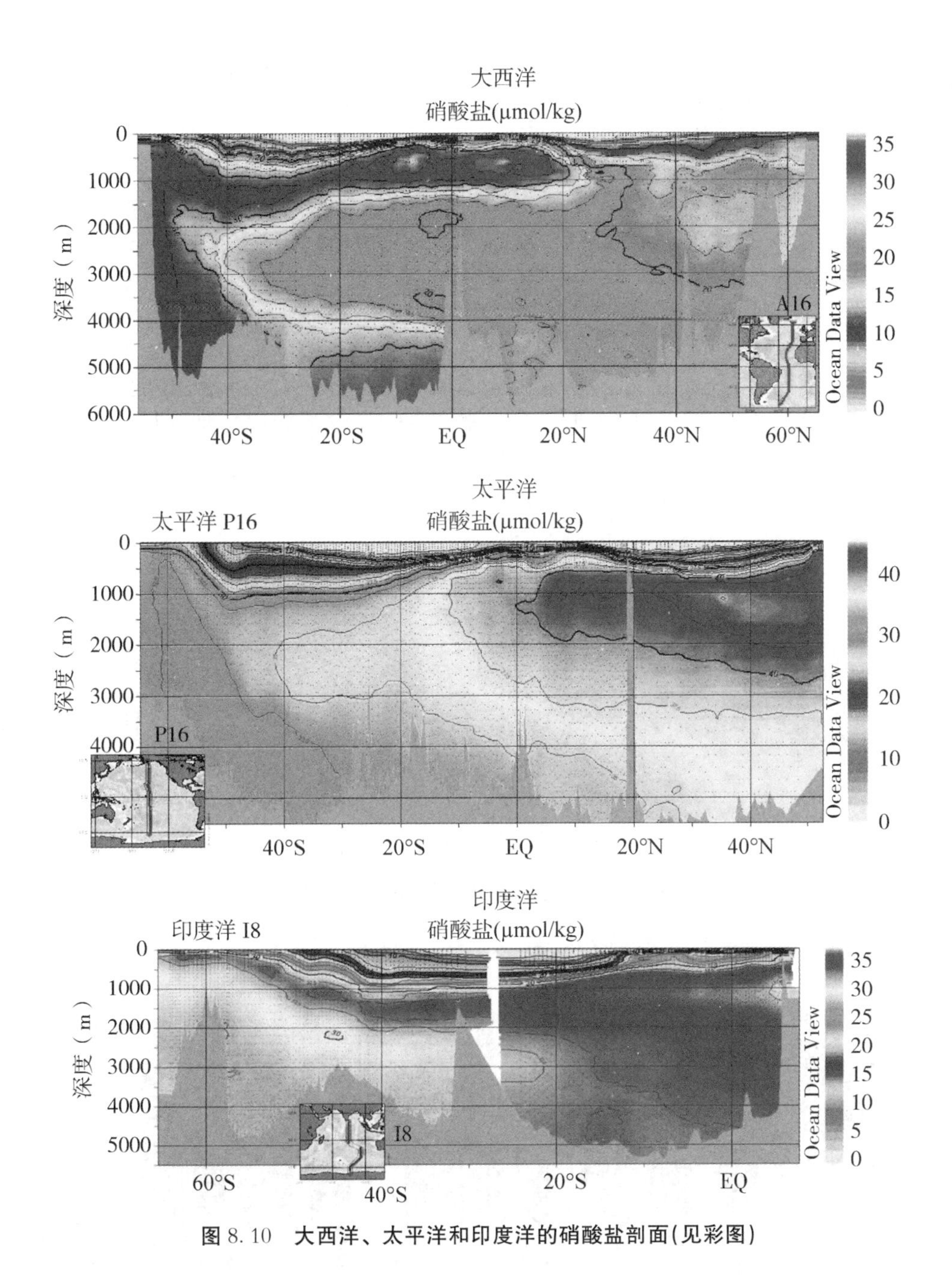

图 8.10　大西洋、太平洋和印度洋的硝酸盐剖面(见彩图)

NO_2^- 在低海域(100～300 m)的分布，在阿拉伯海(见图 8.13)中显示出两个最大值，一个刚好低于光合补偿深度，另一个在氧含量最小层。第一个最大值的出现是由于 NH_3($NH_3 \rightarrow NO_2^- \rightarrow NO_3^-$)的氧化造成的。在阿拉伯海和太平洋某些地区出现的第二个最大值是由 NO_3^- 的细菌还原作用引起的，当 O_2 含量较低时，细菌会将 NO_3^- 作为氧源使用。

最近的研究将阿拉伯海和热带南太平洋东部(ETSP)的氮循环进行了对比，如图 8.14 所示。

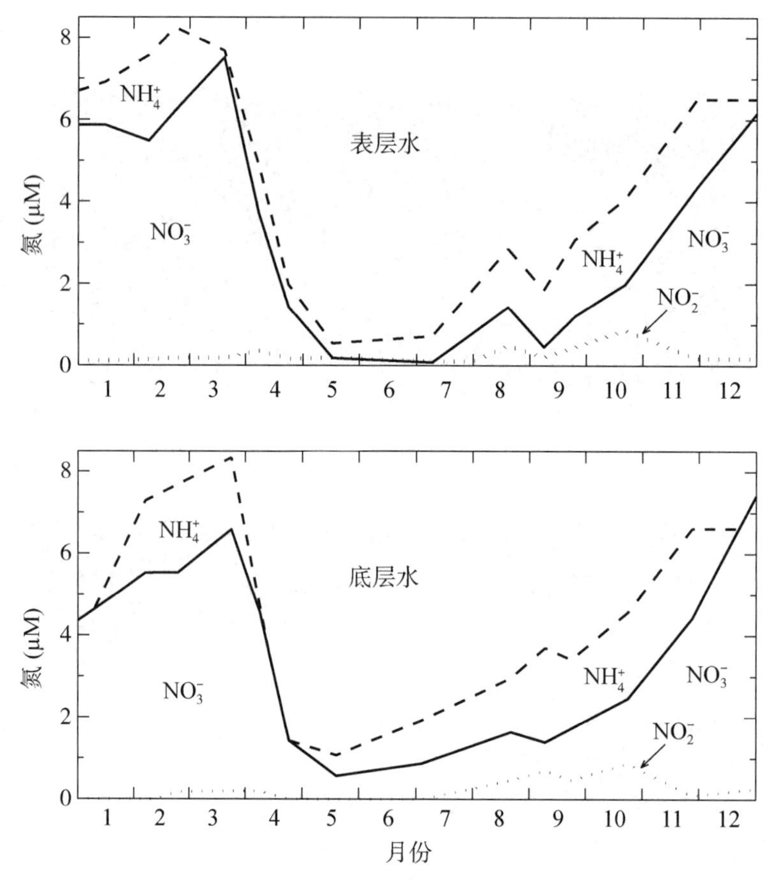

图 8.11 英吉利海峡中氮素的季节性分布

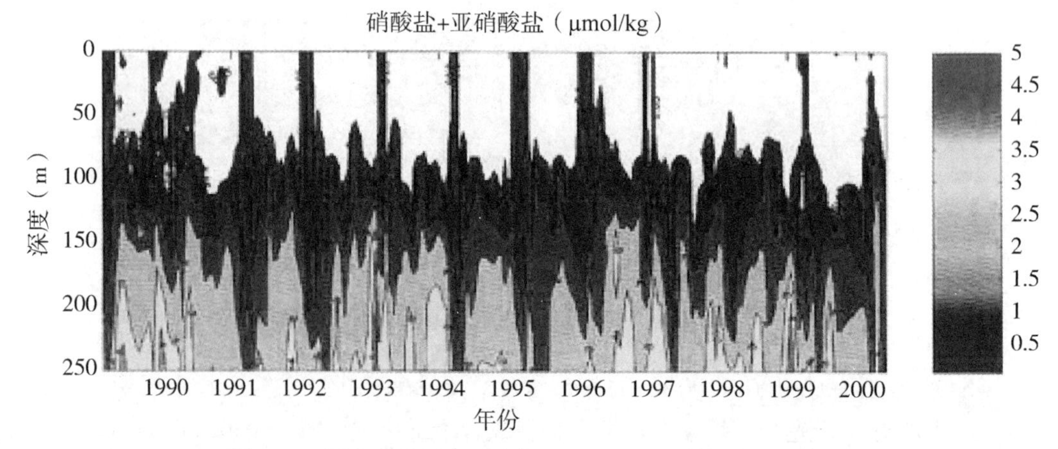

图 8.12 百慕达时间序列站中 NO_3^- + NO_2^- 的变化(见彩图)

在阿拉伯海低氧水平下，脱氮比厌氧氨氧化起到更加重要的作用。在 ETSP 中，厌氧氨氧化是 N_2 形成的重要途径。厌氧氨氧化由异化硝酸盐还原得到的 NH_4 提供能量。

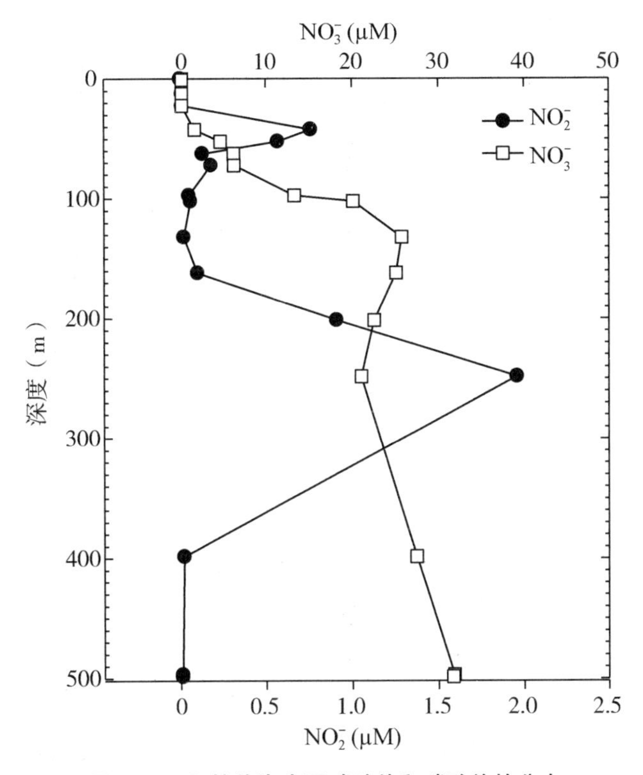

图 8.13　**阿拉伯海中亚硝酸盐和硝酸盐的分布**

如先前所讨论的，在最小含氧层中形成 N_2O。如图 8.15 所示，将 NO_3^- 的估计浓度与 PO_4^{3-} 浓度计算值进行比较，假设 N/P = 16。NO_3^- 的缺乏是由于细菌在含氧量低的水中氧化有机碳消耗了部分 NO_3^- 引起的。如图 8.15 所示，硝酸盐被还原成 N_2O。

N_2O 过量值与 AOU(表观耗氧量)成比例。每一分子的 N_2O 是由 NO_3^- 和 10 000 个 O_2 分子产生的。当水的氧浓度很低时，会破坏 N_2O 和 O_2 之间的关系(见图 8.16)。这是由于当 O_2 含量极低时，需使用 N_2O 作为氧源。

8.3.3　溶解的有机氮和磷酸盐

如前所示(见图 8.3)，海水中总有机磷的含量定义为总磷与无机磷之间的差值。对于总有机氮的描述可以采用类似的方式。

$$TOP = [PO_4]_T - [PO_4]$$

$$TON = [NO_3]_T - [NO_3]$$

应当指出的是，溶解的有机氮(DON)和磷酸盐(DOP)含量是过滤海水的数值。大部分水域仅有微弱差异。Abell，Emerson 和 Renaud(2000)研究了北太平洋亚热带环流中 TOP、TON 和 TOC 的分布情况。Abell，Emerson 和 Renaud(2000)研究得到的表层水结果总结如图 8.17 所示。

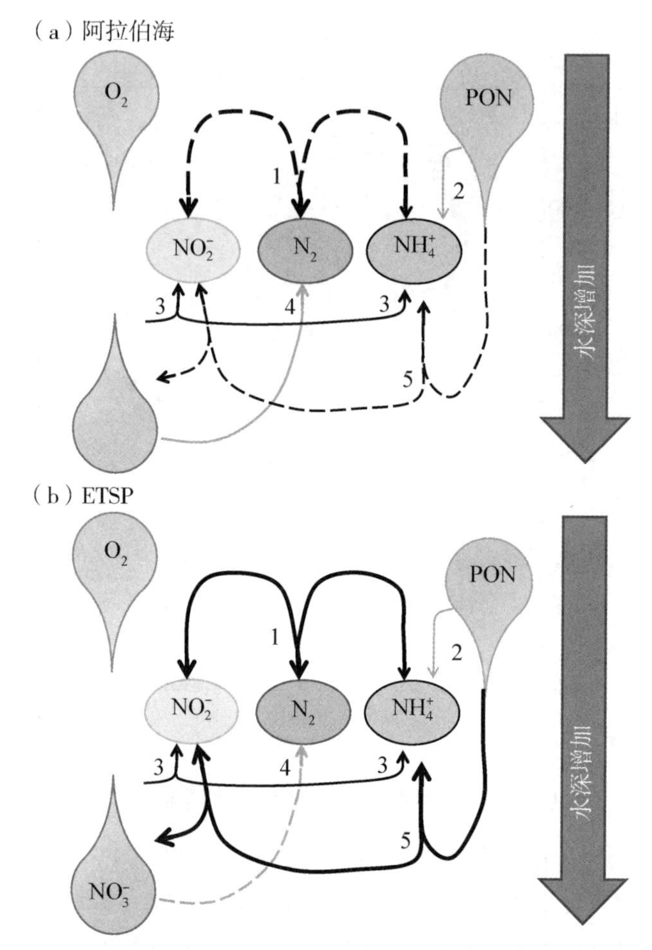

图 8. 14　**表层水中 TOP 和 TON 的值，分别为(a)阿拉伯海和(b)热带南太平洋东部(ETSP)的氮循环**

PON 颗粒有机氮

TOP 和 TON 分别占总溶解 PO_4^{3-} 和 NO_3^- 的 83%和 98%。TOP 值高于大部分表层的 PO_4^{3-} 浓度，除了亚北极地区，那里由于深层水的补充而造成 PO_4^{3-} 含量较高。在整个研究范围内，表层水中的 TOP 值都偏高。这些 TON 和 TOP 是植物中 NO_3^- 的重要来源。在此范围内，TON 与 TDN(总溶解氮)的 N/P 比值在 15～42 之间波动。如下节所述，该范围远远超过无机氮和磷酸盐所成比例范围。

Knapp 等(2005)已经表明，大西洋中 DON 的氮同位素组成($^{15}N/^{14}N$)可以对 BATS 站的 DON 池和固氮作用的动力过程起到更好的约束作用。块状和含有较高分子量的 DON 的 $^{15}N/^{14}N$ 同位素比值高于悬浮颗粒有机氮。Knapp 等(2011)最近在大西洋和太平洋的表层水中(0～300 m)检测了 DON 所含 $^{15}N/^{14}N$。两处海域的 100 m 上的平均 DON 浓度相似(4. 5～5. 0 μM)。这表明 DON 在两个海域均参与了氮循环。DON 的平均值为 $\delta^{15}N$，与空气中平均值有差异(大西洋为 3. 9%，太平洋为 4. 7%)。他们已经开发出一个用于阐释这类结果的模型。颗粒有机物产生过程没有同位素分馏，但 DON 的清除有同位素分馏。生成的 NH_4^+ 和有机氮化合物会被浮游生物吸收。

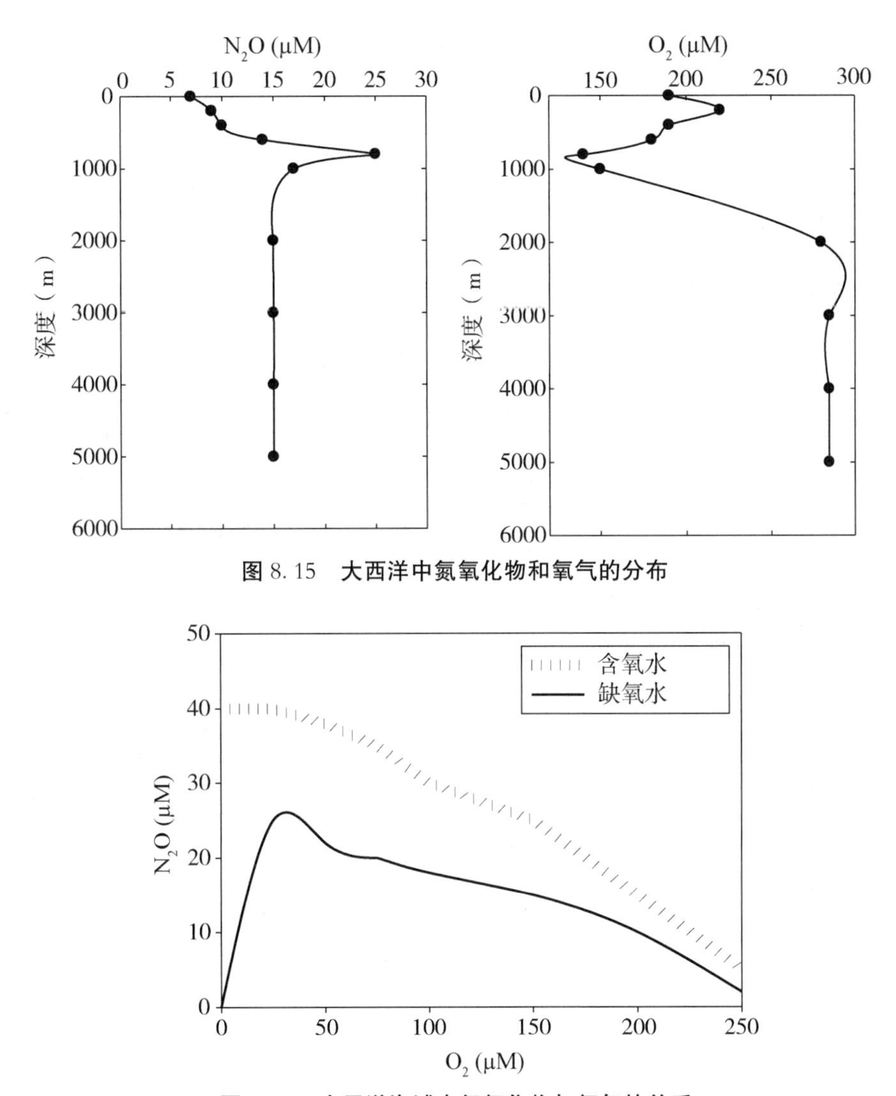

图 8.15　**大西洋中氮氧化物和氧气的分布**

图 8.16　**太平洋海域中氮氧化物与氧气的关系**

综上所述，对$^{15}N/^{14}N$ 的测量可用于了解海洋表层中氮的控制的复杂性。

8.3.4　氮磷比

浮游植物生长期间从海水中吸收的 N∶P 比例约为 15∶1。沿海水域观测到的比例更低。例如在英吉利海峡，冬季比例为 10.5∶1，而夏季则为 19∶1。浮游植物的 P∶N∶C 比例为 1∶16∶106(Redfield，1958)。从 Liebig's 最低量法则(相对于生物体的生长需求而言，浓度最低量将成为限制因素)可得出，显然 P∶N 所得结果与碳相比更加有限(实际 P∶C 比例约为 1000)。北大西洋和太平洋的 N∶P 典型值如图 8.18 所示。大西洋水域的比例分布为：表层水为 16∶1，深层水为 15∶1。太平洋的深层水中所成比例也接近 15∶1，但 O_2 最低层的水域中低至 14∶1。如前所述，这种演变是由于低氧水域中 NO_3^- 转化为 N_2O 引起的。

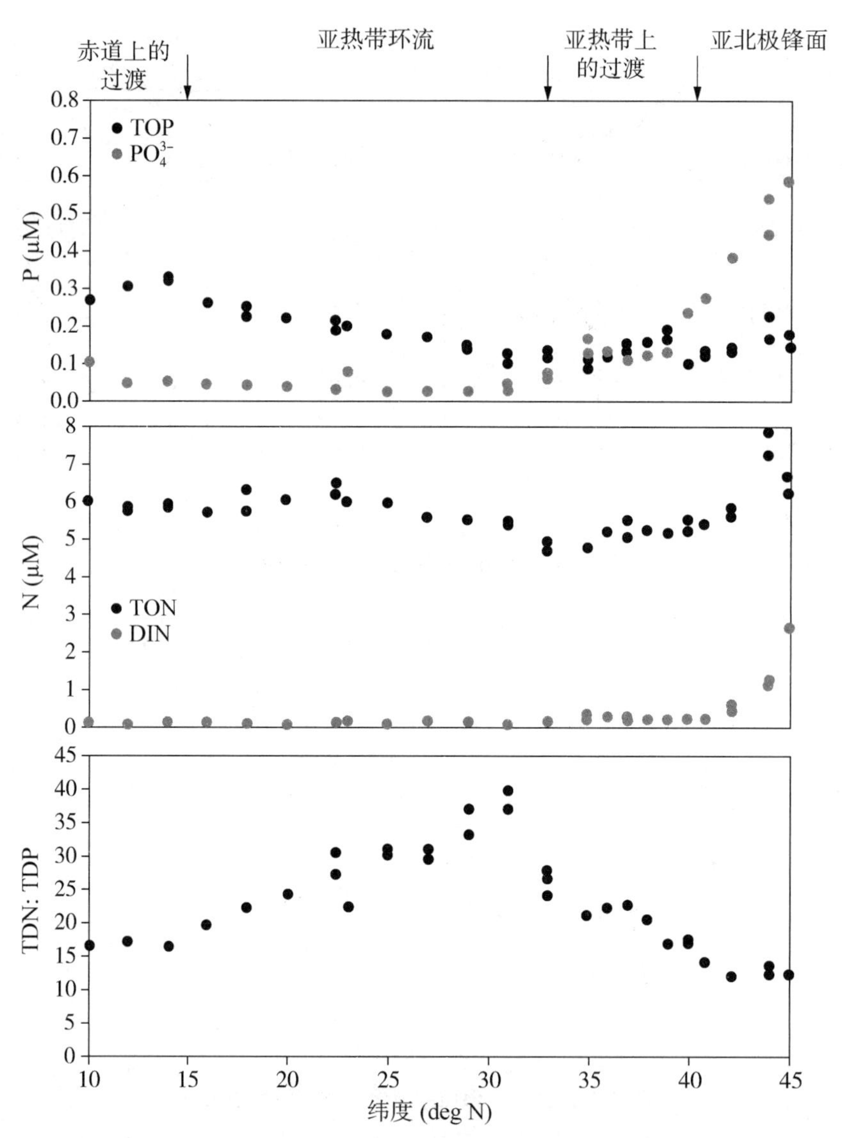

图 8.17　**北太平洋水域中 TOP、TON、TOC 的分布。TDP = 溶解态总磷(见彩图)**

（源自 Abell 等人，J. Mar. Res. 58，203－222，2000.）

北大西洋中 N 和 P 数值较高可能是由于固氮作用引起的。在大西洋(A16)、太平洋(P16)和印度洋(I8)中部分巡航上 WOCE 研究得到的 N 和 P 的数值如图 8.19 所示。

大西洋、太平洋和印度洋所成比例的最小平方值分别为 15.3 ± 0.7，15.3 ± 0.9 和 15.3 ± 0.8。大西洋的数值围绕拟合线呈现出合理分布趋势。太平洋和印度洋中 N : P 所成低比值表明 NO_3^- 数值在 PO_4^{3-} 之前归零。由此清楚表明了硝酸盐在这类表层水中为限制性因素。在 N 和 P 数值较高时，数值显示出与回归线的负偏差。这与在含氧量极低的情况下使用 NO_3^- 作为细菌的氧化剂有关。

图 8.20 详细展示了 BATS 和夏威夷海洋时间序列(HOT)站所观测到的大西洋和

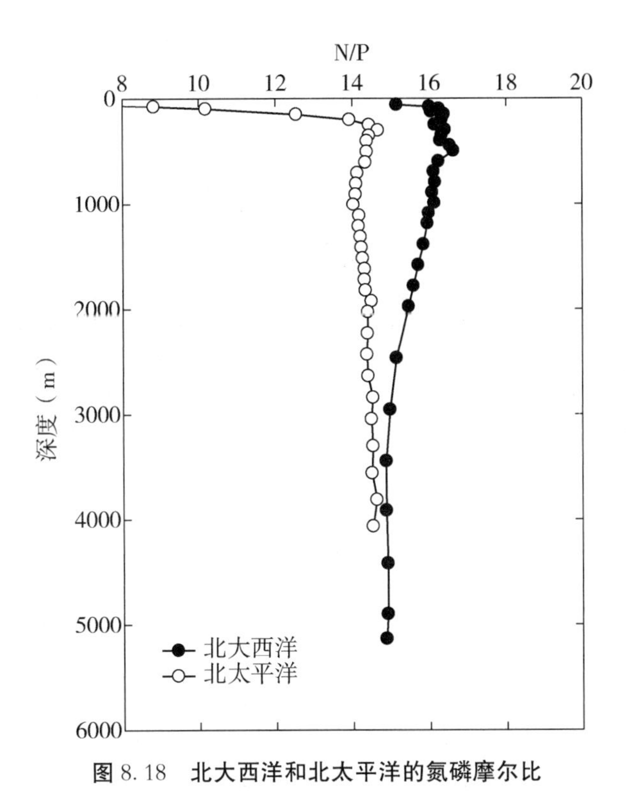

图 8.18　**北大西洋和北太平洋的氮磷摩尔比**

太平洋表层水中 N∶P 比值的差异。百慕大水域的高 N 值和 P 值是由蓝细菌引起的硝化作用（$N_2 \rightarrow NH_3NO_3^-$）导致的，而夏威夷站的低值是由细菌脱氮（$NO_3^- \rightarrow N_2O$ 或 N_2）引起的。

1934 年，Redfield 根据浮游生物的平均化学成分检测了海水中 O_2，CO_2，NO_3^- 和 PO_4^{3-} 的浓度关系。这种关系可预测由生物氧化引起的氧气消耗与营养盐生成之比例。他发现北大西洋中的 N∶P 比例为 20∶1。他还发现表观耗氧量与 NO_3^- 的比例为 6∶1。他在其中发现了相应变化，并把这种变化归因于水团下沉形成的深层水保留了原来的浓度。他估计 N∶C 的比例为 1∶7。他认为根据 O_2 的 120 个单位，P∶N∶C 的氧化比为 1∶20∶140。这类比例支持 1∶18∶137 的浮游生物样本比例。Redfield，Ketchum 和 Richards（1963）提出 P∶N∶C∶O 的比例修正为 1∶16∶106∶138。根据这类研究结果得出有关植物体氧化的以下方程式：

$$(CH_2O)_{106}(NH_3)_{16}(H_3PO_4) + 138O_2 \rightarrow 106CO_2 + 122H_2O + 16HNO_3 + H_3PO_4 \tag{8.31}$$

其中第一种化合物是含有平均浮游生物中 C∶N∶P 比例的假想有机分子。该方程式假设 C∶O_2 比为 1∶1，N∶O_2 比例为 1∶2，计算出的 P∶O_2 比为 1∶138。其中 O_2 比率并非通过海洋中的观测得到。

为了测试 Redfield（1958）模型（Redfield 等，1963），人们通常以 AOU 与氧化产生的营养盐浓度作图。

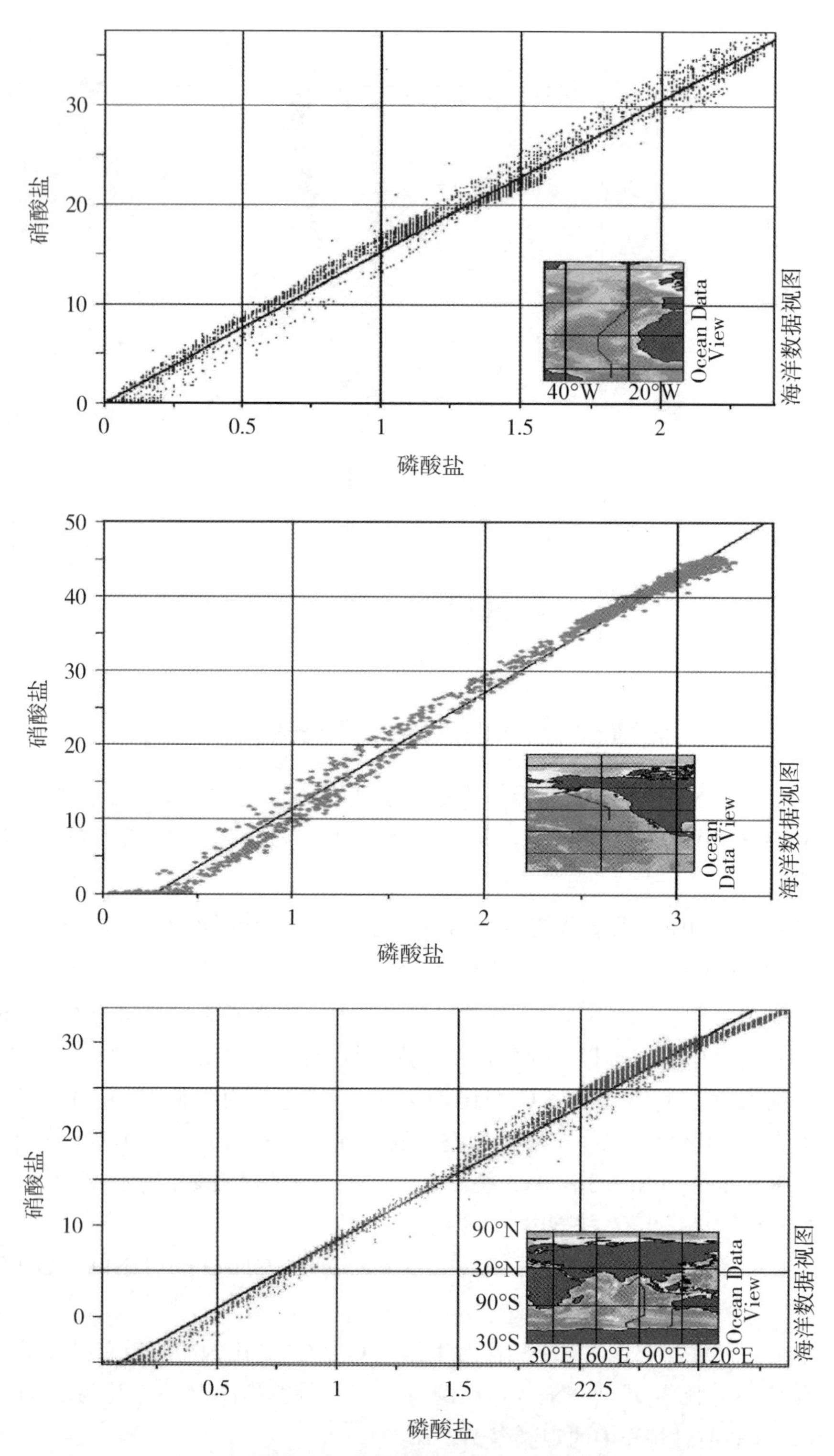

图 8.19　三个主要海洋中氮与磷酸盐的摩尔比的相关性(见彩图)

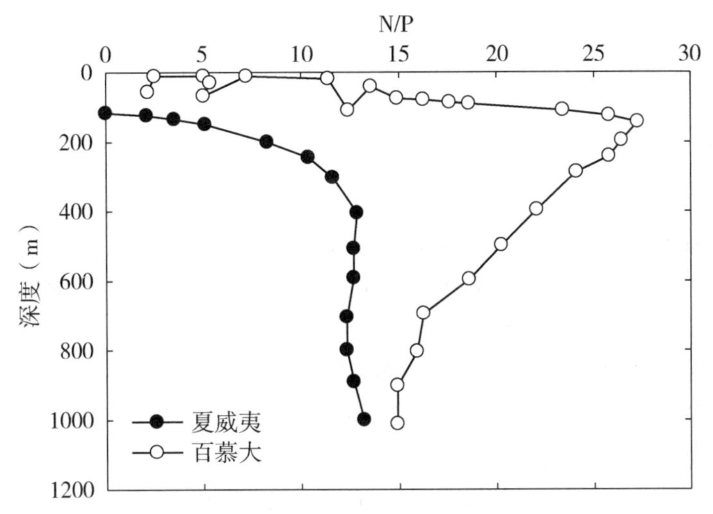

图 8.20　**百慕大和夏威夷时间序列站的氮磷摩尔比**

表 8.9　**大西洋和印度洋中 P，N，C 和 $CaCO_3$ 的分子比率变化**

位置	海面	P	N	CO_2	（O_2-2 N）	O_2	$CaCO_3$
北大西洋	27	1	17.6 ± 0.6	97 ±9	130 ±6	165 ±7	15±4
	27.2	1	16.8 ± 0.5	88 ±6	139 ±6	173 ±6	8±3
南大西洋	27	1	16.7 ± 0.7	102 ±7	131 ±6	165 ±6	8±2
	27.2	1	16.7 ±1.2	95 ±10	150 ±2	182 ±9	8±4
中大西洋		1	17 ± 0.4	96 ±6	138 ±9	171 ±8	10 ±4
南印度洋	27	1	15.2 ± 0.6	112 ±6	138 ±7	169 ±8	15±4
	27.2	1	14.5 ± 0.5	125 ±7	145 ±5	174 ±6	19 ±6
中印度洋		1	14.9 ± 0.4	119 ±5	142 ±5	172 ±5	17 ±4
总平均值		1	16.3 ± 1.1	103 ± 14	140 ±8	172 ±7	12 ±5

一些海洋工作者通过检查大西洋和太平洋中 O_2 ∶ PO_4^{3-} 和 O_2 ∶ NO_3^- 的比值来测试这种模式。这些研究表明这类比值与 Redfield 模型一致。在深度、纬度和时间上出现的变化归因于不同水团分别与不同起始浓度的 O_2、PO_4^{3-} 和 NO_3^- 混合产生的结果。他们并未注意到在 O_2 浓度最小区域所发生的 NO_3^- 向 N_2O 的转变。

Takahashi，Broecker 和 Langer(1985)使用 GEOSEC 数据来检验大西洋和印度洋的等密度(恒定密度)表面的 Redfield 比值。表 8.9 中给出了它们的混合修正值。作者试图纠正 $CaCO_3$ 溶解得到的 CO_2 值。在 $\sigma_T=27.0$ 以及 $\sigma_T=27.2$ 时，P∶N∶C∶O_2 的平均值分别为 1∶17∶100∶165 和 1∶17∶92∶178。这无法解释地平线之间的微小差异。他们认为相应比值应当为 1∶16∶103∶172。如果假设 C 值表示氧利用率减去用于氧化具有 2 摩尔 O_2 中 NH_3 的 O_2，则得到比值为 1∶16∶140∶172。P∶O_2 所成比值在 1∶103 和 1∶140 之间。这种差异可能是由于人为引起的 CO_2 增加或对无氮有机分子氧化的过量需求。

脂肪酸的分解将需要更多的 O_2：

$$C_2H_4 + 3O_2 \rightarrow 2CO_2 + 2H_2O \quad (8.32)$$

比 Redifield 假设的所需量更多：

$$C + O_2 \rightarrow CO_2 \quad (8.33)$$

根据这些结果得出以下有关浮游植物衍生的有机碳氧化方程式：

$$(CH_2O)_{103}(CH_2)_3(NH_3)_{16}(H_3PO_4) + 135O_2 \rightarrow 103CO_2 + 119H_2O + 16HNO_3 + H_3PO_4 \quad (8.34)$$

在赤道太平洋 IRONEX II 实验中的硅藻生长期间，人们对加入 Fe(II)的水中进行了 N：P，O：P 和 C：P 比值的测定(Steinberg 等，1998)。这些结果显示在表 8.10 中，并可得出以下化学计量来形成硅藻：

$$90CO_2 + 104H_2O + 14HNO_3 + H_3PO_4 + 18SiO_2 \rightarrow (CH_2O)_{76}(CH_2)_{14}(NH_3)_{14}(H_3PO_4) + 125O_2 \quad (8.35)$$

表 8.10 太平洋 IRONEX II 研究中的硅藻生长期间 N，P，C 和 O_2 的分子比例

比率	Redfield	Takahashi 等	Steinberg 等	比率	Redfield	Takahashi 等	Steinberg 等
N：P	16.0	14.9 ± 0.4[a]	14.3 ± 0.2	C：P	106	103 ± 14	90 ± 5
C：N	6.6	6.3 ± 0.9	6.2 ± 0.2	C：O_2	−0.77	−0.6 ± 0.2	0.66 ± 0.07

来源：Takahashi，T.、Broecker、W. S. 和 Langer、S.、J. Geophys。Res.，90，6907(1985)；Steinberg 等(1998)。a 为印度洋数值。

8.4 海水中的硅

海水中的硅可以呈溶解态，也可呈颗粒状。关于固体 SiO_2(s)的溶解度给出以下方程式：

$$SiO_2(s) + 2H_2O \rightarrow Si(OH)_4(aq) \quad (8.36)$$

由于 $Si(OH)_2$ 是弱酸，它可以在水溶液中解离：

$$Si(OH)_4 \rightarrow H^+ + Si(OH)_3O^- \quad (8.37)$$

在 25 ℃下，0.6 M NaCl 中的 $Si(OH)_4$ 电离常数 pK_{Si}^* 为 9.47，pK_2^* 为 12.60。在海水 pH 值为 8.1 时，可得：

$$[Si(OH)_4]/[SiO_2]_T = \{1 + K_{HA}/[H^+]\}^{-1} = 95.9\% \quad (8.38)$$

$$[Si(OH)_3O^-]/[SiO_2]_T = \{1 + [H^+]/K_{HA}\}^{-1} = 4.1\% \quad (8.39)$$

$Si(OH)_4$ 和 $Si(OH)_3O^-$ 的聚合形式对于海水溶液来说并不重要。这是因为天然水体中 SiO_2 的浓度低。如果 Mg^{2+} 或 Ca^{2+} 离子与 $Si(OH)_3O^-$ 形成强复合物，则带电形式可能具有较高的浓度。

硅酸的解离常数可由下式确定：

$$\ln K_{Si} = 117.40 - 8904.2/T - 19.334 \ln T + (3.5913 - 458.79/T) I^{0.5} + (-1.5998 + 188.74/T) I (0.07871 - 12.1652/T) I^2 \quad (8.40)$$

海水含有各种细粒硅质材料。这些材料大部分是由岩石的风化产生的，并被河流和风运送到海洋。材料包括石英、长石和黏土矿物。随着这些矿物质通过水柱沉降到沉积物中，它们可以与海水组分反应形成二次矿物质。最近的研究表明，深海热液喷口也可以为海洋贡献数量相当可观的 SiO_2。在表层水中，当硅藻和放射虫类[具有由蛋白石(水合 SiO_2 的非结晶形式)组成的骨架]死亡时，它们沉入沉积物，形成硅藻软泥。这些硅藻软泥在南极水域相当普遍。悬浮物质的浓度是可变化的。一般说来，50%是无机物，Si 可以占到无机物的 15%至 60%(剩余部分主要是 $CaCO_3$)。在硅藻水华期间，存在于南极表层水中的生物质颗粒 SiO_2 的浓度高达 100 $\mu g \cdot L^{-1}$。由于海水 SiO_2 处于饱和状态，沉降的颗粒二氧化硅将在深层水溶解。深层水中硅藻的分解有助于向水柱增加 SiO_2。这就形成了图 8.21 所示的深度分布图。由于 SiO_2 的释放是一个缓慢的过程，所以在 NO_3^- 和 PO_4^{3-} 分布图中，溶解的 SiO_2 分布图在 1000 m 处没有显现出最大值。太平洋深处的 SiO_2 值高于大西洋，因为该片水域年代更为久远，SiO_2 积累时间较长。

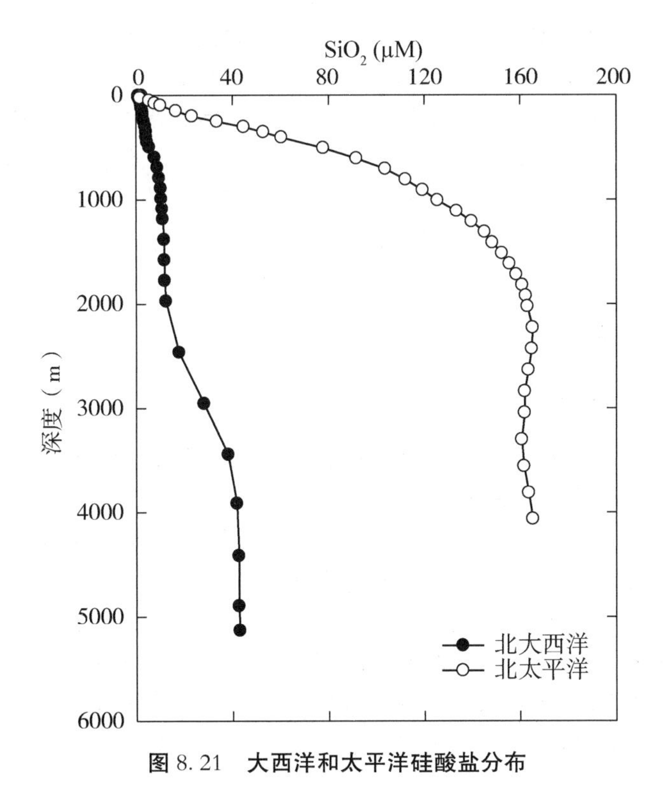

图 8.21　大西洋和太平洋硅酸盐分布

8.4.1　硅的测定

通过形成黄色硅钼酸复合物进行海水中溶解硅的测定。磷酸盐和砷酸盐可形成其他钼酸复合物。这些干扰复合物通过加入草酸进行分解。通过加入含金属溶液(对甲氨基苯酚硫酸盐)来还原硅钼酸复合物。这形成了蓝色化合物，可在 812 nm 下通过分光光度法进行测定。通常将其还原成在 812 mm 下测量的稳定且吸水性更强的钼蓝复合物。可使用金属(对甲基－氨基－苯酚硫酸盐)和亚硫酸钠进行还原。磷酸盐也能产生类似的蓝色复合物，但可通过在还原剂中引入草酸或酒石酸来预防其形成。Thomsen，Johnson 和 Petty(1983)描述了一种可快速准确地测定海水中硅酸盐的流动注射法。与之前描述的磷酸盐和硝酸盐系统一样，它是自动进行的，可以每小时测量 30 个样品。精度为 1%，检测限较低，为 0.1 μM。

在海水中，SiO_2 的浓度为 0～200 μM。它是硅藻、放射虫类和海绵动物固体结构中的重要组成部分。硅藻中高达 60%的无机物为 SiO_2。这些硅藻植物可以完全消耗表层水中溶解的 SiO_2。这个过程是从海水中去除 SiO_2 的主要过程。绝大多数硅藻植物在南极沉淀为硅藻软泥。从河流进入海洋的 SiO_2 可在河流到达海洋之前在河口进行清除。这被认为是因为硅藻的生产，但与其他矿物的相互作用可能也很重要。来自河流的大部分颗粒 SiO_2 沉积在河口。然而，细微悬浮矿物质可以在水柱中保留多年。这些悬浮的黏土矿物可以通过吸收和离子交换过程影响微量有机和无机物的浓度。多达 70%～99%的颗粒直径小于 10 μm。

对于硅藻如何吸收 SiO_2 并将其沉积为水合二氧化硅，目前还知之甚少。蛋白质参与细胞质膜上 Si 的吸收。这个过程很快，从特定的中心扩展。根据物种不同，多达 50%的硅藻干重可以为 SiO_2。如果硅藻在耗尽的培养基中生长，则细胞将变成 Si 缺陷细胞。这样的细胞可存活数周。即使在黑暗中，添加的 Si 也会被其吸收。如果缺陷细胞被照射，他们将在有限的时间内进行光合作用，但很快就会死亡。硅藻中的二氧化硅在存活时是不能溶解的，但当它们死亡时会迅速溶解。在其存活期间，有机或无机(Al 或 Fe)外壳可以保护它们。并且，科学家证实了用 EDTA 处理死细胞的处理方式可加速二氧化硅的溶解。

8.4.2 溶解 SiO_2 的分布

由于河川径流，SiO_2 在沿海水域的分布一般高于外海。在硅藻水华发生的地区，季节变化与 PO_4^{3-} 相似。春季浓度下降，夏季生长放缓时浓度增长，然后在初冬增长至最大值。除了上升流区域外，表层水中的浓度很低。典型的深度分布图如图 8.21 所示。大西洋、太平洋和印度洋的 SiO_2 分布截面图如图 8.22 所示。横向分布遵循一般的水团循环规律。南极地区的高值来自表层水中大规模的硅藻生长。SiO_2 还从来自沉积物的水流中加入到更深的水域。冰川风化也可能导致这些区域 SiO_2 浓度增长。南极底层水中高浓度的 SiO_2 可用于查探该水团。太平洋的垂直剖面图(见图 8.22)表明，深层水的值向北增加，在白令海达到了 220 μM 的浓度。

8.5 将营养元素作为水团示踪剂使用

通常，温度和盐度已被用作传统的水体的示踪参数。最近，使用了诸如氚的同位

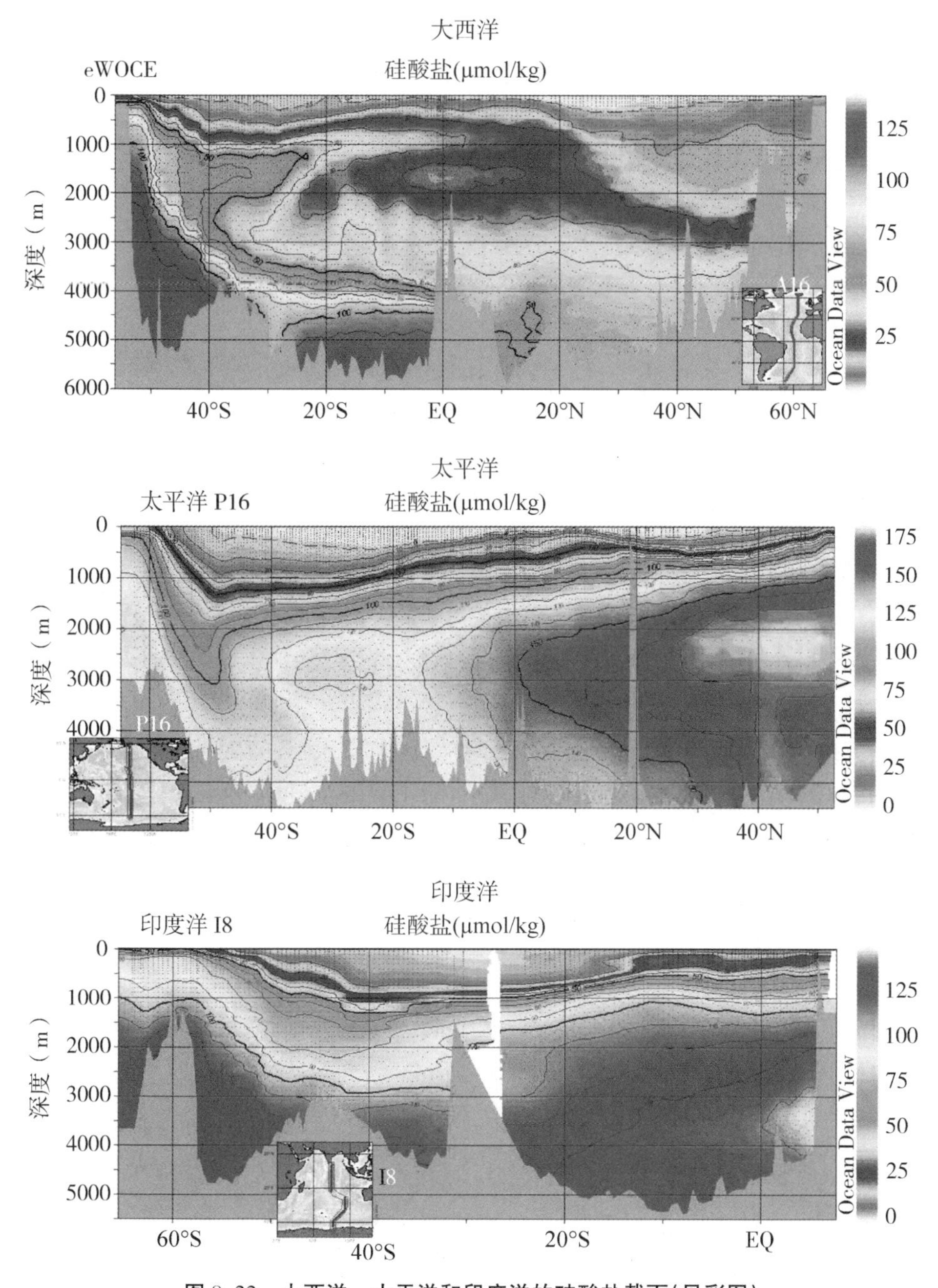

图 8.22 **大西洋、太平洋和印度洋的硅酸盐截面(见彩图)**

素作为示踪元素。有时候一些海洋工作者使用营养元素来追踪各种水体。为了利用营养元素示踪，有必要对由于植物体氧化而添加的营养元素的量进行校正。水中营养元素在表层时的浓度称为原始值。如果其他过程与水团增减无关，则该原始值应是固定的。尽管 PO_4^{3-} 和 NO_3^- 都被用来追踪水体，但本节只讨论 NO_3^-。如 Broecker(1974)所示，O_2 和 NO_3^- 的组合可以组成保守水团示踪剂。发生的氧化是从 AOU 估算的。

植物体的氧化由下式给出：

$$CH_2O + O_2 \rightarrow CO_2 + H_2O \tag{8.41}$$

$$NH_3 + OH^- + 2O_2 \rightarrow NO_3^- + 2H_2O \tag{8.42}$$

消耗的氧气摩尔数的变化由下式给出：

$$\Delta O_2 = -(2\Delta NO_3^- + \Delta CO_2) \tag{8.43}$$

NO_3^- 到 CO_2 的变化可以从 Redfield 比值估算：

$$\Delta NO_3^- / \Delta CO_2 = 16/106 \tag{8.44}$$

代入方程式(8.42)得出

$$-\Delta O_2 = (2 + 106/16)\ \Delta NO_3^- = 9\Delta NO_3^- \tag{8.45}$$

因此，预先形成的 NO_3^- 原始浓度通过下式与测量值相关：

$$[NO_3^-]_P = [NO_3^-]_{MEAS} - 1/9\ AOU \tag{8.46}$$

将 $AOU = [O_2]_{CALC} - [O_2]_{MEAS}$代入方程式(8.45)重排各项得

$$\text{"NO"} = 9[NO_3^-]_{MEAS} + [O_2]_{MEAS} = 9[NO_3^-]_P + [O_2]_{CAL} \tag{8.47}$$

式中，“NO”是保守示踪剂。通过相似变换，可使用磷酸盐描述保守示踪剂：

$$\text{"PO"} = 135[PO_4^{3-}]_{MEAS} + [O_2]_{MEAS} \tag{8.47}$$

式中，“PO”是保守示踪剂。由于 NO_3^- 浓度高于 PO_4^{3-}，并且可以更精确地测量，因此“NO”是比“PO”更好的保守示踪剂。

“NO”作为北大西洋深层水（NADW）和南极中层水（AAIW）混合的示踪剂的使用，如图 8.23 所示。作为盐度的函数，O_2 和 NO_3^- 的浓度显示出非线性变化。然而，“NO”的数量是盐度的线性函数或两个水体混合的保守示踪剂。“NO”的值从 NADW 的 440 μM 到 AAIW 的 510 μM 不等。各种水体的“NO”曲线图如图 8.24 所示。

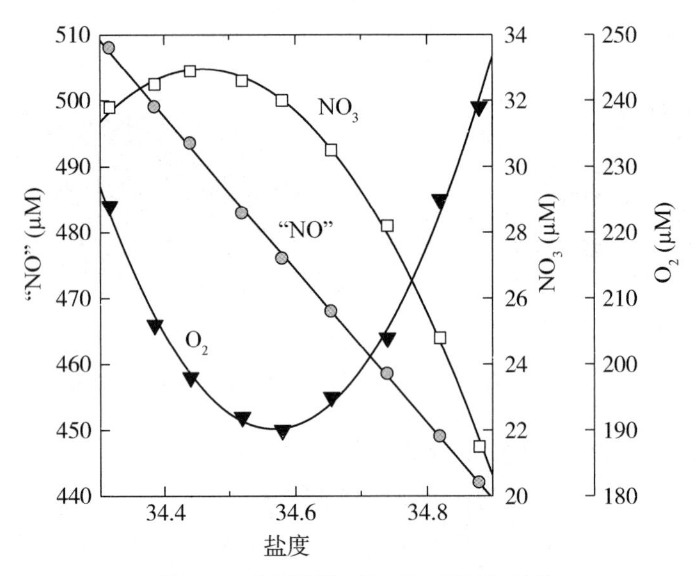

图 8.23 大西洋“NO”、NO_3 和 O_2 的值

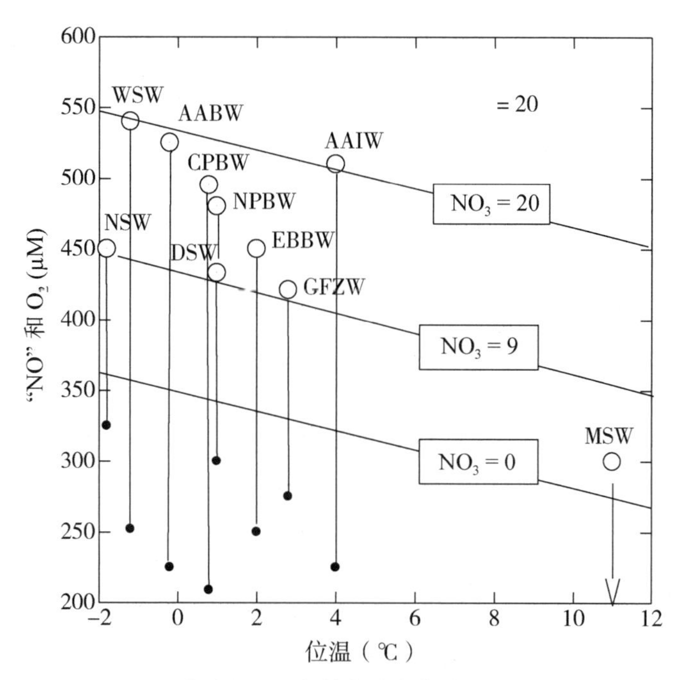

图 8. 24　作为位温函数的各种水体的"NO"和 O_2 值

WSW = 威德尔海水；AAIW = 南极中层水；AABW = 南极底层水；CPBW = 圆极底层水；NPBW = 北太平洋底层水；DSW = 丹麦海峡溢流水；NSW = 挪威海表层水；GFZW = 吉布斯断裂带水；MSW = 地中海溢流水；EBBW = 东海盆底层水（大西洋）

参考文献

Spencer, C. P., The micronutrient elements, Chapter 11, Chemical Oceanography, Vol. 2, 2nd ed., Riley, J. P., and Skirrow, G., Eds., Academic Press, New York, 245 – 300 (1975).

磷

Abell, J., Emerson, S., and Renaud, R., Distributions of TOP, TON and TOC in the North Pacific subtropical gyre: implication for nutrient supply in the surface ocean and remineralization in the upper thermocline, J. Mar. Res. 58, 203 – 222 (2000).

Armstrong, F. A. J., Phosphorus, Chapter 8, Chemical Oceanography, Vol. 1, Riley, J. P., and Skirrow, G., Eds., Academic Press, New York, 323 – 364 (1965).

Johnson, K. S., and Petty, R. L., Determination of phosphate in seawater by flow injection analysis with injection of reagent, Anal Chem., 54, 1185 (1982).

Torres-Valdes, S., et al., Distribution of dissolved organic nutrients and their effect on export production over the Atlantic Ocean, Global Biogeochem. Cycles, 23 (2009).

氮

Capone, D. G., Cyanobacterium trichodesmium, a globally significant marine bacteria, Science 276, 1221 (1997).
Catalano, G., An improved method for determination of ammonia in seawater, Mar. Chem., 207 289 (1987).
Howells, A., and Geesey, G.., Nitrogen fixation in the ocean: the role of cyanobacteria, Appl. Environ. Microbiol., March (2010).
Johnson, K. S., and Petty, R. L., Determination of nitrate and nitrite in seawater by flow injection analysis, Limnol. Oceanogr, 28, 1260 (1983).
Kim, Tae-W., et al., Increasing N abundance in the Northwestern Pacific Ocean due to atmospheric nitrogen deposition, Science, 334, 505 – 509 (2011).
Redfield, A. C., Ketchum, B. H., and Richards, F. A., The influence of organisms on the composition of sea-water, in The Sea, Hill, M. N., Ed., Interscience, New York, 26 – 77 (1963).
Steinberg, P. A., Millero, F. J., and Zhu, X. R., Carbonate system response to iron enrichment, Mar. Chem., 62, 31 (1998).
Takahashi, T., Broecker, W. S., and Langer, S., Redfield ratio based on chemical data from isopycnal surfaces, J. Geophys. Res., 90, 6907 (1985).
Thomsen, J., Johnson, K. S., and Petty, R. L., Determination of reactive silicate in seawater by flow injection analysis, Anal Chem., 55, 2378 (1983).
Vaccaro, R. F., Inorganic nitrogen in sea water, Chapter 9, Chemical Oceanography, Vol. 1, Riley, J. P., and Skirrow, G., Eds., Academic Press, New York, 365 – 408 (1965).

硅

Armstrong, F. A. J., Silicon, Chapter 10, Chemical Oceanography, Vol. 1, Riley, J. P., and Skirrow, G., Eds., Academic Press, New York, 409 – 432 (1965).

使用营养素

Anderson, L. A., and Sarmiento, J. L., Redfield ratios of remineralization determined by nutrient data analysis, Global Biogeochem. Cycles, 8, 65 – 80 (1994).
Broecker, W., "NO," a conservative water-mass tracer, Earth Planet. Sci., 23,

100 (1974).

Broecker, W. S., Glacial to interglacial changes in ocean chemistry, Prog. Oceanogr., 2, 151 - 197 (1982).

Codispoti, L. A., in Productivity of the Ocean: Past and Present, Berger, W. H., Smetacek, V. S., and Weber, G., Eds., Wiley, New York, 377 - 394 (1989).

Falkowski, P. G., Rationalizing elemental ratios in unicellular algae, J. Phycol., 36, 3 - 6 (2000).

Geilder, R. J., and La Roche, J., Redfield revisited: variability of C: N: P in marine microalgae and its biochemical basis, Eur J Phycol., 37, 1 - 17 (2002).

Kim, R.-W., Lee, K., Najjar, R. G., Jeong, H.-D., and Jeong, H. J., Increasing N abundance in the northwestern Pacific Ocean due to atmospheric nitrogen deposition, Science, 334, 505 - 508 (2011).

Knapp, A. N., Sigman, D. M., and Lip Schultz, F., N isotopic composition of dissolved organic nitrogen and nitrate at the Bermuda Atlantic Time-Series Study site, Global Biogeochem. Cycles, 19, GB 1018 (2005).

Knapp, A. N., et al, Interbasin isotopic correspondence between upper-ocean bulk DON and subsurface nitrate and its implications for marine nitrogen cycling, Global Biogeochem. Cycles, 25, GB 4004 (2011).

Quigg, A., et al., The evolutionary inheritance of elemental stoichiometry in marine phytoplankton, Nature, 425, 291 - 294 (2003).

Redfield, A. C., The biological control of chemical factors in the environment, Am. Sci., 46, 205 - 221 (1958).

Steinberg, P. A., The Carbonate System Response to Iron Enrichment, Master Thesis, University of Miami, Coral Gables Florida (1998).

Takahashi, T., Broecker, W. S., and Langer, S., Redfield ratio based on chemical data from isopycnal surfaces, J. Geophys. Res, 90, 6907 - 6924 (1985).

Weber, T. S., and Deutch, C., Ocean nutrient ratios governed by plankton biogeochemistry, Nature, 467, 550 - 554 (2010).

第9章　海洋中的初级生产

9.1　初级生产

海洋中有机化合物的不同来源如图9.1所示，具体数据列于表9.1。从表9.1可以清楚地看出，海洋中有机化合物的主要来源是海洋植物的初级生产(Falkowski，2012)。初级生产是指有机体通过光合作用进行的生产，它为鱼类和哺乳动物结束的海洋食物链提供了基础。植物从水中除去 CO_2 和微量营养物，并利用太阳能将其转化为复杂的有机化合物，形成碳水化合物的简单反应是

$$CO_2 + H_2O \xrightarrow{\text{光照}} CH_2O + O_2 \tag{9.1}$$

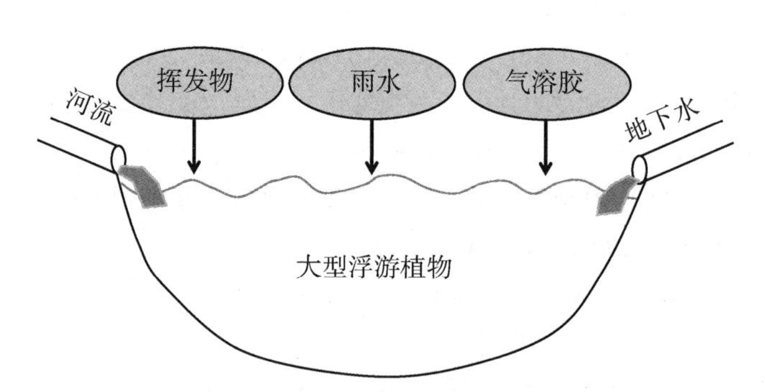

图9.1　海洋有机化合物的来源

表9.1　海洋有机化合物的来源

输入方法	数量(10^{15} gC/yr)	总数的百分比	
初级生产			
浮游植物	23.1	84.4	
大型植物	1.7	6.20	90.6
液体输入			
河流	1.0	3.65	
地下水	0.08	0.30	3.95
大气输入			
雨水	1.0	3.65	
干沉积	0.5	1.80	5.45
总量	27.4		

浮游植物是海洋中产生最大初级生产力的微生物。附着藻类在浅水水域中很重要。浮游植物是自由浮动的微观植物，只有有限的流动性，并通过洋流扩散。它们可以按尺寸分为：小型浮游植物(50～500 μm)，微型浮游植物(10～50 μm)，超微型浮游植物(0. 5～10 μm)。

它们主要通过光合作用生存，因此它们是光合生物。光合作用是一个复杂的过程：太阳能被浮游植物细胞吸收并转化为以有机化合物形式储存的生物能。其步骤如下：

(1)由发色团中所含的光合色素吸收光子，主要光合色素是叶绿素。叶绿素 a 的结构如图 9. 2 所示。双键共振系统稳定分子，并提供在吸收光时容易跃迁到更高能量轨道的电子。

(2)跃迁电子吸收的一部分能量通过涉及细胞色素 I 的酶系列循环反应转化为化学能，这使得二磷酸腺苷(ADP)和正磷酸(P)生成高能量的三磷酸腺苷(ATP)：

$$ADP + P \rightarrow ATP \tag{9.2}$$

图 9. 2　叶绿素 a 结构

跃迁电子的其余能量用于核黄素磷酸和烟酰胺腺嘌呤二核苷酸磷酸(NADP)的一系列酶反应。

$$4\ NADP + 2\ H_2O + 2\ ADP + 2\ P \rightarrow 4\ NADPH + O_2 + 2\ ATP \tag{9.3}$$

质子来自水，活跃电子来自还原态的 NADP。来自水的氢氧化物产生分子氧，并通过细胞色素 I 反应链将电子转移给叶绿素。

(3)利用 NADPH 的还原作用(NADP 的质子化形式)和 ATP 的磷酸化能力，CO_2 在系列循环反应中被吸收。这些反应产生碳水化合物(CH_2O)，这一步可在黑暗中发生。

$$CO_2 + 4\ NADPH + ATP \rightarrow CH_2O + H_2O + 4\ NADP + ADP + P \tag{9.4}$$

将方程式(9. 1)与方程式(9. 3)相结合得出：

$$CO_2 + H_2O \rightarrow CH_2O + O_2 \tag{9.5}$$

标记的$^{14}CO_2$能够非常快速地进入碳水化合物，还能进入其他化合物。这说明除了有CH_2O生成之外，化合物如脂肪和氨基酸还在由碳循环中的中间体合成。

由于生成其他类别的化合物，光合商（PQ = 释放的O_2分子/同化的CO_2分子）不等于1.0。如果仅形成脂质，PQ为1.4；使用NH_3形成氨基酸时，PQ为1.05；使用NO_3^-形成氨基酸时为1.6。只要有足够的营养，对于自然群体来说，1.20至1.39的值是很平常的。在低光照强度下，可能发生其他化合物如乙酸盐的异养利用。这可能有利，因为利用它比固定CO_2需要的能量更少。

通过光合作用产生的有机化合物的氧化获得代谢过程所需的能量。这个过程被称为呼吸作用。简单的总反应就是：

$$CH_2O + O_2 \rightarrow CO_2 + H_2O \tag{9.6}$$

呼吸商（RQ = 释放的CO_2分子/同化的O_2分子）接近1.0。因此，这一过程通常不使用脂肪和蛋白质。光照和黑暗条件下的呼吸作用速率大致相同，该速率约是在最佳条件下生长细胞的光合作用最大速率的5%至10%。在光照中发生的呼吸作用被认为与黑暗中相同。

9.1.1 浮游植物生产量

浮游植物生产量和生产速率对于食物链中可利用的有机碳都很重要。现存量是在给定时间内定量海水中（海水的$mg\ C \cdot m^{-3}$）或在一定海水表面下（$mg\ C \cdot m^{-2}$）存活的浮游植物的数量。初级生产率（P）被定义为每单位时间单位体积（$mg\ C \cdot m^{-3} \cdot h^{-1}$）或单位表面积（$g\ C \cdot m^{-2} \cdot day^{-1}$）光合固定的无机碳的重量。初级生产率通常由在100 m、10 m和1 m深度进行测量确定。

$$P = (1/5)(2\ P_{100} + 2\ P_{10} + P_1)(D/2)\ N\ K \tag{9.7}$$

式中，D是表层光照强度为1%时的深度，N是日落小时数，K为容差系数（热带地区为1.0）。

新生产力的定义与新的可利用氮（NO_2^-、NO_3^-、NH_3）的初级生产相关。新生产力加再生产力（与循环氮相关的初级生产）等于初级生产总量。

$$P_T = P_{NEW} + P_{REG} \tag{9.8}$$

这些定义基于稳定系统。新生产力与总生产力的比例称为f比：

$$f = P_{new}/P_T \tag{9.9}$$

f比可用于描述从海洋表层水输出到深海的有机氮和碳的比例。这些有机化合物在深层水中氧化成NO_3^-和CO_2。它也代表了系统维持次生和更高水平生产的能力。

9.1.2 现存量或生物量

通过离心或过滤浓缩生物质，通过Coulter计数器肉眼计数，或者通过分析细胞的化学成分来对细胞进行计数。通过光谱和荧光测定法测定叶绿素a的浓度，这种方法通常用作生物量水平的指标。微量营养元素的消耗率也用于长期内获得初级生产力的综合价值评价。由于 NO_3^- 和 PO_4^{3-} 可以每年再生和回收多次，因此这些值将趋向于最小水平。

已经有许多方法来确定初级生产力(见表 9.2)。接下来的两节将简要讨论用于确定初级生产力的最常用方法。

表 9.2　用于确定初级生产力的方法

在实验室条件下	组分	时标
^{14}C 同化	$P_T = P_N$	数小时至 1 天
O_2 评估	P_T	数小时至 1 天
$^{15}NO_3^-$ 同化	P_{new}	数小时至 1 天[a]
$^{15}NH_4^+$	P_T	数小时至 1 天[a]
$^{18}O_2$ 评估	$P_{new} = P_C$	数小时至 1 天[b]
物理传输		
沉积物捕集器	$P_{new} = P_C$	数天至数月
体积性质		
透光层 NO_3^- 通量	P_{new}	数小时至数天
O_2 消耗	P_{new}	季度至年度
净 O_2 积累	P_{new}	季度至年度
$^{238}U/^{234}Th$	P_{new}	数天至一年[c]
$^{3}H/^{3}He$	P_{new}	季度至年度[d]
上限和下限		
吸收的光子	P_T	瞬时至一年
冬季 NO_3^- 耗尽	P_{new}	季度
遥感	P_T、P_{new}	数天至一年

注：P_T，总初级生产力($P_{new} + P_r$)；P_{new}，新生产力；P_N，净初级生产力；P_R，再生产力；P_C，群落生产力。a Alta bet，M.，and Deuser，W.，Nature，315 (1985). b Bender，M.，et al.，Limnol. Oceangr.，32，1085 (1987). c Coale，K.，and Bruland，K.，Limnol. Oceangr.，32，189 (1987). d Jenkins，W.，Nature，300，246 (1982).

9.1.3　O_2 解离法测定初级生产力

将一系列 300 mL 具塞玻璃瓶装满了使用洁净技术(Kevlar 外壳聚四氟乙烯内里的瓶子)收集的海水。瓶子悬浮在整个透光层不同深度。在相同的深度悬挂黑色或"不透光"的瓶子使其填充相同海水。3～8 h 后，分析水中的 O_2。通过测定透光瓶中 O_2 的增加量来测定净光合作用量。总生产力从明暗瓶中 O_2 的差异(呼吸作用中的 O_2 损失)得出。该方法的一些问题如下：

(1)低生产力的贫瘠水域灵敏度(～3 mg C · m^{-2} · h^{-1})不足。

(2)不能用于污染水域，因为有机污染物的氧化可能导致 O_2 的损失。

(3)当脂质或蛋白质是光合作用产物(例如，硅藻)时，结果会很低。

(4)吸附在瓶壁上的细菌会引起问题。

(5)生长可能受到瓶中限定空间的影响。

Bender 等(1987)想出了一种使用稳定同位素 ^{18}O 测量总初级生产力的方法。样品的 H_2O 中人工加入 ^{18}O 同位素，通过下列反应式得到 O_2 中的 ^{18}O：

$$H_2{}^{18}O + CO_2 \rightarrow CH_2O + {}^{18}O^{16}O \quad (9.10)$$

使用质谱计测量 O_2 生产率。光合作用期间氧同位素的分馏不会对测量有显著的影响。$\delta(O^{18}/{}^{16}O) = [(O^{18}/{}^{16}O_{样品})/(O^{18}/{}^{16}O_{标准}) - 1] \times 10^3$ 从 2 000 升至 3 000。由呼吸引起的变化比 ^{14}C 方法影响的程度要小得多。这种方法用于测定总生产量；^{14}C 方法用于测定净生产量与总生产量之间的差异。因此，该方法在区分总生产力和净生产力方面很有用。已经得到了符合总氧含量变化的总产量值。^{14}C 生产量占总产量的 65% 或以下(Grande 等，1989)。

9.1.4　CO_2 吸收法测定初级生产力

测量初级生产力的最常见方法是使用碳－14。使用 300 mL 大小的瓶装满海水和 2 cm^3 的 ^{14}C 标记的碳酸氢盐溶液(1～25 μCi，取决于预期生产力)。将瓶悬挂在不同深度或放置在恒温槽中，并用有滤光的荧光灯光照射，以确定一定深度的亮度和光谱分布。2～6 h 后，通过 0.45 μm 滤膜过滤海水，滤膜提前用海水或 HCl 蒸汽洗涤以除去钙质无机碳。用闪烁计数器计算放射性碳通量以确定活性。大约 1%～2% 的 CO_2 可能在黑暗中交换(在热带水域为 10%)。生产力由下式得出：

$$生产力(mg\ C \cdot m^{-3} \cdot h^{-1}) = 1.05(C_S - C_D)W/C\,N \quad (9.11)$$

式中，W 是样品中的总 CO_2(mg C · m^{-3})；N 是暴露小时数；1.05 用于补偿藻类细胞对 $^{14}CO_2$ 比 $^{12}CO_2$ 摄取更缓慢；C_S 和 C_D 分别是光瓶和暗瓶的速率；C 是添加到瓶子中的 ^{14}C 的归一化计数率。Strickland 和 Parson(1968)给出了使用这种技术的全部细节。该方法的一些问题如下：

(1)测得净产量(占总产量的 60%～90%)尤为重要。

(2)细胞外代谢物可能不被滤光器保留(30%)。

(3)样品外观可能会变化。

(4)可能会漏掉昼夜效应造成的影响。

(5)仅测量无机碳的固定。

实验室测量结果与 O_2 产生、CO_2 同化、P 摄取以及离心后获得的细胞体积计算得到的初级生产力估计量基本一致。O_2 方法为 24 h 以上的采样和高生产力水域提供了更有意义的结果。^{14}C 方法最适用于胞外产物校正后的贫瘠水域。

9.1.5　新生产力的确定

近年来，新生产力已经通过多种化学和物理方法得到了确定。由于氮被认为是海洋中浮游植物的生产限制因素，所以经常用氮来定义和测量新生产力。因此，新生产力可以被估算为硝酸盐运往海洋透光层的速率或离开该区域的有机氮速率。固氮生物的这一作用仍有待充分阐明。可用于确定新生产力的实验室技术是$^{15}NO_3^-$的同化和$^{18}O_2$的演变。沉积物表面捕集器有机氮的收集也可用于确定新生产力。测量总体性质的其他方法包括测定透光层中NO_3^-的通量和氧的积聚量。近年来使用的其他方法一般是使用示踪剂。其中包括：

（1）测量来自于表层水生产的O_2和透光层输出有机碳的消耗量。耗氧速率（OUR）的垂直积分可用于估计新生产力。这种方法给出了新生产力长期（季度至十年）和大范围（1000 km）的平均值。

（2）在透光层测量O_2的生产速率。

（3）硝酸盐进入真光带的通量，这可以通过检测来自温跃层的^3He的向上通量和大气损失之间的平衡来估算。

（4）钍亏损法，这种方法近年来经常用于估算初级生产。在平衡状态时，$^{234}Th/^{238}U$的比例应为 1.0。如图 9.3 所示，这是针对表层水和深层水的情况，不适用于光合作用区域的水域。^{234}Th的亏损是由于有机颗粒物质（存活的和死亡的）吸附。通过对这个亏损的面积进行积分，可以在几天的时间内估计给定地点的光合作用区的总初级生产。该方法可通过其他方法（如^{14}C）估计的初级生产进行校准。

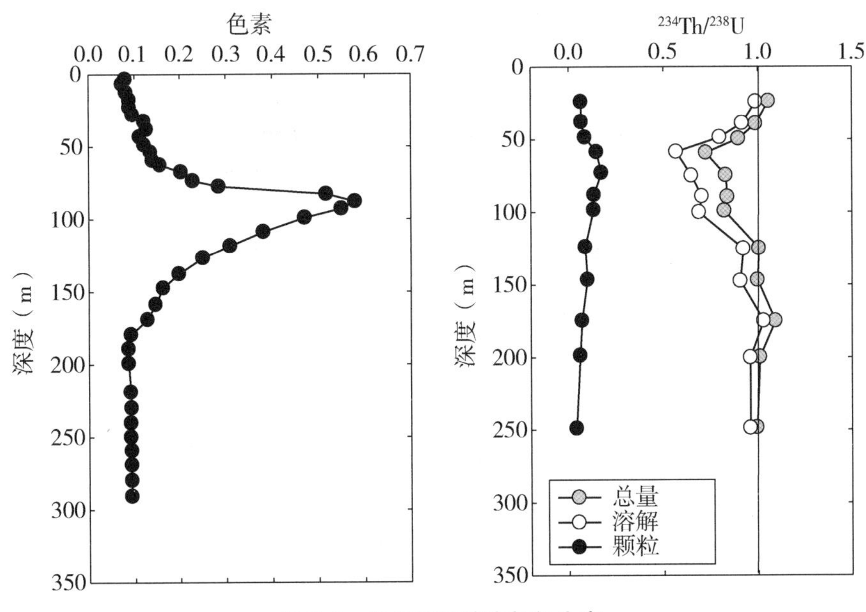

图 9.3 钍亏损法确定初级生产

通过测量$^3H-^3He$、^{228}Ra或氟氯烃（CFC）与 AOU（表观耗氧量）的关系可以用来确定水的年代，从而确定 OUR。$^3H-^3He$年龄测定法（Jenkins，1987）已被广泛用于确定 OUR。OUR 与深度的关系如图 9.4 所示。通过该方法发现氧需求量约为 5～6 $mol(O_2)\cdot m^{-2}\cdot yr^{-1}$。使用 Redfield O/C 比为 1.65 得到的氧需求量垂直积分，可得到北大西洋新生产力为 3～3.5 mol C・m^{-1}・yr^{-1}。这与根据同一地区氧气产生量（5 mol・m^{-2}・yr^{-1}）确定的值估算的值非常一致。这些估算值是长时间尺度（从季度到十年）的，远远大于实验室估算值和沉积物捕集器短期捕集所做的估算。这些估算值得出硝酸盐的向上通量为 0.6 mol・m^{-2}・yr^{-1}，而计算值比这低 5～10 倍。造成这种差异的一个可能原因是 NO_3^- 的垂直运输是小尺度的涡流过程。这些偶然事件已经被证明在大西洋百慕长期站（BATS）有发生（见图 8.12）。

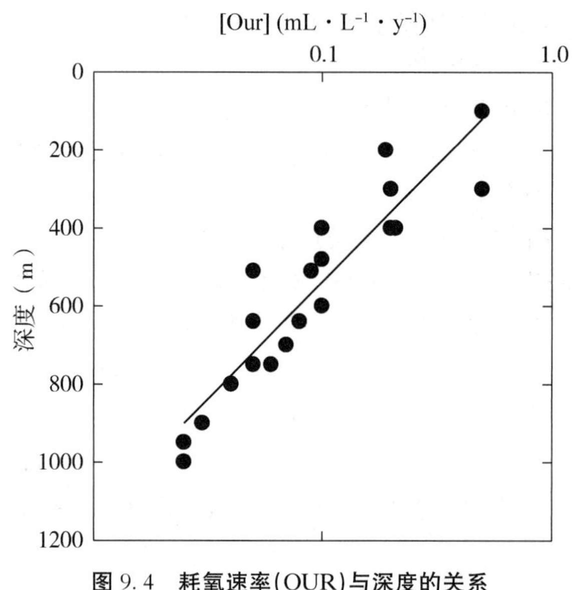

图 9.4　耗氧速率（OUR）与深度的关系

（摘自 Jenkins，Nature，300，246，1982。经许可。）

9.1.6　影响浮游植物生长的因素

一些物理和化学因素可影响海洋中浮游植物的生长。下面给出一些情况。

9.1.6.1　**光照**

必须考虑影响光的两个因素：

（1）控制海洋亮度和光谱组成的因素。

（2）物种对给定亮度和波长的偏好。

到达海洋表层的光量受以下条件控制：

（1）太阳高度。

（2）云层覆盖。

（3）波长（370～720 nm）。

（4）反射、吸收和散射。

光合作用速率与低强度的光强度成比例地增加（见图 9.5）。在中等强度下达到光饱和。在高强度下，可能是由于叶绿素生产的抑制作用，产生抑制。在高强度下，由于光氧化会导致永久性抑制。

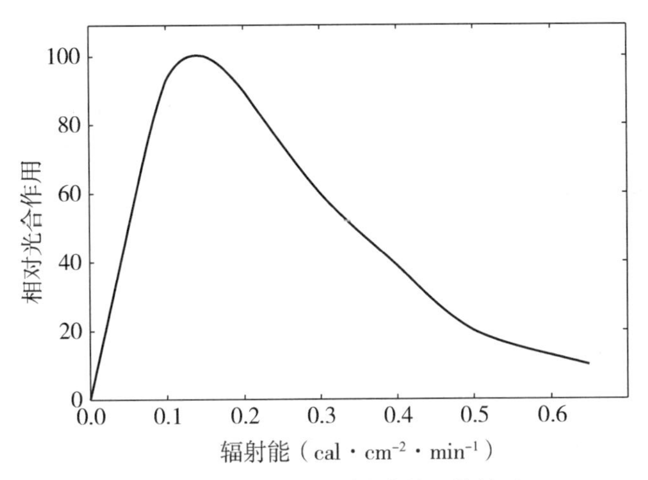

图 9.5　辐射能与相对光合作用的关系

9.1.6.2　**温度**

开放海域的温度范围为 − 2～30 ℃。浮游植物在高于其适宜生活温度（10～15 ℃）下会迅速死亡；慢慢降低温度对其影响较小。浮游植物最好在比自然条件高 5～10 ℃的条件下培养。温度和光的组合效应可以确定给定纬度的演替模式。

9.1.6.3　**盐度**

海洋浮游植物可以在盐度低至 15 的情况下生长，有的在盐度高于 35 的情况下生长更顺利。狭盐性生物只能在有限的盐度范围内生长，例如波罗的海多甲藻只能在盐度为 8～12（波罗的海）时生长；而广盐性生物可以在不同的盐度下生活。

9.1.6.4　**微量营养物和微量金属**

生物体需要 N 和 P 才能健康成长。一些生物体（例如蓝藻细菌）可以固定分子氮。其他需要 NH_3、NO_2^- 和 NO_3^-；异养生物可以利用有机氮，一些可以利用溶解或颗粒有机磷。大多数物种在 NO_3^- 和 PO_4^{3-} 含量为海洋最大值的 29 倍下都可以生长。生物生长所需 PO_4^{3-} 的最低水平约为 0.3 μM，但可能因不同物种而异。这通常在海洋中不会发生，因为氮在磷下降到临界水平之前就耗尽了。封闭区域的大面积水华可能是污水或肥料流失中过量 NO_3^- 和 PO_4^{3-} 造成的。硅藻生长需要 SiO_2，所需的最低水平约为 1.8 μM（可能发生在亚热带水域）。微量金属（Fe，Mn，Mo，Zn，Cu，Co，V）是浮游植物健康生长所必需的，因为生长所需的蛋白质和酶需要这些元素，例如，Ferrodoxin（铁蛋白），酶（Mn，Mo，Cu，Zn，Co）。

浮游植物可以吸收许多元素的螯合形式，经常向培养物中加入 EDTA（N，N，N，N'－乙二胺四乙酸）使金属以无毒形式出现，而不会有氢氧化物沉淀的危险。最近的工作表明，Fe 的不足可能会限制浮游生物在高营养（N，P 和 Si）水域（例如北太平洋和南大洋水域）的生产。来自大气的 Fe 输入可以控制这些地区的初级生产。这将在本章进一步展开讨论。

9.1.6.5 有机因素

浮游植物生长需要微量特定有机物。然而，一些有机物也会抑制藻类的生长。维生素 B_{12} 和 B_1（硫胺素）是生长促进剂，藻类也可能需要抗坏血酸和半胱氨酸。细菌可能会产生一些该类化合物。维生素 B_{12} 的缺乏可能会导致浮游植物通过停止细胞分裂、色素沉着和缩小细胞大小来限制光合作用的速率。

9.1.7 海洋中浮游植物的生长和分布

浮游生物的生长速率与已广泛研究的细菌相似。图 9.6 给出了理想化的生长曲线。由于物理、化学以及生物（啃食）和水文（水平和垂直水运动）因素，这种简单的生长曲线不会出现在海洋中。对各时期的讨论如下。

（1）停滞期：这种生长延迟被认为是细胞中生长促进剂引起的酶反应平衡破坏造成的。

（2）指数期：这是线性指数生长期，其中细胞数（N）根据下式增加：

$$\ln(N/N_0) = k\,t \tag{9.12}$$

式中，N_0 是初始细胞数，k 与生物体的性质和生长条件有关。生长半衰期 $t_{1/2} = \ln 2/k$。在培养物中，$k = 0.1 \sim 1.0\ h^{-1}$，而在海洋中，$k = 0.09 \sim 0.015\ h^{-1}$。这就得出在海上平均 $t_{1/2} = 8 \sim 46\ h$。

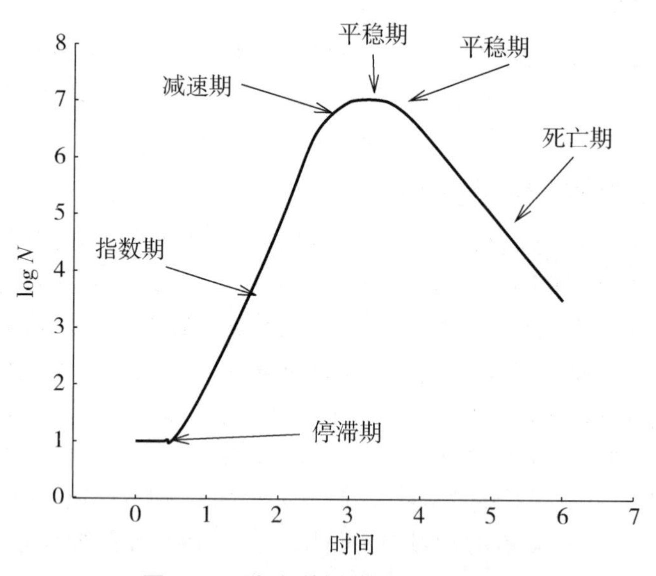

图 9.6 理想化的浮游植物生长曲线

（3）减速期：这阶段是营养素耗尽、生长抑制剂抑制、光照减少引起的光合作用减少引起的生长率下降导致的。

（4）平稳期：这阶段是指活细胞没有净增加，但代谢活动仍然没有被限制。

(5)死亡期：这阶段时细胞以指数速率死亡。当然不是所有的细胞死亡，有些细胞进入休眠状态并可长时间存活。在海洋中，由于浮游动物的啃食、在透光层下沉降、水平运动和毒素，水华将消散。

初级生产力的季节性变化如图9.7所示。生产力在春季和秋季达到峰值，这与混合水的氮和磷充足以及光强度适当有关。夏季峰值较小是由于浮游动物摄食造成的养分回收。夏季和冬季光合作用相对速率与深度的关系如图9.8所示。这些年来，多名工作者一直在研究北大西洋春季的初级生产。在春季，水华会固定碳，并将其输出到深层水。这些水华被认为是春季变暖表层水分层引起的，这种分层作用减少了浮游动物的摄食活动，因此促进了浮游植物的生长。Mahadevan 等(2012)通过观测和建模表明，由于密度梯度引起的表层洋流会造成分层作用，因而产生水华。由于气候变暖，水华提前20～30天发生。

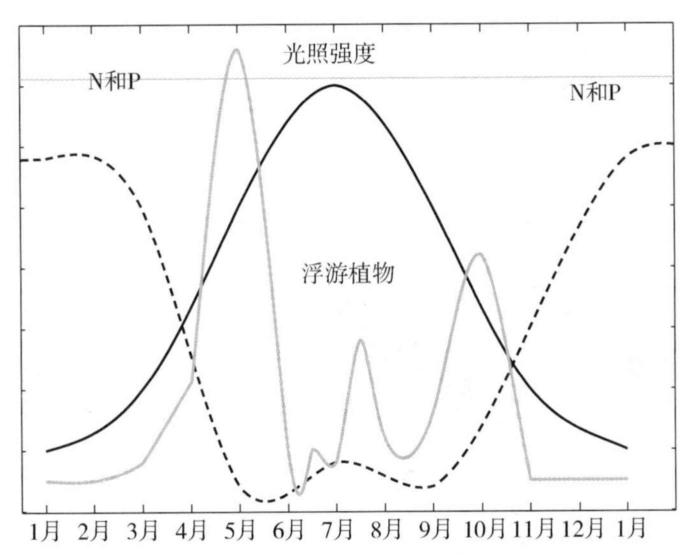

图9.7　典型的北温带海洋中浮游植物量、营养物质量和光强的季节变化(见彩图)

补偿深度(compensation depth)定义为光合作用等于呼吸作用时的深度，也就是当AOU等于0时的深度。夏季，最大光合作用发生在光的透射率在25%～50%之间时的深度。冬季的低光合作用速率导致补偿深度出现在表层附近。在开阔海域，光合补偿深度与较深水域的氮有关。初级生产力的地理分布如图9.9所示。它在上升流沿海地区和南部海洋是最高的。表9.3给出了各个区域的一些代表值。海洋总量平均值范围为50～370 g C·m^{-2}·yr^{-1}(4～31 mol C·m^{-2}·yr^{-1})，这是取O_2消耗估计量得到的较高值。可以将一年3×10^{10}～15×10^{10}公吨碳与陆地2×10^{10}～3×10^{10}公吨碳估计值进行比较。

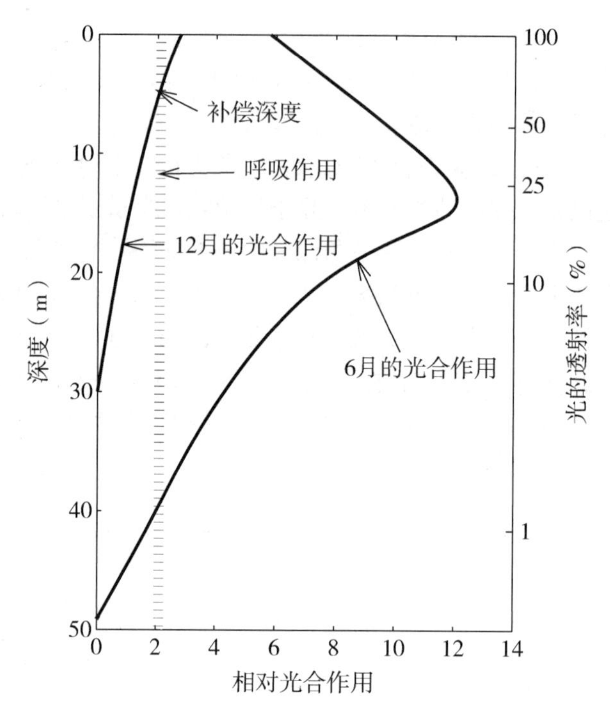

图 9.8 日初级生产率与深度的关系

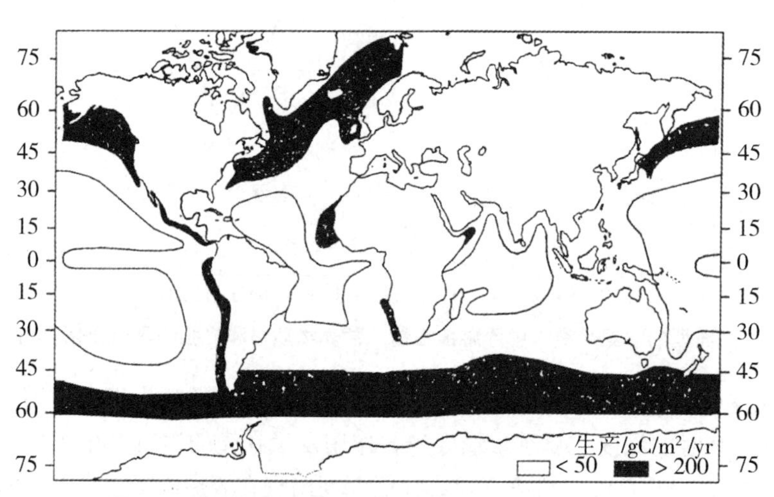

图 9.9 海洋初级生产力的地理分布($g\ C\cdot m^{-2}\cdot yr^{-1}$)

表 9.3 海洋初级生产力

区域	$g\ C\cdot m^{-2}\cdot yr^{-1}$	区域	$g\ C\cdot m^{-2}\cdot yr^{-1}$
开阔海域	18～55	大陆架，纽约	120
赤道太平洋	180	大陆架，北海	50～80
赤道印度洋	73～90	黑潮	18～36
上升流区域	180～3600	北极	1
马尾藻海	72（18～168）	所有海洋平均值	50～370

近年来，一些工作者对碳-14技术确定的初级生产力价值的有效性提出了质疑。由于可能存在微量金属污染，早期的测量是不准确的，另外，还需考虑该技术是测量净初级生产还是初级生产总量。最近的研究表明，可以使用采用微量金属收集技术的^{14}C方法进行可靠的总生产测量，并为净生产提供了上限。

使用$^{3}H/^{3}He$比例，Jenkins(1982)通过OUR测量得出北大西洋的初级生产率为4.5 mol $C \cdot m^{-2} \cdot yr^{-1}$或55 g $C \cdot m^{-2} \cdot yr^{-1}$。如果这是生产量的80%～90%，初级生产力至少为60g $C \cdot m^{-2} \cdot yr^{-1}$，这远远高于开阔大洋的预期值。

9.1.8 遥感技术

目前对全球生产量的估计存在误差。示踪技术可跨越季度至几年，而^{14}C法和O_2法的持续时间较短(只有几小时)。最近的工作表明，海洋在短时间尺度上受到干扰，这可能导致碳固定的巨大瞬变。航次研究显示的浮游植物分布相当分散，采样不充分。由于光合作用依赖于叶绿素，海水中叶绿素的浓度可作为光合作用的指标。这种方法只能得到近似值，因为难以区分死亡物质中的活性和非活性叶绿素。这促进了遥感方法的发展，用来估计有色生物量(Gordon 等，1988)。通过使用卫星(见图9.10)，水中的叶绿素可以用于了解广泛地区的初级生产力。如果通过直接测量来校准卫星数据，可以提高颜色和生产之间的相关性。大多数叶绿素存在于海洋的沿海和上升流区域，其中的营养元素也可用于初级生产。

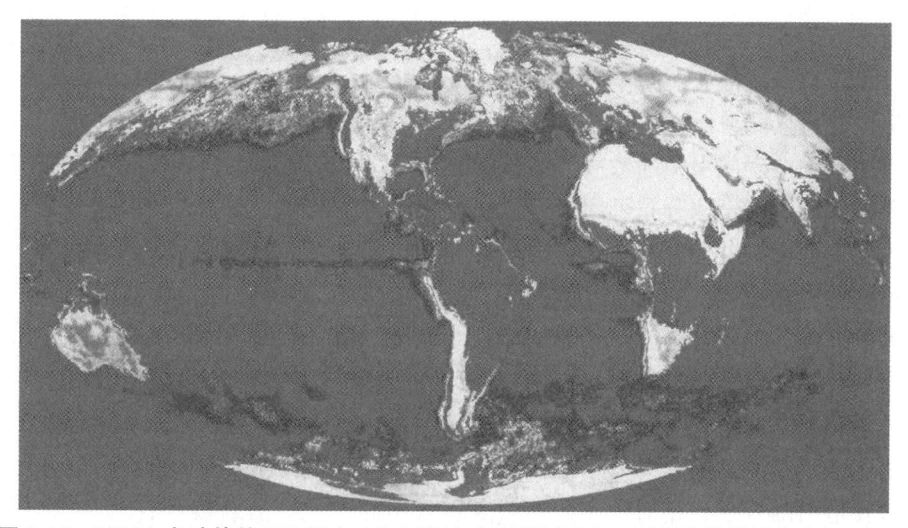

图9.10 NASA戈达德航天飞行中心和迈阿密大学通过彩色卫星制作的世界色素(见彩图)

遥感技术提高了我们对表层海洋(真光带上部的25%)全球生产力的了解。使用卫星确定初级生产并不简单，这是一种不断发展的技术。对海洋中的初级生产的全面了解将需要对不同时间和空间尺度进行测量，这将需要不同的测量手段(例如，船舶、系泊设备和卫星)。为了利用卫星确定初级生产，需要了解光场、色素及其吸附特性等。而为了将色素的浓度转化为初级生产，一些工作人员已经开发了半经验模型(Bidigare 等，1992）。由 Tailing（1969）构建的整体光合作用 $\sum P$ 的最简单模型由下式得出：

$$\sum P(\text{hourly}) = \frac{[\text{Chl}] \times (P_{max}/[\text{Chl}])}{K_{Qpar}} \ln\left[\frac{Q_{par}(0-)}{0.5\ I_k}\right] \quad (9.13)$$

式中，[Chl]是叶绿素的浓度，P_{max}/[Chl]是特异性叶绿素产生的光合作用最大速率，$Q_{par}(0-)$是在表层以下测量的下行光合有效辐射（par），K_{Qpar} 是 Q_{par} 的漫射衰减系数，I_k 是光合作用的饱和参数（维持光合作用光饱和速率的最小辐照度）。光合作用的半饱和常数（$0.5\ I_k$）与酶饱和动力学的 K_m（$-0.5\ V_{max}$）相当，并将光合生理状态的自然可变性与周围的光照联系起来。

Rohde（1965）通过假设 $0.5\ I_k$ 时的深度等于 10%亮度级（$Z_{0.1Qpar(0-)}=0.1$）的深度来简化模型：

$$\sum P(\text{hourly}) = Z_{0.1}[\text{Chl}](P_{max}/[\text{Chl}]) \quad (9.14)$$

这些方程式都假设叶绿素在水柱中均匀分布，光合辐照度（$P-I$）参数不随光照深度而变化。

Ryther 和 Yentsch（1957）开发了一个浮游植物培养时 $P-I$ 关系的模型。

$$\sum P(\text{daily}) = (R/K_{Qpar})[\text{Chl}](P_{max}/[\text{Chl}]) \quad (9.15)$$

式中，R 因子是相对光合作用参数，随总表面辐射变化而变化。我们已经知道初级生产与深度有关，最广泛使用的方程式是由 Jassby 和 Platt（1976）提出的：

$$P(z) = [\text{Chl}(z)](P_{max}/[\text{Chl}])\tanh[\text{Qpar}(z)/I_k] \quad (9.16)$$

Bidigare 等 1992 年还开发了更复杂的光谱模型，将辐照度和浮游植物吸光性质随深度和波长变化都考虑到了。Balch，Platt 和 Sathyendranath（1993）将一些模型与初级生产的直接测量值进行了比较，这些模型似乎都有一些缺陷。

浮游植物在表层水中的浓度可能会影响从卫星看到的颜色。通过高空间分辨率获得的浮游植物色素全球分布可用于检测初级生产、大气和海洋之间的碳通量、云形成对热量收支的影响（由 DMS [二甲基硫醚]造成）并且可能吸收可见频率的太阳辐射。浮游植物的寿命短（1～10 天）并且空间尺度小（1～5 km），因此只有卫星测量可以提供可靠的时间和空间分辨率。像 SeaWIFS（sea-viewing wide field-of-view sensor，海洋宽视场遥感器）这样的卫星海色仪器可测量进入太空传感器孔径的辐射亮度，当然，必须校正辐射亮度以获得海洋表面的光学和生物学性质，适当的修正算法仍在研究当中。由于卫星观测到的 95%～99%辐射亮度来自于散射光，所以必须校正大气的散射，这种散射随波长、相对于海面的角度和日照而变化。散射校正有三个组成部分：分子（瑞利）散射，气溶胶散射和大气的漫射透光率。所有这些必须通过综合计算来得到离开水面和到达卫星的信号。一旦进行了这些修正，就可以估计离开水面时的辐射亮度。生物光学算法必须用于计算相关数量，如叶绿素和初级生产。这必须通过校正表层水的光学性质来完成。这通常使用上升流辐射亮度 Lw 和色素浓度相关联的经验方程式（Gordon 等，1988）：

$$C = 1.15\,[\text{Lw}\,(443)/\text{Lw}\,(569)]^{-1.42},\ C < 1\ \text{mg}\cdot\text{m}^{-3}(\text{绿水})$$

$$C = 3.64\,[\mathrm{Lw}\,(500)/\mathrm{Lw}\,(560)]^{-2.62},\ C < 1\ \mathrm{mg \cdot m^{-3}}(\text{蓝水})$$

带有 $CaCO_3$ 壳体的浮游植物水华发生可能导致高反射率，因为整个水域呈乳白色(Balch 等，1993)。综合总生产力的计算使用了复杂的方程式，与水的生物光学性质的表面辐照度和参数相关。对大气 - 海洋界面的新生产和碳通量更难估计。随着全球数据增加，这些参数化技术将得到改善。

世界海洋的全球初级生产情况如图 9.11 所示。最高水平区域处于沿岸上升流区域。表 9.4 将初级生产的海洋数值与陆地生产进行了比较。

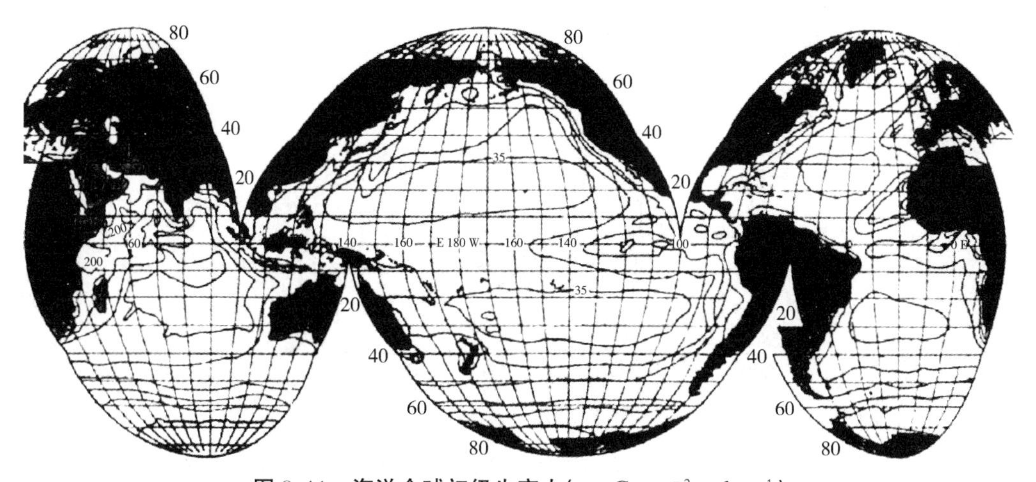

图 9.11　**海洋全球初级生产力**(mg C · m⁻² · day⁻¹)

表 9.4　**全球初级生产比较**

理论藻类最大值	27 g C · m^{-2} · day^{-1}	理论藻类最大值	27 g C · m^{-2} · day^{-1}
稻田	4	南冰洋	1
松树林	2	浅海	0.2(例如，每 10 m 透光层 20 mg C · m^{-3})
上升流海洋	2	海洋	0.1(例如，每 77 m 透光层 1.3 mg C · m^{-3})

9.2　铁假说

浮游植物在海洋表层水域生长需要硝酸盐、磷酸盐和硅酸盐。在大多数海域中，限制性营养盐被认为是硝酸盐。然而，即使世界上超过 10%的海洋表层水有充足的主要的植物营养盐(硝酸盐、磷酸盐和硅酸盐)和光照，浮游植物的现存量仍然很低。这些海域包括北太平洋、赤道太平洋和南极洲附近的南大洋海域。太平洋海域表层水硝酸盐的表面浓度从南到北如图 9.12 所示。Chisholm 和 Morel 积极讨论了在高营养盐低叶绿素(HNLC)区域限制浮游植物生长和生物量的因素(Chisholm 和 Morel,

1991）。有人提出，可以通过促进 HNLC 地区植物的生长来去除大气中的大量二氧化碳（Martin，Gordon 和 Fitzwater，1990）。

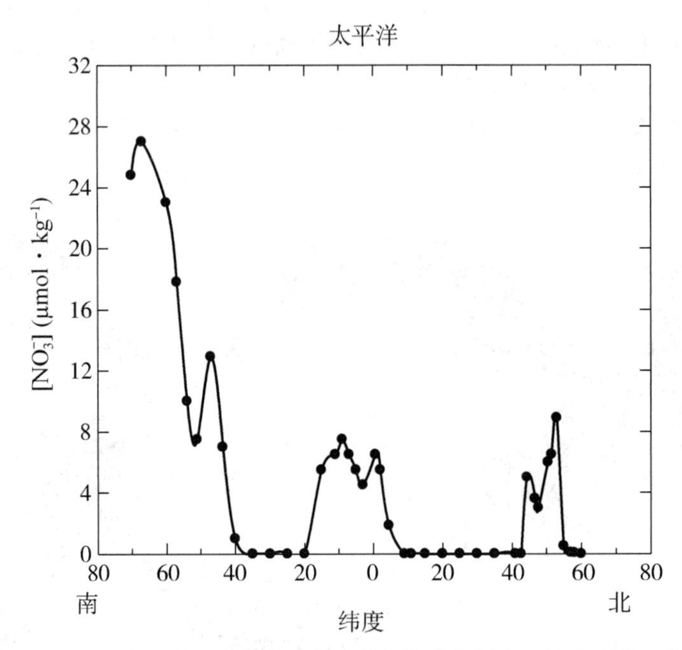

图 9.12 北太平洋、赤道太平洋和南极海洋表层水中的硝酸盐浓度

HNLC 海域植物生长不足的原因归结为以下几点：

(1)浮游动物摄食可能有助于维持低叶绿素水平(Banes，1990)。

(2)高纬度地区的强湍流可能在临界深度以下混合浮游植物，使光线受限(Mitchell 等，1991)。

(3)缺乏所需的微量营养元素(如铁)可能会限制生长(Brand，1991)。

金属对浮游植物生长的限制可以通过研究海水中金属与磷酸盐(Brand，1991)的相对浓度与其在浮游植物体内的比例来证明(见图 9.13)。

浮游植物中铁的相对浓度高于水体中的铁，表明它可能限制了生长。Mn 是唯一一种在太平洋水体中浓度比浮游植物体内浓度低的金属。

由于铁是电子传递和酶系统中必需的微量元素，Martin(1992)提出，Fe 的浓度最为重要。这促使他提出了铁假说，即铁的量限制了世界海洋 HNLC 区域浮游植物的生长速率。

这个假说的两个推论是：

(1)浮游植物对营养盐和碳酸盐的有效吸收受到铁的限制。

(2)由于铁限制可以控制浮游植物的生长，从而控制从大气中除去 CO_2 的进度，所以大气 CO_2 的水平随铁在海洋表面的分布而变化。

目前已经进行了一些支持铁假说的初步研究，包括：

(1)检测到的铁水平相当低(见图 9.14)，并且可能无法支持在最大生长速率下的

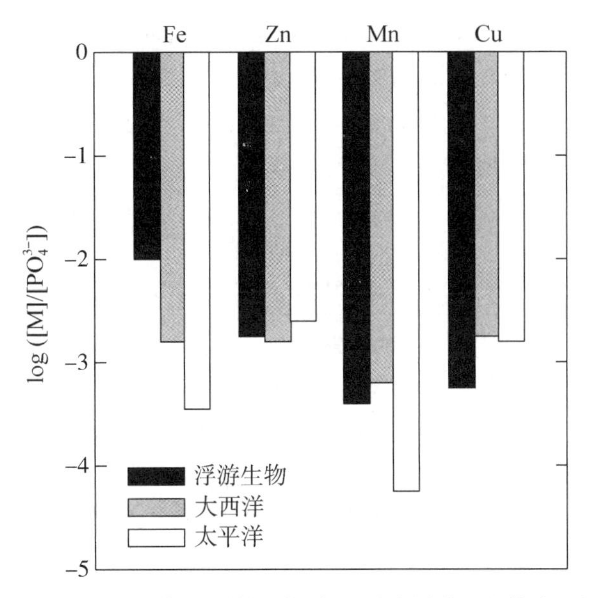

图 9.13　大洋中金属与磷酸盐的相对比例与其在浮游植物体内比例的对比

高浮游植物生物量(Martin 和 Gordon，1988)。使用微量金属洁净取样技术的结果表明，开放海域表层水中铁的皮摩尔浓度水平不足以支持浮游植物生长。

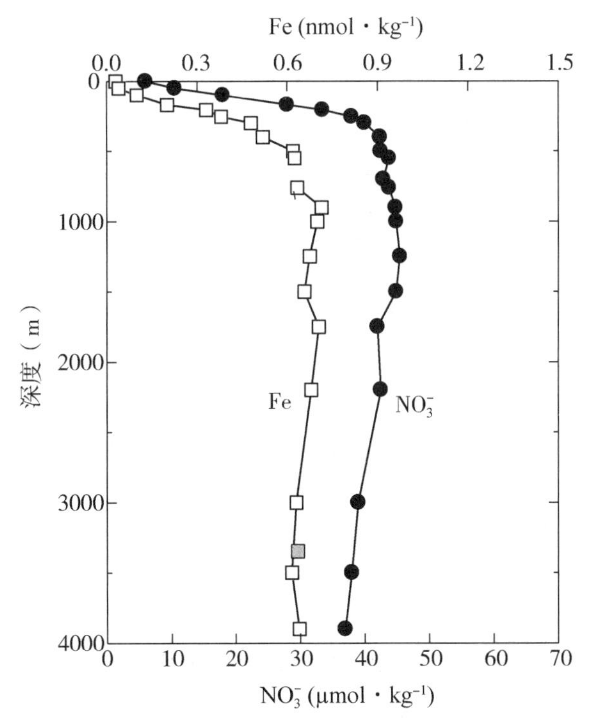

图 9.14　与硝酸盐和氧气相对照，Fe 在北太平洋水域的分布剖面

(2)已经证明，从 HNLC 区域向未污染海水添加 Fe 可以刺激浮游植物生长，特别是硅藻(Martin 和 Fitzwater，1989；Martin 等，1991)。如图 9.15 所示，在北太平洋(阿拉斯加)、南太平洋(南极洲)和赤道太平洋(赤道)附近收集的水样中是否添加铁，对浮游植物在水中的倍增时间影响很大。

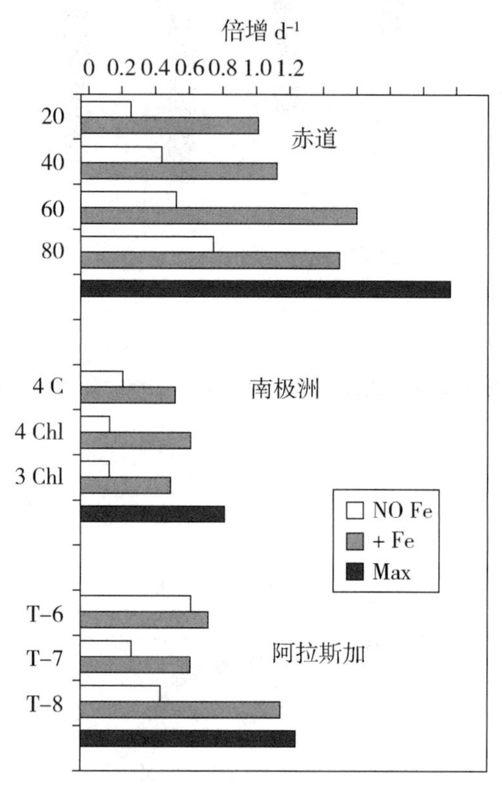

图 9.15 增加 Fe 对北太平洋、赤道太平洋和南太平洋浮游植物生长倍增时间的影响

(3)实验室数据也表明，铁含量过低可能限制浮游植物的生长(Sunda 等，1991；Hudson 和 Morel，1990；Brand，1991)。沿岸浮游植物 Fe ∶ P 最佳比例为 10^{-2}～$10^{-3.1}$，然而大多数海洋物种的比例小于 10^{-4}，这表明后者适应低浓度 Fe 的开阔海域。蓝细菌新生产力受 Fe 限制，而藻类生物量不受其限制。通过添加 EDTA 的络合物来控制铁的浓度，可以证明铁的低浓度水平会抑制沿岸和海洋蓝细菌的生长。

(4)具有快速重复率的荧光计检测数据表明，浮游植物的光化学能量转化效率小于 HNLC 区域最大值，并且添加纳摩尔水平的铁可使转化效率显著增加(Greene，Geider 和 Falkowski，1991)。

这些实验表明，铁的利用度和供应量可控制 HNLC 地区的海洋生产。东方站冰芯的大气 CO_2、粉尘沉积和非海盐气溶胶(来自浮游植物生长)的历史记录表明，铁沉积可能与海洋生产力有关(见图 9.16)。向海洋供应富铁浮尘可能会使海洋生产力提高并降低 CO_2 的大气浓度(Martin，1990)。

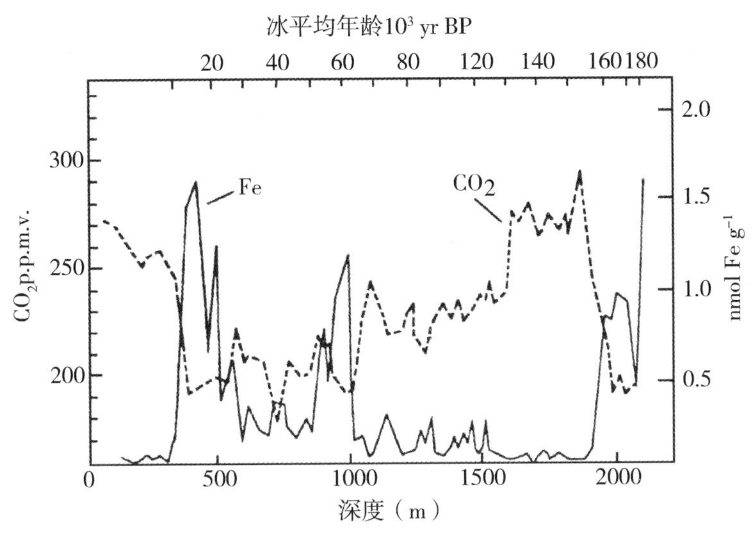

图 9.16　**大气** CO_2**、粉尘沉降和非海盐气溶胶的历史记录**

然而，这些船上和实验室实验对整个生态系统的推断受到强烈的批评（Banse，1990）。因为群落的某些组成部分被排除在外，瓶子实验不能准确按照设计代表群落对营养物的反应。铁对 HNLC 区域浮游植物生长的影响只能通过在实际的海水中添加铁浓度来确定，以了解其对整个生态系统的影响。科学家在赤道太平洋加拉巴哥群岛南部的水域进行了两次天然铁添加的研究（IRONEX I 和 II）（Martin 等，1991；Coale 等，1996），由于它们位于 HNLC 区域，所以选择这些地点开展研究。另外，海岛西海岸的加拉巴哥群岛可能存在天然铁添加，这为实验提供了近似比较。最近，在南部海域也进行了铁添加实验（SOFeX，南大洋铁实验）（Coale 等，2004）。这些实验用以检查铁的量、浮游植物生产力和大气二氧化碳之间的联系。接下来将对这些研究成果进行讨论，在大量描述这些实验的论文中可获得更详细的信息。

9.2.1　IRONEX I 研究

1993 年 10 月中旬，Columbus Iselin 号考察船考察了加拉巴哥群岛以南约 500 km 的地区，开始 Fe 添加实验。Martin 等（1991）发表了一篇总结实验成果的科学论文。实验区域的初始铁浓度约为 0.1 nM。为确保区域内的变化是因为铁的添加，对该区域进行了为期 2 天的调查，以确定其生物、化学和物理不均匀性（参见表 9.5），大约 35 m 的表层水具有均匀性，大约 40 m 的表层水温度和盐度也相当均匀（T = 22 ℃ ± 0.68 ℃，且 S = 35.36 ± 0.01）。表层水中的碳酸盐参数也相当均匀（pH = 8.008 ± 0.009，NTA［归一化总碱度］= 2309 μM ± 2 μM，$NTCO_2$［归一化总二氧化碳］= 2044 μM ± 2 μM，fCO_2 = 408 μatm ± 6 μatm）。表层 CO_2 水平高于该区域的大气水平（360 μatm）。含氧量恒定，与大气接近平衡（216 M ± 1 M）。

表 9.5 **铁添加实验、SOFeX、IRONEX I、IRONEX II、SOIREE、EisenEx 和本研究期间，观察到的化学参数最大变化**

	IRONEX I[a] 第 3 日	IRONEX II[b] 第 8 日	SOIREE[c] 第 13 日	EisenEx[d] 第 18 日	北部海区 第 39 日	南部海区 第 20 日
NO_3(μmol·kg^{-1})	−0.68±0.2	−3.9±0.2	−2.9±0.3	−1.57±01	−1.4±01	−3.5±0.1
PO_4(μmol·kg^{-1})	−0.02±0.02	−0.24±0.02	−0.19±0.02	−0.16±0.01	−0.09±0.02	−0.21±0.02
$Si(OH)_4$(μmol·kg^{-1})	−0.02±0.2	3.9±0.2	−2.4±0.4	−0	−1.1±0.1	−4.0±0.1
NTA(μmol·kg^{-1})	−2.0±2	−1.0±3	—	—	0±4	0±4
$NTCO_2$(μmol·kg^{-1})	−6±2	−27±2	−18±3	−15±2	−14±4	−23±4
pH_{sws}(25 ℃)	—	—	—	0.025±0.001	0.032±0.01	0.057±0.01
CO_2(μatm)	−13±6	−73±6	−38±2	23±2	−26±3	−36±3
O_2(μmol·kg^{-1})	2.8±1.0	32±1.0	—	10±1	23±2	11±2

注：a—资料源自 Coale 等(1996)；Martin 等(1991)。b—资料源自 Cooper，Watson 和 Nightingale(1996)；Steinberg，Millero 和 Zhu(1998)。c—资料源自 Bakker，Watson 和 Law(2001)；Boyd 等(2000)。d—资源源自 Bozec 等(2004)。

硝酸盐、磷酸盐和硅酸盐的浓度分别为 10.8±0.4 μM，0.92±0.02 μM 和 3.9±0.1 μM，叶绿素浓度为 0.24±0.02 μg·L^{-1}，这是赤道 HNLC 地区的典型特征。在实验之前，通过 NASA 机载光学实验飞越上空证实了其叶绿素含量低。表层水的初级生产为 15～25 μgC·L^{-1}·day^{-1}，是该地区的典型特征。

通过将含 455 kg(7 800 mol)铁的 $FeSO_4$(0.5 M)的酸化海水(pH=2)加入到船的螺旋桨涡流中，在约 64 km+(8×8 km)的区域施加铁。六氟化硫 SF_6 作为惰性示踪剂，和铁一起添加。将 0.35 mol SF_6 加入装有海水的 2500 L 钢罐中溶解制备 SF_6 溶液(Ledwell 等，1993)。当船以大约 9 km·h^{-1} 的速度行驶时，将 SF_6 与铁溶液(12 L·min^{-1})一起泵入(1.4 min^{-1})螺旋桨涡流。目标是将铁浓度提高至 4 μM(在瓶子实验中，这一水平足以在 5～7 天内引起叶绿素的大量增加和主要营养物质的完全消耗)。追踪这个添加铁的海区，监测 10 天内生物、化学和物理参数的变化。铁假说要求监测海区相对于海区外的水域所增长的生长率。加铁海区生长加速应减少主要营养物质浓度并降低了二氧化碳逸出。采用三种跟踪方法来保持与富铁区域的接触。对通过浮标定位的拉格朗日算符参考点进行铁的调度和初始采样，浮标通过配备一个全球定位系统(GPS)接收器连接到 VHF(very-high-frequency，极高频)分组无线电发射机和接收机。每 5 分钟检查一次 GPS 浮标，以确定船舶在相对于该中心点的位置。此外，可以接收到装有 ARGO 浮标位置的四艘世界海洋环流实验(WOCE)漂流浮标。所有这些浮标都有一个设置在 10 m 的多孔护套浮标，以减少相对于铁添加海区的位移。

由电子捕获气相色谱法(GC)连续检测同时加入到海区的惰性化学示踪剂 SF_6，

检测限小于 10^{-16}M。船头 3 m 设有引入口的溢流法泵送系统用于采取表层海水。测定 SF_6 以确定相对于 GPS 浮标的富集铁海区的位置。海区的铁浓度也是通过基于流动注射技术的色度和化学发光分析，每 8 分钟确定一次。通过船头带有引入口的特氟隆泵系统，为铁分析提供表层海水。样品在分析前酸化至 pH = 3，从而检测溶解铁、新沉淀的胶体铁和许多老化胶体铁(总可溶性铁)。

在船舶行使速度为 9 km · h^{-1}时使用表层泵系统，在星形模式下对海区进行 3 天的取样。每天海区内都有一个主要的水文站进行采样，在接近正午时海区外的水文站进行采样。这些站收集的样品用来测定初级生产力、物种组成、叶绿素、色素、营养物质、POC(颗粒有机碳)、PON(颗粒有机氮)、DOC(溶解有机碳)、DMS、丙酸二甲基巯(DMSP)、溶解态和颗粒态微量金属、卤代烃和 CO_2 系统等参数。SF_6 示踪物的浓度，连同船舶相对于 GPS 浮标的位置，被用来区分海区内外水文站。NASA P－3 猎户座光学实验室飞越上空进行了额外的四次实验，以评估铁对表层水叶绿素的巨大影响。在星形模式下以 GPS 浮标为中心，航空器飞行的长度约 180 km。

在铁添加后第 4 天，该海区核心沉降到低盐度锋面以下，从东向西穿过该海区，深度为 30～35 m，在那里它被限制在温跃层顶部 5～10 m。在沉降后，海区仍然可以通过其明显的盐度和低光透射来检测。这些区域的水文取样通过直接化学分析证实了 SF_6 的存在。沉降后 SF_6 浓度没有下降。在持续 9 天的整个实验内，每天探测到的最高值为 40～50 fM。SF_6 的稳定性表明，即使在沉降后，未施加营养物的水域也不会进入到试验海区的核心区域。

在施肥 4 小时后，海区核心测定的可溶性铁浓度(DFe)高达 6. 2 nM。当水柱混合时，这些数值迅速下降，后一天的最高值为 3. 6 nM，与预测浓度(3. 8 nM Fe)非常一致。海区核心中的可溶性铁浓度每天下降约 15%。尽管如此，施肥 3 天后表层铁和 SF_6 的等值线图在空间上的数值也与预期相同。四天后次表层铁浓度下降到检测限以下。SF_6 测量数据显示，海区的残留物仍保留在表面。根据表面发现的 SF_6 量值推测出的铁浓度太低，从而无法在海中探测到。

加入的铁形成三种不同的形式。加入到海区中的大部分 Fe(II)在几分钟内被氧化成 Fe(III)，并且胶体氢氧化铁应该以 0. 1 h 的一级速率常数沉淀。这三个铁池中，胶体 Fe(III)被认为不具生物可利用性。然而实验表明，这些胶体将保持悬浮状态并通过光还原而具有生物可利用性。

在加 Fe 一天后，海区中的叶绿素变化明显。加 Fe 几天后，叶绿素(见图 9. 17)和初级生产力(见图 9. 18)随着水柱深度的不同而发生明显变化。叶绿素从 0. 24 μg · L^{-1} 增加到最大值 0. 65 μg · L^{-1}，增加了近 2 倍。混合层中最高初级生产量从最初的 15～25 μgC · L^{-1} · day^{-1}，增加至 48 μgC · L^{-1} · day^{-1}。小型和大型浮游植物的生产力提高了 1～2 倍。

对海区收集到的水样进行显微镜观察，结果表明所有类别的生物量都有所增加。通过细胞数量和体积计算的总自养生物量从 16 μgC · L^{-1}增加到 33 μgC · L^{-1}，这是一个显著的变化。浮游生物量增加最多的是聚球藻，一种红色荧光浮游植物和自养鞭

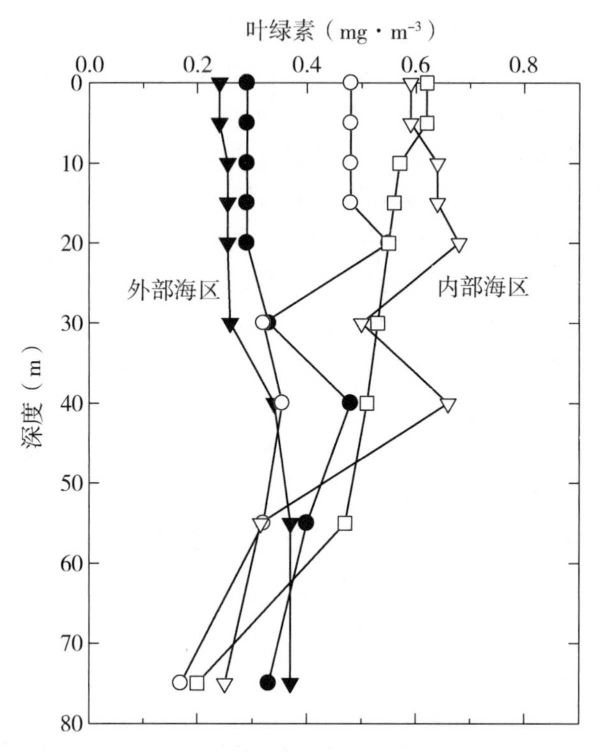

图 9.17 **在添加 Fe 的** 3 **天后，叶绿素随深度的变化**

毛藻。最初总浮游生物量总硅藻数量仅占小部分(17%)，其增幅与其他组别相同。异养生物量从 4.7 μgC · L^{-1}增加到 7.3 μgC · L^{-1}，这与异养鞭毛藻以及纤毛虫相关。

光合能量转换效率(F_v/F_m)是第一个检测到的生物反应(Kolbe 等，1994)。F_v/F_m 值在海区的第一次采样横截面上显示增加了 60%，这表明在最初 24 小时内(海区加 Fe 所需时间)内出现较大的生理反应。该参数在实验的第 2 天从 0.30 增加到 0.60，接近于充足营养条件下生长的浮游植物可获得的最大值(0.65)。F_v/F_m 和叶绿素的分布也与富含铁的区域中一致(见图 9.19)。海区中所有大小的浮游植物的光合能量转换效率的快速增长证实，环境中所有大小类别的种群在生理上都受铁含量的控制。

表层水中化学成分的变化如图 9.20 所示。营养元素在站点内外的混合层中的硝酸盐、磷酸盐和硅酸盐的浓度几乎没有系统差异。

Fe 实验中硝酸盐摄取与叶绿素产生的比例约为 1 mol NO_3^- · g^{-1} Chl。叶绿素增加 0.5 μg · L^{-1}应造成硝酸盐变化 0.5 μM。初始硝酸盐浓度为 10.8 μM。硝酸盐测量的常规精度(±0.4 μM)不足以检测到 0.5 μM 单位的降低。这段期间海区中的磷酸盐和硅酸盐也没有显示出明显的变化。

然而，氨在站内和站外表现出的差异一致。施肥 3 天后，海区中测得的平均氨浓度比海区外部的观测值低 0.1±0.07 μM。在海区外部的混合层基部附近经常观测到的氨最大值接近 0.45 μM。在铁施肥海区的内部探测到的氨值却不足 0.45 μM，海区内的氨浓度低于 0.12 μM。随着生长速率的增加，生物优先吸收氨。

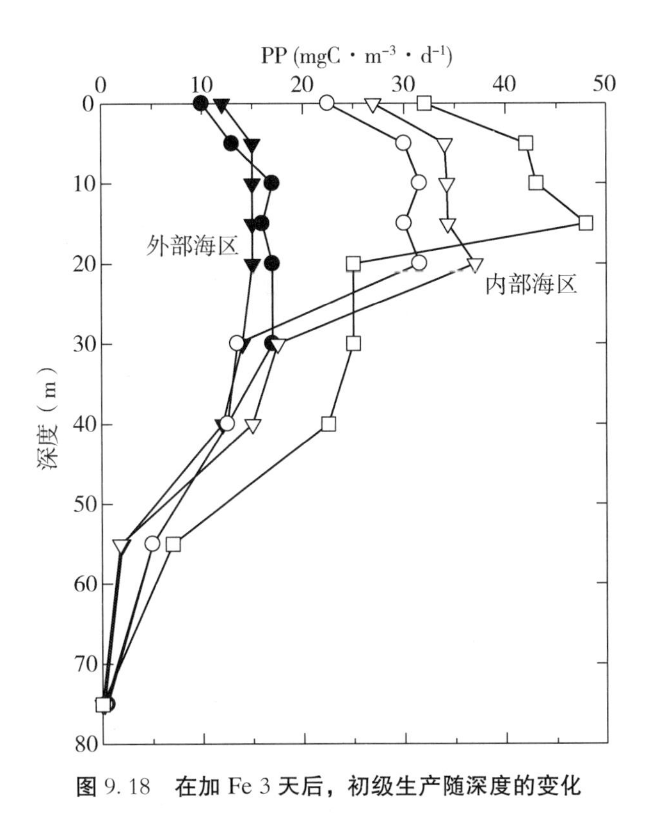

图 9.18　在加 Fe 3 天后，初级生产随深度的变化

海区内 CO_2 逸出量和总 CO_2 的测量值（见表 9.6）明显低于（低 3～12 μA 和 6 μM）海区外部观察到的 CO_2 逸出量和 CO_2 值（Watson 等，1994）。在铁添加后 2 天内，这些变化很明显。根据微观细胞计数估计的生物量增加量为 20 $\mu gC \cdot L^{-1}$。如果无机碳下降量相同，则铁施肥海区混合层中 CO_2 的逸出量每天减少 3 μatm。如果 CO_2 逸出量的降低值比根据观测到的生物增加量预测的要大四倍（上限范围），那么大量的碳可能已经从海区中消失了。

表 9.6　在 SOFeX 研究期间，北部和南部最后一次驻站期间观察到的化学参数的最大变化

	北部海区第 39 日	南部海区第 20 日
NO_3（$\mu mol \cdot kg^{-1}$）	−1.4±0.1	−3.5±0.1
PO_4（$\mu mol \cdot kg^{-1}$）	−0.09±0.02	−0.21±0.02
$Si(OH)_4$（$\mu mol \cdot kg^{-1}$）	−1.1±0.1	−4.0±0.1
NTA（$\mu mol \cdot kg^{-1}$）	0±4	0±4
$NTCO_2$（$\mu mol \cdot kg^{-1}$）	14±4	−23±4
pH_{SWS}（25 ℃）	0.032±0.01	0.057±0.01
FCO_2（μatm）	−26±3	−36±3
O_2（$\mu mol \cdot kg^{-1}$）	23±2	11±2

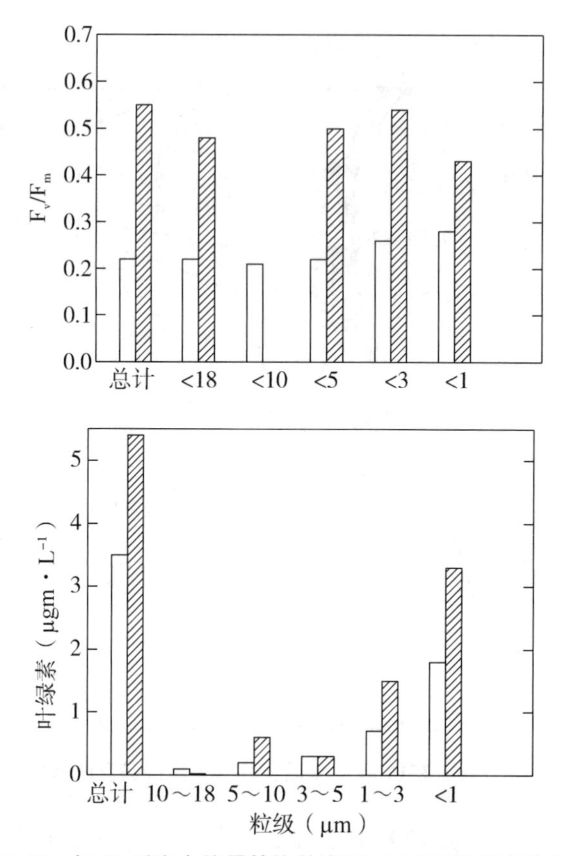

图 9.19 加 Fe 后光合能量转换效率(F_v/F_m)和叶绿素的变化

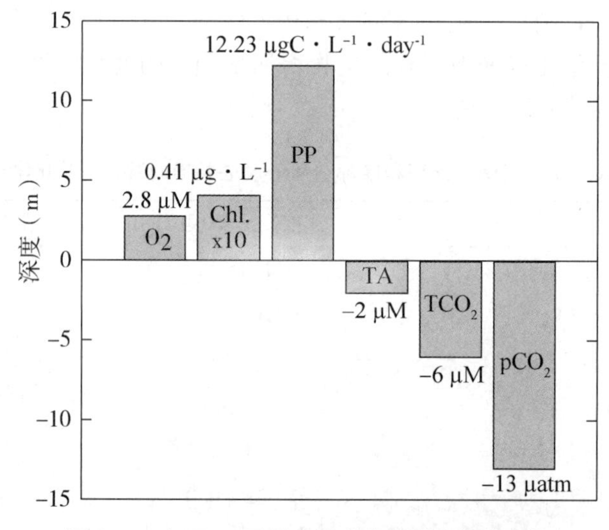

图 9.20 加 Fe 3 天后表层水中化学参数的变化

DMSP颗粒在施肥海区中有显著增加(50%～80%)。DMSP是由浮游植物产生的，其会衰变产生DMS。DMS在表层水中的浓度没有明显变化(2.5 nM±0.4 nM)，考虑到研究的持续时间和DMSP降解到DMS所需的时间，这并不奇怪。

Smetacek等(2012)在南大洋的铁施肥研究已经使当地产生了大量的硅藻水华。他们发现表层CO_2和营养物浓度发生下降，与以前的研究一样。然而，与早期的研究不同，此次研究他们能够追踪沉降微粒。他们发现，50%的微粒沉降到了1 000 m以下。

9.2.2　加拉帕戈斯羽流研究

加拉帕戈斯群岛靠近一个赤道峰面，该赤道峰将北部的低营养贫瘠水域与南部的高营养水域分离，使其出现较大的水平梯度。卫星研究显示加拉帕戈斯群岛西部的高叶绿素水域(见图9.21)与高营养、西流向的南部赤道流有关。水文测量显示加拉帕戈斯群岛和岛下游区域的叶绿素浓度异常高，而硝酸盐浓度却很低。这些高叶绿素值是岛域输出添加了铁导致的。作为IRONEX研究的一部分，科学家在加拉帕戈斯群岛的上游(东部)和下游(西部)设置了一系列研究站(见图9.22)。在海区中测定微量金属并对相同参数进行了船载分析。

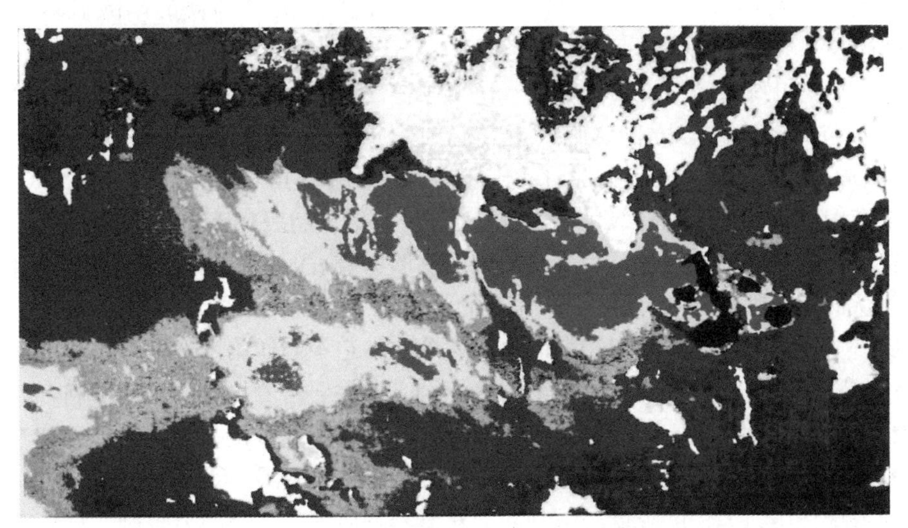

图9.21　彩色卫星视图显示在加拉帕戈斯群岛西海岸较高的叶绿素羽流(见彩图)

表层水的铁、硝酸盐、CO_2和荧光物也发生了站间过渡(Sakamoto等，1998；Millero等，1998)。岛屿周围表面的温度、硝酸盐和CO_2值表明在西海岸区域存在很强的上升流(见图9.23)。

岛周围的硝酸盐浓度比海洋表面高10 μM。与上游相比，下游的叶绿素浓度和初级生产率显著升高。在岛屿上游区用表面标测系统没有检测到铁的含量(小于0.2 nM)。在91°45′W的1°30′S到0°的横断面上检测到高达1.3 nM的铁浓度。铁浓度升高的区域距离伊莎贝拉岛不到10 km。这些高浓度似乎与盐度和温度高于周围表层水团的上

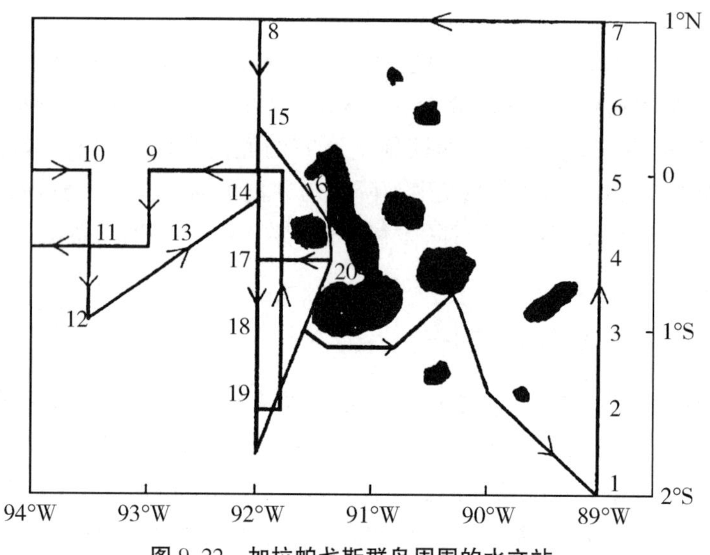

图 9.22 加拉帕戈斯群岛周围的水文站

升流相关。叶绿素荧光信号升高也与高浓度铁有关。在玻利瓦尔运河发现铁浓度甚至更高，达到 3 nM。

这些浓度与超过 13 μg・L^{-1}的叶绿素浓度、几乎完全消耗的硝酸盐以及达到 200 μatm 的CO_2 分压的降低有关(见图 9.24；Sakamoto 等，1998)。

下游中的叶绿素浓度通常为 0.7 μg・L^{-1}左右，或者高出上游水体浓度三倍。高荧光信号与低温、低盐度、高硝酸盐含量、高 CO_2 分压浓度呈规律性相关(见图 9.23)。最高的荧光信号总是发生在上升流及其周围水体区域。

下游中叶绿素浓度和初级生产力提高了 3～4 倍。初级生产的叶绿素特异性比例变化较小。这并不令人惊讶，因为封闭浓缩实验一直表明铁缺乏的细胞将优先合成叶绿素，从而导致细胞碳和叶绿素的比率降低。

摄食压力的增加必然对生物量的增加速度有一定控制作用。然而，这似乎并不是防止浮游植物完全消耗掉加拉帕戈斯群岛下游水域主要营养物质的可能机制，因为仅在玻利瓦尔运河站观察到硝酸盐被完全消耗。其他研究人员也在加拉帕戈斯其他区域的研究站中观测到主要营养物质被大量消耗。在加拉帕戈斯区域以及培养瓶实验中，只有水中摄食压力大幅度降低时摄食才会对营养物质消耗具有明显限制。尽管在培养瓶实验中摄食是可能减少的，但在大陆架区域摄食压力的大幅度降低是不太可能的。尽管垂直移动的浮游生物可能不会出现在大陆架上，但大陆架区域的微型异养生物不会受到影响。

这表明在加拉帕戈斯群岛区域及其下游，营养消耗和浮游植物生长受到限制，因为损耗因素只出现在开放海域中，而不会在培养瓶和浅大陆架地区出现。大型硅藻下沉可能是损失因素。如果下沉使硅藻数量保持在低水平，由于浮游植物的生长是一个一阶函数过程，营养物的绝对摄入率将受到限制。

开放的海洋系统的铁损失比培养瓶或浅水区中快很多。培养瓶的铁不会流失。在

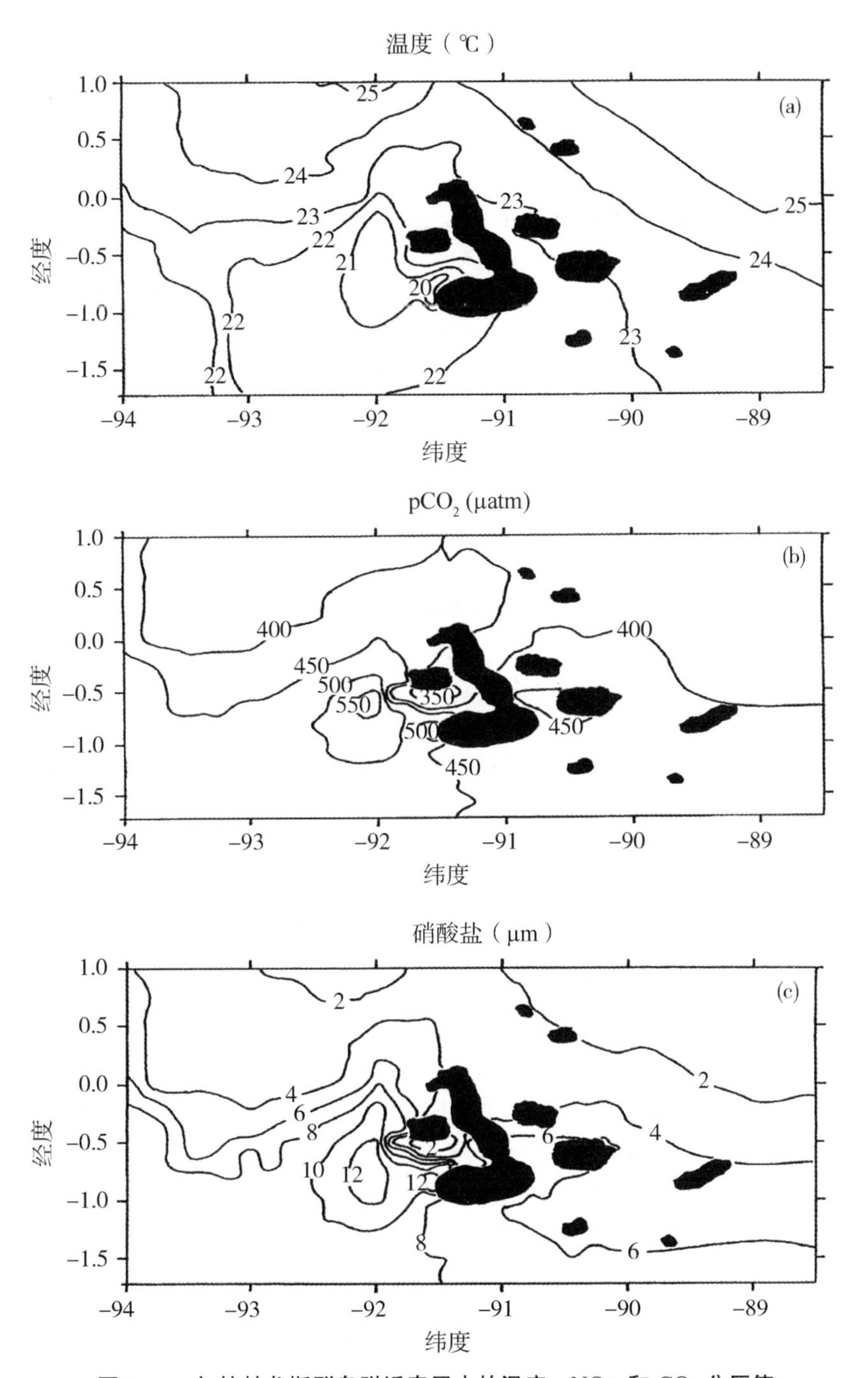

图 9. 23　**加拉帕戈斯群岛附近表层水的温度、**NO_3^- **和** CO_2 **分压值**

浅水域中，沉降铁会被困于靠近底部的悬浮层。大陆边缘悬浮层中 Fe 的浓度可能大于 10 nM，这是由于来自悬浮层的富集水不断向透光层再次供铁。这可能是该区域铁浓度比岛屿附近观察到的铁浓度(1 nM)高的原因。加拉帕戈斯研究站、玻利瓦尔运河以及船上铁施肥实验中显示的相似的生物性特征表明，铁损耗正是营养物质被完全

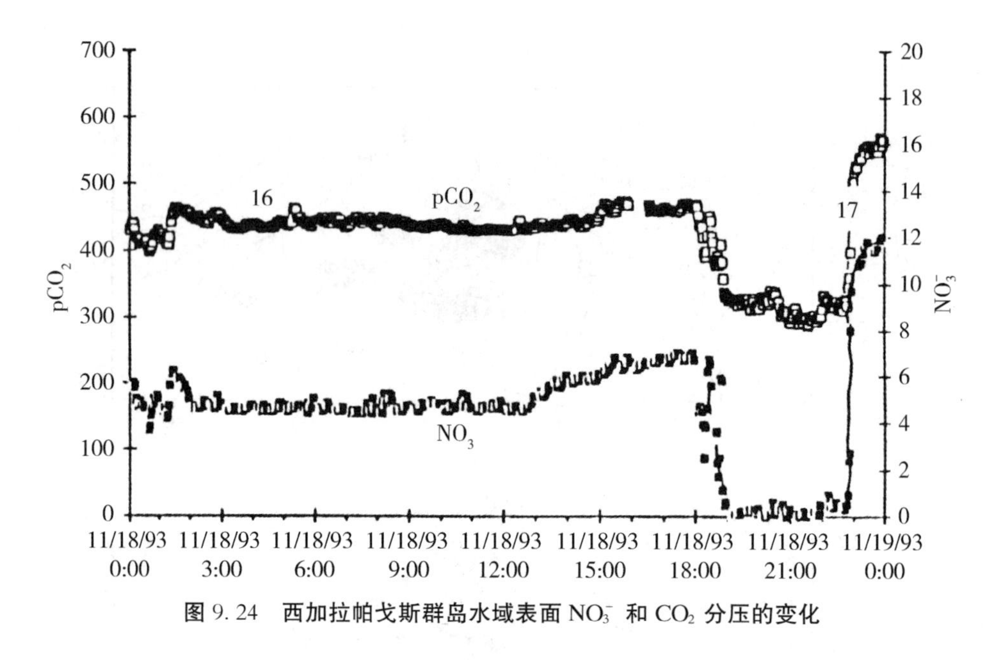

图 9.24 西加拉帕戈斯群岛水域表面 NO_3^- 和 CO_2 分压的变化

利用的原因。

赤道深层水的上升流几乎不能有效地向混合层供铁。在赤道太平洋 2 400 m 深度发现的最高溶解铁值仅为 0.55 nM。150 m 深的铁浓度小于 0.2 nM，因此不能提供使营养元素降低所需的 Fe。由于赤道地下水的上升流不能产生高浓度铁，大量铁必然来自岛屿区域。还有人提出，来自岛屿的气溶胶颗粒由于沉积和大气运输可能使水流中的铁含量增加。考虑到盛行风与水流方向不同所以无法供应 Fe，因此或许是洋流将来自岛屿的 Fe 运送至羽流。

生物可利用铁在表层水中的停留时间一定非常短，因此没有在岛屿下游远离源头的区域探测到铁。这表明这两个系统反映了铁的瞬时增加，而不是像培养瓶和浅大陆架区域中那样铁是持续增加的。通过瞬时增加，在铁从系统中消失之前，只有少数细胞会发生分裂。维持细胞繁殖必须持续供应铁。控制海水中 Fe 循环的因素如图 9.25 所示。Fe(II)氧化成 Fe(III)的过程相当快(2～3.5 倍半衰期)。Fe(III)在高 pH 值海水中不易溶解，但可以形成胶态铁氧化物并最终通过凝结从水中分离出来。有机物可以稳定胶体，也可以与 Fe(III)形成强配合物。海水中增加的 Fe 会快速流失从而避免了营养物质被完全消耗掉。由于沿海沉积物使 Fe 含量不断增加，因此可以作为 Fe 的来源，从而完全消耗掉培养瓶中和拉帕戈斯附近浅水中的营养物质。

9.2.3 IRONEX II 研究

虽然 IRONEX I 实验的结果令人很受鼓舞，但仍然存在许多问题。目前尚不清楚的是，生产力的适度增长以及氮和磷酸盐几乎可忽略不计的损失到底是由于 Fe 的损耗还是浮游动物摄食量的增加导致的。1995 年 5 月，在赤道太平洋进行的 IRONEX II 研究旨在试图回答这些问题。在此次实验中，实验海区被反复加入 Fe，

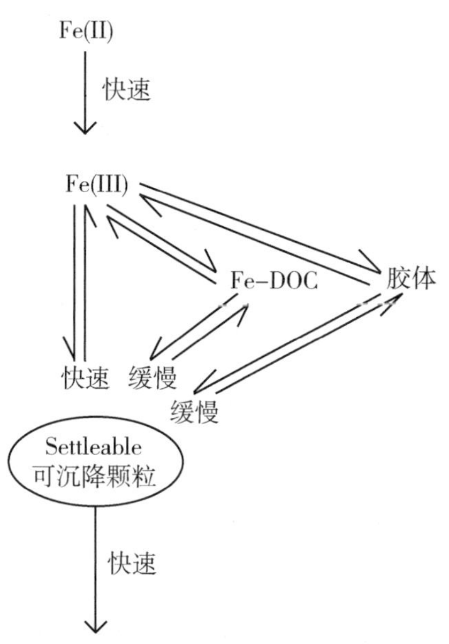

图 9.25　在海洋环境中的铁循环－控制海水中 Fe 状态的过程

实验持续了 19 天。在研究期间，科学家每天多次测量系统对初次的 2 nM 铁输入和随后两次的 1 nM 铁输入的响应。测量结果是营养物质和二氧化碳显著减少（Coale 等，1996）。IRONEX II 研究期间营养物质和二氧化碳参数下降的总结见表 9.5。在 IRONEX II 研究中，NO^{3-}，PO_4^{3-}，$Si(OH)_4$，TCO_2（总二氧化碳）和 pCO_2 降低更多。在第 8 天和第 9 天时实验海区内外的碳酸盐参数在各物质中产生最大变化值如下，TCO_2：$-27\ \mu mol \cdot kg^{-1}$；$pCO_2$：$-73\ \mu atm$；pH：$+0.058$。总碱度（TA）在测量的实验误差（$\pm 3\ \mu mol \cdot kg^{-1}$）范围内没有变化。除了日常测量之外，在实验海区还建立了三个样带，该样带显现出对铁的空间生化学反应以及营养物质与各种碳酸盐参数之间的相关性。在施肥海区及其外部的 pCO_2、硝酸盐和荧光浓度的变化如图 9.26 所示。在实验过程中，实验海区的硅酸盐浓度降低到零，这使得整个系统受到该营养元素的限制。在实验海区进行的昼夜研究显示，在白天，pCO_2 减少 27 μatm，TCO_2 减少 16 $\mu mol \cdot kg^{-1}$。

实验过程中碳变化对不同营养元素产生的影响如下：$\Delta NO_3/\Delta PO_4 = 14.3 \pm 0.7$，$\Delta C/\Delta NO_3 = 6.2 \pm 0.2$，$\Delta C/\Delta PO_4 = 90 \pm 5$，$\Delta C/\Delta O_2 = -0.66 \pm 0.07$，$\Delta C/\Delta SiO_2 = 5.05 \pm 0.3$。在实验期间，为修正空气－海洋界面间气体通量的变化对氧的影响，取修正值 $\Delta C/\Delta O_2 = -0.72$。由于大量富含高浓度脂质硅藻的繁殖，所得数值比 Redfield 模型的预测略低。这些结果说明富铁区域浮游植物的繁殖与以下化学计量一致（Steinberg，Millero 和 Zhu，1998）：

$$90CO_2 + 104H_2O + 14HNO_3 + H_3PO_4 + 18SiO_2$$
$$\rightarrow (CH_2O)_{76}(CH_2)_{14}(NH_3)_{14}(H_3PO_4)(SiO_2)_{18} + 125O_2$$

这些实验的结果能够使我们更好地了解营养元素和金属对浮游植物生长的影响，以及其与浮游动物摄食的相互作用。关于添加 Fe 是否能够永久吸收大量大气中的

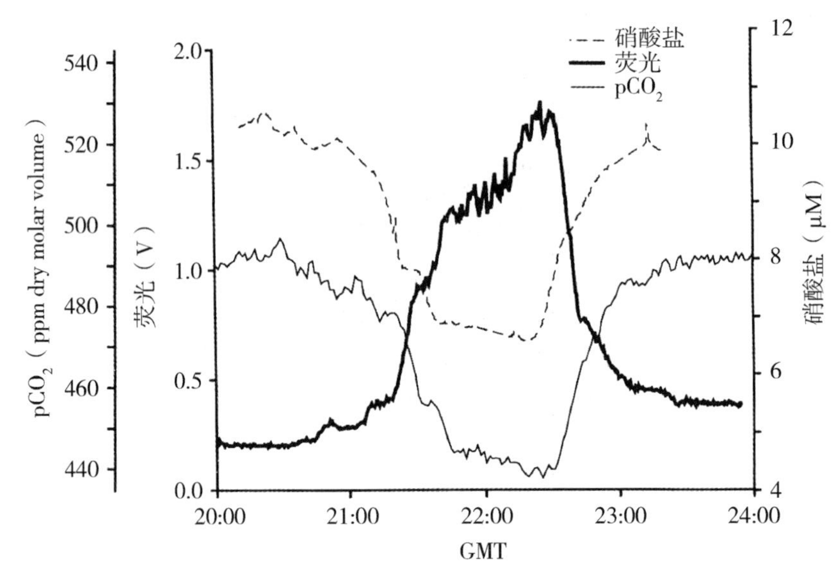

图 9.26 IRONEXII **研究中第** 154 **天第** 3 **试验地带的铁富集水域中的** pCO_2，NO_3^- **浓度和荧光值**(1996)

CO_2 还有待进一步讨论。然而 IRONEX 实验表明，在开阔海洋进行可操纵性实验是可行的，并且在开阔海洋进行生态研究不再局限于被动观测。这将大大改变在海洋中进行地球化学和生态研究的方式。

9.2.4 SOFeX 研究

在南半球 2002 年的夏季，在南大洋两种不同的硅酸盐体系中进行了原位中尺度铁施肥实验(SOFeX，Coale 等，2004)(见图 9.27)。南部表层水的性质如图 9.28 所示。营养盐浓度和二氧化碳参数由北到南逐渐增加，这是由于深层水涌出带来高营养盐和 CO_2。北部的二氧化硅浓度相当低，南部有所增加。铁被添加到低 $Si(OH)_4$ 浓度的亚南极(<3 $\mu mol \cdot kg^{-1}$，北部)，以及高 $Si(OH)_4$ 浓度的流向极地的南极绕极流(ACC，~ 63 $\mu mol \cdot kg^{-1}$，南部)。

选择南大洋这两个可利用铁浓度低的区域，避免了周围营养物质被生物完全利用，从而影响浮游植物的物种组成。科学家对从铁富集水域和非富集水域采样得到的样本进行了营养物硅酸、磷酸盐、硝酸盐和亚硝酸盐的测量，同时对其中的碳酸盐参数 TA、总无机碳(TCO_2)及 pH 值进行了测量(Hiscock 和 Millero，2005)。

表 9.5 给出了营养物质和碳酸盐参数变化的总结。观察到的在北部和南部海区的最大变化分别为：$\Delta NTCO_2 = -14$，23 $\mu mol \cdot kg^{-1}$；$\Delta NTA = 0$，0 $\mu mol \cdot kg^{-1}$；$\Delta pH = -0.032$，-0.057；$\Delta fCO_2 = -26$，-36 μatm；$\Delta PO_4 = -0.09$，-0.21 $\mu mol \cdot kg^{-1}$；$\Delta Si(OH)_4 = -1.1$，-4.0 $\mu mol \cdot kg^{-1}$；以及 $\Delta NO_3 = -1.4$，-3.5 $\mu mol \cdot kg^{-1}$。南部海区的变化远远大于北部海区。SOFeX 期间发生的变化与 IRONEX II 研究中发生的变化具有相同数量级。在二氧化硅中间浓度为 9.5 $\mu mol \cdot kg^{-1}$ 和 14.2 $\mu mol \cdot kg^{-1}$ 的

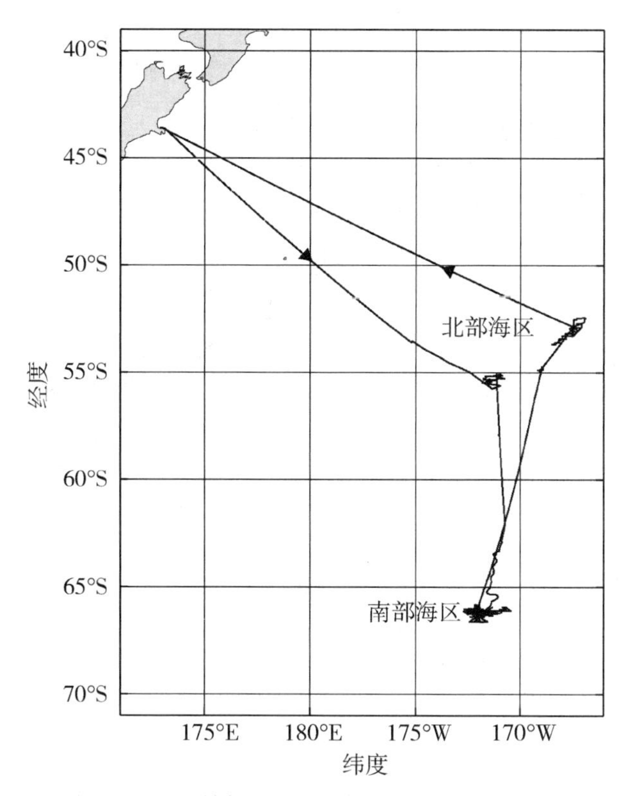

图 9.27　运输轨迹以及北部和南部海区的位置

区域分别进行了 SOIREE（南大洋铁释放实验）和 EisenEx（海水铁添加实验）。SOIREE 是在澳大利亚区域的南极极峰（APF）南部进行（Boyd 等，2000）；EisenEx（铁试验）是在大西洋部分的南极极地区进行（APFZ）（Bozec 等，2004）。北部海区的实验结果与在中等硅盐水平区域进行的 SOILEE 和 EisenEx 研究结果一致。

南部海区中 NO_3^-、荧光和 pCO_2 值的变化如图 9.29 所示。对北部海区中 pCO_2 的表层值与叶绿素的比较如图 9.30 所示。在 20 天的时间内，对南部海区进行了研究，以 pCO_2 的下降值对时间作图，如图 9.31 所示，同时与大气中的值对比。由于研究期间该地区有强风，水中 pCO_2 的变化较大。南部海区的 pCO_2 最大下降了 36 μatm。

北部和南部海区的各元素摩尔比的变化分别为：$\Delta N/\Delta P = 13.8 \pm 0.2$，$13.9 \pm 0.1$；$\Delta C/\Delta N = 8.8 \pm 0.9$，$6.7 \pm 0.2$；$\Delta C/\Delta P = 104 \pm 18$，$98.4 \pm 2.3$；$\Delta C/\Delta Si = 8.2 \pm 0.9$，$5.7 \pm 0.2$；$\Delta C/\Delta O_2 = -0.73 \pm 0.02$，$-0.74 \pm 0.04$。将北部和南部海区的结果与 IROEX I，EisenEx 研究结果进行比较，见表 9.7。北部和南部海区的 N/P 比率接近 Redfield 比率，而 IRONEX II 和 EisenEx 的结果较低。

实验所发现的比率不同于那些早期在赤道东太平洋的铁实验所发现的比率，也不同于 Redfield 比率。Hiscock 和 Millero（2005）研究发现北部和南部海区添加 Fe 后形成的硅藻具有不同的平均成分。

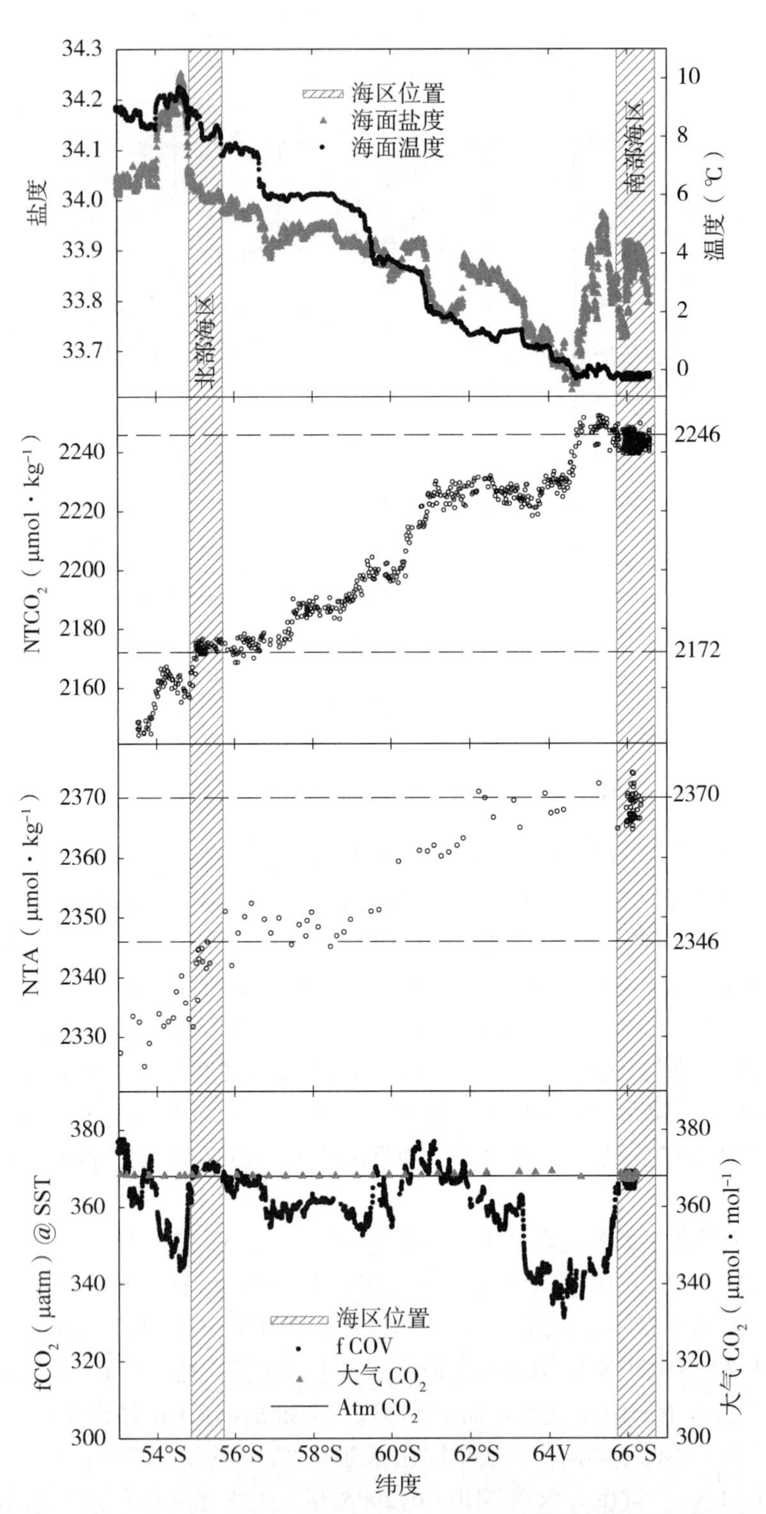

图 9.28 S，T，NTA，$NTCO_2$ 和 pCO_2 由北到南变化的海洋表层数值

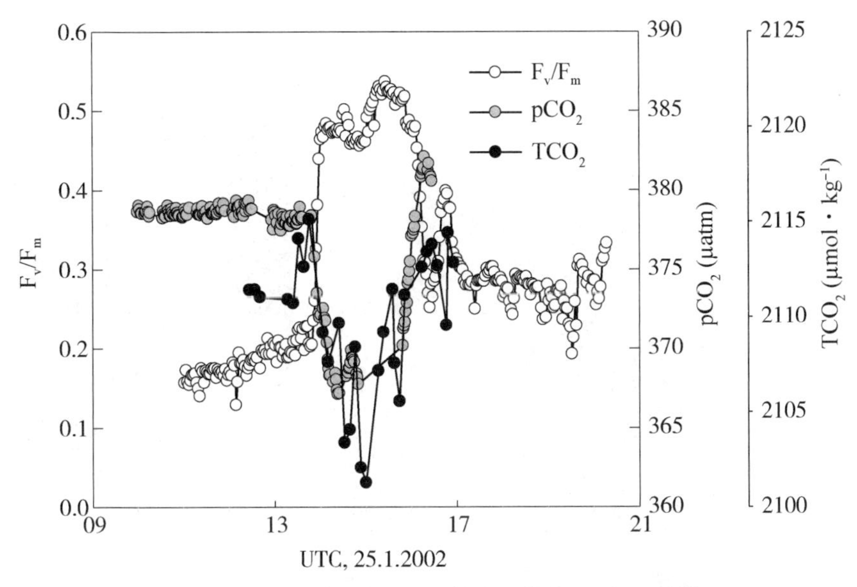

图 9.29 南部海区中 NO_3^- 浓度，荧光和 pCO_2 的值

$$104CO_2 + 118H_2O + 14HNO_3 + H_3PO_4 + 13SiO_2$$
$$\rightarrow (CH_2O)_{82}(CH_2)_{22}(NH_3)_{14}(H_3PO_4)(SiO_2)_{13} + 143O_2$$
$$98CO_2 + 112H_2O + 14HNO_3 + 17SiO_2$$
$$\rightarrow (CH_2O)_{82}(CH_2)_{16}(NH_3)_{14}(H_3PO_4)(SiO_2)_{17} + 134O_2$$

南大洋的这两项调查都显示生物量的显著增加和相关的溶解无机碳和大量营养素的降低，都是由铁添加造成的。

在 SOIREE(南大洋铁释放实验)期间观察到水华仅持续了 13 天，在 EisenEx 期间持续了 18 天。

与之前的铁肥实验中检测的中间二氧化硅环境相反，南大洋具有亚南极洲区的低二氧化硅区(<3 μmol · kg^{-1})和亚极区的高二氧化硅浓度(～63 μmol · kg^{-1})。南大洋的详细正面结构(Orsi，Whitworth 和 Nowlin，1995)与水文、碳酸盐和营养盐等参数的强经向梯度直接相关。一般认为，只有一小部分溶解有机碳会进入深层水，从而间接地将 CO_2 从大气带入深层水。最近的一项研究(Smetacek 等，2012)表明，多达 50%的 CO_2 会进入 1000 m 深的水域。总而言之，大多数人认为，向高营养海域添加铁，不会使 CO_2 无法从大气中进入深海。

最近观察到的 Fe 对南大洋 HNLC 区域浮游植物元素组成的影响，表明真光层的化学计量利用率与经典的 Redfield 比率不同(Hiscock 和 Millero，2005)。将 SOFeX 结果与其他研究比如在太平洋(Coale 等，1996；Martin 等，1991)和南大洋(Bakker 等，2001；Boyd 等，2000；Bozec 等，2004；Coale 等，2004)进行的 Fe 添加实验进行比较的结果如表 9.7 所示。

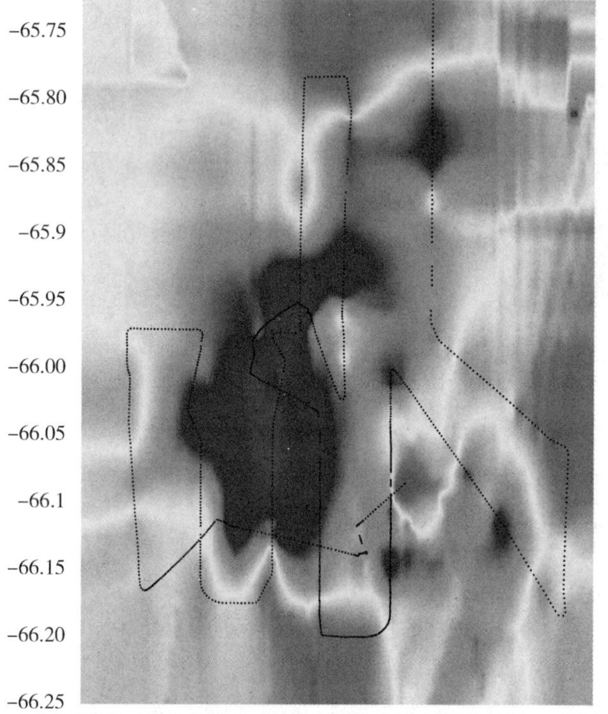

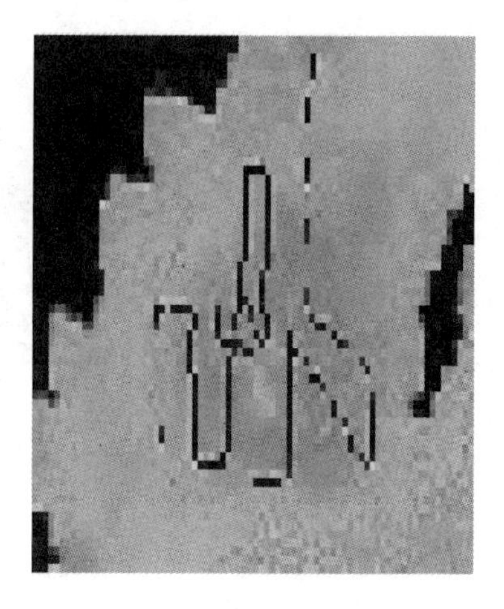

图 9.30　北部海区中测量的 pCO_2 和卫星测量的叶绿素比较(见彩图)

表 9.7　Iron Ex II，EisenEx 和 SOFeX 中的营养元素与 Redfield 比率的线性回归斜率和标准误差的比较

	Iron Ex II[a]	EisenEx[b]	北部海区	南部海区	Redfield[c]
ΔC：ΔP	90 ±5	82 ±5	104 ±18	98.4 ± 2.3	106
ΔC：ΔN	6.2 ± 0.2	5.9 ± 0.2	8.8 ± 0.9	6.7 ±0.2	6.6
ΔC：ΔSi	5.1 ± 0.3	2.9 ± 0.3	8.2 ± 0.9	5.7 ± 0.2	7.3
ΔC：$ΔO_2$	−0.72 ± 0.07	—	−0.73 ± 0.02	−0.74 ± 0.04	−0.77
ΔN：ΔP	14.3 ± 0.2	12 ± 0.2	13.8 ± 0.15	13.9 ± 0.08	16
ΔSi：ΔN	1.2 ± 0.1	2.0 ± 0.4	1.04 ± 0.02	1.11 ± 0.01	0.9

注：a—资料源自 Steinberg，Millero 和 Zhu(1998)。b—资料源自 Bozec 等(2004)。c—资料源自 Redfield，Ketchum 和 Richards(1963)。

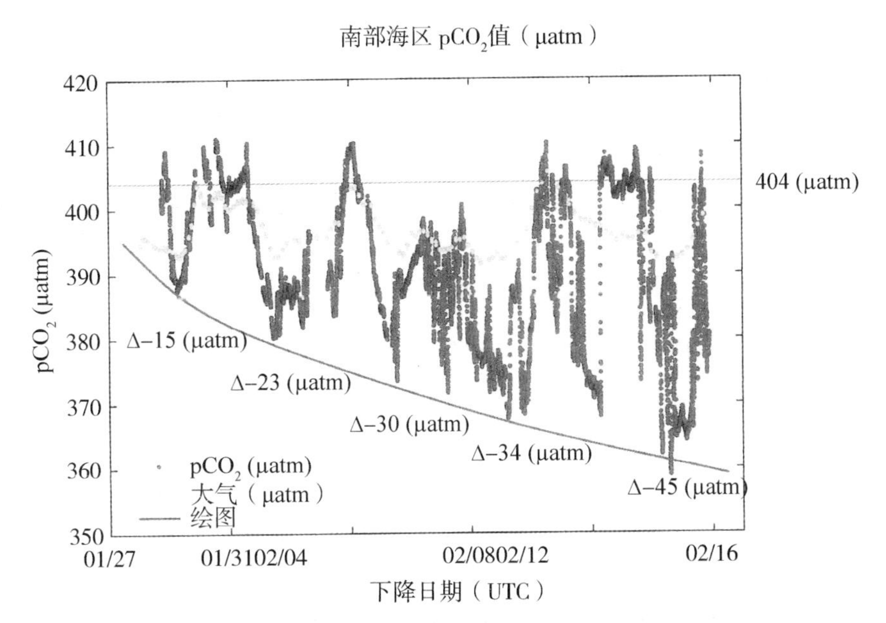

图 9.31　南部海区 pCO_2 值随时间增加而降低(见彩图)

9.3　微生物转化

海洋环境中的微生物可分为两类：(a)具有完整细胞结构的真核生物(10～100 μm)，包括藻类(光合作用)，原生动物(细菌捕食者)和真菌、酵母和霉菌(非光合)；(b)原核生物(1～10 μm)，包括细菌(0.5～10 μm)、蓝绿藻类，它们会捕食单细胞生物，甚至可能捕食病毒。后者，特别是细菌，承担重要的转化角色，可以将有机物质转化成有机分解产物并最终成为 CO_2。它们通常与微生物生物量相关，并且在海洋环境的界面处相当活跃。它们尺寸较小，具有较高的表面积体积比。它们经常生活在与海洋本体不同的 pH、P、O_2 等成分的微环境(海洋雪，动物内脏等)中。这些微环境是由微粒、扩散阻挡层和微生物的代谢活动产生的。

由于缺乏准确获取生物量、代谢活动和生长速率的方法，因此很难研究这些微生物。例如，细胞数量和生物量在确定生物化学转化的潜力方面可能会产生误导。非生长细胞可能比快速有效生长的细胞具有更大的化学响应。许多早期的微生物研究忽略了海洋界面样本的性质，如物理特性(气泡，温跃层，密度跃层和水团边界)，化学特性(营养素，含氧 - 缺氧界面，消化道)，以及物理化学特性(海 - 气界面，沉积物 - 海洋界面，气溶胶，颗粒，海冰界面和动物洞穴)。

细菌吸收有机化合物遵循了图 9.32 所示的米氏(Michaelis-Menten)动力学规律。速度 v(摄取速率)因为基质 S 的浓度增加而增大到最大水平 v_{max}。这可以由下列方程式表示：

$$v = v_{max} S / (k_s + S) \tag{9.17}$$

其中 k_s 是半饱和常数(S 在 $v_{max}/2$ 时的浓度)。该方程式可以重新排列并得到

$$S = v_{max}(S/v) - k_s \quad (9.18)$$

S 与S/v 的关系可以用来确定截距 $-k_s$ 和斜率 v_{max}。

用于确定微生物生物量的一些方法包括直接显微镜法(光学显微镜、相差显微镜、荧光显微镜、免疫荧光和电子束)。通过培养海洋生物，可以通过富集来分离可用作生化指标的特定生理或代谢组，包括叶绿素 a、三磷酸腺苷、脂多糖、胞壁酸。

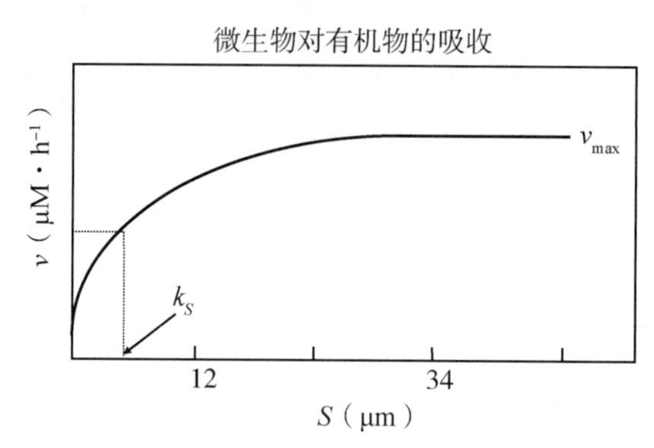

图 9.32　溶解有机碳的吸收速率与浓度的关系(米氏动力学)

微生物的生理潜力可以通过测量腺苷酸能荷或寻找特定的酶(脱氢酶、碱性磷酸酶、氮酶和谷氨酰胺合成酶)来确定。微生物的代谢活动可以通过测量终产物(O_2，CO_2 和 CH_4)或测量^{14}C-或^3H-标记底物(葡萄糖，谷氨酸，氨基酸)的摄取来确定。氧气呼吸运动计量法和微放射显影也可用于确定微生物的代谢活动。微量热法也可用于测量代谢活动的速率。我们使用这种方法来研究细菌对葡萄糖的吸收(Gordon 和 Millero，1980)。我们发现分解代谢引起的热量总输出与所使用的葡萄糖成正比(图 9.33)。

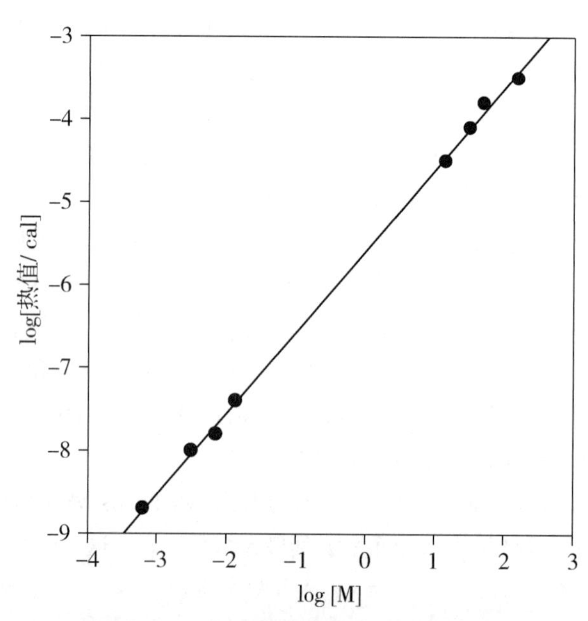

图 9.33　细菌分解葡萄糖产生的热量

在微生物培养过程中，生物量和相关生产的增长率可以通过测量生长过程所需物质(叶绿素 a、ATP、POC、蛋白质、RNA)来确定，还可以测量标记前体物质进入稳定的大分子(脂质，蛋白质，细胞壁，RNA)中的速率。元素成分比(C : N : P，GTP : ATP)的使用也可用于追踪微生物的生长速率。可以通过测量标记前体掺入 DNA 的速率来研究细胞分裂的速率，还可以通过显微镜直接观察细胞分裂。在孵育过程中，细胞数量随时间的增加也可用于检测细胞分裂率。

9.4 海水中溶解和颗粒态有机化合物

虽然海洋中有机物的浓度小于盐总量的 0.01%，但对于许多在海洋发生的生物和化学反应而言，这些化合物是重要的改性剂。它们为微生物和大生物提供营养和能量基础，通过络合和吸附等过程影响许多金属的形态，并且它们还是一些化石燃料如石油和油页岩的前体。这些有机化合物也可以提供控制浮游植物繁衍的生长促进剂和抑制剂。许多研究工作都致力于确定海洋中有机物质的具体组成部分，并解析与微生物过程相关的溶解和微粒化合物(氨基酸，碳水化合物，脂肪酸等)之间的生物地球化学关系的复杂网络。

海水中大部分有机化合物都是来自于真光带的初级生产(见表 9.1)。来自光合作用的部分有机物被部分代谢来满足浮游植物的能量需求。另一部分被浮游动物吸收，并通过死细胞自溶释放到水柱中，或被有机体排泄。细菌最终将大部分有机化合物分解成二氧化碳。在沿海水域，有机物的很大一部分是来自河流陆源和沿海沉积物。下一节将讨论海洋中有机化合物的各种来源。

9.4.1 有机物来源

据估计，海洋浮游植物的初级生产大约有 2×10^{16} gC · yr^{-1}。大部分有机物被生物所消耗，但是也有大部分在表面被分解，而年产量的 1%～12%(0.2～2.4×10^{15} gC · yr^{-1})仍然不被利用，很难进行生物和化学转化。Williams 和 Druffel(1987)估计这种 DOC 在海域表面的溶解有机物的逗留时间为 1 310 年，而深海的溶解有机物(DOM)的停留时间为 6 240 年。大部分残留的有机碳由腐殖质构成。

除海洋浮游生物的初级生产力外，海水中有机物的其他来源包括河流陆源输入，海洋生物的排泄以及海洋沉积物中有机物的再悬浮。直接从石油泄漏中添加有机物是一个额外的来源。

9.4.1.1 河流陆源输入

在河口的 DOC 典型浓度(见图 9.34)表明，河流可以作为海洋 DOC 的来源。根据主要河流系统的 POC 和 DOC 水平，Meybeck(1987)等人估计，河流系统运输到海洋的总有机碳(TOC)总量约为 33×1012 mol C · yr^{-1}。大约一半的碳是 POC，另一半是 DOC。陆地衍生的碳通常被称为异种碳(这意味着它来自于认定的海洋系统以外的地方)。在淡水系统中，有机碳的两个主要来源是植物和土壤。渗透土壤的雨水可将有机土壤、植物残渣以及无机成分分成溶解和悬浮部分。

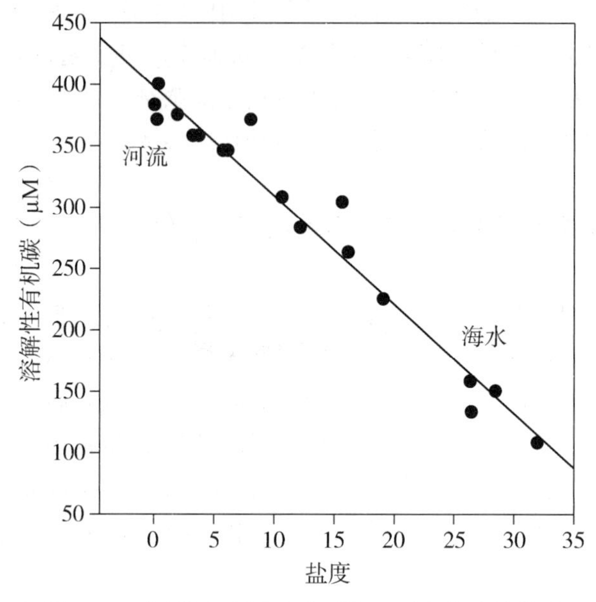

图 9.34 典型河口溶解有机碳(DOC)与盐度的关系

有关植物有机物质进入水汽的大量研究表明，在 24 h 内，多达 40%的新鲜植物枯叶中的有机物质会被水溶解。植物碎屑中渗滤液的 DOC 至少一半是由碳水化合物组成。剩下的 DOC 是由富里酸前体组成的混合物。

从土壤中浸出的有机物的主要部分是腐殖质，可能占土壤有机物的 70%。其他陆生植物和动物分解产物也从土壤进入河流，最终进入海洋环境。对深海盆地有机物的大多数研究表明，深海有机物几乎全部来源于内部(系统内)。这些数据大部分是基于与海陆植被明显不同的碳同位素比。溶解性海洋有机物的^{13}C 值为 − 21‰～24.0‰，而亚马逊河的值为 − 28‰～25‰。各种研究表明，淡水中有机物的絮凝和随后的沉淀是与河口的高盐度水体混合产生的。这种明显有机物质的“盐析”导致了河流输运的有机物大部分限制于河口区。

除天然的陆源有机物来源外，溪流和河流输送越来越多的来自污水和工业废水的有机物质。虽然这些形式的污染尚未引起任何公海的海洋灾害，但它们在淡水和河口环境中造成了微生物、无脊椎动物和脊椎动物多样性的重大变化，并且对水质造成了负面影响。

9.4.1.2 **来自大气的陆源输入**

有机物质从大气中向海水的输入发生在海 − 气界面，这是近代的研究主题(Peltzer 和 Gagosian，1989)。众所周知，海面微表层的化学成分与海水主体不同。例如，厚度小于微米级的该界面层的 DOC 是微表层下面表层海水中 DOC 浓度的 10 倍。海水微表层中有机物的化学成分尚不清楚，但与腐殖质相似的大分子物种是在该界面构成 DOC 和 POC 的主要部分。单糖和多糖以及脂肪酸也可从微表层中分离得到。

有机物通过海－气界面的转移可以通过湿（液体）或干（气体或固体）沉降来实现，虽然有时很难有效区分这两种沉降作用。例如，当发生湿沉降（雨水）时，雨水中的溶解气体和颗粒物质会同时沉降。Williams（1975）提到，有机碳通过降雨对海洋的贡献量的合理估算值是 2.2×10^{14} gC · yr^{-1}。此数据与河流有机碳输入量（3.3×10^{13} mol C · $yr^{-1}\times12$ gC · L^{-1} mol C = 4.0×10^{14} gC · yr^{-1}）相当。Hunter 和 Liss（1977）指出，有机碳向海洋的通量可能不代表净输入，因为白浪和破浪造成的气泡破裂使海洋有机物质进入大气。泡沫破裂将大量有机物质从海水微表层排到大气中，并且上升的气泡也从表层水中获得有机物质。因此，从大气中通过雨水转移到海洋中的大部分有机物有可能是从海水中循环的有机物质。这种有机物大部分是集中在表面海水中的脂类物质。

其他近期对海洋气溶胶的研究发现，气溶胶中的有机物质主要是陆源蜡质。Peltzer 和 Gagosian（1989）报道说，四种脂质化合物类（脂肪碳氢化合物、脂肪醇、脂肪酸酯和脂肪酸盐）均表明北太平洋热带的大气样品中分离的有机物质来自于陆生维管植物。他们的研究结果表明，这些气溶胶脂质由土壤风蚀和植被直接排放产生，而且对海水的主要通量来自雨水而不是干沉积。

人类来源物质[如二氯二苯三氯乙烷（DDT）和多氯联苯（PCB）]从大气到海水的有机物净通量已被确定。DDT 是第二次世界大战后广泛使用的氯化烃类农药。因为它非常持久，并且容易在食物链中累积，所以在美国不再被使用。多氯联苯在环境中也非常持久，它们在工业上用作增塑剂，在涂料中，作为冷却剂和转化剂，直到 1977 年，这些化合物停产。Hunter 和 Liss（1977）估算，通过大气海水通量，PCBs 和 DDT 年总产量的 10%和 0.5%将分别输入世界海洋。PCBs 和 DDT 在海洋环境中非常普遍，并且已经在许多海洋生物体的组织中发现。

9.4.1.3　**有机物的其他来源**

除了所描述的有机物来源之外，海洋生物通常被认为是有机物的“内在来源”，其通过代谢物的排泄、死亡物质的释放和细胞的腐坏向海水中输入有机物。然而，进一步的探讨认为，海洋生物除了初级生产者外，均不是真正的有机物来源，但其本质上是改变进入海洋的有机物的促变者。必须提及的海洋有机物质的另一个内部来源是海洋沉积物（Simoneit，1978）。虽然海洋沉积物作为有机物沉淀，但在具体情况下，由于重新悬浮，海洋沉积物可能成为一个重要的来源。

9.4.2　溶解和颗粒有机物

在水生系统中，传统情况下，有机物质被分为溶解物和颗粒物两大类（DOM 和颗粒有机物质[POM]）。POM 包括那些被 0.45 μm 玻璃纤维滤膜过滤后保留的物质。当海水通过 0.45 μm 滤膜时，一些胶体以及悬浮物质被保留下来。许多工作者采用孔径大小为 0.40～1.0 μm 的滤膜来实现这一过程。

过滤后的样品用于测定 DOC，首先进行酸化并使用氮鼓泡以除去无机 CO_2。然后将样品用强氧化剂(例如过二硫酸钾，$K_2S_2O_8$)处理，密封，并在 130 ℃下加热 1 小时。使用载气如 He 或 N_2 带出的 CO_2 用红外分析仪或 GC 测定。在样品经 UV(紫外线)照射之前加入 H_2O_2，将有机碳氧化成 CO_2。近年来，一般使用高温催化剂(Pt)氧化样品来测定 DOC，然后用 IR(红外)检测器分析产生的 CO_2。可以通过测量总无机 NO_3^- 和 PO_4^{3-} 减去样品中氧化前的无机营养盐(例如，DON = $[NO_3]_T$ - $[NO_3]$)来测定氧化样品中的溶解有机氮(DON)和有机磷(DOP)。

DOC 约为 DOM 的 50%，POC 约为 POM 值的 50%。在海水中，DOC 的浓度通常明显高于 POC(见表 9.8)。海水表层 DOC 浓度的范围一般为 75～170 μM，而海水表层 POC 的平均浓度仅为 8 μM(范围为 1～17 μM)。海水中溶解碳和颗粒碳的典型分布图如图 9.35 所示。DOC 和 POC 的季节变化主要发生在浅水区，这类似于初级生产力的变化。在几百米深度以下，DOC 平均为 40 μM，POC 平均为 0.8 μM。POC 经常在氧含量最小层处达到最大值。

表 9.8 天然水中溶解的有机物质和颗粒状有机物质的含量

来源	溶解(μM)	颗粒(μM)	来源	溶解(μM)	颗粒(μM)
海水			降水	92	
表层	75～150	1～17	贫营养湖	183	80
深层	4～75	0.2～1.3	河流	420	170
沿海	60～210	4～83	富营养湖	830～4170	170
河口	8～833	8～833	沼泽	1250	170
饮用水	17		泥炭沼	2500	250
地下水	58				

有人认为这是沉降的颗粒物质的密度与深度 500～1000 m 的水域密度相似的结果(σ_T = 26.4)。而该区域出现氧的最低值是细菌氧化这些有机物的结果。表 9.9 将海水表层、深海水域和沿海水域中的溶解和颗粒有机碳、氮和磷水平含量与含氧量最低层进行比较。结果表明，沿海水域中的所有物质的含量高于其海水表层水，深层水中所有溶解和颗粒有机化合物的浓度比表层水中低很多。

表 9.9 溶解和颗粒有机碳、氮、磷的比较

位置	碳(μM C)		氮(μM)		磷(μM)	
	溶解	颗粒	溶解	颗粒	溶解	颗粒
表层	75～150	12.5	4～10	2.1	0.1～0.6	0.06
最低含氧层	10	3～5	0.6	0.03		
深层	4～75	1.7	0.9	0.03		
沿海	60～210	4～83	4～60	0.6～1.6		

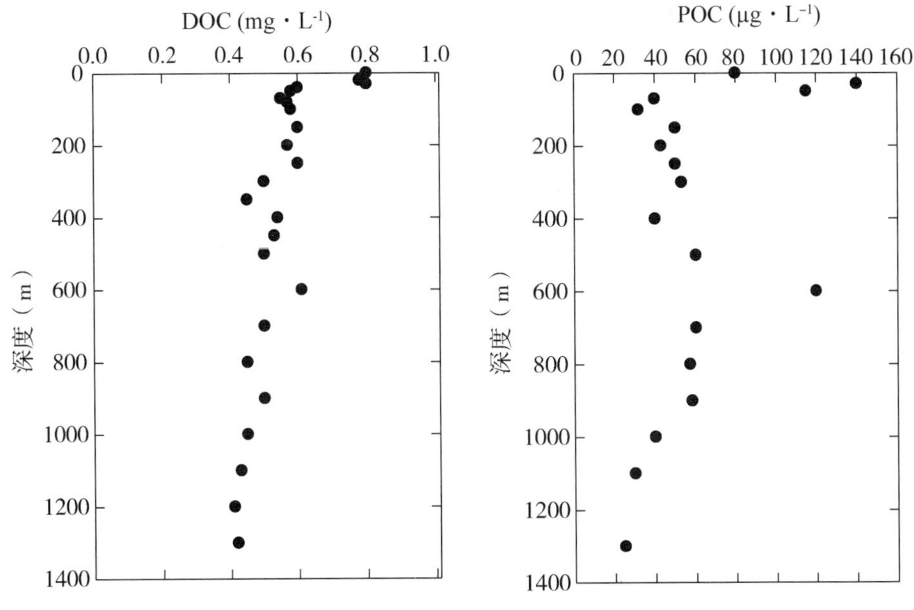

图 9.35 海水中溶解有机碳和颗粒有机碳的垂直分布

海水中的 DOC 测量是由一系列运用高温氧化法的工作得出的，与之前使用湿法获得的结果一致。Karl 及其同事在夏威夷海洋时间序列（HOTS）站的研究结果如图 9.36 所示。表层水的 DOC 约为 80 μM，而深层水为 40 μM。北大西洋至北太平洋深层水的 DOC 值如图 9.37 所示。半稳定 DOC 迅速消失，而难溶 DOC 随时间慢慢地消失。北大西洋流向北太平洋的 500 年间，DOC 在深层水中从 40 M 降低到 36 M。大西洋表层水域 DOC 从表面到 500 m 深处的一部分如图 9.38 所示，最高值出现在表层水域。非洲海岸上升流从深处带来了深水的 DOC。DOC 在世界海洋中的分布见图 9.39。DOC 的深水域值随深层水的环流而变化。太平洋深层水 DOC 浓度最低。

这些较旧的水域由于细菌的氧化而流失 DOC。世界海洋表层和深层水的 DOC 浓度如图 9.40 所示。随着颗粒物质从表面下降到深层水，POC 转化为 DOC。DOC（$PgC \cdot yr^{-1}$，黑线）的模拟向下通量和 DOC/POC 输出通量比（灰线）如图 9.41 所示。大部分的转化发生在表层水。全球 POC 输出见图 9.42。表层水中 DOC 的浓度随季节而变化（Carson 等，1994）。在北大西洋，春季繁盛期间的值更高。

9.4.2.1 溶解有机物

海洋的溶解有机物质是非常复杂的，混合物中仅有 10%～20%的化合物完全进行了表征。DOC、DON、DOP 化合物的测定采用标准的测量方法以了解海洋中存在的主要有机化合物类型（见表 9.9）。由于单个化合物的浓度很少超过 1 μM C，通常需要除去盐后浓缩几升海水样品，所以一般很少测定单个有机化合物。具体的浓缩方法取决于待测化合物的类别。例如，使用溶剂萃取来测定脂肪酸和杀虫剂，碳吸附法用于测定碳水化合物，聚苯乙烯粒浓缩用于测定维生素 B 和腐殖质。

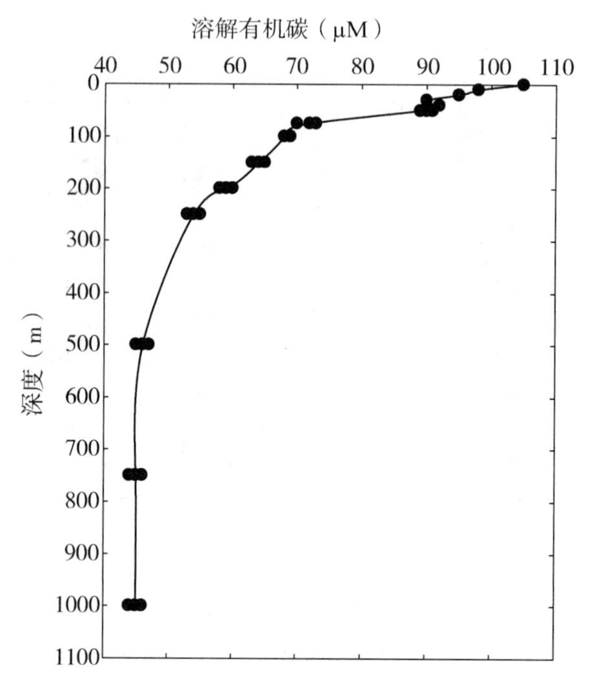

图 9.36　夏威夷海洋时间序列站溶解有机碳与深度的关系

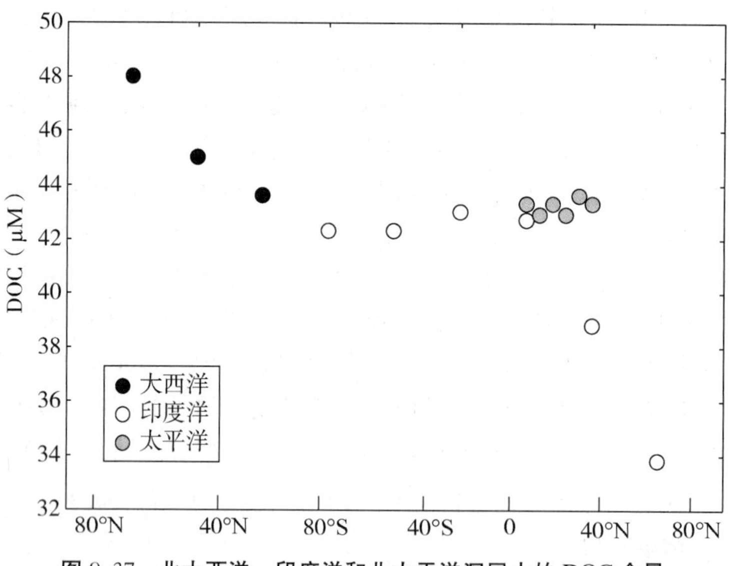

图 9.37　北大西洋、印度洋和北太平洋深层水的 DOC 含量

海水中单个有机化合物的大部分数据是通过 GC、质谱(MS)或毛细管 GC 获得的。在目前所有的色谱方法中，大部分 DOM 在色谱图上不能分开，这通常被称为“未分离的复杂混合物”。火焰离子化检测(FID) - 薄层色谱联用技术是一种有前景的新技术，这种技术可将 DOM 与海水分离成化合物类型，如脂质、碱片段(胺、醇、酮)和酸片段。在色谱图上看到的大量未知的有机化合物表明，在我们希望开始形成

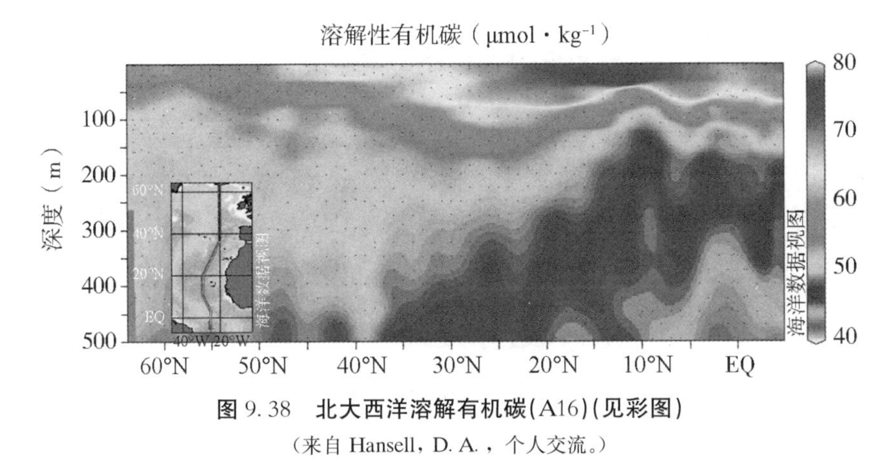

图 9.38　**北大西洋溶解有机碳(A16)(见彩图)**

(来自 Hansell，D. A.，个人交流。)

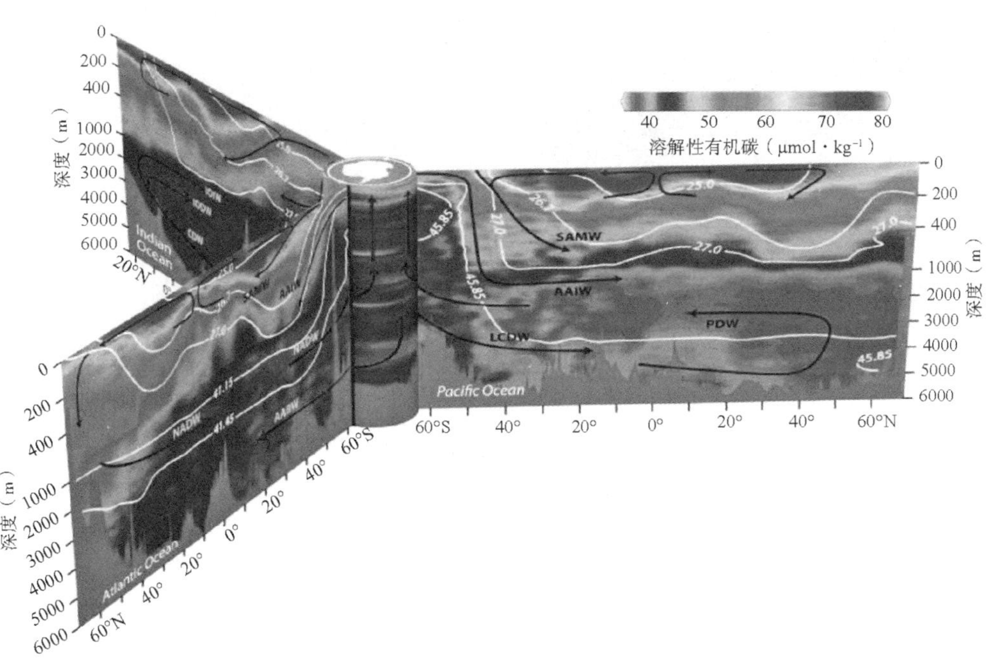

图 9.39　**DOC 在世界海洋中的分布(见彩图)**

(来自 Hansell，D. A. 等，Oceanography，12，203－211，2009 年。经许可。)

海洋有机化学的现实模型之前，我们还有很多地方需要进一步深入研究。Mopper 和 Stahovec(1986)使用 HPLC(高效液相色谱法)来测定海水中的低分子量有机化合物。利用有机化合物的特定官能团(酸、醛、胺等)与荧光化合物反应，可用荧光检测器检测有机物。

海水中的 DOM 主要由腐殖质和更多的活性物质组成，活性物质是由主要生物化学重要化合物如碳水化合物、类固醇、醇类、氨基酸、碳氢化合物和脂肪酸(以及脂肪酸酯和蜡)组成的。

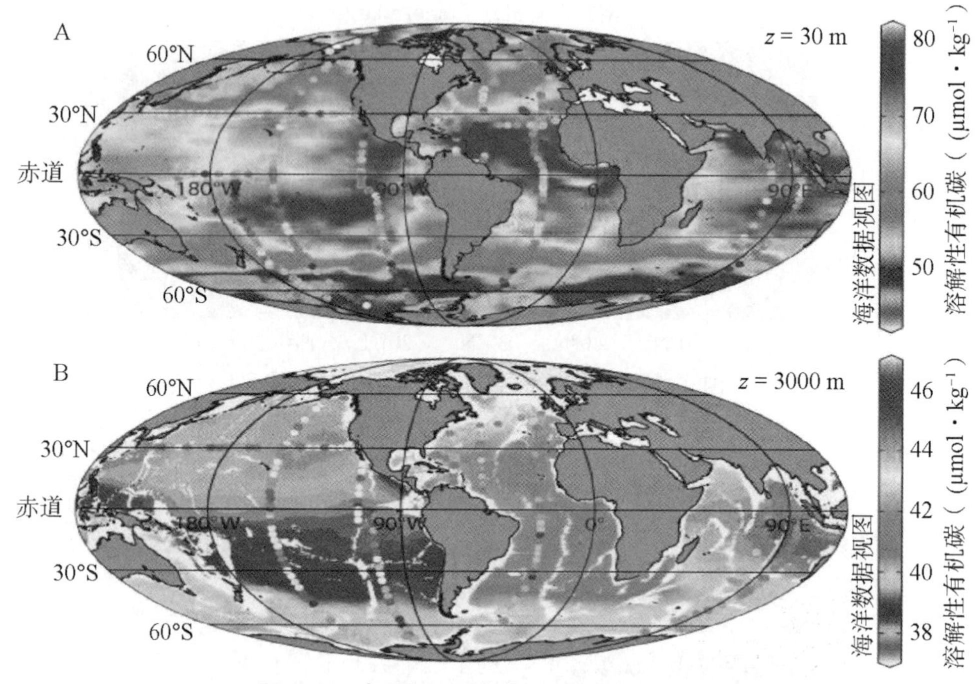

图 9.40 表层和深层水的 DOC 浓度(见彩图)

（来自 Hansell，D. A. 等，Oceanography，12，203－211，2009。经许可。）

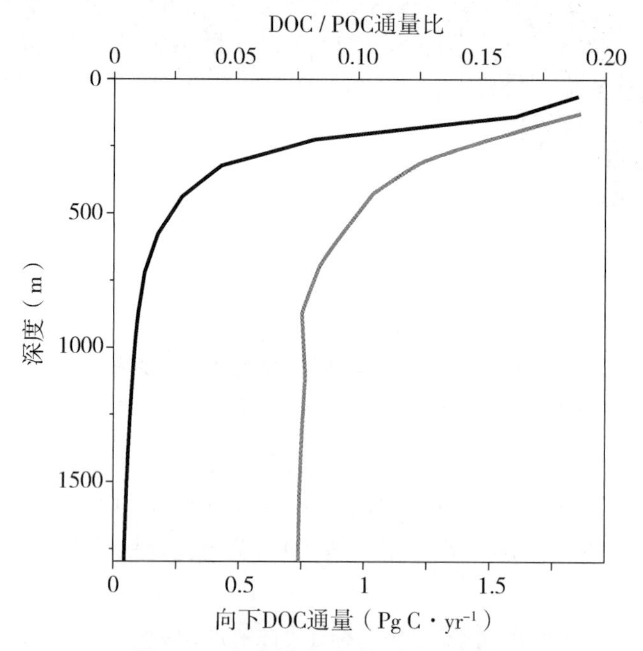

图 9.41 深水域 DOC 和 POC 通量比

（来自 Hansell，D. A. 等，Oceanography，12，203－211，2009。经许可。）

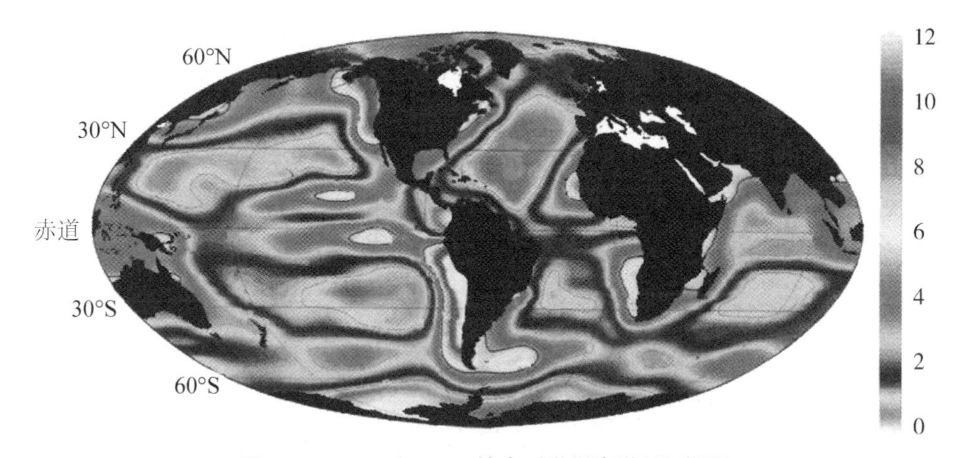

图 9.42　POC 和 DOC 输出到世界海洋(见彩图)

(来自 Hansell，D. A. 等，Oceanography，12，203－211，2009。经许可。)

9.4.2.2　**颗粒有机物**

在海洋 TOC 中，据估计 POC 仅占 1%～10%。通常，POM 的分析是通过碳分析得到 POC 或用无机玻璃纤维过滤器(0.45 μm 孔径)分离 POM 和 DOM 来测量。由于碳约占海洋有机物重量的 50%，将 POC 乘以系数 2 可得到 POM。PON 和颗粒有机磷(POP)化合物量远低于 POC(见表 9.9)。

POM 由混合物组成，这个混合物包括活着的以及死去的浮游植物、浮游动物、细菌，生物的降解和渗出产物，以及通常被称为“海雪”的宏观聚集体。研究者已经发现，POM 的分布和性质在地理、垂直方向、昼夜状态和季节上都是相当不同的，并且受到复杂的源、汇和循环模式之间的平衡状态的影响。在真光层，POM 主要来自浮游植物，其化学成分将随着物种以及环境条件而变化，因此 POM 性质显著变化。浮游植物的代谢产物可以随着温度、光照强度和营养物质的变化而变化。已知 POM 的化学成分和生物地球化学比已知 DOM 的少很多。在真光层，大多数(90%)的 POC 来自生物，而在 2 400 m 以下的深度，少于 1%的 POC 来自活着的生物体。

许多研究活动集中于 POM 从海洋表层水到海底的垂直通量(Lee 和 Wakeham，1989)。随着颗粒通过水柱沉积而发生的化学和生物化学变化显著影响了沉积物和上覆水的组成。因此，影响沉降颗粒物质组成的物理和生物地球化学过程也会影响水柱的生物生产力，改变到达海底的有机物，并反过来成为底栖生物营养的主要来源，这也是源自海洋的化石燃料的前体来源。

在各种深度进行的沉积物捕集试验得到了有关海洋 POM 的化学成分和通量的有价值的信息。沉积物捕集器是装有多个挡板的大型锥体，它们将颗粒物质收集在含有盐水和叠氮化钠的瓶子中，以阻止细菌的生长。POC 的向下通量似乎由快速下沉的颗粒主导，这种颗粒是直径大于 62 μm 的颗粒。这些颗粒的有机成分主要由浮游动物粪便颗粒、浮游动物和浮游植物残留物以及腐殖质构成。这些颗粒的化学含量受到非常复杂的一系列反应的影响，包括降解和转化过程，这些过程会导致一些不稳定的有机化合物随着深度的增加而消失，而其他不稳定的有机化合物(通常是不饱和的)，如 Wakeham 等(1984)报道，在 5 068 m 深的地方也可以找到(见图 9.43 和图 9.44)。Wakeham 等引用了中层和深海区浮游动物对这些快速沉降的颗粒物的摄食行为来解释沉降的 POM 中不稳定的有机化合物选择性消除，并将其他不稳定的有机物以粪便物质排泄产物形式选择性掺入沉降的 POM 中。在海洋的其他部分，POC 的份额要小得多(见图 9.45)，这取决于钙质和硅质浮游植物的生长和大气气溶胶的输入。

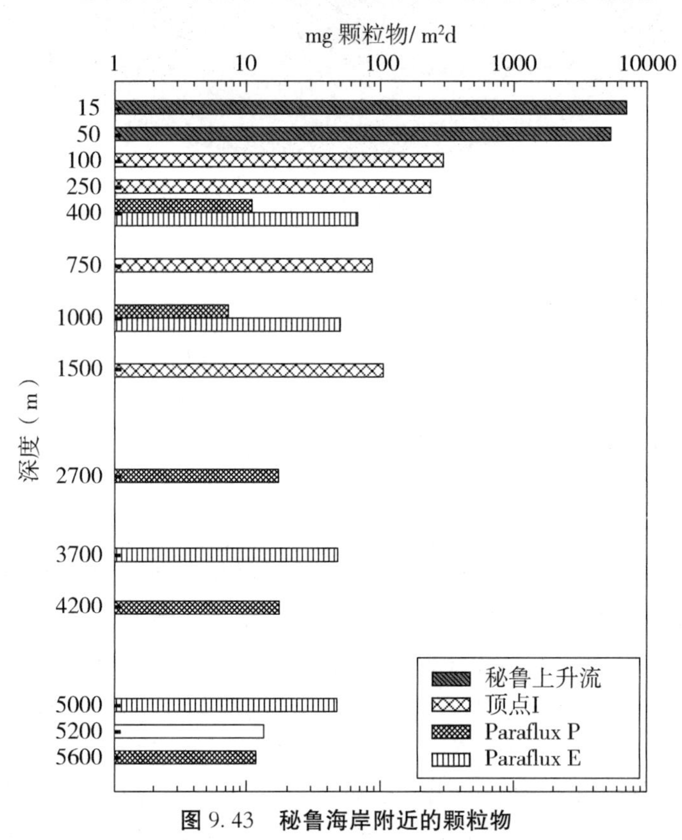

图 9.43　秘鲁海岸附近的颗粒物

与沉积海洋颗粒有关的生物地球化学的大部分过程都集中在脂质(脂肪、油和脂溶性化合物)上。由于它们参与能量储存和使用、繁殖、调节代谢、膜结构等过程，脂质构成了 DOC 和 POC 的一个次要但很重要的部分。颗粒状脂质比溶解的脂质复杂得多。尽管溶解状和颗粒状脂质的主要成分是相似的(均为正烷烃、脯氨酸、植烷和脂肪酸酯)，但是颗粒状脂质包括大量未分解的化合物、烯烃、烷基化苯、醌和在溶解样品中未发现的少量成分。

9.4.3　海水中的有机化合物种类

人们可以想象，几乎所有的有机化合物都可能因为分解而存在于海水中。很难确定海水中的单个化合物，因为它含量低，并且在大量海水中的浓度随成分而改变。简单的有机化合物可以分解成多个主要组(见表 9.10)，接下来进行简要讨论。

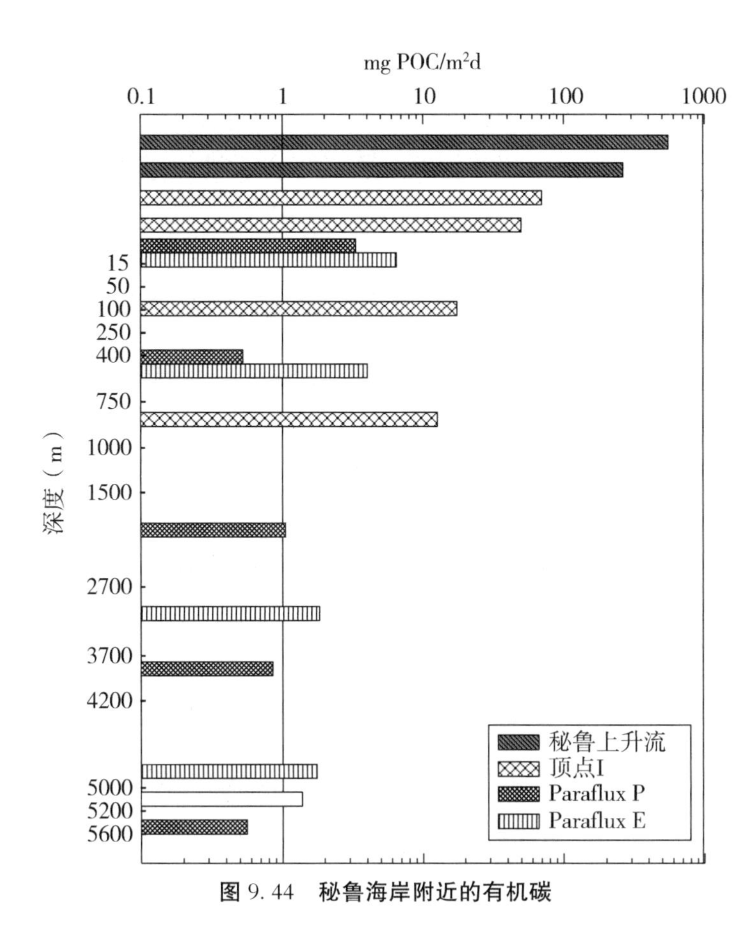

图9.44　秘鲁海岸附近的有机碳

表9.10　在海洋中发现的一些有机化合物

化合物	化学式	化合物	化学式
碳水化合物	$C_n(H_2O)_m$	碳氢化合物	C_nH_m
氨基酸	R—CH—COOH | NH_2	羧酸	R—COOH
		腐殖质	酚类?
		甾体化合物	

9.4.3.1　**碳水化合物**

碳水化合物是一类主要的天然有机化合物。植物中含有50%～90%的碳水化合物。碳水化合物为所有活细胞的机械工作和化学反应提供核心能源。碳水化合物的衍生物（ATP和核酸）控制着能量转化和遗传物质的转移。碳水化合物的通式为$C_n(H_2O)_m$。它们根据每个分子的碳链数量分为：

单糖：单个碳原子链。

二糖：每分子有两个单糖单位。

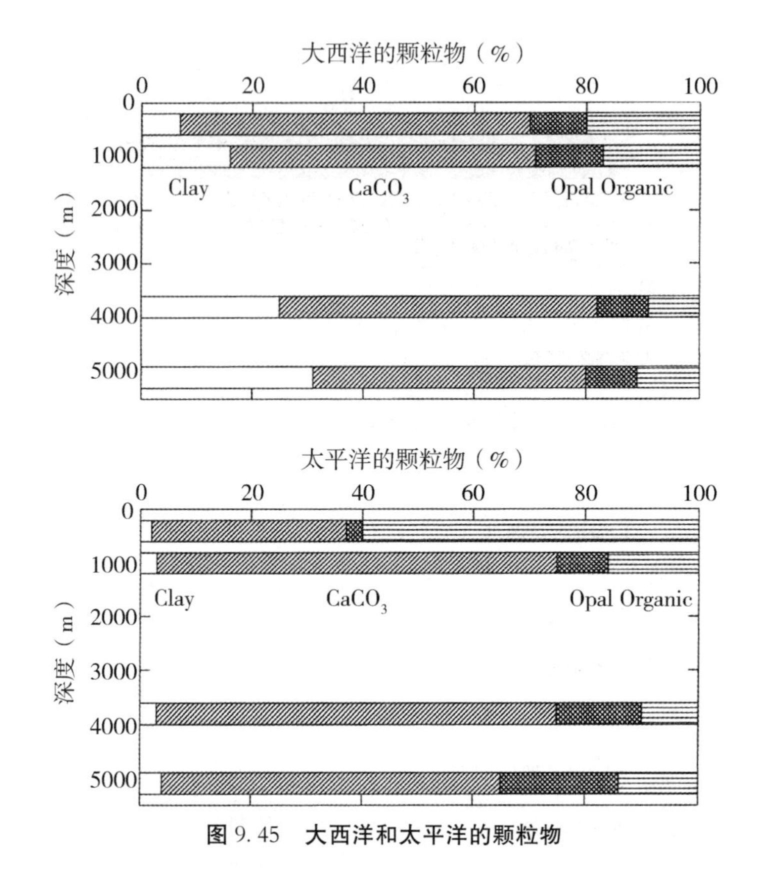

图 9.45 大西洋和太平洋的颗粒物

多糖：每分子由许多单糖或二糖单位组成。

术语“糖”(或糖类)是指单糖、二糖或低聚糖(简单糖类是指 D－葡萄糖)。单糖通过每个碳链的碳原子数来分类。例如，具有六个碳原子的单糖被称为已糖(hexose，英文后缀－ose 代表它是碳水化合物)。纤维素是细胞壁的主要结构组分，它由葡萄糖单元以缩醛形式形成的线性排列组成。葡萄糖和果糖是海水中的主要单糖(Mopper 和 Stahovec，1986)。碳水化合物也是海洋中 POM 的重要组成部分。

Benner 等(1992)使用切向流超滤从北太平洋的 10 765 m 和 4 000 m 深处回收分子量大于 1 000 的 DOM。样品占 DOM 的 22%～33%，并且包括基本上所有的胶体物质。他们发现，在表层水中分离到的多糖比例相当高(50%)，在深层水则降至 25%。这些结果表明，碳水化合物在海洋中比以前认为的更丰富、更有活性。

9.4.3.2 **氨基酸和蛋白质**

蛋白质存在于所有活细胞中，通常占生物体重量的 50%以上。它们是细胞结构的一个组成部分，并且作为代谢调节剂，在运动和防御方面也起到重要作用。蛋白质由通过肽(酰胺)键连接的氨基酸组成。虽然蛋白质种类多样，但组成蛋白质的氨基酸的种类相当少。由于蛋白质的氮组成几乎恒定(16%)，因此氮浓度可用作测定生物体蛋白质的含量。海水中氨基酸的浓度范围为 20～250 $\mu g \cdot L^{-1}$，占 DOC 的 2%～3%。氨基酸是有机酸中—COOH 的 α 碳被—NH_2 取代得到。在它们的通式

($RCHNH_2COOH$)中，R 是每个氨基酸的不同官能团。游离氨基酸占活细胞中有机化合物的一小部分。结合氨基酸存在于溶解物、胶体及颗粒物质中。游离氨基酸也通过细菌在海水中酶水解肽和蛋白质而产生。

9.4.3.3　烃类

烃类化合物分子结构中仅含有碳和氢，化学式为 C_nH_m，占海水中 DOC 含量的 1%不到。它们的浓度为 1～50 $\mu g \cdot L^{-1}$，平均浓度为 10 $\mu g \cdot L^{-1}$。碳氢化合物通常分为低分子量烃($<C_{14}$)和高分子量烃($>C_{14}$)。甲烷(CH_4)是最简单的烃，存在于所有天然水域。其浓度范围为 10～100 $\mu g \cdot L^{-1}$。甲烷的生物生产之所以引起人们的关注，是因为它是一种有用的燃料，也是自 1900 年以来大气中增加一倍的温室气体。

烃类分为饱和烃、不饱和烃及芳香族。饱和烃(石蜡或烷烃)相当稳定。不饱和烃含有一个或多个双键($C=C$)。在海水中最常见的是烯烃。具有两个双键的不饱和碳氢化合物被称为二烯，三个双键称为三烯，依此类推。异戊二烯是一种二烯，是许多植物和动物的成分，通常被称为大自然的组成部分之一。许多复杂的碳氢化合物可以分解成异戊二烯单位，这被称为“异戊二烯规则”。萜烯是在植物精油中发现的类异戊二烯。它们是有规律的头对尾排列的异戊二烯单元。芳香族碳氢化合物含有至少一个苯环(6 个碳原子排列成环，交替单键和双键，例如 C_6H_6)。它们被认为主要来自非生物过程，例如高温下有机物的热解(如森林火灾和化石燃料燃烧)。

9.4.3.4　羧酸

羧酸是具有至少一个羧基(—COOH)的有机化合物。以前所讨论的氨基酸、腐植酸和腐殖酸也含有—COOH，但由于它们独特的行为而分开讨论。在海洋环境中重要的其它羧酸包括脂肪酸如硬脂酸[$CH_3(CH_2)_{16}$—COOH]和棕榈酸[CH_3—$(CH)_2$—COOH]。脂肪酸被发现在动物和植物的蜡中以脂肪形式存在，并且具有 4～36 个碳阴离子。术语“脂肪”通常指固体乙二醇酯、油、液体乙二醇酯。脂肪和油是甘油(HO—CH_2—CHOH—CH_2—OH)和脂肪酸(RCOOH)形成的酯(—COOR)。脂质是指脂肪、油和脂溶性化合物。非挥发性脂肪酸的浓度在 10～200 $\mu g \cdot L^{-1}$左右，通常占 DOC 的 1%。对海洋环境中羟基酸[RC(OH)COOH]、二羧酸[RCOOH]和芳香族酸(C_6H_6—COOH)的浓度的了解较少。大部分脂肪酸是有机物碎屑降解时由于三酸甘油酯(三酰基甘油)水解产生的。三酸甘油酯是植物和动物储存组织的脂质成分的主要部分，脂肪酸约占三酸甘油酯重量的 90%。因此，脂肪酸是衍生自脂质有机物降解的主要成分。

9.4.3.5　腐殖质

腐殖质是一类由复杂化合物组成的混合物类，并且很难被微生物降解。它们是称为油母质(在沉积岩中发现的分散的有机物质，不溶于有机溶剂、无机酸和碱)的地聚质物质的前体。石油是由主要来自水生生物的油母质的地球化学熟化产生的。由于腐殖质由不同分解阶段的植物和动物碎片的混合物组成，所以其化学成分将随来源和沉积环境而变化。土壤和水化学家多年来一直在研究腐殖质，因为它们在水质、土壤肥力和土壤孔隙度方面发挥着重要作用，并可通过络合和吸附过程与无机和有机营养物质以及污染物相互作用。在海水中，腐殖质浓度范围为 60～600 μgC・L^{-1}，占海水 DOC 的 10%～30%。

海洋腐殖质的早期研究可描述为分离“黄色物质”，即一种可以用有机溶剂从海水中提取得到的黄褐色酸物质。胡敏素不溶于酸碱。腐殖酸和富里酸通常被一起提取到碱性溶液(0.5 M NaOH)中，腐殖酸通过溶液酸化(加入 HCl 至 pH 为 2.0 或使用 H^+ 形式的离子交换树脂)沉淀，将可溶于酸的富里酸留在溶液中。胡敏素化学性质和腐殖酸非常类似，但它与无机土壤和沉积物成分结合更紧密。腐殖质由约 40%～60% 的碳、30%～45%的氧、1%～5%的氮、2%或更少的硫组成。相比富里酸，腐殖酸含有更多的碳和更少的氧。历史上，通过湿化学和仪器分析方法研究了各种环境中腐殖质的化学成分，主要的结构组分包括具有支化不同程度的脂族链、芳香环、酚、羟基、甲氧基和羧酸基。

9.4.3.6 **甾体化合物**

甾体化合物与由五个碳原子异戊二烯单位($CH_2CHCH_3CHCH_2$)构成的萜类化合物有关。甾体化合物(见表 9.10)根据其主要功能团进行分类。例如，胆固醇由于含有醇基(ROH)而被归类为甾醇。所有甾体化合物具有相同的碳骨架(见表 9.10)，通常具有 27～29 个碳原子，微溶于海水。甾醇可细分为甾烷醇(饱和类固醇)、石烯醇(单不饱和甾醇类)和二不饱和类固醇。甾烷醇(饱和脂族类固醇)和甾烷酮(含酮类固醇)也是地球化学家感兴趣的。由于稳定的甾体化合物结构和其基本结构的众多变化，它们已被用作生物学和地球化学标记物。科学家使用将甾醇还原成饱和类固醇(甾醇)的方法对类固醇的海洋生物地球化学进行了广泛的研究(Wakeham 等，1984；Lee 和 Wakeham，1989)。在黑海，他们发现在缺氧水中可将甾醇转化为甾烷醇。在含氧与缺氧界面以上的水域，他们观察到了石烯醇和甾烷醇的快速代谢。这些分解比水柱中的石烯醇转化为甾烷醇的反应发生得更快。在沉淀物中分离得到甾烷醇和赤藓糖醇(石烯醇到甾烷醇反应中的中间体)。

参考文献

初级生产

Jassby, A. D., and Platt, T., Mathematical formulation of the relationship between photosynthesis and light for phytoplankton, Limnol. Oceanogr., 21, 540 (1976).

Jenkins, W., Oxygen utilization rates in North Atlantic subtropical gyre and primary production in oligotrophic Systems, Nature, 300, 246 (1982).

Jenkins, W. J., ^{3}H and ^{3}He in the Beta Triangle: Observations of gyre Ventilation and oxygen utilization rates. J. Phys. Oceanogr., 17, 763－783 (1987).

Mahadeva, A. et al. , Eddy-driven stratification initiates North Atlantic spring phytoplankton blooms, Science, 337, 54 - 58 (2012).

Platt, T. , Harrison, W. , Lewis, M. , Sathyendranath, S. , Smithe, R. , and Vecina, A. , Biological production of the oceans: the case for a consensus, Mar. Ecol. Prog. Ser. , 52, 77 (1990).

Platt, T. , and Sathyendranath, S. , Oceanic primary production: estimation by remote sensing at local and regional scales, Scicncc, 241, 1613 (1988).

Rodhe, H. , Standard correlations between pelagic photosynthesis and light, in Primary Productivity in Aquatic Environments, Goldman et al. , Eds. , University of California Press, Berkeley and Los Angeles, CA, 464 pp. (1966).

Ryther, J. , and Yentsch, C, The estimation of phytoplankton production in the ocean from Chlorophyll and light data, Limnol. Oceanogr. , 2, 281 (1957).

Strickland, J. D. H. , Production of organic matter in the primary stages of the marine food chain, Chapter 12, Chemical Oceanography, Vol. 1, Riley, J. P. , and Skirrow, G. , Eds. , Academic Press, New York, 478 - 610 (1965).

Strickland, J. D. H. , and Parson, T. R. S. , A practical handbook of sea water analysis, Fish Res. D. Can. Bull, 167, 311 pp. (1968).

Talling, J. F. , The incidence of vertical mixing, and some biological and Chemical consequences in tropical African Lakes, Verhandlungen der Internationale Vereinigung fur Limonologie, 17, 998 - 1012 (1969).

铁限制

Bakker, D. C. E. , Watson, A. J. , and Law, CS. , Southern Ocean iron enrichment promotes inorganic carbon drawdown, Deep-Sea Res. II, 48, 2483 (2001).

Banse, K. , Does iron really limit phytoplankton production in the offshore subarctic Pacific? Limnol. Oceanogr. , 35, 772 (1990).

Boyd, P. W. , et al. , A mesoscale phytoplankton bloom in the polar Southern Ocean stimulated by iron fertilization, Nature, 407, 695 (2000).

Bozec, Y. , et al. , The $C0_2$ system in a Redfield context during an iron enrichment experiment in the Southern Ocean, Mar. Chem. , 95, 89 - 105 (2004).

Brand, L. , Minimum iron requirements of marine phytoplankton and the implications for the biogeochemical control of new production, Limnol. Oceanogr. , 36, 1756 (1991).

Chavez, F. , The iron hypothesis: ecosystem test in Equatorial Pacific waters, Nature, 371, 123 (1994).

Chisholm, S. W. , and Morel, F. M. M. , What Controls phytoplankton production in nutrient rieh areas of the open sea? Limnol. Oceanogr. , 36, 1507 (1991).

Coale, K. FL, et al. , The IronExII mesoscale experiment produces massive phytoplankton bloom in the equatorial Pacific, Nature, 383, 495 (1996).

Coale, K. H. , et al. , Southern Ocean iron enrichment experiment: carbon cycling in high-and low-Si waters, Science, 304, 408 (2004).

Cooper, D. J. , Watson, A. , and Nightingale, P. , Large decrease in ocean surface CO_2 fugacity in response to in situ iron fertilization, Nature, 381, 511 (1996).

Greene, R. , Geicler, R. , and Falkowski, P. , Effect of iron limitation on photosynthesis in a marine diatom, Limnol. Oceanogr. , 36, 1772 (1991).

Hiscock, W. , and Millero, F. J. , Nutrient and carbon parameters during the Southern Ocean Iron Experiment (SOFeX), Deep-Sea Res. I, 52, 2086 - 2108 (2005).

Hudson, R. J. M. , and Morel, F. F. M. , Iron transport in marine phytoplankton: kinetics of cellular and medium coordination reaction, Limnol. Oceanogr. , 35, 1002 (1990).

Kolber, K, et al. , Iron limitation of phytoplankton photosynthesis in the Equatorial Pacific Ocean, Nature, 371, 145 (1994).

Ledwell, J. , Watson, A. , and Law, C. , Evidence for slow mixing across the pycnocline from an open-ocean tracer-release experiment, Nature, 364, 701 (1993).

Martin, J. H. , Glacial-interglacial CO_2 change: the iron hypothesis, Paleoceanography, 5, 1 (1990).

Martin, J. H, Iron as a limiting factor in oceanic productivity in Primary Productivity and Biogeochemical Cycles in the Sea, Falkowski, P. G. , and Woodhead, A. , Eds. , Plenum, New York, 123 - 137 (1992).

Martin, J. H. , and Fitzwater, S. E. , Iron deficiency limits phytoplankton growth in the northeast Pacific subarctic, Nature, 331, 341 (1989).

Martin, J. H. , and Gordon, R. M. , Northeast Pacific iron distributions in relation to phytoplankton production, Deep-Sea Res. , 35, 177 (1988).

Martin, J. H. , Gordon, M. , and Fitzwater, S. , Iron deficiency limits phytoplankton growth in the Antarctic waters. Global Biogechem. Cycles, 4, 5 - 12 (1990).

Martin, J. H. , et al. , The case for iron, Limnol. Oceanogr. , 36, 1793 (1991).

Millero, F. J. , Yao, W. , Lee, K. , Zhang, J. -Z. , and Campbell, D. M. , Carbonate System in the waters near the Galapagos Islands, Deep-Sea Res. II, 45, 1115 (1998).

Mitchell, B. G. , Brody, E. A. , Holm-Hansen, O. , McClain, C. , and Bishop, J. , Light limitation of phytoplankton biomass and micronutrient utilization in the Southern Ocean, Limnol. Oceanogr. , 36, 1662 (1991).

Orsi, A. H. , Whitworth, T. , and Nowlin, W. D. , On the meridional extent and fronts of the Antarctic Circumpolar Current, Deep-Sea Res. , 42, 641 (1995).

Redfield, A. C. , Ketchum, B. H. , and Richards, F. A. , The influence of organisms on the composition of sea-water, in The Sea, Hill, M. N. , Ed. , Interscience, New York, 26－77 (1963).

Sakamoto, C. M. , Millero, F. J. , Yao, W. , Friederich, G. E. , and Chavez, F. P. , Surface seawater distributions of inorganic carbon and nutrients around the Galapagos Islands: results from the PlumEx experiment using automated Chemical mapping, Deep-Sea Res. II, 45, 1055 (1998).

Smetacek, V. , et al. , Deep carbon export from a Southern Ocean iron-fertilized diatom bloom, Nature, 487, 313－319.

Steinberg, P. A. , Millero, F. J. , and Zhu, X. R. , Carbonate System response to iron enrichment, Mar. Chem. , 62, 31 (1998).

Sunda, W. G. , Swift, D. , and Huntsman, S. A. , Iron growth requirements in oceanic and Coastal phytoplankton, Nature, 351, 55 (1991).

Watson, A. J. , Law, C. S. , Van Scoy, K. , Millero, F. J. , Yao, W. , Friederich, G. , Liddicoat, M. I. , Wanninkhof, R. H. , Barber, R. T. , and Coale, K. , Minimal effect of iron fertilization on sea-surface carbon dioxide concentrations, Nature, 371, 143 (1994).

海水中的有机物

Benner, R. , Pakulski, D. , McCarthy, M. , Hedges, J. , and Hatcher, P. , Bulk Chemical characteristics of dissolved organic matter in the ocean, Science, 255, 1561 (1992).

Carlson, C. A. , Ducklow, H. W. , and Michaels, A. F. , Annual flux of dissolved organic carbon from the euphotic zone in the northwestern Sargasso Sea, Nature, 371, 405 (1994).

Degens, E. T. , and Mopper, K. , Factors Controlling the distribution and early diagenesis of organic material in marine Sediments, Chapter 31, Chemical Oceanography, Vol. 6, 2nd ed. , Riley, J. P. , and Chester, R. , Eds. , Academic Press, New York, 60－113 (1976).

Duursma, E. K. , The dissolved organic constituents of sea water, Chapter 11, Chemical Oceanography, Vol. 1, Riley, J. P. , and Skirrow, G. , Eds. , Academic Press, New York, 433－475 (1965).

Duursma, E. K. , and Dawson, R. , Marine Organic Chemistry, Elsevier, New York (1981).

Falkowski, P. , The power of plankton, Nature, 483, S17－S20 (2012).

Gordon, A. , and Millero, F. J. , Use of microcalorimetry to study the growth and metabolism of marine bacteria, Thallassia Jugoslav. , 16, 405－424 (1980).

Hansell, D. A., and Carlson, C. A., Eds., Biogeochemistry of Marine Dissolved Organic Matter, Academic Press, New York (2002).

Hansell, D. A., et al. Dissolved organic matter in the ocean, Oceanography, 12, 203 - 211 (2009).

Hunter, K. A., and Liss, P., The input of organic material to the oceans: air-sea interactions and the organic Chemical composition of the sea surface, Mar. Chem., 5, 361 (1977).

Lee, C, and Wakeham, S. G., Organic matter in sea-water: biogeochemical processes, Chapter 49, Chemical Oceanography, Vol. 9, 2nd ed., Riley, J. P., Ed., Academic Press, New York, 1 - 52 (1989).

Meybeck, M., Global Chemical weathering of surficial rocks estimate from river dissolved loads, Am. J. Sci., 287, 401 (1987).

Mopper, K., and Stahovec, W., Sources and sink of low molecular weight organic carbonyl com-pounds in seawater, Mar. Chem., 19, 305 (1986).

Parsons, T. R., Particulate organic carbon in the sea, Chapter 13, Chemical Oceanography, Vol. 2, 2nd ed., Riley, J. P., and Skirrow, G., Eds., Academic Press, New York, 365 - 383 (1978).

Peltzer, E., and Gagosian, R., Organic geochemistry of aerosols over the Pacific Ocean, Chapter 61, Chemical Oceanography, Vol. 10, Riley, J. P., and Chester, R., Eds., Academic Press, New York, 282 - 339 (1989).

Sackett, W. M., Suspended matter in sea-water, Chapter 37, Chemical Oceanography, Vol. 7, 2nd ed., Riley, J. P., and Chester, R., Eds., Academic Press, New York, 127 - 172 (1978).

Simoneit, B. R. T., The organic chemistry of marine Sediments, Chapter 39, Chemical Oceanography, Vol. 7, 2nd ed., Riley, J. P., and Chester, R., Eds., Academic Press, New York, 233 - 311 (1978).

Thurman, E. M., Organic Geochemistry of Natural Waters, Martinus Nijhoff/W. Junk, Dordrecht, The Netherlands (1985).

Wakeham, S., Lee, C., Farrington, J., and Gagosian, R., Biogeochemistry of particulate organic matter in the oceans: results from Sediment trap experiments, Deep-Sea Res., 31, 509 (1984).

Williams, P. J. le B., Biological and Chemical aspects of dissolved organic material in sea water, Chapter 12, Chemical Oceanography, Vol. 2, 2nd ed., Riley, J. P., and Skirrow, G., Eds., Academic Press, New York, 301 - 363 (1975).

Williams, P. M., and Druffel, E. R. M., Radiocarbon in dissolved organic matter in the central North Pacific Ocean, Nature, 330, 246 (1987).

第 10 章　海洋中的各种过程

10.1　海水中的光化学过程

海洋和其他自然水域的地表水中发生的光化学过程越来越引起人们的兴趣。Zika 和其同事（迈阿密大学，1981，1982，1985），Zafiriou（伍兹霍尔海洋研究所，WHOI，1983，1990）和 Zepp（环境保护局，EPA），将最先进的光化学理论应用于海洋系统，这一创举促进海洋光化学工作的进行。本章简要讨论了光化学原理以及这些原理在某些海洋系统中的应用。

10.1.1　原理

光化学过程是指仅在光照条件下才发生的化学反应。光化学涉及电磁辐射与物质的相互作用；它是物理和化学的交叉学科。涉及光化学过程的光包括可见光（400～700 nm），紫外光（UV）（100～400 nm）和红外光（700～1000 nm）。光被认为是由含有能量的独立的光子组成的，其能量 $E = h\nu$（其中 h 是普朗克常数，6.63×10^{-34} J · s；ν 是光的频率，$\nu = c/\lambda$；c 是光的速度，λ 为波长）。

只有被吸收的光才能产生光化学效应（Grotthus-Draper 定律）。虽然这似乎显而易见，但长期以来，它一直被确立为光化学的第一定律。主要的光化学反应可以写成如下的方式：

$$M + h\nu \rightarrow M^* \tag{10.1}$$

式中，M 是可以吸收光的分子（发色团），$h\nu$ 是光的光子，M^* 是处于"激发态"的分子。额外的能量（$h\nu$）和 M^* 的性质导致光化学过程。光化学第二定律（Stark-Einstein 定律）认为，光化学过程中的原子或分子仅吸收单个光子。

$$\text{Reactants} + nh\nu \rightarrow \text{Products} \tag{10.2}$$

就样品吸收的光量而言，必须考虑光化学反应的产量。长时间照射下，通常可以获得几乎定量的产率，如常见的化学反应（可以根据所形成的产物的产率或使用的反应物来表征）。光化学反应的产率由四个因素限制。

（1）竞争反应的发生：

$$M^* + h\nu \rightarrow A \qquad h\nu \rightarrow B \tag{10.3}$$

每一步有各自的产率。

（2）产物进一步发生光化学反应：

$$M^* \rightarrow A \tag{10.4}$$

$$A + h\nu \rightarrow A^* \tag{10.5}$$

$$A^* \rightarrow B \tag{10.6}$$

因此，A 的最大产量将取决于照射波长、量子产率等。

(3)实际光化学平衡的存在：

$$M \overset{h\nu}{=\!=} A \tag{10.7}$$

该平衡将取决于照射波长。

(4)存在暗逆转反应：

$$M \underset{\text{dark}}{\overset{h\nu}{=\!=}} A \tag{10.8}$$

光化学反应的量子产率或效率定义为吸收的每个光子形成的产物分子数。

$$\phi = \{\text{形成产物分子数}\}/\{\text{吸收的光子数}\} \tag{10.9}$$

这是产物形成的量子产率，也可以定义为反应物消失的量子产率：

$$\phi = \{\text{消失的反应物分子数}\}/\{\text{吸收的光子数}\} \tag{10.10}$$

ϕ 的值通常小于 1.0，但在链反应中可以大于 1.0。

光化学反应的顺序分两步进行。第一步以吸收光开始：

$$M + h\nu = M^* \text{（吸收）} \tag{10.11}$$

激发的分子可以发生重排反应：

$$M^* \rightarrow P \tag{10.12}$$

或与其他物种 N 反应：

$$M^* + N \rightarrow P \tag{10.13}$$

涉及 M^* 的这些步骤称为初级光化学反应。产物 P 可能经历进一步的反应，并最终形成稳定的产物。激发的分子可以通过放热而释放能量：

$$C^* \rightarrow C + \text{Heat} \tag{10.14}$$

或通过发光而释放能量：

$$C^* \rightarrow C + h\nu \tag{10.15}$$

或通过电离而释放能量：

$$C^* \rightarrow C^+ + e^- \tag{10.16}$$

其中 e^- 是电子。主要光产物的二次反应可能经常与溶液的组分一起发生。例如，当溶液含有 O_2 时，可以形成自由基 O_2^-。该自由基既可以作为氧化剂，又可以作为还原剂。

在我们讨论海水中重要的各种光化学反应之前，有必要简要回顾分子的能量状态。激发分子的类型取决于吸收的能量的大小。分子的自旋激发需要能量最少。这导致分子围绕优选的轴旋转；然而，分子在化学上没有变化。在较高的能量下，分子可以被提升为振动激发态。能量改变分子各部分振动的形式；分子在化学上也没有变化。在较高的能量下，分子可以被激发到电子激发态。一个或多个电子可以被提升到更高能量的轨道。

光化学反应发生在这些电子激发态的分子上。如果吸收大量的能量，则达到连续体，分子会被离子化或离解：

$$M \xrightarrow{hv} M^{+} + e^{-} \tag{10.17}$$

$$M \xrightarrow{hv} X + Y \tag{10.18}$$

多原子分子的电子状态如图 10.1 所示。在电子基态和各种电子激发态中，存在包含各种振动态的次能级 v，并且每个振动态可以具有多个旋转次能级。

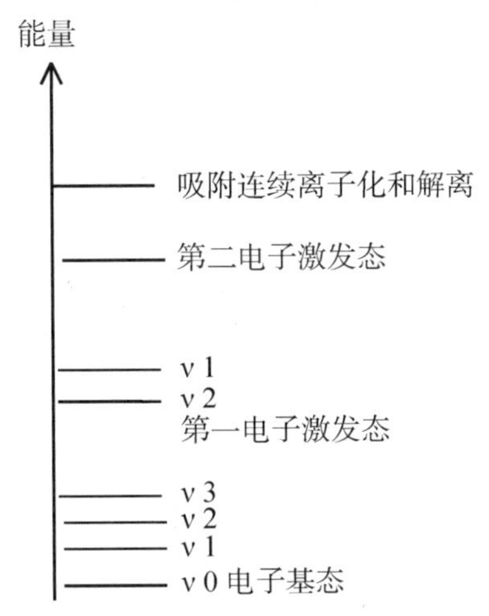

图 10.1　多原子分子中电子，振动和转动态的分布

原子或分子的能量以电子伏特、千卡或千焦耳为单位。1 电子伏特等于 9.65×10^4 J。电磁辐射的频率 v 决定能量($E = hv$)。光谱学家经常使用波数而不是频率来表示(波数 = v/c，其中 $c = 3 \times 10^8\ m \cdot s^{-1}$，光速)。波长与频率的关系如下：

$$\lambda = c/v \tag{10.19}$$

波长以埃为单位($1\ Å = 10^{-8}$ cm)或以纳米(nm)($1\ nm = 10^{-9}\ m = 10\ Å$)为单位。

能量与各种激发态的关系如图 10.2 所示。可以将这些能量(见图 10.3)与热振动($RT = 144\ J \cdot mol^{-1}$)进行比较，与平动和转动相同数量级。尽管可以占据一些低振动能级($v = 0$)，但电子激发态通常不能从加热中获得。

如果能量等于轨道之间的能量差，则能够吸收电磁辐射的光子。当电子从外层轨道跃迁到内层轨道时，原子会发射出光量子。所发射的光的频率与吸收的光的频率相同。在基态下，所有电子按照能量递增的顺序填充可用的轨道。激发态有一个或几个电子占据较高能量的轨道，留下一个或几个较低的空轨道。基态只能发生吸收光过程。激发态可以发光并进入较低状态或基态，也可以吸收光，能量上升到更高的激发态。

光物理过程及其与原子或分子的各种电子状态的关系如图 10.4 所示。光的吸收将分子从基态 S_0 激发到激发态 S_v。受激分子失去部分能量，可以转化到较低的单线态(自旋配对)状态。孤立原子的发射波长与吸收波长相同。分子的发射几乎完全是从最低激发态观察到的。这种发射的寿命通常很短(10^{-8} s)。

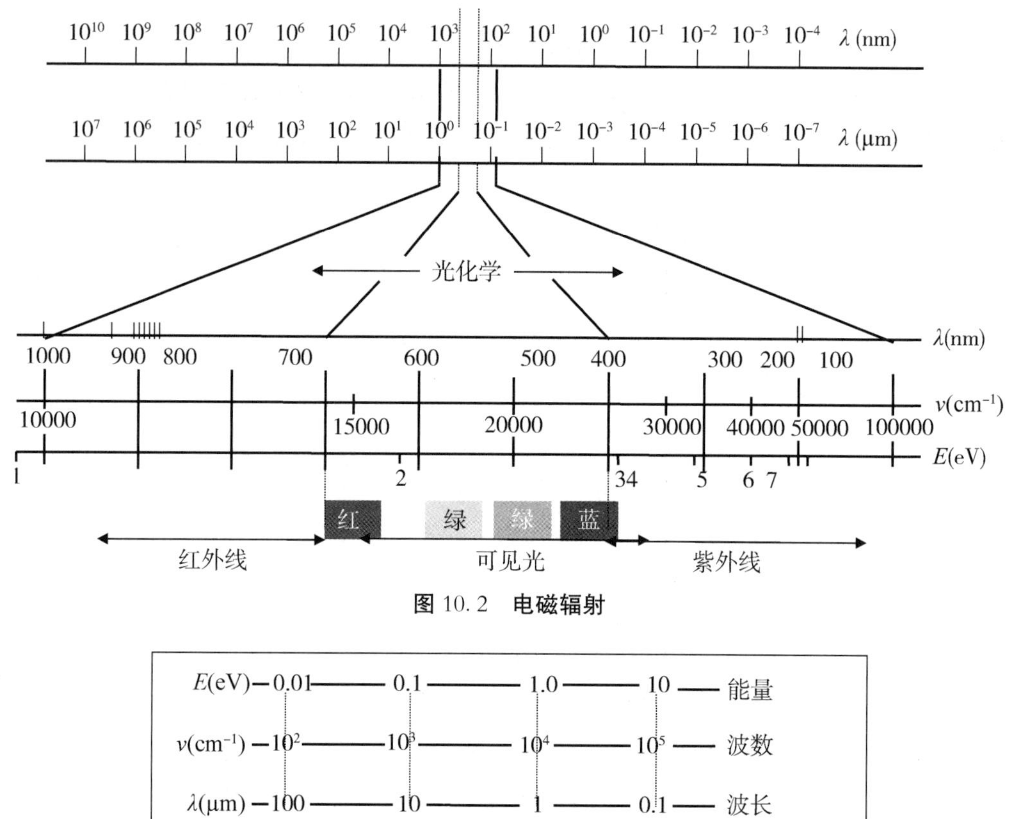

图 10.2 电磁辐射

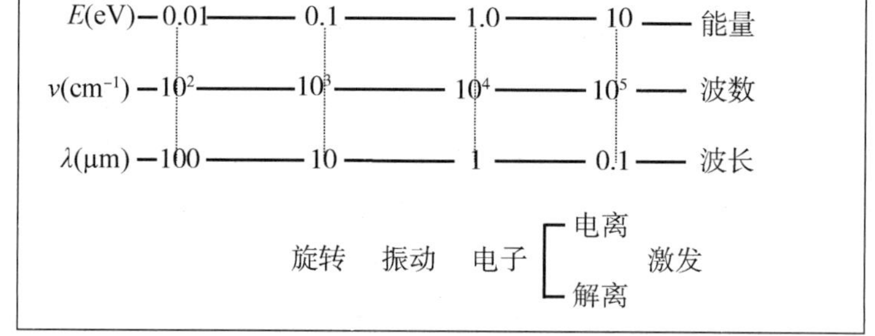

图 10.3 各种状态下的能量和辐射特征

受激分子从单线态到基态的发射过程被称为荧光。许多分子的发射波长移向长波方向(能量较低)。如图 10.5 中显示的为蒽。许多分子在较长波长发射时间较长。这种发射可以持续几秒钟。它来自一种被称为三线态(非配对)的特殊类型的激发态。

两个电子只有具有不同的自旋量子数(↑↓)时才能共享相同的轨道。在激发态下，一个电子单独占据高轨道，而在低能级轨道上留下空缺，这同样也是由单个电子占据的。不同轨道中的两个电子是独立的，并且它们的自旋可以反平行，或者如在基态那样平行(↑↑或↑↓)。当自旋平行时，激发态被称为三线态。三线态的分子的发射光被称为磷光。延迟荧光是由起始状态的三线态产生的激发单线态或是因为化学反应产生。单线态激发态也可以由三线态猝灭形成。如果受激分子的扩散迅速，则可能导致延迟的荧光。激发态通过化学效应发生延迟荧光，这种发光称为化学发光。

海洋表层水中的光化学过程很重要，因为它们可以产生各种氧化还原转变。然

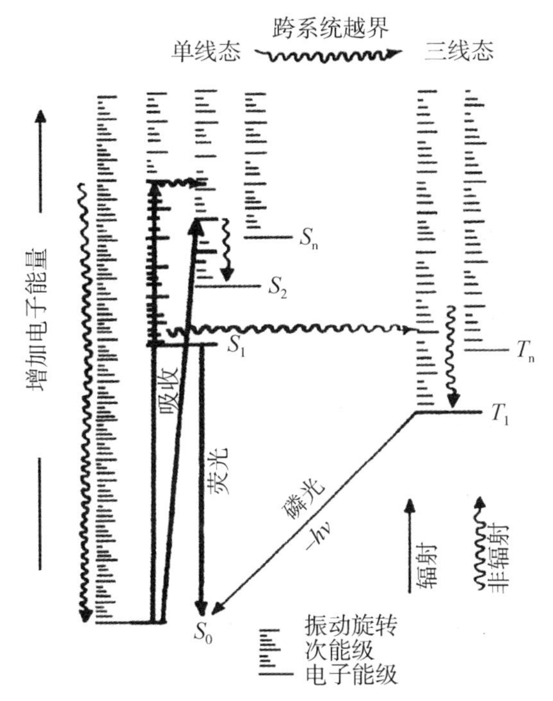

图10.4 光物理过程和电子状态

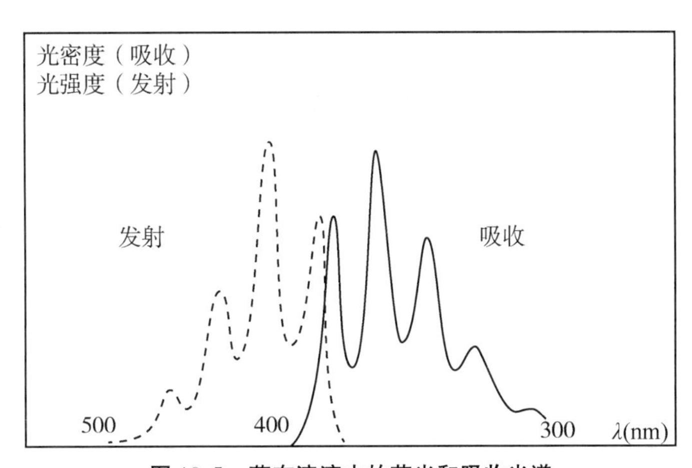

图10.5 蒽在溶液中的荧光和吸收光谱

而，不能排除从降水(湿沉降)或气相沉积以及生物过程的氧化还原转变(见图10.6)。发生光化学过程，必须具有足够高能量(通常为UV)的光。如图10.7所示，在海水100 m深处，很少或没有UV光可用于光化学过程。发生光化学过程，还必须有可以吸收光的发色团。一些在天然水中发生的光化学过程见表10.1。腐殖质和腐殖酸物质被认为是负责光初始吸收的发色团。许多其他有机和无机分子也可以是重要的发色团，这在表10.2和表10.3中给出。

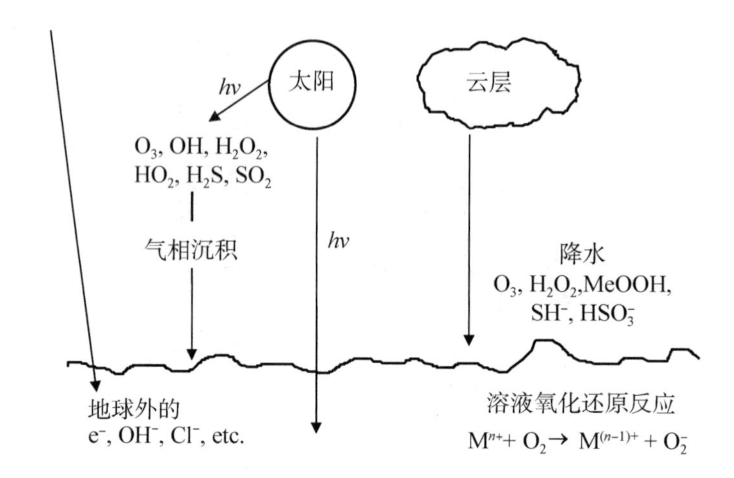

光化学反应

$NO_2^- \xrightarrow{h\nu} NO + O^-$ $(BrOH^-, OH, Br_2^-)$

$ORG \rightarrow ORG^*, {}^1O_2, e^-_{aq}, O_2^-, ORG^-$, Peroxides, etc.

$MnL \rightarrow M^{(n-1)+}, L^-$, etc.

生物过程

$BIOTA \rightarrow H_2O_2$, ?

图 10.6　**海洋中氧化还原转变的主要来源**

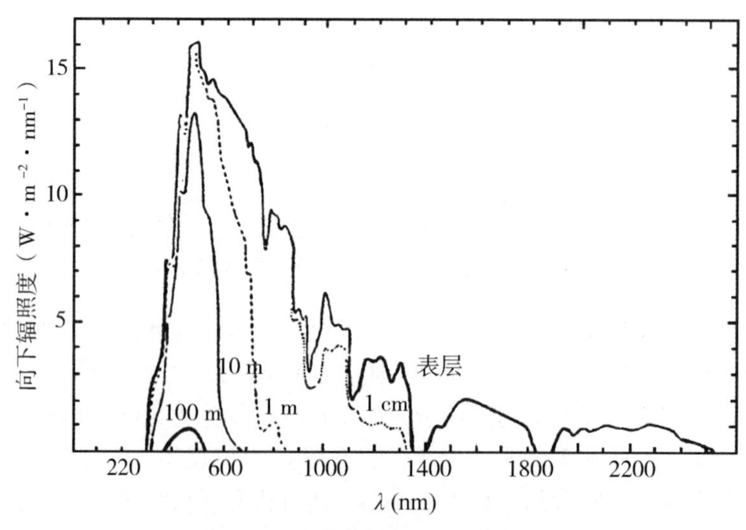

图 10.7　**光在海洋表层的吸收光谱**

表 10.1　天然水光学过程的多样性

环境	基底	产品	可能的机制
海洋和淡水	天然有机体	C· + HO_2	H 原子转移到 O_2
	发色团	C· + AH·	或 A
		$C^+ + O_2^-$	能量转移到 O_2
		HOOH	HO_2 的歧化作用
	NO_2^-	NO + OH	直接光解
	Br^-，CO_3^{2-}，RH	Br_2^-，CO_3^{2-}，R·	氢氧自由基氧化还原
	R·	ROO·	加 O_2
海洋	CH_3I	CH_3^+	直接光解
	MnO_2（胶状）	Mn^{2+}	未知
	Cu(II)	Cu(I)Cl	H_2O_2 / O_2^- 还原 Cu(II)
	Cu(II)L	Cu(I)Cl	电荷转移到金属
	Fe(II)	Fe(III) + H_2O_2	OH 自由基(?)
淡水	Fe(III)L	Fe(II)	O_2^- (?)
表层膜	I^-	HOI，氧化有机物	
受污染的水域	RH，ArH，R_2	RO，RCO_2^-	自由基，直接
		R_2SO	光解，单线态 O_2

表 10.2　有机化合物的光反应

发色团	产物或效果
腐殖质，腐殖酸	1. 漂白吸收和荧光
	2. 单线态氧的产物
	3. Fe(III)还原
	4. 释放可溶性 P
	5. 通过 ROO 和 OH 自由基氧化异丙基苯
	6. 酚基氧化成 ArO 并形成 e^- 和 O_2^-
	7. CO 形成
	8. H_2O_2 形成（通过 O_2^-）
叶绿素	叶绿素的损失
	失去生物活性
氨基酸	?
甘氨酸	$COOHC^{14}$ 损失，HCHO 形成
$CH_3SCH_3CH_3S$	
CH_3ICH_3	
脂肪酸	颗粒，吸收，氢过氧化物
醛	RCO，R，CO

表 10.3 无机化合物的光反应

化合物	产物或影响
Fe^{2+}	Fe^{3+} + H_2（前寒武纪）
Cu^{2+} 复合物	NH_3 和 HCHO
Fe－腐殖酸盐	1. Fe^{2+}，CO_2，O_2
	2. Fe^{2+}，PO_4^{3-}
I－	$I + e^-$
NO_2^-	1. NO + OH·
	2. 蛋氨酸破坏
NO_3^-	NO_3^- 损失，NO_2^-

10.1.2 过氧化氢的形成

海水表层中过氧化氢（H_2O_2）的开创性发现（见图 10.8）大大支持了光化学过程发生在海洋中的观点。H_2O_2 来源于三个主要过程：

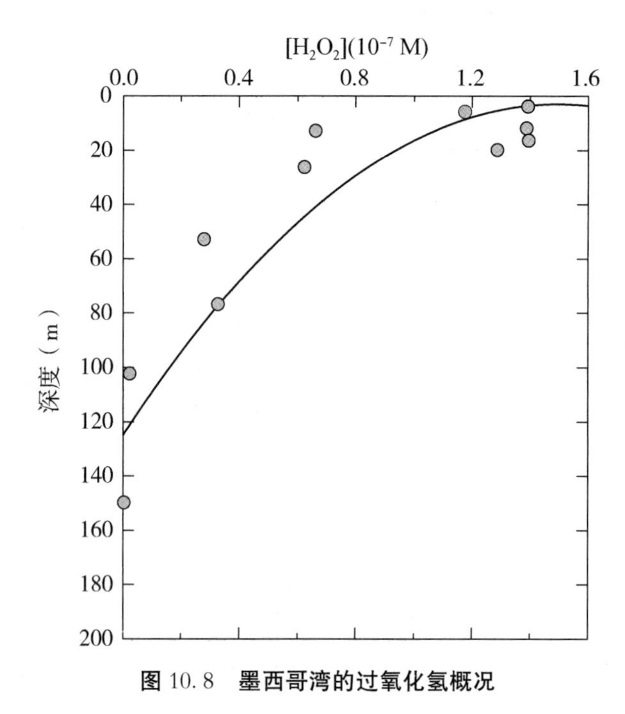

图 10.8 墨西哥湾的过氧化氢概况

（1）
$$Org + h\nu \rightarrow Org^* \quad (10.20)$$
$$Org^* \rightarrow Org^+ + e^- \quad (10.21)$$
$$O_2 + e^- \rightarrow O_2^- \quad (10.22)$$

$$O_2^- + H^+ \rightarrow HO_2 \tag{10.23}$$

$$HO_2 + HO_2 \rightarrow H_2O_2 + O_2 \tag{10.24}$$

（2）

$$Org^* + O_2 \rightarrow Org^+ + O_2^- \tag{10.25}$$

$$Org^* + sub \rightarrow Org^- + sub^+ \tag{10.26}$$

$$Org^* + sub \rightarrow Org^+ + sub^- \tag{10.27}$$

$$Org^+ + sub \rightarrow Org + sub^+ \tag{10.28}$$

$$Org^- + O_2 \rightarrow Org + O_2^- \tag{10.29}$$

$$sub^- + O_2 \rightarrow sub + O_2^- \tag{10.30}$$

（3）

$$M^{n+} + hv \rightarrow M^{(n-1)} + L^- \tag{10.31}$$

$$M^{(n-1)} + O_2 \rightarrow Mv + O_2^- \tag{10.32}$$

Zika 及其同事的研究(1982)表明，相比贫营养水域，具有较高腐殖质含量的沿海水域中形成的 H_2O_2 浓度较高(见图 10.9)。通过 300 nm 处的吸光度测量，产率也似乎与水中腐殖质的浓度直接相关(见图 10.10)。这些结果支持非生物光化学过程负责在海洋表层水中生产过氧化氢的观念。除在贫营养水中，生物过程(Palenik 和 Morel，1988)和已知形成过氧化氢的非光化学过程通常是微不足道的。大部分 H_2O_2 是由波长低于 400 nm 的阳光产生的。

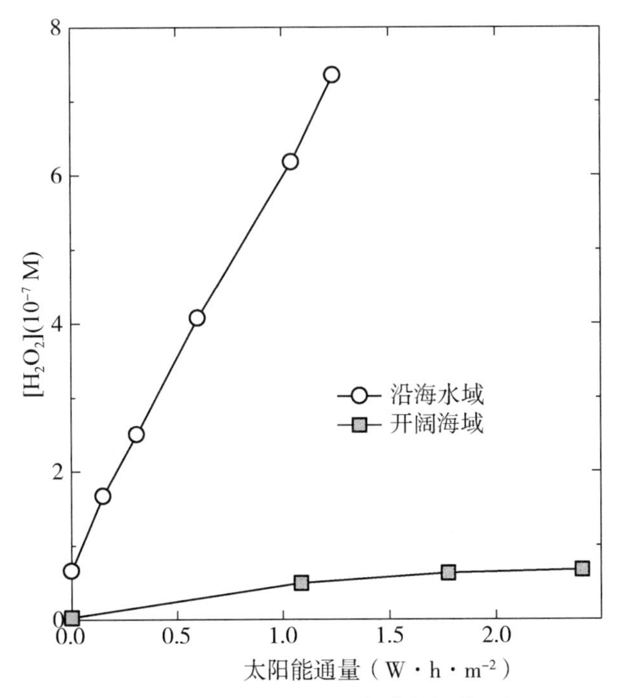

图 10.9　过氧化氢在海水中的光化学累积

由于在表层水中发现 H_2O_2 的稳态水平为 10～200 nM，所以 H_2O_2 的衰变速度必须比生成速度慢。H_2O_2 的日变化为 60～180 nM(见图 10.11)。墨西哥湾流域的

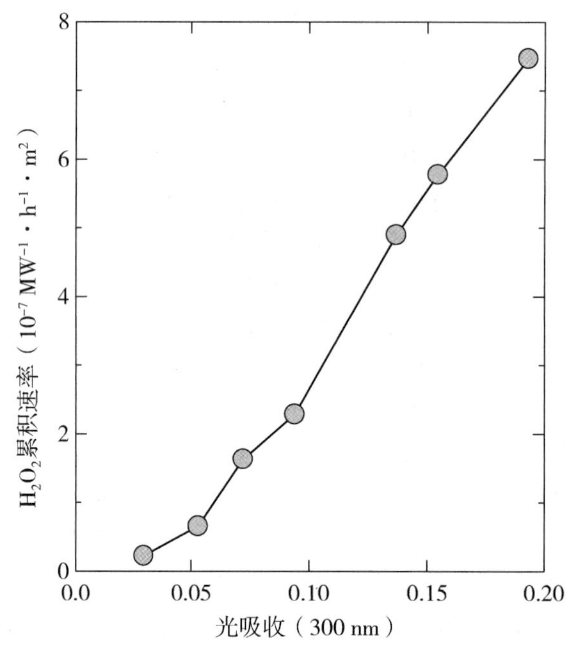

图 10.10 不同海水的累积速率与光吸收值的关系

H_2O_2 的半衰期约为 120 h 而在沿海水域约为 12 h。研究还表明，在深层水中的寿命要长得多(在 250 m 有 1 900 h)。这些结果表明，H_2O_2 的衰减速率可以通过颗粒或生物过程来控制。颗粒对衰减的影响如图 10.12 所示，海水经过 0.2 μm 滤膜过滤后会减慢 H_2O_2 的衰减速率。

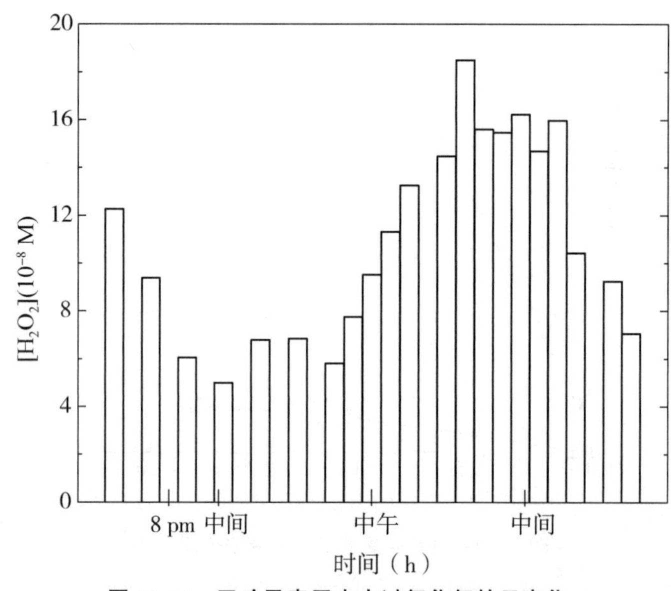

图 10.11 巴哈马表层水中过氧化氢的日变化

由于高压灭菌海水具有类似的影响(见图 10.13)，因此衰减似乎与生物颗粒(活

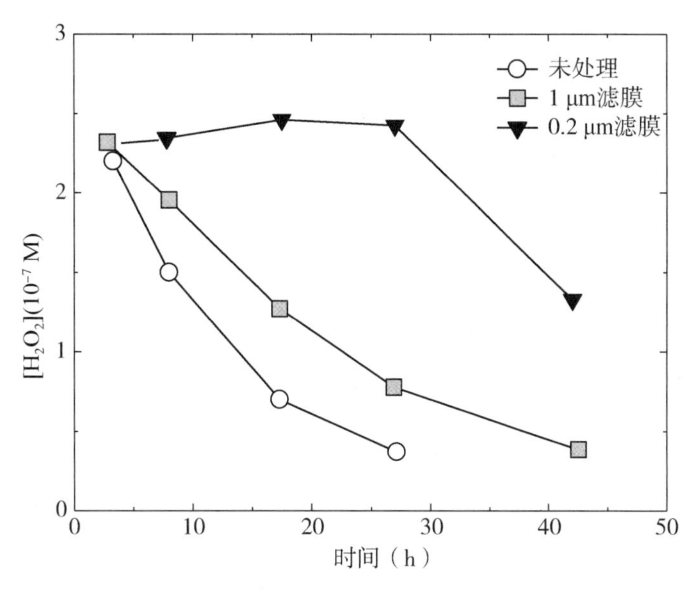

图 10.12　过滤对海水中过氧化氢衰减的影响

细胞和死细胞）部分相关。H_2O_2 的衰减机制和细胞对 H_2O_2 形成和破坏的影响还需要进一步的工作来阐明。H_2O_2 分解不受光影响，且在几天之内发生。天然水中的酶和颗粒在 H_2O_2 分解中可能是很重要的。虽然非生物分解过程占比很小，但它们在开阔海域可能很重要。控制细胞内 H_2O_2 的生物体中的两种主要酶是过氧化氢酶和过氧化物酶。使用 $^{18}O^-$ 标记的 H_2O_2 和 O_2 进行实验，Moffett 和 Zafiriou（1990）发现在沿海水域中，65%～80%的 H_2O_2 分解是由于过氧化氢酶引起的。

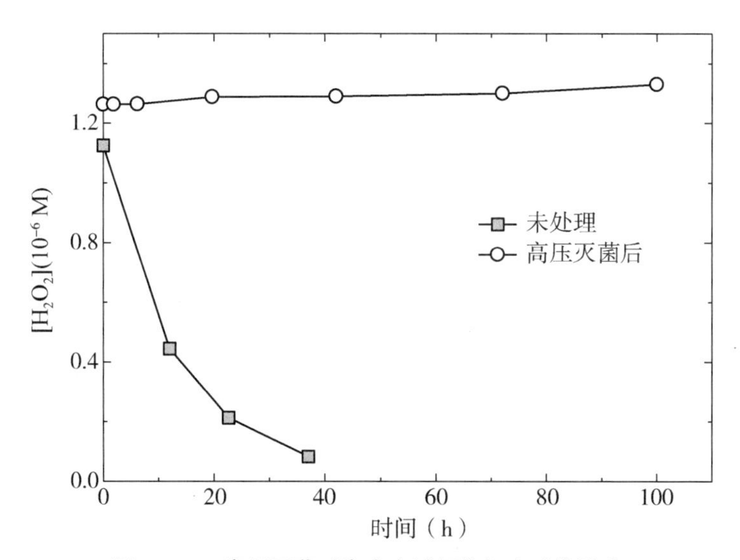

图 10.13　高压灭菌对海水中过氧化氢衰减的影响

超氧阴离子（O_2^-）是形成 H_2O_2 的关键中间体。因此，所有产生 O_2^- 的反应都将增加 H_2O_2 的浓度。Bielski（1978）广泛研究了超氧化物的水化学。超氧自由基（HO_2）

是一种酸，可以在纯水中离解为 H^+ 和 O_2^-，pK = 4.8。可以发生歧化反应：

$$HO_2 + HO_2 \rightarrow H_2O_2 + O_2 \tag{10.33}$$

$$HO_2 + O_2^- + HO_2 \rightarrow H_2O_2 + O_2 + OH^- \tag{10.34}$$

这些二级反应的二级速率方程式由下式给出：

$$-d[HO_2]/dt = k_2[HO_2]_T \tag{10.35}$$

其中，$[HO_2]_T$ 是超氧化物的总浓度，k_2 是二级速率常数。在低 pH 值下，反应(10.33)很重要，pH 值高于 6 后，反应(10.34)占优势(Millero，1987)。在大多数天然水域的 pH 范围(7～9)下，二级速率常数占优势；水中 k_2 的值可以由公式 $\log k_2 = 12.68 - 1.0\ \mathrm{pH}$ 估算。HO_2 消失的半衰期由下式给出：

$$t_{1/2} = 1/2k_2[HO_2]_T \tag{10.36}$$

在 pH 为 8 且$[HO_2]_T = 100$ nM(表层水中的 H_2O_2 的水平)的水平下，如果它仅衰变形成 H_2O_2，则水中的 O_2^- 的寿命应为约 100 s。由于形成 MgO_2^+ 和 CaO_2^+ 络合物，基于海盐中测量(在高浓度 O_2^- 下)，O_2^- 在海水中的寿命被认为会更长(长达 3～5 倍)。然而，Zafiriou(1990)所做的测量表明，海水中 O_2^- 的速率和寿命与纯水中的级别相同。这些差异可能与 Millero 分析的早期实验中使用的较高水平的 O_2^- 有关。这些寿命足够长，使 O_2^- 成为海洋表层水中重要的还原剂和氧化剂。Petasne 和 Zika(1988)在天然海水中测量的 O_2^- 的形成速率表明，约 40%的损失来自第二个途径。因此，在一些水域的未催化歧化作用可能不是 O_2^- 的主要反应物。O_2^- 与金属(Cu^{2+})和有机化合物如生物群释放的超氧化物歧化酶的反应也可能是表层水中的重要清除方式。该阴离子是强还原剂，可以造成还原态金属离子的形成：

$$Fe^{3+} + O_2^- \rightarrow Fe^{2+} + O_2 \tag{10.37}$$

$$Cu^{2+} + O_2^- \rightarrow Cu^+ + O_2 \tag{10.38}$$

由于 Moffett 和 Zika(1988)在表层海水中测量出了 Cu^+(见图 10.14)，这种还原过程可能产生了这种过渡态形式。通过形成抗氧化的氯络合物可以防止 Cu^+ 被氧化成 Cu^{2+}(Sharma 和 Millero，1988)：

$$Cu^+ + Cl^- \rightarrow CuCl \tag{10.39}$$

$$CuCl + Cl^- \rightarrow CuCl_2^- \tag{10.40}$$

$$CuCl_2^- + Cl^- \rightarrow CuCl_3^{2-} \tag{10.41}$$

由于这些光化学生成的氧化还原物质，我们对海洋表层水中氧化还原过程的全部观点已经改变。King，Lounsbury 和 Millero(1995)已经证明了天然水中铁的氧化还原化学。所提出的氧化机制由以下反应描述：

$$Fe^{2+} + O_2 \rightarrow Fe^{3+} + O_2^- \tag{10.42}$$

$$Fe^{2+} + O_2^- \rightarrow Fe^{3+} + H_2O_2 + 2H^+ \tag{10.43}$$

$$Fe^{2+} + H_2O_2 \rightarrow Fe^{3+} + OH + OH^- \tag{10.44}$$

$$Fe^{2+} + OH \rightarrow Fe^{3+} + OH^- \tag{10.45}$$

氧化产生的 Fe(III)可以通过光还原转化回 Fe(II)。

在沿海水域的铁浓度为 20 nM，这种光还原可以产生稳定浓度为 8 nM 的 Fe

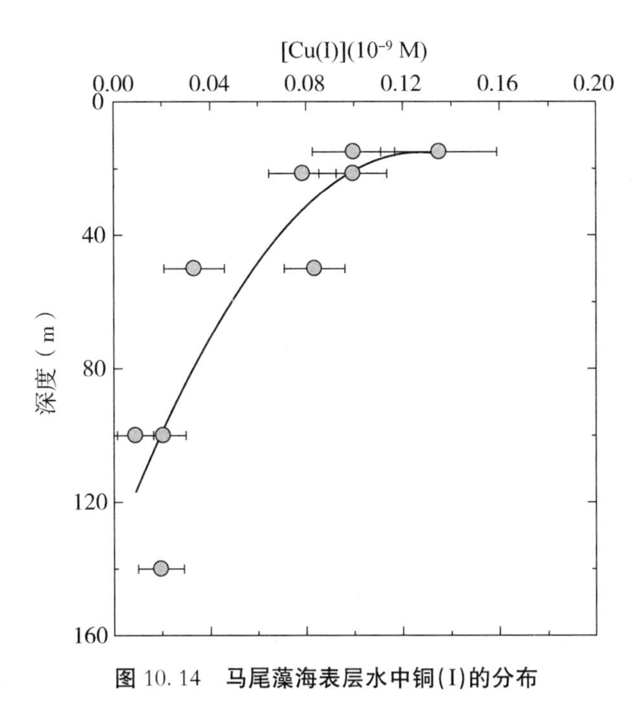

图 10.14　马尾藻海表层水中铜(I)的分布

(II)，周转时间为 29 h^{-1}，Fe(II)通量为 230 nM·h^{-1}。在 pH 值为 8 时，H_2O_2 和 O_2^- 的稳态浓度分别为 46 nM 和 0.42 nM。这些计算值代表通过铁氧化还原循环产生 H_2O_2 和 O_2^- 的上限。由于天然有机物的光解作用主导了 O_2^- 和 H_2O_2 的生成，铁循环在表层水中可能不重要，但在含氧到缺氧界面和在海洋中最低 O_2 的低氧水平下是很重要的。

10.1.3　OH·自由基

OH·自由基(在第 5 章中讨论过)是大气中由光化学产生的最具反应性的自由基。其在水系统中的作用还不太清楚。True 和 Zafiriou(1987)的闪光光解研究表明，它是在海水中形成的。在海水中形成的 OH·自由基被认为是通过与溴离子的反应来控制的：

$$\cdot OH + Br^- \rightarrow BrOH^- \tag{10.46}$$

$$BrOH^- \rightarrow Br + OH^- \tag{10.47}$$

$$BrOH^- + Br^- \rightarrow Br_2^- + OH^- \tag{10.48}$$

$$Br + Br \rightarrow Br_2^- \tag{10.49}$$

在 pH 为 8 的海水中的 $BrOH^-$ 可以通过方程式(10.48)或方程式(10.47)和方程式(10.49)直接与 Br_2^- 反应。在海水中的低 Br^- 水平(0.8 mM)下，方程式(10.47)比方程式(10.48)快约 1 000 倍。True 和 Zafiriou(1987)通过闪光光解得到了海水中的 Br 自由基：

$$Br^- + h\nu \rightarrow Br + e^- \tag{10.50}$$

而在海水中脉冲辐射分解产生了 OH·自由基，没有产生光氧化 Br^-。由于与海水主要成分的反应，Br_2^- 在海水中消失得相当快。按平行的一级和二级反应进行衰减：

$$-d[Br_2^-]/dt = k_1[Br_2^-] + k_2[Br_2^-]^2 \quad (10.51)$$

其中 k_1、k_2 是速率常数。一级衰减 k_1 似乎是与碳酸根离子相关：

$$Br_2^- + CO_3^{2-} \rightarrow 2Br^- + CO_3^- \quad (10.52)$$

从海水中碳酸盐的形态来看，参与反应的碳酸盐物质似乎是 CO_3^{2-}，$MgCO_3$，Na_2CO_3 和 $CaCO_3$。

Mopper 和 Zhou(1990)测得阳光照射海水中 OH·的产生和稳态浓度。他们通过与甲醇的反应测定了 OH·自由基：

$$CH_3OH + OH\cdot \rightarrow CH_2OH + H_2O \quad (10.53)$$

$$CH_2OH + O_2 \rightarrow CH_2O + HO_2 \quad (10.54)$$

和芳香环 Ar 与苯甲酸的反应：

$$H—Ar + OH\cdot \rightarrow H—Ar—OH \quad (10.55)$$

$$H—Ar + OH + O_2 \rightarrow HO—Ar + HO_2 \quad (10.56)$$

反应中的产物(甲醛)可以使用高效液相色谱(HPLC)技术测定。

海水中 OH·自由基的可能来源是 NO_3^-，NO_2^-，H_2O_2，Fe^{2+} 和溶解有机物质(DOM)。表 10.4 列出了各种水域的检测结果汇总。反应波长为 280～320 nm(阳光光谱的 UVB 区域)。在海水中形成的 OH·浓度低于淡水中形成的浓度。上升流和沿海水域的稳态浓度远高于开阔的海水中的稳态浓度。在阳光下的海水中，NO_3^-、NO_2^- 和 H_2O_2 产生的OH· 分别为 3.0×10^{-13} mol·s^{-1}，2.3×10^{-11} mol·s^{-1} 和 4.1×10^{-12} mol·s^{-1}。由 NO_3^- 和 NO_2^- 产生的产物只在上升流域和一些沿海水域中很重要。到目前为止，最重要的 OH·自由基来源是海水中的 DOM。表层水中低浓度的 H_2O_2 和溶解的 Cu(I)和 Fe(II)使得芬顿型反应(Fenton-type reactions)很少产生 OH·自由基。腐殖质的苯二酚和苯酚类物质对光的光解被认为是 OH·自由基形成的原因。据发现，OH·自由基的主要转化物为 Br^-(93%)，约 7%可与 DOM 反应。所形成的 BrOH 也可以与 DOM 反应。DOM 与 OH·的反应可形成更不稳定的低分子量有机物。Mopper 和 Zhou(1990)估计出了 OH·稳态下的一级速率常数：

$$d[DOM]/dt = -k[DOM] \quad (10.57)$$

其中，表层水 $k = 1\times10^4$～2×10^4，深层水为 4×10^4～5×10^4，沿海水域为 5×10^4～8×10^4。表层水的反应度较低，可能是由于光漂白(由吸收阳光引起的反应度丧失)。DOM 与 OH·自由基的反应和低分子量有机物的形成可能导致海洋中 DOM 的长期转化。

表 10.4　不同水域的 OH·自由基形成

水域	[OH·] 10^{18}	产物		来源(%)		
		比率(nM/h) 10^{12}	NO_3	NO_2	H_2O_2	DOM
马尾藻海(表层)	1.1	2.8	<1	<4		>95
马尾藻海(700 m 深处)	6.3	15.9	19	1	3	77
比斯坎湾	9.7	24.4	2		2	96
大沼泽地	840	420				

10.2　深海热液喷口化学

1979 年 4 月，科学家们登上了潜水器 Alvin，并在加拉帕戈斯群岛附近的活火山区域的海底发现了热泉。黑烟囱周围地区有富含金属的矿物沉积和独特的生物群落。深海热液喷口周围的典型生物群如图 10.15 所示。大蛤蜊、螃蟹、贻贝和蠕虫由热液流体喂养。这些喷口群体被认为只会持续数十年。自从加拉帕戈斯发现热泉以来，沿着东太平洋海隆，科学家沿着大西洋中脊地区发现了更多的喷口系统(见图 10.16)。已发现两种类型的喷口：(1)最大出口温度为 5～23 ℃，流速为 0.5～2 cm·s^{-1}的暖喷口；(2)最大出口温度为 270～380 ℃，流速为 1～2 m·s^{-1}的热喷口。热喷口包括白烟囱(≈300 ℃)和黑烟囱(350±2 ℃)。

图 10.15　典型的热液结构群

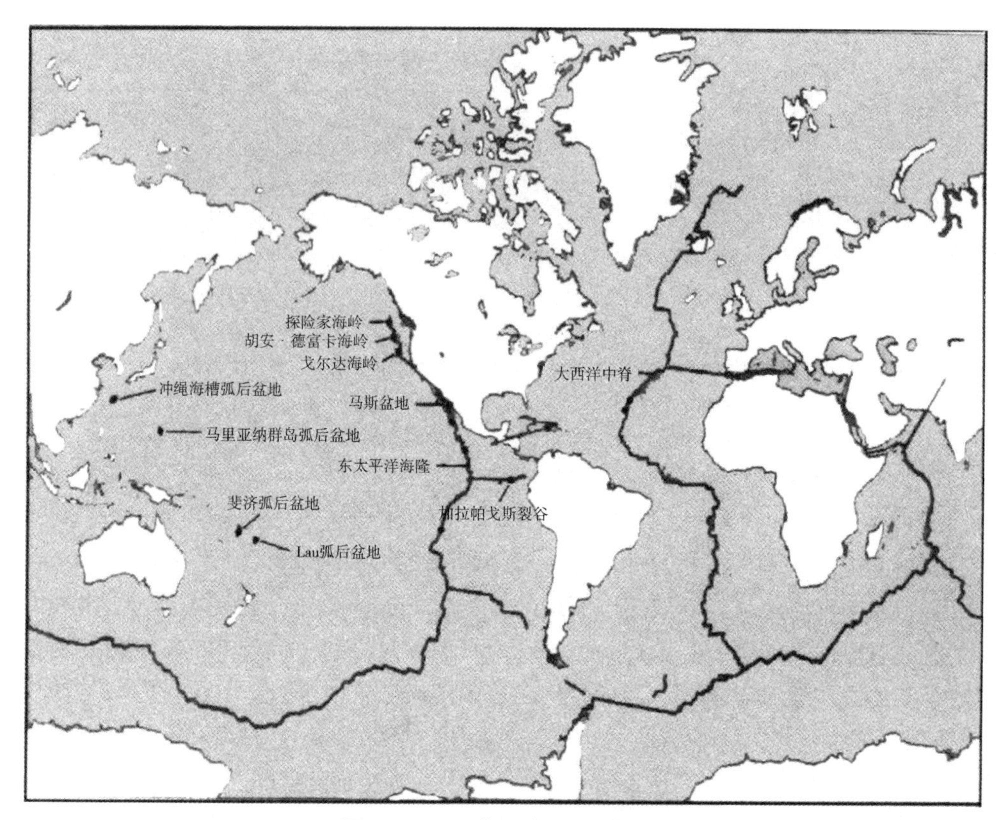

图 10.16　**深海热液喷口点分布**

细菌通过细菌化学合成过程利用喷口的地热能。像光合作用一样，该过程涉及通过生物合成将 CO_2 转化为生物合成有机碳化合物，其能量源为化学氧化（而不是光）。在这些喷口系统中生产有机化合物的能量是硫化氢的细菌氧化（见图 10.17）。化能自养是指能利用无机化合物作为能源（化能无机自养生物）的细菌对 CO_2 的同化。以下方程式说明了两个过程之间的关系。对于无氧光合无机自养，紫色和绿色细菌：

$$2CO_2 + H_2S + 2H_2O \xrightarrow{hv} 2[CH_2O] + H_2SO_4 \tag{10.58}$$

对于有氧光合无机自养的绿色植物：

$$CO_2 + H_2O \xrightarrow{hv} [CH_2O] + O_2 \tag{10.59}$$

对于有氧化学无机自养的细菌：

$$CO_2 + H_2S + O_2 + H_2O \rightarrow [CH_2O] + H_2SO_4 \tag{10.60}$$

对于厌氧化学无机自养的细菌：

$$2CO_2 + 6H_2 \rightarrow [CH_2O] + CH_4 + 3H_2O \tag{10.61}$$

细菌使用的可能电子供体如表 10.5 所示。一些与厌氧化学合成（NO_3^-，SO_4^{2-} 或 CO_2）中使用的相同。无机能源用于产生三磷酸腺苷（ATP）。

喷口系统发生的化学过程图如图 10.18 和图 10.19 所示。海水渗透到地壳岩浆室的顶部（1～3 km），并与熔融的玄武岩发生反应。随着海水温度向地幔升高，$CaSO_4$

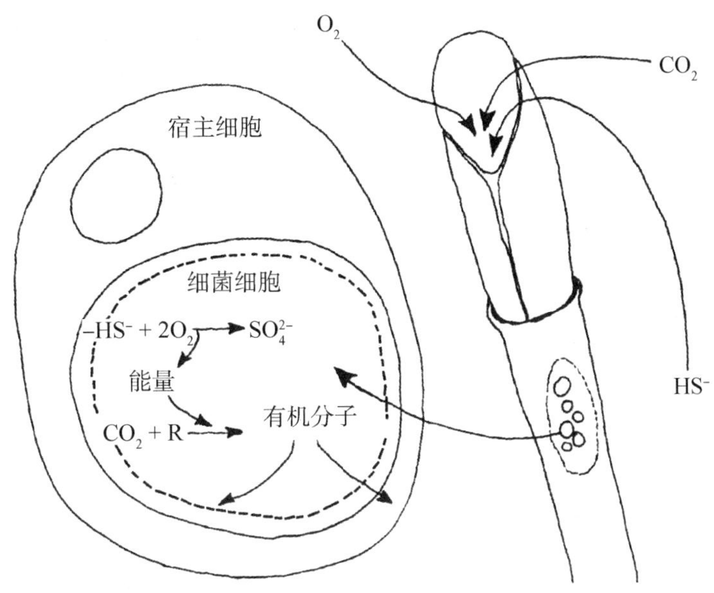

图 10.17　**将** H_2S **氧化成能量以产生有机化合物的宿主细菌细胞的草图**

可能在这途中沉淀。海水中的硫酸盐在高温下转化成硫化氢。碳酸氢盐转化为二氧化碳和甲烷。镁与玄武岩反应形成新的矿物相，并释放质子。一些释放的质子与玄武岩交换，并向流体中释放出许多微量金属。水热液体渗回到表层，并在低温(2～23 ℃)和高温(350 ℃)下流出。

金属和硫化物之间的反应可以沿着沉淀硫化物的路线发生。作为来自喷口的还原化合物，H_2S 是主要的电子供体。它是通过从海水中还原 SO_4^{2-} 而形成的，同时玄武岩中的 Fe^{2+} 氧化为 Fe^{3+}。H_2S 也可以从结晶玄武岩中浸出。在 300 ℃条件下进行的实验室实验中都发现了这两种机制。在海水中 HS^- 的浓度(25 mM)几乎与 SO_4^{2-} (28 mM)相同。这表明通过水热系统循环的海水会与几乎等于其自身质量的岩石发生反应。海水中的 SO_4^{2-} 会转换为 $CaSO_4$(硬石膏)，所以极少海水中的 SO_4^{2-} 能够参与热泉系统热

表 10.5　**出现于深海热液喷口的化能无机营养菌的电子源和类型**

电子供体	电子受体	有机体
S^{2-}、S^0、$S_2O_3^{2-}$	O_2	硫氧化细菌
S^{2-}、S^0、$S_2O_3^{2-}$	NO_3^-	脱氮和硫氧化细菌
H_2	O_2	氢氧化细菌
H_2	NO_3^-	反硝化氢细菌
H_2	S^0、SO_4^{2-}	硫和硫酸盐还原菌
H_2	CO_2	产甲烷和产乙酸菌
NH_4^+、NO_2^-	O_2	硝化菌
Fe^{2+}、Mn^{2+}	O_2	铁和锰氧化菌
CH_4、CO	O_2	甲基营养菌和一氧化碳氧化细菌

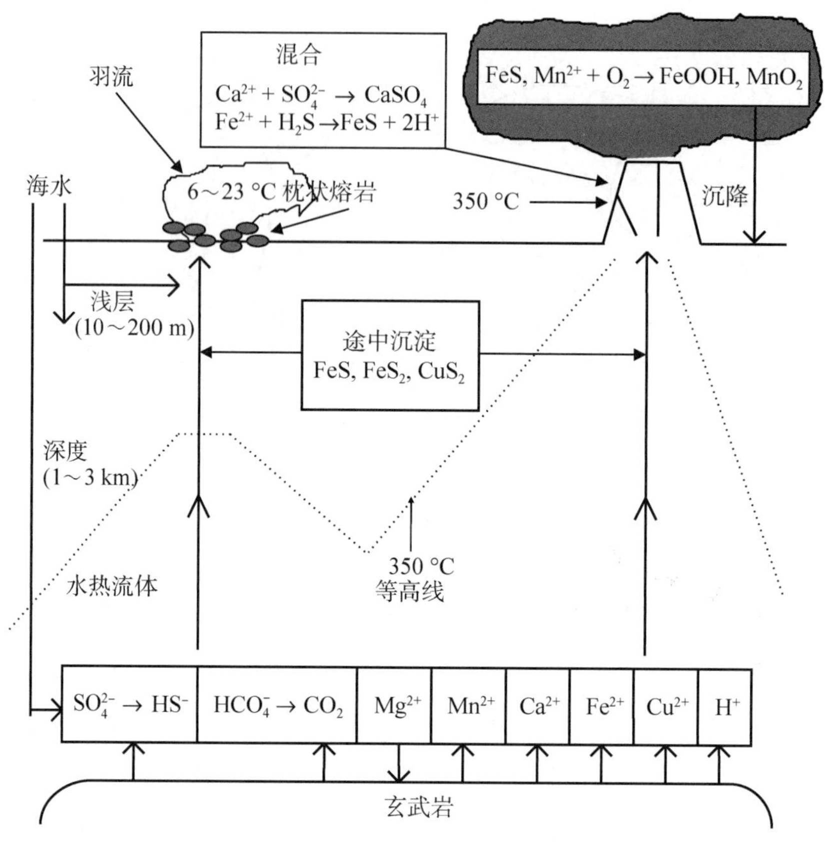

图 10.18 在热液喷口部位发生的无机过程

的部分，在该部分中，SO_4^{2-} 会被还原。对热泉口水域的硫同位素研究表明，H_2S 主要来源于玄武岩。与流体流动相关的水热反应如图 10.19 所示。黑烟囱消失、硫化物和 $CaSO_4$ 的沉淀导致海底烟柱形成(见图 10.20)。释放的 Fe(II)导致形成含金属沉积物。

在讨论热液流体的化学性质之前，我们先讨论尚未发现的热液流的可能存在迹象。第一个迹象来自地球物理观测。例如，因为接近活动海岭，热流测量值低于理论预测值(见图 10.21)。循环海水带走了热量，造成热量流失。热液流存在的其他地球物理学迹象还有水柱中的含金属沉积物和 ^3He 异常(见图 6.6)。

热液流存在的第二个迹象来源于实验室测量。实验室测量在钢弹中的玄武岩和海水混合物之间(水：岩石比为 10：1)进行。测量在低温(70 ℃)、高温(150～300 ℃)和极高温(300～350 ℃)下进行。低温测量结果表明，海水中的 Mg^{2+}、Na^+ 和 K^+ 出现损失，同时玄武岩中 Cu^{2+} 和 SiO_2 也出现释放现象。高温测量结果表明(水：岩石比例为50：1 或 62：1)，海水中 Mg^{2+}、SO_4^{2-} 和 Na^+ 出现损失，同时玄武岩中 Ca^{2+}、H_2S、CO_2、SiO_2、K^+ 和 H^+ 也出现释放现象。释放出的 H^+ 导致 pH 值降至 5.0 左右。Fe^{2+}、Mn^{2+}、Ba^{2+}、Al^{3+} 和 Cu^{2+} 少量增加。在极高温测量(水：岩石比为 50：1 或 62：1)中，发现了较高浓度的微量金属。

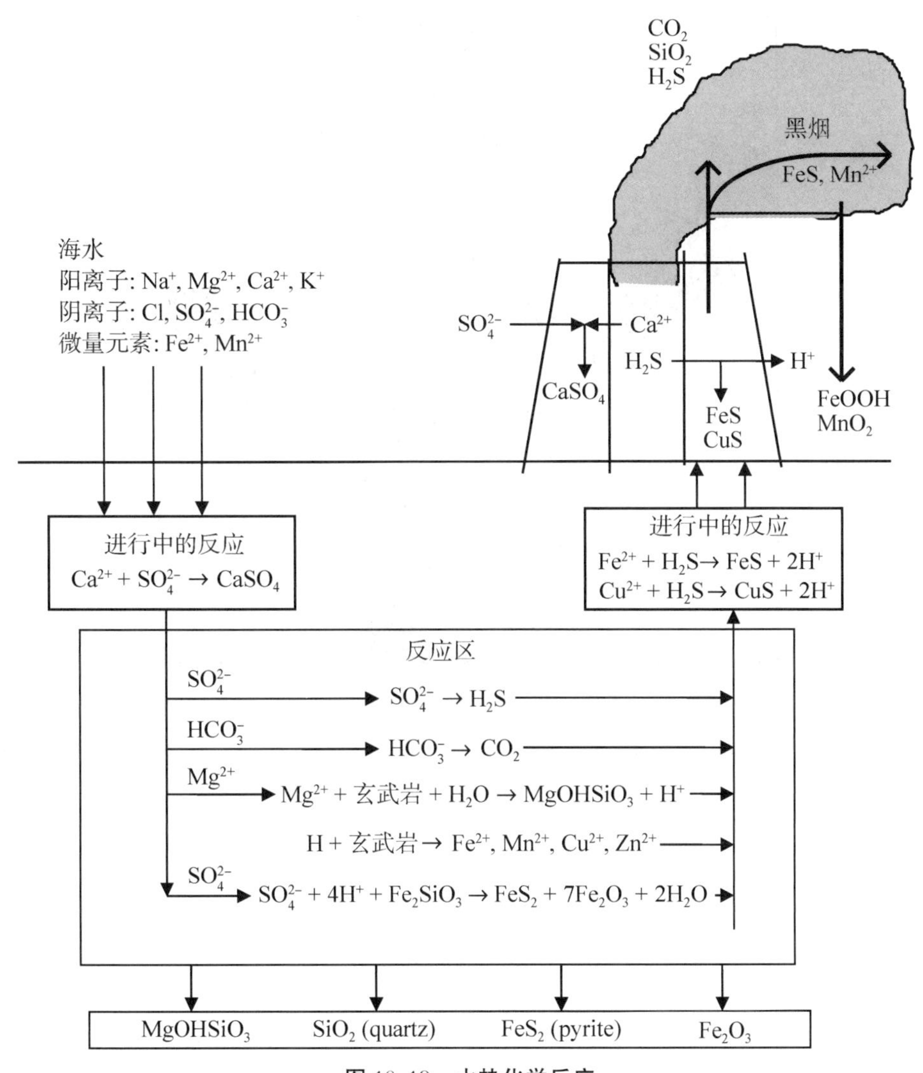

图 10.19　水热化学反应

热液流存在的第三个证据来源于地球化学现场测量。这部分证据包括找到蚀变的玄武岩、硫化物沉积物和水热沉淀物。Bonatti 和 Joensuu（1966）在活动海岭系统上发现的富含铁和锰的水热沉淀物表明发生了高温反应。对红海热盐水的早期研究也表明，循环海水由熔融玄武岩加热。

在加拉帕戈斯和东太平洋海隆发现了热泉，这表明海洋中发生了热液过程。科学家在多个地点对深海热液喷口进行了研究（见图 10.16）。对加拉帕戈斯热泉的研究图 10.22 显示了 SiO_2 随温度呈线性增长趋势。当 SiO_2 增加时，Mg^{2+} 减少（见图 10.23）。Mg^{2+} 浓度与温度成反比（见图 10.24）。因此，Mg^{2+} 可用于测量热液流体与海水的混合物浓度。来自加拉帕戈斯喷口的 Li^+、K^+ 和 Rb^+ 的浓度分别如图 10.25 至图 10.27 所示。

[Mg] = 0 的外推值可用于估计高温条件下的浓度。来自喷口的 Ca^{2+} 和 Sr^{2+} 的浓度分别如图 10.28 和图 10.29 所示。

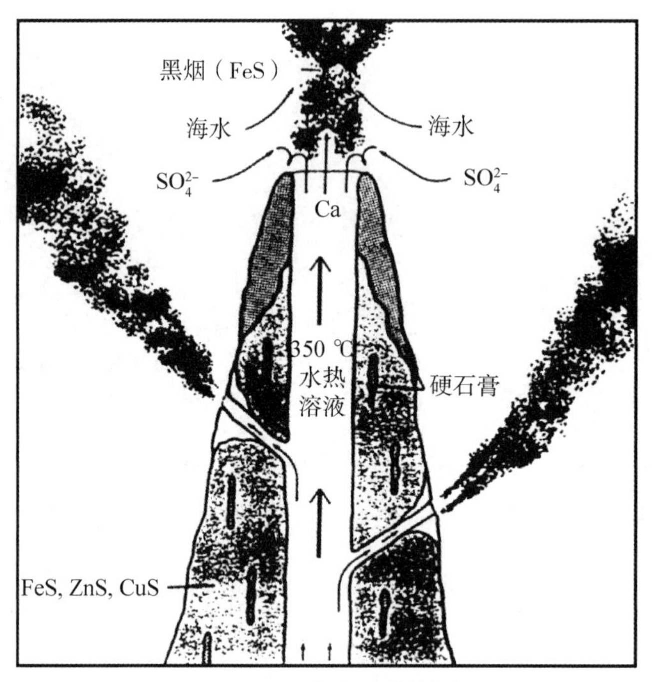

图 10.20 黑烟囱形成的烟柱

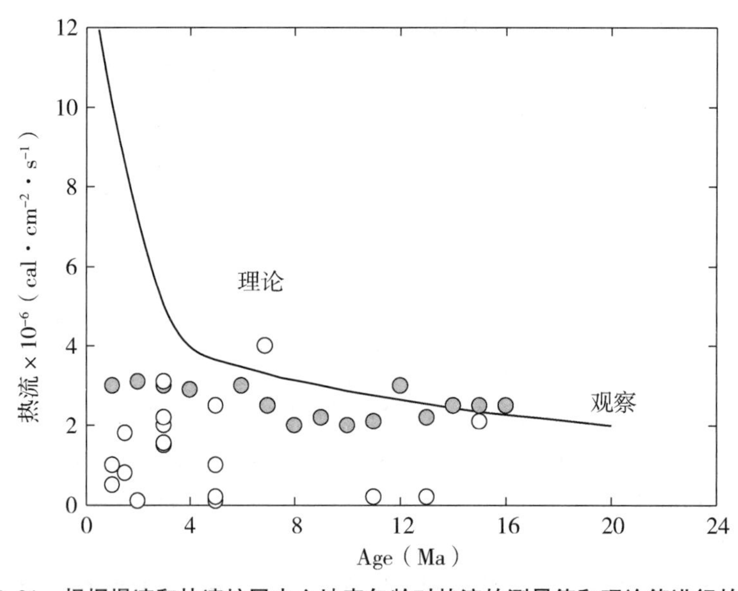

图 10.21 根据慢速和快速扩展中心地壳年龄对热流的测量值和理论值进行的比较

热液水的外推 pH 值接近 4.0（见图 10.30）。如预期那样，SO_4^{2-} 离子在热液水中发生损失（见图 10.31），微量金属 Mn^{2+}，Fe^{2+} 和 Zn^{2+} 随着 Mg^{2+} 的减少而增加（见图 10.32 至图 10.34）。Na^+ 和 Cl^- 对 Mg^{2+} 的测量结果并不一致（见图 10.35 和图 10.36）。Na^+ 和 Cl^- 的损失可能发生在海水的三相点（－350 ℃，液体和蒸气处于平衡状态）。表 10.6 结出了 350℃端点海水组成的估计值。

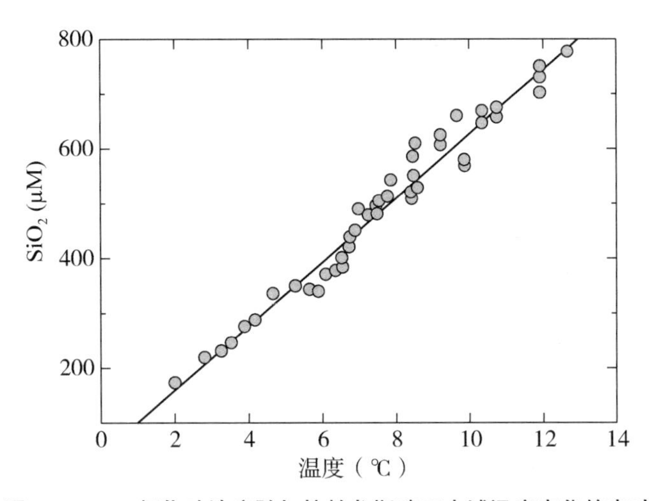

图 10.22 二氧化硅浓度随加拉帕戈斯喷口水域温度变化的变动

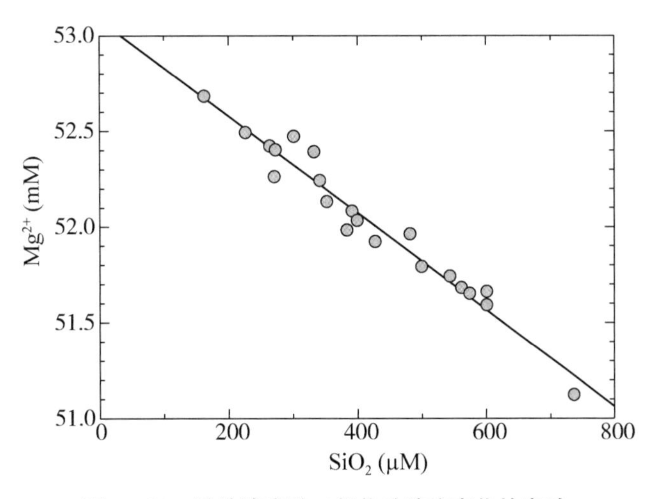

图 10.23 镁的浓度随二氧化硅浓度变化的变动

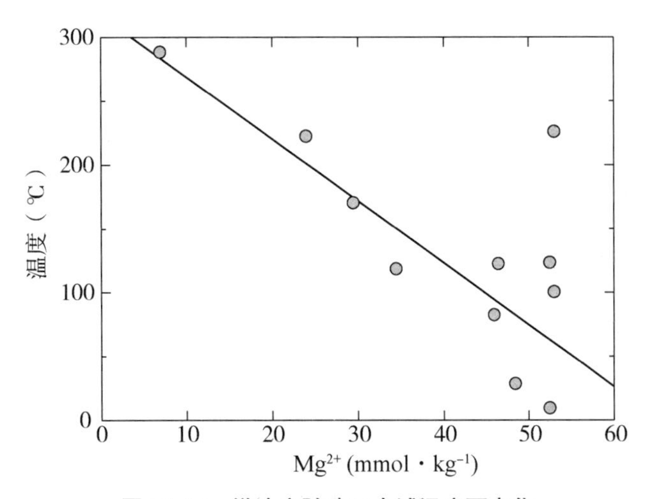

图 10.24 镁浓度随喷口水域温度而变化

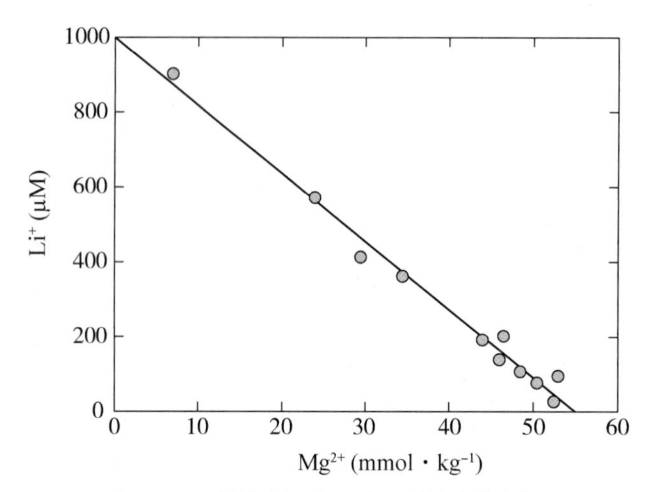

图 10.25 锂浓度随喷口水域镁浓度的变化

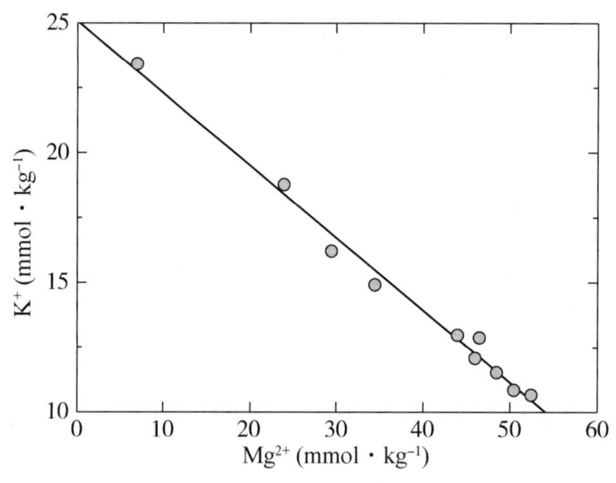

图 10.26 钾浓度随喷口水域镁浓度的变化

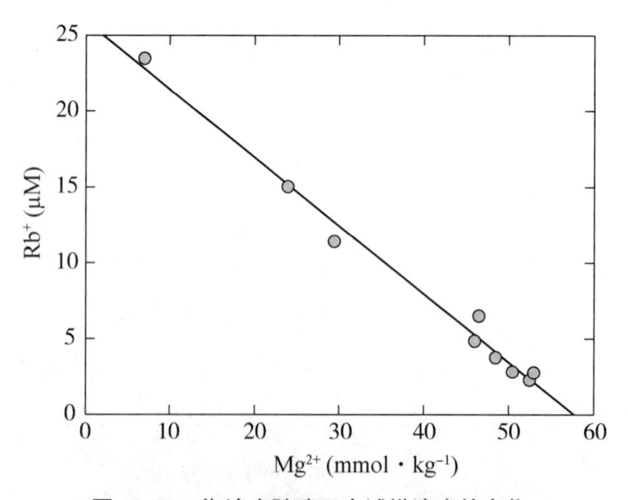

图 10.27 铷浓度随喷口水域镁浓度的变化

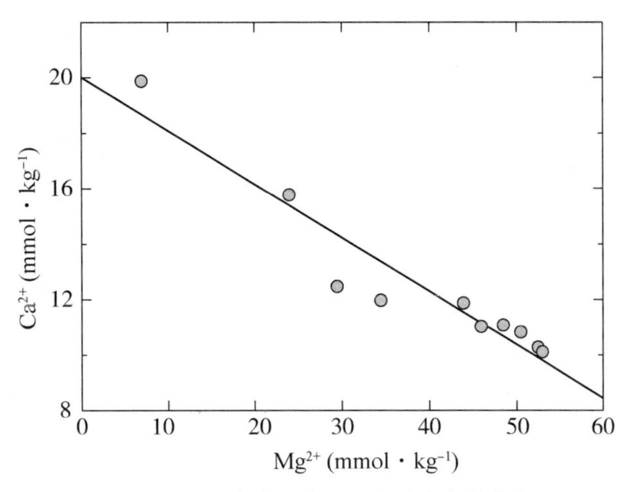

图 10.28　钙浓度随喷口水域镁浓度的变化

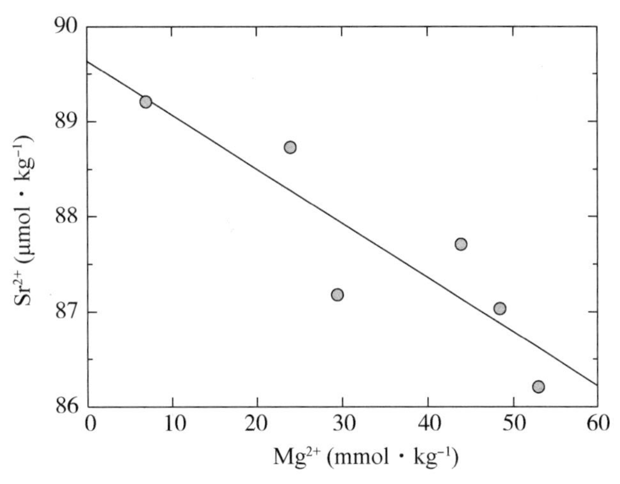

图 10.29　锶浓度随喷口水域镁浓度的变化

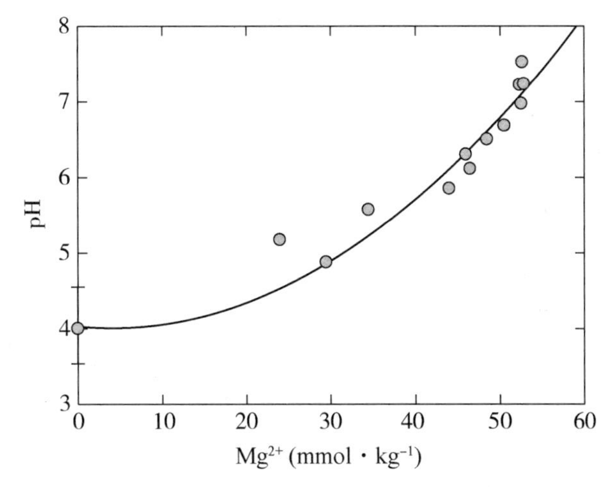

图 10.30　pH 值和总碱度随喷口水域镁浓度变化的曲线

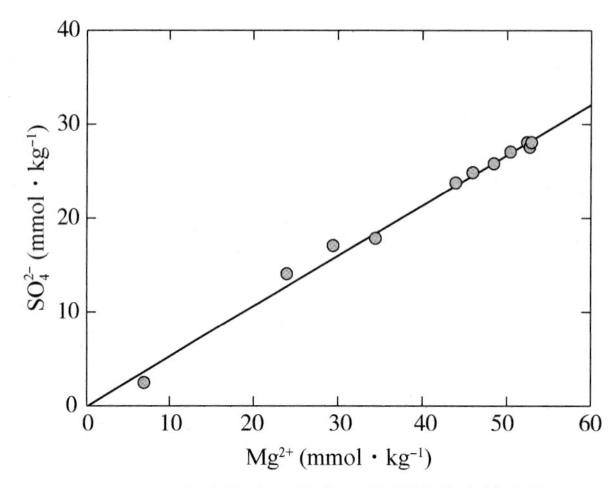

图 10.31 硫酸盐浓度随喷口水域镁浓度的变化

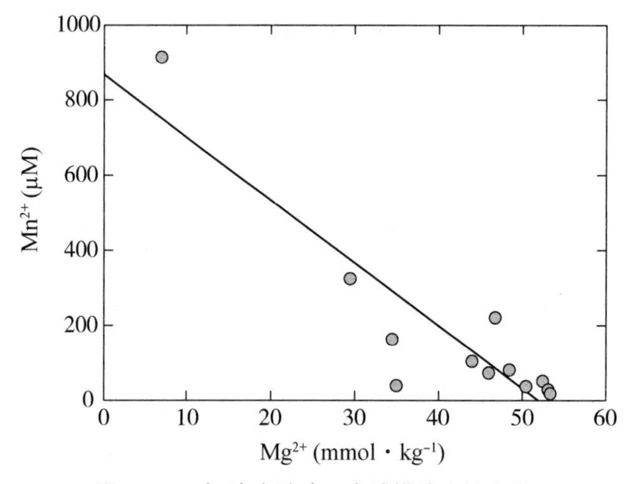

图 10.32 锰浓度随喷口水域镁浓度的变化

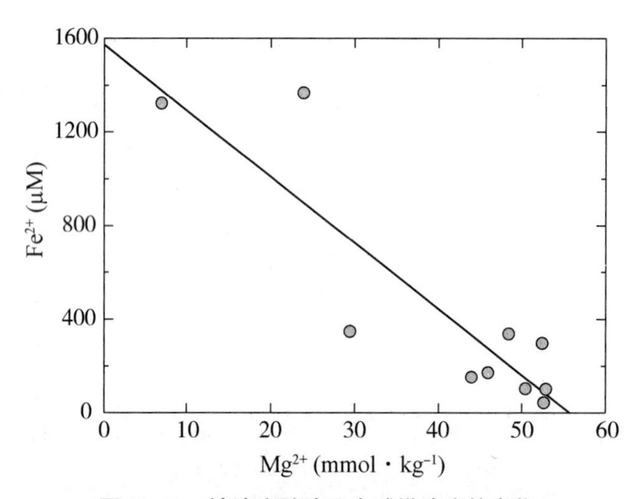

图 10.33 铁浓度随喷口水域镁浓度的变化

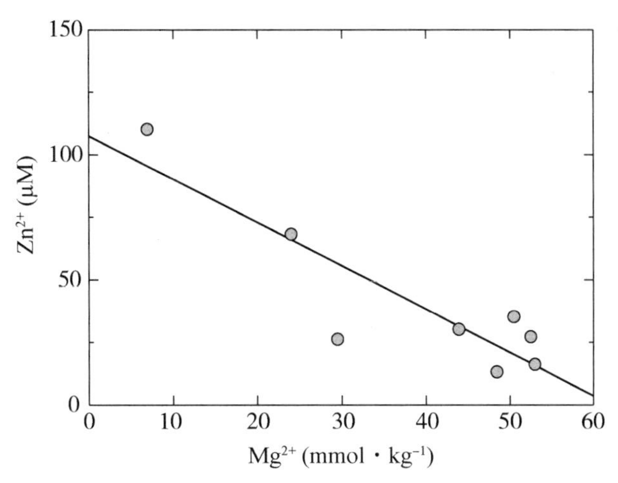

图 10.34　锌浓度随喷口水域镁浓度的变化

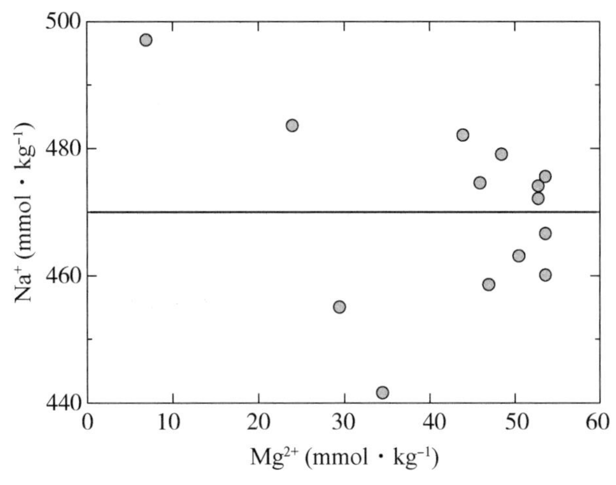

图 10.35　钠浓度随喷口水域镁浓度的变化

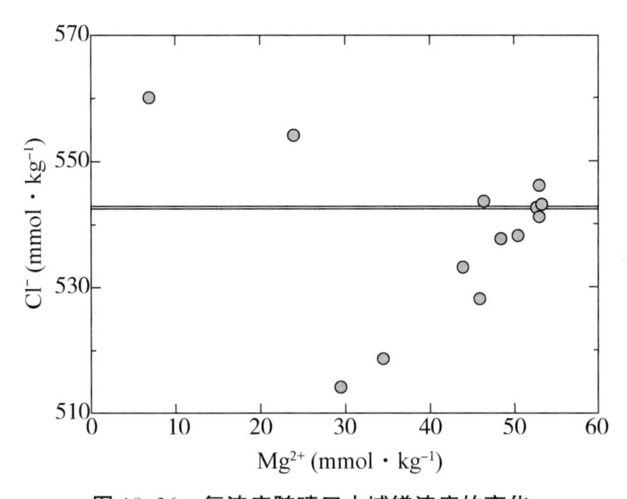

图 10.36　氯浓度随喷口水域镁浓度的变化

元素的热液和河流通量比较见表 10.7。这些数据比较表明，对于某些元素，热液通量与河流通量相同。

表 10.6　加拉帕戈斯和 21°N 喷口与海水的估计组成比较

	加拉帕戈斯	21° N	海水
Li（μmol·kg^{-1}）	1142－689	820	28
K（mmol·kg^{-1}）	18.8	25.0	10.1
Rb（μmol·kg^{-1}）	20.3－13.4	26.0	1.32
Mg（mmol·kg^{-1}）	0	0	52.7
Ca（mmol·kg^{-1}）	40.2－24.6	21.5	10.3
Sr（μmol·kg^{-1}）	87	90	87
Ba（μmol·kg^{-1}）	42.6－17.2	95－35	0.145
Mn（μmol·kg^{-1}）	1140－360	610	0.002
Fe（μmol·kg^{-1}）	+[a]	1800	–[a]
Si（mmol·kg^{-1}）	21.9	21.5	0.160
SO_4^{2-}（mmol·kg^{-1}）	0	0	28.6
H_2S（mmol·kg^{-1}）	+[a]	6.5	0

来源：Edmond 等人，1982 年。　[a] +，地下混合为非保守估计 –，海水浓度不准确。

表 10.7　热液与河流进入海洋的元素通量的比较[3]

	21° N	GSC[b]	河流[c]
Li	1.2→1.9×10^{11}	9.5→16×10^{10}	1.4×10^{10}
Na	－8.6→1.9×10^{12}	+，4	6.9×10^{12}
K	1.9→2.3×10^{12}	1.3×10^{12}	1.9×10^{12}
Rb	3.7→4.6×10^{9}	1.7→2.8×10^{9}	5×10^{6}
Be	1.4→5.3×10^{6}	1.6→5.3×10^{6}	3.3×10^{7}
Mg	－7.5×10^{12}	－7.7×10^{12}	5.3×10^{12}
Ca	2.4→15×10^{11}	2.1→4.3×10^{12}	1.2×10^{13}
Sr	－3.1→＋1.4×10^{9}	0	2.2×10^{10}
Ba	1.1→2.3×10^{9}	2.5→6.1×10^{9}	1.0×10^{10}
F	1.0→2.3×10^{9}	2.5→6.1×10^{9}	1.0×10^{10}
Cl	0→1.2×10^{13}	－31→7.8×10^{12}	6.9×10^{12}
SiO_2	2.2→2.8×10^{12}	3.1×10^{12}	6.4×10^{12}
Al	5.7→7.4×10^{8}	n. a.	6.0×10^{10}
SO_4	－4.0×10^{12}	－3.8×10^{12}	3.7×10^{12}

续表 10.7

	21° N	GSC[b]	河流[c]
H_2S	$9.4 \rightarrow 12 \times 10^{11}$	+	
S	$-2.8 \rightarrow 3.1 \times 10^{11}$	−	
Mn	$1.0 \rightarrow 1.4 \times 10^{11}$	$5.1 \rightarrow 16 \times 10^{10}$	4.9×10^{9}
Fe	$1.1 \rightarrow 3.5 \times 10^{11}$	+	2.3×10^{10}
Co	$3.1 \rightarrow 32 \times 10^{6}$	n. a.	1.1×10^{8}
Cu	$0 \rightarrow 6.3 \times 10^{9}$	−	5.0×10^{9}
Zn	$5.7 \rightarrow 15 \times 10^{9}$	n. a.	1.4×10^{10}
Ag	$0 \rightarrow 5.4 \times 10^{6}$	n. a	8.8×10^{7}
Cd	$2.3 \rightarrow 26 \times 10^{6}$	−	
Pb	$2.6 \rightarrow 5.1 \times 10^{7}$	n. a.	1.5×10^{8}
As	$0 \rightarrow 6.5 \times 10^{7}$	n. a.	7.2×10^{8}
Se	$0 \rightarrow 1.0 \times 10^{7}$	n. a.	7.9×10^{7}

注：+，获得；−，损失；n. a.，未分析。[a]所有数字以 mol・yr^{-1}为单位。[b]GSC 数据来自 Edmond 等人(1979a、1979b)。[c]河流浓度和流量来自 Edmond 等人(1979a、1979b)或 Broecker 和 Peng(1982)。

Coale 等人(1991)对来自喷口系统的 Fe(II)和 H_2S 进行直接测量。Fe(II)和喷口系统温度的测量如图 10.37 所示。在喷口流体中发现 Fe(II)水平高达 40 nM。在清除该地区的植物和生物体之前及之后，他们还对 H_2S 进行了测量(见图 10.38)。在清除之前，由于管蠕虫中的细菌氧化，H_2S 的水平变得相当低。H_2S 的测量结果显示，H_2S 与 SiO_2 呈线性相关，并且当管蠕虫和其他生物体区域被清除时，H_2S 与 SiO_2 在海水中浓度高达 100 μM。

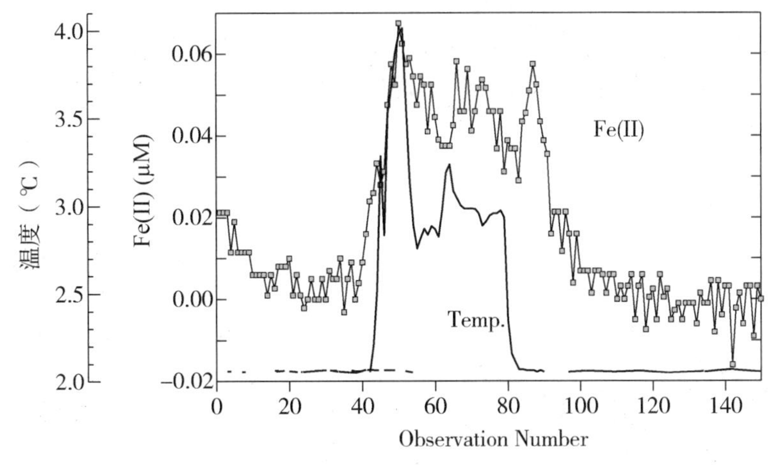

图 10.37　喷口系统的温度和 Fe(II)

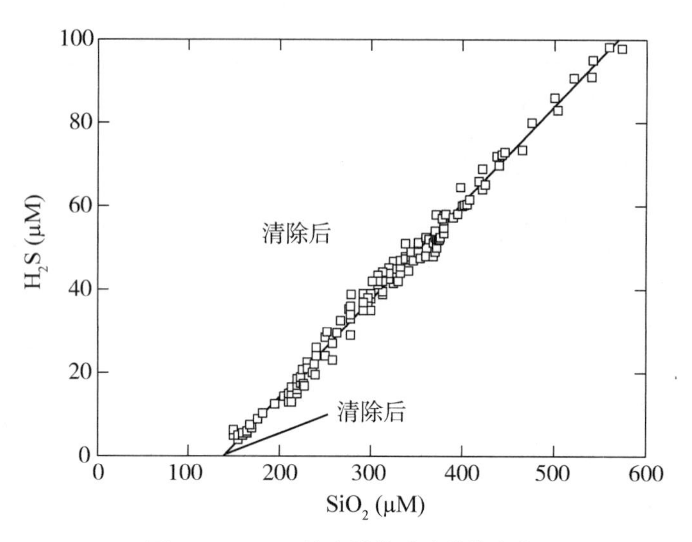

图 10.38 H_2S 浓度随着硅酸盐的变化

由 Johnson，Beehler 和 Sakamoto-Arnold（1986）开发的扫描仪系统已被用于测量来自喷口系统的羽流的性质。他们获得的温度、光衰减、铁和锰的结果如图 10.39 所示。他们对水域中的 Fe(II)和 Mn(II)进行测量，以测量羽流。由于氧气的氧化作用，Fe(II)被快速地从系统中除去，而 Mn(II)稳定地以还原形式存在。从已知的 Fe(II)氧化为 Fe(III)的速率，Johnson、Beehler 和 Sakamoto-Arnold 确定了与其来源距离特定的羽流水的年龄。大部分 Fe 在几天内由于 Fe(III)的沉淀而损失。German 等（1991）对深海热液喷口化学性质的研究主要集中在颗粒物质的形成，特别是喷口

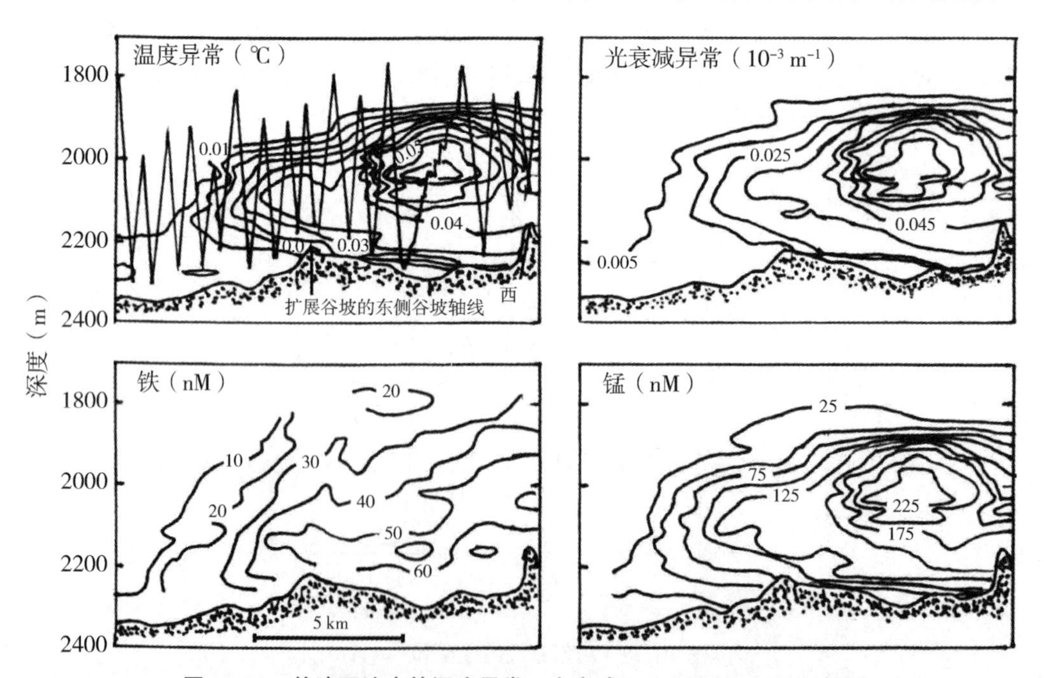

图 10.39 热液羽流中的温度异常、光衰减、Fe(II)和 Mn(II)浓度

Fe^{2+} 的沉淀。活性氧化铁的形成导致海水中的金属和非金属(磷酸盐)被清除，并转移至沉积物中。通过测量 Fe(II)氧化形成的颗粒上的各种元素的浓度，可以研究元素如何从海水里被清除出来。如图 10.40 和图 10.41 所示，部分金属随颗粒态铁成线性比例混合。颗粒相中的元素浓度与海水中的浓度的比例(见图 10.42)可用于检测喷口系统中被颗粒态铁清除的金属。

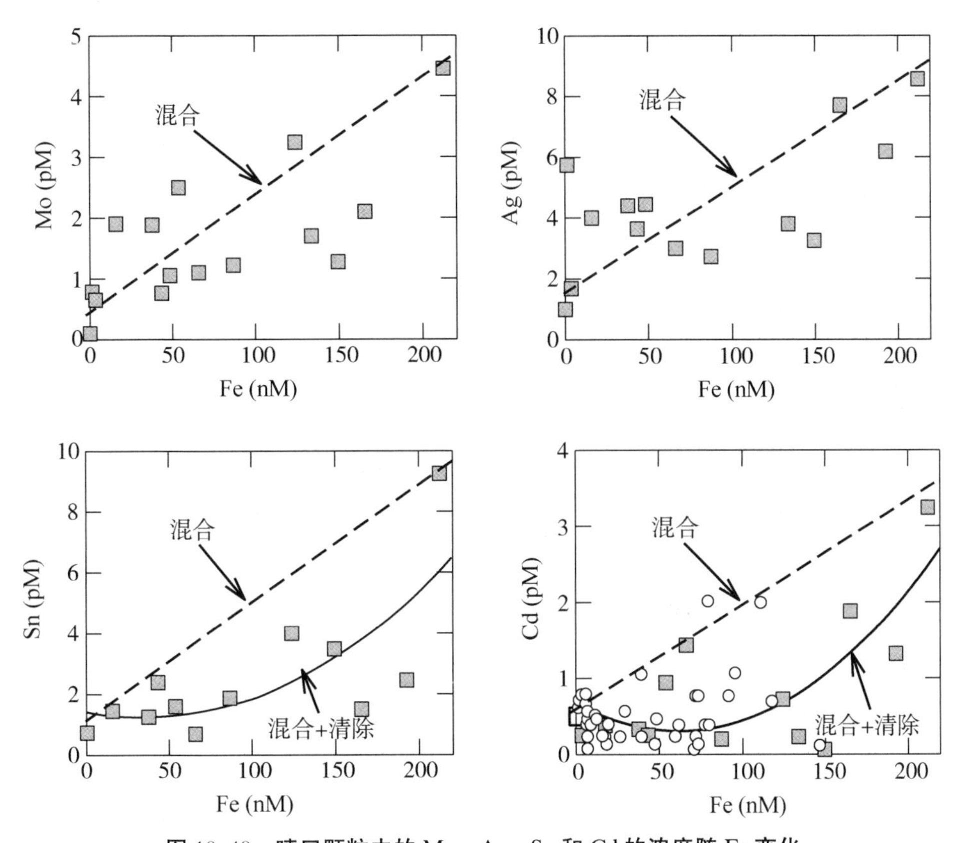

图 10.40　喷口颗粒中的 Mo、Ag、Sn 和 Cd 的浓度随 Fe 变化

Foustoukos 和 Seyfried(2004)研究结果显示，在热液流体中可能产生低分子量碳氢化合物(如甲烷、乙烷和丙烷等)。导致这些碳氢化合物形成的过程由下式给出：

$$CO_2(aq) + [2 + (m/2n)]H_2(aq) \rightarrow (1/n)\ C_nH_m + 2H_2O \qquad (10.62)$$

富含铁和锰的含铬岩石被认为会在高温(390 ℃)和高压(400 巴)条件下催化反应。如果微生物可以使用这些碳氢化合物作为基质，那么在地球和其他地方的这些系统中，可能存在化学无机性生命。需要进一步的工作来证明深海微生物能否利用这些碳氢化合物。有证据显示热液对南大西洋存在溶解钴、铁和锰的输入，如图 10.43 所示(Noble，2012)。

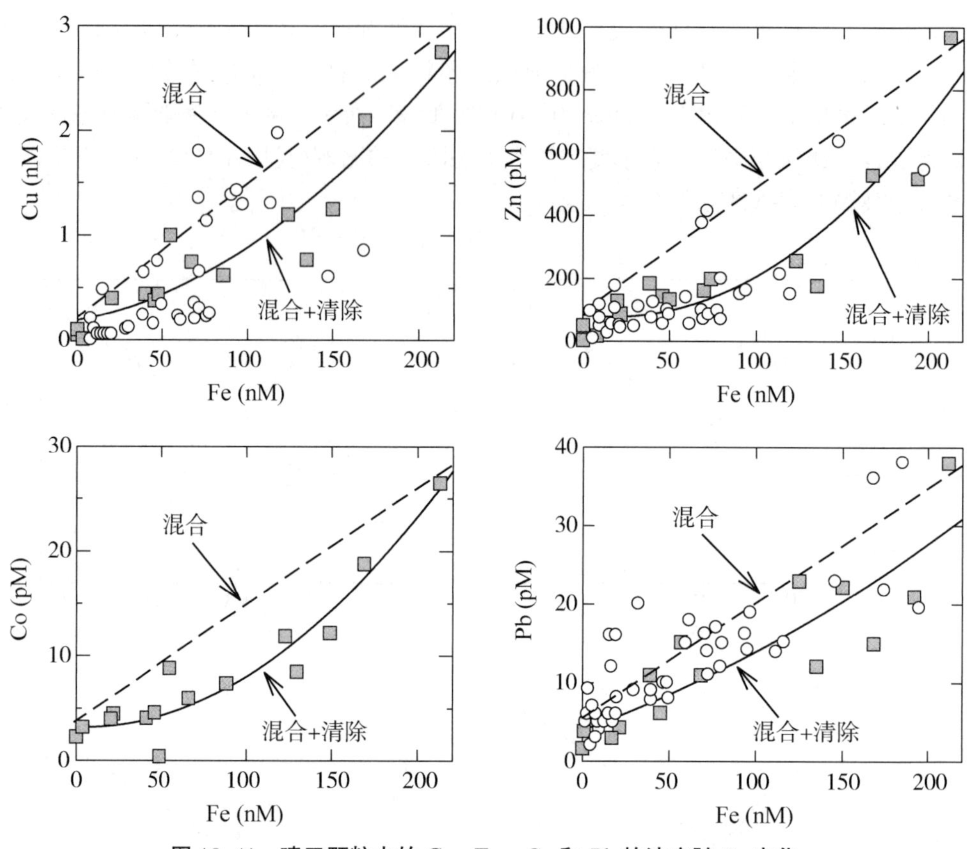

图 10.41 喷口颗粒中的 Cu、Zn、Co 和 Pb 的浓度随 Fe 变化

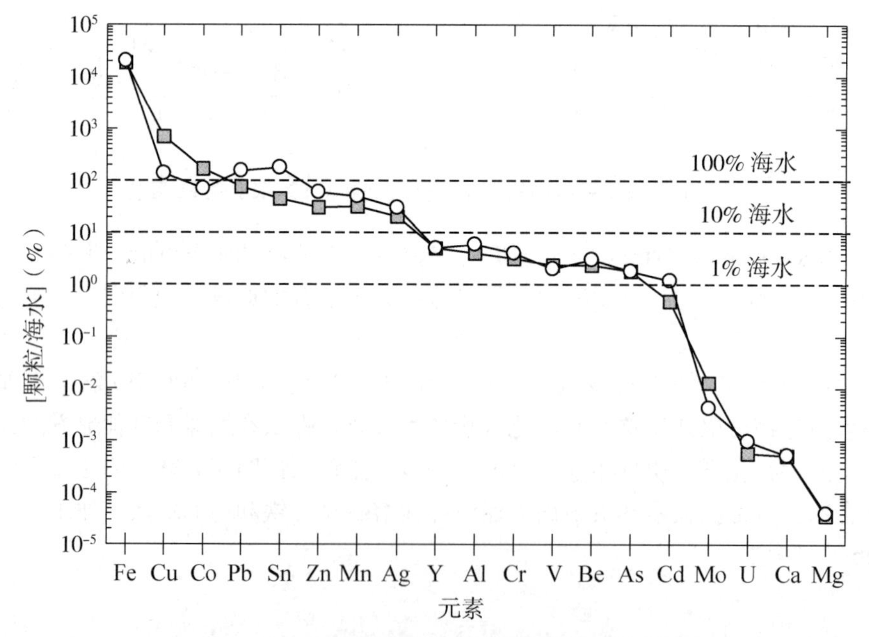

图 10.42 喷口颗粒和海水中元素浓度的比例

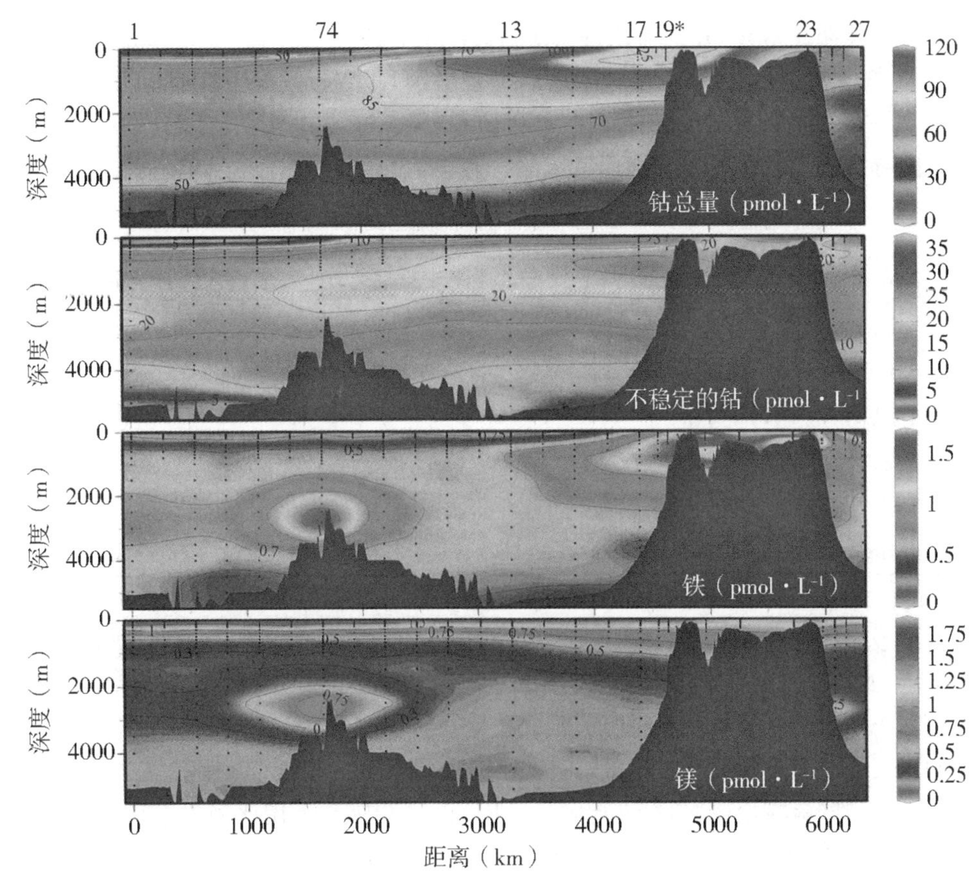

图 10.43　**来自深海热液喷口的 Co、Fe 和 Mn 的海盆尺度输入(见彩图)**

10.3　缺氧水

Richards 在 1965 年首次对缺氧盆地进行了详细描述。他将缺氧定义为没有可用溶解氧的情况。当氧气的消耗量超过供应时，这种情况可能在天然水域中出现。消耗量随着细菌对有机物质的氧化而变化，且该变化速率快于大气中的氧气供应速度。在透光层以下的 O_2 的供应取决于扩散以及平流。缺氧通常发生在封闭海盆，其中物理障碍(海槛)和密度分层限制了 O_2 对深层水的平流。缺氧盆地主要有两种类型。最常见的缺氧盆地因强盐跃层(盐度梯度)形成，这也是来自正向河口的低盐度水净流出的结果。盐跃层防止了低盐度的含氧水与高盐度深层水混合。这种类型的海盆以黑海、波罗的海和许多峡湾为代表，如挪威的 Framvaren。第二种类型的海盆是由于强温跃层阻止了表层水和深层水的混合而产生的。此种海盆以委内瑞拉海岸的 Cariaco 海沟为例。它是一个深沟，最大深度为 1 400 m。从 600 m 到最底部的海水的含盐量相等，温度也相同。在 350 m 深处永久缺氧。在温跃层上方出现了 H_2S，这一现象由混合引起。这两个海盆都存在一个物理障碍，可以防止各种水体的水平混合。在峡湾型海盆，浅海槛防止富含 O_2 的海水进入海盆并沉入底部。

近年来，像波罗的海和切萨皮克等深海盆的河口水系经历了周期性的缺氧状态。密西西比羽流在一年内的某些时间也变得几近缺氧。这是由于用作肥料的营养物和酸雨(可能)导致表层水生产力变高而造成的。表 10.8 给出了缺氧盆地的一些例子。

表 10.8 **缺氧海盆**

名称	位置	深度(m)	海槛(m)	最大 H_2S (μM)
哥特兰岛海渊	波罗的海	249	60	20
Cariaco 海沟	加勒比海	1390	150	160
尼蒂纳特湖	不列颠哥伦比亚省	250	4	250
萨尼奇湾	不列颠哥伦比亚省	236	65	250
黑海	欧洲	2243	40	350
Framvaren	挪威	350	2	6000

盆地或沉积物间隙水中的氧气缺失导致一系列反应按一定顺序发生，如图 10.44 所示。C，N，P 和 S 的生物地球化学循环是相关的，因为它们都几乎以固定的化学计量比参与植物的光合作用和呼吸(衰减)作用。在含氧条件下，有机物的分解和营养物质的相关释放通过有氧呼吸完成。若氧气耗尽，则通过硫酸盐(硝酸盐和亚硝酸盐耗尽时)和发酵(硫酸盐耗尽时)进行脱氮。Richards(1965)利用比例为 106∶16∶1 的 C∶N∶P，作为世界海洋平均浮游生物物质的 Redfield 比例，开发了这些过程的化学计量模型。

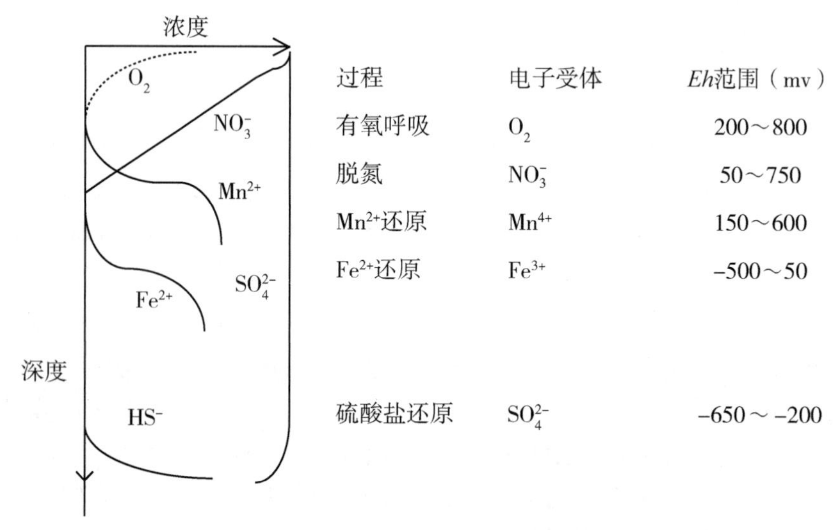

图 10.44 **分层水柱中的化学分布**

在含氧环境中，O_2 是电子受体。有氧呼吸根据以下反应进行：

$$(CH_2O)_{106}(NH_3)_{16}H_3PO_4 + 138O_2 \rightarrow 106CO_2 + 122H_2O + 16HNO_3 + H_3PO_4 \tag{10.63}$$

在氧气耗尽之后，发生脱氮，其中 NO_3^- 是电子受体。脱氮可以描述为：

$$(CH_2O)_{106}(NH_3)_6H_3PO_4 + 84.8HNO_3 \rightarrow 106CO_2 + 42.4N_2 + 148.4H_2O + 16NH_3 + H_3PO_4 \tag{10.64}$$

和

$$(CH_2O)_{106}(NH_3)_{16}H_3PO_4 + 94.4HNO_3 \rightarrow 106CO_2 + 55.2N_2 + 177.2H_2O + H_3PO_4 \tag{10.65}$$

接下来 MnO_2 被还原，Mn^{4+} 为电子受体，然后 NO_3^- 被还原为 NH_4^+，Fe^{3+} 被还原为 Fe^{2+}。由于这些电子受体的浓度不是非常高，所以这些过程并不主导有机物的氧化。下一个电子受体是 SO_4^{2-}，硫酸盐还原反应发生，依据以下反应式：

$$(CH_2O)_{106}(NH_3)_{16}H_3PO_4 + 53SO_4^{2-} \rightarrow 53CO_2 + 53HCO_3^- + 53HS^- + 16NH_3 + 53H_2O + H_3PO_4 \tag{10.66}$$

NH_3 不发生氧化，H_2S 与 NH_3 的变化比为 3.3。

作为电子受体的 CO_2 和由此形成的 CH_4 出现的同时，分解也开始了：

$$(CH_2O)_{106}(NH_3)_{16}H_3PO_4 \rightarrow 53CO_2 + 53CH_4 + 16NH_3 + H_3PO_4 \tag{10.67}$$

这些方程可用于预测缺氧水系中 C，N，P 和 S 的稳态浓度。这种方法有一定缺陷，因为其不考虑混合或水系变为稳定状态的速率。根据该模型，碳、氮和磷酸盐以原子比为 106∶16∶1 释放。有许多过程可以改变这个比例。在含氧条件下，再生磷酸盐可以被氧化铁和锰(hydr)吸收。在含氧 - 缺氧界面发生的脱氮作用可以通过产生 N_2O 和 N_2 来改变氮(硝酸盐 + 亚硝酸盐 + 铵)与二氧化碳和磷酸盐的比例。当脂类而不是碳水化合物形成或降解时，有机物质的 C∶N∶P 比也可能不同于 106∶16∶1。如第 9 章所述，根据这些元素的可用性，浮游植物还可以以不同于 106∶16∶1 的比例吸收 C∶N∶P。

基于方程式(10.65)给出的组成($(CH_2O)_{106}(NH_3)_{16}(H_3PO_4)$))的理论有机分子，在缺氧盆地中有机物的分解可用于检查这些盆地化学成分的化学计量(记住所描述的问题)。根据该模型，在硫酸盐还原过程中，硫化物、氨、磷酸盐和 CO_2 总量应以 53 mol 硫化物与 16 mol 氨的比例累积到 1 mol 磷酸盐，并且在缺氧水柱累计到 106 mol 的 CO_2。低氧缺氧界面以下的水分变化应在比例范围内：

$$\Delta NH_3/\Delta H_2S = 16/53 = 0.33 \Delta PO_4/\Delta H_2S = 1/53 = 0.019$$

$$\Delta TCO_2/\Delta H_2S = 106/53 = 2.0$$

总碱度(TA)相对于 H_2S 的变化由下式给出：

$$\Delta TA/\Delta H_2S = (106 + 16 - 2)/53 = 2.3$$

TA 和 TCO_2(总二氧化碳)的关系如下：

$$\Delta TA/\Delta TCO_2 = (106 + 16 - 2)/106 = 1.13$$

这些关系使我们能够演算缺氧盆地的化学成分。在下一节中，我们将对一些缺氧盆地的各种化学物质的分布进行分析。

10.3.1 黑海

黑海是最大的和研究最为透彻的缺氧盆地(见图 10.45)。目前的缺氧状态始于地中海海水涌入盆地后约 1500～2000 年。黑海是面积为 413 500 km^2 的河口海盆，该区域降水和河川径流超过蒸发量。与地中海的流入量(6 100 $m^3 \cdot s^{-1}$)相比，低盐度水的净流出量为 12 600 $m^3 \cdot s^{-1}$。这导致波罗的海形成永久性盐跃层，厚度为 100～240 m。缺氧水最大深度为 2 234 m。来自地中海的含氧水不能替代缺氧底层水。离开海盆的低盐度表层水也无法穿透盐度更高的缺氧深层水。

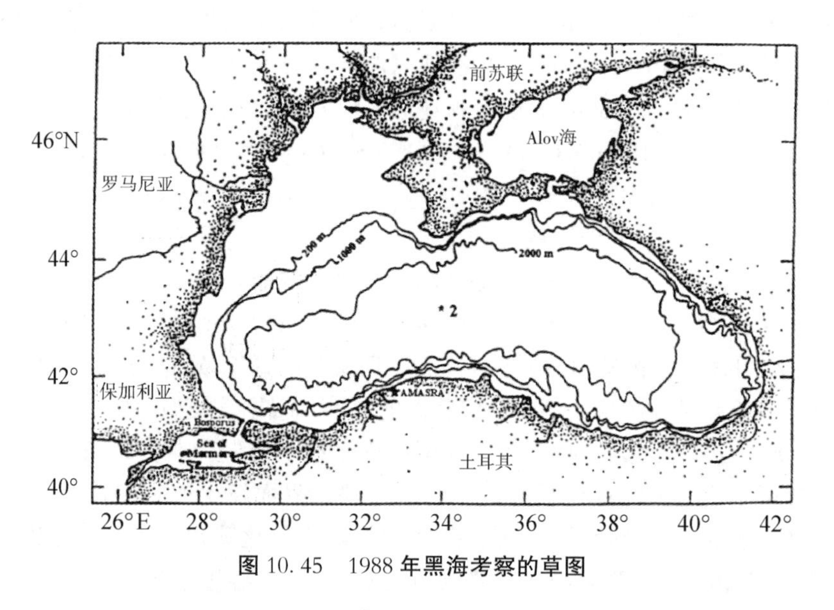

图 10.45 1988 年黑海考察的草图

含氧和缺氧水之间的过渡区的深度从 100～250 m 不等。过往研究表明，150 m 边界包含了同时含有 O_2 和 H_2S 的 50 m 深度层区域。近代的一项研究(进行于 1988 年夏季)表明，界面已经移动到 100 m，并且不含 O_2 和 H_2S 的深度区域为 50 m(见图 10.46)。界面的这种变化与水域盐度和温度的变化有关。当绘制 O_2 和 H_2S 的浓度与密度关系图时，界面不会随时间发生显著变化。

一些科学家研究了黑海的水平衡。Fonselius 的年度估计如图 10.47 所示。深层水的完全更新估计需要 2 500 年。碳测量的结果较短，约 800 年，这可能是由于地中海中的盐水通过 Bosporus 海峡横向混合造成的。表层水和深层水之间的大部分交流发生在黑海边缘。

1988 年的黑海考察获得了许多的化学参数(Friederich 等人，1988)。其中一些到 400 m 深度的测量是用泵系统实时获得的。中心站的温度、盐度和条件密度的剖面图如图 10.48 所示。表层水中盐度为 18，深层水中盐度增加至 22；表层水中的温度为 15 ℃，深层水温度下降到 9.5 ℃。深层水密度的增加主要与盐度的增加有关。黑海中心站点营养物质如图 10.49 所示。表层水中的磷酸盐增加是由有机碳的氧化造

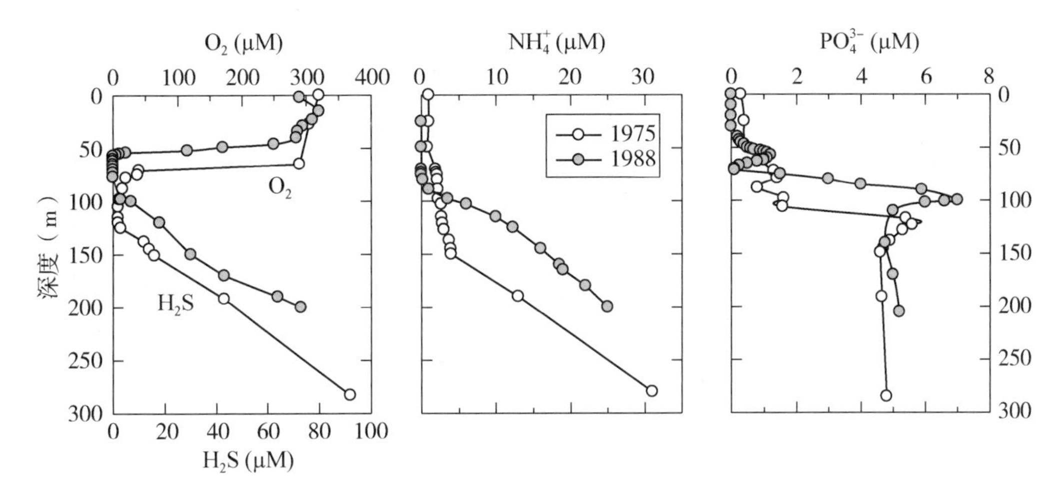

图 10.46 黑海含氧/缺氧界面的变化

（空心圈为过往研究；实心圈为最近研究）

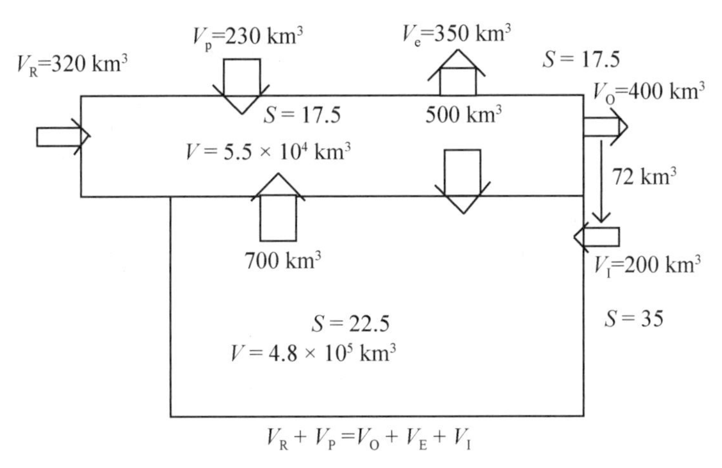

图 10.47 黑海的箱式模型

成的。在界面处，磷酸盐水平急剧下降，在缺氧水域内的界面以下，磷酸盐水平增加。这是因为在缺氧水中 MnO_2(s)和 $Fe(OH)_3$(s)吸附了 PO_4^{3-}，又因缺氧水中氧化物与 H_2S 发生反应以及 Fe(II)和 Mn(II)的还原而得到释放。这些吸附和溶解过程大多数发生在缺氧盆地的接触面。由于 NH_3 的氧化，在含氧水中硝酸盐水平随 O_2 浓度升高而升高。在缺氧水域，细菌将硝酸盐还原为 NH_3，以氧化有机碳。在含氧水中，亚硝酸盐达到最大值因为它是 $NH_3 \rightarrow NO_2^- \rightarrow NO_3^-$ 过程的一个成分，而由于在缺氧水中以 NO_3^- 作为氧化剂，在 $NO_3^- \rightarrow NO_2^- \rightarrow NH_3$ 的过程中亚硝酸盐再次形成。

Haraldsson 和 Westerlund(1988)对黑海另一站的微量金属进行了测量。他们在黑海的测量结果如图 10.50 和图 10.51 所示。由于 Mn(IV)、Co(III)和 Fe(III)的还原，金属 Mn(II)、Co(II)和(II)在界面以下达到最大值。MnO_2 和 $Fe(OH)_3$ 与 H_2S 发生化学反应，分别被还原为 Mn^{2+} 和 Fe^{2+}。被还原的金属溶解扩散回到含氧水中，

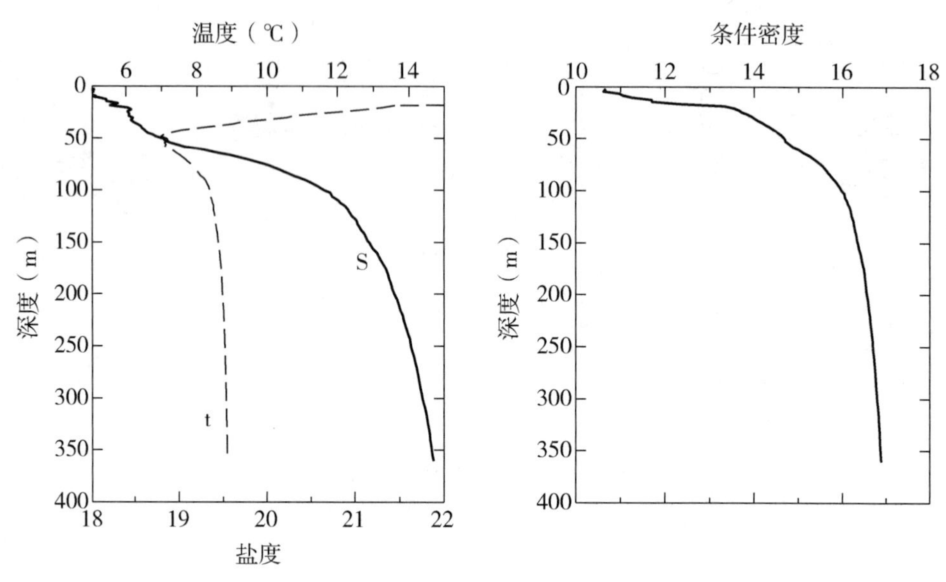

图 10.48 **黑海温度、盐度和条件密度分布**

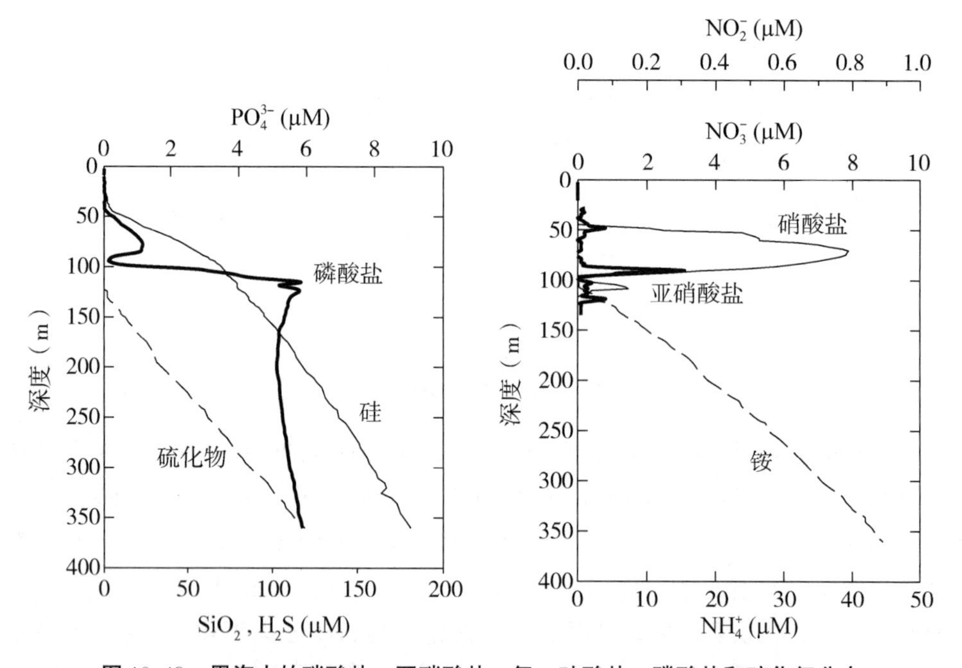

图 10.49 **黑海中的硝酸盐、亚硝酸盐、氨、硅酸盐、磷酸盐和硫化氢分布**

其中 Mn^{2+} 由细菌辅助被氧化成 MnO_2，Fe^{2+} 被化学氧化成 $Fe(OH)_3$。在界面处产生的氧化和还原循环导致还原态的 Fe^{2+} 和 Mn(II)达到最大值。当固体与 H_2S 反应时，Cu(II)、Cd(II)和 Pb(II)以及其他金属在含氧水中被吸附到 $Fe(OH)_3$ 和 MnO_2 固体中并在界面下总量增加。由于这些金属硫化物的溶解度低，金属的浓度在较深的水域中下降。Ni(II)在界面上几乎没有变化，因为它似乎不会被吸附到 $Fe(OH)_3$ 和

MnO_2 上，并且其浓度低于硫化水体的饱和度水平。

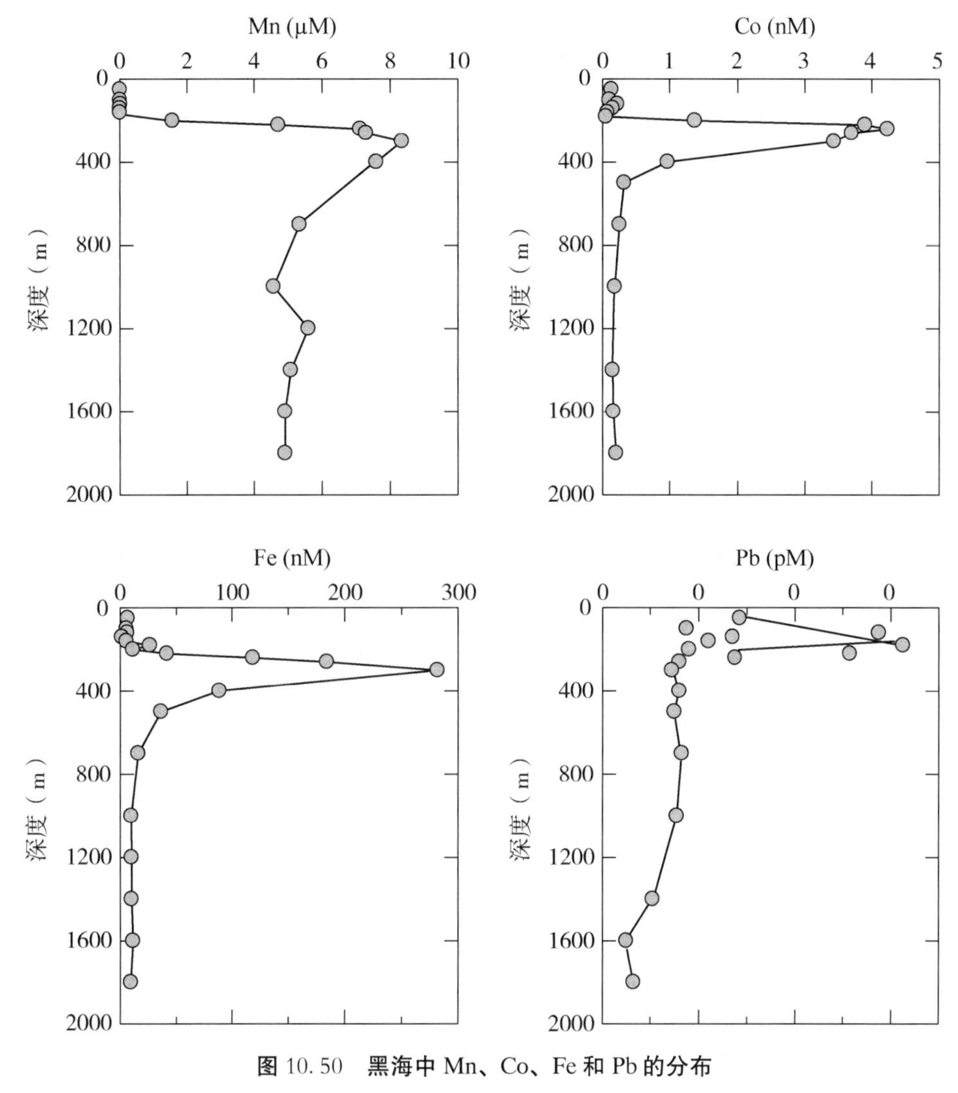

图 10.50　**黑海中 Mn、Co、Fe 和 Pb 的分布**

Schijf 等(1991)测量了黑海的稀土元素。他们对 La^{3+} 的测量结果如图 10.52 所示。在缺氧区(无 O_2 或 H_2S)，稀土族的浓度在 100 m 处达到最小值(O_θ = 16.1)，并在约 400 m 处增加到最大值。与其他稀土族不同，Ce 浓度显示发生了氧化还原改变(见图 10.52)。所有的稀土族都在缺氧－无氧界面(细菌丰富)参与了氧化还原循环。

大多数金属在其他缺氧盆地中的表现类似，这将在本章进一步展开讨论。

最近的一项黑海研究在 2001 年进行(Hiscock 和 Millero，2006)。与我们早先在 1988 年进行的研究(Millero，1991a)不同，巡航集中在马尔马拉海附近的黑海东部地区。在这次巡航中，我们测量了 TA 和营养盐。对营养盐的测量使我们能够对营养盐如何影响 TA 进行研究，并更好地了解黑海的 CO_2 系统。由于泵送系统的使用，因此可以在 O_2 － H_2S 界面上进行连续测量。H_2S、NH_4^+、PO_4^{3-}、$Si(OH)_4$、NO_3 和

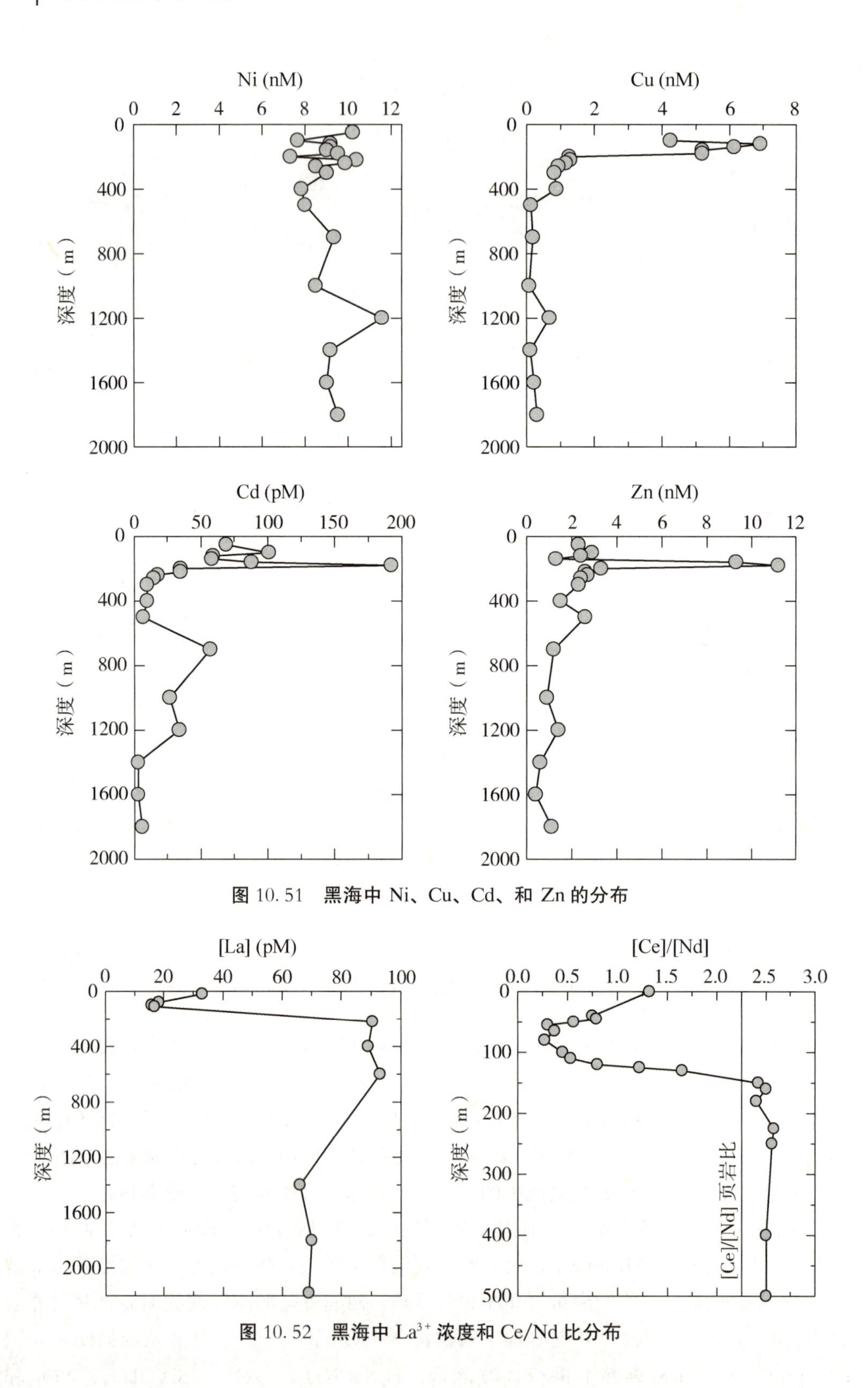

图 10.51 黑海中 Ni、Cu、Cd、和 Zn 的分布

图 10.52 黑海中 La^{3+} 浓度和 Ce/Nd 比分布

TA 的测量结果如图 10. 53 所示。方解石和文石中 CA(碳酸盐碱度)、TCO_2 和 Ω 的测量结果如图 10. 54 所示。由于生物体被细菌氧化，NO_3^- 和 PO_4^{3-} 的浓度在含氧水中增加。在缺氧水中，SO_4^{2-} 的氧化将 NO_3^- 转化为 NH_4^+，NH_4^+ 在较深的缺氧水中浓度上升。界面处 PO_4^{3-} 被吸附到 FeO_2 和 MnO_2 上。在缺氧水中，H_2S 将 FeO_2 和 MnO_2 还原成 Fe^{2+} 和 Mn^{2+}。这使得吸附的 PO_4^{3-} 被释放到缺氧水中。Fe^{2+} 和 Mn^{2+} 向含氧水的扩散导致 FeO_2 和 MnO_2 的形成，并且此种循环会一直重复。O_2 与 Fe^{2+} 反应形成 FeO_2；而 Mn^{2+} 通过 Mn 氧化细菌转化为 MnO_2。

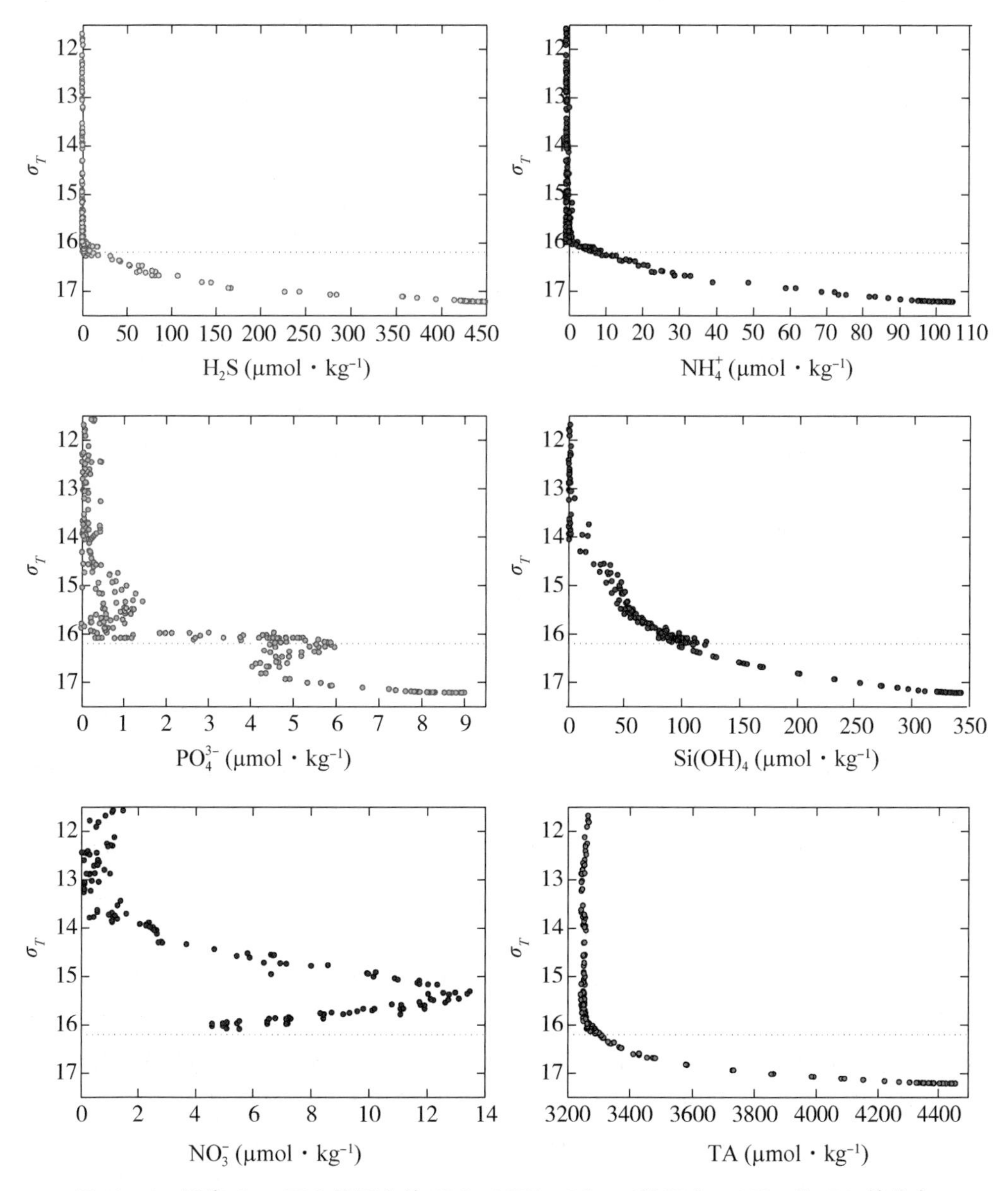

图 10. 53　黑海 O_2-H_2S 界面上的 H_2S、NH_4^+、PO_4、$Si(OH)_4$、NO_3^- 和 TA 的分布

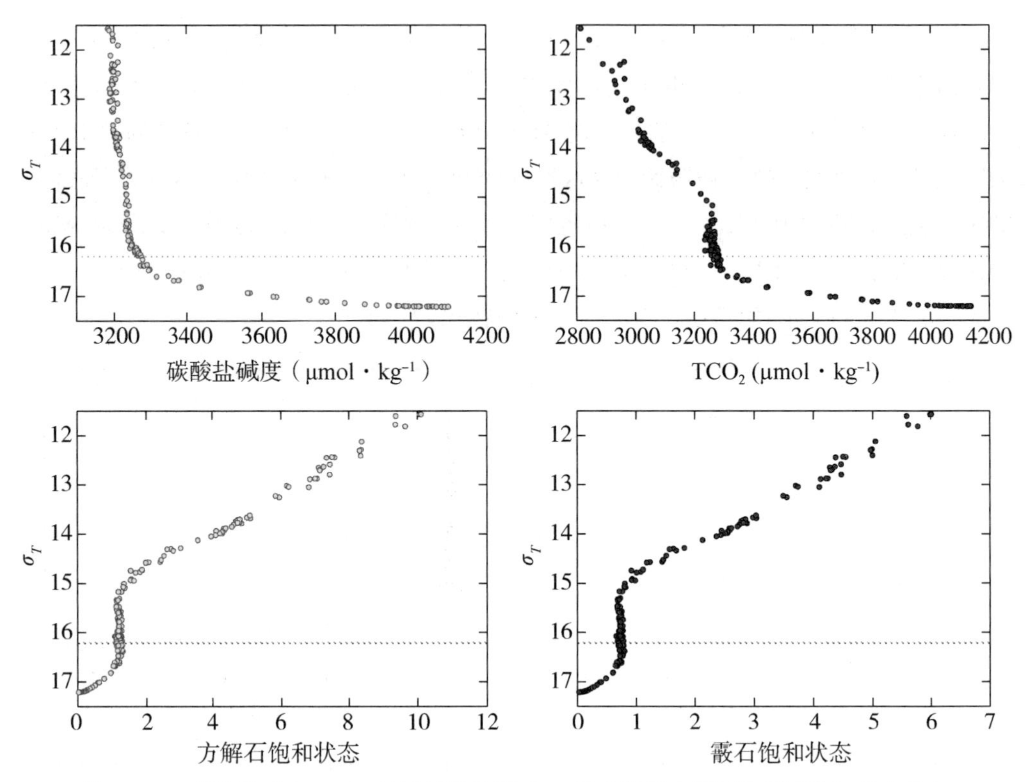

图 10.54 碳酸盐碱度、CO_2 总量以及黑海 O_2-H_2S 界面方解石和霰石饱和状态分布

10.3.2 Cariaco 海沟

Cariaco 海沟(见图 10.55)位于委内瑞拉北部大陆架以外的加勒比海。长约 200 km，宽 50 km，最大深度约 1 400 m。一个长 146 m 的海槛将海盆与加勒比海其他区域分隔开来(Richards，1965)。海沟的表层水可以与近海水自由交换。海盆的深部由 900 m 的鞍状海岭分成两个亚海盆——东海盆和西海盆。强密度跃层的存在阻碍了 Cariaco 海沟混合层之下的垂直混合。盐度随深度的增加而降低，海盆水的稳定性取决于温度梯度。沿岸上升流使得表层水生产力较高，并为 Cariaco 海沟的深层水带来有机物质。因为水平和垂直交换的有限性，用于氧化有机物质的溶解氧无法迅速得到补充，深层水变得缺氧。沉积记录表明，过去 1100 年的深层水普遍缺氧，而缺氧情形可能由于深层水更新被打断(Richards，1965)。

自从 1954 年发现深层水缺氧后，Cariaco 海沟已被广泛用作缺氧过程研究的天然实验室。根据自 20 世纪 90 年代以来近 30 年积累的海洋数据，越来越清楚的是，Cariaco 沟的缺氧部分处于不稳定状态，许多性质的数值随着时间的推移而有所变化(Scranton 等，1987)。尽管每个数据集的准确度存在不确定性，几名工作人员仍公布了温度升高的现象，并公布了硫化物浓度(Richards，1965；Bacon 等，1980)。

Zhang 和 Millero(1993a)在 Cariaco 沟测量了一些化学参数。这些结果已被用于检验其在水文和化学方面的时间变化。他们在两个站点采集了水样(见图 10.55)。

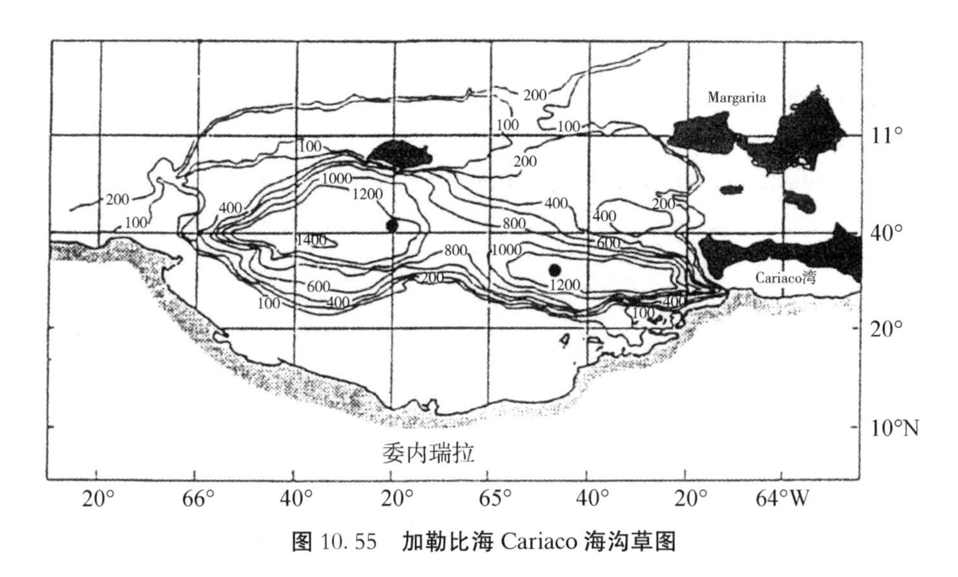

图 10.55　加勒比海 Cariaco 海沟草图

Cariaco 沟东部和西部海盆的温度和盐度数据如图 10.56 所示。最高温度出现在表层并且随着深度平稳降低，在 600 m 深度以下接近几乎恒定值 17.2 ℃。低于 200 m 时，东西海盆温度无显著差异。在 60 m 处东西海盆盐度达到最大值，西海盆为 36.86，东海盆 36.90。这些最大值在干旱季节(1 月至 5 月)消失，这可能是由这个季节典型的强风和低温引起的混合造成的。在最大值以下，盐度随着深度而平稳降低，在东西海盆 500 m 深度以下几乎保持不变(约 36.21)。表层水和深层水之间的温度变化导致出现密度梯度，该密度梯度造成含氧水和缺氧水的隔绝。

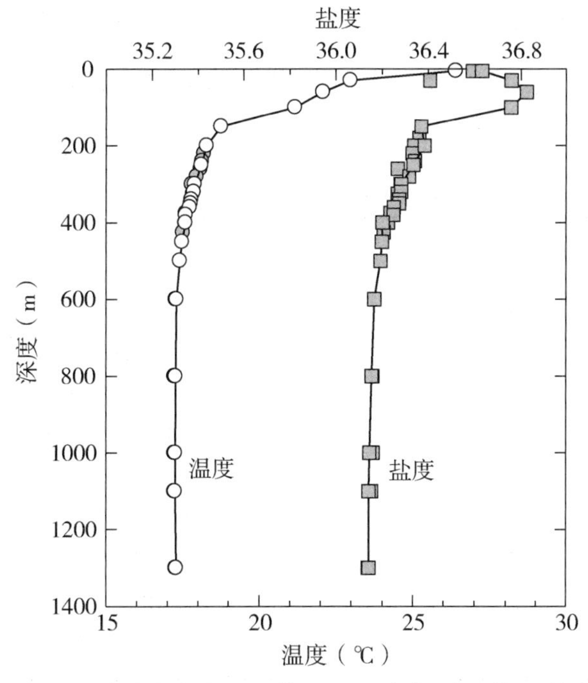

图 10.56　Cariaco 海沟东海盆(实心符号)和西海盆(空心符号)的盐度和温度

氧气和硫化氢的分布图如图 10. 57 所示。最大氧气浓度出现于东西海盆表层(西海盆 211 μM，东海盆 208 μM)。氧气浓度随深度急剧下降，在 330 m 处低于检测限，东西海盆中出现硫化氢。硫化氢的浓度在东西海盆界面下、深度 1 300 m 处迅速达到最大值 58 μM，东海盆中最大浓度为 58 μM，西海盆中为 55 μM。

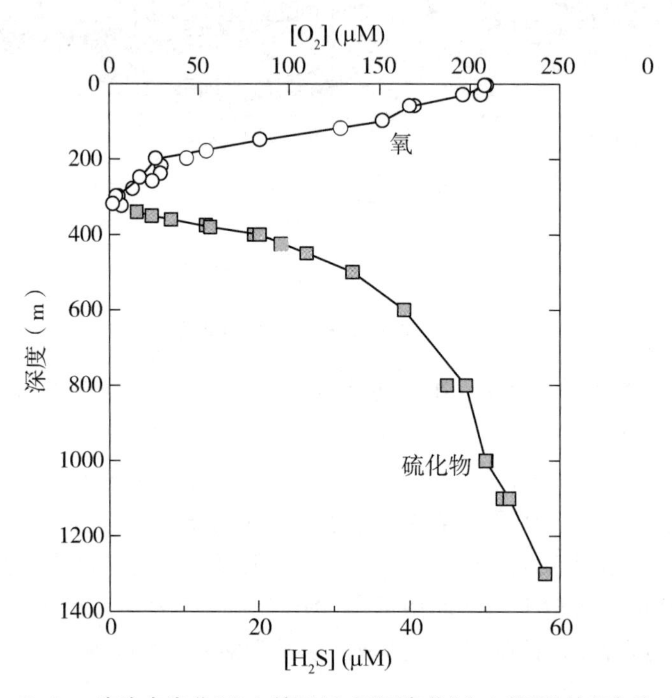

图 10. 57 Cariaco **海沟东海盆(实心符号)和西西海盆(空心符号)的氧气和硫化氢分布**

自 1956 年首次考察以来，Cariaco 沟含氧－缺氧界面的深度在 250～375 m 之间波动(见表 10. 9)。界面的深度取决于有机物质密度或通量变化，其通过表层水光合作

表 10. 9 Cariaco **海沟中含氧、缺氧界面的深度**

日期	深度(m)	[H_2S](μM)	作者[a]
1955	375	30	Richards 和 Vacacaro
1957	340	24	Richards 和 Benson
1958	320	22	Richards
1965	300	26	Richards
1968	297	28	Fanning 和 Pilson
1970	300	30	Richards
1971	270	32	Spencer 和 Brewer
1973	250	35	Bacon 等人
1982	300	47	Hastings 和 Emerson
1986	270	63～71	Casso 等人
1990	330	58	Zhang 和 Millero

[a]前期工作参考 Zhang，J. －Z.，and Millero，F. J.，*Deep Sea Res.*，40，1023，1993。

用产生并沉入深水水柱中。由于表层水的高生产率，在上升流季节发现了较浅的含氧-缺氧界面。

东海盆的氨、磷酸盐和硅酸盐的浓度如图 10.58 所示。在表层水中，30 m 深度处的真光带中存在约 1 μM 的氨，在 60 m 以下检测不到。在含氧-缺氧界面，氨浓度迅速增长，在 1 300 m 处达到 20.2 μM。表层水中的磷酸盐浓度低于 0.4 μM，在含氧-缺氧界面随深度增加至 2.3 μM，在 1 300 m 处达到 3.7 μM。表层水中硅酸盐的浓度小于 2 μM，在含氧-缺氧界面随深度增加至 42 μM，在 1 300 m 处达到 86 μM。界面处的采样不够密，因此无法如在黑海的测量一样看出 NO_3^- 和 PO_4^{3-} 的细微变化。

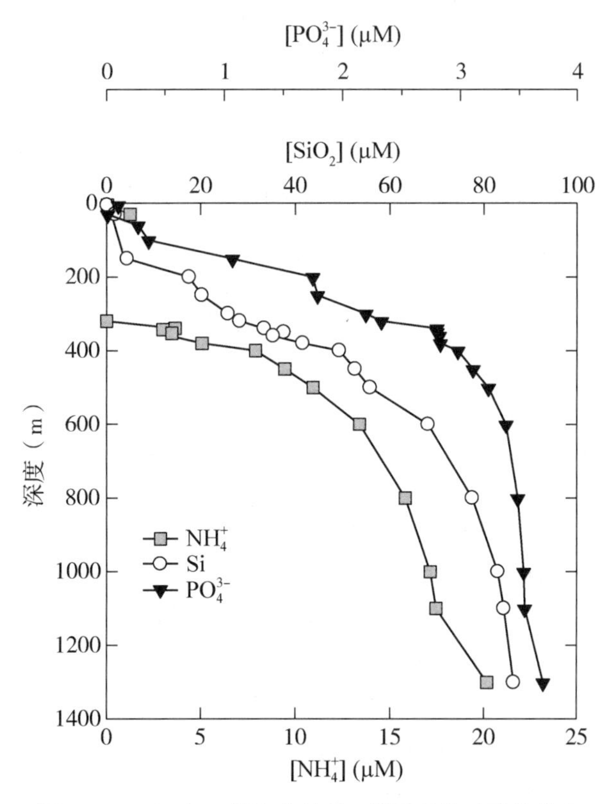

图 10.58　Cariaco 海沟中的氨、磷酸盐和硅酸盐分布

亚硫酸盐和硫代硫酸盐的分布图如图 10.59 所示。亚硫酸盐和硫代硫酸盐的含量在含氧水中检测不到，但其在深层水中可以检测到微摩尔级别的含量(在 600 m 处，亚硫酸钠约为 1.8 μM，硫代硫酸盐约为 1.0 μM)。亚硫酸盐和硫代硫酸盐可能由含氧水中的 H_2S 氧化形成，周期性地下降到氧缺氧界面以下。Goto Ostlund(迈阿密大学，个人通信)对同时采集的水体进行的氚测量支持了底层水的氚浓度已经增长到可检测到的水平这一想法。Holmen 和 Rooth(1991)进行的工作支持了有间歇的水充注进海沟中部深度的水体中。随着接近底部，硫代硫酸盐逐渐增加，最大值出现在

600 m 左右。深层水中的高值显示了沉积物是硫代硫酸盐的来源。在 Cariaco 海沟沉积物的孔隙水中发现了浓度为 178 μM 的硫代硫酸盐，但这有可能是采集期间沉积物氧化的结果。沉淀物中硫代硫酸盐的形成可能是由于 MnO_2 和 FeOOH 矿物与 H_2S 发生的反应造成，或可能因硫酸盐的还原所致。

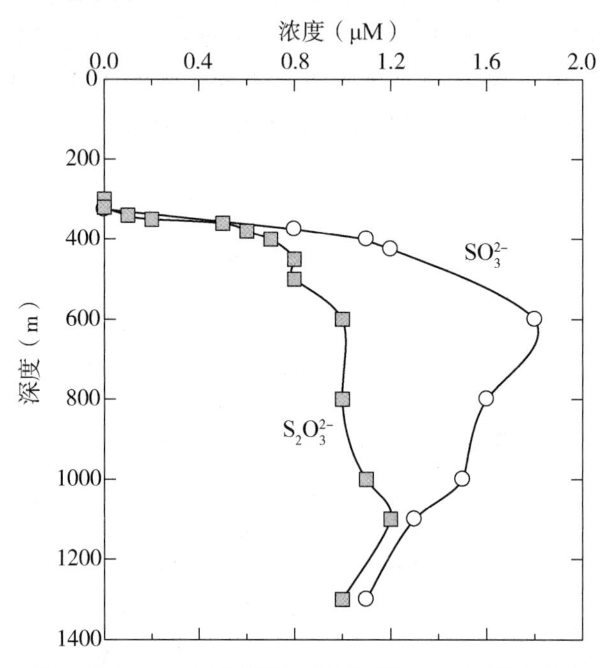

图 10.59　Cariaco **海沟东海盆（实心符号）和西西海盆（空心符号）的亚硫酸盐和硫代硫酸盐分布**

航次过程中进行的 pH 值测量如图 10.60 所示。两个海盆的 pH 值（8.26～8.30）的最大值出现在 5～30 m 处。pH 在含氧－缺氧界面降至 7.9。东海盆 TCO_2 的情况也如图 10.60 所示。最小值 2.0 mM 出现于表层，该值在 1 000 m 以下保持恒定（2.40 mM）。基于已知的 pH 值和 CO_2 总量计算 TA。TA 的分布图也显示在图 10.60 中。表层水 60 m 深度处最大值与盐度最大值一致。盐度校正的 TA 不显示此效果。由于有机物质的细菌缺氧呼吸和同时发生的硫酸盐到硫化物的还原反应，在含氧－缺氧界面下，TA 随深度增加而增加，$CaCO_3$ 的溶解也可能是深层水中 TA 增加的一部分原因。

在航次中测量了表层水（含有 NaHS）、深层水以及表层水和深层水混合物中 H_2S 的氧化速率。图 10.61 中显示了不同水域的速率比较，以及这些过程的半衰期。高浓度的 Fe^{2+} 和 Mn^{2+} 造成 H_2S 氧化速率加剧。可以预期 Cariaco 海沟 Fe^{2+} 的最高值区域，氧化速率将快 17 倍。这些估算值与我们的直接测量值相同。对于表层水、混合水和深层水，计算得出的半衰期（分别为 $t_{1/2}=17.2$ h，2.7 h 和 1.5 h）与测量值（$t_{1/2}=17.2$ h，3.0 h 和 1.6 h）一致。

研究确定了在 Cariaco 海沟水体中的硫化物的氧化过程中，中间体为 SO_3^{2-} 和

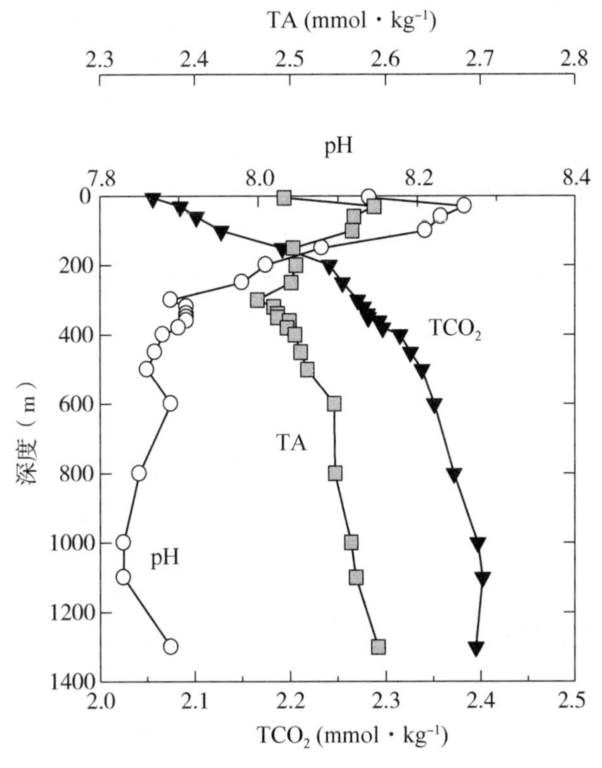

图 10.60　Cariaco 海沟(1982—1990 年)的 pH 值、TCO_2 和 TA 分布

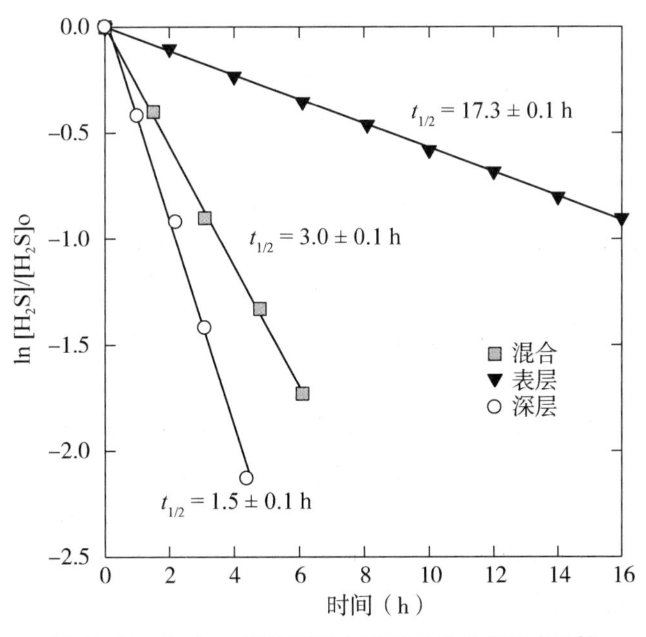

图 10.61　Cariaco 海沟不同水域 H_2S 的氧化速率比较

$S_2O_3^{2-}$，伴随着 H_2S 的消失。结果如图 10.62 所示。在氧化过程中，H_2S 的减少和 SO_3^{2-}、$S_2O_3^{2-}$ 以及 SO_4^{2-} 的增加与对其他缺氧盆地进行的实验室研究和测量结果相似。Cariaco 海沟缺氧水中 NH_4^+，PO_4^{3-} 和 ΔTCO_2 浓度与 H_2S 的关系图如图 10.63 所示。发现 NH_4^+ 的斜率为 0.33 ± 0.07，PO_4^{3-} 斜率为 0.0191 ± 0.0014，TCO_2 斜率为 2.25 ± 0.10，线性相关性良好。这些斜率与理论值非常一致（NH_4^+ 斜率为 0.30，PO_4^{3-} 斜率为 0.0189，TCO_2 斜率为 2.00）。总含硫量的校正包括亚硫酸盐和硫代硫酸盐，其比例值（NH_4^+ 为 0.31 ± 0.06，CO_2 总量为 0.0182 ± 0.0014，2.01 ± 0.07）略有增加。由于与 MnO_2 和 FeOOH 的反应会导致硫化物浓度降低，我们无法消除，这种影响可能造成未校正的斜率轻微增大。

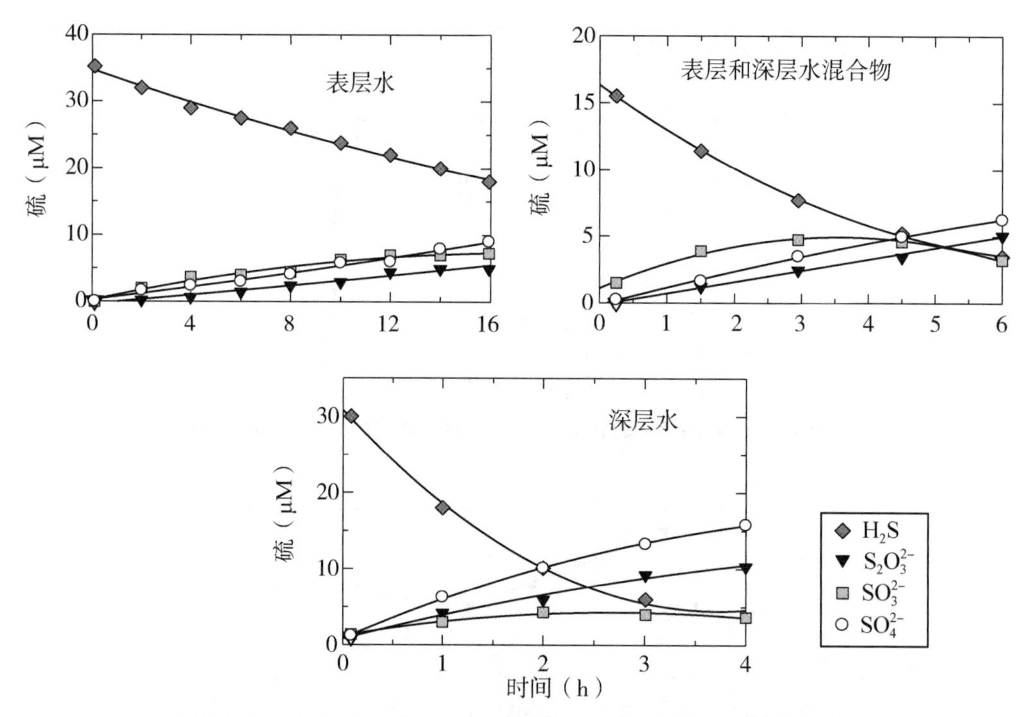

图 10.62 在 Cariaco 海沟不同水域的 H_2S 氧化过程中形成中间体

顶部：表层水表层水和深层水混合物。底部：深层水。平滑曲线是根据动力学模型计算得到。

图 10.63 显示了缺氧水体中硅酸盐与 H_2S 浓度的关系曲线。缺氧水中硫化物和硅酸盐之间的关系线斜率为 0.91 ± 0.07。因为 H_2S 与 Si 的理论比例依赖于表层水中浮游植物种群中硅质生物（如硅藻）的相对丰度，所以其理论比例与生物有机物质的氧化无关。硅质生物种群在时间和空间上都有变化。根据硅酸盐分布图，可以估计在含氧－缺氧界面之上，约 50%的硅酸盐进行了再生。另外 50%的硅酸盐被释放在界面以下的缺氧水中。随着硫化物产生，少量的硅酸盐可以从沉积物中释放出来。研究者关于缺氧环境对硅酸盐溶解的影响了解甚少。

Scranton 等（1987）表示 Cariaco 海沟中深层水的物理化学性质正在增加。例如，自 1955 年首次考察的 35 年来，温度分布发生了重大变化。1 000 m 以下的水体的温

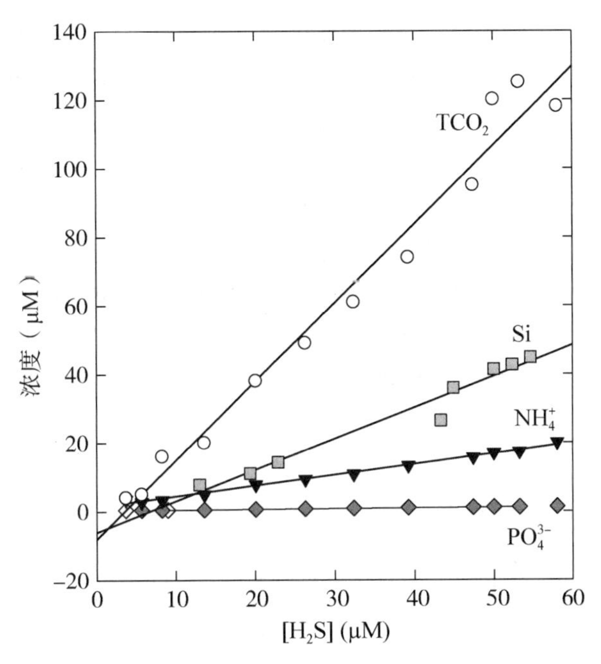

图 10. 63　**缺氧水中氨、磷酸盐、硅酸盐和总二氧化碳浓度变化与** H_2S **浓度的关系曲线**

度明显增加，浅层深度水体温度增长更甚。Cariaco 海沟考察的其他可用温度数据以及我们的数据参见图 10. 64。在 1955 年至 1982 年间，温度平均每年增加 0. 006 ℃，而过去 8 年，温度增长更快，每年增加 0. 028 ℃。在 300 m 处，温度变化率大大增加。Richards(Zhang 和 Millero，1993a)在 1965 年发现温度为 17. 08 ℃，Scranton 等(1987)发现，在 1982 年温度为 17. 55 ℃，而我们在 1990 年测量出的西海盆温度为

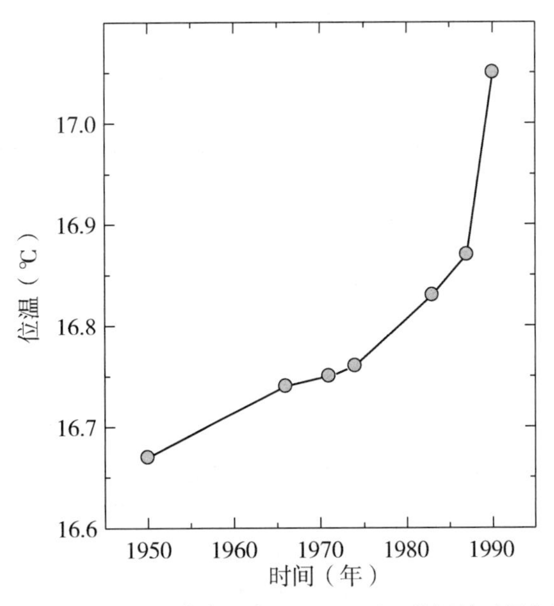

图 10. 64　Cariaco **海沟深度** 1 200 m **以下位温的时间变化**

17.79 ℃，东海盆温度为 17.89 ℃。需要进一步的测量来验证深盆地最近的温度升高原因。由于我们公布的温度是用颠倒温度计而不是 CTD(电导率温度深度)系统测量的，所以由于温度计的校准误差，我们的测量结果可能偏高。

如 Richards(1965)和 Scranton 等(1987)所述，Cariaco 海沟深层水中的硫化氢浓度随着时间的推移而增加。1982 年至 1990 年间，1 300 m 处的浓度的增加(1.58 $\mu M \cdot yr^{-1}$，图 10.65)与 1965 年至 1982 年(1.42 $\mu M \cdot yr^{-1}$)之间的增长一致。从 20 世纪 50 到 20 世纪 90 年代平均增长率为 1.11 $\mu M \cdot yr^{-1}$。Richards 于 1975 年表示相较于西海盆，东海盆深层水中硫化物浓度更高，而这一点在我们的数据中也得以证实(在深度 1 300 m 处，东海盆硫化物含量为 58 μM，西海盆为 55 μM)。

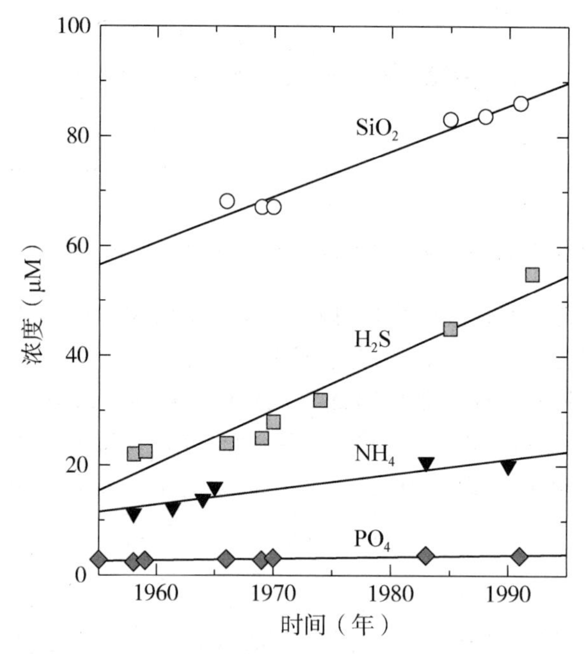

图 10.65　在 Cariaco 海沟 1 200 m 深度以下的水体中，磷酸盐、硅酸盐和 H_2S 的最大浓度随时间的变化

Cariaco 海沟深处的盐度变化比温度变化更加难以检测。Scranton 等(1987)发现，在 9 年内，盐度增加了 0.008。相较于分析误差，变动较小，并且很难确定增加模式。我们的数据显示盐度随深度的持续下降，这表明沉积物的向上释放的盐通量是微不足道的。

自从 1950 年代进行了首次测量以来，Cariaco 海沟深层水中的氨、磷酸盐和硅酸盐的浓度随时间而增加。这些时间变化也显示在图 10.65 中。氨的增加率为 0.282 $\mu M \cdot yr^{-1}$，磷酸盐为 0.03721 $\mu M \cdot yr^{-1}$，硅酸盐为 0.854 $\mu M \cdot yr^{-1}$。这些增加与 Cariaco 海沟深层水中 H_2S 随时间的增加是一致的。如果这些化合物表现保守，按照预测，它们应该在缺氧水柱中以固定比例积累。氨与硫化物的增加比例等于 0.25。考虑到这些增长率是 40 年来的平均值，氨和硫化物的增长率与模型预测的 0.30 的合理一致。磷酸盐与硫化物的增加比例等于 0.033 5，理论值为 0.018 9。磷酸盐浓度的增加较大表明，除了有机颗粒物质的分解之外，磷酸盐还存在其他来源，例如沉降在界面以下的 Fe 和 Mn 氧化物中含有 PO_4^{3-} 。磷酸盐矿物质在缺氧水中的溶解或在沉积孔隙水中的扩散也可能导致缺氧水中产生磷酸盐。硅酸盐通量从沉积物孔隙水中扩散至水柱，导致 Cariaco 海沟深层水中硅酸盐浓度较高（Fanning 和 Pilson，1972；Scranton 等，1987）。

通过将 H_2S 和 NH_4^+ 浓度反推到零，可以估计海沟最后含氧时间。将 H_2S 浓度早期增长率（1955—1969）数据反推到零，得到年代为 1916 年。对 NH_4^+ 浓度的类似反推，得到零值所处年代是 1914 年。这些通过两个不同化合物推算海沟中物质转变的最后发生时间非常一致。有趣的是，沉积物的 pb 年龄测定（Hughen 等，1996）表明，在 1932 年和 1897 年左右，沉积水界面发生了一些扰动，而这显然是由于 1900 年和 1929 年左右发生的地震造成。这些事件也可能对估计于 1920 年在海沟中发生的水转化造成影响。根据转化时刻增长率，PO_4^{3-} 和 SiO_2 的浓度分别估计为 1 μM 和 2 μM。这些浓度与加勒比海中化合物的浓度相当一致（例如，加勒比海深处二氧化硅为 25 μM）。

Fe(II)在低浓度环境下氧化 H_2S 的反应速率的增长确实是由于催化造成的。这可能是由 Fe(II)的氧化引起的（Millero 等，1987）：

$$Fe(OH)_2 + O_2 \rightarrow Fe(OH)_2^+ + O_2^- \qquad (10.68)$$

氧化产物 O_2^- 和 $Fe(OH)_2^+$ 也可能氧化 H_2S。溶解态或颗粒状 Fe(III)与 H_2S 的反应可以使 Fe(II)再生以完成催化循环。整体反应由下式给出：

$$2FeOOH + HS^- + 5H^+ \rightarrow 2Fe^{2+} + S_0 + 4H_2O \qquad (10.69)$$

对 Cariaco 海沟水体的 H_2S 氧化过程中形成的中间体进行了动力学测量，所得结果对我们在海沟缺氧水域中发现的 SO_2^{2-} 和 $S_2O_3^{2-}$ 的来源方面的争论提供了一些支持。

10. 3. 3　Framvaren 峡湾

位于挪威南部的 Framvaren 峡湾（图 10. 66）是一个永久缺氧的峡湾，也是 H_2S 含量最高（6 μM）的缺氧海盆。集水区（31 km^2）以花岗岩为主。岩石由石英（20%）、微斜纹长石（35%）、奥长石（36%）、角闪石（5%）和附属矿物组成。峡湾（见图 10. 67）有一个较浅的海槛（2 m），将外部的 Hellevik 峡湾（80 m）与 183 m 深的海盆（Skei，1988a）分开。一条大河进入 Lyngdals 峡湾，造成一股淡水流入 Framvaren 峡湾。1993 年，我们对 Famvaren 峡湾进行了化学研究（Yao 和 Millero，1995）。较大的盐度梯度（见图 10. 68）导致密度跃层较大，从而隔离了表层水和深层水。表层水的盐度为 12，深层水的盐度高达 24。盐度梯度阻止了垂直混合，并导致在约 18 m 以下深度形成 H_2S。表层水的温度（见图 10. 68）从冬季的 0 ℃变化到夏季的 19 ℃。深层水的温度恒定为 7～8 ℃。基于水文学，水团可分为四个主要层次：海槛深度以上的低盐度表层水（0～2 m）；中间氧化层降至约 18 m；深层水，其中化学性质梯度变化较陡（18～90 m）；低于 90 m 的底层水，其盐度和化学性质变化较小。

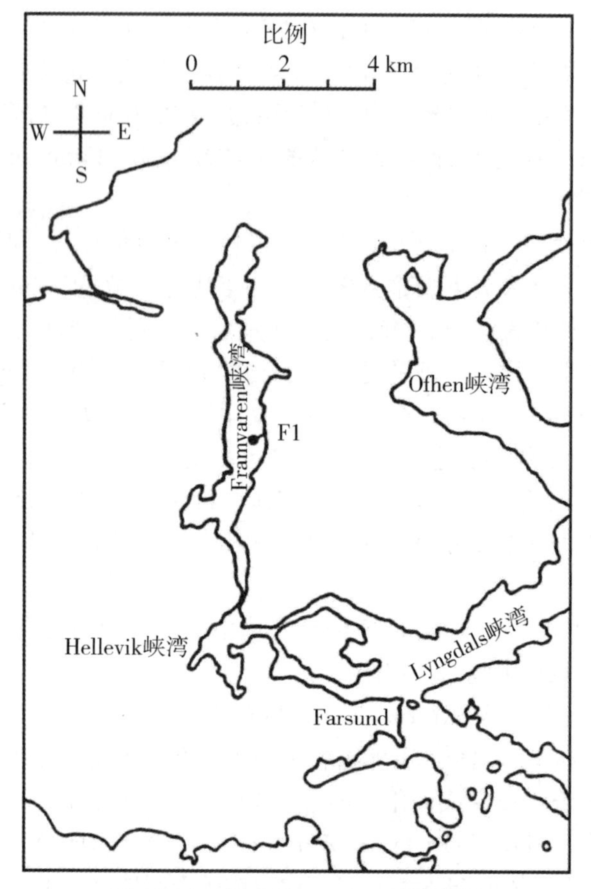

图 10.66 挪威 Framvaren 峡湾草图

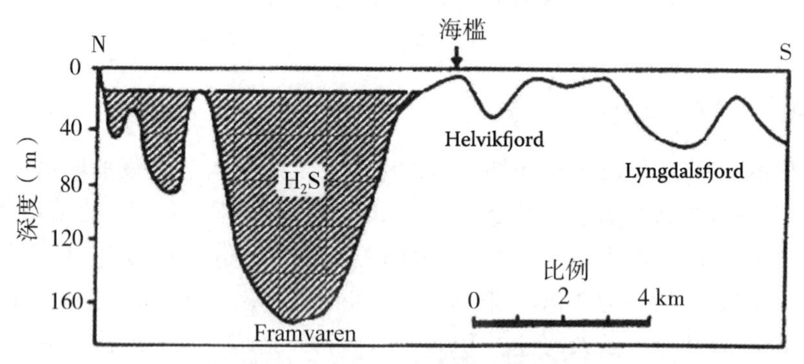

图 10.67 Framvaren 峡湾的纵向分布

深盆地已经处于缺氧状态约 8 000 年。海槛在 1850 年被疏浚，形成了一层新的含 H_2S 的海水(见图 10.69)。中央海盆的 O_2 和 H_2S 垂直剖面如图 10.70 所示。在浮游植物的光合作用下，在表层 O_2 浓度达到最大值。在深度约 18 m 处 O_2 浓度变为 0，并且 H_2S 浓度增加，高达 6 mM 或 6 000 μM。这些值是在所有缺氧盆地中发现的 H_2S 的最高浓度值。

一些研究确定了 Framvaren 中的金属浓度。Haraldsson 和 Westerlund(1988)对

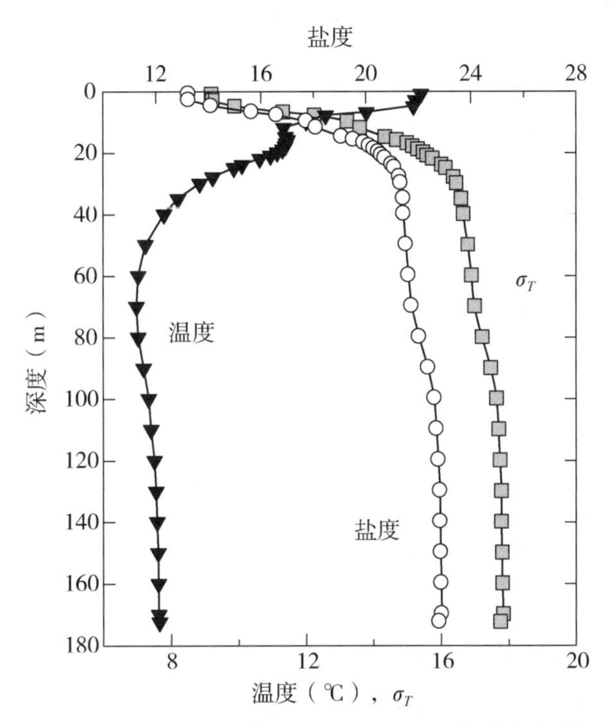

图 10.68　Framvaren 峡湾的盐度、温度和条件密度特征

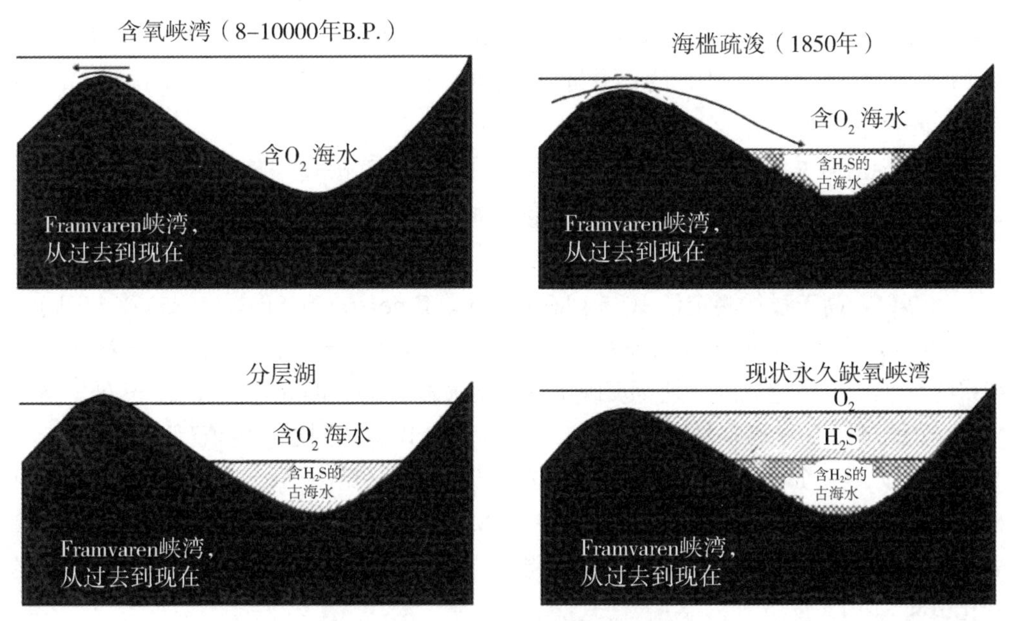

图 10.69　Framvaren 峡湾的发展历史

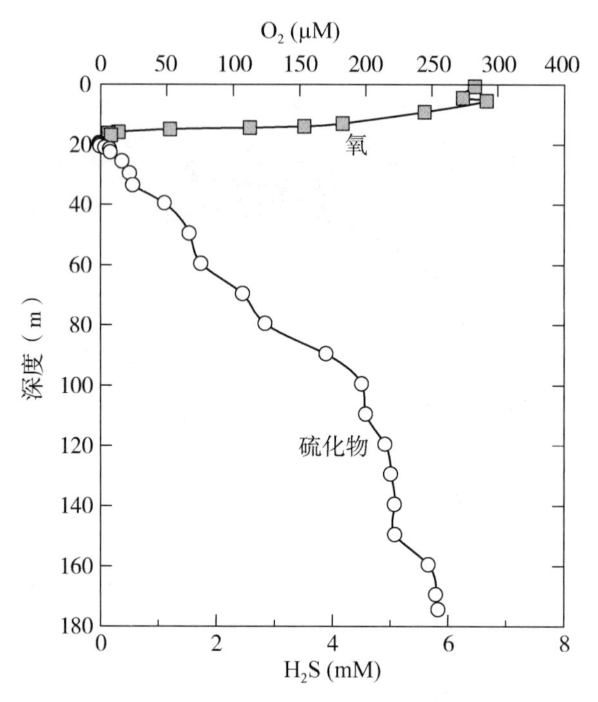

图 10.70　Framvaren 峡湾的氧气和硫化氢分布

某些金属的测量结果如图 10.71 和图 10.72 所示。其结果类似于先前黑海测量结果。Mn^{2+}、Fe^{2+}、Co^{2+} 和 Pb^{2+} 浓度在含氧 - 缺氧界面附近达到特征最大值；Ni^{2+} 在界面上没有发生任何变化。Cu^{2+}、Zn^{2+} 和 Cd^{2+} 的浓度在界面附近达到最大，并且由于它们的金属硫化物溶解度较低，所以在深层水中浓度降低。由于 Fe 和 Mn 含量较高，在 Framvaren 中 O_2 对 H_2S 的氧化迅速加剧。在界面附近只发现中间体 SO_3^{2-} 和 $S_2O_3^{2-}$ 的含量很低。

溶解 Mn 和 Fe 以及界面附近的 O_2 和 H_2S 如图 10.73 所示（Yao 和 Millero，1995）。深度 15 m 以下，溶解 Mn 的浓度迅速下降，这与 O_2 浓度的迅速下降相同，并在 21 m 处达到最大值，其中 H_2S 的浓度为 12 μM。本研究中发现 Mn 最大溶解量为 18.0 μM，高于过往测定值 10.5 μM(Jacobs，Emerson 和 Skei，1985)和 15.3 μM(Haraldsson 和 Westerlund，1988)。而我们的测量值更高，这可能是由于潜水泵系统采样分辨率更高造成的。这也反映了 Mn 在过渡区的不断积累。在 21 m 处，溶解 Mn 的浓度迅速下降到最大峰值以下，并在 100 m 以下达到近恒定值(低于 1 μM)。

略低于 $O_2 - H_2S$ 界面下，溶解 Fe 浓度开始上升(见图 10.73)，在 21 m 处达到最大值。本研究中发现的最大值为 2.85 μM，高于过往值 2.0 μM(Haraldsson 和 Westerlund，1988)。同样，这些差异可能由不同的取样深度或 Fe(II)浓度随时间的变化引起。

Fe(II)浓度随时间变化。冬季发现的 0.89 μM 的较低值可能是由于本季节增加的水混合引起的界面附近的 Fe(II)氧化造成的。溶解的 Fe(II)的浓度在底层水中迅

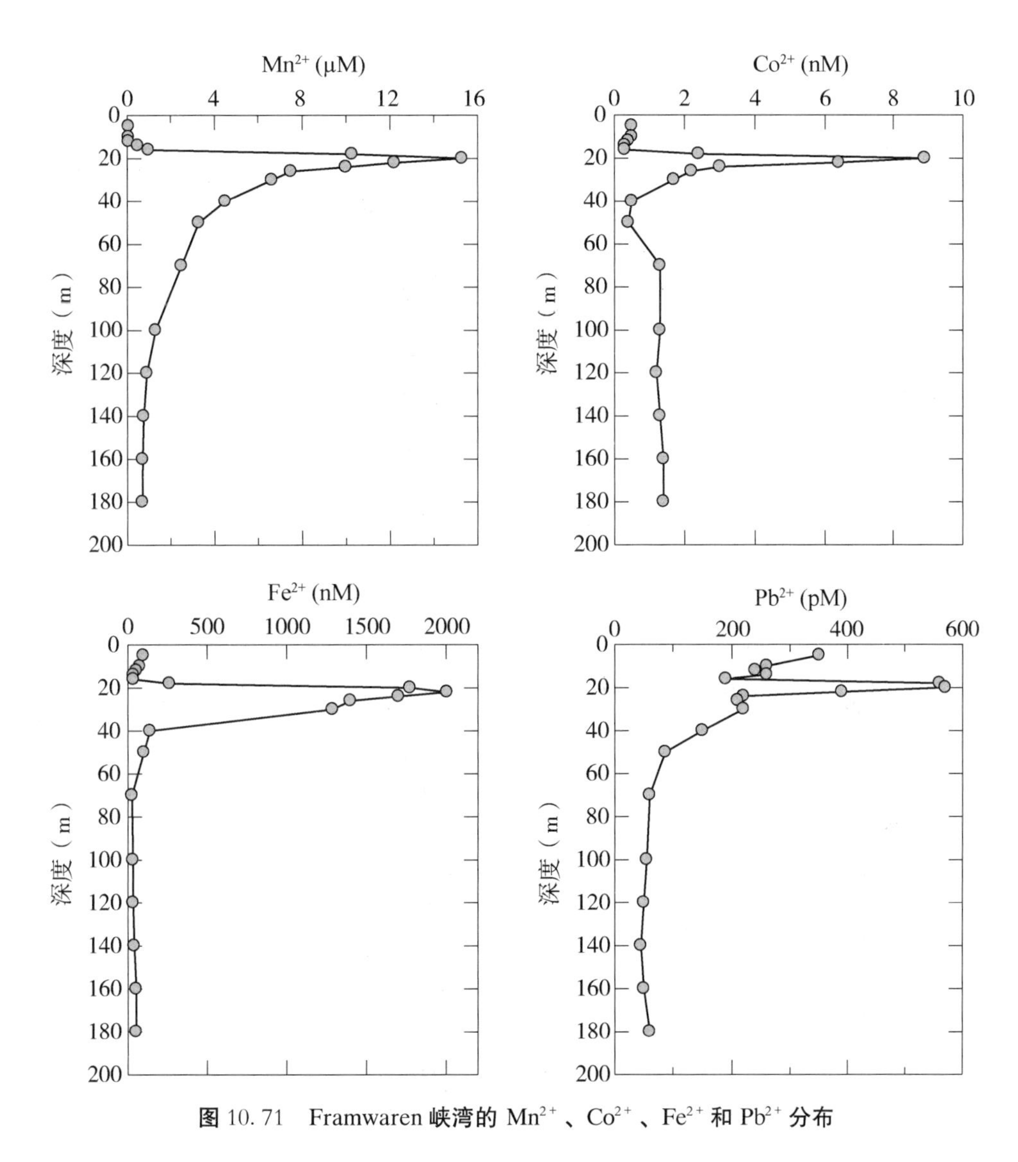

图 10.71　Framwaren **峡湾的** Mn^{2+} 、Co^{2+} 、Fe^{2+} **和** Pb^{2+} **分布**

速下降到低于 40 nM 以下，这可能是由于硫化铁矿物的形成(Skei，1988a，1988b)造成的。

由于其不寻常的化学和微生物特性，自 20 世纪 30 年代以来，Framvaren 峡湾已被广泛用作研究缺氧过程的自然实验室。关于峡湾水文、洋流、微量金属、同位素、微生物学、沉积和地震学的早期研究已有综述文献(Skei，1988a，1988b)。与大多数其他缺氧盆地不同，Framvaren 中的 O_z - H_2S 界面(约 18 m)所处深度光透射度极好。密度较高的光合细菌群体存在于氧化还原边界，如界面附近的 ATP 测量(见图 10.74)所示。界面上还存在一定的颗粒浓度，如透光率的垂直分布所示(见图 10.75)。这种高生物活性可以有效控制金属和非金属的生物地球化学性质。深层水中颗粒的增加与金属硫化物和多硫化物的形成有关。在深层水中还发现了莓球状黄铁矿(FeS_2)(见表 10.10)。

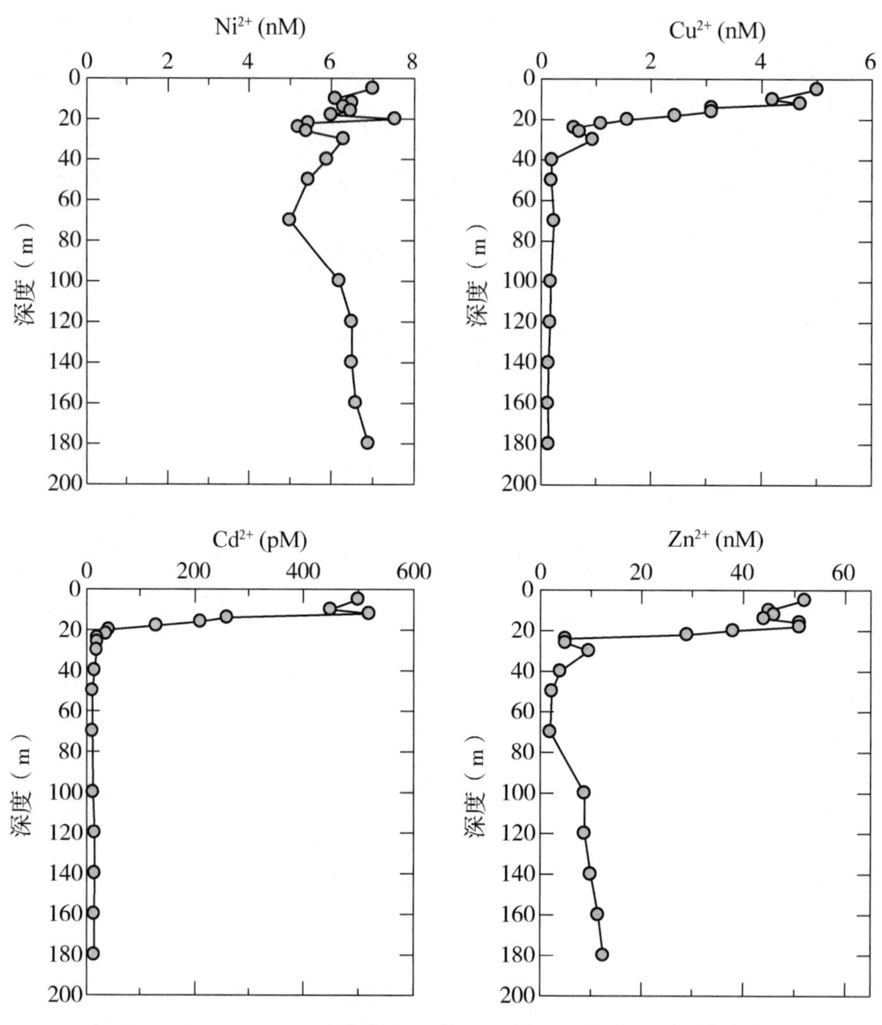

图 10.72　Framvaren 峡湾中 Ni^{2+}、Cu^{2+}、Cd^{2+} 和 Zn^{2+} 的分布

表 10.10　菱形黄铁矿成分(22 个微球团的平均值)

元素	重量百分比	标准差
Cu	0.5	0.08
Zn	0.3	0.11
Mn	1.0	0.16
Ni	0.03	0.03
Co	0.03	0.04
Fe	33.5 - 4	
S	36.2 - 45.5	

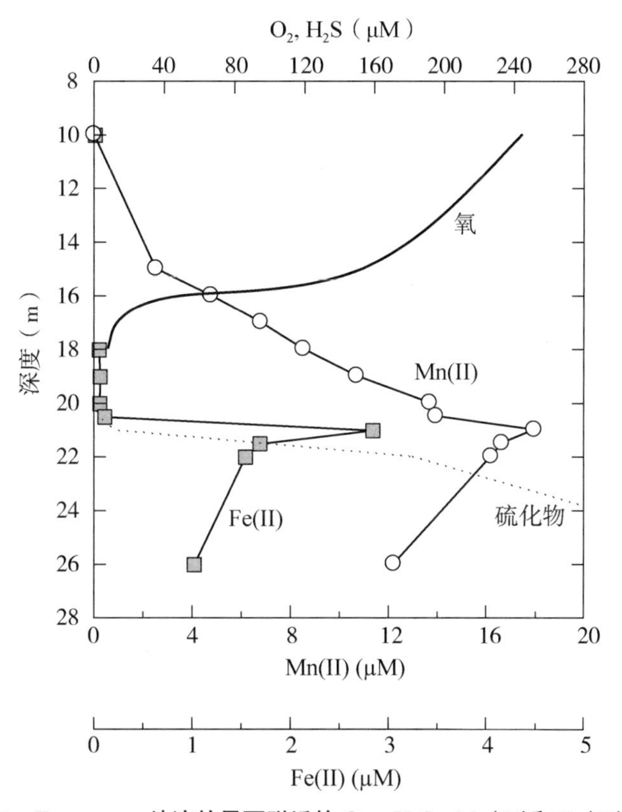

图 10.73　Framvaren 峡湾的界面附近的 O_2、H_2S、Mn(II)和 Fe(II)的浓度

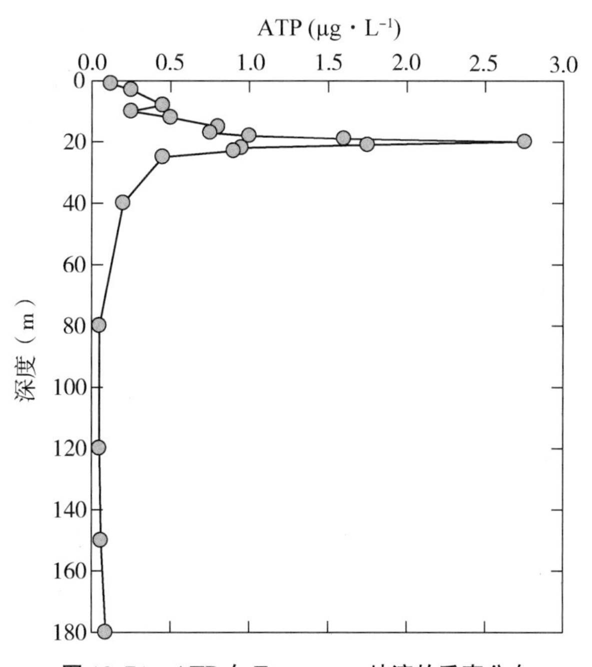

图 10.74　ATP 在 Framvaren 峡湾的垂直分布

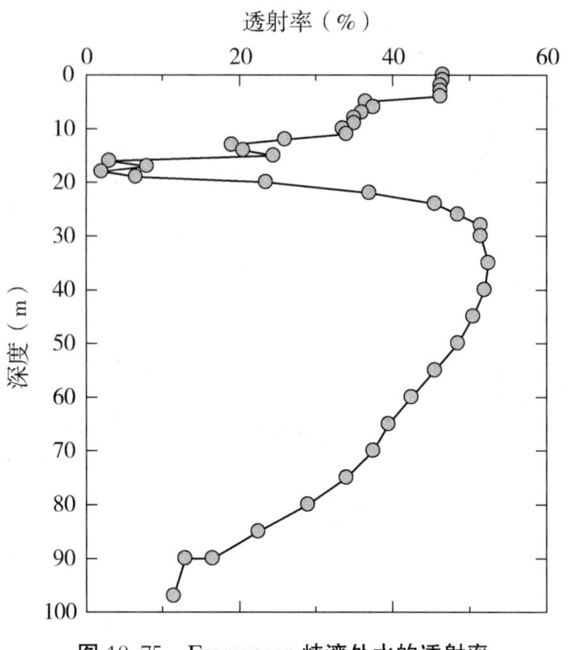

图 10.75　Framvaren 峡湾处水的透射率

我们对厌氧微生物分解有机物的大部分理解来自对这些系统的研究(Richards，1965；Grass off，1975)。Dyrssen(1989)使用了基于现有数据的有机物化学计量模型，结果显示在 Framvaren 中发现的还原的硫化物比 Framvaren 中的硫化物更多。Yao 和 Millero(1995)研究了在 Framvaren 中心站点的化学物质分布情况。表层水温度最高，随着深度下降温度也急剧下降，直至 14 m(见图 10.68)。中间层中间的温度略有增加，在 16.5 m 达到次最大值(见图 10.67)。这种温度结构可能是由于 Hellvik 峡湾表层水侵入海槛造成，这也可能有助于上部 10～20 m 水域的更新。盐度从表层向中间层底层(约 20 m)急剧增加，从而导致大密度跃层形成。在约 90 m 处也观察到盐跃层。表层水中的盐度约为 13.26，远高于 1989 年巡航期间的值。两次巡航都是在一年的同一时间。这些结果表明，Framvaren 的当地淡水供应每年都可能发生变化。

表层水中的溶解氧为 283 μM，接近饱和值(285 μM)。次表层(6 m)的最大值为 292 μM，这是光合作用的结果。氧浓度从 15 m 处急剧下降，在 18 m 以下变得检测不到(见图 10.68)。H_2S 出现在 20 m(0.4 μM)处，对应于 $\sigma_T = 15.8$ 等密面。对于 18 m 处的界面，取样尺度(1 m)内 O_2 和 H_2S 水平没有重叠。该界面在 1979 年位于 18 m 处($\sigma_T = 16.52$)，1985 年在 18 m 处($\sigma_T = 15.8 \sim 15.9$)，1989 年在 19 m 处($\sigma_T = 15.60$)。基于尼斯金采样瓶(Niskin bottles)的深度分辨率，在过去 20 年中，含氧－缺氧界面相对稳定。然而，预计由与外部海盆和内部波浪的水交换的变化引起小的波动。底层水中的 H_2S 浓度高达 5.8 mM，这与 Landing 和 Wester Lund (6.1 mM；1988 年)和 Millero(5.7 mM；1991b)的测量结果是一致的。底层水中的 H_2S(低于 10 m)的梯度远远小于深层水(20～100 m)(Millero，1991b)。这可能是由于旧水和更近期的缺氧水分离造成的(Skei，1988a，1988b)。营养物质 TA 和 TCO_2

的分布(如后文所示)显示了相同的模式。

16～18 m表层水中磷酸盐的浓度约为0.4 μM(最小值为0.18 mM)，这可能是由该区域的高生产率或Mn和Fe颗粒的吸收造成。Mn和Fe颗粒的最大值通常在O_2-H_2S界面处或以上。PO_4^{3-} 在界面下迅速增加，在底层水中达到最大值100～102 μM(见图10.76)。在大约5.0 μM处的真光带存在氨，它在界面下迅速增加，在底层水达到最大值1.6 μM(见图10.76)。在含氧水中发现硅酸盐浓度相对较高(约20 μM)，底层水中其浓度迅速增加到最大值640 μM(见图10.76)。底层水中的磷酸盐、铵和硅酸盐的浓度都与早期研究的结果接近(Skei，1988a，1988b)。

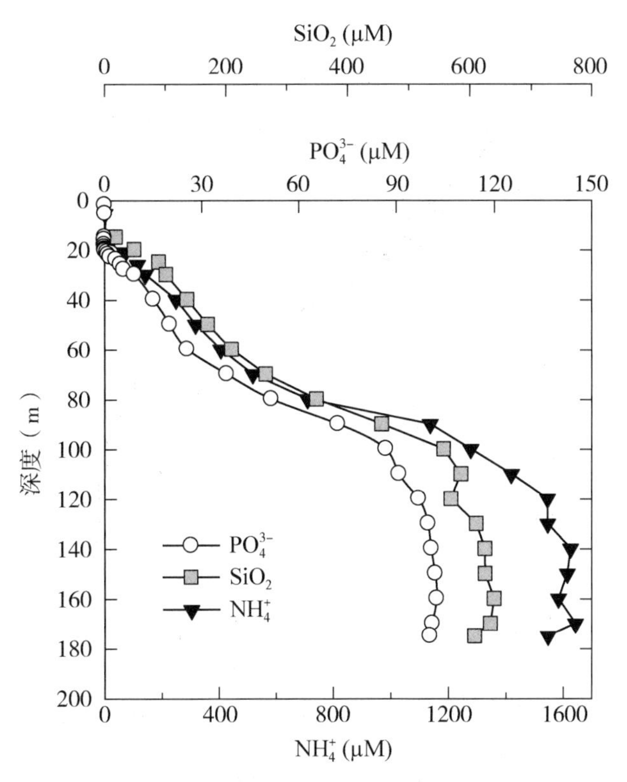

图10.76　Framvaren **峡湾中的氨、磷酸盐和硅酸盐的分布**

pH值、TA和TCO_2的分布如图10.77所示。表层水中的pH值约为7.89，在15 m处降至最低(6.98)。在15 m处出现了低pH值，尽管其与使用了TA和TCO_2的计算值一致，仍然难以解释。在界面下，pH值逐渐降低；在90 m以下，pH值趋于恒定(约6.90)。

随着从表层到截面的深度加深，总碱度由于盐度的增加而增加。在表层水中归一化TA(到$S=35$)(NTA)为2.41 mM，略高于海洋表层水(约2.35)的值，这可能是由NTA较高的淡水影响造成。在界面下面，由于有机物质对碳酸氢盐的细菌厌氧呼吸和同时发生的硫酸盐到硫化物的还原反应，TA迅速增加。在底层水中，TA为19.8 μM，比先前的结果低约1 mM(Skei，1988)。

在固定化样品返回实验室后，测定水样中的 TCO_2。由于缺氧水中的 TCO_2 含量极高(底层水中的 pCO_2 高达 38 000 μatm)，样品中大量的 CO_2(底部样品中约为 2 mM)进入样品瓶的顶部空间中。因此，我们给出界面下样本的 TCO_2 计算值(见图 10. 77)。基于 pH 值和 TA 计算 TCO_2 的值。由于有机物被氧化成无机碳，TCO_2 在界面下迅速增加。底层水中 TCO_2 的浓度为 17. 3 mM，比过往值低 1 mM(Skei，1988)。

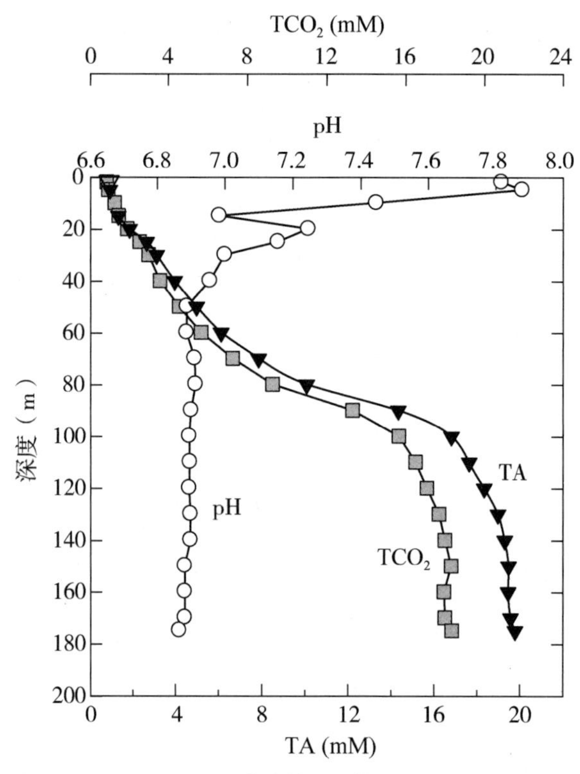

图 10. 77 Framvaren **峡湾的 pH 值、**TCO_2 **和 TA 分布**

从表层到界面，盐度急剧增加，而温度在 14 m 处(σ_T = 14. 19)处出现转折，在 16. 6 m 处(σ_T = 14. 87)达到次最大值。在先前研究中也观察到相同的温度结构。然而，温度升高的程度有所不同(见图 10. 78)。该程度在 1984 年变化最为明显(ΔT = 4. 7 ℃)。温度拐点出现的深度为 9～14 m(σ_T = 13. 2～16. 0)。经讨论，这个“次最大温度层”可能源自 Helvik 峡湾的温暖表层水。温度异常的程度和次最大温度层的深度取决于水交换的程度和两个海盆的水文特性差异。这种水侵导致界面之间的温度和盐度之间出现非线性关系。这表明水平移动可能是界面附近的一个重要过程，在解释化学物质的分布图时必须考虑这一点。

在深层水中，从界面至 80 m 深度，盐度轻微增加；深度降至 60 m 时，温度下降；60～80 m 之间，温度趋于恒定。深度从 80 m 增加到 100 m 时，温度和盐度均增加。深层水中不存在线性 $T-S$ 关系(见图 10. 79)。底层水中曲率的性质表明有额外

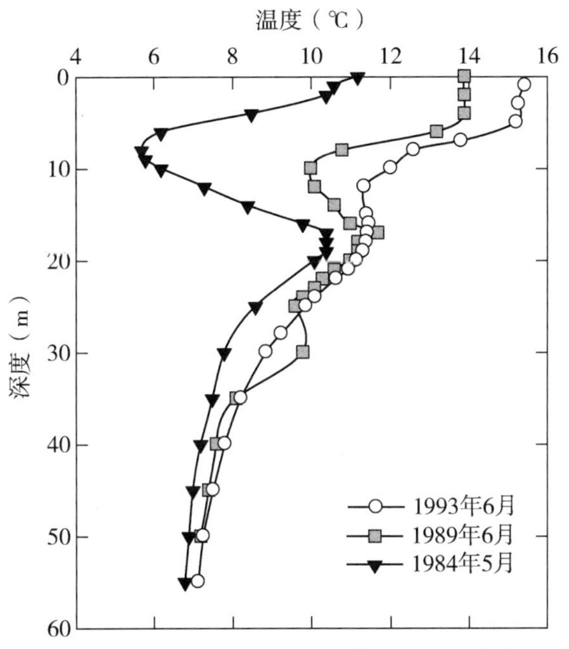

图 10.78　近年来在 Framvaren 峡湾的上层 60 m 的气温分布

的热流源的存在。如前面讨论的那样，化学物质在 80 m 和 100 m 之间的区域显示出很大的梯度。低于 100 m 处，化学物质的水文特性和浓度变化极小。在 80～100 m 之间的界面，1850 年挖掘通道之后，较旧的和最近的缺氧水可能发生分离，使得海盆外的水进入海盆。这些水体的输入可能会导致一些深层水进行更新。这种更新的程度及其对底层海水的影响是未知的。Skei(1988a，1988b)认为这可能是完全的更新，因为底层水中只有 50%的硫酸盐被还原。

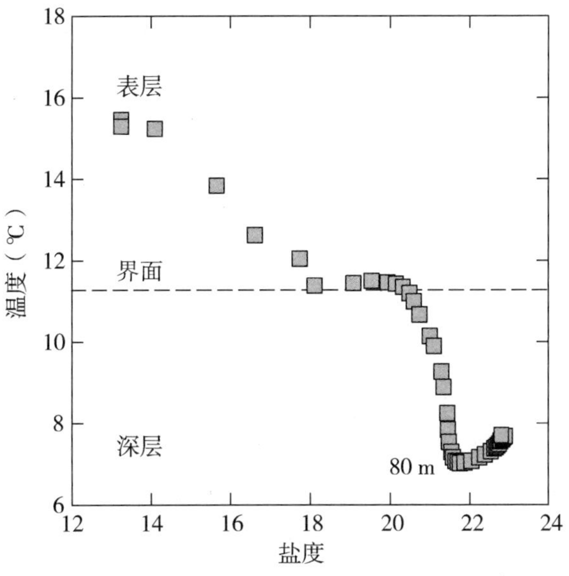

图 10.79　Framvaren 峡湾中水的 $T-S$ 图表

Anderson，Dyrssen 和 Hall(1988)认为水交换已经发生。这一观点以沉积物数据为基础，该数据在相当于约 1 850 m 的深度显示了从浅色到黑色的巨大变化。由于在该界面存在化学梯度，只能完成部分更新。人们预计，这种更新会在底层水的顶部根据水文性质的轻微改变缓慢地继续下去，并通过扩散作用趋于平滑。

底层的均匀性质表明它是通过对流产生和维持的，可能受到沉积物的地热影响。在 80 m 以下，温度和盐度都略微上升，因此垂直转移可能受到双重扩散的控制。当温度梯度和盐度梯度符号相同时，对密度有相反的影响，会发生双重扩散。

从 1930 年到现在，底层水的温度显著降低了 1.1 ℃(见图 10.80)。这表明，流向底层水的热流，比如来自沉积物的地热加热，正在减少。底层水盐度也呈下降趋势。盐度的这种下降意味通过垂直扩散，底层水的更新与密度较小的水的更新同时发生。垂直扩散也可能导致底层水中的温度下降。

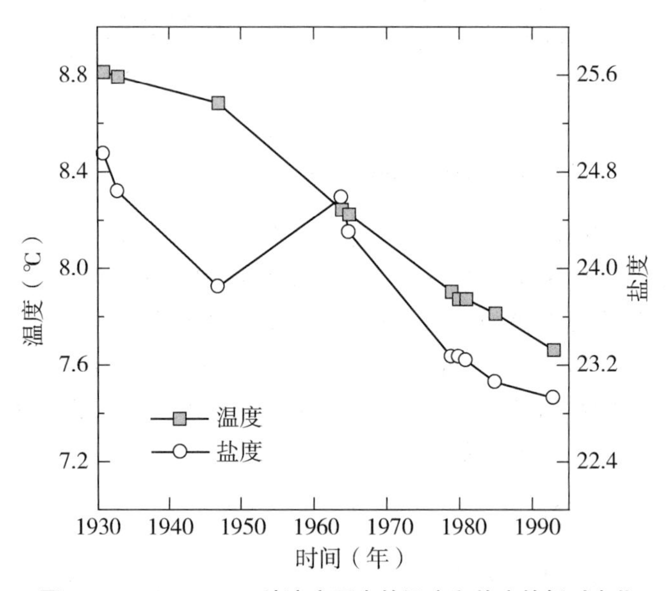

图 10.80　Framvaren **峡湾底层水的温度和盐度的暂时变化**

目前，由于对含硫化合物的测量不完全，尤其是颗粒硫(如 S° 和 FeS_2)，不可能建立一个 Framvaren 峡湾的硫化合物的完整的平衡。科学家发现在 Framvaren 中巯基(硫醇)与 H_2S 的比例为 0.036(Dyrssen，1989)。根据盐度计算的初始硫酸盐浓度($[SO_4]_{init}$)与测得的硫酸盐浓度之间差异显著，且高于底层水中测量的硫化物中的硫酸盐浓度(1～3 mM)。除了 H_2S 的可能扩散之外，可以通过氧化和形成硫化铁(FeS 和 FeS_2)除去硫化物来解释这种差异。如果 H_2S 氧化的主要产物是硫酸盐(Millero，1991a)，则可能存在更大差异了。通过形成硫化铁来除去硫化物仅限于有持续铁供应的情况。在 pH 值为 7.0 时，总硫化氢的约 30% 为 H_2S(aq)。扩散可能是 H_2S 逃逸到上氧化水中并被氧化的途径。此外，有证据表明，无机硫早期成岩。成岩作用中成为有机化合物。

像其他缺氧盆地一样，由于溶解氧的供应受限，Framvaren 的缺氧条件的演变从底部开始。硫化氢浓度主要由有机物质的供应及其氧气控制，无论是通过在海槛上注入新鲜的海水，还是通过含氧 - 缺氧界面进行垂直交换。通常使用简单的垂直平流扩散模型来确定化学物质的通量，并解释在界面上发生的氧化还原反应的顺序(Brewer 和 Murray，1973)。这种方法的一个困难是水平运输可能比较重要，因为表面上在等密度层的扩散和混合比跨层的交换要快。正如所讨论的那样，在 Framvaren 的界面附近的横向混合显著。

向上的硫化物电子梯度(140×10^{-3} mol $e^{-} \cdot m^{-4}$)比向下的 O_2 电子梯度(58.4×10^{-3} mol $e^{-} \cdot m^{4}$)大约三倍。Framvaren 中非常陡峭的硫化物梯度是由于水柱中的硫化物含量高，以及盆地的深度较浅造成的。缺氧梯度表明，O_2 的向下输送通量不能满足向上的硫化物的氧化的需求。硫化物氧化有三种可能的替代方案。首先，氧化金属如 MnO_2 和 FeOOH 可以作为氧化剂(Millero，1991a)。Mn(II)和 Fe(II)(见图 10.73)在界面正下方的急剧最大值来自于硫化物对 Mn 和 Fe 氧化物的还原溶解。这种金属氧化物假说的一个难点是 Mn(II)和 Fe(II)的垂直电子梯度的总和远小于硫化物。如果颗粒氧化物主要通过海槛水平输送到中间层中，则可以克服这个问题。

第二个可能的解释是光合硫化物通过光养硫细菌在化变层中发生氧化。光养菌的密集群体存在于 Framvaren 的界面(Sorensen，1988)。但人们不清楚其中是否有特定的物种可以厌氧地氧化硫化物。第三种替代方法是水平流通，通过海槛的水侵入而产生的。这些流通注入中的溶解氧会氧化硫化物。在缺氧界面附近发现有痕量的氧化中间物 SO_3^{2-} 和 $S_2O_3^{2}$(Millero，1991a)。这种流通可以解释氧气和硫化物梯度的不平衡。

Framvaren 的底层水中的 NTA($=TA \times 35/S$)和归一化的 TCO_2($NTCO_2 = TCO_2 \times 35/S$)比开放海洋高约 12 倍，这表明通过硫酸盐的还原得到有机物的氧化而大量产生 TA 和 TCO_2。在 Framvaren 表层水中 NTA 的值为 2.41 mM，仅比开放海洋的典型值(2.35 mM)略高，而 $NTCO_2$ 值则比开放海洋的值(2.05 mM)高很多，为 2.31 mM。在黑海表层水中发现了更高的 NTA 值(6.34 mM)和 $NTCO_2$ 值(5.80 mM)(Goyet，Bradshaw 和 Brewer，1991)。如 Dyrssen(1986)所讨论的，这些高值不能源自与地中海海水混合的河水的低盐度和高 NTA。Framvaren 表层水中较低的 NTA 表明淡水的影响较小。表层水中 $NTCO_2$ 值较高的原因可能是海水中有机物的氧化或从界面下方扩散。

ΔTA 和 ΔTCO_2 与 H_2S 的关系图如图 10.81 所示。这些性质之间的线性相关性表明，硫化氢与 TCO_2 和 TA 的形成成比例。然而，$\Delta TA / \Delta H_2S = 3.42 \pm 0.1$ 和 $\Delta TCO_2 / \Delta H_2S = 3.00 \pm 0.12$ 的值都高于模型值。根据以前的数据，Dyrssen(1989)获得了 $\Delta TCO_2 / \Delta H_2S = 2.54$ 的值。这些比率也高于黑海的模型值(Goyet，Bradshaw 和 Brewer，1991)；它们都很好地与 Cariaco 海沟的理论数值达成一致(Zhang 和 Millero，1993a，1993b)。Framvaren 缺氧水域的 ΔTA 与 ΔTCO_2 的比值为 1.14，与模型值相等。Dyrssen(1989)发现了 $\Delta TA / \Delta TCO_2$ 的相同值(1.15)。这个比例高

于黑海的模型值(1. 32)。如 Dyrssen(1985)所建议的，观察到的比值和模型值之间的差异可能归因于 TA 和 TCO_2 的高值和 H_2S 的低值的组合。低 H_2S 浓度的一个可能的解释是通过形成 Fe 的硫化物除去一小部分硫化氢(Goyet，Bradshaw 和 Brewer，1991)：

$$2\ FeOOH + 3\ H_2S = FeS + FeS_2 + 4H_2O \quad (10.70)$$

而不改变 TA 和 TCO_2。Goyet、Bradshaw 和 Brewer(1991)认为，这种反应的容量必须很小，因为黑海的溶解铁浓度和循环率都很低。

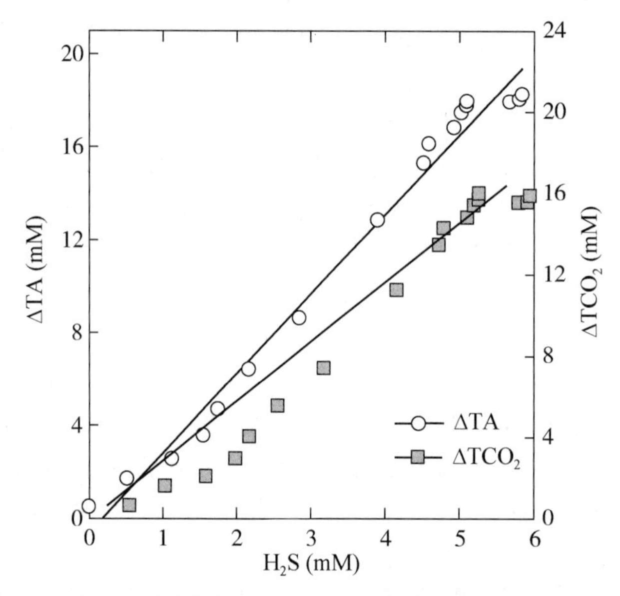

图 10. 81 TCO_2 **和** TA **的变化与** Framvaren **峡湾缺氧水域中** H_2S **浓度的关系曲线**

通过海槛的含有 O_2 的水流可能会导致在 Framvaren 深层水中的 H_2S 被除去，例如在 1850 年挖掘渠道时底层水的更新。为了保持 TA / H_2S 和 TCO_2/ H_2S 的比例相同的偏差，H_2S 的去除过程不应该改变 TA。换句话说，硫化物应当以如 FeS_2 和单质硫或多硫化物的形式水柱中除去：

$$2O_2\ H_2S + O_2 = 2S^0 + 2H_2O \quad (10.71)$$

$$(x-1)S^0 + HS^- = HS_X{}^- \quad (10.72)$$

同样，不改变 TA 和 TCO_2。如果产品是 SO_4^{2-} 而不是 S°，则碱度会降低。Millero 等(1987)发现当 O_2 过量时，H_2S 和 O_2 之间的主要反应产物为 SO_4^{2-}。在这个简单的化学理论计算中，测量 TA 和 H_2S 的实验误差，以及没有考虑到的有机酸的存在，都有可能造成差异。

1993 年 6 月计算出的表层水中的 pCO_2 为 250 μatm。这种 pCO_2 的低值主要是由于表层水的低温(15. 41 ℃)和低 CO_2 含量(875 μM，由于盐度低)造成的。如果大气中的 pCO_2 假定为 350 μatm，则 Framvaren 的表层水可作为大气层的二氧化碳的汇。

由于有机物的厌氧分解，铵开始在界面下面增加。基于该模型，NH_4^+ 对 H_2S 的曲线应该显示 0.30 的斜率。我们在 20 m 到 175 m 的实验结果的所有数据给出了相同的值，其值为 0.30(±0.01)(见图 10.82)。从 30 m 至 80 m 的数据中，我们发现 NH_4^+ / H_2S 的较低值为 0.25(±0.02)。Cariaco 海沟中的 NH_4^+ 与 H_2S 的比例(0.31；Zhang 和 Millero，1993a，1993b)与模型值一致，而黑海则较低(0.23)(见表 10.11)。由于可能去除所讨论的 H_2S，NH_4^+ 与 H_2S 的实际比率必须低于模型值。一个解释是有机物的 C：N 比高于 106∶16，详细讨论如下。

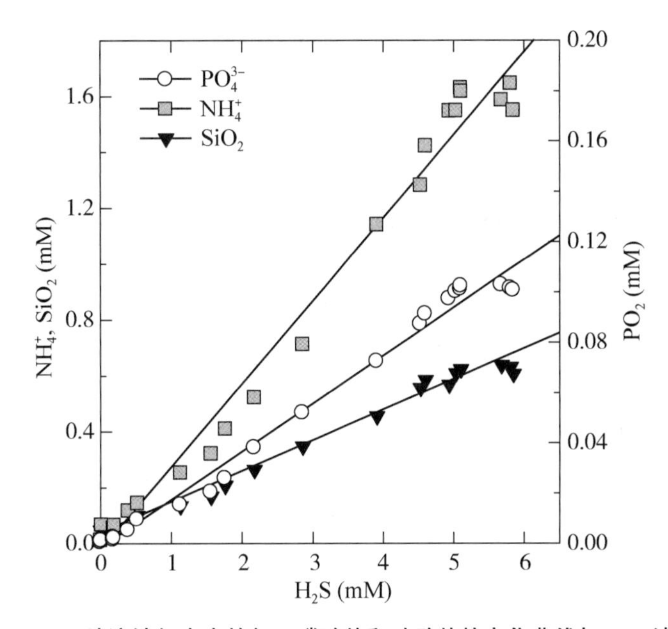

图 10.82　Framvaren 峡湾缺氧水中的氨、磷酸盐和硅酸盐的变化曲线与 H_2S 浓度的关系曲线

表 10.11　不同盆地缺氧水体中的化学计量比

盆地	TCO_2∶H_2S	TA∶H_2S	PO_4^{3-}∶H_2S	NH_4^+∶H_2S	Si∶H_2S	C∶N∶P
Framvaren	3.00	3.42	0.019	0.30	0.11	155∶16∶1
黑海	2.30	3.05	0.009	0.23	0.61	255∶25∶1
Cariaco 海沟	2.01	2.43	0.018	0.31	0.91	112∶17∶1
模型值	2.00	2.30	0.019	0.30	—	106∶16∶1

与氮相比，由于磷的氧化态简单，氧化还原反应比较简单。然而，磷酸盐可以吸收到活性 Fe 和 Mn 氢氧化物颗粒上，造成其循环效率低于 C 和 N，特别是在上层氧化沉积物中。界面下磷酸盐浓度的快速增加也是由有机物厌氧呼吸引起的。PO_4^{3-} 与 H_2S 的比值应为 0.019。我们在的实验结果对于 20～175 m 的所有数据都给出了相同的值 0.0191(±0.0004)(见图 10.82)。30～80 m 的结果相似，为 0.0188(±0.0021)。Cariaco 海沟中 PO_4^{3-} 与 H_2S 的比例(0.018；Zhang 和 Millero，1993a，1993b)与预

测值相当吻合，而黑海仅为模型值的一半(0.009)。这种在黑海中 PO_4^{3-} 的低循环效率可能部分是由于通过吸附到颗粒上去除 PO_4^{3-}。另外，当我们考虑可能去除由硫酸盐还原产生的 H_2S 时，在 Framvaren 中 PO_4^{3-} 与 H_2S 比值的测量值与模型值的一致性可能是偶然的。

Framvaren 缺氧水中硫化物和硅酸盐之间呈现线性相关性，斜率为 0.11(±0.01)(见图 10.82)，这表明硅酸盐也与硫化氢的产生成比例。由于硅依赖于硅质浮游植物的相对丰度(例如，硅藻)，Si 与 H_2S 的理论比例与生物有机物质的氧化无关。黑海和 Cariaco 沟的比例分别为 0.61 和 0.91。Framvaren 中硅酸盐的浓度与硫化物水平相比相对较低。研究者关于缺氧环境对硅酸盐溶解的影响了解甚少。

Redfield 的经典工作介绍了水生生态系统几乎平行的 C、N 和 P 变化的概念。浮游植物吸收营养盐并在有机物降解过程中释放，这些过程都按照一个简单而恒定的化学计量模式进行。Redfield 模型给出了硝酸盐：磷酸盐比为 16：1，这表明氮和磷被一起吸收进入浮游生物，并以相同的比例从分解的浮游生物中释放出来。但是，Peng 和 Broecker(1987)提出了海洋碎屑中 C：P 的比例是 127 而不是 106。根据大西洋和印度洋海洋表面的化学数据，Takahashi，Broecker 和 Langer(1985)得出，如果碳值以观测到的增加的 TCO_2 浓度计算，则 C：N：P 比值为 103：16：1，而如果碳值被假定为氧用量减去用于氧化 NH_3 的氧(即每个氮原子使用 2 摩尔的 O_2)，则 C：N：P 的比例为 140：16：1。湖泊颗粒 C：P 和 N：P 比率更为可变，但通常高于 106：16：1 的 Redfield 比率。陆地土壤和植被含丰富的高比率的 C、N、P。人们可以预测，那些受陆源输入影响的海洋环境(如盆地和峡湾)中的 C、N 和 P 可能偏离 Redfield 行为。

陆源有机物的主要输入是树叶，其 C：N 和 C：P 比值较高。这些树叶的一部分难以分解。细菌的 C：N：P 比例是未知的，细菌可能对碳通量有显著贡献。在氧层下收集的样品，NH_4^+ 的浓度和 PO_4^{3-} 浓度之间的线性相关性给出了 16.0(±0.3)的 N：P 斜率，与 Redfield 比率相同。深层缺氧水体中 TCO_2 与 NH_4^+ 的浓度曲线得到 9.6(±0.2)的 C：N 斜率(见图 10.83)，高于 6.6 的 Redfield 值。已经从 30～80 m 中发现 C：N = 10.0(±0.6)的相似值。基于从沉积物捕集器收集的悬浮物质中有机碳和氮的测量，Naes 和 Skei(1988 年)报道了沉积物中平均 C：N 比为 8。其 1993 年 6 月，表层水中的颗粒 C：N 比值约为 10(McKee 和 Skei，1999)。

在 Framvaren 的缺氧水域(20～175 m)中，TCO_2 浓度与 PO_4^{3-} 浓度的曲线图显示为 155(±2)(见图 10.83)的 C：P 斜率，远高于 Redfield 比率的 106，也高于 Peng 和 Broecker(1987)提出的海水的 127 值。这些结果表明，营养物质(N，P)显示了 Framvaren 中的 Redfield 行为，而 C：N 和 C：P 的比例较高。Dyrssen(1989)提出，通过树叶和其他陆生物质的输入可以很容易地解释碳水化合物的过量。还有人提出，浮游植物是否以不同于 106：16：1 的比例吸收 C、N 和 P，取决于这些元素的可利用度。与 N 和 P 相比，无机碳供应过剩可能导致高比值 C：N 和 C：P。

如果假设 Framvaren 中有机物质的 C：N：P 比为 155：16：1，基于所有数据的

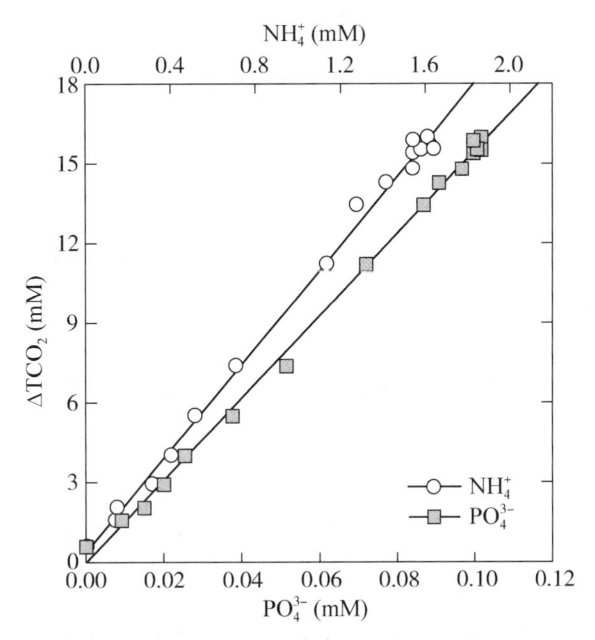

图 10.83　TCO_2 变化与氨和磷酸盐浓度变化的关系曲线

平均值(20～175 m)，方程式(10.65)可以重写为：

$$(CH_2O)_{155}(NH_3)_{16}(H_3PO_4) + 77.5\ SO_4^{2-} = 155\ HCO_3^- + 77.5\ H_2S + 16\ NH_3 + H_3PO_4 \quad (10.73)$$

C∶N 和 C∶P 比例的增加不会改变 $\Delta TCO_2/\Delta H_2S$ 的值，仍为 2.0，而 $\Delta TA/\Delta H_2S$ 的比例从 2.3 降低到 2.2。NH_4^+ 和 PO_4^{3-} 与 H_2S 的比值分别从 0.30 降低到 0.20 和 0.019 到 0.013。我们进一步假设，Framvaren 缺氧水域中的总无机碳、氨和磷酸盐，只能按照方程式(10.72)通过有机物的分解产生，没有其他显著的去除模式。由于 C、N 和 P 之间的相关性优于 C、N、P 和 H_2S 之间的相关性，这一假设得到了支持，但未得到证实。为了将测得的 NH_4^+ ∶ H_2S 和 PO_4^{3-} ∶ H_2S 比值(分别为 0.30 和 0.019)分别重新平衡至新模型值(分别为 0.20 和 0.013)，初始形成的 H_2S 应相等：

$$[H_2S]_{初始值} = (77.5/53) \times [H_2S]_{测量值}$$

换句话说，硫酸盐还原产生的大约 30% 的 H_2S 已经被去除，这与底层水中的 2.8 mM SO_4^{2-} 异常值相对应。这等于 Dyrssen(1986 年)和 Anderson、Dyrssen 和 Hall(1988 年)通过计算 SO_4^{2-} 平衡(见图 10.84)推测的估计值(底层水中约 3 mM)。如上所述，硫化物清除包括氧化、形成 FeS_2、扩散和掺入有机物的过程。

如果我们采用最初形成的 H_2S($[H_2S]_{初始值}$)替代测量值，则 TCO_2 ∶ $[H_2S]_{初始值}$ 和 TA ∶ $[H_2S]_{初始值}$ 的比率分别为 2.04 和 2.33，其接近模型值。黑海的 C∶N 比值为 10，与 Framvaren 相同。C∶P 的极高值可能是由于磷酸盐的异常行为，如前所述。黑海中较高的 C∶N 和 C∶P 比例也可能是由于陆源输入的巨大影响。Cariaco 海沟的 C∶N∶P 比例是 107∶15∶1，此海沟是含陆源输入的典型开放海洋，与 Redfield 值一致。

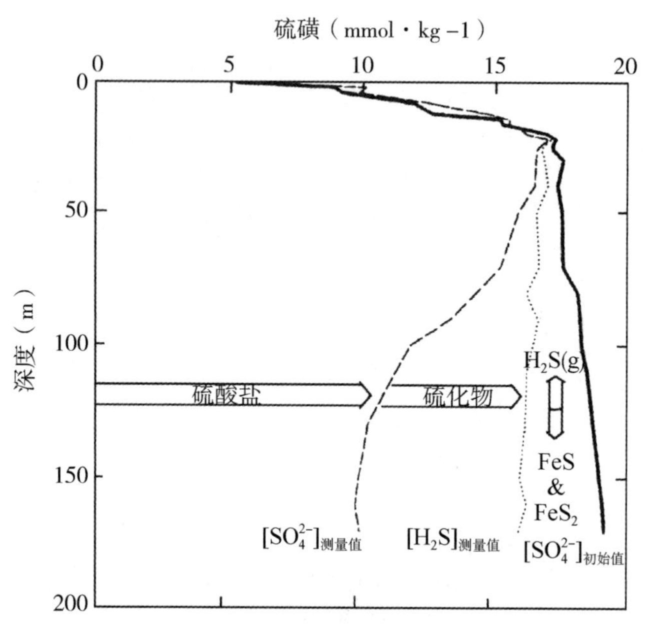

图 10. 84 Framvaren **峡湾中各种硫物质的曲线**

使用 SO_4^{2-} / S = 28. 28/35 mM 按盐度计算初始浓度。（经许可来自 Dyrssen，*Sci*. *Total Environ*.，5，199，1986.）

10. 3. 4 硫化氢在自然水体中的氧化动力学

发生在停滞的盆地（海洋、湖泊、河流和峡湾）中的 H_2S 氧化也发生在由于生物过程的沉积物的孔隙水中和由于地球化学过程在水热系统中。分子氧是最重要的，并且它是天然水中硫化氢的丰富氧化剂，其次是 MnO_2 和 Fe_2O_3。这种氧化涉及导致几种还原硫物质（即硫代硫酸盐、亚硫酸盐、元素硫和多硫化物），以及硫酸盐的形成的复杂机理。科学家在实验室和实地进行了许多关于 H_2S 氧化（Millero 等，1987；Zhang 和 Millero，1993a，1993b）和 H_2SO_3（Zhang 和 Millero，1991），以及自然水域中的 O_2 的研究。我的研究小组尝试表征产物的反应速率和分布怎样受微量金属的影响，并开发出一种动力学模型，可用于预测产品的氧化和形成速率。本节简要综述了这些研究的结果。

硫化物氧化的总速率方程式可以表示为：

$$-\mathrm{d}[H_2S]/\mathrm{d}t = k[H_2S][O_2] \tag{10.74}$$

式中，括号表示浓度。当氧气过量时，H_2S 的消失速度可以简化为：

$$-\mathrm{d}[H_2S]/\mathrm{d}t = k'[H_2S] \tag{10.75}$$

式中，$k' = k[O_2]$。在氧化过程中，ln [H_2S]与时间的关系曲线将给出一个具有 k' 斜率的直线（见图 10. 61）。在 pH 为 8. 0 时，速率常数（k，kg H_2O mol^{-1} · h^{-1}）由（T，K）显示：

$$\log k = 11.78 - (3.0 \times 10^3)/T + 0.44\ I^{1/2} \tag{10.76}$$

在 25 ℃下，发现 H_2S 与 O_2 的氧化半衰期在水中为 $t_{1/2} = \ln 2/k' = 50 \pm 16$ h，墨

西哥湾流海水为 26 ± 9 h。在水中 pH 的影响由下式给出：

$$k = (k_0 + k_1\ K_1/[H+])/(1 + K_1/[H^+]) \tag{10.77}$$

其中 $k_0 = 80$ kg H_2O $mol^{-1} \cdot h^{-1}$用于氧化 H_2S，$k_1 = 344$ kg H_2O $mol^{-1} \cdot h^{-1}$用于氧化 HS^-：

$$H_2S + O_2 \xrightarrow{k_0} 产物 \tag{10.78}$$

$$HS- + O_2 \xrightarrow{k_1} 产物 \tag{10.79}$$

K_1 的值是 H_2S 电离的解离常数。温度和离子强度对速率常数 k_0 和 k 的影响由以下给出：

$$\log\ k_0 = 9.22 - (2.4 \times 10^3)/T \tag{10.80}$$

$$\log\ k_1 = 10.50 + 0.16\ pH - (3.0 \times 10^3)/T + 0.44\ I^{1/2} \tag{10.81}$$

这些方程式从 pH = 4～8，$t = 5$～65℃，$I = 0$～6 M 有效。

H_2S 在黑海（Millero，1991c）、Framvaren 峡湾（Millero，1991a）、Chesapeake 湾（Millero，1991b）和 Cariaco 海沟（Zhang 和 Millero，1993a，1993b）的氧化实地测量，产生的速度比墨西哥湾流海水实验室确定的速度快了一半（见图 10.61）。为了确定这种增加是否源于微量金属，我们添加过渡金属测量了海水中 H_2S 的氧化速率（Vazquez，Zhang，and Millero，1989）。这些研究表明，在浓度低于 300 nM 的情况下，其速率仅受 Fe^{2+}、Cu^{2+} 和 Pb^{2+} 的影响。在较高的金属浓度下，除 Zn^{2+} 之外的所有金属，H_2S 的氧化速率增加。这些较高浓度金属速率增加的顺序为：$Fe^{2+} > Pb^{2+} > Cu^{2+} > Fe^{3+} > Cd^{2+} > Ni^{2+} > Co^{2+} > Mn^{2+}$。

只有 Fe^{2+} 和 Mn^{2+} 在缺氧盆地中具有足够高的浓度才能影响 H_2S 的氧化。金属对含氧的 H_2S 的氧化影响可以根据图 10.85 估计。

$$\log(k/k_0) = a + b\ \log[M] \tag{10.82}$$

式中，

对于 Fe(II)，$a = 6.55$，$b = 0.820$；

对于 Fe(III)，$a = 5.18$，$b = 0.717$；

对于 Mn(II)，$a = 1.68$，$b = 0.284$。

这些方程式分别适用于 10^{-8}～$10^{-5.3}$，$10^{-7.2}$～$10^{-3.3}$，$10^{-5.9}$～$10^{-3.3}$ M。

Fe^{2+} 具有较大影响，可能与 Fe^{2+} 与氧的快速氧化形成溶解的 Fe^{3+} 有关。Fe^{2+} 的氧化提供比从 Fe^{3+} 的溶液现存值增加了 Fe^{3+} 初始浓度（可能是局部过饱和的）。由 Fe^{2+} 氧化产生的过氧化物，也可以提高速率，因为硫化物反应更有比氧气具有更高的氧化速率。

$$O_2^- + H^+ = HO_2 \tag{10.83}$$

$$HO_2 + HO_2 = H_2O_2 + O_2 \tag{10.84}$$

由溶解或颗粒状 Fe^{3+} 反应形成的 Fe^{2+} 可以再生 Fe^{2+} 以完成催化循环。Fe^{3+} 对低浓度速率的影响可能与含 HS 的 Fe^{2+} 至 Fe^{3+} 的还原和 Fe^{2+} 的合成氧化以及 O_2 的产生有关。金属对 H_2S 氧化速率的影响低于金属硫化物沉淀的生产（可能是缓慢的过

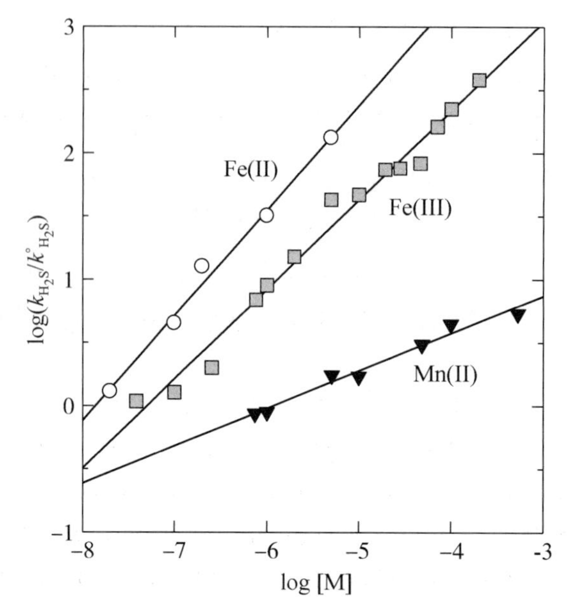

图 10.85　Fe 和 Mn 对海水在 25 ℃和 pH 为 8.1 下 H_2S 氧化的影响

程）可归因于离子对的形成：

$$M^{2+} + HS^- \rightarrow MHS^+ \quad (10.85)$$

总体速率常数由下式给出：

$$k[HS^-]_T = K_{HS}[HS^-] + k_{MHS}[MHS^+] \quad (10.86)$$

其中 k_{HS}和 k_{MHS}分别是 HS^- 和 MHS^+ 的氧化速率常数。如果 k_{MHS}大于 k_{HS}，则可以通过添加金属来增加速率。

自然水体中 Fe 和 Mn 的存在不仅增加了硫化物的氧化速率，而且还可以对中间体如亚硫酸盐的氧化产生影响。这可以改变在氧化期间形成的产物的分布。

硫化物的最终产物是硫酸盐，这是氧化态最高的硫化合物和含氧水中最稳定的化合物。也可以在反应过程中形成各种中间体，如亚硫酸盐和硫代硫酸盐。科学家研究了在海水中 H_2S 氧化形成的产物与 pH、温度、盐度和反应物浓度的函数关系。为了研究氧化过程中硫化合物的质量平衡，在纯水中进行实验，其中通过离子色谱技术测量氧化形成的 SO_4^{2-}（见图 10.86），形成的主要产物有 SO_4^{2-}、SO_3^{2-} 和 $S_2O_3^{2-}$。

通过光谱技术没有发现单质硫或多硫化物。产物和反应物的总硫当量是不变的，结果显示 SO_4^{2-}、SO_3^{2-} 和 $S_2O_3^{2-}$ 是主要产物。H_2S 在海水中氧化产物的分布与水中的结果相似（见图 10.86）。

在初始滞后期，硫代硫酸盐的浓度在整个反应中缓慢增加。这表明硫代硫酸盐不是氧化的初始产物。在不存在细菌的情况下，硫代硫酸盐是一种稳定的产物，在 80 小时内几乎不发生氧化。科学家还对 pH 值对产物分布的影响进行了研究，结果归结于单个反应步骤的速率变化。同时研究了金属（Fe^{2+}，Fe^{3+}，Mn^{2+}，Cu^{2+} 和 Pb^{2+}）和固体（FeOOH 和 MnO_2）对产物分布的影响。在 Cariaco 海沟水域（350 nM Fe^{2+}）的

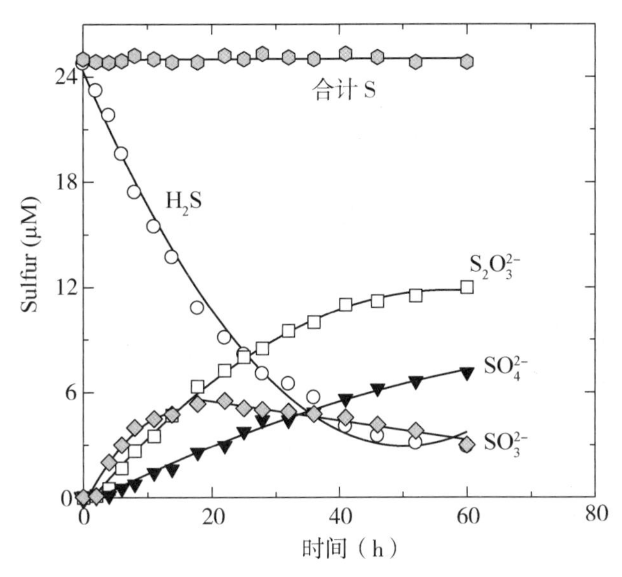

图10.86 在 H_2S 在50 ℃和pH为8.2的水中氧化期间形成各种硫物质
（按模型计算平滑曲线）

氧化过程中形成的中间体清楚地表明，金属不仅增加了 H_2S 的氧化速率，而且改变了产物的分布。

基于反应物（硫化物和氧气）和产物（亚硫酸盐、硫代硫酸盐和硫酸盐）的浓度－时间依赖性，确定了动力学模型。通过将模型预测与反应物和产物的实验测量进行比较来评估模型的有效性。在低浓度下，用 O_2 表示 HS^- 的总体氧化：

$$H_2S + O_2 \xrightarrow{k_1} \text{产物}(SO_3) \tag{10.87}$$

$$H_2SO_3 + O_2 \xrightarrow{k_2} \text{产物}(SO_4) \tag{10.88}$$

$$H_2S + H_2SO_3 + O_2 \xrightarrow{k_3} \text{产物}(S_2O_3) \tag{10.89}$$

H_2S，SO_3^{2-}，$S_2O_3^{2-}$ 和 SO_4^{2-} 的总速率方程式由下式给出：

$$d[H_2S]/dt = -k_1[H_2S][O_2] - k_3[H_2S][SO_3^{2-}][O_2] \tag{10.90}$$

$$d[SO_3^{2-}]/dt = k_1[H_2S][O_2] - k_2[SO_3^{2-}]^2[O_2]^{1/2} - k_3[H_2S][SO_3^{2-}][O_2] \tag{10.91}$$

$$d[S_2O_3^{2-}]/dt = k_3[H_2S][SO_3^{2-}][O_2] \tag{10.92}$$

$$d[SO_4^{2-}]/dt = k_2[SO_3^{2-}]^2[O_2]^{1/2} \tag{10.93}$$

式中 $[i]$ 是 i 的总浓度。

这些速率方程式已经被同时整合，以使用所有反应物和产物的实验时间依赖性浓度来评估 k_1、k_2 和 k_3 的值。人们发现实验测定的 H_2S，SO_3^{2-}，$S_2O_3^{2-}$ 和 SO_4^{2-} 的浓度与80小时反应时间的模型预测非常一致（见图10.87）。拟合数据所需的海水中 k_2 值略小于我们以前研究中确定的值，特别是在较高的温度下。这可能是因为硫化物的存在抑制了亚硫酸盐的氧化。以前的观察结果支持了这一发现，认为在 H_2S 存在的情况下，亚硫酸盐在海水中比根据其氧化速率预测的情形更稳定。

k_1、k_2 和 k_3 的值与盐度（S）和温度（T，K）的函数关系如下列方程式所示（pH =

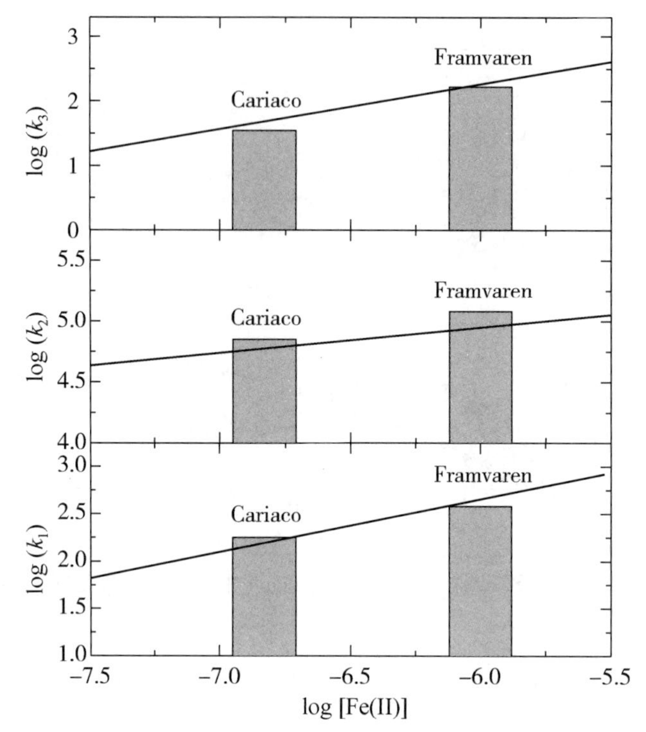

图 10.87　比较在 Cariaco 海沟和 Framvaren 峡湾中 $H_2S(k_1)$和 $H_2SO_3(k_2)$的氧化速率常数和 $S_2O_3(k_3)$的形成以及在相同 Fe 含量下生成的速率常数

（线条是在不同浓度的 Fe(II)下从实验室测量预测的速率常数）

8.2)：

$$\ln k_1 = 26.90 + 0.0322\ S - 8123.21/T \tag{10.94}$$

$$\ln k_2 = 14.91 + 0.0524\ S - 1764.68/T \tag{10.95}$$

$$\ln k_3 = 28.92 + 0.0369\ S - 8032.68/T \tag{10.96}$$

这些方程式对于盐度和温度范围广泛的河口和海水都应有效。该动力学模型可用于预测含有低浓度微量金属的天然水中硫化物的氧化产物分布。模型和观察到的反应产物分布之间的一致性并没有提供确凿的证据，即整个模型的反应路径实际上描述了发生的一系列元素反应。详细的机制可能涉及许多基元反应步骤。

关于硫化氢的氧化速率、金属的影响以及形成的中间体，科学家已经在许多天然缺氧盆地，如黑海、Cariaco 海沟、切萨皮克湾和 Framvaren 峡湾进行了研究。人们发现 H_2S 的氧化速率的现场测量值(见图 10.86)与那些在 Fe^{2+} 相同浓度的实验室研究估计的非常一致。在大多数缺氧环境中，Fe^{2+} 的含量足够高，以增加 H_2S 的氧化速率。科学家利用动力学模型来分析在 Framvaren 峡湾和 Cariaco 海沟氧化期间形成的产物(SO_3^{2-}，$S_2O_3^{2-}$，SO_4^{2-})的分布。对这些水域估计的 SO_3^{2-}(k_1)，SO_4^{2-}(k_2)和 $S_2O_3^{2-}$(k_3)的生产速率常数与同样水平的 Fe^{2+} 的预测值合理一致。

Framvaren 峡湾和 Cariaco 海沟估算的 k_2 值略高于预测值。这可能归因于我们估计这些水域中铁的浓度和存在形式的错误。在所有未来的动力学研究中，应该对缺氧水中的铁和锰进行直接测量，以避免这个问题。仅基于铁的浓度的估计也可能导致一些错误。在 Cariaco 海沟和 Framvaren 峡湾，好氧 - 缺氧界面下的 Mn^{2+} 的浓度分别为 0.5 μM 和 15 μM。此 Mn^{2+} 来自含氧 - 缺氧界面以上的 MnO_2 沉降的还原反应。当 Mn^{2+} 扩散到有氧层时，会发生 Mn^{2+} 向 MnO_2 的再氧化。Mn^{2+} 和 MnO_2 之间的这种锰循环是含氧 - 缺氧界面的重要特征，并且可能影响该区域产物的分布。在 Framvaren 中氧化期间形成的产物（$S_2O_3^{2-}$，SO_3^{2-} 和 SO_4^{2-}）也已经被测定并用于确定 k_1，k_2 和 k_3（表 10.12）。测量结果在图 10.86 中进行比较，以及在相同的 Fe 水平的估计值，一致性非常好。

表 10.12 不同水域硫化氢氧化速率常数比较

常数	速率墨西哥湾流	Cariaco 海沟		
		表层	混合	深层
k_1	1.7	3.1	18.4	36.3
k_2	48 000.0	48 000.0	72 000.0	240 000.0
k_3	30.0	15.0	180.0	360.0

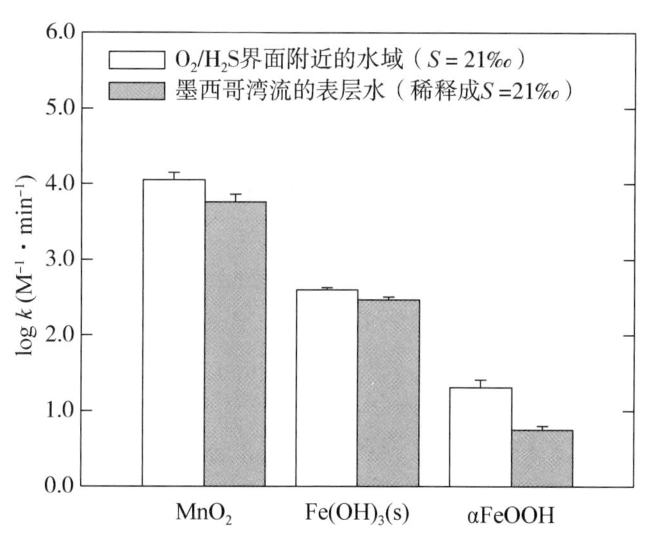

图 10.88 Framvaren 峡湾中和实验室测量的 Mn(IV) 和 Fe(III)(hydr) 氧化物的 H_2S 氧化速率比较

Yao 和 Millero（1995）研究了在缺氧 - 含氧界面之上发生的 Fe^{2+} 和 Mn^{2+} 的氧化产物如何氧化硫化氢，并在缺氧水中如何完成这些金属的氧化还原循环（见图 10.87）。这些反应由于它们发生在氧化物矿物的表面而复杂得多。确定界面附近水域（- 21 m）中 Mn(IV) 和 Fe(III)(hydr) 氧化物的 H_2S 氧化速率，并将其与在实验室中墨西哥湾流域表层水中（见图 10.88）获得的值进行比较，一致性非常好。在该领域观察到的略高的氧化速率可能与界面附近的微生物活性有关。

参考文献

光化学

Biel ski, B. H. J., Re-evaluation of the spectra and kinetics properties of HO_2 and O_2-free radicals, Photo hem. Photobiol. 38, 450(1978).

Heltz, G. R., Zepp, R. G., and Crosby, D. G., Aquatic and Surface Photochemistry, Lewis, Boca Raton, FL (1994).

King, D. W., Lounsbury, H. A., and Millero, F. J., Rates and mechanism of Fe (II) oxidation at nanomolar total iron concentrations, Environ. Sci. Technol, 29, 818 (1995).

Millero, F. J., Estimate of the life time of superoxide in seawater, Geochim. Cosmo him. Acta, 51, 351 (1987).

Moffett J. W., and Zafiriou, O. C., An investigation of hydrogen peroxide chemistry in surface waters of Vineyard Sound with $H_2^{18}O_2$ and Limnol. Oceanogr., 35, 1221 (1990).

Moffett, J. W., and Zika, R. G., Measurement of copper (I) in surface waters of the subtropical Atlantic and Gulf of Mexico, Geochim. Cosmo him. Acta, 52, 1849 (1988).

Mopper, K., and Zhou, Z., Hydroxyl radical photo production in the sea and its potential impact on marine processes, Science, 250, 661 (1990).

Palenik, B., and Morel, F. F. M., Dark production of H_2O_2 in the Sargasso Sea, Limnol Oceanogr., 33, 1606 (1988).

Petasne, R. G., and Zika, R. G., Fate of superoxide in coastal waters, Nature, 325, 516 (1988).

Rush, J. D., and Biel ski, B. H. J., Pulse radiolysis studies of the reactions of HO_2/O_2^- with ferric ions and its implication on the occurrence of the Haber-Weiss reaction, /. Phys. Chem., 89, 5062 (1985).

Sharma, V. K., and Millero, F. J., Oxidation of copper (I) in seawater, Environ. Sci. Technol., 22, 768 (1988).

True, M., and Zafiriou, O. C., Reaction of Br_2 by flash photolysis of seawater, in Photochemistry of Environmental Aquatic System, ACS Symp. Ser. 327, ACS, Washington, DC, pp. 166 - 170 (1987).

Zafiriou, O. C., Natural water photochemistry, Chapter 48, Chemical Oceanography, Vol. 8, 2nd ed., Riley, J. P., and Chester, R., Eds., Academic Press, New York, 339 - 379 (1983).

Zafiriou, O. C. , Chemistry of superoxide ion-radical (O_2^-) in seawater. I. pK_{ASW}^* (HOO) and unanalyzed dismutation kinetics studied by pulse radiolysis, Mar. Chem. , 30, 31 (1990).

Zika, R. G. Marine organic photochemistry, in Marine Organic Chemistry, Duursma, E. K. , and Dawson, R. , Eds. , Elsevier, Amsterdam, The Netherlands, 299 – 325 (1981).

Zika, R. G. , and Cooper, W. J. , Photochemistry of Environmental Aquatic Systems, ACS Symp. Ser. 327, ACS, Washington, DC (1987).

Zika, R. G. , et al. , H_2O_2 levels in rainwater collected in South Florida and the Bahamas Islands, /. Geophys. Res. , 87, 5015 (1982).

Zika, R. G. , Saltzman, E. , and Cooper, W. J. , Hydrogen peroxide concentrations in the Peru upwelling area, Mar. Chem. , 17, 265 (1985).

热液喷口

Bonatti, E. , and Joensuu, O. , Deep sea iron deposits from the South Pacific, Science, 154, 643 (1966).

Bostrom, K. , and Peterson, M. N. A. , Precipitates from hydrothermal exhalations on the East Pacific rise, Econ. Geol. , 61, 1258 – 1265 (1966).

Childress, J. J. , Ed. , Hydrothermal vents (special issue), Deep-Sea Res. , 35, (1988).

Coale, K. H. , Chin, C. S. , Massoth, G. J. , Johnson, K. S. , and Baker, E. T. , In situ chemical mapping of dissolved iron and manganese in hydrothermal plumes, Nature, 352, 325 (1991).

Foustoukos, D. I. , and Seyfried, W. E. , Jr. , Hydrocarbons in hydrothermal vent fluids: the role of chromium-bearing catalysts, Science, 304, 1002 (2004).

German, C. R. , et al. , Hydrothermal scavenging at the Mid-Atlantic Ridge: modification of trace element dissolved fluxes, Earth Planet Sci. Lett. , 107, 101 (1991).

Johnson, K. S. , Beehler, C. L. , and Sakamoto-Arnold, C. M. , A submersible flow analysis system, Anal. Chim. Acta, 179, 245 (1986).

Jones, E. J. W. , Sea-floor spreading and the evolution of the ocean basins, Chapter 35, Chemical Oceanography, Vol. 7, 2nd ed. , Riley, J. P. , and Chester, R. , Eds. , Academic Press, New York, 1 – 74 (1978).

Karl, D. M. , Ed. , the Microbiology of Deep-Sea Hydrothermal Vents, CRC Press, Boca Raton, FL (1995).

Noble, A. E. , et al. , Basin-scale inputs of cobalt, iron, and manganese from the Benguela-Angola front to the South Atlantic Ocean, Limnol. Oceanogr. , 57,

989 - 1010 (2012).

Rona, P. A., Bostrom, K., Lanbier, L., and Smith, K. L., Jr., Hydrothermal Processes at Seafloor Spreading Centers, NATO Conf. Ser. IV, Mar. Sci., Plenum Press, New York (1983).

Thompson, G., Hydothermal fluxes in the oceans, Chapter 47, Chemical Oceanography, Vol. 8, 2nd ed., Riley, J. P., and Chester, R., Eds., Academic Press, New York, 272 - 337 (1983).

缺氧盆地

Broecker, W. S., and Peng, T. H., Tracers in the Sea, ELDIGO Press, New York (1982).

Deuser, W. G., Reducing environments, Chapter 16, Chemical Oceanography, Vol. 3, 2nd ed., Riley, J. P., and Skirrow, G., Eds., Academic Press, New York, 1 - 37 (1975).

Edmond, J. M., Measures, C, Mangum, B, Grant, B., Sclater, F. R., Collier, R., Hudson, A., Gordon, L. I., and Corliss, J. B. On the formation of metal-rich deposits at ridge crests, Earth Planet. Sci. Ltrs, 46, 1 - 8 (1979 b).

Edmond, J. M., Measures, C., McDuff, R. E., Chan, L. H., Collier, R., Grant, B. Gordon, L. I., and Corliss, J. B. Ridgecrest hydrothermal activity and the balances of the major and minor elements in the ocean: The Galapagos data, Earth Planet. Sci Ltrs, 46, 1 - 8 (1979 a).

Friederich, G. E., et al., Tech. Rept. No. 90 - 3. Monterey Bay Aquarium Research Institute (1988).

Grasshoff, K., The hydrochemistry of landlocked basins and fjords, Chapter 15, Chemical Oceanography, Vol. 2, 2nd ed., Riley, J. P., and Skirrow, G., Eds., Academic Press, New York, 456 - 597 (1975).

Richards, F. A., Anoxic basins and fjords, Chapter 13, Chemical Oceanography, Vol. 1, Riley, J. P., and Skirrow, G., Eds., Academic Press, New York, 611 - 645 (1965).

黑海

Dyrssen, D., Some calculations on Black Sea chemical data, Chemical Scripta, 5, 199 (1985).

Goyet, C., Bradshaw, A. L., and Brewer, P. G., The carbonate system in the Black Sea, Deep-Sea Res. A, 38, S 1049 (1991).

Grasshoff, K., The hydrochemistry of landlocked basins and fjords, Chapter 15,

Chemical Oceanography, Vol. 2, 2nd ed., Riley, J. P., and Skirrow, G., Eds., Academic Press, New York, 456 - 597 (1975).

Haraldsson, C., and Westerlund, S., Trace metals in the water columns of the Black Sea and Framvaren Fjord, Mar. Chem., 23, 417 (1988).

Hiscock, W., and Millero, F. J., Alkalinity of the anoxic waters in the Western Black Sea, Deep-Sea Res. II, 53, 1787 - 1801 (2006).

Izdar, E., and Murray, J., Eds., Black Sea Oceanography, NATO ASI SERIES, Kluwer Academic, Dordrecht, the Netherlands (1991).

Millero, F. J., The oxidation of H_2S in Black Sea waters, Deep-Sea Res., 38, S 1139 (1991).

Murray, J. M., Codispoti, L. A., and Friederich, G. E., Oxidation-reduction environments: the suboxic zone in the Black Sea, in Aquatic Chemistry; Interfacial and Interspecies Processes, Huang, C. P., O'Melia, C. R., and Morgan, J. J., Eds., Adv. Chem. Ser. 244, Am. Chem. Soc., New York, 157 - 176 (1995).

Schijf, J., De Baar, H. J. W., Wijbrans, J. R., and Landing, W. M., Dissolved rare earths in the Black Sea, Deep-Sea Res., 38, 805 (1991).

Cariaco 海沟

Bacon, M. P., Brewer, P. G., Spencer, D. W., Murray, J. W., and Goddard, J., Lead-210, poloniurn-210, manganese and ion in the Cariaco Trench, Deep-Sea Res., 27, 119 (1980).

Farming, K. A., and Pilson, M. E. O., A model for the anoxic zone of the Cariaco Trench, Deep-Sea Res., 19, 847 (1972).

Flolmen, K. J., and Rooth, C. G. H., Ventilation of the Cariaco Trench, a case of multiple source competition? Deep-Sea Res., 37, 203 (1991).

Hughen, K., Over peck, J. T., Peterson, L. C., and Anderson, R. F., The nature of varved sedimentation in the Cariaco Basin, Venezuela, and its paleo climatic significance, in Palaeoclirnatology and Paleoceanography from Laminated Sediments, Kemp, A. E. S., Ed., Geol. Soc. Special Publ., 116, 171 - 183 (1996).

Scranton, M. I., Scales, F. L., Bacon, M. P., and Brewer, P. G., Temporal changes in the hydrography and chemistry of the Cariaco Trench, Deep-Sea Res., 34, 945 (1987).

Zhang, J.-Z., and Millero, F. J., The chemistry of the anoxic waters in the Cariaco Trench, Deep-Sea Res., 40, 1023 (1993).

Framvaren 峡湾

Anderson, L. G., Dyrssen, D., and Hall, P. O. J., on the sulfur chemistry of a super-anoxic fjord, Framvaren, South Norway, Mar. Chem., 23, 283 (1988).

Brewer, P. G., and Murray, J. M., Carbon, nitrogen and phosphorus in the Black Sea, Deep-Sea Res., 20, 803 (1973).

Dyrssen, D., Stagnant sulphidic basin waters, Sci. Total Environ., 5, 199 (1986).

Dyrssen, D., Biogenic sulfur in two different marine environments, Mar. Chem., 28, 241 (1989).

Dyrssen, D., Hall, P., Haraldsson, C., Iverfeldt, A., and Westerlund, S., Trace metal concentrations in the anoxic bottom water of Framvaren, in Complexation of Trace Metals in Natural Waters, Kramer, C. J. M., and Duinker, J. C., Eds., Martinus Nijhoff/W. Junk, The Hague, 239-245 (1984).

Grasshoff, K., The hydrochemistry of landlocked basins and fjords, Chapter 15, Chemical Oceanography, Vol. 2, 2nd ed., Riley, J. P., and Skirrow, G., Eds., Academic Press, New York, 456-597 (1975).

Haraldsson, C., and Westerlund, S., Trace metals in the water columns of the Black Sea and Framvaren Fjord, Mar. Chem., 23, 417 (1988).

Jàcobs, L., Emerson, S., and Skei, J. M., Partitioning and transport of metals across the O_2/H_2S interface in a permanently anoxic basin: Framvaren Fjord, Norway, Geochim. Cosmo him. Acta, 49, 1433 (1985).

Landing, W. M., and Westerlund, S., The solution chemistry of iron (II) in Framvaren Fjord, Mar. Chem., 23, 329 (1988).

McKee, B., and Skei, J. M., Framvaren Fjord as a natural laboratory for examining biogeochemical processes in anoxic environments., Mar. Chem., 67, 147 (1999).

Millero, F. J., The oxidation of H_2S in Framvaren Fjord, Limnol. Oceanogr., 36, 1007 (1991).

Naes, K., and Skei, J. M., Total particulate and organic fluxes in anoxic Framvaren waters, Mar. Chem., 23, 257 (1988).

Redfield, A. C., Ketchum, B. H., and Richards, F. A., The influence of organisms on the composition of seawater, in The Sea, Vol. 2, Hill, M. N., Ed., Interscience, New York, 26-77 (1963).

Skei, J. M., Geochemical and Sedimentological Considerations of a Permanent Anoxic Fjord-South Norway, Data Report 1931-1985, Norwegian Institute for Water Research, Oslo, Norway (1983).

Skei, J. M., Formation of framboidal iron sulfide in the water of a permanently anoxic fjord-Framvaren, south Norway, Mar. Chem., 23, 345 (1988a).

Skei, J. M., Framvaren-environmental setting, Mar. Chem., 23, 209 (1988 b).

Sorensen, K., The distribution and biomass of phytoplankton and phototrophic bacteria in Framvaren, a permanently anoxic fjord in Norway, Mar. Chem., 23, 229 (1988).

Takahashi, T., Broecker, W. S., and Langer, S., Redfield ratio based on chemical data from isopycnal surfaces, J. Geophys. Res., 90, 6907 (1985).

Wangerski, P. J., Ed., Framvaren Fjord (special issue), Mar. Chem., 23 (1988).

Yao, W., and Millero, F. J., The chemistry of the anoxic waters in the Framvaren Fjord, Norway, Aquatic Geochem., 1, 53-88 (1995).

硫化氢在天然水中的氧化动力学

Millero, F. J., The thermodynamics and kinetics of the hydrogen sulfide system in natural waters, Mar. Chem., 18, 121 (1986).

Millero, F. J., The oxidation of H_2S in Black Sea waters, Deep-Sea Res., 38, S 1139 (1991 a).

Millero, F. J., The oxidation of H_2S in Chesapeake Bay, Estuarine, Coastal Shelf Sci., 33, 21 (1991 b).

Millero, F. J., The oxidation of H_2S in Framvaren Fjord, Limnol. Oceanogr., 36, 1007 (1991c).

Millero, F. J., and Hershey, J. P., Thermodynamics and kinetics of hydrogen sulfide in natural waters, in Biogenic Sulfur in the Environment, Saltzman, E., and Cooper, W. J., Eds., ACS Press, Washington, DC, 282-313 (1989).

Millero, F. J., Hu binger, S., Fernandez, M., and Garnett, S., The oxidation of H_2S in seawater as a function of temperature, pH and ionic strength, Environ. Sci. Technol., 21, 439 (1987).

Peng, T. H., and Broecker, W. S., C/P ratios in marine detritus, Global Biogeochemist. Cycles, 1, 155 (1987).

Vazquez, F., Zhang, J.-Z., and Millero, F. J., Effect of trace metals on the oxidation rates of H_2S in seawater, Geophys. Res. Lett., 16, 1363 (1989).

Yao, W., and Millero, F. J., The rate of sulfide oxidation by 8 MnO_2 in seawater, Geochim. Cosmo him. Acta, 57, 3359 (1993).

Yao, W., and Millero, F. J., Oxidation of hydrogen sulfide by Mn(IV) and Fe(III) (hydr)oxides in seawater, Chapter 14, Geochemical Transformation of Sedimentary Sulfur, Vairavamurthy, M. A., and Schooner, M. A., Eds., ACS Press, Washington, DC, 260-279 (1995).

Zhang, J.-Z., and Millero, F. J., The rate of sulfite oxidation in seawater, Geochim. Cosmo him. Acta, 55, 677 (1991).

Zhang, J. -Z. , and Millero, F. J. , The chemistry of the anoxic waters in the Cariaco Trench, Deep-Sea Res. , 40, 1023 (1993 a).

Zhang, J. -Z. , and Millero, F. J. , The products from the oxidation of H_2S in seawater, Geochim. Cosmo him. Acta, 57, 1705 (1993 b).

附　　录

附录 1　元素的原子量(基于$^{12}C = 12.000$)

原子序数	名称	符号	原子量	原子序数	名称	符号	原子量
1	氢	H	1.0079	27	钴	Co	58.933
2	氦	He	4.0026	28	镍	Ni	58.693
3	锂	Li	6.941	29	铜	Cu	63.546
4	铍	Be	9.0122	30	锌	Zn	65.392
5	硼	B	10.811	31	镓	Ga	69.723
6	碳	C	12.011	32	锗	Ge	72.612
7	氮	N	14.007	33	砷	As	74.922
8	氧	O	15.999	34	硒	Se	78.963
9	氟	F	18.998	35	溴	Br	79.904
10	氖	Ne	20.180	36	氪	Kr	83.80
11	钠	Na	22.990	37	铷	Rb	85.468
12	镁	Mg	24.305	38	锶	Sr	87.52
13	铝	Al	26.982	39	钇	Y	88.906
14	硅	Si	28.086	40	锆	Zr	91.224
15	磷	P	30.974	41	铌	Nb	92.906
16	硫	S	32.066	42	钼	Mo	95.94
17	氯	Cl	35.453	43	锝	Tc	98.906
18	氩	Ar	39.948	44	钌	Ru	101.07
19	钾	K	39.098	45	铑	Rh	102.91
20	钙	Ca	40.078	46	钯	Pd	106.42
21	钪	Sc	44.956	47	银	Ag	107.87
22	钛	Ti	47.867	48	镉	Cd	112.41
23	钒	V	50.942	49	铟	In	114.82
24	铬	Cr	51.996	50	锡	Sn	118.71
25	锰	Mn	54.938	51	锑	Sb	121.76
26	铁	Fe	55.845	52	碲	Te	127.60

续上表

原子序数	名称	符号	原子量	原子序数	名称	符号	原子量
53	碘	I	126.90	79	金	Au	196.97
54	氙	Xe	131.29	80	汞	Hg	200.59
55	铯	Cs	132.91	81	铊	Tl	204.38
56	钡	Ba	137.33	82	铅	Pb	207.20
57	镧	La	138.91	83	铋	Bi	208.98
58	铈	Ce	140.12	84	钋	Po	209.98
59	镨	Pr	140.91	85	砹	At	209.99
60	钕	Nd	144.24	86	氡	Rn	222.02
61	钷	Pm	146.92	87	钫	Fr	223.02
62	钐	Sm	150.36	88	镭	Ra	226.03
63	铕	Eu	151.96	89	锕	Ac	227.03
64	钆	Gd	157.25	90	钍	Th	232.04
65	铽	Tb	158.93	91	镤	Pa	231.04
66	镝	Dy	162.50	92	铀	U	238.03
67	钬	Ho	164.93	93	镎	Np	237.05
68	铒	Er	167.26	94	钚	Pu	239.05
69	铥	Tm	168.93	95	镅	Am	241.06
70	镱	Yb	173.04	96	锔	Cm	244.06
71	镏	Lu	174.97	97	锫	Bk	249.08
72	铪	Hf	178.49	98	锎	Cf	251.07
73	钽	Ta	180.95	99	锿	Es	252.08
74	钨	W	183.84	100	镄	Fm	257.10
75	铼	Re	186.21	101	钔	Md	258.10
76	锇	Os	190.23	102	锘	No	259.10
77	铱	Ir	192.22	103	铹	Lr	262.11
78	铂	Pt	195.08				

附录 2　有用的物理常数

符号	名称	值
F	法拉第常数	96 494 C/mol 或 23 062 cal/(volt · eq)
R	气体常数	8. 314 5 J/(mol · K)或 82. 060 cm^3 · atm/mol
N_0	阿伏加德罗数	6. 023 × 10^{23} /mol
k	波尔兹曼常数	1. 380 45 × 10^{-16} erg/deg
e	静电荷	4. 802 9 × 10^{-10} esu 或 1. 602 06 × 10^{-19} C
h	普朗克氏常数	6. 625 2 × 10^{-27} erg/s
c	光速	2. 997 9 × 10^{10} cm/s
g	标准重力加速度	980. 665 cm/s^2
atm	标准大气压	1. 013 25 × 10^5 Pa
bar	一巴	10^5 Pa
cal	卡路里	4. 184 J

能量转换因子：1 cal/mol；4. 184 J/mol；41. 292 cm^3 · atm/mol；4. 336 1 × 10^{-5} ev；6. 946 5 × 10^{-17} erg/mol；1 J/mol；0. 239 01 cal/mol；9. 869 2 cm^3 · atm/mol。

附录 3　一个大气压下海水体积特性($S = 35$)

温度(℃)	ρ (g/cm)	v (m^3/kg)	$10^6\alpha$ (bar^{-1})	$10^6\beta$ (bar^{-1})	$10^6\beta_s$ (bar^{-1})
0	1. 028 103	972. 665	53. 49	46. 341	46. 322
5	1. 027 673	973. 072	113. 43	45. 075	44. 988
10	1. 026 950	973. 757	166. 38	44. 061	43. 869
15	1. 025 971	974. 687	213. 90	43. 254	42. 932
20	1. 024 761	975. 837	257. 14	42. 624	42. 150
25	1. 023 342	977. 190	296. 93	42. 145	41. 502
30	1. 021 729	978. 733	333. 93	41. 797	40. 969
35	1. 019 936	980. 453	368. 62	41. 565	40. 539
40	1. 017 974	982. 343	401. 36	41. 437	40. 199

附录 4 压力对海水体积性能的影响($S=35$)

压力(b)	0 ℃			25 ℃		
	v (m^3/kg)	$10^6\alpha$ (deg^{-1})	$10^6\beta$ (bar^{-1})	v (m^3/kg)	$10^6\alpha$ (deg^{-1})	$10^6\beta$ (bar^{-1})
0	972.662	52.55	46.334	977.189	296.98	42.147
100	968.224	79.90	45.128	973.129	305.07	41.132
200	963.921	105.81	43.962	969.182	312.86	40.157
300	959.748	130.30	42.835	965.344	320.36	39.220
400	955.698	153.38	41.746	961.609	327.57	38.318
500	951.767	175.08	40.692	957.973	334.50	37.451
600	947.950	195.40	39.673	954.432	341.15	36.615
700	944.244	214.36	38.686	950.982	347.52	35.811
800	940.643	231.99	37.731	947.620	353.62	35.035
900	937.144	248.30	36.806	944.341	359.46	34.288
1000	933.743	263.31	35.910	941.143	365.04	33.566

附录 5 一个大气下海水的热化学性质($S=35$)

温度(℃)	C_p(J/g·k)	C_v(J/g·k)	$10^3 h$ (J/g)	$-g$ (J/g)	$10^6 s$ (J/g·k)
0	3.999 6	3.997 9	−30.59	5.01	1.718
5	3.993 2	3.986 2	−17.18	5.10	1.735
10	3.990 6	3.973 6	−4.73	5.19	1.815
15	3.990 6	3.959 3	6.88	5.28	1.858
20	3.992 1	3.947 6	17.86	5.37	1.897
25	3.994 5	3.934 9	28.30	5.47	1.933
30	3.997 3	3.917 7	38.42	5.57	1.968
35	4.000 2	3.900 8	48.35	5.66	2.001
40	4.003 1	3.882 1	58.27	5.76	2.035

注：C_p = 恒压下的比热容；C_v = 恒定体积的比热容；h = 比焓；g = 比自由能；s = 比熵。

附录 6　一个大气压的海水综合性能($S=35$)

盐度	$-T_f$(℃)	温度(℃)	φ	a	P(mmHg)	π(bar)
0	0	0	0.892 5	0.981 5	4.496	23.54
5	0.274	5	0.895 4	0.981 4	6.419	24.05
10	0.542	10	0.897 8	0.981 4	9.036	24.54
15	0.811	15	0.899 6	0.981 4	12.551	25.02
20	1.083	20	0.900 9	0.981 3	17.213	25.46
25	1.358	25	0.901 7	0.981 3	23.323	25.90
30	1.637	30	0.902 3	0.981 3	31.245	26.31
35	1.922	35	0.902 5	0.981 3	41.412	26.70
40	2.211	40	0.902 5	0.981 3	54.329	27.09

注：T_f = 凝固点；φ = 渗透系数；a = 水的活度；p = 蒸汽压；π = 渗透压。

彩 图

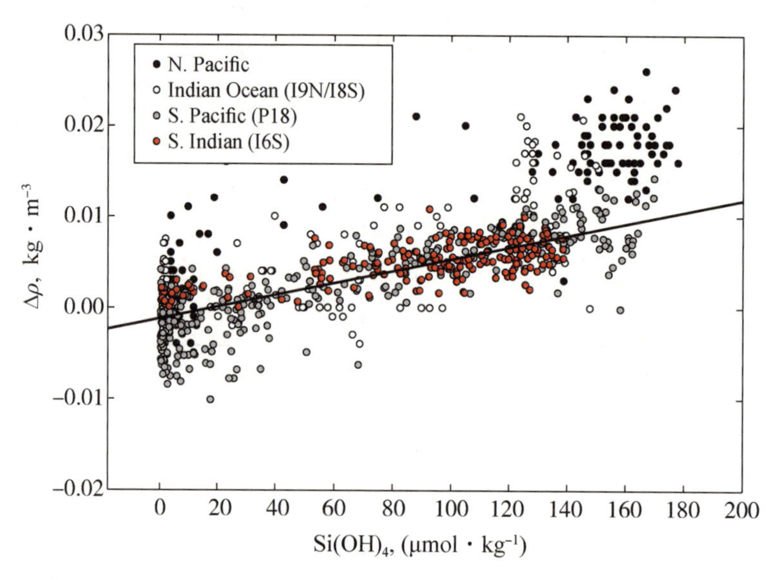

Figure 2. 2 The changes in relative density of seawaters as a function of SiO_2 in ocean waters.

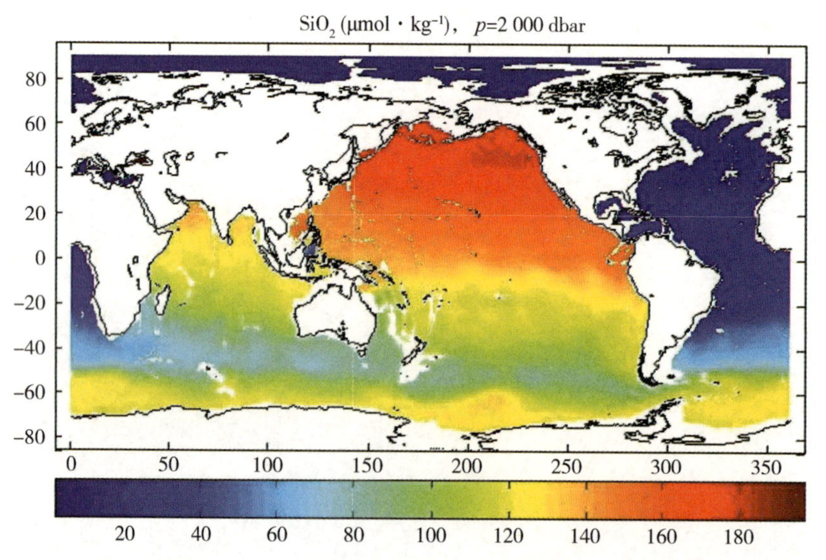

Figure 2. 3 The changes in salinity of waters as a function of SiO_2 in ocean waters.

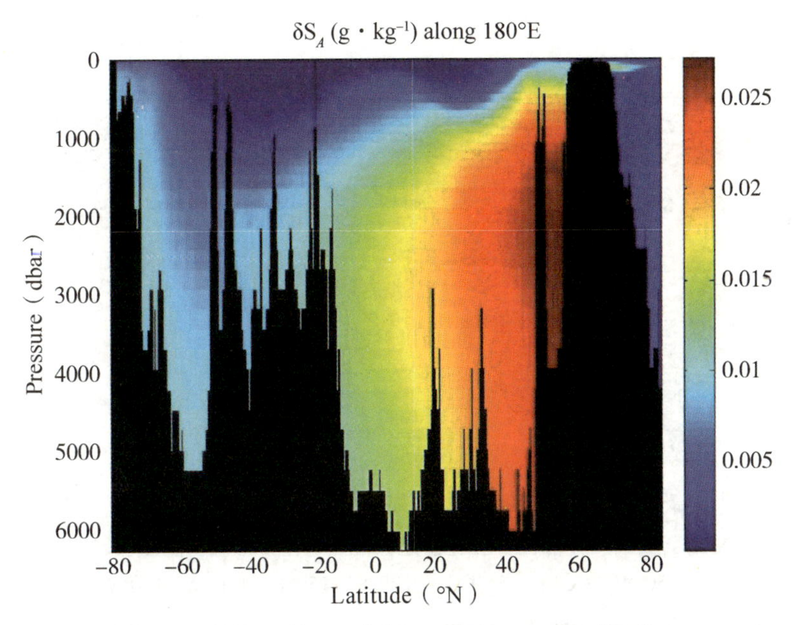

Figure 2.4　The concentrations of SiO_2 at 2000 m in Pacific Ocean waters.

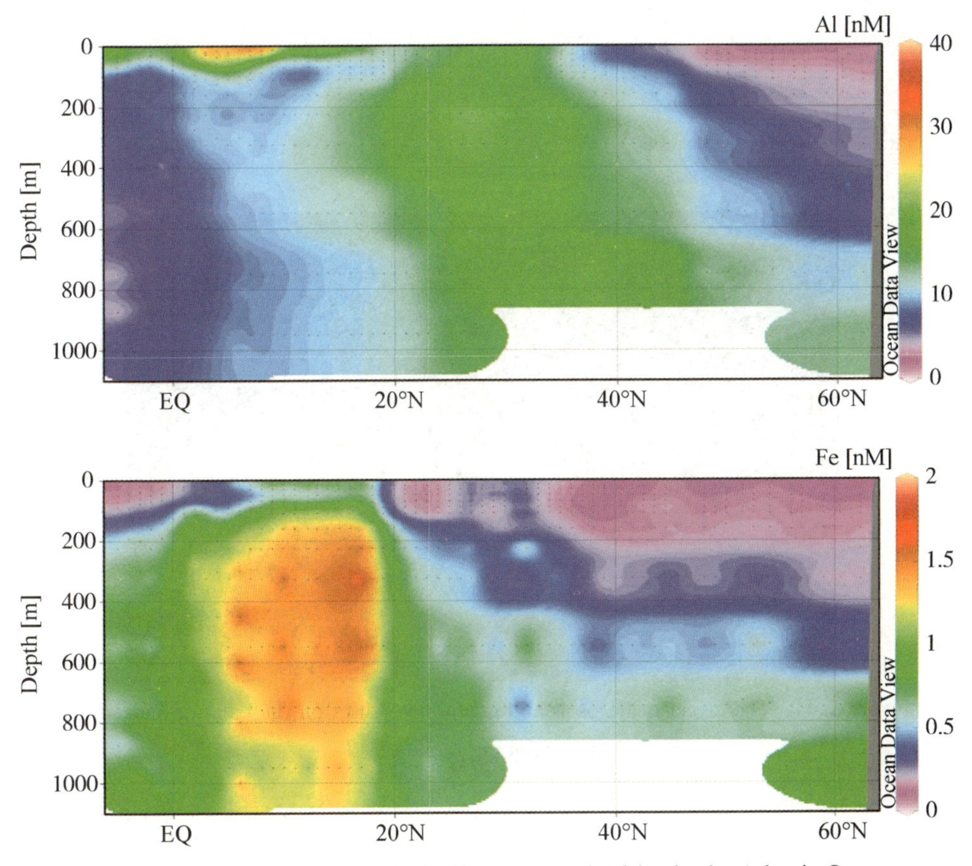

Figure 3.31　Section of Fe and Al off the coast of Africa in the Atlantic Ocean.

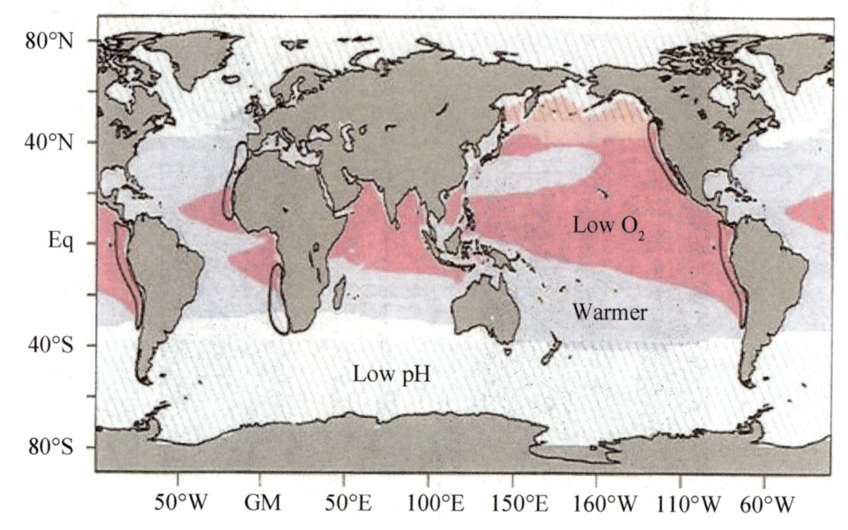

Figure 5. 31 The warming of the surface waters leads to ocean stratification, which affects the physical, chemical, and biological processes in the surface waters.

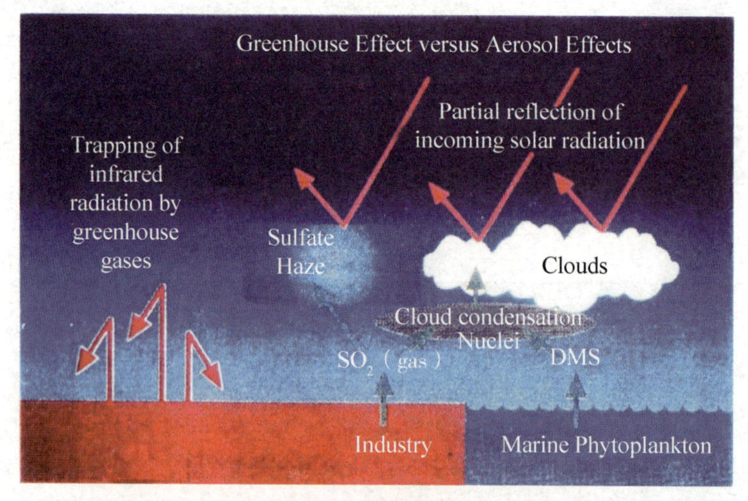

Figure 5. 44 The effect of aerosols and greenhouse gases on the balance of incoming and outgoing radiation.

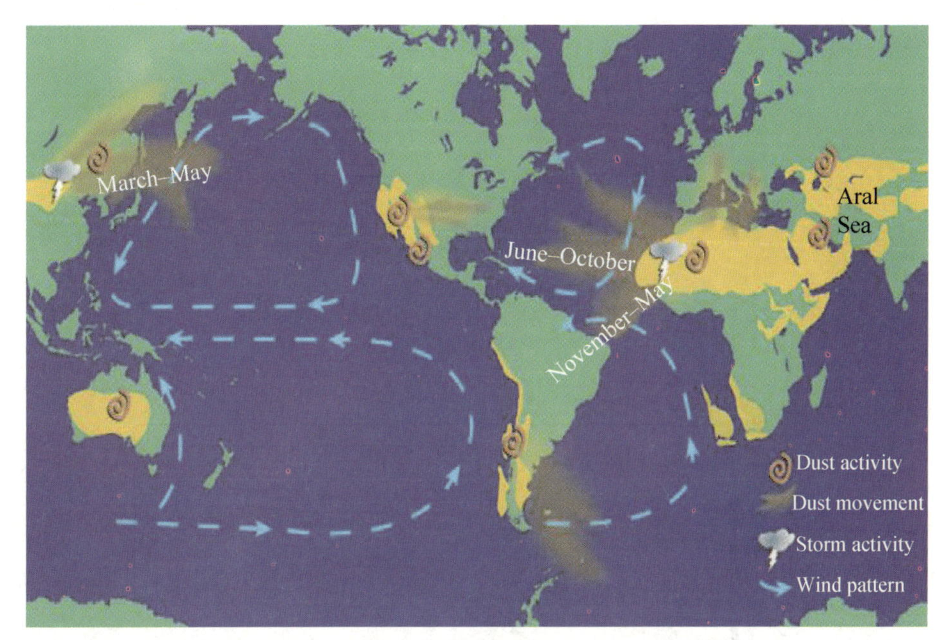

Figure 5. 45　The input of aerosols to the world oceans.

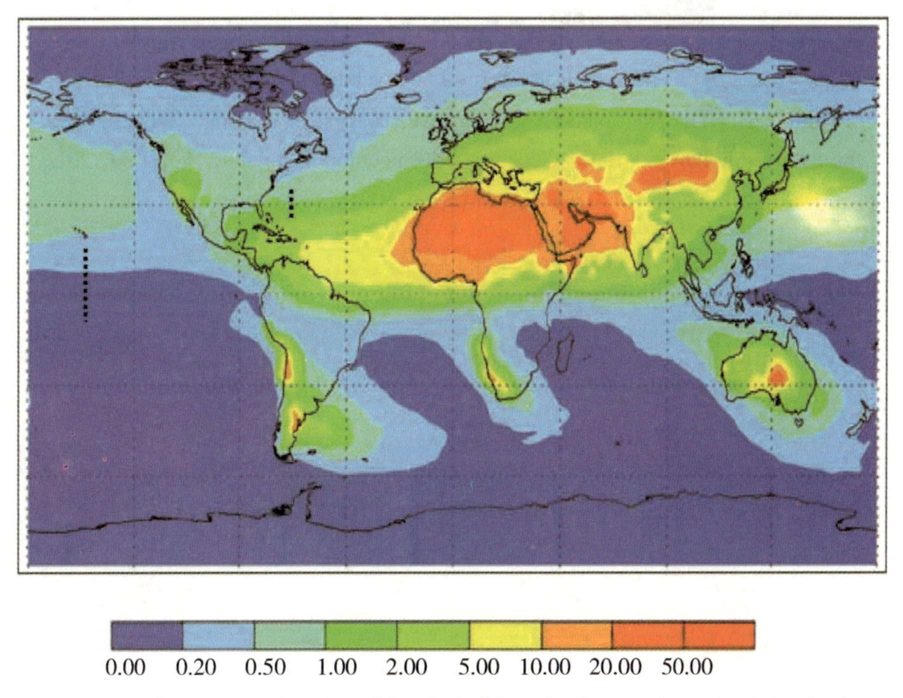

Figure 5. 46　The average dust deposition (g/m^2/year) of aerosols to the Atlantic Ocean.

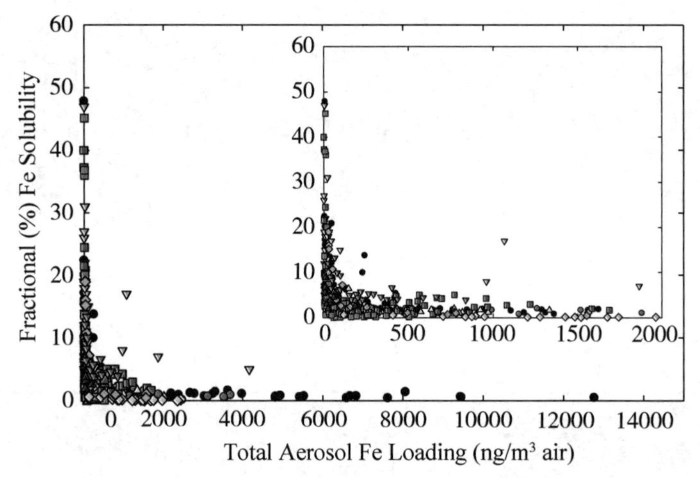

Figure 5.51 The fractional Fe solubility versus total Fe loading. (Adapted from the data of Sholkovitz et al., Geochim. Cosmochim. Acta, 89, 173-189, 2012.)

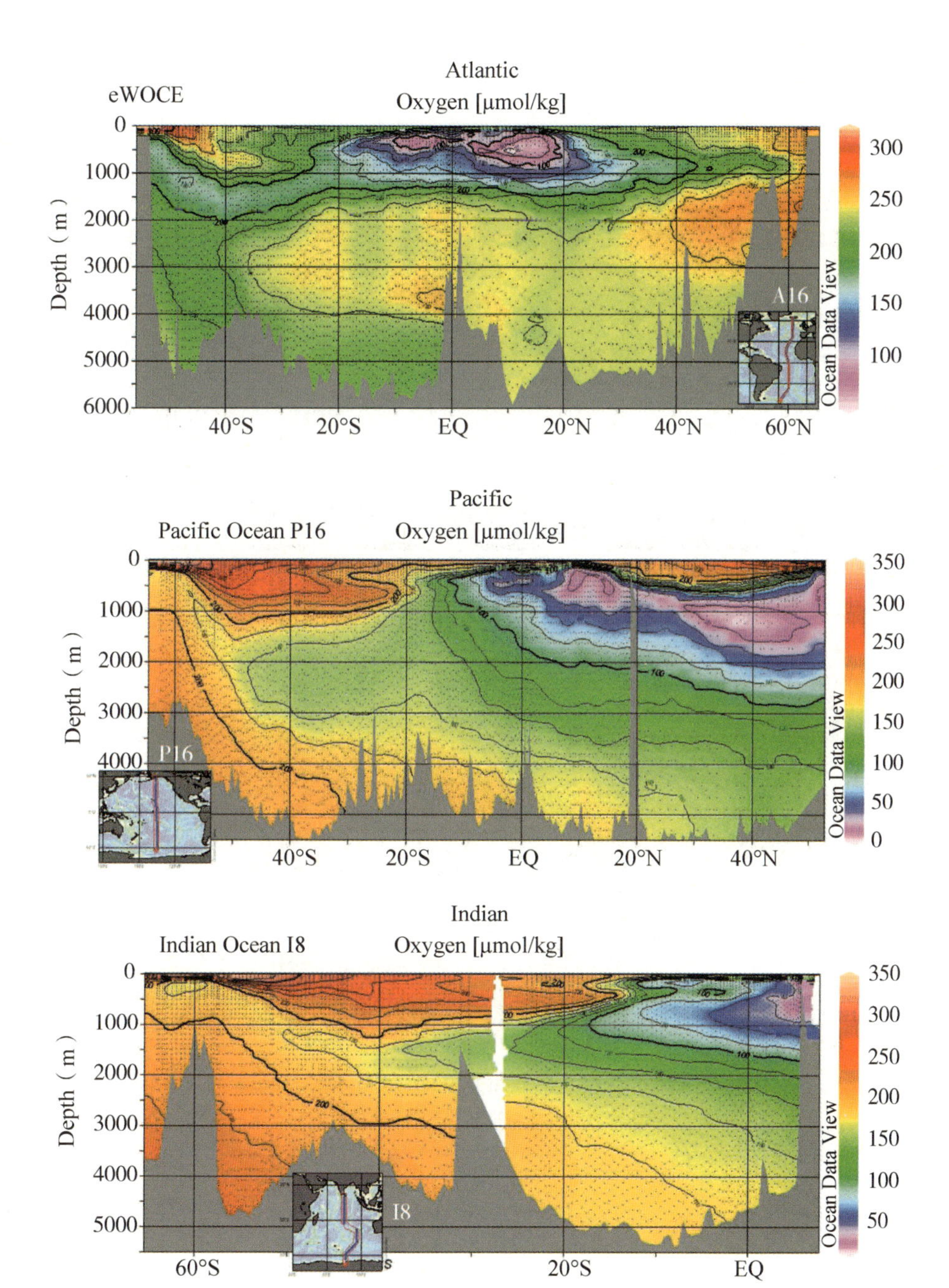

Figure 6. 12 Sections of oxygen in the Atlantic, Indian, and Pacific Oceans.

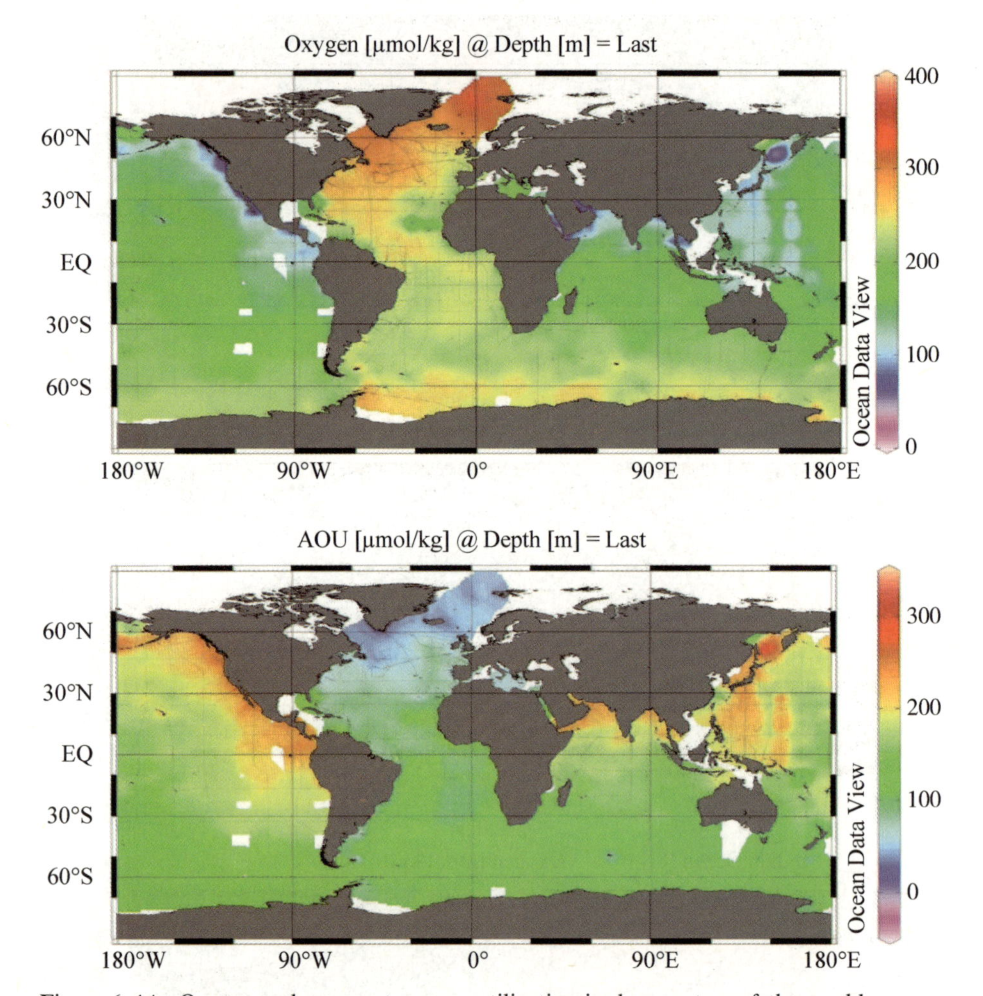

Figure 6. 14 Oxygen and apparent oxygen utilization in deep waters of the world oceans.

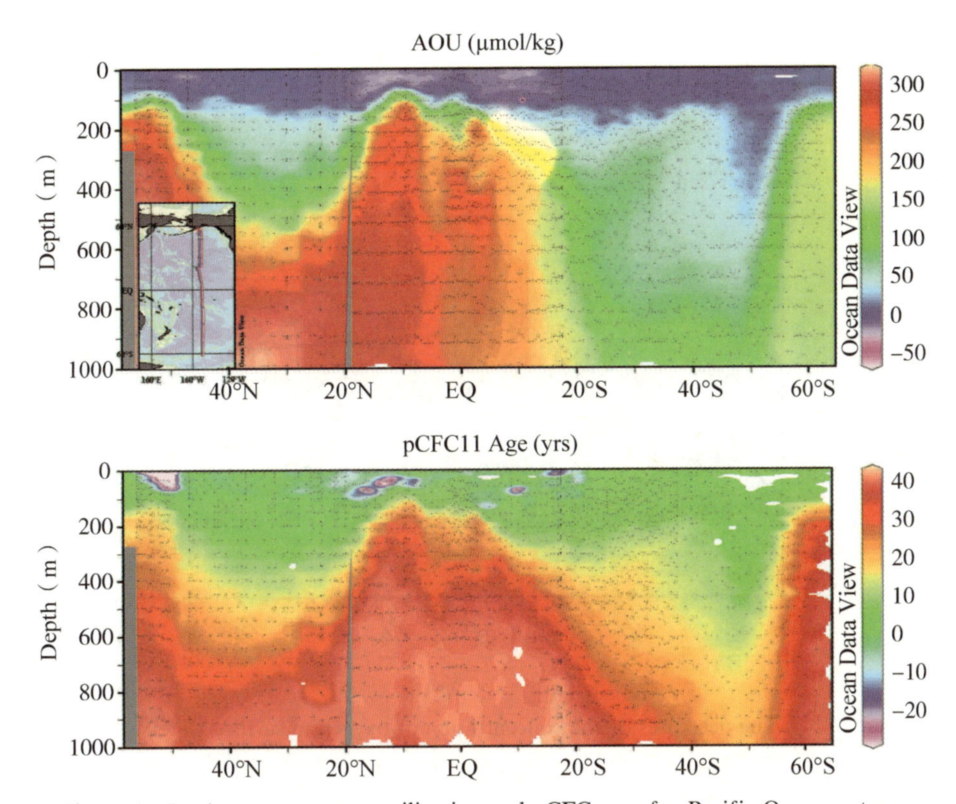

Figure 6. 15　Apparent oxygen utilization and pCFC ages for Pacific Ocean waters.

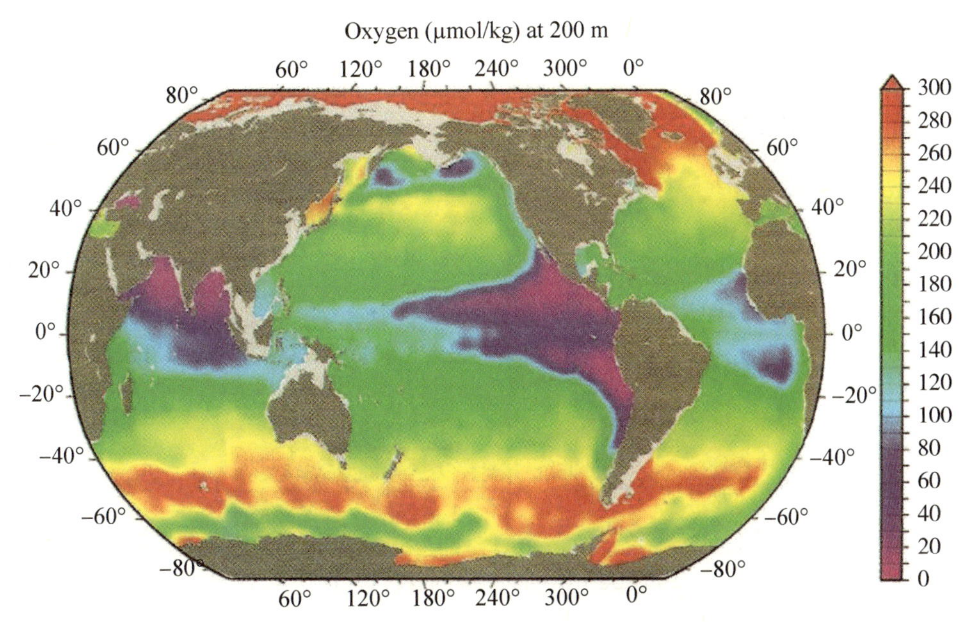

Figure 6. 16　Oxygen levels for ocean waters at 200 m. (From Falkowski, P. G., et al., EOS Trans., 92, 409－411, 2012. With permission.)

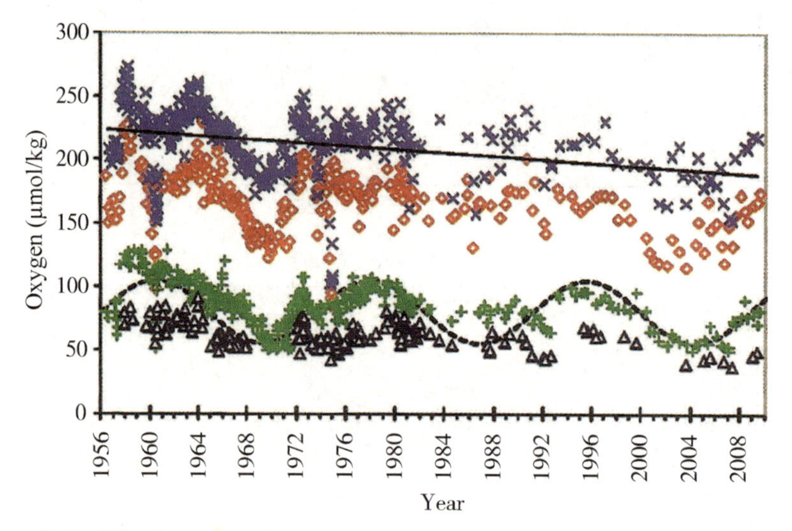

Figure 6.17 The decreases of the concentration of oxygen in surface waters. (From Falkowski, P. G., et al., EOS Trans., 92, 409 - 411, 2012. With permission.)

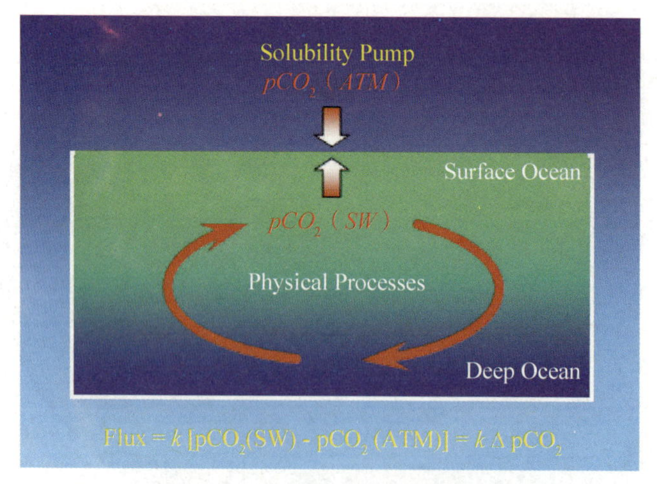

Figure 7.1 The solubility pump.

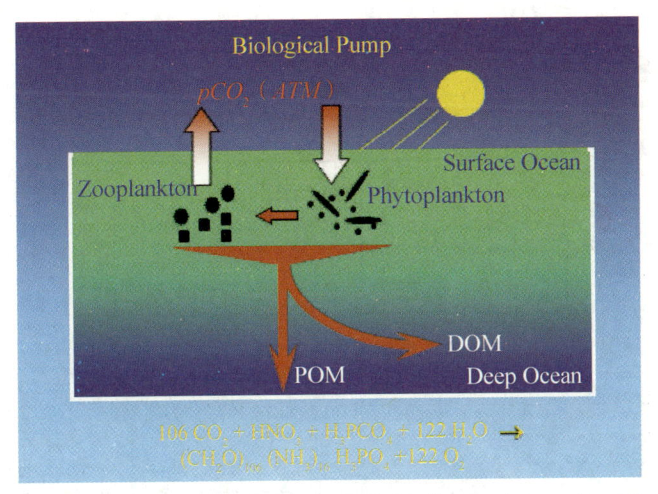

Figure 7. 2　The biological pump. DOM = dissolved organic matter; POM = particulate organic matter.

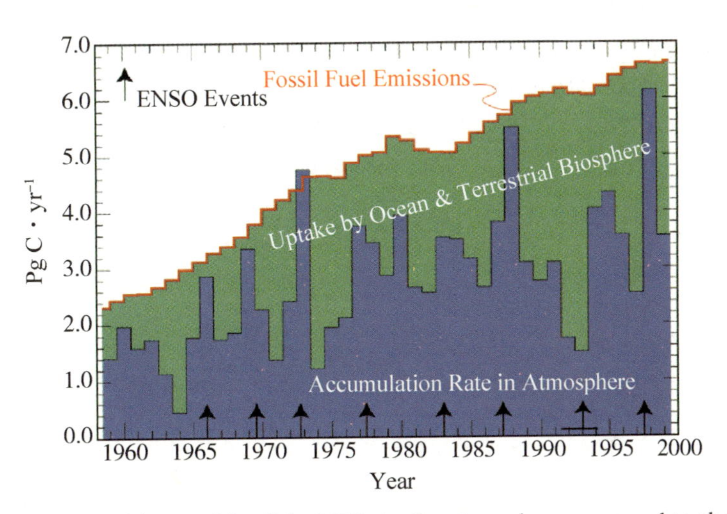

Figure 7. 5　The annual input of fossil fuel CO_2 to the atmosphere compared to the measured CO_2 in the atmosphere during El Niño southern oscillation (ENSO) events (1955 – 1982).

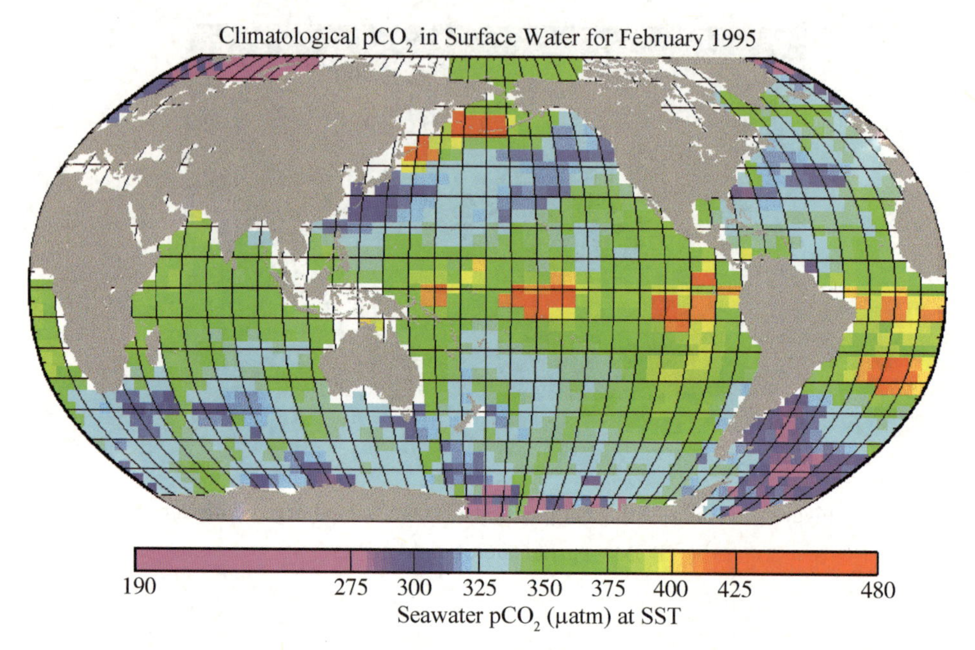

Figure 7.16 The global distribution of pCO_2 (μatm) for surface waters of the world oceans. (From Takahashi, T., et al., Net air-sea CO_2 flux over global oceans: an improved estimate based on sea-air pCO_2 differences, in Proceedings of 2nd International Symposium on CO_2 in the Oceans, CGER-1037-99, CGER/NIES, Tsukuba, Japan, 1999, pp. 9-15. With permission.)

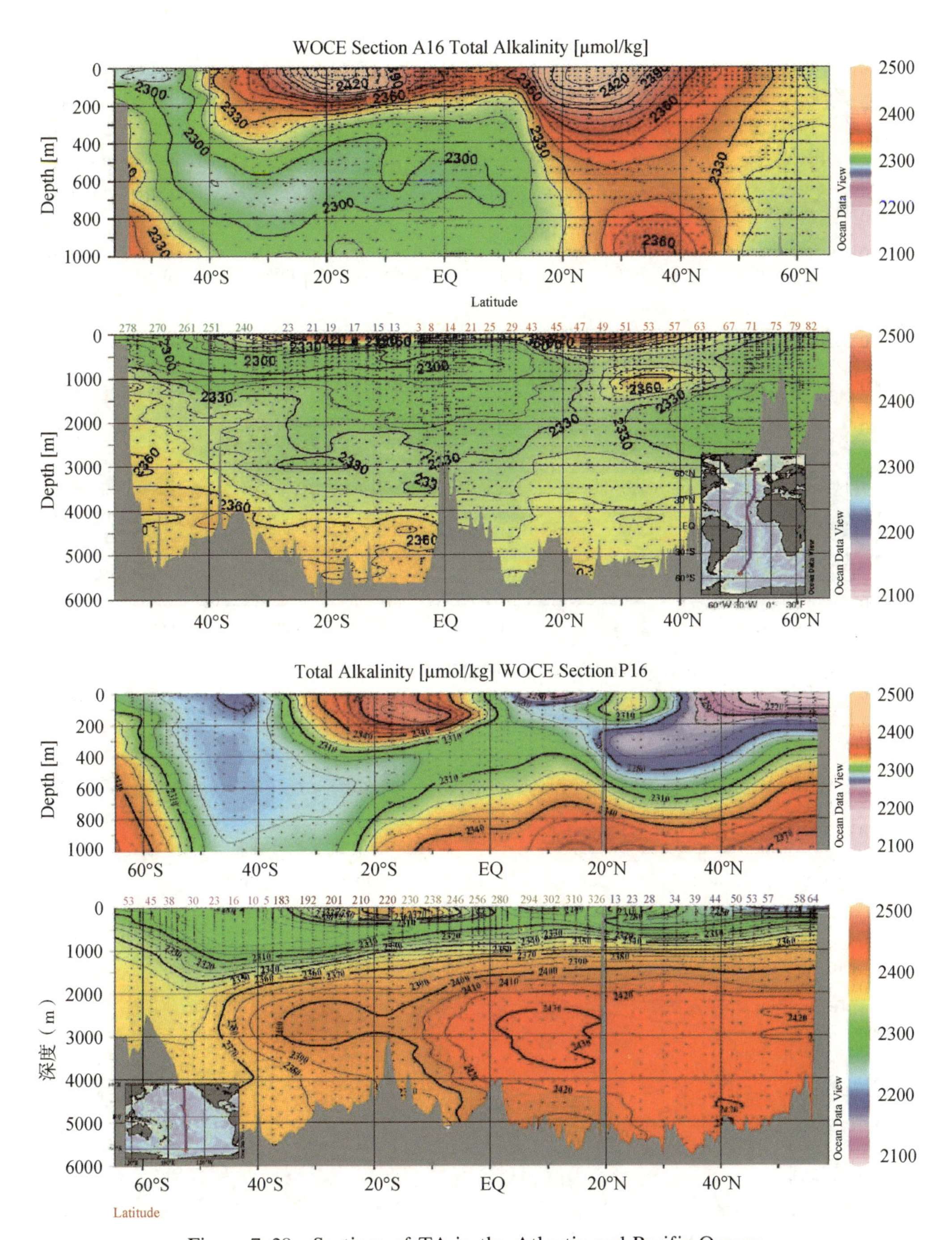

Figure 7. 28　Sections of TA in the Atlantic and Pacific Oceans.

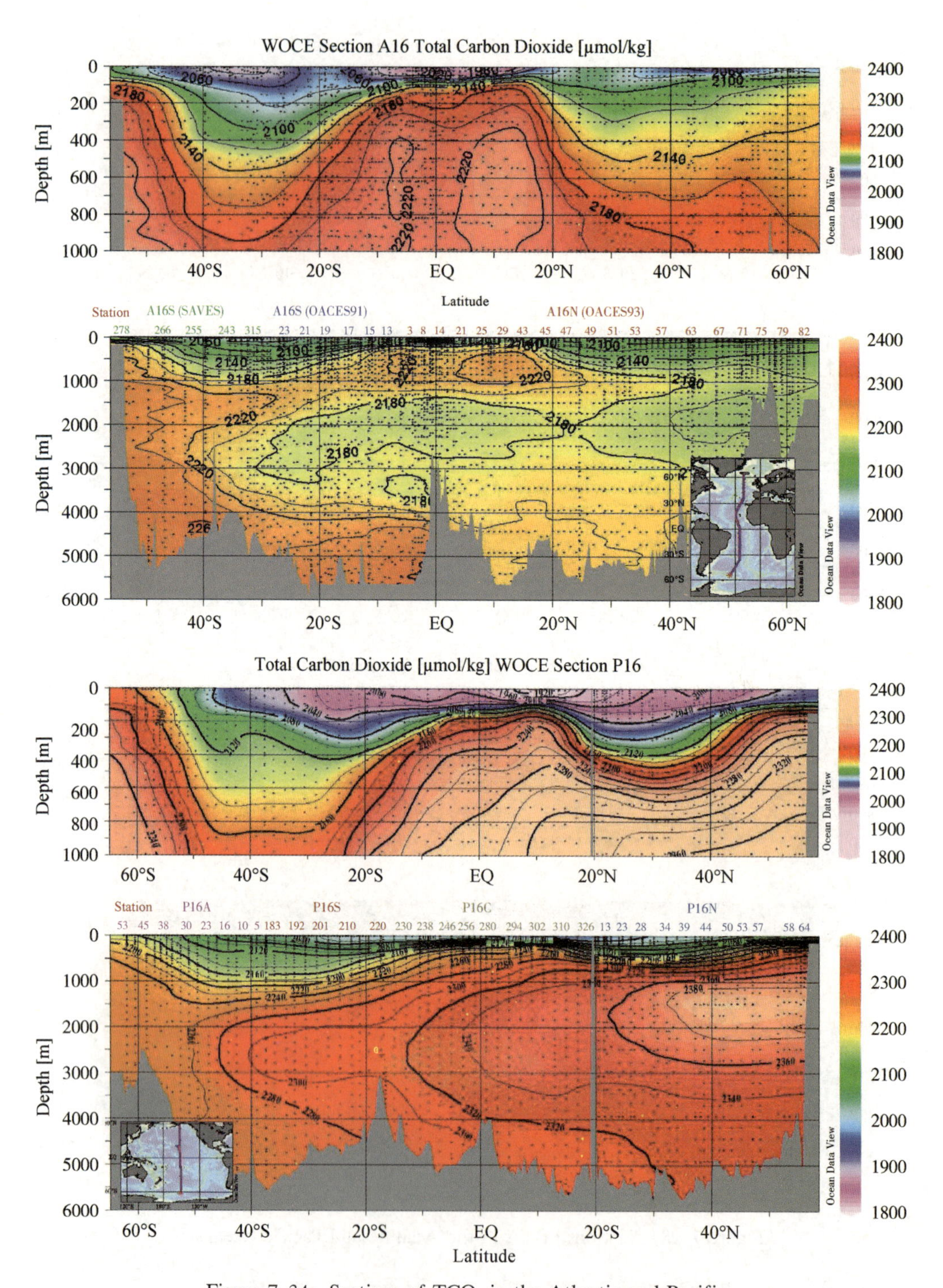

Figure 7. 34 Sections of TCO_2 in the Atlantic and Pacific.

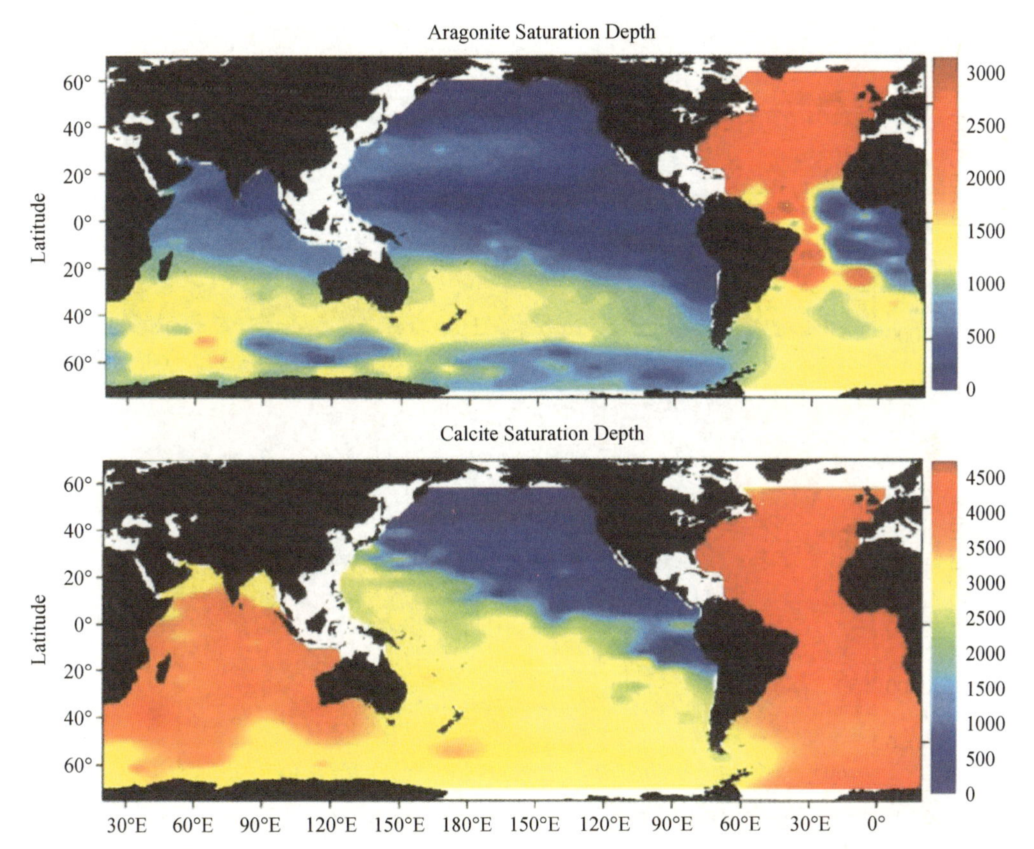

Figure 7. 46　The saturation levels ($\Omega = 1.0$) for aragonite and calcite in the oceans. (From Feely, R. A., Sabine, C. L., Lee, K., Berelson, W., Kleypas, J., Fabry, V. J., and Millero, F. J., Science, 305, 362, 2004. With permission.)

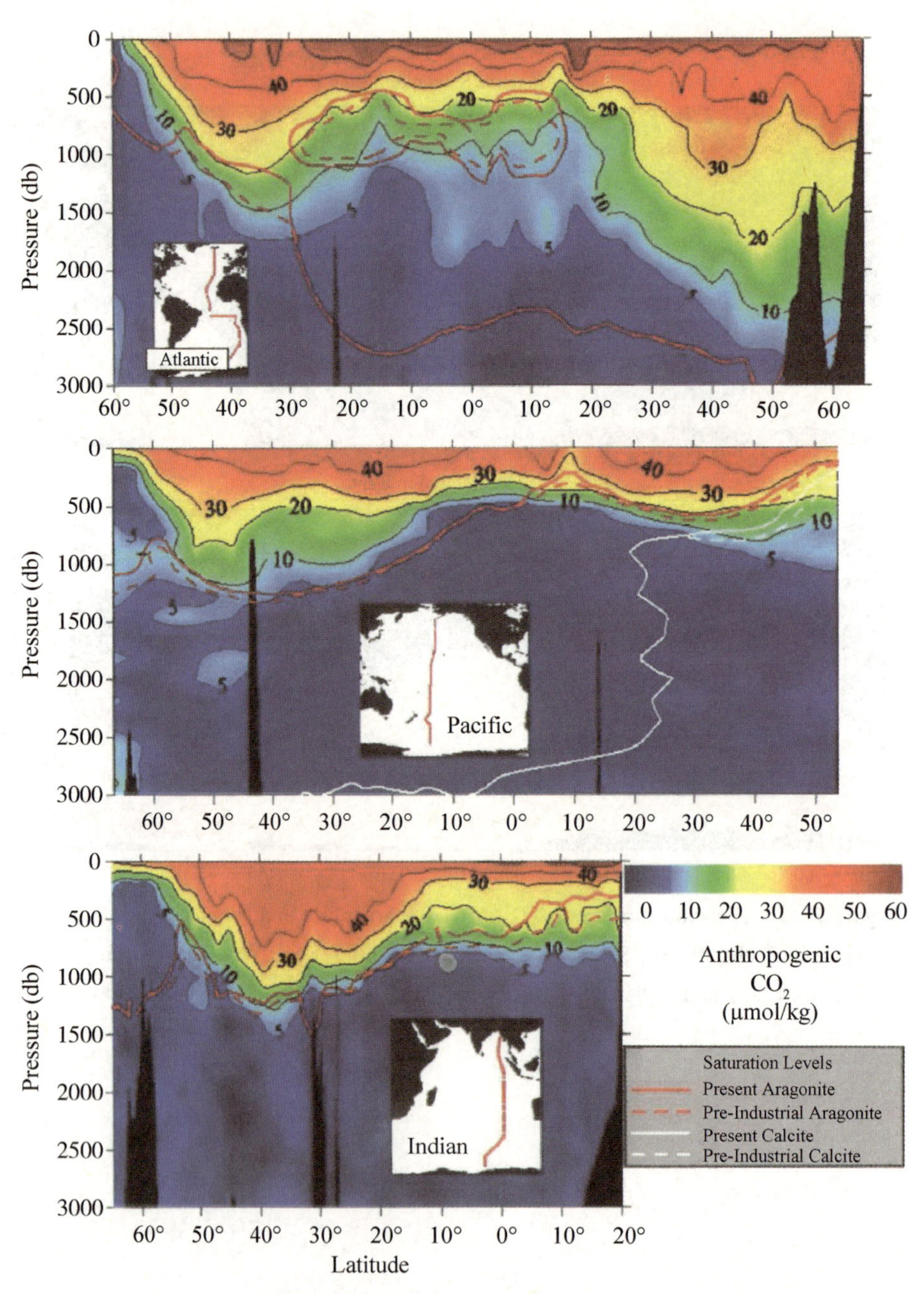

Figure 7. 47 Effect of fossil fuel CO_2 on the saturation levels in the oceans. (From Feely, R. A., Sabine, C. L., Lee, K., Berelson, W., Kleypas, J., Fabry, V. J., and Millero, F. J., Science, 305, 362, 2004. With permission.)

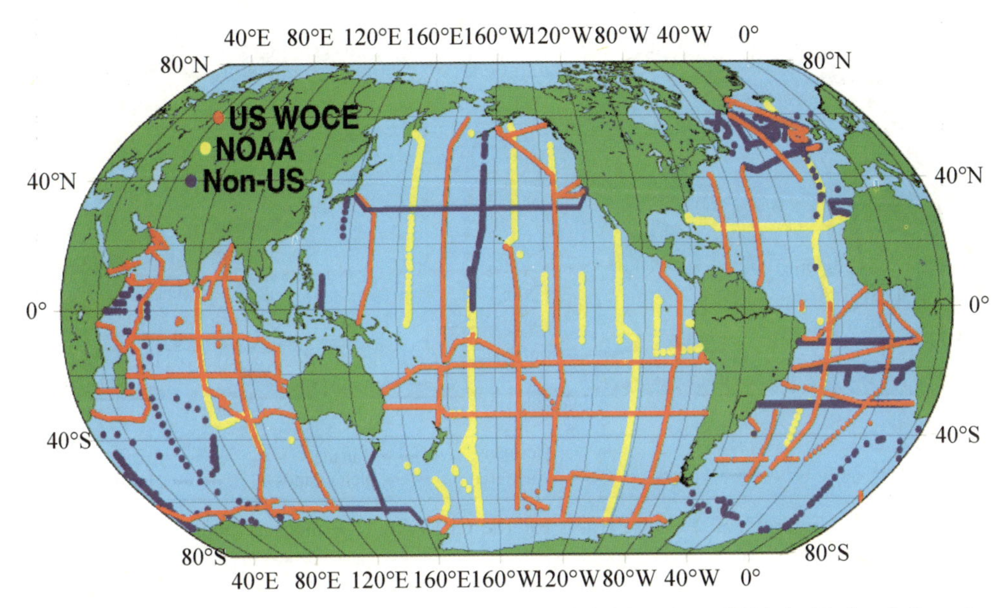

Figure 7. 48 The cruise tracks occupied during the WOCE cruises. NOAA, National Oceanic and Atmospheric Administration.

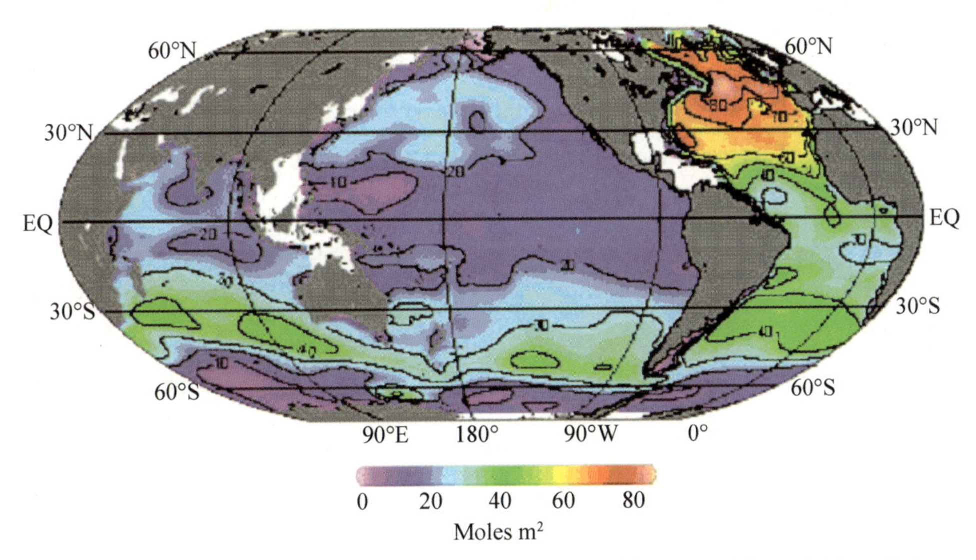

Figure 7. 49 The inventory of fossil fuel CO_2 in the world oceans. (From Sabine, C. L., et al., Science, 305, 367－371, 2004. With permission. With permission.)

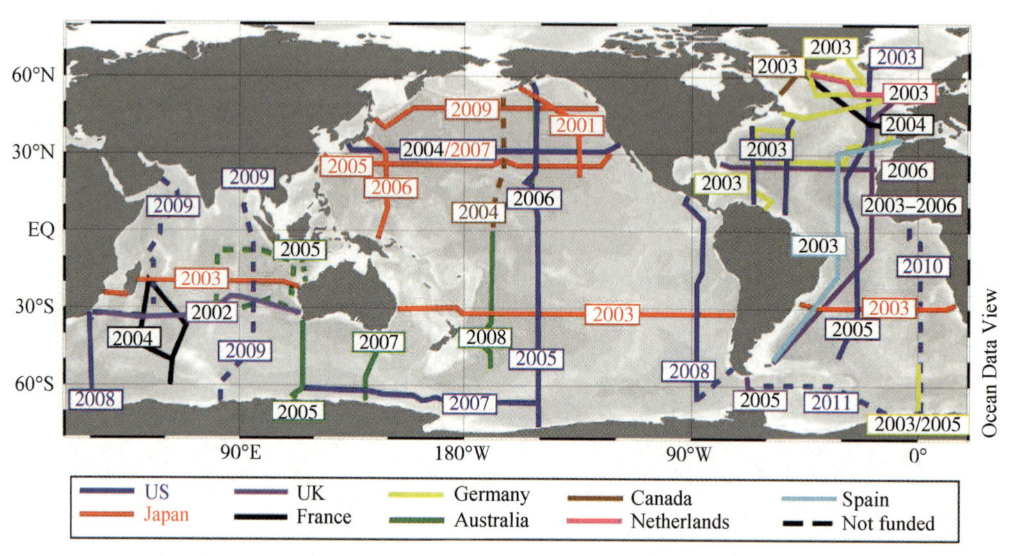

Figure 7. 50　Cruise tracts for the CLIVAR CO_2 measurements.

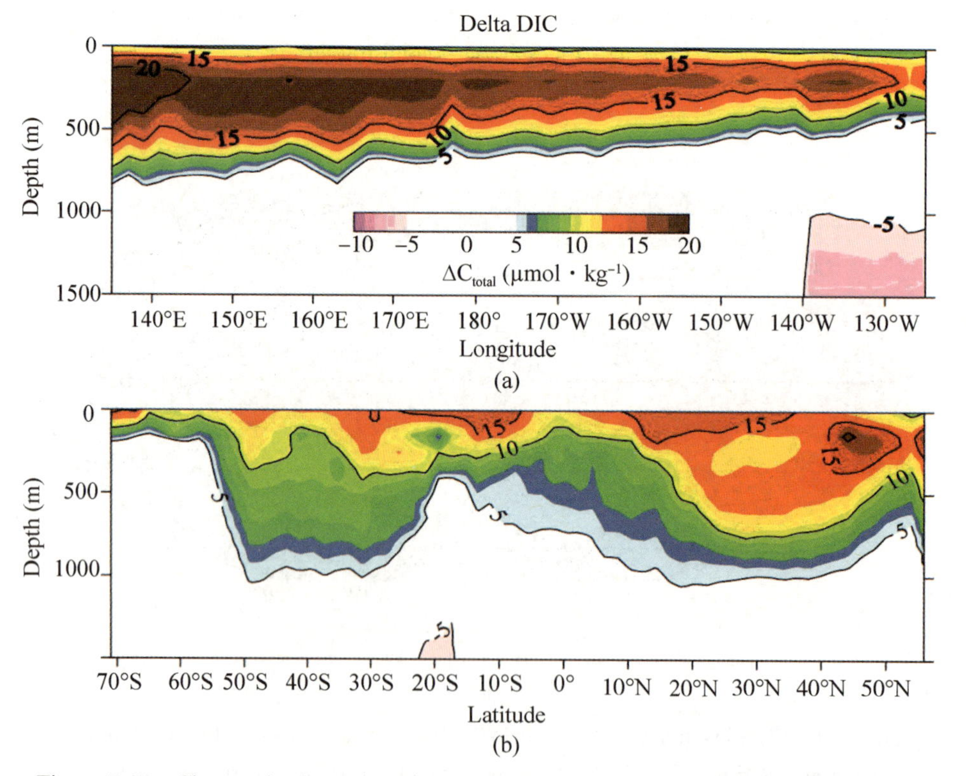

Figure 7. 52　Changes in the measured CO_2 from the two stations in the Pacific Ocean. (From Sabine, C. L., et al., J. Geophys. Res., 113, 2008. With permission.)

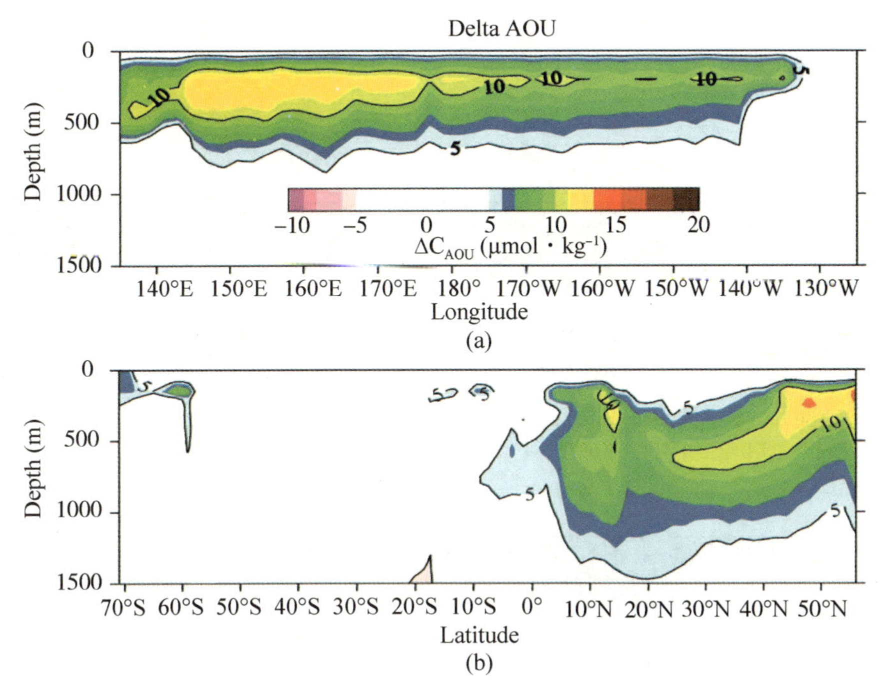

Figure 7. 53　Change in the AOU in the two stations in the Pacific Ocean. (From Sabine, C. L., et al., J. Geophys. Res., 113, 2008. With permission.)

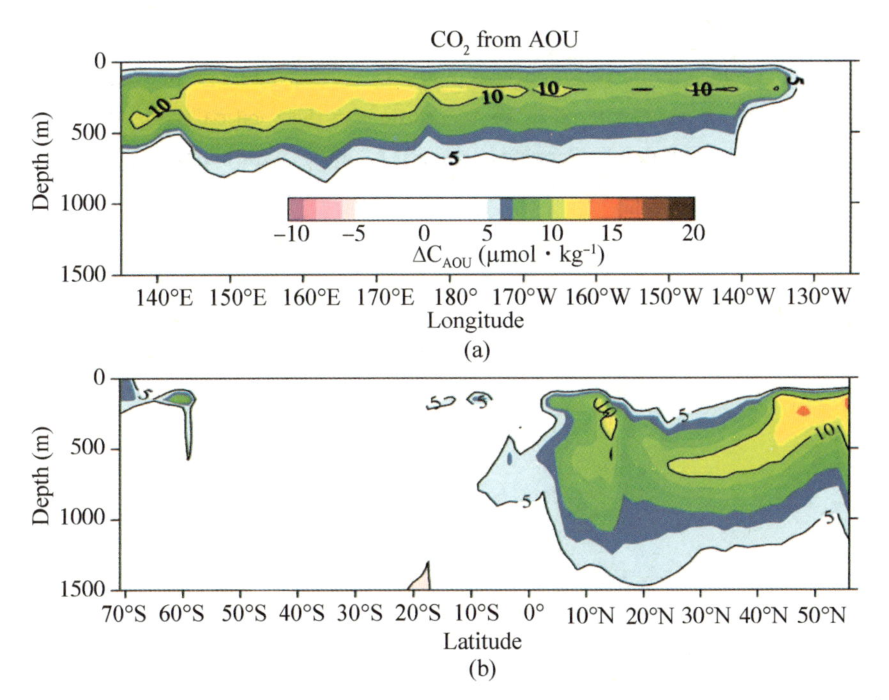

Figure 7. 54　Change in the CO_2 due to the oxidation of plant material in the two stations in the Pacific Ocean. (From Sabine, C. L., et al., J. Geophys. Res., 113, 2008. With permission.)

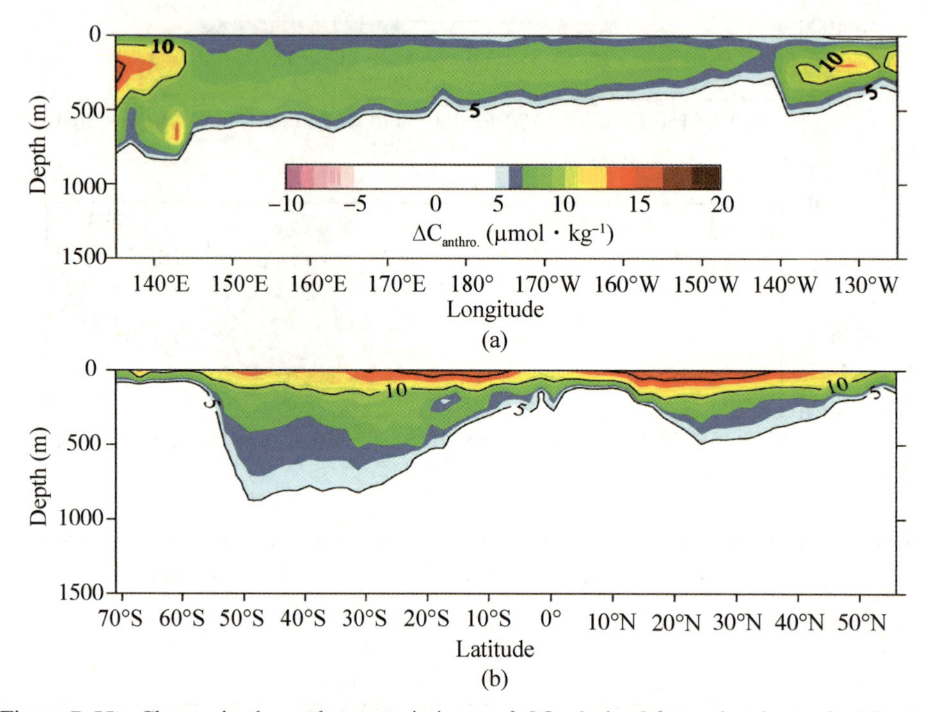

Figure 7.55 Change in the anthropogenic input of CO_2 derived from the change in CO_2 due to the oxidation of plant material in the two stations in the Pacific Ocean. (From Sabine, C. L., et al., J. Geophys. Res., 113, 2008. With permission.)

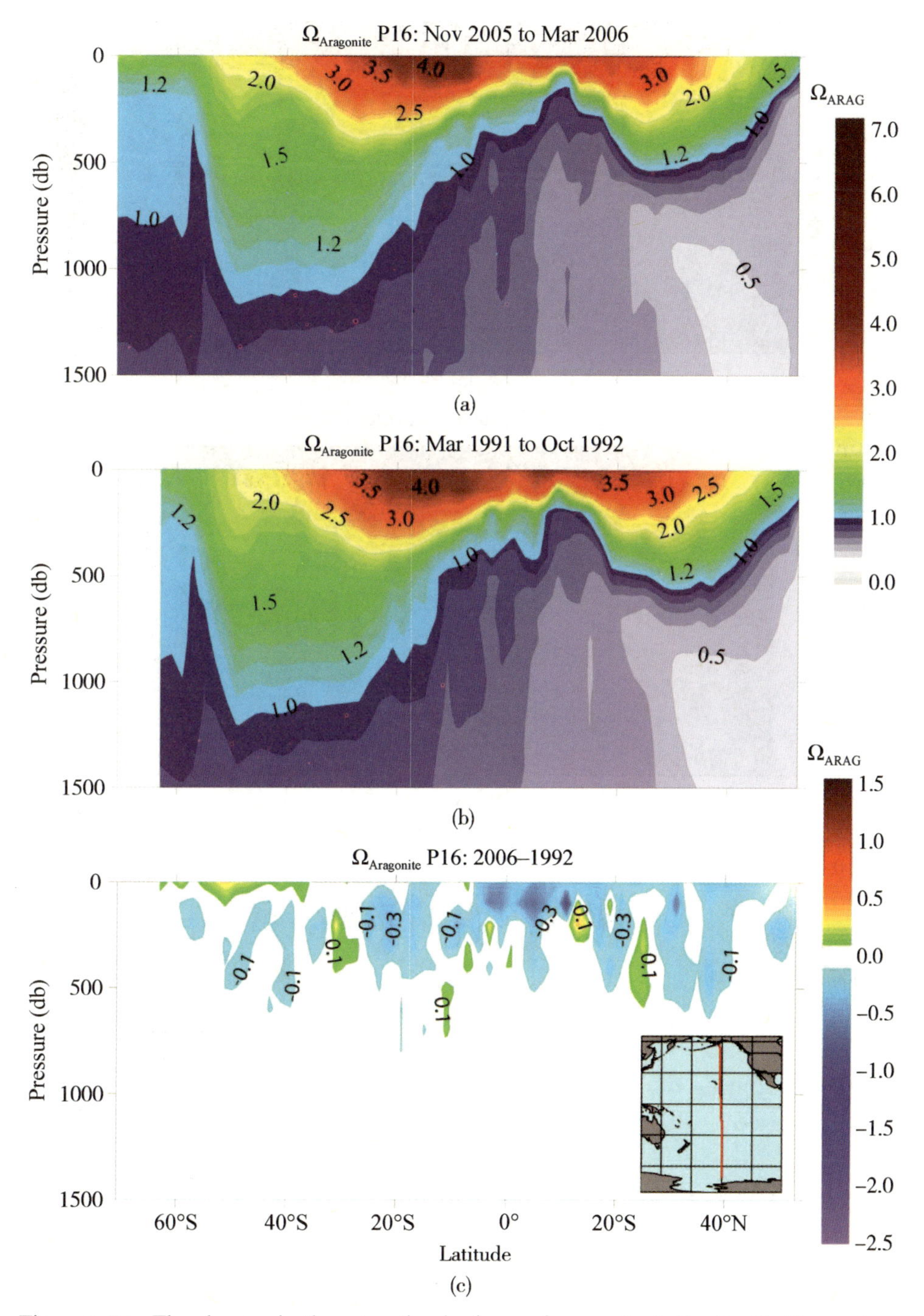

Figure 7.57 The changes in the saturation horizons of aragonite in the Pacific Ocean along the P16 cruise. (Feely, R. A., et al., Global Biogeochem. Cycles, 2012. With permission.)

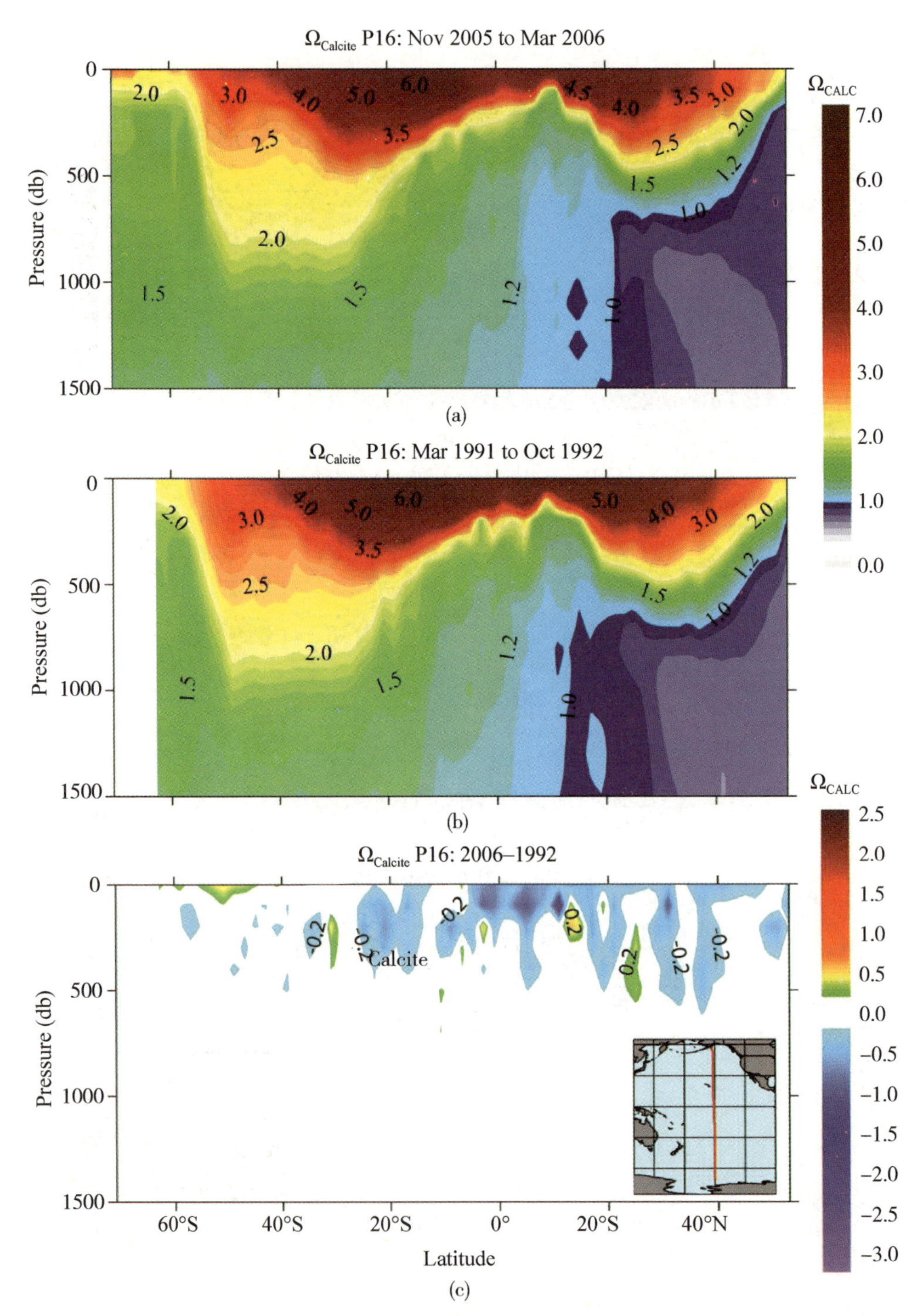

Figure 7. 58 The changes in the saturation horizons of calcite in the Pacific Ocean along the P_{16} cruise. (Feely, R. A., et al., Global Biogeochem. Cycles, 2012. With permission.)

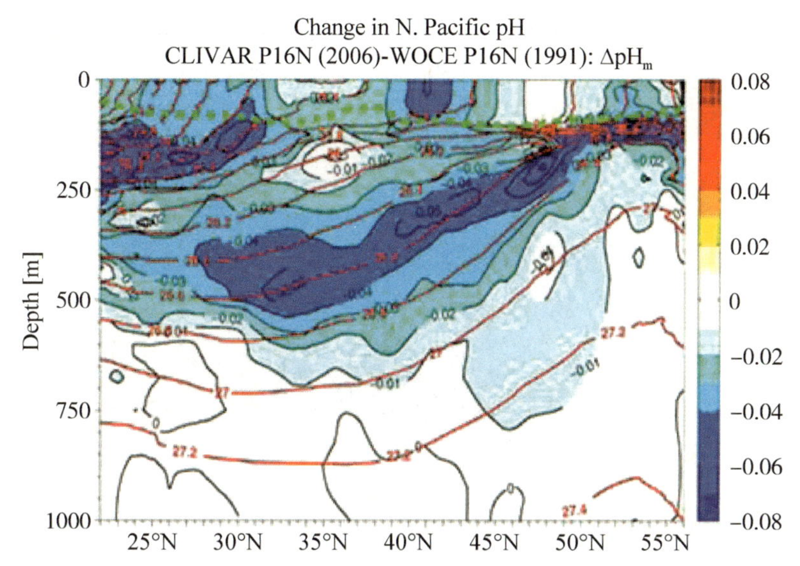

Figure 7. 59 The decadal changes in the pH in the Pacific Ocean. (Byrne et al., Geophys. Res. Lett., 37, L02601, 2010. With permission.)

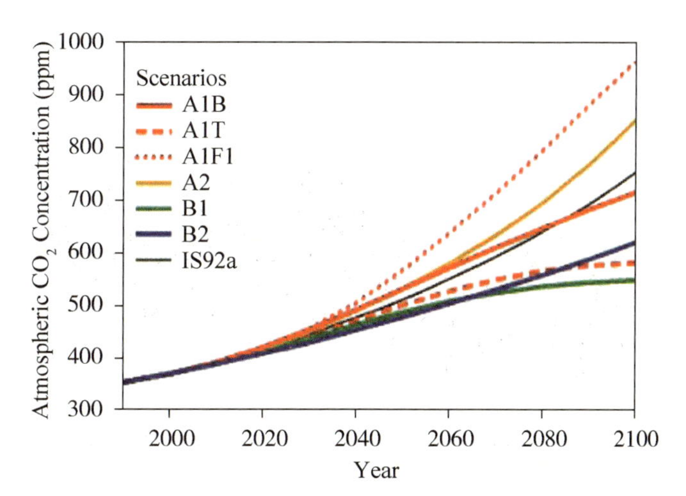

Figure 7. 61 The International Panel on Climate Change estimates of the changes in pCO_2 over the next 100 years. (From ICPCC, 2007. With permission.)

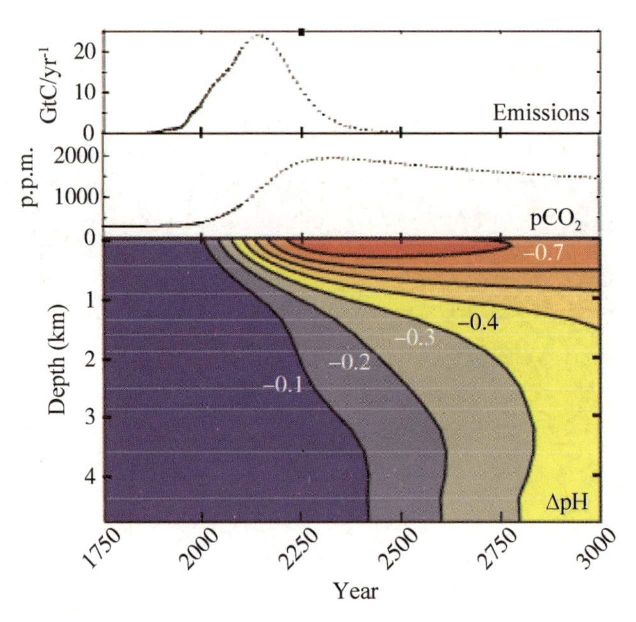

Figure 7.62 The expected change in TCO_2 in the atmosphere and resulting pCO_2 and pH over the next 1000 years. (From Caldeira, K., and Wickett, M. E., Nature, 425, 365, 2003. With permission.)

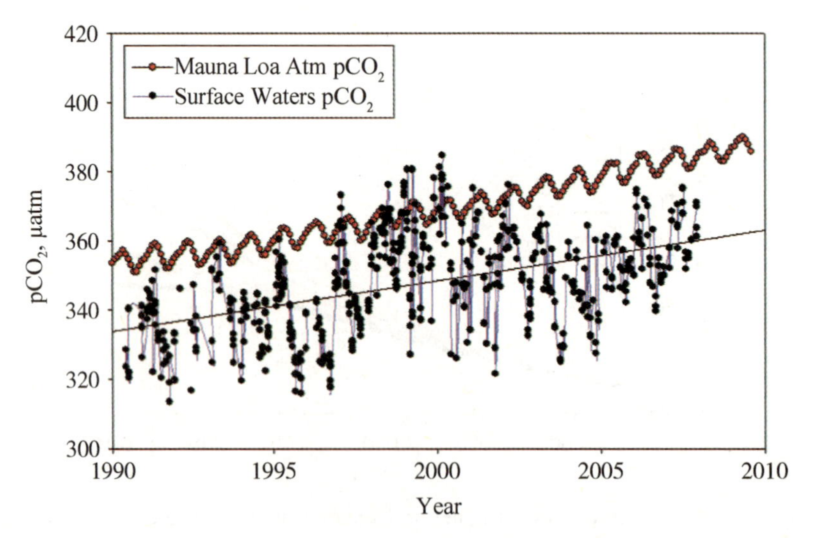

Figure 7.64 The increases in pCO_2 in the atmosphere and water at the Hawaii Ocean Time Series station.

Physiological Response	Major group	Response to increasing CO_2: a	b	c	d
Calcification					
	Coccolithophores	2–5	1	1	1
	Planktonic Foraminifera	2–5			
	Molluscs	>5		2–5	
	Echinoderms	2–5	1		
	Tropical corals	>5			
	Coralline red algae	11			
Photosynthesis					
	Coccolithophores		2–5	2–5	
	Prokaryotes		1	1	
	Seagrasses		2–5		
Nitrogen Fixation					
	Cyanobacteria		2–5	1	
Reproduction					
	Molluscs	2–5			
	Echinoderms	1			

Figure 7. 68　Measured effects of ocean acidification on calcification, photosynthesis, nitrogen fixation, and reproduction of organisms. (From Doney, S. C., et al., Oceanography, 22, 16 – 25, 2009. With permission.)

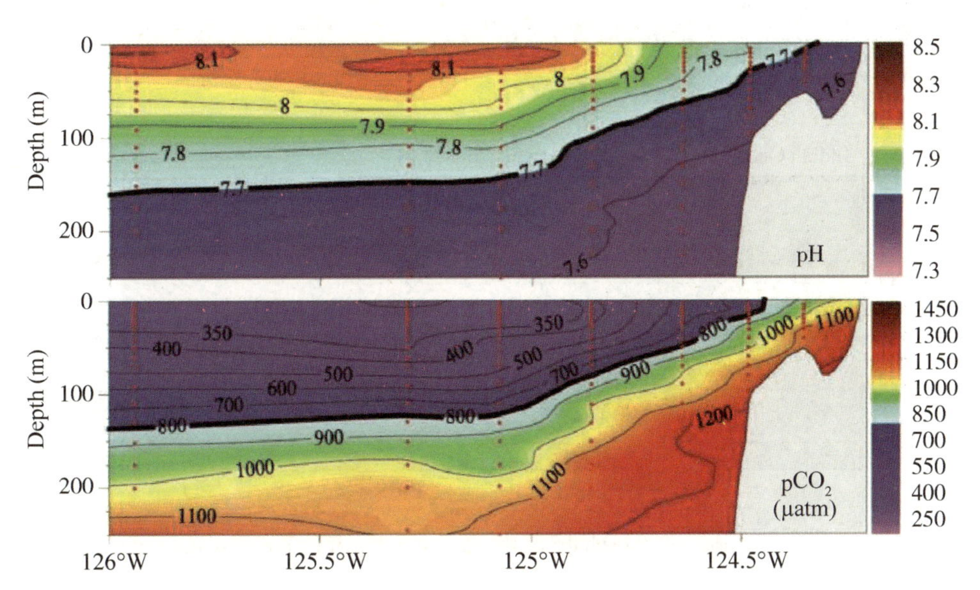

Figure 7. 70　The increase in pCO_2 and decrease along the western coast of America. (From Feely et al., Science, 320, 1490 – 1492, 2008. With permission.)

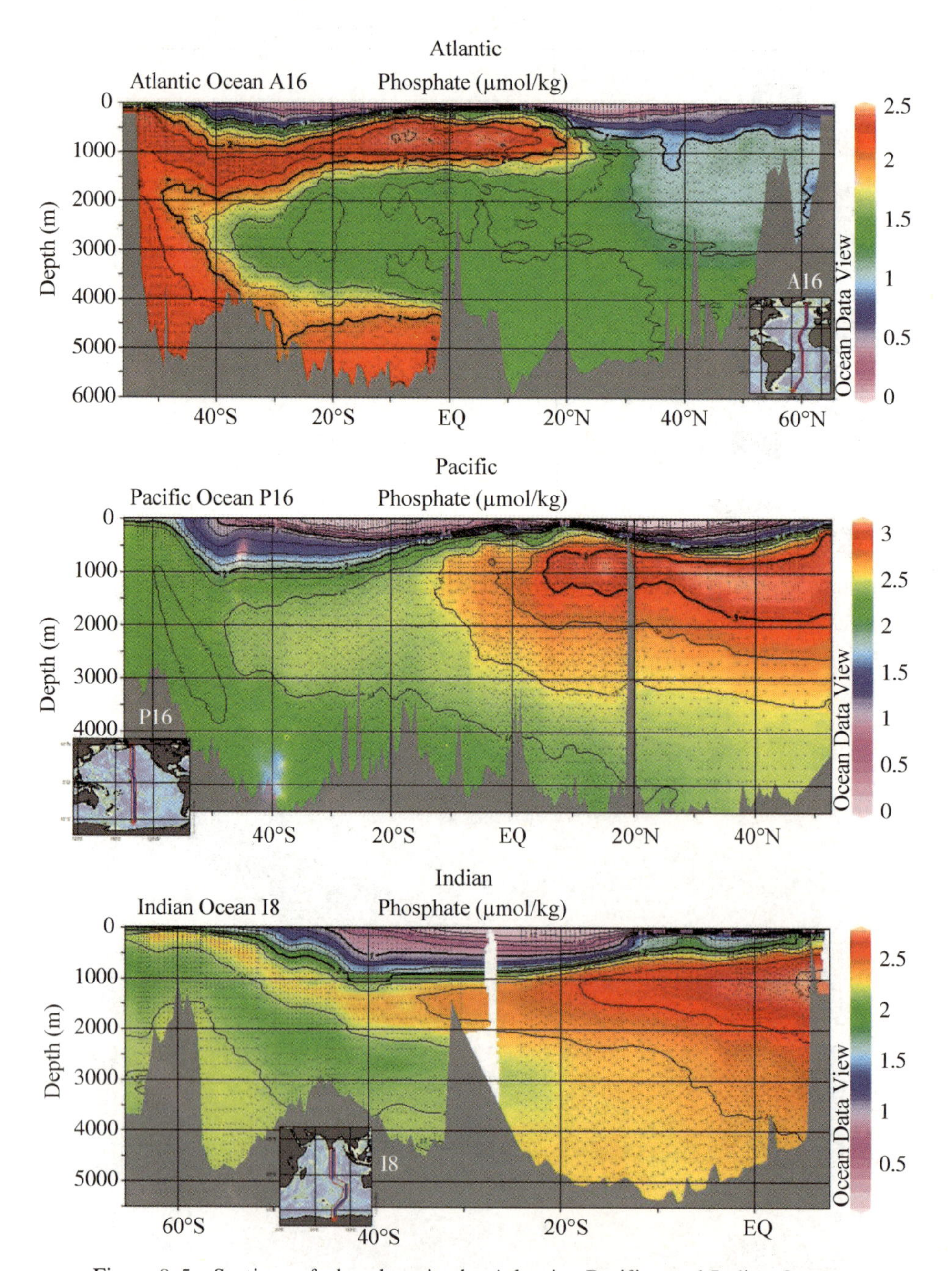

Figure 8. 5 Sections of phosphate in the Atlantic, Pacific, and Indian Oceans.

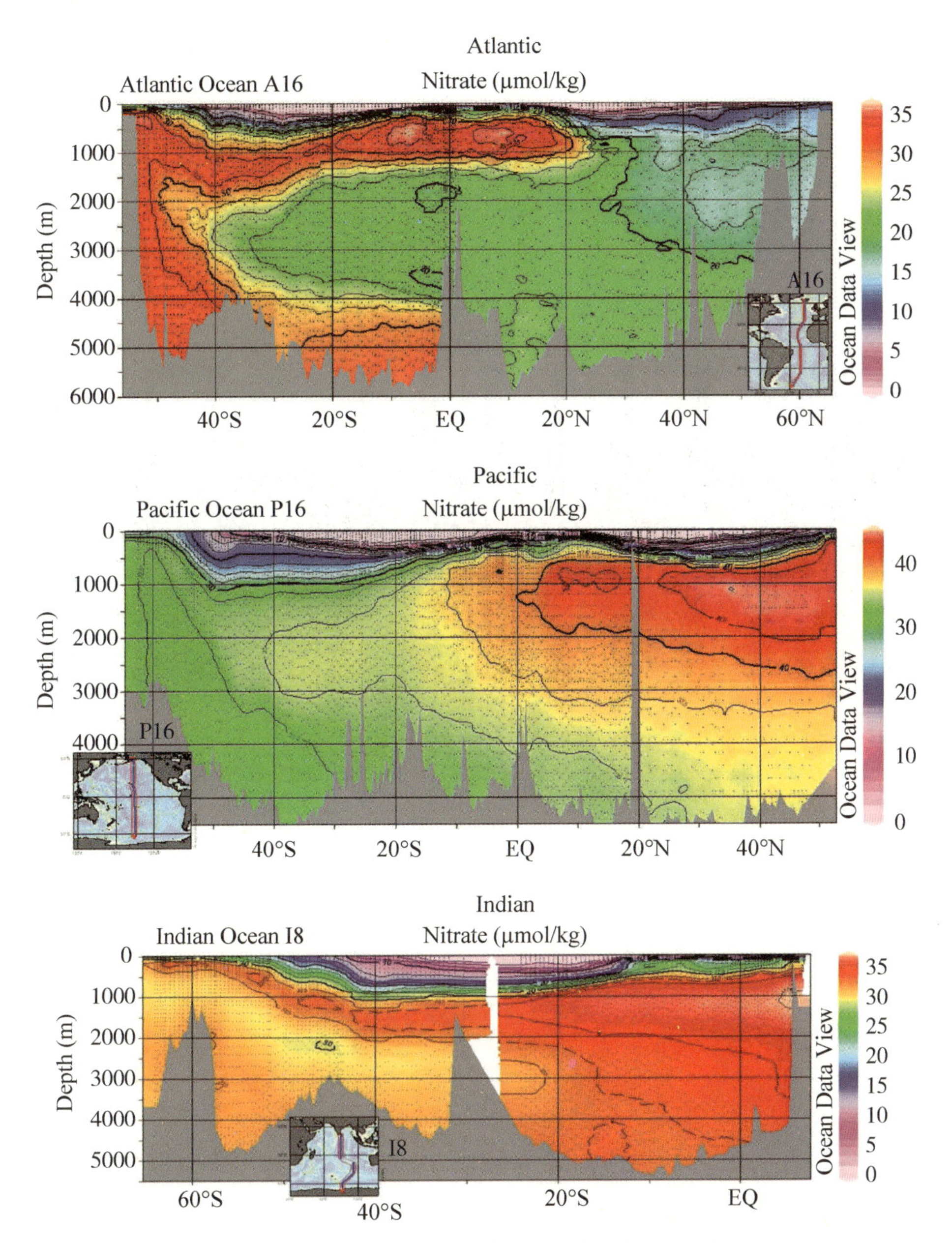

Figure 8. 10　Sections of nitrate in the Atlantic, Pacific, and Indian Oceans.

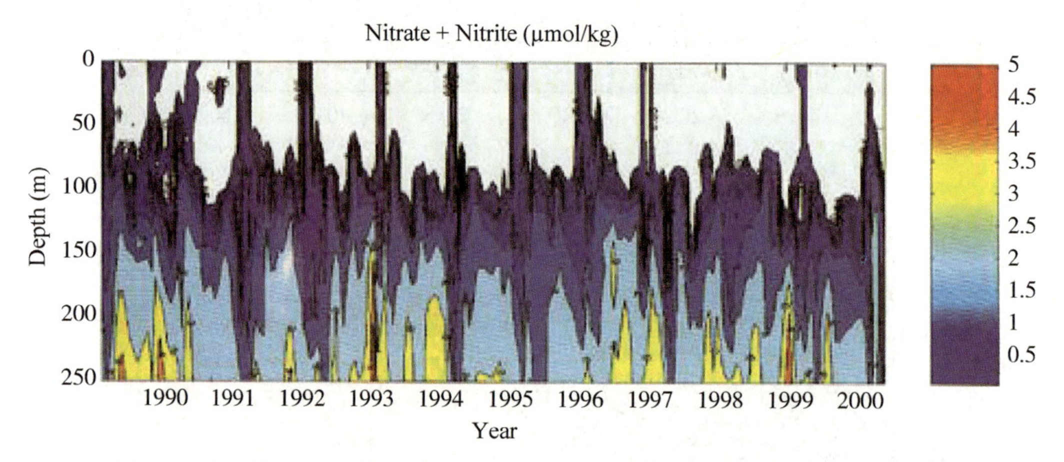

Figure 8. 12 The variations of NO_3^- + NO_2^- at the Bermuda Time Series station.

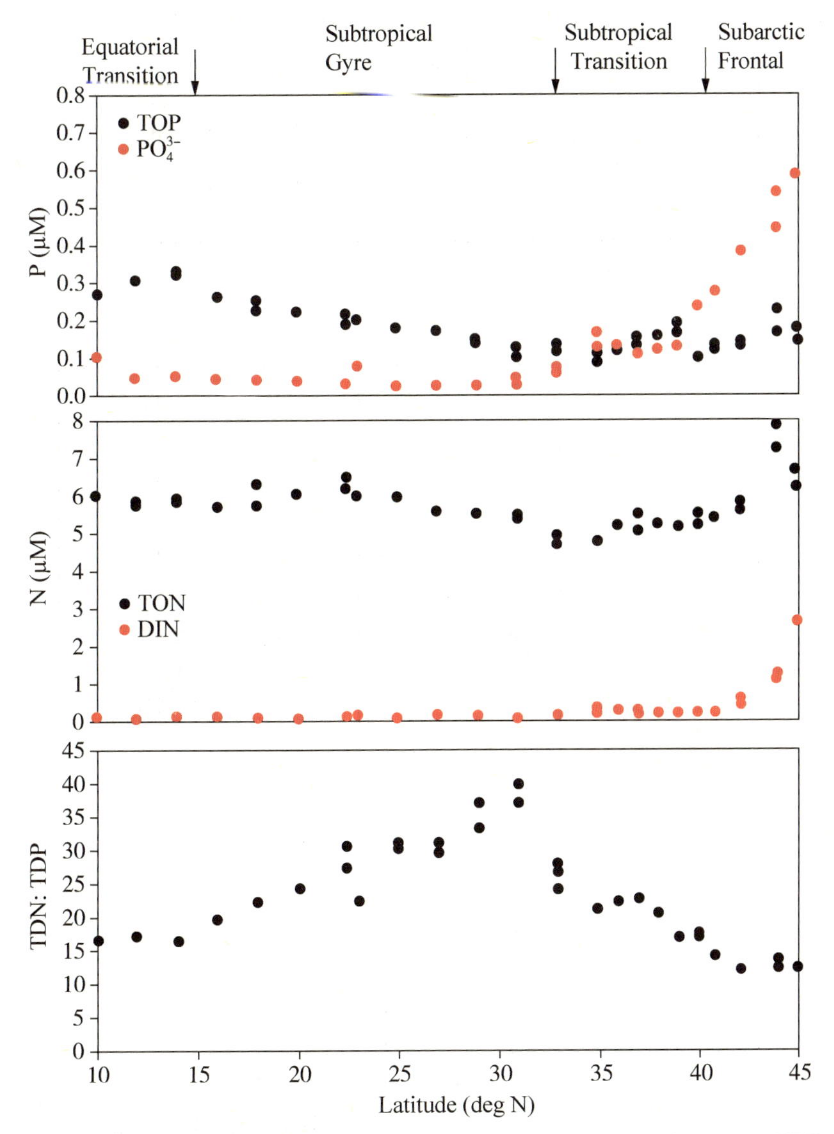

Figure 8.17　The distribution of TOP, TON, and TOC in North Pacific waters. TDP = total dissolved phosphorus. (Adapted from Abell et al., J. Mar. Res. 58, 203 - 222, 2000.)

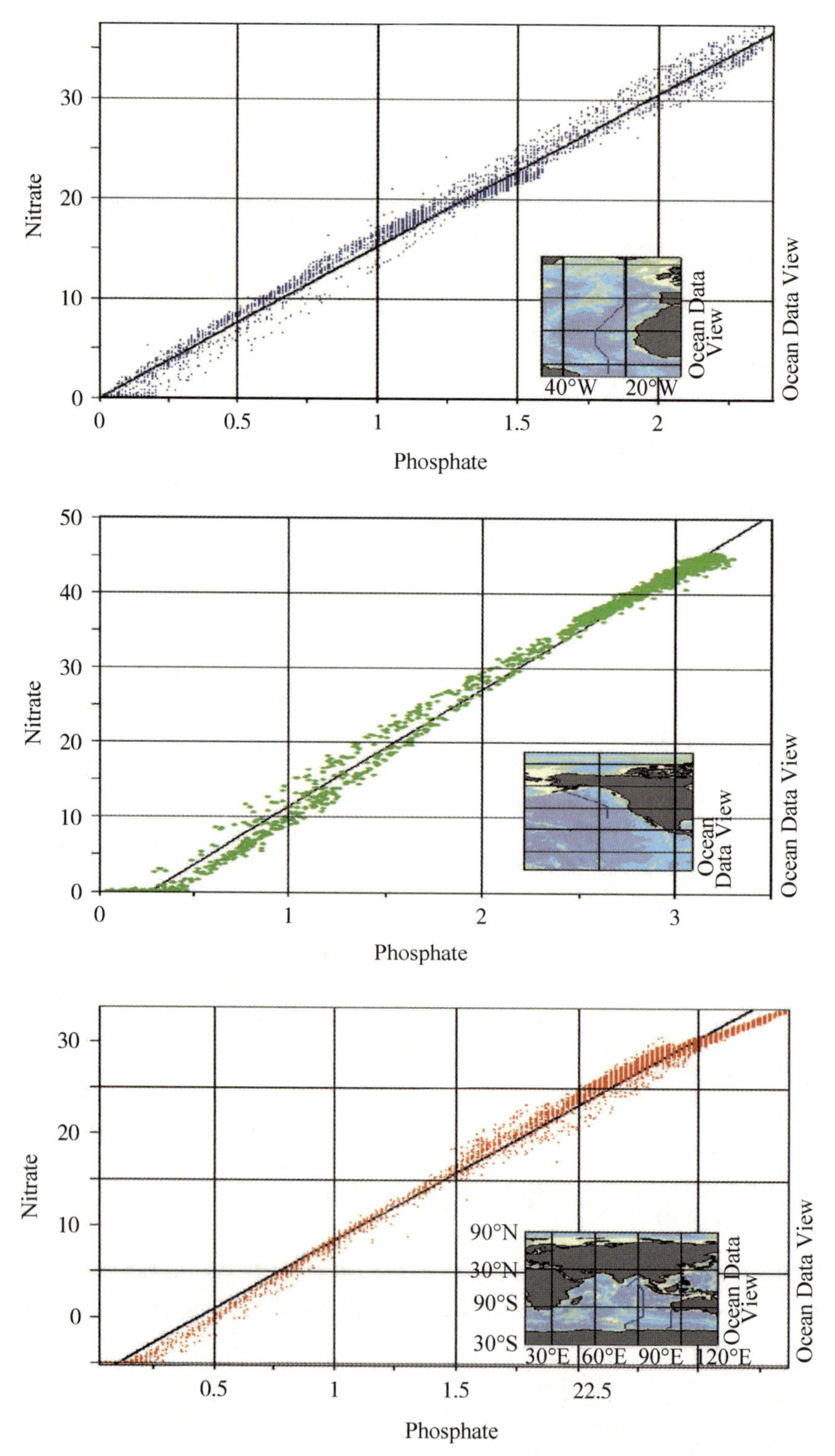

Figure 8. 19 Correlations of the molar ratio of nitrogen to phosphate for the three major oceans.

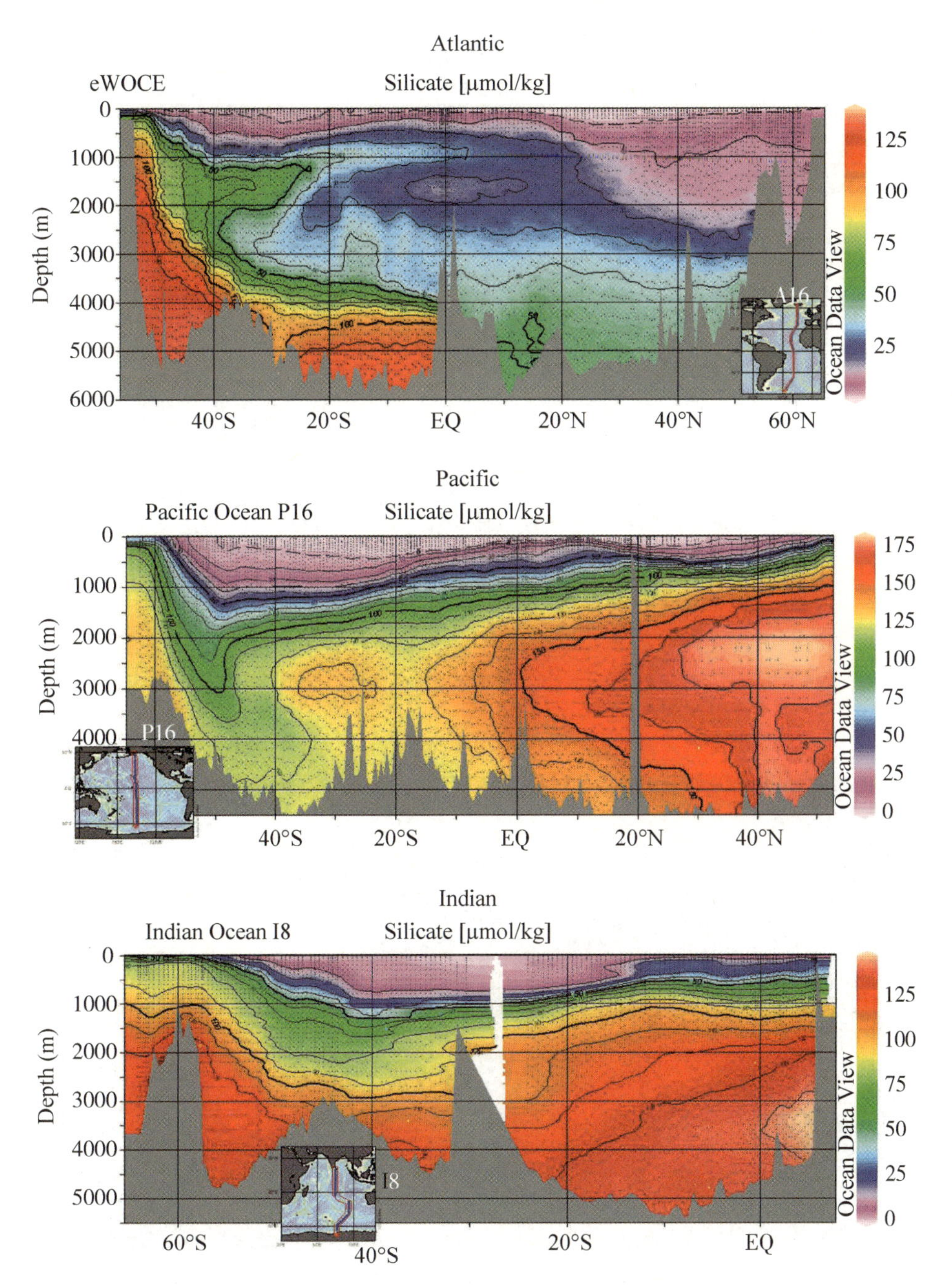

Figure 8.22　Sections of silicate in the Atlantic, Pacific, and Indian Oceans.

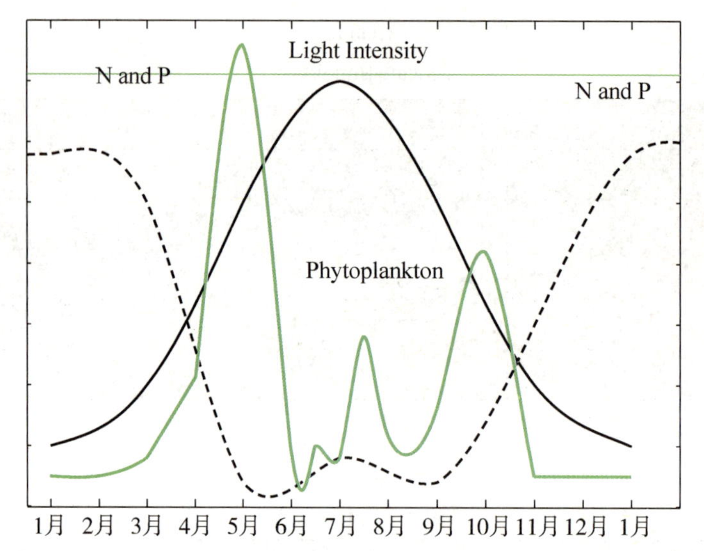

Figure 9.7 Seasonal variation of phytoplankton, nutrients, and light in a typical northern temperate sea.

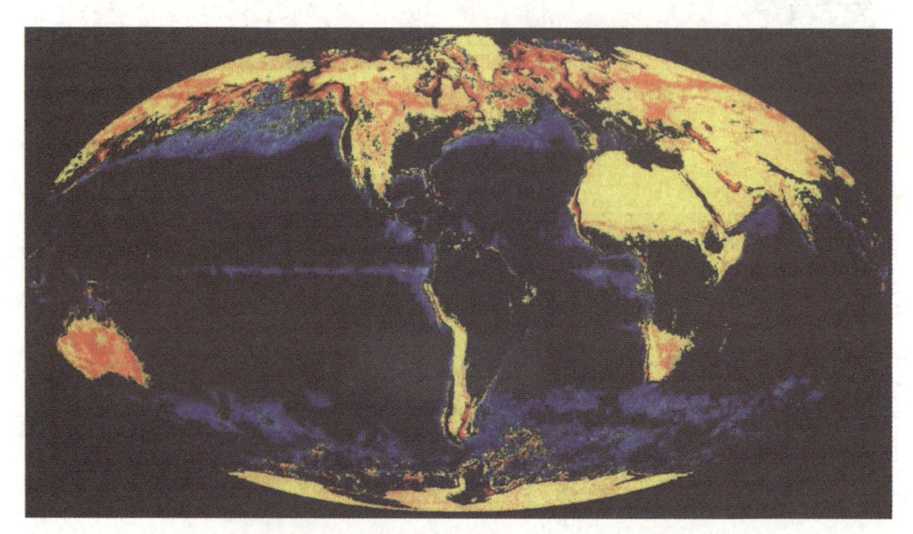

Figure 9.10 The world pigment map produced by NASA Goddard Space Flight Center and the University of Miami from the color zone satellite.

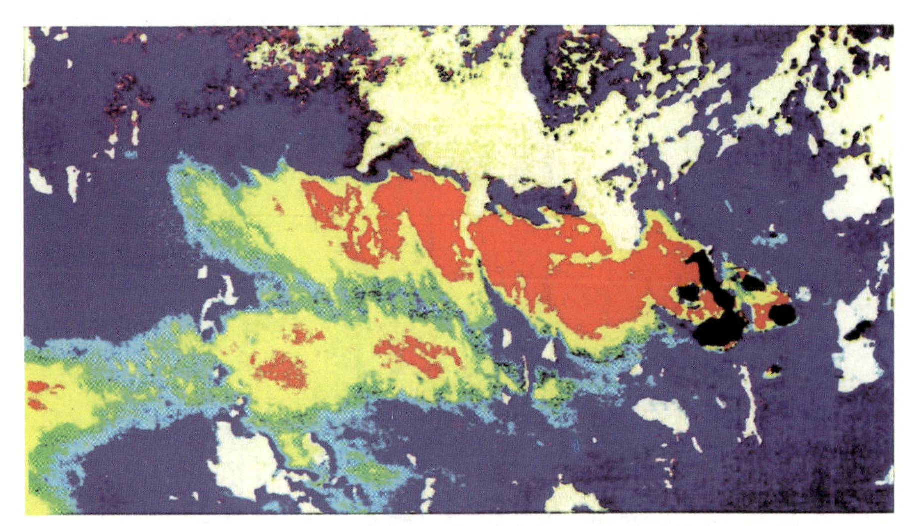

Figure 9. 21　Color satellite view showing the plume of high chlorophyll on the western coast of the Galapagos Islands.

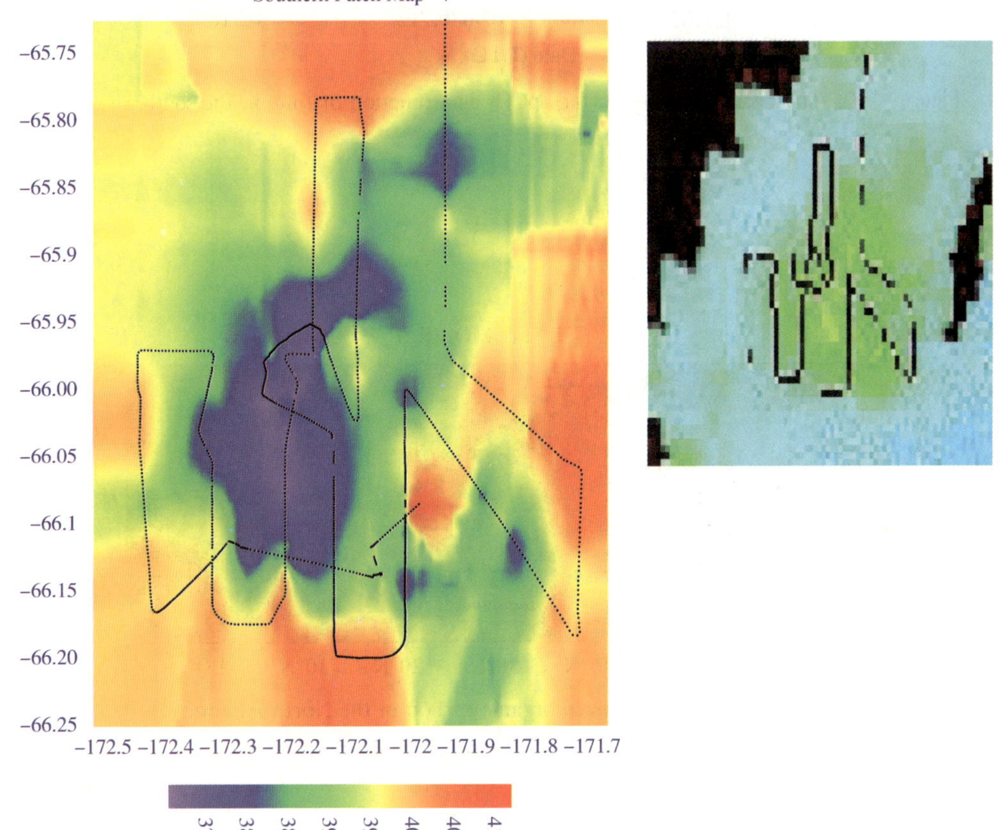

Figure 9. 30　Comparison of the pCO_2 measured in the northern patch and the chlorophyll from satellite measurements.

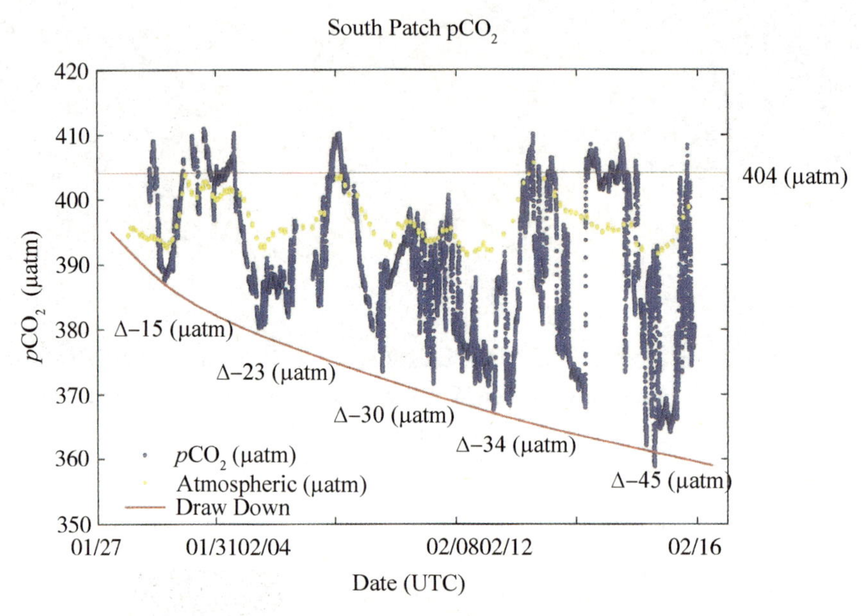

Figure 9. 31 The decrease in the surface pCO_2 as a function of time in the southern patch.

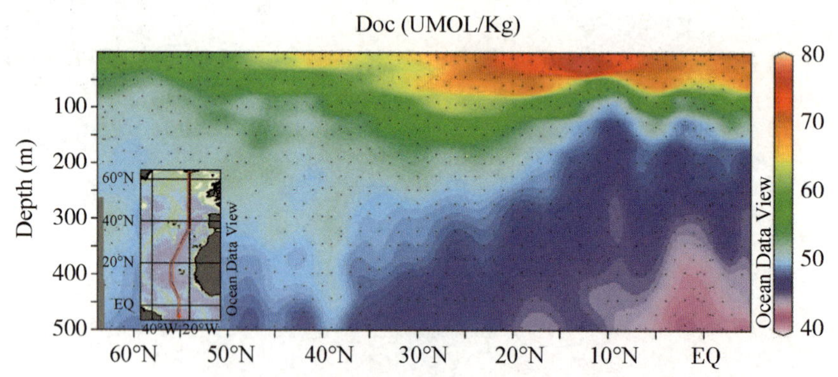

Figure 9. 38 Section of dissolved organic carbon in the North Atlantic (A16). (From Hansell, D. A., personal communication.)

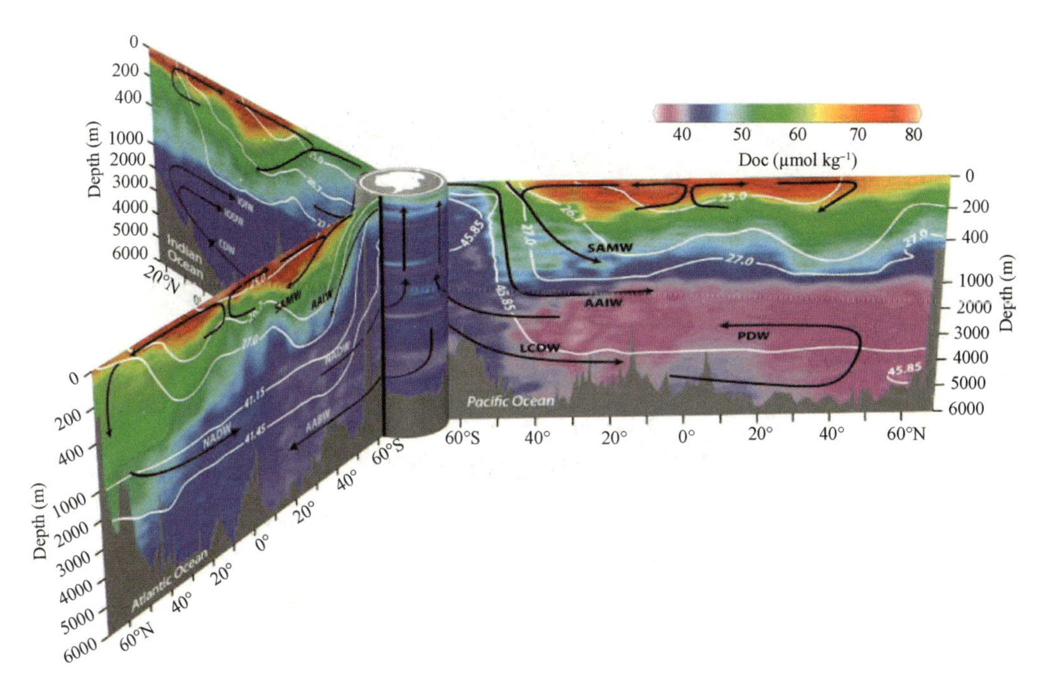

Figure 9. 39　The global distribution of DOC in the world oceans. (From Hansell, D. A. , et al. , Oceanography, 12, 203 - 211, 2009. With permission.)

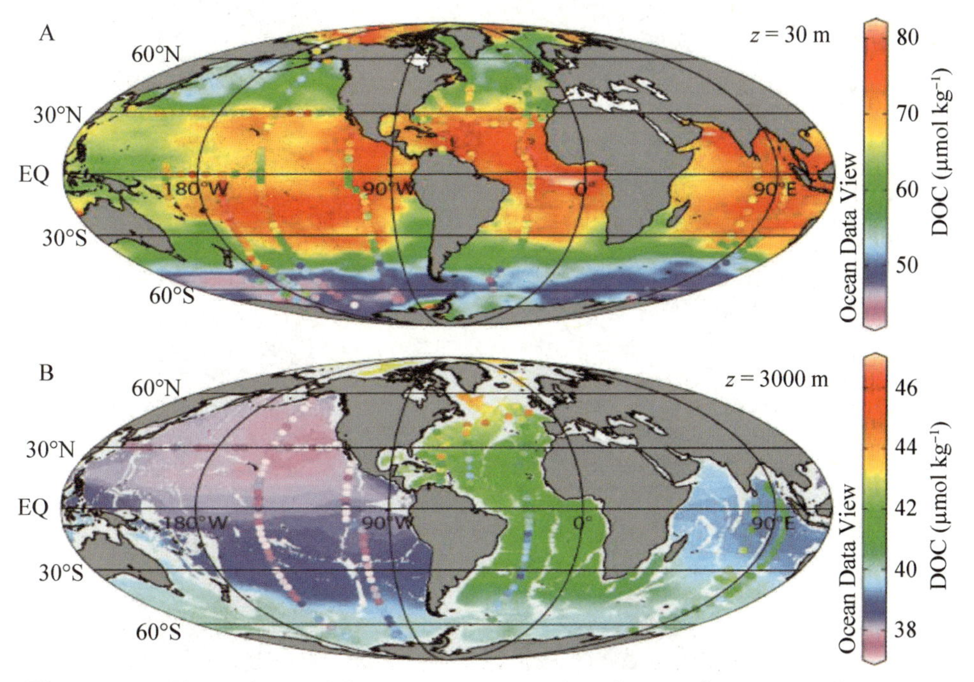

Figure 9. 40　The surface and deep-water concentration of DOC. (From Hansell, D. A. , et al. , Oceanography, 12, 203 - 211, 2009. With permission.)

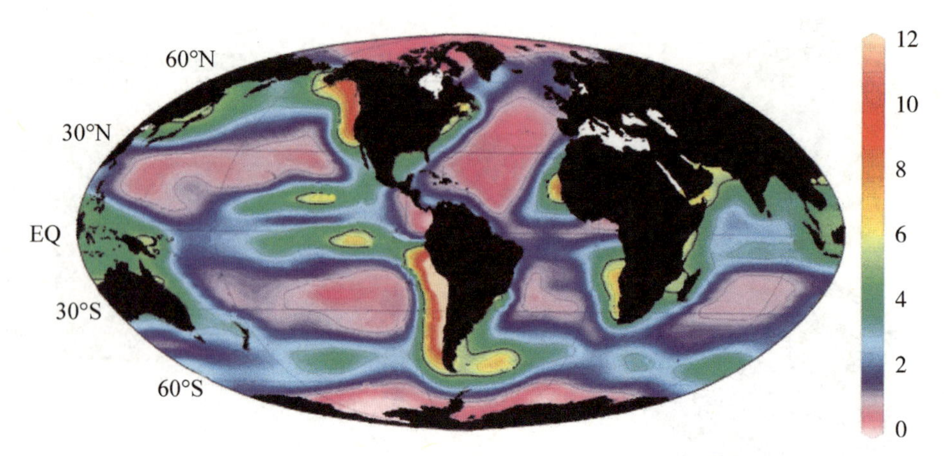

Figure 9.42 POC and DOC export to the world oceans. (From Hansell, D. A., et al., Oceanography, 12, 203-211, 2009. With permission.)

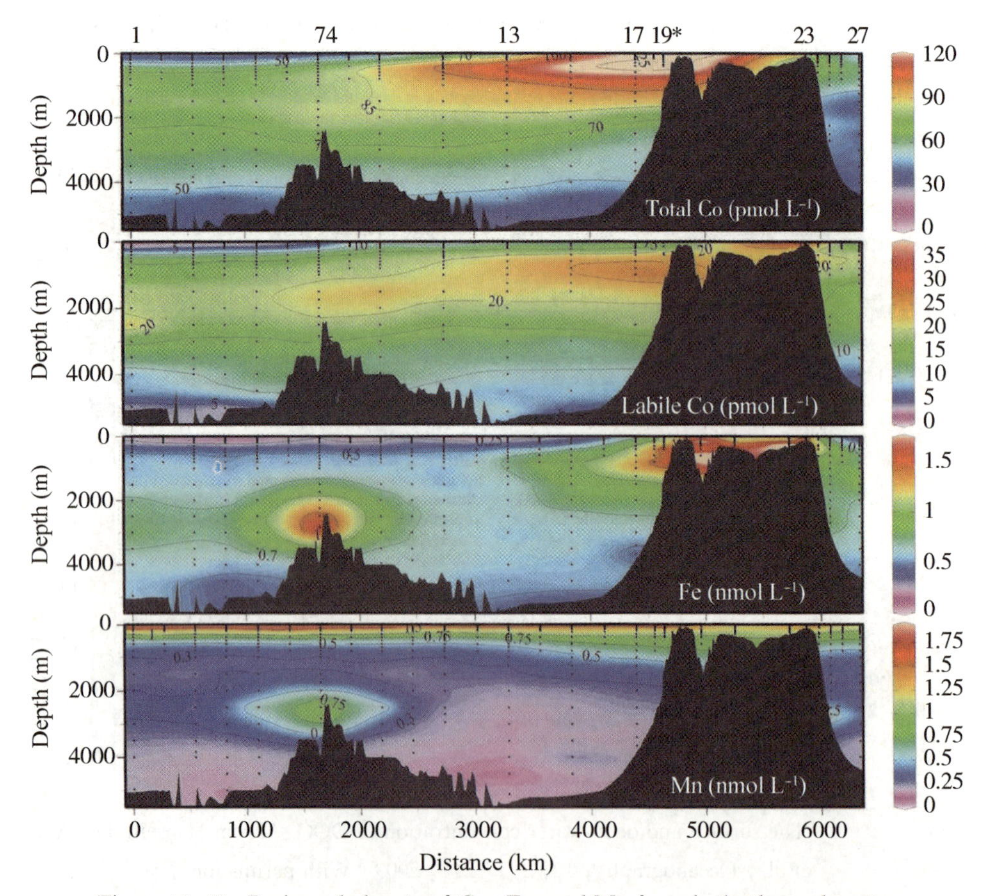

Figure 10.43 Basin-scale inputs of Co, Fe, and Mn from hydrothermal vents.